유체역학

민용기
강종환 공저
배태열

학 연 사

머리말

유체(물, 공기)는 우리들 인간 생활에서 필수적인 요소입니다. 이미 각 가정에서 필수 기기로 자리잡고 있는 선풍기나 에어컨에서부터 생산 현장에 물을 공급해 주는 펌프에 이르기까지 유체 흐름이 우리들 생활에 미치는 영향은 실로 중차대합니다.

유체역학은 우리 주위의 물리적인 현상이나 자연 현상을 실험적 방법이나 수리적인 방법을 통해 합리적으로 규명하는 학문으로, 영국의 뉴턴(1642~1727)에 의해 고전 물리학의 한 분야로 확립 · 발전되어 왔습니다.

오늘날에는 과학 기술이 첨단화되면서 유체역학은 우주, 항공, 자동차, 공기 조화 및 냉 · 난방 등의 기계 설비 분야, 그리고, 산업용 기계의 자동화 등 넓은 분야에 응용되고 있습니다. 최근 하루가 다르게 발전하는 공업 발달은 기초공학의 확립 없이는 이루어낼 수 없으므로, 폭 넓은 응용력을 고루 갖춘 공학도나 우수한 기술자가 되기 위해서는 정확한 기초공학 지식과 창의력을 갖추도록 하는 데 중점을 두어야 할 것입니다.

이에 필자는 다년간 대학의 강단에서 강의하여 온 내용을 다시 정리하여 유체역학을 필요로 하는 모든 분야의 공학도들이 부담 없이 유체역학에 입문할 수 있도록 개정판을 편찬하게 되었습니다. 이 책에서는 누구나 유체역학의 기본 이론을 쉽게 이해하고 응용력을 기를 수 있도록 개념과 정의, 법칙 등에 관하여 상세히 설명하였으며, 산업 현장에서 실제 적응력을 함양시킬 수 있도록 기술하였습니다.

또한, 현재 사용되고 있는 중력단위제, 즉 공학단위제를 가급적 억제하고 국제적으로 공인된 S.I.단위제를 채택하여 기술하였습니다. 그러나 아직도 산업 현장에서는 중력단위제를 그대로 혼용하고 있으므로, 이 책에서는 이러한 점을 고려하여 S.I.단위와 공학(중력)단위와의 관계를 명확히 이해할 수 있도록 기술하였습니다. 그리고 각 절마다 적절한 예제를 충분히 제시하여 이해를 돕도록 하였으며, 각 장 끝에는 종합적인 연습문제를 수록하여 응용력을 높이는 데 도움이 되도록 하였습니다.

이번 개정판을 엮으면서 오류를 범하지 않기 위해 많은 노력을 기울였으나 그럼에도 미진한 점이 있으리라 생각됩니다. 이런 부분은 앞으로 유체역학을 공부하는 여러분과 강단에 계신 분, 생산 현장 담당자 들의 허심탄회한 지적을 받아들여 꾸준히 보완해 나갈 것을 약속합니다.

끝으로, 이 개정판을 편찬하는 데 물심 양면으로 애써 주신 학연사 임직원 여러분께 깊은 감사를 드립니다.

저 자 씀

이 개정판을 내면서

학생들이 새로운 학과목을 배우기 시작할 때는 '왜 이 학과목을 배워야 하는가?', '유체역학이란 무엇인가?', '이 학과목을 이수하면 어떤 분야에 어떻게 활용되는가?' 하는 등, 여러 상념(想念)들을 갖게 될 것이다.

이 책을 저술하는 과정에서 집필자는 먼저 학생들의 입장을 생각해 보았다. 학교 수업시간은 교수들이 교재 내용을 되풀이하는 데 시간을 소모하기보다는, 문제의 해답을 얻기 위해 기본적인 원리들을 적용하여 관련 내용을 강의함으로써 교재의 내용을 더욱 쉽게 이해할 수 있도록 노력을 기울여야 한다. 그런데 이러한 목표를 성취하기 위해서는 다음과 같은 두 가지 조건이 충족되어야 한다.

첫째, 학생들은 수업 전에 강의 듣고자 하는 부분을 먼저 읽어 보아야 한다.

둘째, 교수는 학생들이 읽고 이해할 수 있는 기본 이론을 간단명료하게 설명해 준다.

이 책에서는 두 번째 조건을 만족시킬 수 있도록 최대한 노력하였다. 학생들은 당연히 첫째 조건을 만족시킬 수 있도록 최선을 다해야 할 것이며, 집필자들은 최대한 이해하기 쉬운 교재 편찬을 통해 위의 목표를 달성할 수 있도록 노력하였다. 간혹 집필자들이 두 번째 조건을 만족시키지 못한 부분도 있겠지만, 그런 부분에 대해서는 독자 여러분의 지적을 받아들여 목표에 부합되는 방향으로 수정해 나가고자 한다.

이 교재가 유체역학과 관련된 모든 내용을 포함하고 있지 못하다는 사실은 두말할 나위도 없다. 집필자들은 앞으로도 교재의 내용을 보충해 나가고, 주제에 대한 다른 접근 방법을 제시하여 또다른 새로운 자료들을 소개할 예정이다. 그렇지만 학생들 입장에서도 도서관 등에서 다른 유체역학 책이나 관련 문헌들을 참고하는 노력을 기울여야 할 것이다. 주어진 주제에 대하여 아주 잘 설명된 책이 있다면 집필자들도 그러한 자료들은 유익하게 인용하고자 한다.

이 책으로 공부하는 학생들은 기초 열역학 또는 기초 물리학에 대한 기본적인 지식이 있다면 더욱 좋을 것이다. 어떠한 학과목이든 이론과 실험이 적절히 조화를 이루며 배울 때 가장 학습 효과가 높다는 사실은 당연한 일이다. 이는 유체역학이든 열역학이든 마찬가지로 적용된다. 어떤 경우든지 기초적인 부분을 든든히 학습한 다음에 문제들을 충분히 풀어 보아야 제대로 잘 습득할 수 있다. 따라서 직접 문제를 풀어 보는 것이 가장 중요하며, 또 필수적이라고 할 수 있다.

이 책 각 장의 마지막 부분에 실려 있는 다양한 연습문제들은 유체역학의 원리를 적용시켜 문제를 푸는 방법을 이해하는 데 도움을 줄 것이다. 다만, 문제를 푸는 경우에 끼워 맞추기 식의 해법은 반드시 피해야 한다. 이러한 방법으로는 아마도 대부분의 문제를 해결할 수 없을 것이다.

주어진 문제를 푸는 데 있어서는 다음과 같은 단계를 밟으면 좋다.

1. 주어진 문제의 사항들을 간략하고 정확하게 자신의 말로 요약한다.
2. 자신이 해야 할 사항들을 요약한다.
3. 문제를 해석하는 데 이용되는 계(system)나 검사체적(control volume)의 개략도를 그리고, 계나 검사체적의 경계들에 표시기호를 붙이고, 적절한 좌표 방향을 표시한다.
4. 문제를 푸는 데 필요하다고 생각되는 기본적인 법칙에 대한 적절한 식을 적는다.
5. 문제 해석에 적절하다고 판단되는 단순화 가정을 열거한다.
6. 수치를 대입하기 전에 대수적으로 해석을 완료한다.

7. 문제에서 요구하는 답을 얻기 위하여 주어진 조건이나 수치를 대입한다.
   i) 물리적 성질을 얻기 위해서는 자료집을 참조한다.
   ii) 해답에 포함된 중요한 수치들이 주어진 자료들과 일치하는지 확인한다.
8. 답을 확인하고, 처음에 세운 가정들이 맞는지 확인한다.
9. 답을 표시한다.

처음에는 이러한 단계들이 필요 없는 것처럼 생각될지도 모른다. 그러나 이러한 순차적인 접근은 시간을 절약할 수 있으며, 착오로 인한 실수를 예방할 수 있도록 해 준다. 이 방법은 또한 해법이나 결과를 다른 사람에게 전달하는 경우도 매우 편리한 접근법이다.

그렇다면 이제 '왜 유체역학을 배우는지' 에 대하여 의문을 갖게 될 것이다. 유체역학의 기본적인 개념과 원리에 대한 이해는, 유체가 중간 물질로 사용되는 각종 기계 장치를 해석하는 데 있어서 필수적이다. 실제로 모든 운동 수단을 설계하는 경우에 있어서도 유체역학의 원리가 응용된다. 예를 들면, 아음속과 초음속 항공기, 호버크라프트(hovercraft), 수직 이착륙기, 선반, 잠수함, 자동차 등이 여기에 해당된다. 최근에는 자동차 생산자들 또한 공기역학적 설계에 관심을 가지게 되었으며, 보트나 경주용 자동차 설계자들도 마찬가지이다. 우주 비행을 위한 추진 장치의 설계뿐만 아니라 로켓의 설계에도 유체역학의 원리가 적용되고 있다.

또한, 펌프, 팬(fan), 송풍기(blower), 압축기, 터빈 등 모든 형태의 유체 기계를 설계할 경우에도 유체역학에 대한 기본적인 지식을 필요로 한다. 윤활장치 또한 유체역학에 있어서 중요한 응용 분야이며, 개인 주택, 대형 업무용 빌딩, 지하 터널을 위한 난방 및 환기 장치와 각종 배관 장치의 설계 등에도 유체역학의 원리가 필요한 분야라고 할 수 있다. 뿐만 아니라 인체 내의 순환계도 본질적으로는 유체 장치이다. 대체혈관, 인공심장, 인공심폐기, 산소호흡기나 그 밖의 다른 유사한 장치들도 유체역학의 기본적인 원리에 의존하고 있음은 지극히 당연한 일이다.

심지어 여가를 즐기는 데 있어서도 유체역학의 원리가 직접적으로 연관되어 있다. 예를 들면, 야구 경기에서 투수가 던지는 공(ball)의 방향, 골프에서의 슬라이싱(slicing)이나 후킹(hooking) 같은 것도 유체역학의 원리로 설명될 수 있다.

이 밖에도 유체역학의 응용 분야는 무궁무진하게 많다. 중요한 사실은 유체역학은 단순한 학술적인 흥미를 위한 학문이 아니라, 오늘날 우리들의 일상생활 모든 분야에서 매우 절대적이고 중요한 부분을 차지하는 학문이라는 점이다.

이 책의 목적은 유체역학적 문제를 해결하는 데 있어서 출발점이나 기초가 되는 기본적인 법칙과 물리적 개념을 제공하는 데 있다. 유체역학 문제의 해석은 직접적이든 간접적이든 반드시 유체의 흐름을 지배하는 기본적인 법칙의 적용으로부터 시작되어야 한다. 유체에 적용될 수 있는 기본적인 법칙으로는 다음과 같은 것들이 있다.

1. 질량 보존의 법칙
2. Newton의 제2 운동법칙
3. 각운동량의 법칙
4. 열역학 제1 법칙
5. 열역학 제2 법칙

차 례

제1장 유체(流體)의 일반적 성질

제2장 유체정역학

제3장 유체동역학

제4장 운동량이론과 그 응용

제5장 실제 유체의 유동

제 6 장 차원해석과 상사율

제 7 장 관류와 유체마찰

제 8 장 관로의 제손실

제11장 압축성 흐름

제12장 유체 계측

제 1 장

유체(流體)의 기본 성질

유체역학(fluid mechanics)은 유체의 운동, 즉 유동(流動), 흐름과 이에 수반하는 여러 가지 제반 현상을 알아보는 학문이다. 역학(mechanics)이란 물체에 힘이 작용하면 물체가 움직이는데, 이때 물체에 작용된 힘과 운동과의 관계를 다루는 학문으로서 운동학(kinematics)과 운동역학(kinetics)으로 구분한다.

운동학은 물체에 작용된 힘을 생각하지 않고 물체운동의 기하학적인 면만을 다루는 것이며, 운동역학은 물체에 작용하는 힘과 물체의 운동과의 상관관계를 다루는 것이다. 운동역학은 다시 정역학(靜力學, statics)과 동역학(動力學, dynamics)으로 구분해서 생각한다. 유체역학에서도 유체정역학과 유체동역학으로 구분해서 유체의 운동과 그에 미치는 여러 가지 현상을 수학적, 이론적으로 혹은 실험적으로 연구한다. 유체정역학에서는 유체가 정지 또는 유체에 작용된 힘이 평형상태를 유지할 경우를 다루며, 유체동역학에서는 비평형상태, 즉 유체가 가속도를 가지고 운동할 경우를 취급한다.

학습목표

이 장에서는 다음의 항목들을 숙지 · 이해하고 이를 응용할 수 있도록 한다.

- 유체 정의의 이해, 유체의 분류
- 고체, 액체, 기체의 물리적 성질
- 차원과 단위계
- 절대단위를 매개로 한 공학단위와 ST단위와의 변환
- 밀도, 비체적, 비중량, 비중의 정의와 상호관계
- 유체의 점성(viscosity)의 정의, 점성계수, 동점성계수
- 뉴턴의 점성법칙
- 완전기체의 상태방정식
- 체적탄성계수와 압축률
- 표면장력과 모세관현상

1-1 유체역학의 발달사

선사시대부터 인류는 공기를 호흡하며 물을 마시고 물 속에서 헤엄을 쳤을 것이다. 그 후 수영뿐만 아니라 뗏목을 이용할 줄 알게 되었으며 통나무배, 창, 화살 등을 이용할 줄 알게 된 것은 움직이는 유체 또는 유체 중에서 움직이는 물체에 대한 역학적 개념의 결과라 하겠다. 이리하여 역사의 흐름과 함께 일상생활에서 유체를 점점 많이 다루게 된 것이다. 가정에서 수도꼭지를 갑자기 잠그면 작은 수격작용(水擊作用)이 발생하는 현상이라든지, 또 목욕실의 물을 빼낼 때, 하천 교량의 하류, 배가 움직일 때 배 뒤의 물의 흐름 등은 모두 와류(渦流, vortex) 현상들이며 실내의 난방, 자동차의 방열기로 엔진을 식히는 일 등은 모두 유체의 열교환과 경계층의 문제로 해결한다.

유류(油類)가 온도가 높으면 잘 흐르고 낮으면 잘 흐르지 않는 것은 점성의 결과이다. 풍차는 흐르는 유체로부터 동력을 얻는 것이고, 선박, 항공기, 펌프, 선풍기 등은 유체에 동력을 공급하게 되는 것이다. 이와 같은 유체역학에서의 응용은 B.C 3000년경으로 거슬러 올라가서 창, 화살, 배 등의 사용을 들 수 있으며, 이집트와 메소포타미아에서는 관개시설도 있었다고 한다.

옛날 그리스 사람들의 4원론(四元論, solid, liquid, gas, plasma)은 네 가지 물질 중 두 가지를 유체인 물과 공기로 보았다.

Aristotle(B.C 4세기)는 진공에서의 물체운동을 연구하였고, 같은 시대의 Roman은 관계(管系) 흐름에서의 저항은 생각하지 못했지만 개수로(開水路)를 축조했으며, Archimedes (B.C 3세기)는 부력(浮力)의 원리를 발견하였다.

그 이후 특별히 기록될 만한 유체역학적인 발달은 없었지만 15세기경부터 다시 유체역학에 대한 활발한 연구가 진행되었으며, 발전에 공헌한 뛰어난 학자들을 열거하면 다음과 같다.

- Davinci(1452~1519) ; 물에 대한 유체역학적인 연구는 실험적 뒷받침이 있는 경우에만 인정하자고 주장
- Galileo(1564~1642) ; 유체의 역학적 연구에 공헌
- Torricelli(1608~1647) ; 그 유명한 Torricelli 실험과 유체의 정상류(定常流), 연속 방

정식의 개념을 세움

- Mariotte(1602~1727) ; 제트(jet)류(流)와 바람(wind)의 힘 측정에 관한 실험
- Newton(1642~1727) ; 고전유체역학을 확립하는 데 있어 그 기초를 이루어 놓은 사람으로 운동법칙, 점성법칙, 구의 항력(抗力)에 대한 실험

또한, Daniel Bernoulli, Leonhard Euler(스위스), Clairaut-d' Alembert(프랑스), Lagrange(1736~1813), Laplace(1749~1827) 등은 수학적인 이론유체역학에 공헌하였으며 18세기경 실험적 연구로 공헌한 학자들을 들어 보면 다음과 같다.

- Poleni ; Weir 흐름에 대한 방정식 유도
- De-pitot ; 유속(流速) 측정법
- Chezy ; 개수로(開水路)에서의 저항을 공식화함
- Borda ; orifice에 관한 실험
- Venturi ; 단면적 크기가 변하는 흐름에 관한 실험

19세기에 와서는 많은 학자들이 실험적 고찰과 이론적 해석에 크게 공헌하여 눈부신 학문의 발전을 이룩하였다.

특히 고전응용유체역학 분야에 괄목할 만한 발전을 이룩하는 데 공헌한 학자들은

Navier(1785~1836),	Cauchy(1789~1857),
Poisson(1781~1840),	Saint-Venant, Stokes (1819~1903),
Airy(1801~1892),	Reynolds(1842~1912),
Lord Kelvin(1824~1907),	Lord Rayleigh(1842~1919),
Lamb(1949~1934),	Helmholtz(1821~1894),
Kirchhoff (1824~ 1887),	Joukowsky(1847~1921) 등이다.

19세기 말경에는 이상유체(理想流體)의 Euler의 운동방정식에 근거를 둔 이론유체역학이 크게 발달하였다.

특히, 1904년 독일 Prandtl(1875~1953)은 경계층(境界層) 개념을 도입하여 점성효과에 대한 해석을 가능하게 하였다. 이 경계층 이론은 항공역학, 수력학, 기체역학, 대류(對流)에 의한 열전달 등 유체역학의 거의 모든 분야에서 유용하게 응용되는 개념이며, 그래서 Prandtl을 현대 유체역학의 아버지라 하였다.

1-2 유체의 정의

지구상에 존재하는 모든 물질은 고체(solid)와 유체(流體, fluid)로 분류하고, 유체는 다시 액체(liquid)와 기체(gas)로 분류한다. 고체와 유체의 차이점은 자유도 즉 물체를 구성하는 분자 상호간의 거리와 운동범위가 고체보다 큰 데 있다. 그러므로 분자 상호간의 응집력은 고체가 가장 크며 그 다음 액체, 기체의 순서이다. 이 성질은 고체는 단단한 성질 즉 강성(剛性)을 가지며 액체는 그 액체를 이루는 구성분자가 그 질량 내에서 자유롭게 운동할 수 있으며, 기체는 주어진 공간 내를 충만시킬 수 있는 능력을 가지고 있다는 것을 뜻한다.

이것은 얼음이 온도가 상승하여 열을 받으면 녹아서 물이 되고 계속하여 가열하면 수증기가 되어 공기 중으로 증발하는 것을 보면 알 수 있다. 그러므로 고체는 물질 스스로가 어떤 형상을 형성할 수 있으나, 유체는 그 스스로가 어떤 모양을 형성할 수 있는 능력이 없고 다만 유체를 담고 있는 용기에 따라 모양이 결정되는 것이다.

유체역학에서는 고체와 유체를 다음과 같은 관점에서 분류하면 편리한 점이 있다. 고체와 유체에 여러 가지 형태와 응력이 작용할 때, 고체는 인장, 압축 및 전단력을 받으면 탄성변형이 일어나는데 탄성 한계를 넘으면 영구변형을 하게 되나 유체는 직접적인 압축이나 인장 하에서만 탄성을 가지고 극히 아주 작은 전단력이 작용하더라도 그 힘에 대응하지 못하고 연속적으로 영구변형이 일어나게 된다. 이러한 유체의 특성을 유체의 흐름(flow, 流動)이라 정의한다.

유체가 운동상태(유동상태)에 있을 때에는 전단력에 대응할 수 있으며, 이는 바로 유체가 점성을 가지고 있기 때문인 것이다. 또 유체에 있어 인장응력(引張應力)은 분자간의 응집력에만 관계되며 그 크기가 매우 작기 때문에 공학에서는 작용하지 않는 것으로 간주하고 무시한다.

기체는 앞에서 말한 바와 같이 주어진 공간을 항상 가득 채울 수 있는 능력을 가진 물질이므로 체적은 일정하지 않으며 액체는 담는 그릇(용기)의 크기에 관계없이 항상 일정한 체적을 가진다. 또 액체는 항상 호수와 같이 액면이 수평면을 이루게 되는데 이를 자유표면(free surface) 이라 한다.

1-3 연속체로서의 유체

유체운동을 설명하는 기본은 유체를 구성하는 유체분자 전체의 거동(擧動, behavior)을 해석하는 것이다. 그런데 액체는 분자 사이의 응집력이 강하게 작용하여 분자와 분자는 서로 연결되어 있고, 하나의 연속물질로 취급할 수 있기 때문에 복잡한 분자이론을 적용하지 않더라도 액체분자의 거동을 쉽게 해석할 수 있다.

그러나 기체에 있어서는 상황이 다르다. 공간 내의 기체의 분자는 무질서하게 운동하면서 분자 상호간의 충돌을 지속적으로 일으킨다. 이와 같이 분자운동을 하면서 기체는 어떠한 유동(흐름)을 갖게 된다. 기체가 유동할 때 기체의 속도, 가속도 등을 관찰하기 위하여 어느 공간 내의 한 점을 주시하면 기체분자가 그 점을 통과하는 순간에는, 그 분자의 속도와 가속도를 가지고 그 점의 속도와 가속도로 할 수 있으나 기체분자가 그 점을 통과하지 않을 때에는 그 점의 속도와 가속도는 0이 된다. 그러나 기체 전체는 어떤 속도와 가속도를 가지고 유동한다.

우리가 해석하고자 하는 초점은 분자 하나하나의 운동이 아니라 유체 전체의 평균거동을 해석하는 것이다. 유체거동을 정밀하게 해석하려면 분자운동론에 입각하여 통계적으로 다루어야 한다. 그러나 공학에서 통계적(미시적)으로 유체의 거동을 다루기에는 너무나 벅차고 힘든 일이며 노력한 것에 대한 기대만큼 결과를 얻지도 못한다. 그러므로 공학에서는 대개의 경우 유체를 하나의 연결된 등질성 질량체(等質性 質量體)로 보고 전체의 유체분자의 운동으로 일어나는 효과의 평균을 거시적으로 다루는 것이 더욱 효과적이다.

유체를 연속체로 취급할 수 있는 이유는 다음 두 가지를 들 수 있다. 그 하나는 분자간의 거리이다. 만일, 분자간의 거리가 가까우면 유체는 밀도가 높을 것이며 분자간의 거리가 멀면 밀도가 작을, 즉 희박할 것이다. 따라서 분자 사이의 거리를 가지고 분자 밀도의 척도로 삼는다. 그러나 기체의 분자는 항상 무질서하게 운동하고 있으므로 분자간 거리도 항상 일정하지 않고 제멋대로이다.

분자간 평균거리, 즉 분자간 충돌과 충돌 사이의 자유경로의 통계적 평균치를 분자평균자유행로(molecular mean free path)라 정의하고 평균자유행로(일반적인 대기압하에서 공기의 평균자유행로는 대개 2×10^{-6}cm이다)를 가지고 분자밀도의 척도로 삼는다. 평균자유행로가 대표 길이, 즉 용기의 치수, 관의 지름 등에 비하여 아주 작을 때(약 1% 미만) 기체는 연속체로 취급한다. 그러나 만일 대표 길이에 비하여 클 때 기체는 연속체로 취급할 수는 없다. 이때에는 통계적 방법으로 유체유동을 다룰 수밖에 없다.

또 다른 하나의 이유는 충돌과 충돌 사이에 걸리는 시간이다. 만일, 평균자유행로는 연속체로 취급할 수 있을 정도로 작은 값을 갖지만 분자속도가 느려 충돌과 충돌 사이에 걸리는 시간이 길면 분자운동으로 야기되는 효과의 통계적 특성이 보존되지 못한다. 예를 들면 용기 속에 들어 있는 기체의 분자가 용기 벽에 충돌할 때 운동량의 변화로 인하여 벽면에는 힘이 작용한다.

만일 충돌과 충돌 사이에 걸리는 시간이 충분히 짧으면 벽면에 작용하는 힘은 [그림 1-1] (a)와 같이 통계적 특성이 보존되나 시간이 길면 힘은 (b)와 같이 작용되어 통계적 특성이 보존되지 못한다. 그러므로 기체가 연속체로 취급되려면 충돌 사이의 시간이 충분히 짧아 분자운동의 통계적 특성이 보존되어야 한다.

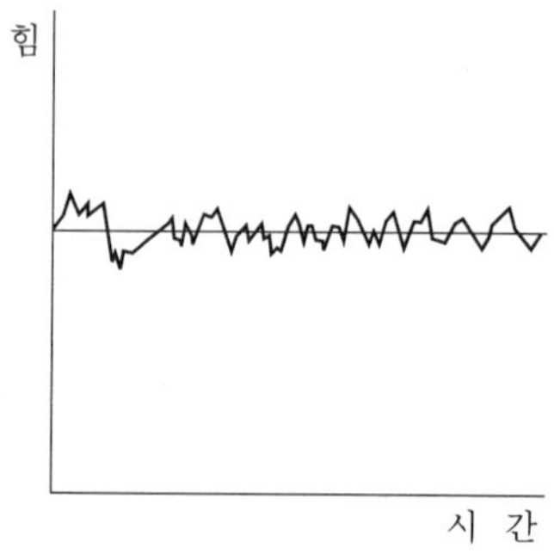

(a)

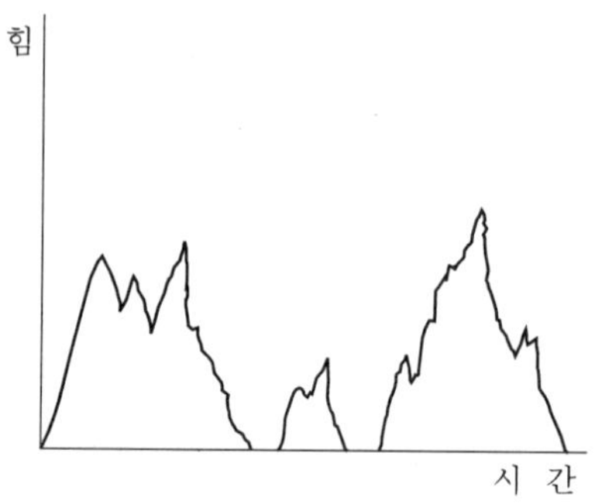

(b)

[그림 1-1] 충돌과 충돌 사이에 걸리는 시간과 힘의 관계에 따른 운동 특성의 변화

연속체가 운동할 경우에는 질량보존법칙, Newton의 운동법칙, 열역학 제1법칙, 열역학 제2법칙 등 제법칙에 맞게 운동한다. 또한 이러한 법칙들 이외의 형태에 따라 적용해야 할 몇 가지 보조법칙들이 있는데, 예를 들면 이상기체(理想氣體)에 대한 상태방정식, Newton 유체에 대한 Newton의 점성법칙, 탄성체에 대한 Hooke 법칙 등이다.

위에서 언급한 여러 가지 법칙들을 연속체에 적용할 때에는 다음에 제시하는 두 가지 방법 중 어느 한 방법을 택하여야 한다.

첫째, 주어진 질량체에 위에서 열거한 법칙들을 적용하는 방법

둘째, 좌표공간 내의 임의 체적에 위의 법칙들을 적용하는 방법

첫째 방법은 제법칙을 주어진, 지정된 물질(질량)에 적용한다. 이 지정된 물질, 즉 지정된 물질만을 포함하는 영역을 계(系, system)라 한다. 따라서 계 내의 질량은 시간에 관계없이 항상 일정하고, 한 계는 형체, 위치, 열적 조건 등은 변할 수 있고 또, 계의 경계는 움직일 수 있으나 이를 통한 질량의 유출입은 없다. 즉 질량은 보존된다.

둘째 방법은 제법칙을 한 좌표계에 고정된, 임의의 체적에 적용하는 방법이다.

즉, 계가 갖는 특성의 변화를 관찰할 목적으로 크기와 모양, 그리고 좌표계상의 위치가 고정된 공간 내의 가상적인 영역이다. 이를 검사체적 또는 관제역(管制域, control volume)이라 하며 검사체적을 둘러싸는 경계면, 즉 표면을 검사표면 또는 관제면(管制面, control surface)이라 한다. [그림 1-2]에 계와 검사체적과의 관계를 나타낸다.

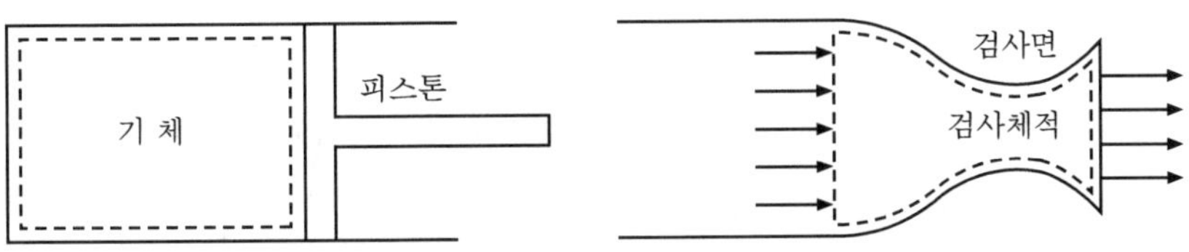

(a) 계　　(b) 검사체적

[그림 1-2] 계와 검사체적

[그림 1-2] (b)와 같이 노즐에서의 흐름을 해석하기 위하여 노즐의 내벽과 임의의 두 단면에 의하여 둘러싸인 영역을 검사체적으로 택하면 검사체적을 흐르는 유체의 입자는 시간에 따라 변하나 검사체적은 불변한다. 검사체적은 해석을 위해 유체역학의 기본법칙들이 적용될 유동장(流動場) 내의 일부 영역으로서 해석하고자 하는 문제의 성격에 따라 적절히 선택될 필요가 있다. 경우에 따라서는 움직이는 검사체적도 있을 수 있으며, 이를 위하여는 검사체적과 동일한 운동을 하는 운동 좌표계를 채택하여야 한다.

1-4 유체의 분류

유체역학에서는 유체의 밀도가 압력과는 관계없이 일정한 경우와 밀도가 외부의 압력 변화에 따라 변화하는 경우로 나누어 역학적 관계를 해석한다.

전자의 경우를 비압축성 유체(non-compressible fluid)라 하고, 후자의 경우를 압축성 유체(compressible fluid)라 한다. 유체들 중 액체는 보통 큰 압력을 받아도 그 체적의 변화가 극히 작으므로 비압축성 유체로 취급한다. 그러나 경우에 따라서는 액체라도 압축성을 고려하여야 할 때가 있다. 예를 들면 송수관(送水管) 속의 수격작용(水擊作用)이나 연료수송관의 충격파 등은 액체의 탄성적 성질이 관계되므로 압축성 유체로 다루어야 된다.

기체는 압력을 가하면 곧 그 체적이 변하므로 압축성 유체로 생각하여야 한다. 그러나 기체의 경우라도 압력, 밀도의 변화가 극히 작다던가, 또 문제를 간단히 하고 수학적으로 다루기 쉽게 하기 위하여 비압축성 유체로 다룰 경우가 많다.

예를 들면 건물의 통풍이나 항공기 등의 주위를 흐르는 공기의 흐름같은 것들이 이에 속한다. 유체의 압축성이 특히 중요시되는 이유는 음속에 가까운 고속흐름이나 또는 그 고속흐름 속에서 같은 속도로 물체가 운동할 때이다. 근래에 항공기의 급격한 발달은 바로 이 유체의 압축성을 고려한 이론적 연구의 결과이다. 액체와 기체는 압축성의 차이점이 명백하나 전술한 바와 같이 압축성이 중요하지 않은 실제문제에서는 동일하게 취급하는 경우가 많다.

비압축성 유체에서는 밀도가 일정하므로 유체의 거동을 다룰 때에 유체 내에 있어서의 속도와 압력을 알면 다른 변수들도 알 수 있지만 압축성 유체의 경우는 밀도도 동시에 알아야 유체의 거동상태를 말할 수 있다. 또, 유체역학에서는 유체거동의 기본방정식을 용이하게 유도하기 위하여 점성이 없다고 가정한 유체, 즉 이상유체(ideal fluid, 완전유체)의 흐름을 생각한다. 이에 반하여 실제로 존재하는 유체, 즉 점성을 가진 유체를 점성유체(real fluid, 실제유체)라고 한다.

이상유체인 경우에는 점성이 없기 때문에 내부, 외부 마찰이 있을 수 없고 또, 소용돌이나 에너지의 손실도 생각할 필요가 없다. 따라서 이때의 액체의 운동은 저항이 없는 평면 위에서 고체가 운동하는 경우와 같이 생각하고, Newton의 제2법칙에 의하여 가속도를 가지게 된다고 생각한다.

우리가 물리적인 성질로 엄격히 말하면 모든 유체는 점성을 가진다. 다만 그 점도(粘度)에 따라서 운동상태가 달라지고, 어느 일정한 흐름의 법칙, 즉 점성의 법칙 또는 Newton의 점성법칙에 준하느냐 그렇지 않느냐에 따라 점성유체와 비점성 유체로 나누게 된다. 또, 점성에 의한 유체의 구분에서 유체 유동이 Newton의 점성법칙을 성립시키느냐 성립시키지 않느냐에 따라 전자를 Newton유체, 후자를 비Newton유체로 구분하기도 한다.

1-5 차원과 단위

물리적 현상이라 함은 이 지구상의 공간 중에 존재하는 물질이 시간의 경과에 따라 변위하는 현상을 말한다. 따라서, 물리적 현상을 다루려면 물질이라든가, 변위라든가, 시간의 특징을 규정하는 기본량이 필요하다. 이 기본량을 차원(dimension)이라 말하고, 물질의 특징을 규정하는 차원을 질량(mass, 물질의 운동 상태를 변화시키려는, 즉 가속 또는 감속시키는 외력(外力)에 대하여 저항하려는 관성의 크고 작음을 나타내는 양), 변위의 특징을 규정하는 차원을 길이(length), 시간의 특징을 규정하는 차원을 시간(time)이라 하고 다른 모든 물리량(또는 공학적인 양)은 서로 독립한 이들 세 개 양의 조합으로 표시할 수 있다.

서로 독립한 세 개의 차원을 기본차원(primary dimensions)이라 말하고 기본차원으로부터 유도되는 차원을 유도차원(secondary or dependent dimension)이라 한다. 유체역학에서는 물리적 현상인 유동 이외에 밀도, 점도, 표면장력 등과 같은 유체 자체가 갖는 분자특성을 대표하는 물성치(物性値, fluid properties)를 생각하여야 한다.

이들 물성치들은 특히 온도의 영향을 많이 받는다. 차원의 크기를 나타내기 위하여 여러 가지 단위를 사용하는데, 기본차원에 대응하는 단위를 기본단위, 유도차원에 대응하는 단위를 유도단위라 한다.

(1) 차원(dimension)

지구상의 모든 물리량은 길이, 질량, 시간 등 몇 개의 기본량의 조합으로 표시된다. 지금 어떤 물리량 Q가 기본량 A, B, C, …의 어떤 조합의 형태로 되어 있는가를 표시하기 위하여는 다음과 같이 나타낼 수 있다.

$$[\,Q\,]=[\,\mathrm{A}^{\alpha}\cdot\mathrm{B}^{\beta}\cdot\mathrm{C}^{\gamma}\cdots\cdots\,]$$

위에서 α, β, γ…를 기본량 A, B, C, …에 관한 차원이라 하고, $[\mathrm{A}^{\alpha}, \mathrm{B}^{\beta}, \mathrm{C}^{\gamma}\cdots\cdots]$를 물리량 Q의 차원식이라 한다. 유체역학에서 사용하는 차원식에는 보통 다음의 두 가지 방식을 택해서 사용해 오고 있다.

즉, 기본량을 질량(mass)=[M], 길이(length)=[L], 시간(time)=[T]로 하는 [MLT]계와 힘(force)=[F], 길이(length)=[L], 시간(time)=[T]를 기본량으로 하는 [FLT]계이다. 예를 들면

$$\left.\begin{aligned}[\text{속도}] &= \frac{[\text{거리}]}{[\text{시간}]} = \frac{[L]}{[T]} = [\mathrm{LT^{-1}}] \\ [\text{힘}] &= [\text{질량}]\times[\text{가속도}] = [\mathrm{M}]\cdot\frac{[L]}{[T^2]} = [\mathrm{MLT^{-2}}]\end{aligned}\right\}\ [\mathrm{MLT}]\text{계}$$

$$\left.\begin{aligned}[\text{압력}] &= \frac{[\text{힘}]}{[\text{면적}]} = \frac{[F]}{[L^2]} = [\mathrm{FL^{-2}}] \\ [\text{질량}] &= \frac{[\text{힘}]}{[\text{가속도}]} = \frac{[F]}{\left[\frac{L}{T^2}\right]} = [\mathrm{FL^{-1}\,T^2}]\end{aligned}\right\}\ [\mathrm{FLT}]\text{계}$$

와 같이 표시한다. 즉 [F]=[MLT^{-2}]이다.

또, 물리적 현상을 나타내는 등식 $A=B+C$가 있을 때 단위와 관계없이 A와 $B+C$가 같은 값을 가지며, 각 항 A, B, C가 동일한 차원을 가질 때 $A=B+C$의 식은 차원동차(次元同次, dimensionally homogeneous)라 한다.

물리학이나 공학에서 취급하는 모든 기본관계식은 차원동차이고 이들 기본관계식으로부터 유도되는 모든 관계식들도 물론 차원동차이다.

그러므로 차원을 확인하는 일은 유체역학상의 문제를 풀어서 얻는 방정식의 옳고 그름을 판단하는 척도가 된다. 유체역학에서 흔히 다루어지는 물리량들의 차원과 단위를 〈표 1-1〉에 나타낸다.

(2) 단위(unit)

물리량의 크기는 일정한 기본의 크기를 정해 놓고 이 기본량과의 비로써 나타내는데, 이 기본량을 단위라 한다.

일반적으로 물리학에서는 기본량을 질량, 길이, 시간으로 하고, 이들의 단위를 기본으로 하여 다른 단위를 유도하는 절대단위계(absolute unit system)를 사용하고 공학에서는 질량 대신에 힘과 함께 중력을 생각하여 힘(중력), 길이, 시간을 기본 단위로 삼는 중력단위계 즉 공학단위계(technical unit system)를 사용한다.

〈표 1-1〉 물량치들의 단위와 차원

양	공학단위	SI단위	MLT계	FLT계
길 이	m	m	$[L]$	$[L]$
질 량	$kg_f \cdot s^2/m$	kg	$[M]$	$[FL^{-1}T^2]$
시 간	s	s	$[T]$	$[T]$
면 적	m^2	m^2	$[L^2]$	$[L^2]$
체 적	m^3	m^3	$[L^3]$	$[L^3]$
속 도	m/s	m/s	$[LT^{-1}]$	$[LT^{-1}]$
가 속 도	m/s^2	m/s^2	$[LT^{-2}]$	$[LT^{-2}]$
각 속 도	rad/s	rad/s	$[T^{-1}]$	$[T^{-1}]$
비 중 량	kg_f /m3	$kg/m^2 \cdot s^2$	$[ML^{-2}T^{-2}]$	$[FL^{-3}]$
밀 도	$kg_f \cdot s^2/m^4$	kg/m^3	$[ML^{-3}]$	$[FL^{-4}T^2]$
운 동 량	$kg_f \cdot s$	kg · m/s	$[MLT^{-1}]$	$[FT]$
힘 , 무 게	kg_f	N, $kg \cdot m/s^2$	$[MLT^{-2}]$	$[F]$
토 크	kg · m	$kg \cdot m^2/s^2$	$[ML^2T^{-2}]$	$[FL]$
압 력 (응 력)	kg_f/cm^2	N/m_2(Pa), bar	$[ML^{-1}T^{-2}]$	$[FL^{-2}]$
에 너 지 , 일	$kg_f \cdot m$	J, N · m, $kg \cdot m^2/s^2$	$[ML^2T^{-2}]$	$[FL]$
동 력	$kg_f \cdot m/s$	W, $kg \cdot m^2/s^3$	$[ML^2T^{-3}]$	$[FLT^{-1}]$
점 성 계 수	$kg_f \cdot s/m^2$	$N \cdot s/m^2$	$[ML^{-1}T^{-1}]$	$[FL^{-2}T]$
동 점 성 계 수	m^2/s	m^2/s	$[L^2T^{-1}]$	$[L^2T^{-1}]$
온 도	℃, K	K	$[T]$	$[T]$
공 학 기 체 상 수	$\frac{kg_f \cdot m}{kg_m \cdot k}$	J/kg · K	$[LT^{-1}]$	$[LT^{-1}]$

그러나 각 나라마다 사용되고 있는 단위들이 통일되어 있지 않아 국제적인 학문의 교류와 연구에 많은 불편이 있어 이를 시정하기 위하여 근래에 와서 국제적으로 통일된 단위인 SI단위계(systéme international d'unites)를 채택하여 사용키로 하였다. 한국 공업 규격도 이 단위제를 채택하고 있다.

1 절대단위계

길이, 질량, 시간의 단위로 각각 m, kg_m(여기서 m은 mass, 즉 질량을 나타내는 kg이라는 뜻), sec를 기본단위로 하는 절대단위계를 MKS(Meter, Kilogram, Second) 단위계라 하고, 이 단위계에서는 힘의 단위로 N(Newton)을 사용한다.

1N이란 질량 1kg의 물체에 1m/sec^{2}의 가속도를 생기게 하는 힘으로써 Newton의 운동법칙에 의하여 $f = m \cdot a$, 즉

$$1\text{N} = 1\text{kg}_m \times 1\text{m/sec}^2 = 1\text{kg}_m \cdot \text{m/sec}^2$$

이 된다.

이에 대하여 길이, 질량, 시간의 단위로 cm, g, sec를 기본단위로 한 절대단위계를 CGS(Centimeter, Gram, Second) 단위계라 한다. 이 단위계의 힘의 단위는 질량 1g의 물체에 1cm/sec^{2}의 가속도를 생기게 하는 힘으로써 이것을 1dyne이라 한다. 즉

$$1\text{dyne} = 1\text{g} \times 1\text{cm/sec}^2 = 1\text{g} \cdot \text{cm/sec}^2$$

이다. 그러므로

$$\begin{aligned} 1\text{N} &= 10^3\text{g} \times 10^2\text{cm/sec}^2 = 10^5\text{g} \cdot \text{cm/sec}^2 \\ &= 10^5\text{dyne} \end{aligned}$$

이 된다.

2 공학단위계

길이, 중력, 시간을 기본단위로 한 단위계를 말하며 이들로부터 유도된 단위이다. 길이, 시간의 단위로 m, sec를 사용하고 중력의 단위로는 질량 1kg의 물질에 중력가속도 9.8m/sec^{2}이 작용할 때의 크기를 1kg중, 즉 1kg$_f$로 표시하여 사용한다. 여기서 힘은 질량 1kg의 물질에 가속도 9.8m/sec^{2}을 낼 수 있는 크기를 중력의 단위와 마찬가지로 하여 1kg$_f$로 표시한다. 그러므로 절대단위와 공학단위와의 관계를 나타내면 다음과 같다.

$$1\text{kg}_f = 1\text{kg}_m \times 9.8\text{m/sec}^2 = 9.8\text{ N}$$
$$1\text{N} = \frac{1}{9.8}\text{kg}_f \fallingdotseq 0.102\text{ kg}_f$$
$$1\text{dyne} = 1.02 \times 10^{-6}\text{ kg}_f$$

또한, 질량 1kg을 공학단위로 표시하면 다음과 같이 된다.

$$1kg_f = 1kg_m \times 9.8\ \frac{m}{sec^2}$$

$$\therefore\ 1kg_m = 0.102kg_f \cdot sec^2/m$$

3 SI단위계

SI단위는 다음의 〈표 1-2〉에 나타낸 바와 같이 통상 7개의 기본단위와 2개의 보조단위, 5개의 유도단위를 사용하는 일관된 단위제란 점과 모두 10진법으로 되어 있어 공학

〈표 1-2〉 SI단위계의 기본단위, 보조단위, 유도단위

양	SI 기본단위의 명칭	기 호
길이	미터	m
질량	킬로그램	kg
시간	초	s
전류	암페어	A
열역학온도	캘빈	K
물질의 양	몰	mol
광도	칸델라	cd

양	SI 보조단위의 명칭	기 호
평면각	라디안	rad
입체각	스테라디안	sr

양	SI조립단위의 명 칭	기호	SI기본단위 또는 SI보조단위에 의한 표시법, 또는 다른 SI조립단위에 의한 표시법
주파수	헤르츠	Hz	$1Hz=1s^{-1}$
힘	뉴턴	N	$1N=1kg \cdot m/s^2$
압력, 응력	파스칼	Pa	$1Pa=1N/m^2$
에너지, 일, 열량	줄	J	$1J=1N \cdot m$
공률	와트	W	$1W=1J/s$

단위에 비하여 사용적인 측면에서 훨씬 합리적이고 편리하게 구성되어 있다.

또한, 질량은 언제나 kg의 단위로 표시되고, 힘(또는 무게)은 항상 N으로 표시하므로 일반적인 공학단위계에서처럼 질량과 중량(무게)과의 혼동을 일으킬 염려가 전혀 없는 것이다.

여기에서 절대단위와, 공학단위, SI 단위와의 상관관계를 기본단위와 유도단위로 나누어서 〈표 1-3〉에 표시한다. 또한, 단위에 곱해지는 배수의 접두어를 〈표 1-4〉에 표시한다.

〈표 1-3〉 각 단위계에서의 비교와 상관 관계

구 분		절대단위	공학단위	SI단위
기본단위	길 이	m	m	m
	질 량	kg_m (=kg)	$\frac{kg \cdot s^2}{m}$	$\frac{N \cdot s^2}{m}$
	시 간(초)	second (=s)	s	s
유도단위	힘	$kg \times \frac{m}{s^2} = \frac{kg \cdot m}{s^2}$	kg_f	N
	일, 에너지	$\frac{kg \cdot m}{s^2} \times m = \frac{kg \cdot m^2}{s^2}$	$kg_f \cdot m$, kcal	$N \cdot m = J$
	동 력	$\frac{\frac{kg \cdot m^2}{s^2}}{s} = \frac{kg \cdot m^2}{s^3}$	$\frac{kg_f \cdot m}{s}$, HP, P · S	$\frac{J}{s} = \dot{W}$
	압 력	$\frac{\frac{kg \cdot m}{s^2}}{m^2} = \frac{kg}{m \cdot s^2}$	$\frac{kg_f}{m^2}$	$\frac{N}{m^2}$ =Pa

예제 1-1 동력의 차원을 [MLT]계의 차원과 [FLT]계의 차원으로 나누어서 구하시오.

풀이 먼저 동력의 물리적 의미를 생각하면 단위시간당 행한 일의 양을 의미하므로

$$[동력] = \frac{[일의\ 양]}{[시간]} = \frac{[힘] \times [거리]}{[시간]}$$

∴ [MLT]계의 차원은 $[힘] = [질량] \times [가속도]$

$$= [M] \times \frac{[L]}{[T^2]} = [MLT^{-2}]$$ 이므로

〈표 1-4〉 단위에 곱해지는 접두어

단위에 곱해지는 배수	접두어		단위에 곱해지는 배수	접두어	
	명 칭	기 호		명 칭	기 호
10^{24}	요 타	Y	10^{-1}	데 시	D
10^{21}	제 타	Z	10^{-2}	센 티	c
10^{18}	엑 사	E	10^{-3}	밀 리	m
10^{15}	페 타	P	10^{-6}	마이크로	μ
10^{12}	테 라	T	10^{-9}	나 노	n
10^{9}	기 가	G	10^{-12}	피 코	p
10^{6}	메 가	M	10^{-15}	펨 토	f
10^{3}	킬 로	K	10^{-18}	아 토	a
10^{2}	헥 토	H	10^{-21}	젭 토	z
10	데 카	DA	10^{-24}	욕 토	y

$$[\text{동력}] = \frac{[MLT^{-2}] \times [L]}{[T]} = \frac{[\mathrm{ML^2}]}{[T^3]} = [\mathrm{ML^2T^{-3}}]$$

[FLT]계의 차원은 [힘]=[F]

$$[\text{동력}] = \frac{[F] \times [L]}{[T]} = [\mathrm{FLT^{-1}}]$$

예제 1-2 질량 1kg인 물체를 저울로 달았더니 눈금이 $10\mathrm{kg}_f$를 가리켰다. 이곳에서의 중력가속도는 얼마인가?

[풀이] $W = M \cdot g$ 에서 질량 $M = 1\mathrm{kg}_m$, 무게 $W = 10\mathrm{kg}_f$

즉, $10\mathrm{kg}_m \times 9.8\mathrm{m/s^2} = 98\mathrm{kg}_m \cdot \mathrm{m/s^2}$

$$\therefore g = \frac{W}{M} = \frac{98\mathrm{kg}_m \cdot \mathrm{m/s^2}}{1\mathrm{kg}_m} = 98 \cdot \mathrm{m/s^2}$$

예제 1-3 질량 4kg인 물체가 중력가속도 $1.64\mathrm{m/s^2}$인 어느 혹성에서의 무게는 몇 N이겠는가?

풀이 $W=M\cdot g$ 에서 질량 $M=4\text{kg}_m$, 중력가속도 $g=1.64\text{m/s}^2$

$\therefore$ 무게 $W=4\text{kg}_m\times 1.64\text{m/s}^2$

$=6.56\text{kg}_m\cdot \text{m/s}^2=6.56\text{N}$

1-6 밀도, 비체적, 비중량, 비중

(1) 밀도(density)

물질의 밀도는 질량입자의 농도를 나타내는 척도로서 단위체적당의 질량으로 나타내며 비질량(比質量, specific mass)이라고도 한다. 지금 어떤 물체의 질량을 M, 체적을 V라 하면 그 물체의 밀도 ρ는 다음과 같이 구한다.

$$\rho=\frac{M}{V} \tag{1-6-1}$$

그러므로 밀도의 절대계의 차원은 $[ML^{-3}]$이고 공학계의 차원은 $[FT^{2}L^{-4}]$이며 단위는 kg_m/m^3 또한 $\text{kg}_f\cdot \text{s}^2/\text{m}^4$이다.

(2) 비체적(比體積, specific volume)

비체적 v_s는 단위질량의 유체가 가지는 체적을 말하며 밀도 ρ의 역수이다.

$$v_s=\frac{V}{M}=\frac{1}{\rho} \tag{1-6-2}$$

그런데 공학단위계에서는 1kg의 질량에 작용하는 중력의 크기를 1kg_f로 정의하므로 비체적 v_s는 다음과 같다.

$$v_s=\frac{V}{W}=\frac{1}{\gamma} \tag{1-6-3}$$

(3) 비중량(比重量, specific weight)

비중량 γ는 단위체적이 가지는 유체의 무게로 정의한다.

$$\gamma = \frac{W}{V} \tag{1-6-4}$$

그런데 유체의 무게 W는 질량과 $W = \mathrm{m} \cdot \mathrm{g}$의 관계가 있으므로 다음과 같이 나타낼 수 있다.

$$\gamma = \frac{m \cdot g}{V} = \rho \cdot g \tag{1-6-5}$$

지금 표준대기압 하에서 4℃인 순수한 물의 밀도 ρ와 비중량 γ와의 값을 각 단위계로 나누어서 알아보면

$$\rho = 1000\mathrm{kg}_m/\mathrm{m}^3 = 102\,\frac{\mathrm{kg}_f \cdot \mathrm{s}^2}{\mathrm{m}^4}$$

$$\gamma = 1000\mathrm{kg}_f/\mathrm{m}^3 = 9800\,\frac{\mathrm{N}}{\mathrm{m}^3}$$

이다. 그러므로 중력가속도가 동일한 위치에서는 비중량의 값과 밀도의 값은 동일한 수치로 표시되며 비중량은 지역적인 중력가속도의 수치에 따라 좌우되는 값이므로 유체 자체가 가지는 고유한 물성치는 아니다.

(4) 비중(specific gravity)

비중 S는 어떤 물질의 밀도와 같은 상태(압력, 온도) 하에서의 물의 밀도와의 비로써 나타낸다. 지금 물의 밀도와 비중량을 ρ_w, γ_w로 표시하고 어떤 물체의 밀도와 비중량을 ρ, γ로 나타내면 비중 S는

$$S = \frac{\rho}{\rho_w} = \frac{\gamma}{\gamma_w} \tag{1-6-6}$$

이다. 보통 상온(常溫)에서 물의 비중량 $\gamma_w = 1000\dfrac{kg_f}{m^3}$ 이므로 어떤 물체의 비중량 γ는 다음의 식으로 구할 수 있다.

$$\gamma = \gamma_w \cdot S = 1000 \cdot S \ (kg_f\ /m^3) \tag{1-6-7}$$

표준대기압 하에서 온도의 변화에 따르는 물의 물리적 성질을 〈표 1-5〉에 나타낸다.

〈표 1-5〉 표준대기압($1.0332 kg_f\ /cm^2$)에서의 물의 성질

온도 [℃]	비중량 γ [$kg_f m^3$]	밀도 ρ [$kg \cdot s^2/m^4$]	비체적 $v_s \times 10^3$ [m^3/kg_f]	점성계수 $\mu \times 10^5$ [$kg_f \cdot s/m^2$]	동점성계수 $\nu \times 10^7$ [m^2/s]	표면장력 $T \times 10^4$ [$kg_f\ /m$]	증기압 p_v [$kg_f\ /m^2$]
0	991.1	101.06	1.0002	18.29	17.94	77.12	62
5	1000.0	101.97	1.0000	15.49	15.20	73.34	89
10	999.7	101.94	1.0003	13.36	13.10	75.57	125
15	999.1	101.88	1.0009	11.67	11.46	74.80	174
20	998.2	101.79	1.0018	10.28	10.11	74.01	238
25	997.0	101.67	1.0030	9.13	8.97	73.22	323
30	995.6	101.53	1.0044	8.16	8.04	72.44	432
35	994.0	101.37	1.0060	7.35	7.25	71.61	573
40	992.2	101.18	1.0078	6.66	6.56	70.79	752
45	990.2	100.98	1.0099	6.08	6.02	69.94	977
50	988.9	100.76	1.0121	5.60	5.56	69.08	1257
55	985.7	100.52	1.0145	5.17	5.15	68.21	1605
60	983.2	100.26	1.0171	4.79	4.78	67.34	2031
65	980.6	99.99	1.0198	4.46	4.46	66.45	2550
70	977.8	99.71	1.0227	4.15	4.16	65.54	3177
75	977.8	99.41	1.0258	3.88	3.91	64.64	3931
80	971.8	99.10	1.0290	3.64	3.67	63.73	4829
85	968.6	98.77	1.0324	3.43	3.47	62.80	5894
90	965.3	98.44	1.0359	3.23	3.27	61.88	7149
95	961.9	98.09	1.0396	3.05	3.11	60.94	8619
100	958.4	97.73	1.0434	2.90	2.96	59.96	10332

[비고] g=9.80665m/s²
표면장력은 공기와 접촉한 경우

예제 1-4 어떤 물체의 중량이 20N이고 비중이 0.9라면, 이 물체의 체적은 얼마인가?

풀이 $\gamma = \rho \cdot g = \frac{W}{V}$

$$\therefore \mathrm{V} = \frac{W}{\rho \cdot g}(\mathrm{m}^3) = \frac{W \times 10^3}{10^3 \times s \cdot g}(l)$$

$$= \frac{20\mathrm{N} \times 10^3}{10^3 \frac{\mathrm{kg}_m}{\mathrm{m}^3} \times 0.9 \times 9.8 \frac{\mathrm{m}}{\mathrm{s}^2}} = 2.27(l)$$

예제 1-5 지금 무게가 40 N이고 부피가 4 *L*인 액체가 있다. 이 액체의 비중량, 밀도 및 비중을 구하면 얼마가 되겠는가?

풀이 $\gamma = \frac{40\mathrm{N}}{\frac{4}{1000} \times \mathrm{m}^3} = 10000\mathrm{N/m}^3 = 10\mathrm{KN/m}^3$

$$\rho = \frac{\gamma}{g} = \frac{10000 \frac{\mathrm{N}}{\mathrm{m}^3}}{9.8 \frac{\mathrm{m}}{\mathrm{s}^2}} = 1020(\mathrm{N} \cdot \mathrm{s}^2/\mathrm{m}^4 = \mathrm{kg}_m/\mathrm{m}^3)$$

$$S = \frac{\gamma}{\gamma_w} = \frac{10000 \frac{\mathrm{N}}{\mathrm{m}^3}}{9800 \frac{\mathrm{N}}{\mathrm{m}^3}} = 1.02$$

1-7 점성과 Newton의 점성법칙

(1) 점성(粘性)

유체입자와 입자 사이에 서로 상대운동이 일어날 때, 즉 유체층 사이에 상대운동이 발생할 때에 이 상대운동을 방해하는 성질(저항하는 성질)을 유체의 점성이라고 한다. 유체는 외부에서 전단력이 가해지면 유체 내부에 전단응력이 발생하여 가해진 힘과 평형을 이루면서 계속적으로 변형(유동)한다.

유체의 점성은 유체의 거동상태를 해석하는 데 있어서 아주 중요한 의미를 갖는다. 유체의 점성은 두 인접하는 유체층 사이에 상대운동이 존재할 때 분자상호간에 서로 작용하는 분자응집력(molecular cohesive force)과 분자운동에 의하여 생기는 운동량 교환에 기인한다. 그러므로 유체의 점성은 분자응집력과 분자운동량 교환으로 일어나는 중첩효과이다.

기체분자는 주어진 공간을 자유로이 운동하므로 분자 사이의 응집력을 무시할 수 있는 데 반하여 액체분자는 분자와 분자가 서로 응집된 상태에서 유동한다. 그러므로 기체의 점성은 이 분자 사이의 운동량의 교환과정과 운동량의 전달과정이 지배하고 액체의 점성은 분자응집력이 지배한다.

일반적으로 유체의 점성계수는 온도에 따라서 크게 변화하며 기체와 액체의 경우 점성계수와 온도와의 관계는 서로 상반된다. 즉, 액체가 흐를 때 마찰력의 원인이 되는 점성은 액체분자간의 응집력에 의한 것으로서 온도가 상승하면 응집력은 급격히 감소한다. 따라서 액체의 점성계수는 온도가 상승함에 따라 감소한다. 액체에서는 분자운동에 의한 운동량 교환은 분자 사이의 응집력에 비하면 작고 전단응력과 점성계수는 바로 이 응집력의 크기에 주로 관계되며 이 힘은 이웃하는 분자들을 서로 상대적으로 고정된 위치를 유지하려고 하고 상대적 운동에 저항하려고 한다. 반면에 기체가 유동할 때에는 분자 사이의 응집력 때문에 생기는 것이 아니라 분자간의 충돌로 인한 충격력 때문에 생기는 것이므로 온도가 상승하면 분자 사이의 충돌은 더욱더 활발해지므로 결과적으로는 운동량의 증가를 가져와서 많은 저항을 초래하여 점성계수도 증가한다. [그림 1-3]에서 몇 가지 액체와 기체의 점성계수가 온도에 따라 어떻게 변하는가를 표시한다.

(2) Newton의 점성법칙

모든 유체는 위에서 설명한바 점성을 가지고 있음을 알 수 있다. 이 유체의 흐름을 일차원 흐름으로 간주할 경우 어느 속도 내에서는 층류유동을 하게 된다. 그러므로 [그림 1-4]에서와 같이 유체의 층과 층 사이에는 유속이 다르게 형성된다.

점 1과 그 사이의 거리가 dy이고 점 1에서의 속도를 u, 점 2에서의 속도를 $(u+du)$ 라고 하면 점 1을 통과한 유체입자가 dt시간 동안에 움직여 간 거리는 $d_1 = u \cdot dt$, 점 2에

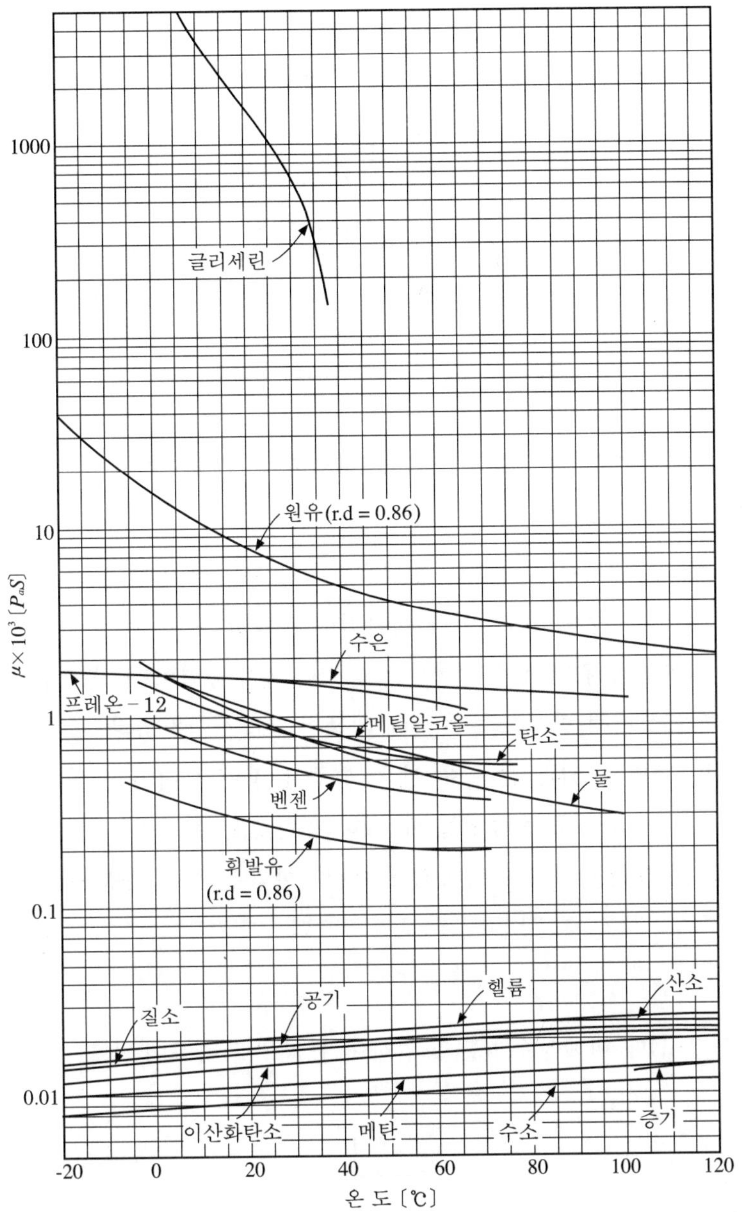

[그림 1-3] 일반 유체의 점성

서는 $d_2=(u+du)\cdot dt$가 된다. 그러므로 1과 2의 유체층 사이에서 발생하는 상대적 변위는 $\dfrac{(d_2-d_1)}{dy}=\dfrac{du\cdot dt}{dy}=\dfrac{du}{dy}dt$로 나타낼 수 있다. 그러나 아주 미소한 응력을 받고 있는 유체유동에서 연속적으로 작용하는 일정한 응력의 결과는 [그림 1-4]에서와 같이 아

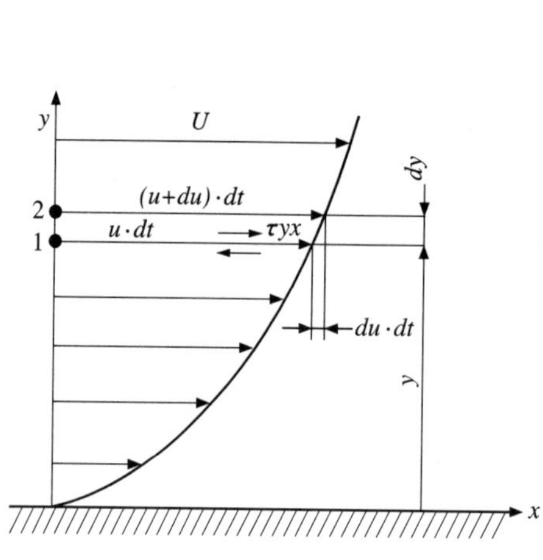

[그림 1-4] 서로 인접해 있는 유체층 사이의 속도 변화

주 작은 변형으로 간주할 수 있으므로 유체유동에서 응력은 변형률에 관련된다. 유동하고 있는 유체의 층 사이에는 마찰력이나 전단력이 존재한다.

이 전단력에 의하여 단위면적에 발생하는 응력을 전단응력이라 하고 τ로 표기하며 뉴턴은이 전단응력을 상대적 변형; 즉 $\frac{du}{dy}$에 비례한다고 생각하였다.

실험에 의하면 [그림 1-5]와 같은 두 개의 평행한 평판 사이에 점성유체를 가득 채우고 위의 평판을 일정속도 u로 운동시킬 때 요하는 힘 F는 운동하는 평판의 넓이 A와 속도 u에 비례하고 두 평판사이의 수직거리에 반비례한다는 것이 증명되었다. 즉

$$F \propto A \cdot \frac{u}{y} \tag{1-7-1}$$

여기서 식 (1-7-1)에 비례상수 μ를 도입하여 등식으로 바꾸어 쓰면

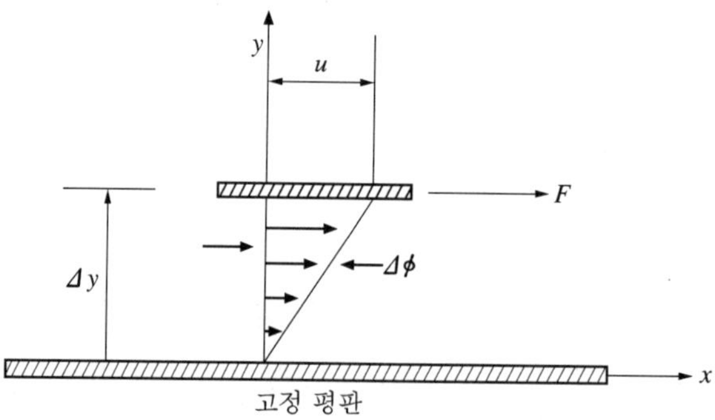

[그림 1-5] 두 개의 평판 사이의 속도 분포

$$\frac{F}{A} = \mu \cdot \frac{u}{y} \tag{1-7-2}$$

즉, 식 (1−7−2)의 $\frac{F}{A}$는 위에서 언급한 전단응력 τ를 말하는 것으로 뉴턴이 착안하여 제시한 식

$$\left(\frac{F}{A} = \right) \tau = \mu \cdot \frac{du}{dy} \tag{1-7-3}$$

과 같은 의미를 갖는 것이다. 식(1−7−3)을 뉴턴의 점성법칙이라 하고 비례상수 μ를 점성계수, $\frac{du}{dy}$ 를 속도기울기(속도구배) 또는 각변형속도라 한다. 그러므로 유체입자들이 평행으로 직선운동을 할 때 유체 내에 발생하는 전단응력은 유체의 속도 기울기에 비례하는 것이다.

뉴턴의 점성법칙은 유체내 저항의 모든 문제에 있어서 그 기초가 되므로 그 의미나 제한성에 유의하여야 한다.

첫째, 뉴턴의 점성법칙에서 압력의 요소가 없는 것은 τ와 μ가 압력에는 무관하여 유체마찰에 있어서는 압력이 큰 역할을 하는 움직이는 고체간의 마찰과는 상당히 다르다는 것을 보여 준다.

둘째, 임의의 전단응력은 작은 값이라도 작용하는 접선방향 힘은 속도기울기를 일으켜야 하므로, 즉 인접하는 유체층간의 상대운동을 일으킴으로 흐름을 발생하게 한다.

셋째, $\frac{du}{dy} = 0$, 즉 정지상태에 있는 점성유체의 전단응력은 점성계수의 크기에 관계없이 0이 될 것이다.

넷째, 속도형태(velocity profile)는 고체경계면에서는 접하지 않을 것이다. 이것은 경계면에서 무한의 속도기울기와 유체와 고체 사이의 무한한 전단응력을 의미한다.

다섯째, 뉴턴의 점성법칙은 층류의 유체유동에 제한된다. 그리고 이 식은 고체경계면에서 속도가 0, 즉 유체와 고체간에 미끄러짐이 있을 수 없다는 것을 알 수 있다.

점성계수 μ의 차원은 다음과 같이 결정된다. [MLT계]의 차원은 뉴턴의 점성법칙에서

$$\tau = \frac{F}{A} = \mu \cdot \frac{du}{dy}$$

$$\therefore \mu = \frac{F}{A} \cdot \frac{dy}{du} = \frac{[MLT^{-2}]}{[L^2]} \times \frac{[L]}{[LT^{-1}]}$$

$$=[ML^{-1} \cdot T^{-1}]$$

또한, [FLT 계]의 차원은 마찬가지 방법으로

$$\mu = \frac{F}{A} \cdot \frac{dy}{du} = \frac{[F]}{[L^2]} \times \frac{[L]}{[LT^{-1}]}$$

$$=[FTL^{-2}]$$

이다. μ의 단위는 $\frac{kg_f \cdot s}{m^2}$, $\frac{N \cdot s}{m^2}$, $\frac{dyne \cdot s}{cm^2}$ 등으로 표시되며, 실용단위로서는 푸아즈(Poise, 기호는 P), 센티푸아즈(centi–Poise, 기호는 cP)를 사용한다. 즉

$$1Poise = 1\frac{g_m}{cm \cdot sec} = 1\frac{dyne \cdot s}{cm^2}$$

$$=0.1\frac{N \cdot s}{m^2}$$

$$=\frac{1}{98}\frac{kg_f \cdot s}{m^2}$$

$$= 100centi\text{–}Poise$$

이다. 그런데 유체역학에서 유체 유동을 다룰 때에는 점성계수 μ보다 이것을 밀도 ρ로 나누어서 적용하는 경우가 많은데 이 점성계수 μ와 밀도 ρ의 비의 값을 동점성계수(動粘性係數, coefficient of kinematic viscosity) 또는 동점도(動粘度, kinematic viscosity)라고 하고 ν로 표기하여 사용한다.

$$\nu = \frac{\mu}{\rho} \tag{1-7-4}$$

ν의 차원은 $[L^2T^{-1}]$이며 단위는 $\frac{m^2}{s}$, $\frac{cm^2}{s}$를 사용한다. 특히, ν의 실용단위로서는 스토크(stoke, 기호는 st) 또는 센티스토크(centistoke, 기호는 cst)를 사용한다.

$$1 \text{ stoke} = 1\frac{cm^2}{s}$$

$$= 100 \text{ centistokes}$$

$$= 10^{-4}\frac{\text{m}^2}{\text{s}}$$

그런데 점성계수는 온도의 영향을 받으므로 동점성계수도 역시 온도의 영향을 받게 된다. 또한, 기체의 밀도는 기체의 상태방정식(Boyle-Charles'Law)에서 압력과 온도의 함수이므로 기체의 경우 동점성계수는 압력과 온도의 함수이며 액체의 경우는 온도만의 함수이다.

Helmholtz는 Poiseulli의 실험식을 사용하여 온도(0℃~100℃의 범위)에 따르는 물의 μ와 ν를

$$\mu = \frac{0.01779}{1+0.03368t+0.00022099t^2}\ \text{Poise} \qquad (1-7-5)$$

$$\nu = \frac{0.01779}{1+0.03368t+0.00022099t^2}\ \text{stokes} \qquad (1-7-6)$$

(단, t는 섭씨온도이다)

로 계산하였고, Gindly와 Gibson은 공기의 μ를

$$\mu = 0.0001702(1+0.00329t+0.000007t^2)\text{Poise} \qquad (1-7-7)$$

로, 또 Sutherland는 기체의 점성에 대한 관계식으로부터 다음과 같은 실험식을 세웠다.

$$\mu = \mu_0 + \frac{273+c}{T+c}\left(\frac{T}{273}\right)^{\frac{3}{2}} \qquad (1-7-8)$$

여기에서 μ_0는 273°K에 있어서의 점성계수이며, c는 기체에 따라 정해지는 상수이다.

〈표 1-6〉과 〈표 1-7〉에서 공기와 물의 온도에 따른 특성을, [그림 1-6]에서 일반유체의 온도에 대한 ν의 곡선을 나타낸다.

일반적으로 뉴턴의 점성법칙을 만족시키는 유체를 뉴턴유체(Newtonian fluid), 그렇지 않은 유체를 비뉴턴유체(non-Newtonian fluid)라고 한다. 뉴턴유체는 식 (1-7-3)에서 점성계수 μ가 속도기울기 $\frac{du}{dy}$에 관계 없이 일정한 값을 갖는 유체를 말하는 것으로 [그림 1-7]에 나타나는 바와 같이 τ가 $\frac{du}{dy}$의 관계가 좌표상에서 원점을 지나는 직선이다. 물, 공기, 기름과 같이 많이 사용되는 그리 큰 끈기가 없는 유체가 이에 속한다.

〈표 1-6〉 공기의 특성

기호 \ 구분 \ 온도[℃]		0	10	20	40	60	80	100
ρ	공학단위 $[kg_f \cdot s^2/m^4]$	0.132	0.127	0.123	0.115	0.108	0.102	0.096
	SI단위 $[kg/m^3]$	1.252	1.206	1.164	1.092	1.025	0.942	0.916
γ	공학단위 $[kg_f /m^3]$	1.293	1.247	1.205	1.128	1.060	1.000	0.946
$\mu \times 10^{-6}$	공학단위 $[kg_f \cdot s/m^2]$	1.78	1.82	1.86	1.95	2.03	2.12	2.21
	SI단위 $[N \cdot s/m^2]$	17.456	17.848	18.240	19.123	19.907	20.790	21.673
$\nu \times 10^{-6}$	$[m^2/s]$	13.9	14.66	15.7	17.6	19.4	21.5	23.6

〈표 1-7〉 물의 특성

기호 \ 구분 \ 온도[℃]		0	10	20	40	60	80	100
ρ	공학단위 $[kg_f \cdot s^2/m^4]$	102.03	102.01	101.86	100.33	99.16	99.16	97.80
	SI단위 $[kg/m^3]$	999.9	999.7	998.2	992.2	983.2	971.8	958.4
γ	공학단위 $[kg_f /m^3]$	991.1	999.7	998.2	992.2	983.2	971.8	958.4
$\mu \times 10^{-6}$	공학단위 $[kg_f \cdot s/m^2]$	182.9	132.2	101.3	80.8	48.1	35.9	28.3
	SI단위 $[N \cdot s/m^2]$	1793.636	1296.439	993.414	792.377	471.670	352.059	277.528
$\nu \times 10^{-6}$	$[m^2/s]$	1.789	1.300	1.006	0.658	0.478	0.364	0.294

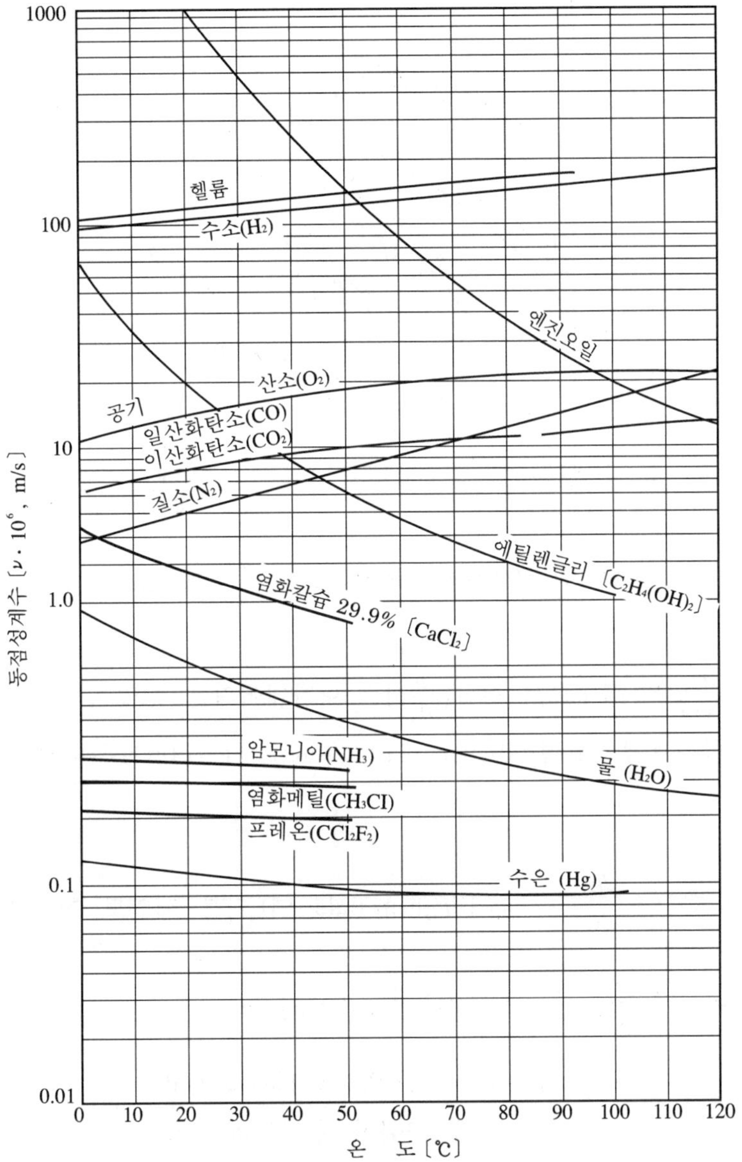

[그림 1-6] 일반유체의 동점계수

비뉴턴유체는 [그림 1-7]에서 보는 바와 같이 τ와 $\frac{du}{dy}$와의 관계가 직선이 아닌 유체이다. 즉 일정한 온도, 압력하라도 점성계수가 일정하지 않고 속도기울기나 변형을 받기 시작할 때부터의 시간에 따라 변하는 유체이다. 이 비뉴턴유체는 다음과 같이 세 가지로 나눌 수 있다.

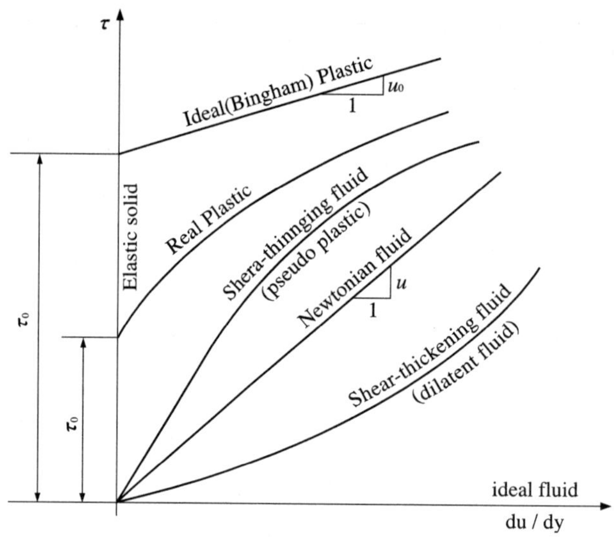

[그림 1-7] 뉴턴유체와 비뉴턴유체의 τ와 $\frac{du}{dy}$와의 관계

첫째, τ가 $\frac{du}{dy}$만의 함수로서 $\tau=f\left(\frac{du}{dy}\right)$로 나타내어지는 것으로 빙함유체(Bingham fluid), 슈드소성유체(塑性流體, Pseudo plastic fluid), 다일러턴트유체(Dilatant fluid)가 있다.

(a) $\tau=\tau_0+\mu\cdot\frac{du}{dy}$, $\tau>\tau_0$; Bingham fluid (예) 기름, 페인트, 치약 등

(b) $\tau=\mu\cdot\left(\frac{du}{dy}\right)^n$; n=1 일 때는 Newtonian fluid

n > 1 일 때는 Pseudo plastic fluid

(예) 고분자 및 펄프의 용액

n < 1 일 때는 Dilatant fluid

(예) 수지, 고온유리, 아스팔트 등

둘째, τ와 $\frac{du}{dy}$의 관계가 직선이 아니고 $\frac{du}{dy}$가 일정하더라도 변형을 받기 시작할 때부터의 시간에 따라 τ의 값이 변하기도 하고 이력현상(履歷現象)을 나타내는 것

셋째, 탄성체와 유체의 양쪽 성질을 다 가지는 것으로 변형된 후 힘을 제거하면 어느 정도 원래의 상태로 되돌아가는 유체를 말하는 것으로 점탄성유체(viscoelastic fluid)라

한다. 역청(pitch), 밀가루 반죽, 용해된 폴리머(melten polymer)가 이에 속한다.

이밖에 보다 복합적인 유성학적(rheological) 유체로써 물체의 변형과 유동에 관한 연구를 광범위하게 하는 흐름의 유동학(Rheology)은 성립하나 그의 저항이 $\tau = \mu \frac{du}{dy}$ 에 의하여 특성지어지지 않는 플라스틱, 혈액, 타르, 페인트와 식품과 같은 비뉴턴유체의 유동의 역학을 말한다.

예제 1-6 $1 \frac{kg_f \cdot s}{m^2}$ = 98 Poise임을 증명하시오.

풀이 1 Poise = $1 \frac{g_m}{cm \cdot s}$ 즉 절대단위계의 [c.g.s] 단위이므로

$$1 \frac{kg_f \cdot s}{m^2} = \frac{9.8 \frac{kg_m \cdot m}{s^2} \cdot s}{m^2} = 9.8 \frac{kg_m}{m \cdot s}$$

$$= 9.8 \frac{10^3 g_m}{10^2 cm \cdot s} = 98 \frac{g_m}{cm \cdot s}$$

$$= 98 \text{ Poise}$$

예제 1-7 상온에서 어떤 기체의 점성계수가 1.8 × 10-4 Poise이고, 밀도는 $1.203 \frac{kg}{m^3}$ 이었다. 이때의 점성계수의 값을 (a) $\frac{N \cdot s}{m^2}$, (b) $\frac{kg}{m \cdot s}$, (c) $\frac{kg_f \cdot s}{m^2}$ 의 단위로 환산하고, 또 동점성계수를 (d) stoke, (e) $\frac{m^2}{s}$ 의 단위로 계산하여라.

풀이 (a) 1.8×10^{-4} Poise $= 1.8 \times 10^{-4} \frac{g_m}{cm \cdot s}$

$$= 1.8 \times 10^{-4} \frac{dyne \cdot s}{cm^2}$$

$$= \frac{1.8 \times 10^{-4} \times 10^{-5} N \cdot s}{10^{-4}\ m^2} = 1.8 \times 10^{-5} \frac{N \cdot s}{m^2}$$

(b) $$1.8 \times 10^{-5} \frac{N \cdot s}{m^2} = 1.8 \times 10^{-5} \times \frac{\frac{kg_m \cdot m}{s^2} \cdot s}{m^2} = 1.8 \times 10^{-5} \frac{kg_m}{m \cdot s}$$

(c) $$1.8 \times 10^{-5} \frac{kg_m}{m \cdot s} = 1.8 \times 10^{-5} \times \frac{1}{9.8} \frac{kg_f \cdot s^2/m}{m \cdot s}$$

$$=1.8 \times 10^{-5} \times \frac{1}{9.8} \frac{kg_f \cdot s}{m^2}$$

$$\fallingdotseq 1.8367 \times 10^{-6} \frac{kg_f \cdot s}{m^2}$$

$$\text{(d)}\ \nu = \frac{\mu}{\rho} = \frac{1.8 \times 10^{-5} \dfrac{kg_m}{m \cdot s}}{1.203 \dfrac{kg_m}{m^3}} \fallingdotseq 1.5 \times 10^{-5} \frac{m^2}{s}$$

$$\therefore\ \nu = 1.5 \times 10^{-5} \frac{m^2}{s} = 1.5 \times 10^{-5} \frac{(10^2 cm)^2}{s} \fallingdotseq 0.15 \frac{cm^2}{s}$$

$$= 0.15\ \text{stoke}$$

$$\text{(e)}\ \nu = 1.5 \times 10^{-5} \frac{m^2}{s}$$

예제 1-8 두 개의 평판 사이를 점성계수가 0.98Pa · s인 유체가 흐를 때 속도분포가 u = $5y^{\frac{1}{2}}$(단, u: $\frac{m}{s}$, y:m)이라면 이때 벽에서 10cm 떨어진 곳에서의 속도기울기와 이 점에서의 전단응력을 구하여라.

풀이 속도기울기는 $\dfrac{du}{dy} = 5 \times \dfrac{1}{2} \cdot y^{-\frac{1}{2}} = \dfrac{5}{2\sqrt{y}}$

$$\therefore \left[\frac{du}{dy}\right]_{y=0.1m} = \frac{5}{2\sqrt{0.1}} \fallingdotseq 7.9\left[\frac{1}{sec}\right]$$

따라서 전단응력 τ는

$$\tau = 0.98\ Pa \cdot s \times 7.9 \frac{1}{sec} \fallingdotseq 7.75Pa$$

1-8 완전기체의 상태방정식

완전기체는 이상기체와 마찬가지로 실제로 존재하지 않으나 보통 분자의 크기에 비하여 분자와 분자 사이의 거리가 아주 큰 상태에 있는 기체를 완전기체로 취급한다. 그렇기 때문에 공기나 산소, 질소, 수소 등은 특히 고온고압인 경우를 제외하고는 완전기체로 취급할 수 있다.

열역학에서 이상기체에 대한 Boyle과 Charles의 법칙을 조합시킴으로써 얻어진 식 즉

$$Pv_s = RT \tag{1-8-1}$$

여기서 P는 절대압력, v_s는 비체적, R은 기체상수이고 T는 기체의 절대온도이다.

식 (1-8-1)을 완전기체의 상태방정식이라 하며, 이 식을 만족시키는 기체를 완전기체로 하여 취급한다. 그런데 여기에서 주의해야 할 것은 완전기체와 이상기체를 혼돈해서는 안 된다. 즉 이상기체는 마찰이 없는 비압축성 기체에만 적용되는 반면에 완전기체는 기체의 점성으로 인한 마찰전단응력이 작용되는 기체도 포함될 수 있으며 식 (1-8-1)로부터 압축이 되고 있는 기체에도 적용될 수 있다. 식 (1-8-1)은 $v_s = \dfrac{1}{\rho}$ 이므로 다음과 같이 나타낼 수 있다.

$$P = \rho RT \tag{1-8-2}$$

식 (1-8-1)은 단위질량의 기체에 대한 상태방정식이다. 임의의 질량 m에 대한 상태방정식은 식 (1-8-1)의 양변에 질량 m을 곱하면 얻을 수 있다.

$$Mpv_s = MRT$$

$$\therefore\ PV = MRT \tag{1-8-3}$$

여기에서 V[m^3]은 질량 m[kg]가 차지하는 체적이다.

아보가드로의 법칙(Avogadro's law)에 의하면 같은 온도와 압력하에 있는 모든 기체는 단위체적 속에 같은 수의 분자가 존재한다. 이 법칙을 적용함으로써 일반기체상수(universal gas constant)를 계산할 수 있다. 지금 두 종류의 기체가 서로 같은 온도 T와 같은 압력 p하에 있으며 이들의 밀도가 각각 ρ_1, ρ_2일 때 이 값들을 상태방정식에 대입하여 정리하면

$$\frac{R_1}{R_2} = \frac{\dfrac{P}{\rho_1 \cdot T}}{\dfrac{P}{\rho_2 \cdot T}}$$

위에서 p와 T는 같은 상태하에 있으므로

$$\therefore \ \frac{R_1}{R_2} = \frac{\rho_2}{\rho_1}$$

아보가드로의 법칙에서 단위체적 내에 있는 같은 수의 분자의 무게는 분자량 M에 비례하므로 기체의 밀도(또는 비중량)는 기체의 분자량 M에 비례한다. 즉

$$\frac{\rho_1}{\rho_2} = \frac{M_2}{M_1}$$

이므로

$$\frac{R_1}{R_2} = \frac{M_2}{M_1} \qquad \therefore \ M_1R_1 = M_2R_2 \tag{1-8-4}$$

따라서, 모든 기체의 분자량 M과 기체상수 R과의 곱은 항상 같은 값을 갖는다. 여기에서 $M \cdot R$의 값을 일반기체상수(universal gas constant)라고 하며 R_0로 나타낸다. 즉

$$M_1R_1 = M_2R_2 = \cdots = R_0 \tag{1-8-5}$$

기체의 질량 m을 분자량 M으로 나눈 값을 mol 수(n)라 하여 식 (1-8-3)에 적용하면

$$P \cdot V = n \cdot M \cdot R \cdot T$$

$$\therefore P \cdot \frac{V}{n} = M \cdot R \cdot T$$

위의 식에서 단위 mol수가 차지하는 체적을 표시한 $\frac{V}{n} = V_0$라 놓으면

$$P \cdot V_0 = R_0 \cdot T \tag{1-8-6}$$

그러므로 식 (1-8-6)은 완전기체 1kmol에 대한 상태식이 된다. 그러면 여기에서 식 (1-8-6)을 사용하여 표준상태(760mmHg, 0℃)하에서의 일반기체상수 R_0를 구해 보자.

지금, 표준상태하이므로 $\left\{ \begin{aligned} & p = 1.0332 \times 10^4 \frac{\text{kg}_f}{\text{m}^2} \\ & V_0 = 22.4 \frac{\text{m}^3}{\text{k} \cdot \text{mol}} \\ & T = 273\text{K} \end{aligned} \right\}$ 를 대입하면,

$$R_0 = \frac{P \cdot V_0}{T} = \frac{\left(1.0332 \times 10^4 \frac{\text{kg}_f}{\text{m}^2}\right) \times \left(22.4 \frac{\text{m}^3}{\text{k} \cdot \text{mol}}\right)}{273\text{K}}$$

$$\fallingdotseq 848 \frac{\text{kg}_f \cdot \text{m}}{\text{kg}_m \text{ mol} \cdot \text{K}} \qquad (1-8-7)$$

이다.

여기에서 기체상수 R의 단위를 Newton 단위계를 사용하여 구해보면 다음과 같다. 식(1-8-1)에 $P = \frac{\text{N}}{\text{m}^2}$ (=Pa), $v_s = \frac{\text{m}^3}{\text{kg}_m}$, T=K를 대입하면

$$[R] = \frac{P \cdot v_s}{T} = \frac{\left[\frac{\text{N}}{\text{m}^2}\right] \times \left[\frac{\text{m}^3}{\text{kg}_m}\right]}{[\text{K}]}$$

$$= \frac{\text{N} \cdot \text{m}}{\text{kg}_m \cdot \text{K}} = \left[\frac{\text{J}}{\text{kg}_m \cdot \text{K}}\right]$$

이 된다. 또 식(1-8-7)을 Newton 단위로 환산하여 보면 $1\text{kg}_f = 9.8\text{N}$ 이므로

$$R_0 = 848 \frac{\text{kg}_f \cdot \text{m}}{\text{k} \cdot \text{mol} \cdot \text{K}} = 848 \frac{9.8\text{N} \cdot \text{m}}{\text{k} \cdot \text{mol} \cdot \text{K}}$$

$$\fallingdotseq 8312 \frac{\text{J}}{\text{k} \cdot \text{mol} \cdot \text{K}} = 8312 \frac{\text{J}}{\text{kg}_m \cdot \text{K}}$$

이다. 그러나 보통 R의 단위는 위에서 언급한 바와 같이 혼잡성을 피하기 위하여 $\frac{\text{J}}{\text{kg}_m \cdot \text{K}}$ 또는 $\frac{\text{kg}_f \cdot \text{m}}{\text{kg}_m \cdot \text{K}}$ 로 사용한다.

일반 기체상수는 기체의 일반적인 특성을 표시하는 고유한 수치로써 질량 1kg의 기체 (또는 1kg분자량 = 1kmol)가 온도 1K 올라갈 때마다 외부에 대하여 한 일을 나타낸다.

〈표 1-8〉에 여러 가지 기체의 M, R, k의 값을 나타낸다.

〈표 1-8〉 여러가지 기체의 M, R, k의 값

기체명	분자량 M	기체 상수		비중량	$1kg_f/cm^2$, 20℃에 대한		단열지수 (비열비)
		공학단위 $R=\left[\frac{m}{K}\right]$	SI단위 $R=\left[\frac{kJ}{kg \cdot K}\right]$	$\gamma=\left[\frac{kg_f}{m^3}\right]$ (0℃, 760 mmHg)	정압비열 C_p	정적비열 C_v	$k=\frac{C_p}{C_v}$
공기(air)	28.96	29.27	0.2870	1.293	0.241	0.172	1.402
산소(O_2)	32.00	26.50	0.2598	1.429	0.218	0.156	1.399
질소(N_2)	28.00	30.26	0.2968	1.249	0.250	0.178	1.400
이산화탄소 (CO_2)	44.01	19.27	0.1889	1.965	0.202	0.156	1.301
일산화탄소 (CO)	28.01	30.29	0.2968	1.251	0.250	0.180	1.400
수소(H_2)	2.016	420.6	4.1240	0.0899	3.408	2.420	1.409
헬륨(He)	4.003	211.9	2.0780	0.1785	1.251	0.775	1.660
암모니아 (NH_3)	17.00	49.79	0.4882	0.7590	0.530	0.410	1.310

예제 1-9 온도가 100℃인 어떤 기체가 101.3 kPa의 압력을 받고 있다. 이 기체의 밀도, 비중량 및 비체적을 구하여라. 단, 이 기체의 분자량은 44이다.

풀이 $M \cdot R = 8312 \frac{J}{kg_m \cdot K}$ $\qquad \therefore R = \frac{8312}{44} \frac{J}{kg_m \cdot K}$

$$= 189 \frac{J}{kg_m \cdot K}$$

$\therefore P = \rho \cdot R \cdot T$에서 $\quad \rho = \dfrac{P}{R \cdot T}$

$$= \frac{101.3 \times 10^3 \dfrac{\text{N}}{\text{m}^2}}{189 \dfrac{\text{N} \cdot \text{m}}{\text{kg}_m \cdot \text{K}} \times (273+100)\text{K}} \fallingdotseq 1.44 \frac{\text{kg}_m}{\text{m}^3}$$

따라서, $\gamma = \rho \cdot g$

$$\therefore \gamma = 1.44 \frac{\text{kg}_m}{\text{m}^3} \times 9.8 \frac{\text{m}}{\text{s}^2} = 14.1 \frac{\text{N}}{\text{m}^3}$$

그런데 $v_s = \dfrac{1}{\rho}$

$$\therefore v_s = \frac{1}{1.44 \dfrac{\text{kg}_m}{\text{m}^3}} \fallingdotseq 0.69 \frac{\text{m}^3}{\text{kg}_m}$$

1-9 체적탄성계수와 압축률

(1) 체적탄성계수(bulk modulus of elasticity)

유체역학적으로 제현상을 다룰 경우 유체에 있어서 압축성을 고려하는가 않는가는 유체가 어떠한 상태하에 있는가에 따라 다르고 기체인가 액체인가에는 상관이 없다. 예를 들면 기체일지라도 절대압력에 비해서 압력 변화가 적으면 비압축성 유체로 취급해도 별 문제가 없지만 액체일지라도 관수로(管水路) 내에서의 수격작용(水擊作用, water hammering)과 같이 압력 변화가 급격히 발생하든지 할 경우에는 유체가 가지는 압축성은 중요한 문제가 되는 것이다. 따라서 강성(剛性)을 가지는 고체물질에서는 탄성의 척도로서 강체(剛體)에 작용된 응력과 길이의 변형율 사이의 비례상수인 탄성계수(modulus of elasticity)를 사용할 수 있으나 유체는 강성이 없으므로 작용한 압력과 체적 변화율 사이의 관계를 나타내기 위하여 체적탄성계수를 사용한다.

그러므로 유체는 압축에 의해서 저장된 탄성 에너지는 현상적(現想的)인 경우 가해진

압력을 제거하면 본래의 상태로 팽창되어 되돌아오게 된다. 특히 이러한 성질을 갖는 유체를 탄성유체라고 한다.

지금, [그림 1-8] (a)에서 알 수 있는 바와 같이 아무리 큰 힘을 가하여도 변형을 일으키지 않는 강체(鋼體)로 만들어진 튼튼한 용기 속에 탄성유체를 채웠을 때 이 유체의 본래의 체적을 V_0라고 하고 피스톤에 압력 p를 가하면 체적이 V_0에서 V로 감소되어 수축된다. 여기에서 용기에 가하여 변해진 압력 Δp와 축소된 체적의 변화율 $\frac{\Delta V}{V_0}$와의 관계는 [그림 1-8] (b)와 같은 곡선이 되며 이 곡선상에서 임의의 점에서의 기울기를 그 유체의 체적탄성계수라고 정의한다. 즉, 유체의 체적탄성계수를 E라 하면

$$E = -\frac{\Delta p}{\frac{\Delta V}{V_0}} \tag{1-9-1}$$

그런데 비체적 v_s와 체적 V 및 밀도 ρ 사이에는

$$\frac{\Delta V}{V_0} = \frac{\Delta v_s}{v_s} = -\frac{\Delta \rho}{\rho}$$

이 성립하며 또한, 비중량 γ와 밀도 ρ의 상대적인 증가는 체적 V의 상대적 감소와 같으므로 다음의 식이 성립한다.

$$E = \frac{dp}{\frac{d\gamma}{\gamma}} = \frac{dp}{\frac{d\rho}{\rho}} \tag{1-9-2}$$

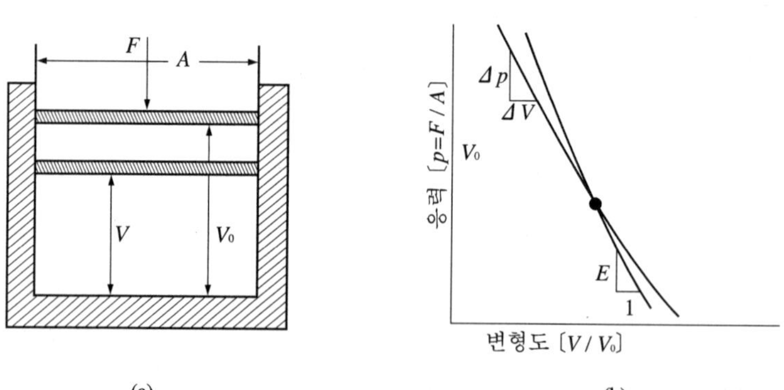

[그림 1-8] 변화한 압력 Δp와 체적 변화율 $\frac{\Delta V}{V_0}$와의 관계

[그림 1-8] (b)에서 보는 바와 같이 압력의 증가에 따라 곡선의 경사가 심한 것은 유체가 압축되면 될수록 비례해서 그 이상으로 그 유체를 압축시키는 것이 어려워짐을 나타내는 것이며, 이것은 분자 사이의 거리를 감소시키는 논리적인 귀결에 맞는 것이다.

유체의 체적탄성계수는 압력의 증가에 비례해서 그 값이 증가한다.

(2) 압축률(modulus of compressibility)

체적탄성계수 E의 역수를 압축계수 또는 압축률(modulus of compressibility)이라 하여 다음과 같이 나타낸다. 압축률을 β라 하면

$$\beta = \frac{1}{E} = -\frac{\frac{\Delta V}{V_0}}{dp} \tag{1-9-3}$$

즉, 압축계수는 압력의 증가에 따르는 체적감소율을 의미한다.

〈표 1-9〉에서 압력과 온도에 따르는 물의 압축률의 값을, 또 〈표 1-10〉에서 물 이외의 액체에 대한 압축률의 값을 나타낸다.

〈표 1-9〉에서 알 수 있는 바와 같이 물의 압축률의 값은 아주 작으므로 일반적인 경우에는 물을 비압축성 유체라고 하여도 무방하다. 그러나 고압관 내에 있어서의 수격작용과 같은 물의 유동에 급격한 변화를 일으킬 경우에는 물의 압축성을 고려하여야 한다.

체적탄성계수는 압력의 변화에 의하여 체적이 변화할 때 변환과정에 따라 서로 다른 값을 갖는다. 즉 공기나 산소와 같이 완전기체로 취급할 수 있는 기체가 등온변화(isothermal change, $P \cdot v_s = c$) 과정으로 압축될 때 체적탄성계수는 $P \cdot v_s = c$를 미분하여 식 (1-9-1)에 대입하면

$$E = P \tag{1-9-4}$$

단열변화(adiabatic change, $P \cdot v_s^k = c$) 과정으로 압축될 경우에는 체적탄성계수가 $P \cdot v_s^k = c$를 미분하고 식 (1-9-1)에 대입하여

$$E = k \cdot P \tag{1-9-5}$$

로 된다. 위의 식에서 $k = \frac{C_p}{C_v}$ (비열비, 단열지수, adiabatic exponent)이며 p는 절대압력을 말한다.

식 (1−9−1)과 식 (1−9−3)에서 [−]의 부호는 압력의 증가에 따라 체적이 감소한다는 것을 의미한다.

유체 속에서 어떠한 교란으로 발생되는 압력파는 강체에서와 같이 무한한 속도를 갖지 않고 유한한 속도로 전파된다. 유체 내에서의, 압력파의 전파속도는 체적탄성계수와 아주 밀접한 관계에 있다.

〈표 1-9〉 물의 압축률 β [cm^2/kg_f]

압력[atm] \ 온도	0	10	20
1~25	5.08×10^{-5}	4.84×10^{-5}	4.75×10^{-5}
25~50	4.99 〃	4.76 〃	4.61 〃
50~75	4.93 〃	4.58 〃	4.41 〃
75~100	4.86 〃	4.55 〃	4.38 〃
100~500	4.60 〃	4.33 〃	4.20 〃
500~1000	4.03 〃	3.82 〃	3.68 〃
1000~1500	3.46 〃	3.38 〃	3.27 〃

〈표 1-10〉 물 이외의 액체의 압축률[cm^2/kg_f]

0	0	10	20
수은	20	1~100	0.393×10^{-5}
바닷물	10	1~150	4.4 〃
글리세린	14.8	1~10	2.21 〃
에틸알코올	14	9~38	10.1 〃
메틸알코올	14.7	8~37	10.4 〃
벤졸	16	8~37	9 〃
올리브유	20	1~10	6 〃
석유	17	—	6.64 〃
옥탄	20	0~1	13.92 〃

유체 내에서 밀도와 압력의 변화에 의한 파동으로서 진행되는 압력파의 전파속도(음속) c는 다음 식으로 주어진다. 즉

$$c=\sqrt{\frac{dp}{d\rho}}=\sqrt{\frac{E}{\rho}} \tag{1-9-6}$$

일반적으로 상온(常溫)에서 수중에서의 음속은 1440m/s 정도이고 공기중에서는 336m/s이나 음속은 온도에 따라 변화하므로 공기중에서는 다음에 주어지는 식으로 계산된다. 온도를 t라고 하면

$$c = 331+0.6t \quad [℃] \tag{1-9-7}$$

극히 작은 압력파(음파)로 인한 유체의 밀도변화(체적변화)는 단열가역과정(isentropic process, 마찰이 없고 단열적인, 즉 열교환이 없는 과정)이므로 완전기체 중에서의 음속은 식 (1-9-6)에 $E=k\cdot p$를 대입하여 구할 수 있다.

$$c=\sqrt{\frac{k\cdot p}{\rho}} \tag{1-9-8}$$

또 이 식은 완전기체의 상태식에서 $\frac{p}{\rho}=R\cdot T$를 대입함으로써 다음과 같은 식을 얻을 수 있다.

$$c=\sqrt{k\cdot R\cdot T} \tag{1-9-9}$$

여기서, 만일 기체상수 R의 단위를 $\left[\frac{\mathrm{kg}_f\cdot \mathrm{m}}{\mathrm{kg}_m\cdot \mathrm{K}}\right]$로 사용하면 음속은 다음 식으로 계산하여야 한다. 중력가속도를 g라고 하면

$$c=\sqrt{k\cdot g\cdot R\cdot T} \tag{1-9-10}$$

예제 1-10 실린더 내에서 1000Pa의 압력을 받는 액체의 체적은 0.4m³이었다. 압력을 2000Pa로 증가시켰더니 체적이 0.396m³로 감소하였다. 이 액체의 체적탄성계수 E는 얼마인가?

풀이 $E=-\dfrac{\Delta p}{\dfrac{V}{V_0}}=-\dfrac{(2000-1000)\mathrm{Pa}}{\dfrac{(0.396-0.4)\mathrm{m}^3}{0.4\mathrm{m}^3}}=10^5\mathrm{Pa}$

예제 1-11 4℃인 물의 체적탄성계수가 $0.2105 \times 105 kg_f/cm^2$일 때 물 속에서의 음속은 얼마인가?

풀이 $$c = \sqrt{\frac{E}{\rho}} = \sqrt{\frac{0.2105 \times 10^5 \times 10^4 \frac{kg_f}{m^2}}{102 \frac{kg_f s^2}{m^4}}} \fallingdotseq 1437 \left[\frac{m}{s}\right]$$

1-10 표면장력과 모세관현상

(1) 표면장력(surface tension)

바늘이 물 위에 뜬다든가 풀잎 위에 이슬방울이 맺힌다든가, 가는 관 내로 액체가 상승하든가 하강하든가 하는 현상들은 모두 표면장력 때문에 일어나는 것들이다. 바로 이러한 현상들은 서로 혼합될 수 없는 두 유체의 경계면에는 분자력 때문에 표면적을 최소로 수축하고자 하는 힘이 작용하기 때문에 발생되는 현상으로 이때의 힘을 표면장력이라고 한다.

그 이유는 액체방울 내부의 분자들은 동종(同種)의 분자들로 이루어지므로 균일한 인력(引力), 즉 응집력(cohesive force)이 작용하지만 액체방울의 표면부에 있는 분자들은 방울 내부로부터는 동종의 분자들 사이에 작용되는 응집력을 받지만 표면 외부로부터는 서로 다른 이종(異種)의 분자들 사이에 작용하는 인력, 즉 부착력(adhesive force)이 작용하기 때문이다. 따라서, 액체분자 사이에 작용하는 응집력이 액체와 기체분자 사이에 작용되는 부착력보다 크므로 액체표면의 분자들은 방울 내부로 향하는 힘을 받게 되므로 구형을 이루게 되는 것이다. 표면장력의 크기는 표면의 단위 길이당 작용하는 힘, 즉 kg_f/m, N/m 등으로 나타내며 표면장력은 주로 분자 응집력에 기인하므로 액체의 종류와 온도에 따라 변하고 온도상승에 따라 그 크기는 감소한다.

지금 [그림 1-9]에서와 같은 미소만곡면에 대해서 외부와 내부의 압력차와 표면장력의 관계를 알아보기로 하자.

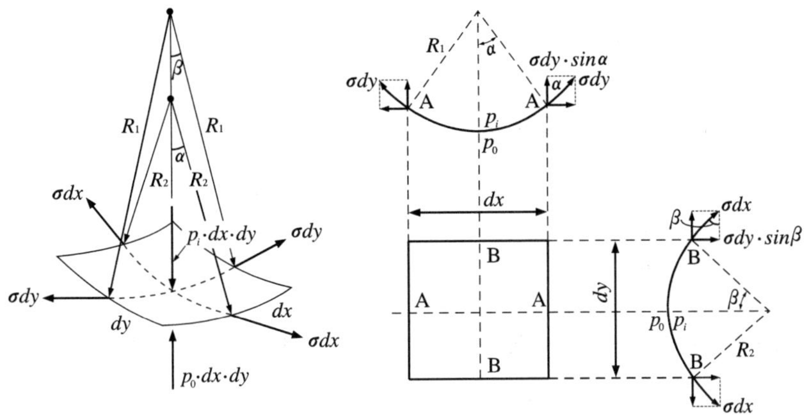

[그림 1-9] 만곡면에 작용하는 힘들의 평형

[그림 1-9]에서와 같이 만곡면의 주곡률 반지름을 R_1, R_2라 하고 각 접선방향으로 작용하는 장력을 σ라고 하면 만곡면의 미소면적 $dx \cdot dy$에 작용하는 힘의 평형방정식은 다음과 같이 압력차 $(p_i - p_0)$와 표면장력 σ로써 나타낼 수 있다. 즉

$$(p_i - p_0)dx \cdot dy = 2\sigma \cdot dy \cdot \sin\alpha + 2\sigma \cdot dx \cdot \sin\beta$$

그런데 그림에서와 같이 α와 β는 미소길이 dx, dy에 대한 작은 각이고, $\sin\alpha = \dfrac{\frac{dx}{2}}{R_1}$와 $\sin\beta = \dfrac{\frac{dy}{2}}{R_2}$로 놓을 수 있으므로

이것을 위의 식에 대입하면

$$p_i - p_0 = \sigma \cdot \left(\frac{1}{R_1} + \frac{1}{R_2} \right) \tag{1-10-1}$$

이 된다. 따라서 액면이 구형표면일 경우에는 $R_1 = R_2 = R$이 되므로

$$p_i - p_0 = \frac{2\sigma}{R} \tag{1-10-2}$$

또, 구의 지름을 D라 하면 $D=2R$, 따라서 위의 식은

$$p_i - p_0 = \frac{4\sigma}{D}$$

가 된다. 원통표면에 적용하면 $R_1=R$, $R_2=\infty$가 되므로

$$p_i - p_0 = \frac{\sigma}{R} = \frac{2\sigma}{D} \qquad (1-10-3)$$

이다. 식 (1-10-2)와 식 (1-10-3)으로부터 반지름이 작아질수록 표면장력에 의한 내부 압력의 크기는 상승됨을 알 수 있다.

〈표 1-11〉은 온도에 따른 액체 종류별 표면장력의 크기를 나타낸다.

〈표 1-11〉 액체의 표면장력 σ[N/m]

물 질	표면 유체	0°C	10°C	20°C	40°C	70°C	100°C
물	공기	0.075558	0.074186	0.072716	0.069482	0.064386	0.0588
	포화증기	0.073206	0.071932	0.07056	0.067424	0.062524	0.057134
수 은	진 공	0.47334	0.047236	0.47138	0.46764	0.46256	0.4557
에탄올	공기	0.02401	0.023128	0.022246	0.02058	0.018228	—
	알콜증기	—	0.023618	0.022736	0.020972	0.018326	0.015484

(2) 모세관 현상(capillarity)

일반적으로 액체는 고체 표면부에 접하면 부착하려는 성질이 있으며 이 부착력의 크기는 액체 및 고체면의 조건에 따라 달라진다.

지금 [그림 1-10] (a)에서와 같이 액체와 고체면 사이의 부착력이 액체 분자간의 응집력보다 클 경우에는 액체가 고체면 위에 퍼지면서 적시게 되지만, 응집력이 부착력보다 크다면 [그림 1-10] (b)에서와 같이 액체 방울을 형성하게 된다. 예를 들면 물방울을 유리면에 떨어뜨리면 물은 유리를 적시나 수은 방울을 떨어뜨리면 수은은 방울을 이루게 된다.

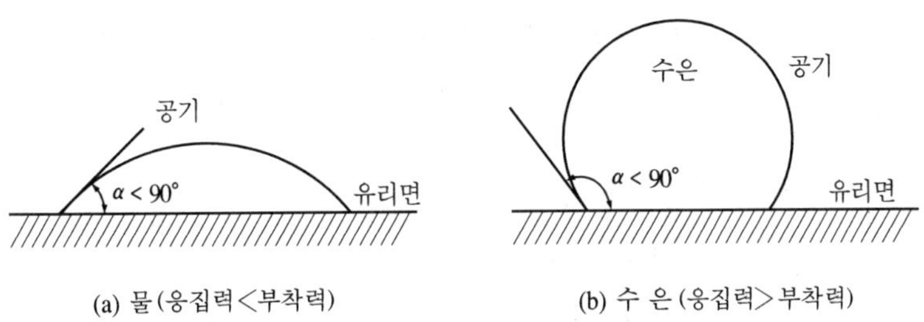

[그림 1-10] 응집력과 부착력의 상호관계

안지름이 아주 작은 관, 즉 모세관을 액체의 표면에 수직으로 넣었을 때 액체 자유표면의 응집력과 고체면에 대한 부착력의 차이에 의하여 모세관 내의 액체표면과 액체의 자유표면 사이에 높이의 차를 나타내게 되는데 이러한 현상을 모세관 현상이라고 한다.

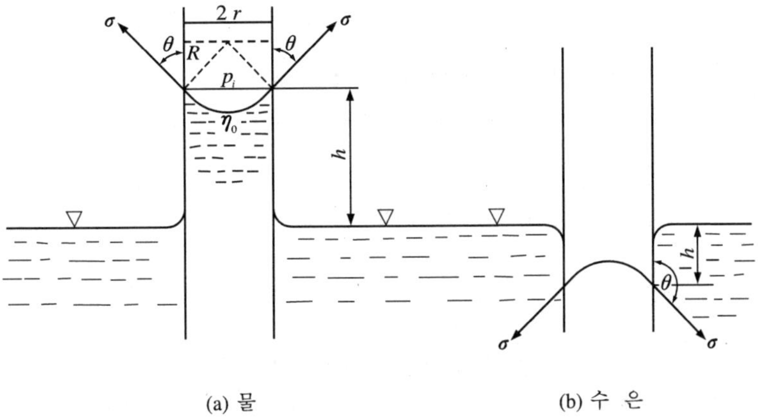

[그림 1-11] 모세관 현상

[그림 1-11]에서 보는 바와 같이 응집력이 부착력보다 크면 모세관 내의 액면은 액체의 자유표면보다 하강하고 위로 볼록하여지며, 작으면 관 내의 액면은 자유표면보다 상승하고 아래로 볼록해진다. 전자는 수은의 경우이고, 후자는 물의 경우이다.

모세관 내의 상승 높이는 관 내의 액체표면에 작용하는 표면장력으로 인한 부착력의 연직방향의 분력(分力)과 자유표면 위로 올라 간 액체의 무게를 같게 놓음으로써 계산할 수 있다. [그림 1-11]에서와 같이 액체와 관의 고체벽면이 이루는 각 θ를 접촉각(angle of contact)이라 하며 물과 유리의 경우 약 $8° \sim 9°$, 수은과 유리일 경우에는 약 $139°$ 정도가 된다.

지금 지름이 $d=2r$인 모세관 내의 상승 높이 h를 구하기 위하여 관 내의 액체 표면에 작용하는 표면장력의 연직분력과 상승된 액체의 무게와 같게 놓으면

$$2\pi \cdot r \cdot \sigma \cdot \cos\theta = \pi \cdot r^2 \cdot h \cdot \gamma$$

$$\therefore\ h = \frac{2\sigma \cdot \cos\theta}{\gamma \cdot r} = \frac{4\sigma \cdot \cos\theta}{\gamma \cdot d} \qquad (1-10-4)$$

여기에서 σ는 액체의 표면장력이고 γ는 액체의 비중량이다.

또, 그림 1-11에서 $p_0 = -\gamma \cdot h$, $p_i = 0$ 이므로 $p_i - p_0 = \gamma \cdot h$이고 모세관 내의 액체의 표면은 구면이 되므로 $R_1 = R_2 = R$ 이다. 또 $\frac{r}{R} = \cos\theta$ 이므로 식(1-10-1)은 식(1-10-4)와 같게 된다.

예제 1-12 지름 50mm인 비누방울의 내부압력은 대기압보다 20.7kPa만큼 높다. 이 경우에 있어서 비누막의 표면장력을 계산하여라.

풀이 $p_i - p_0 = \frac{4\sigma}{d}$에서 $p_i - p_0 = \Delta p$이므로

$$\therefore\ \Delta p = \frac{4\sigma}{d}$$

따라서 $\sigma = \frac{\Delta p \cdot d}{4} = \frac{0.05\text{m} \times 20.7 \times 10^3 \frac{\text{N}}{\text{m}^2}}{4} \fallingdotseq 25.875 \frac{\text{N}}{\text{m}}$

예제 1-13 온도가 20℃인 물방울의 내부압력이 외부압력보다 0.007kg_f/cm^2만큼 더 큰 압력을 유지하도록 하자면 물방울의 지름은 얼마로 되어야 하는가? 단, 20℃에서의 물의 σ = 0.0074kg_f/m이다.

풀이 $p_i - p_0 = \frac{4\sigma}{D}$에서

$p_i - p_0 = 0.0074\text{kg}_f/\text{cm}^2$ 이고 $\sigma = 0.0074\text{kg}_f/\text{m}$ 이므로

$$\therefore\ 0.0074 \times 10^4 \frac{\text{kg}_f}{\text{m}^2} = \frac{4 \times 0.0074 \frac{\text{kg}_f}{\text{m}}}{D}$$

$$\therefore\ D = 0.0004228\text{m} \times 10^3$$
$$= 0.422\text{mm}$$

예제 1-14 모세관에서 지름이 2배로 커진다면 관 속을 올라가는 액체의 상승 높이는 어떻게 되겠는가?

풀이 모세관 현상으로 인한 상승 높이는

$$\therefore\ h = \frac{4\sigma \cdot \cos\theta}{\gamma \cdot d}$$

따라서, 상승 높이와 지름은 반비례 관계에 있으므로 상승 높이는 $\frac{1}{2}$로 줄어든다.

이 장에서 기억해야 할 주요 관계식

- Newton의 운동 제2법칙 : $F = m \cdot a$
- 무게(중량) : $W = M \cdot g$
- 밀도(ρ) : $\rho = \frac{M}{V}$, $\rho = \frac{1}{v_s}$, $\rho = \frac{\gamma}{g}$
- 비체적(v_s) : $v_s = \frac{V}{M}$, $v_s = \frac{1}{\rho}$
- 비중량(γ) : $\gamma = \frac{W}{V} = \frac{m \cdot g}{V} = \rho \cdot g$
- 비중(S) : $S = \frac{\rho}{\rho_w} = \frac{\gamma}{\gamma_w}$

$$\therefore \rho = \rho_w \cdot S = 1000\ \frac{\text{kg}_f}{\text{m}^3} \cdot S = 102\ \frac{\text{kg}_f \cdot \text{sec}^2}{\text{m}^4} \cdot S$$

$$\gamma = \gamma_w \cdot S = 1000\ \frac{\text{kg}_f}{\text{m}^3} \cdot S = 9800\ \frac{\text{N}}{\text{m}^3} \cdot S$$

- Newton의 점성법칙 : $\frac{F}{A} = \tau = \mu \cdot \frac{du}{dy}$

- 동점성계수(ν) : $\nu = \frac{\mu}{\rho} = \frac{g \cdot \mu}{\gamma}$

  ∴점성계수(μ) : $\mu = \nu \cdot \rho = \nu \cdot \frac{\gamma}{g}$

- 완전기체의 상태방정식 : $pv_s = RT\,(pV = mRT)$

  $\therefore p = \rho \cdot R \cdot T = \frac{\gamma}{g} \cdot R \cdot T$

- 체적 탄성계수(E) : $E = -\frac{\Delta p}{\frac{\Delta V}{V_0}}$

  i) 완전 기체의 경우, 등온 변화($P \cdot v_s = c$) 과정으로 압축될 경우 : $E = P$

  ii) 단열변화($P \cdot v_s^{\,k} = c$) 과정으로 압축될 경우 : $E = k \cdot P$

  iii) 압력파의 전파속도(유속) : $c = \sqrt{\frac{E}{\rho}}$ 또는 $c = \sqrt{\frac{k \cdot p}{\rho}}$ $(\because E = k \cdot P)$

  $= \sqrt{k \cdot R \cdot T} = (\sqrt{k \cdot g \cdot R \cdot T})$

- 압축률(최적 압축계수 $=\beta$) : $\beta = \frac{1}{E} = -\frac{\frac{\Delta V}{V}}{dp}$

- 표면장력 (σ) : $\sigma = \frac{4\Delta P}{D}$ 또는 $p_i - p_0 = \frac{2\sigma}{R} = \frac{4\sigma}{D}$

- 모세관현상 : 관 내에서 표면장력에 의한 액체의 상승 높이(h)

  $h = \frac{4\sigma \cdot \cos\beta}{\gamma \cdot D}$

연습문제

1. 다음에 주어진 단위를 환산하여라.

(1) $100\text{N/m}^3 = (\quad)\text{N}/l$

(2) $10\text{N/cm}^2 = (\quad)\text{kg}_f/\text{m}^2$

(3) $10\text{N/m}^3 = (\quad)\text{dyne/m}^3$

2. 밀도 ρ, 점정계수 μ인 유체가 지름 D인 원형관속을 유속 V로 흐를 때 $R_e = \rho \cdot V \cdot D/\mu$의 식이 성립하면 R_e의 차원은 무엇인가?

3. 비중이 0.85인 액체의 비중량과 밀도는 얼마인가?

4. 밀도가 $129\dfrac{\text{kg}_f \cdot \text{s}^2}{\text{m}^4}$인 기름의 비중은 얼마인가?

5. 어떤 액체의 무게가 40N이고 부피는 4L이다. 이 액체의 비중, 밀도, 비중량을 구하여라.

6. 밀도가 $800\dfrac{\text{kg}}{\text{m}^3}$인 어떤 유체의 비중량은 얼마인가?

7. 비체적이 $1.2 \times 10^{-3}\dfrac{\text{m}^3}{\text{kg}}$인 액체의 비중을 계산하면 얼마인가?

8. 비중이 1.2이고 질량이 5kg인 어떤 유체가 있다면 이 유체의 체적은 얼마인가?

9. 어떤 지방에서 물체의 무게를 재었더니 200N이었다. 이때 이 지방에서의 중력가속도가 $90\dfrac{\text{m}}{\text{s}^2}$이라면 이 물체의 질량은 얼마이겠는가? 또, 무게를 공학단위로 환산하면 얼마인가?

10. 표준상태하에 있는 공기의 밀도와 비중량을 구하여라. 단, 공기의 기체상수는 $29.27\frac{m}{K}$ 이다.

11. 온도 10℃, 무게가 $2kg_f$인 암모니아(NH_3)가스가 체적이 $0.5m^3$인 용기에 가득차 있다. 이 가스의 압력은 얼마인가? 단, R=49.79m/K 이다.

12. 온도가 45℃이고 비중량이 $2.08kg_f/m^3$인 어떤 기체의 압력이 $2\frac{kg_f}{cm^2}$ 이다. 이 기체의 분자량은 얼마인가?

13. 탄산가스(CO_2) 29N이 부피가 $0.3m^3$의 탱크에 가득 채워져 있다. 이 탄산가스의 온도가 20℃이고 기체상수가 $187.8\frac{J}{kg \cdot K}$ 이면 이 탱크 안의 압력은 얼마인가?

14. 온도가 30℃, 압력이 5.8bar인 산소의 밀도는 얼마인가? 단, 산소의 기체상수는 $259.9\frac{J}{kg \cdot K}$ 이다.

15. 어떤 기체의 온도가 15℃, 압력이 1.2bar이고 비체적이 $0.72\frac{m^3}{kg}$ 이라면 이 기체의 기체상수와 밀도는 얼마이겠는가?

16. 온도 20℃인 표준대기압 하에서 물을 3% 압축하는 데 필요한 압력은 얼마인가? 단, 물의 체적탄성계수는 $2.0685 \times 109\frac{N}{m^2}$ 이다.

17. 체적탄성계수가 $1.034 \times 105\frac{N}{cm^2}$인 액체에 $300\frac{N}{cm^2}$의 압력을 가하면 이 액체의 체적변화율을 얼마이겠는가?

18. 어떤 액체에 $78.4\frac{N}{cm^2}$의 압력을 가하였더니 체적이 0.04% 감소되었다. 이 액체의 체적탄성계수를 구하여라.

19. 온도가 15℃이고 압력이 $4\,\frac{kg_f}{cm^2}$인 기체를 $10m^3$에서 $4m^3$까지 등온압축시킬 때 압축 후의 체적탄성계수는 얼마인가?

20. 간격이 0.5mm인 평행평판 사이에 기름이 가득 채워져 있다. 이때 위 평판은 $0.3\,\frac{m}{s}$로 움직이고 아래 평판은 고정되어 있다. 위 평판이 $45\,\frac{N}{m^2}$의 힘으로 움직인다면 이 기름의 점성계수는 몇 poise인가?

21. 간격이 1mm인 두 개의 평행평판 사이에 액체가 채워져 있다. 이때 아래 평판을 고정시키고 위쪽 평판을 $1\,\frac{m}{s}$의 일정한 속도로 움직였다. 평판 사이의 액체의 속도분포는 선형적이고 이 액체의 동점성계수가 $0.8 \times 10^{-6}\,\frac{m^2}{s}$이라면 평판의 단위면적당 걸리는 힘은 얼마인가?

22. 매끈한 벽면을 따라 기류가 흐르고 있다. 속도 분포가 벽면으로부터의 거리 y의 함수로 $u=320y-10^5y^3\,\frac{m}{s}$ (단, y의 단위는 m)로 주어질 때 기류의 점성계수가 $1.8 \times 10^{-5}\,\frac{N \cdot s}{m^2}$이면 벽면에서의 전단응력은 몇 $\frac{N}{m^2}$인가?

23. 어떤 액체의 동점성계수가 $2cm^2/s$이고 비중량이 $0.0075\,\frac{kg_f}{cm^3}$이다. 점성계수는 얼마인가?

24. 동점성계수가 3×10^{-4}stokes이고 밀도가 $0.8\,\frac{g}{cm^3}$인 유체의 점성계수는 몇 $\frac{N \cdot s}{m^2}$인가?

25. 점성계수가 0.6 [P]이고 비중이 0.6인 유체의 동점성계수는 몇 stokes인가?

26. 어떤 기름의 점성계수가 0.005497 [P]이고 동점성계수는 0.005546 stokes이었다. 이 기름의 밀도는 얼마인가?

27. 1atm, 40℃인 어떤 기체의 동점성계수가 $1.65 \times 10^{-5} \dfrac{m^2}{s}$ 이고 점성계수는 $2.95 \times 10^{-6} \dfrac{kg_f s}{cm^2}$ 이다. 이때 기체 분자량을 구하여라.

28. 유체의 속도분포가 $u=4\sqrt{y}$ 로 주어질 때 벽에서 100mm 떨어진 곳의 전단응력을 구하여라. 단, u는 $\dfrac{m}{s}$, y는 벽면에서의 거리 m으로 주어지며 이 유체의 점성계수는 $0.98 \dfrac{N \cdot s}{m^2}$ 이다.

29. 지름 10mm의 비누방울을 지름 20mm로 크게 불리는 데 필요한 일의 양은 얼마인가? 단, 비누방울의 표면장력은 $0.4 \dfrac{dyne}{cm}$ 이다.

30. 물방울의 내부압력이 외부압력보다 $0.007 kg_f/cm^2$만큼 더 큰 압력을 유지하려면 물방울의 지름은 얼마나 되어야 하는가? 단, 물의 표면장력은 $0.007 \dfrac{kg_f}{m}$ 이다.

31. 물의 표면장력이 $7.4 \times 10^{-3} \dfrac{kg_f}{m}$ 이라면 지름 2.5mm인 물방울의 내부압력은 얼마인가?

32. 온도 20℃인 물이 안지름 1mm인 모세관을 올라가는 상승 높이를 구하여라. 단, 접촉각 $\theta = 0°$ 이다. 단, $\sigma = 7.27 \times 10^{-2} \dfrac{N}{m}$ 이다.

제 2 장

유체정역학

여러 가지 힘들이 유체에 작용함에도 불구하고 유체가 흐르지 않고 정지상태에 있으면 이를 유체가 정적 평형상태(static equilibri-um)에 있다고 한다. 유체를 구성하는 각 입자가 서로 상대운동이 없을 때, 즉 모든 입자가 정지 상태에 있든가 또는 유체가 공간에 고정된 정지 좌표에 대해서 균등한 속도로 유동하는 상태, 상대적으로 정지 상태에 있을 경우를 다루는 유체역학의 한 부분을 유체정역학(fluid statics)이라 한다.

유체정역학에서는 유체를 구성하는 분자들 사이에 상대운동이 없으므로 점성의 영향 즉 전단응력은 존재하지 않으며, 다만 우리가 고려해야 할 것은 압력과 유체의 비중이 관계되는 중력뿐이다.

그러므로 이와 같이 정적 평형상태하에 있는 유체에 관한 해석은 전단응력을 고려하는 경우 보다 훨씬 간편함을 알 수 있다.

유체정역학의 기본원리를 이용하여 유체에 잠겨 있는 물체에 작용하는 힘의 계산, 압력을 측정하는 계측기의 개발, 또 프레스(press), 잭(jack)이나 자동차의 제동장치 같은 기구에서 유력체계에 의해 유발된 힘을 계산할 수 있다. 나아가서 부양체의 안정도에 관한 계산, 대기 중의 압력변화에 관한 계산 등을 수행할 수 있다.

학습목표

이 장에서는 다음의 항목들을 숙지 · 이해하고 이를 응용할 수 있도록 한다.

- 정적 평형상태
- 힘의 평형 방정식
- 정지 유체 내에서 작용하는 힘의 성질(3가지)
- 압력, 전압력
- 정력학의 기본 방정식, 압력수두
- 절대압력, 계기압력, 진공압력
- 표준 대기압(1atm)을 기준으로 한 압력의 단위
- 액주계의 압력 측정의 원리
- 압력프리즘
- 정지 유체 내에 존재하는 임의의 평면이 받는 힘
- 아르키메데스의 정리
- 부양체의 안정성
- 상대적 평형

2-1 정지유체 내에서 작용하는 힘의 성질과 압력

(1) 정지유체 내에서 작용하는 힘의 성질

정지유체는 상대운동이 없으므로 전단응력은 존재하지 않는다. 즉 유체 내에서는 압축력만 받게 되므로 압축응력이 작용하게 되는데 이를 보통 압력으로 정의하는 것으로 이 압력은 임의의 단면에서의 접선방향의 성분은 없으므로 임의의 점에서 항상 직각방향으로 작용한다. 또 정지유체 속의 임의의 1점에 작용하는 압력의 세기는 방향에 관계없이 그 크기는 같다. 이를 유체정역학이라 하는 것으로 다음과 같은 힘의 평형방정식의 논리를 적용하여 증명할 수 있다.

지금 정지 유체 속에 [그림 2-1]과 같이 공간좌표 x, y, z 를 설정하고 밑변 dx, 높이 dy, 빗변 ds, 두께 $dz=1$인 유체의 직각 삼각기둥 ABC를 생각한다. 이와 같이 유체 속에 있는 유체의 덩어리를 임의의 형상을 가지는 고체와 같이 따로 분리하여 이것을 둘러싸는 유체가 이것에 미치는 유체에 의한 힘만을 벡터(vector)로 표시하고 불필요한 주위의 액체는 제외하고 생각할 때 이와 같은 임의의 형상을 자유체(free body)라 한다.

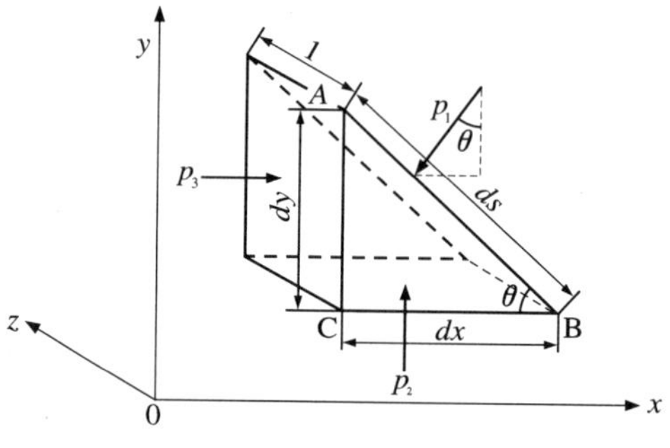

[그림 2-1] 유체의 자유물체도

이 자유체 주위의 유체가 AB×1, BC×1, CA×1의 3개의 면에 수직으로 작용하는 압력을 각각 p_1, p_2, p_3라 한다. 또 유체의 비중량을 γ라 하면 자유체의 무게는 $\dfrac{dx \cdot dy \cdot 1}{2} \times \gamma$ 로서 무게의 중심에서 연직하방향(鉛直下方向)으로 작용한다. 그런데 이 유체는 정지상태에 있으므로 이러한 힘들은 평형을 이루어야 한다. 즉 힘의 평형방정

식 $\Sigma F=0$에서

$$\Sigma F_x=0 \qquad p_3 \cdot dy - p_1 \cdot ds \sin\theta = 0$$

$$\Sigma F_y=0 \qquad p_1 \cdot ds \cos\theta + \frac{\gamma \cdot dx \cdot dy}{2} - p_2 \cdot dx = 0$$

그런데 자유체는 직각 삼각기둥이므로 $dx=ds \cdot \cos\theta$, $dy=ds \cdot \sin\theta$이므로 이를 위의 식에 각각 대입하면

$$p_1=p_3, \qquad p_2=p_1+\frac{\gamma \cdot dy}{2}$$

가 된다. 그런데 $dy \to 0$이면 위의 식에서 $p_2=p_1$이 되고, $dx=dy=0$인 정지유체 속의 임의의 1점에서는 $p_1=p_2=p_3$가 된다. 그러므로 좌표축 x, y, z는 어느 방향으로 설정해도 무관하므로 세 방향에서의 압력 p_1, p_2, p_3가 일정한 같은 크기의 값을 갖는다는 것은 유체 속의 임의의 1점에 작용하는 압력이 어느 방향에서나 모든 방향에 대하여 일정하다는 것을 의미한다.

이와 같은 원리는 유체의 점성을 무시할 수 있는 경우에는 유동하는 유체에 대해서도 적용할 수 있다. 그 예로서는 잭(jack), 프레스(press)나 그 외의 유체를 이용한 구동장치에서 볼 수 있다. 또한, 정지유체에 가하여진 압력은 같은 크기로 모든 방향으로 균일하게 전달된다. 이것을 파스칼의 정리(theorem of Pascal)라 한다. Braham은 파스칼의 정리를 응용하여 그림 2-2와 같은 수압기(hydraulic ram)를 고안하였다. [그림 2-2]에서

$$p=\frac{F_1}{A_1}=\frac{F_2}{A_2} \tag{2-1-1}$$

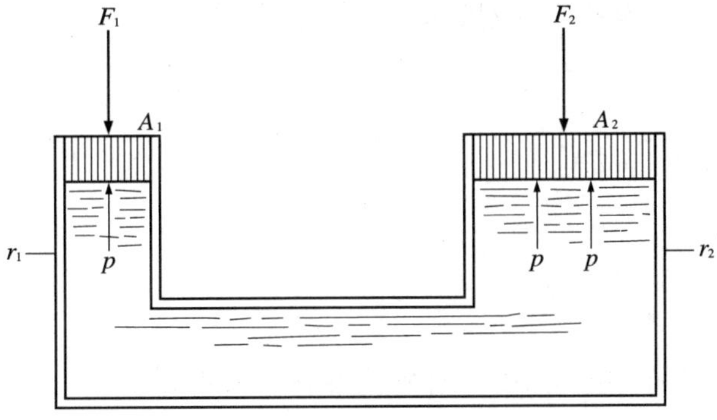

[그림 2-2] 수압기의 원리

예제 2-1 [그림 2-2]에서 피스톤 A_2의 반지름이 A_1의 것보다 2배가 될 경우 힘 F_2는 몇 배가 되겠는가?

풀이 피스톤 A_1과 A_2의 반지름을 각각 r_1, r_2라 하면

$$\frac{F_1}{\pi {r_1}^2} = \frac{F_2}{\pi \cdot {r_2}^2}$$

$$\therefore \frac{F_2}{F_1} = \left(\frac{r_2}{r_1}\right)^2 = \left(\frac{2}{1}\right)^2 = 4$$

따라서, 4배가 된다.

(2) 압력(pressure)

압력은 단위면적에 대하여 작용하는 유체의 압축력, 즉 압축응력을 말하는 것으로 지금, 단위면적 A에 유체의 등분포압축력 F가 작용할 때 압력을 p라 하면

$$p = \frac{F}{A} \tag{2-1-2}$$

가 성립된다.

$$F = p \cdot A \tag{2-1-3}$$

여기서, F를 전압력(total pressure)이라 한다.

압력분포가 균일하지 않을 경우에도 식 (2-1-2)는 성립한다. 즉 압력 p와 평균압력 $\overline{p}$는 면적 ΔA에 수직으로 작용하는 전압력을 ΔF라 할 때

$$p = \lim_{\Delta A \to 0} \frac{\Delta F}{\Delta A} = \frac{dF}{dA}$$

$$\therefore \overline{p} = \frac{\Delta F}{\Delta A}$$

로 나타낼 수 있으며, 이 경우의 p도 1점에 작용하는 압력과 같은 것이다. 압력의 단위는 kg_f/cm^2, N/m^2 = [Pa]가 주로 사용되며 전압력의 단위는 kg_f, N을 사용한다.

2-2 유체정역학의 기본방정식

유체정역학에서의 기본방정식은 정지유체 내에서 깊이의 변화에 따르는 압력 및 밀도와의 관계를 나타내 주는 기본식이다. 여기에서 비압축성 유체 내에서의 압력변화와 압축성 유체 내에서의 압력변화를 알아보기로 한다.

(1) 비압축성 유체 내에서의 압력변화

1 수평방향의 압력변화

[그림 2-3] (a)에서 보는 바와 같이 정지유체 내의 밑면적 dA, 길이 l인 수평으로 위치한 원주상의 미소자유체에 작용하는 수평방향의 압력변화를 생각한다. 미소면적 dA인 평면, 즉 M과 N면에 작용하는 축방향 힘은 $p_1 \cdot dA$와 $p_2 \cdot dA$뿐이다. 이때 미소자유체의 자중에 의한 힘은 연직방향으로 작용하므로 축방향성분을 가지지 않는다. 그러므로

$$\Sigma F_x = 0$$

$$\therefore\ p_1 \cdot dA - p_2 \cdot dA = 0$$

따라서

$$p_1 = p_2$$

즉, 정지유체 내에서 작용하는 동일 수평면 위에 있는 모든 점의 압력은 같다.

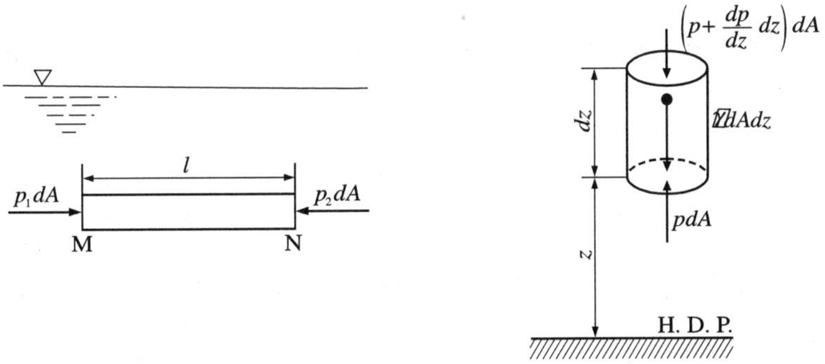

(a) 수평방향의 압력변화　　(b) 연직방향의 압력변화

[그림 2-3] 정지 유체 내에서의 압력 변화

2 연직방향의 압력변화

[그림 2-3] (b)에서 같이 임의의 수평기준면(H.D.P.: Horizontal Datumn Plane)을 생각하여 연직상방향으로 z축을 잡고 유체 내에 밑면적 dA, 높이 dz인 원주상의 미소자유체를 생각한다. 이 미소자유체에 작용하는 힘들의 평형방정식을 구하여 보면, 수평기준면의 연직상방향을 (+)로 할 때 다음의 식이 성립된다. 즉

$$\Sigma F_y = 0$$

$$p \cdot dA - \left(p + \frac{dp}{dz} \cdot dz\right) \cdot dA - \gamma \cdot dA \cdot dz = 0$$

따라서,

$$\frac{dp}{dz} = -\gamma \tag{2-2-1}$$

이 된다. 식 (2-2-1)에 의하면 dz가 양의 값을 가지면 dp는 음의 값이 되고, 반대로 dz가 음의 값을 갖게 되면 dp는 양의 값을 가지게 된다. 즉, 압력은 수평기준면 위로 올라가면 갈수록, 다시 말하면 자유표면에 가까워 질수록 압력은 감소하며 그 반대의 경우는 증가하게 되는 것이다.

그러므로 이 식을 깊이의 변화에 따르는 압력의 변화관계를 나타내 주는 기본적인 식이라 하여 유체정역학의 기본방정식이라고 한다. 따라서 압력의 증가율 $\frac{dp}{dz}$는 주어진 유체의 비중량 γ와 같다.

그런데 $dz=0$이면 $dp=0$ 즉 z의 값이 일정하게 되면 압력도 일정하게 되는 것이다. 그러므로 정지유체 내에서 동일 수평면 위에 있어서의 압력은 같다.

여기에서 비압축성 유체에 있어서는 비중량이 일정하므로 식 (2-2-1)을 적분하면

$$p = -\gamma z + C \tag{2-2-2}$$

가 된다. 지금, [그림 2-4]에서와 같이 자유표면에서 연직하방향으로 z_0인 곳에 수평기준면을 생각하면 자유표면에 작용하는 대기압을 p_0라 할 때 $z=z_0$이면 $p=p_0$가 되므로 이를 식 (2-2-2)에 대입하면

$$C = p_0 + \gamma \cdot z_0 \tag{2-2-3}$$

가 되고 이를 식 (2-2-2)에 대입하면

$$\therefore\ p = p_0 + \gamma (z_0 - z) \tag{2-2-4}$$

그런데 $z_0 - z = h$(즉, [그림 2-4]에서 깊이가 h인 A점의 압력)라 놓으면 위의 식은

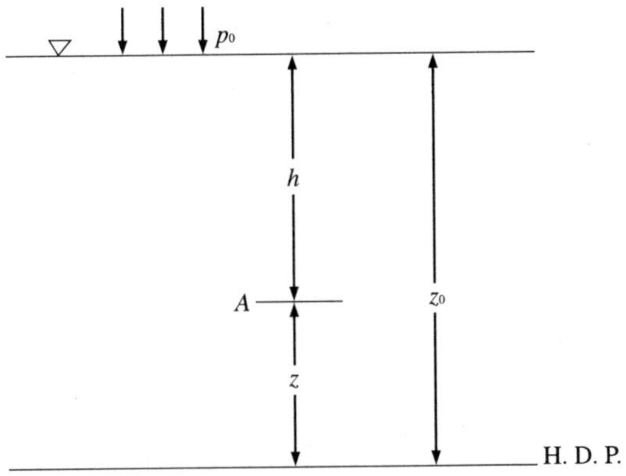

[그림 2-4]

$$p = p_0 + \gamma \cdot h \tag{2-2-5}$$

가 된다. 만일, 자유표면에 작용하는 대기압을 기준($p_0 = 0$)으로 한다면 h=0이면 p=0이 되므로 식 (2-2-5)는

$$p = \gamma \cdot h \tag{2-2-6}$$

가 된다. 또 이 식은 $h = \dfrac{p}{\gamma}$, 즉 압력을 액주의 높이로 나타낼 수 있다. 바로 이와 같이 표시하게 되면 압력을 길이의 차원으로 표시하게 되며 이를 압력수두(pressure head)라 한다.

(2) 압축성 유체 내에서의 압력변화

압축성 유체에서의 압력변화에 관한 사항들은 기상학이나 항공학 등에서 매우 중요한 것들이다. 여기에서는 주로 공기정역학(aerostatics)적인 관점에서 압력변화를 생각하여 보기로 하며 완전한 건조공기, 또한 완전기체로 취급하기로 한다.

압축성 유체, 즉 기체의 경우 식(2−2−1)을 적분하기 위해서는 γ가 p의 함수이므로 γ를 일정한 값으로 하여 적분할 수는 없고 주어진 상태에 대한 어떤 법칙을 고려해야만 가능하다.

1 등온변화의 경우

완전기체가 등온상태에 있으면 압력과 기체의 비중량 사이에는 Boyle의 법칙이 적용된다. 지금, 압축성 유체의 한 예로써 대기의 고저와 압력과의 관계는 해면상, 즉 z=0에 있어서의 대기압을 p_0, 임의의 고저 z에 있어서의 압력을 p라 하여 식 (2−2−1)을 적분하면 얻어진다. 즉

$$\int_{p_0}^{p} dp = -\int_{z_0}^{z} \gamma \cdot dz \qquad (2-2-7)$$

위에서 우변의 적분값은 γ가 z에 의하여 어떻게 변하는가에 따라 결정되어진다. 해면위의 공기의 비중량을 γ_0라 하면, $\dfrac{\gamma}{p} = \dfrac{\gamma_0}{p_0}$ 이므로 이것을 식 (2−2−7)에 대입하면

$$\int_{p_0}^{p} \frac{dp}{p} = -\frac{\gamma_0}{p_0} \cdot z$$

즉

$$\log_e\left(\frac{p}{p_0}\right) = -\frac{\gamma_0}{p_0} z \quad \text{또는} \quad p = p_0 \cdot e^{-\left(\frac{\gamma_0}{p_0} \cdot z\right)} \qquad (2-2-8)$$

식 (2−2−8)은 등온기체에 있어서 고도에 따르는 압력의 변화를 나타내고 있다.

2 단열변화의 경우

단열지수를 k라 하면 $\dfrac{p}{\gamma^k} = \dfrac{p_0}{\gamma_0^k}$ =const. 즉 $\dfrac{1}{\gamma} = \left(\dfrac{p_0^{\frac{1}{k}}}{\gamma_0}\right) \cdot p^{-\frac{1}{k}}$ 이것을 식 (2−2−1)에 대입하여 해면상에서의 임의의 고도 z까지 적분하면

$$\int_{z_0}^{z} dz = -\int_{p_0}^{p} \frac{dp}{\gamma} = -\frac{p_0^{\frac{1}{k}}}{\gamma_0} \int_{p_0}^{p} p^{-\frac{1}{k}} \cdot dp$$

$$\therefore\ z=-\left(\frac{k}{k-1}\right)\cdot\frac{p_0^{\frac{1}{k}}}{\gamma_0}\cdot\left(p^{\frac{k-1}{k}}-p_0^{\frac{k-1}{k}}\right)$$

$$=-\left(\frac{k}{k-1}\right)\cdot\frac{p_0^{\frac{1}{k}}}{\gamma_0}\cdot\left[\left(\frac{p}{p_0}\right)^{\frac{k-1}{k}}-1\right]$$

따라서

$$p=p_0\left[1-\left(\frac{k-1}{k}\right)\cdot\frac{\gamma_0}{p_0}\cdot z\right]^{\frac{k}{k-1}} \qquad (2-2-9)$$

가 된다. 공기의 공학기체상수를 R, 해면상의 공기의 절대온도를 T_0라 하면 $\frac{\gamma_0}{p_0}=\frac{1}{(R\cdot T_0)}$이므로, 식 (2-2-9)는

$$p=p_0\left[1-\left(\frac{k-1}{k}\right)\cdot\frac{z}{R\cdot T_0}\right]^{\frac{k}{k-1}} \qquad (2-2-10)$$

이 되며, 또 고도 z에 있어서의 온도를 T[°K] 라고 하면

$$z=\frac{K\cdot R}{K-1}(T_0-T)=103(T_0-T)\ \ [\mathrm{m}] \qquad (2-2-11)$$

이 된다. 그런데 대기인 경우 실측에 의하면 고도가 100m씩 올라 갈 때마다 온도는 0.65 ℃씩 내려가므로 온도는 일정하지 않고, 온도의 하강도는 단열변화로 가정하였을 때보다 작으므로 고도의 차가 큰 경우에는 식 (2-2-8)과 식 (2-2-11)은 어느 식도 성립되지 않는다. 온도를 구하는 식은 식 (2-2-11)에서

$$\therefore\ T=T_0-0.0097z \qquad (2-2-12)$$

실측에 의한 식은

$$\therefore\ T=T_0-0.0065z\ \ (\text{단, } T_0=288°\mathrm{K}) \qquad (2-2-13)$$

이다.

3 폴리트로픽(polytropic) 변화의 경우

폴리트로픽 변화의 경우 k를 n으로 대치하면 되므로 $\frac{p}{\gamma^n}=\frac{p_0}{\gamma_0{}^n}=\text{const}$가 성립하며, 단열변화의 경우와 같은 방법으로 압력 p에 따른 고도 z와의 관계를 보면

$$z=\frac{n}{n-1}R\cdot T_0\left[1-\left(\frac{p}{p_0}\right)^{\frac{n-1}{n}}\right]$$

이 식을 p에 관해 정리하면

$$p=p_0\left(1-\frac{n-1}{n}\cdot\frac{z}{R\cdot T_0}\right)^{\frac{n-1}{n}} \tag{2-2-14}$$

식 (2-2-14)에 폴리트로픽 변화시 T와 p와의 관계식을 적용하면, 즉

$$\frac{p^{\frac{n-1}{n}}}{T}=C \qquad \therefore\ T=T_0\left[1-\frac{n-1}{n}\cdot\frac{z}{R\cdot T_0}\right] \tag{2-2-15}$$

또는

$$\frac{T-T_0}{z}=-\frac{n-1}{n\cdot R} \tag{2-2-16}$$

으로 된다.

식 (2-2-16)에서 폴리트로픽 대기의 경우 고도에 따른 온도변화는 선형적으로 변화하며 온도 감소율(lapse rate) $\frac{dt}{dz}=-\frac{n-1}{n\cdot R}$로 주어짐을 알 수 있다. [그림 2-5]에 고도에 따른 온도변화를 나타낸다.

예제 2-2 면적이 0.25m²인 곳에 작용하는 프레스의 전압력이 2ton일 때 압력의 세기는 얼마인가?

풀이 $F=2\text{ ton}=2000\text{ kg}_f=9.8\times2000\text{N}=19600\text{N}$

$\therefore\ F=p\cdot A$

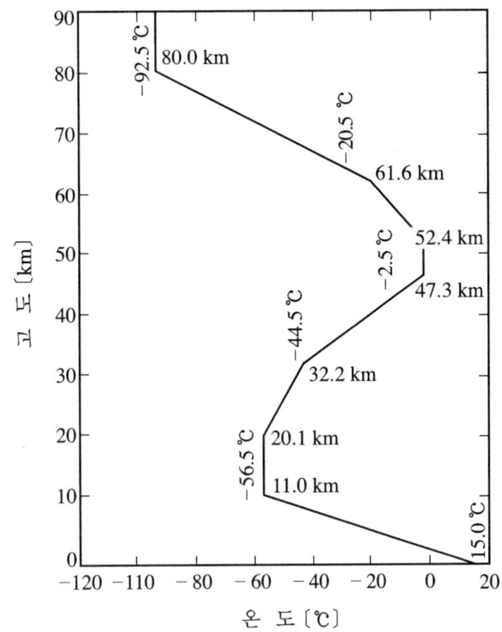

[그림 2-5] 고도에 따른 온도의 변화

따라서 $p=\dfrac{F}{A}=\dfrac{19600\text{N}}{0.25\text{m}^2}=78400\dfrac{\text{N}}{\text{m}^2}=78400\ [\text{Pa}]$

예제 2-3 깊이 10000m인 서해 해저의 해수압의 크기는 얼마이겠는가? 단, 해수의 비중량은 $1025\times9.8\dfrac{\text{N}}{\text{m}^3}$ 이다.

풀이 $p=\gamma\cdot h$에서

$$p=1025\times9.8\frac{\text{N}}{\text{m}^3}\times10000\text{m} = 100450000\text{Pa}$$

$$= 100.45\ [\text{MPa}]$$

예제 2-4 해면에서 기압계가 762 mmHg를 가리키고, 이때 해면에서 인접한 산에서의 기압계의 눈금은 737 mmHg이었다. 공기의 비중량을 $11.8\dfrac{\text{N}}{\text{m}^3}$로 생각한다면 이 산의 높이는 몇 m이겠는가?

풀이 해면과 산의 높이 hm 사이의 압력차 Δp는

$$\therefore \Delta p = 762 - 737 = 25\ [\text{mmHg}]$$

$$= 101325\frac{\text{N}}{\text{m}^2} \times \frac{25}{760} \fallingdotseq 3333\left[\frac{\text{N}}{\text{m}^2}\right]$$

$$\text{그러므로}\quad h = \frac{\Delta p}{\gamma} = \frac{3333\dfrac{\text{N}}{\text{m}^2}}{11.8\dfrac{\text{N}}{\text{m}^2}} = 282.5\ [\text{m}]$$

2-3 유체에 관한 압력의 단위

(1) 절대압력과 계기압력, 진공압력

물리학에서는 보통 완전 진공을 기준으로 한 압력, 즉 절대압력(absolute pressure)을 사용하지만 일반공학에서는 주로 국소대기압(local atmospheric pressure)을 기준으로 한 계기압력(gauge pressure)을 사용한다.

여기에서 대기압(atmospheric pressure)은 대기가 단위면적에 작용하는 힘으로 정의하며 지표상의 위치와 고도 또는 기상상태에 따라 다르므로 통일된 표준값이 요구된다. 표준대기압은 위도 40도에 있어서 평균온도소멸율을 연간 평균한 대기압을 말하는 것으로 그 물성치들을 〈표 2-1〉에 표시한다.

국소대기압을 기준으로 측정한 압력을 계기압력이라 하고 국소대기압보다 큰 압력을 양(+)의 압력, 작은 압력을 음(−)의 압력 또는 진공압력(vacuum pressure)이라고 한다. 예를 들면 임의의 위치에서 압력이 500 mmHg 의 절대압력이라 할 때, 만일 국소대기압이 750 mmHg 이라면 계기압력은 −250 mmHg 혹은 250 mmHg(진공)으로 표시된다. 완전진공을 기준으로 측정한 압력이 절대압력이므로 압력 사이에는 다음과 같은 관계가 성립한다.

$$\text{절대압력}(P_{abs}) = \text{대기압}(P_0) + \text{계기압력}(P_g) - \text{진공압력} \qquad (2\text{-}3\text{-}1)$$

이 관계를 [그림 2-6]에 표시한다.

〈표 2-1〉 표준대기의 물성치

고 도 [km]	온 도 [℃]	압 력 [mmHg]	밀 도 [$kg_f \cdot s^2/m^4$]	점성계수 [$kg_f \cdot s/m^2$] $\times 10^{-6}$	동점성계수 [m^2/s] $\times 10^{-5}$	음 속 [m/s]
0	15.0	760.0	0.1250	1.833	1.466	340.7
1	8.5	674.1	0.1134	1.800	1.587	336.8
2	2.0	596.2	0.1027	1.768	1.722	332.9
3	−4.5	525.7	0.0928	1.735	1.871	328.9
4	−11.0	462.2	0.0835	1.702	2.037	324.9
5	−17.5	405.0	0.0751	1.669	2.222	320.9
6	−24.0	353.7	0.0673	1.635	2.429	316.8
7	−30.5	307.8	0.0601	1.600	2.661	321.6
8	−37.0	266.8	0.0536	1.565	2.923	308.4
9	−43.5	240.4	0.0476	1.530	3.217	300.1
10	−50.0	198.1	0.0421	1.494	3.551	299.8
11	−56.5	169.6	0.0371	1.458	3.931	295.4
12	−56.5	144.8	0.0317	1.458	4.602	295.4
14	−56.5	105.6	0.0231	1.458	6.310	295.4
16	−56.5	77.0	0.0169	1.458	8.652	295.4
18	−56.5	56.2	0.0123	1.458	11.86	295.4
20	−56.5	41.0	0.0090	1.458	16.26	295.4
25	−56.5	18.6	0.0041	1.458	35.80	295.4
30	−56.5	8.5	0.0081	1.458	78.81	295.4

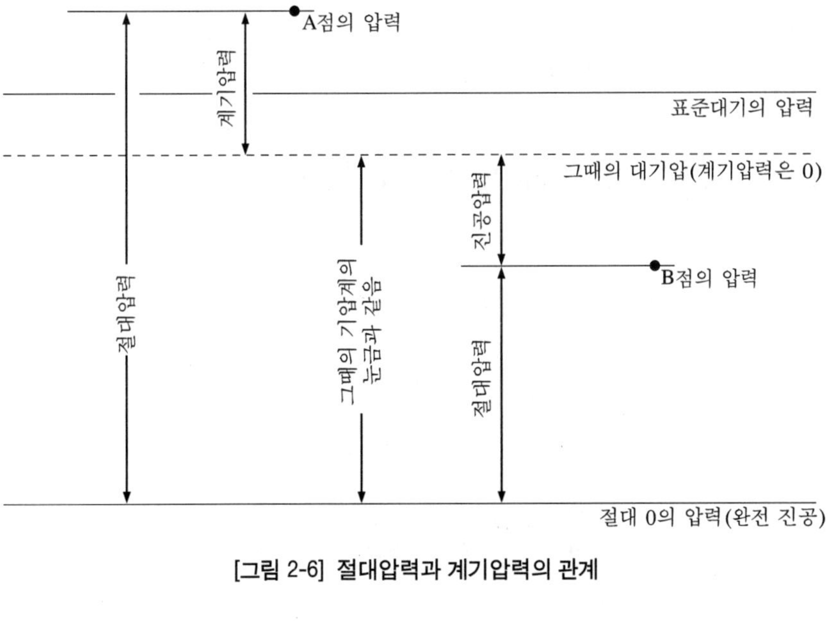

[그림 2-6] 절대압력과 계기압력의 관계

(2) 압력의 단위

압력의 단위로서는 보통 공학단위에서는 실용단위로 $\frac{kg_f}{cm^2}$를 사용하고 SI 단위에서는 $\frac{N}{m^2}$, 즉 Pa를 사용한다. 압력을 수은주의 높이로 나타낼 경우에는 mmHg로, 수주의 높이로 나타낼 때에는 mAq로 표시한다.

$$1\frac{kg_f}{m^2} \fallingdotseq 9.8\frac{N}{m^2} = 9.8 \text{ Pa}$$

의 관계가 있으며 또, 진공압력의 경우 수은주 1mmHg를 1 Torricelli(줄여서 Torr라고 함)라고 한다. 즉

$$1 \text{ Torr} = 1 \text{ mmHg} \fallingdotseq 1.36\frac{g_f}{cm^2}$$

여기에서 표준대기압(standard atmospheric pressure)을 1atm이라 할 때 이들 사이의 관계를 종합하면 다음과 같다.

$$\begin{aligned} \text{표준대기압 } 1 \text{ atm} &= 760 \text{ mmHg (0℃일 때)} \\ &= 1.0332\frac{kg_f}{cm^2} \\ &= 10.332 \text{ mAq} \\ &= 101325 \text{ Pa} \\ &= 1.01325 \text{ bar} \end{aligned}$$

그런데 $1\text{bar} = 10^6\frac{dyne}{cm^2} = 750.5 \text{ mmHg (0℃)} = 10^5 \text{ Pa} = 10^3 \text{ mbar}$ 이다.

예제 2-5 1kPa를 다음에 주어진 단위로 환산하여라.

i) mmHg, ii) $\frac{kg_f}{cm^2}$, iii) mAq, iv) bar

풀이 i) $1 \text{ kPa} = 1 \text{ k} \cdot \frac{N}{m^2} = 1000\frac{N}{m^2} = \frac{1000}{9.8} = 102\frac{kg_f}{m^2}$

$$= \frac{102\times10^{-4}\,\frac{\text{kg}_f}{\text{cm}^2}}{1.0332\,\frac{\text{kg}_f}{\text{cm}^2}} \times 760\ \text{mmHg}=7.5\ [\text{mmHg}]$$

ii) $1\ \text{kPa}=102\,\frac{\text{kg}_f}{\text{m}^2}\times10^{-4}=0.0102\left[\frac{\text{kg}_f}{\text{cm}^2}\right]$

iii) $1\ \text{kPa}=0.0102\times\frac{10.332}{1.0332}=0.102\ [\text{mAq}]$

iv) $1\ \text{kPa}=0.0102\times\frac{1.01325}{1.0332}=0.00996\ [\text{bar}]$

예제 2-6 진공압력계의 눈금이 20 cmHg를 가리켰다. 이때의 대기압이 736 mmHg이라면 절대압력은 몇 Pa인가?

풀이 $P_{abs}=p_0-pg$ 이므로

$P_{abs}=736-200=536\ [\text{mmHg}]$

그런데 1 atm=760 mmHg =1.01325×10^5 Pa 이므로

$P_{abs}=\frac{536\times1.01325\times10^5}{760}=71460.8\ [\text{Pa}]$

2-4 압력의 측정

절대압력을 측정하는 계측기로는 Aneroid 기압계와 1643년 Torricelli에 의해 발명된 수은 기압계가 있으며 계기압력을 측정하는 것으로는 Bourdon 압력계와 U 자관, 즉 마노미터(manometer)가 있다.

(1) Aneroid 기압계(Aneroid barometer)

대기의 절대압력을 측정하는 기구로 [그림 2-7]은 그 작동 원리를 보여주고 있다.

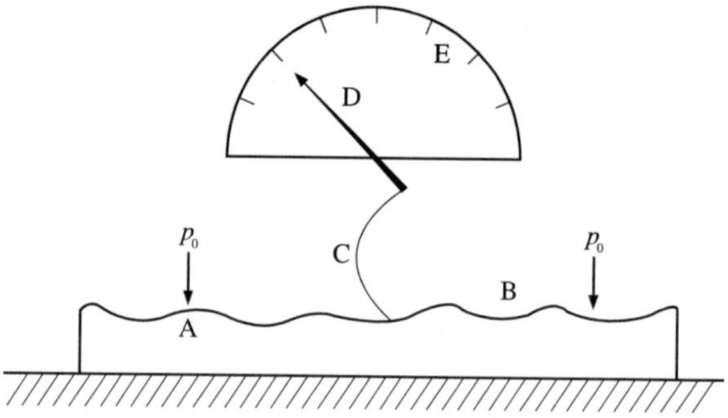

[그림 2-7] Aneroid 기압계

A는 절대진공상태의 원통형이고 B는 탄성진동막이다. 지금, B에 대기압 p_0가 작용하면 진동막이 눌려 D의 지침이 오른쪽으로 움직인다. 이때의 눈금을 읽으면 된다.

(2) 수은기압계(mercury barometer)

[그림 2-8]에서 보는 바와 같이 수은으로 가득 채워진 유리관을 역시 수은이 담겨진 용기 속에 거꾸로 세워놓을 경우, 수은의 증기압을 무시한다면 이 관의 상부에서의 빈 공간은 완전진공이라고 볼 수 있으므로 그 빈 공간의 압력은 0의 압력으로 간주된다.

따라서, 그림에서 수은기둥의 높이 h는 외부에서의 압력 p_0와 평형을 이루고 있으므로 수은기둥의 높이는 곧 절대압력의 측정을 가능케 한다. 위에서 언급한 유리관 내의 빈 공간을 토리첼리 진공(Torricelli Vacuum)이라고 한다. 그림에서 A점과 B점은 동일 수평면상에 있으므로 압력은 같다. 따라서, 대기압 p_0는

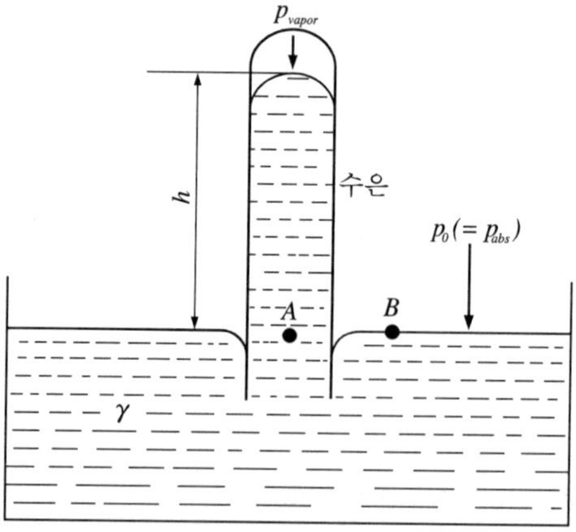

[그림 2-8] 수은기압계

$$p_0 = p_{vapor} + \gamma \cdot h$$

가 성립되나 p_{vapor}는 아주 적은 값이므로 무시하며 수은주의 높이 h 로만 대기압을 측정한다.

(3) Bourdon 압력계 (Bourdon gage)

계기압력과 진공압력을 측정할 수 있는 계측기로서 주로 공업용으로 쓰인다.

[그림 2-9]에서 보는 바와 같이 이 압력계의 B점에 직접 연결된 압력과 외부의 대기압과의 상대적인 압력차를 읽을 수 있도록 만들어진 계측기이다. 그러므로 만일에 B점에서의 압력이 외부에서의 압력과 같게 되면 압력계에 눈금은 0을 가리키게 된다. 다시 말해서 계측기압력, 즉 계기압력이 0이라는 것은 압력 그 자체가 0을 말하는 것이 아니고 외부와의 압력차가 없다는 것을 말하는 것으로, 대기중에서 이 압력계를 사용하였을 때는 B점에 연결된 압력이 대기압력과 같음을 의미하는 것이다.

그러므로 보통 기계장치에 부착되어 있는 압력계는 Bourdon 압력계로서 대기압력과의 차만을 나타내도록 되어 있다. 특히, 대기압은 장소와 시간에 따라 달라지므로 측정하려는 유체의 절대압력을 알아보고자 할 때에는 그때마다 기압계에서 대기압을 측정하여야 한다.

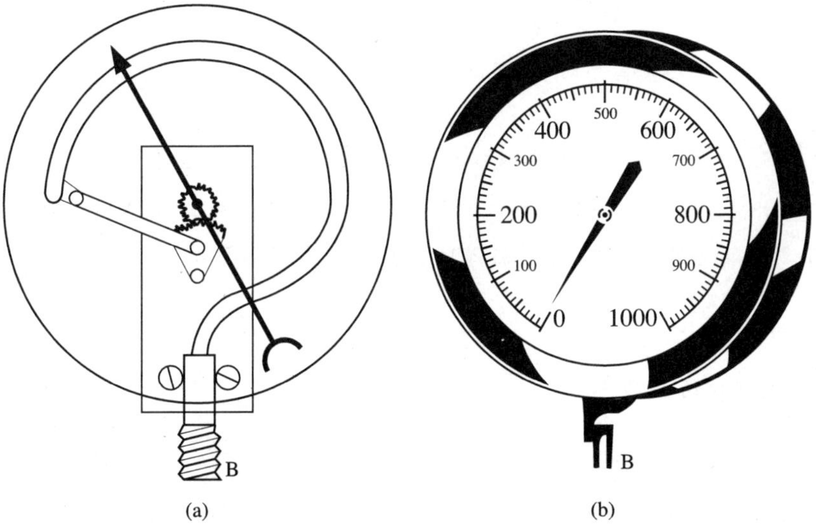

[그림 2-9] Bourdon 압력계

(4) 액주계(manometer)

1 액주계(manometer or piezometer)

측정하려는 유체의 압력을 정지하고 있는 액체의 무게와 평형을 이루도록 하여 액주의 높이로서 압력이나 임의의 두 점 사이의 압력차를 측정하는 계기로서 비교적 정밀한 압력을 측정할 수 있으나 매우 높은 압력이나 큰 압력차를 측정하기는 어렵다

[그림 2-10]에서와 같이 유체가 유동하고 있는 관의 한쪽에 연결하고 다른 한쪽은 대기와 접하도록 설치되어 있다. [그림 2-10] (a)와 같이 액주계의 액체가 측정하려는 유체와 같은 경우에는 피에조미터(piezometer)라고 부르며, [그림 2-10] (c)와 같이 U자형 유리관에 측정할 액체와 다른 액체를 넣고 계측할 때를 마노미터(manometer)라고 한다.

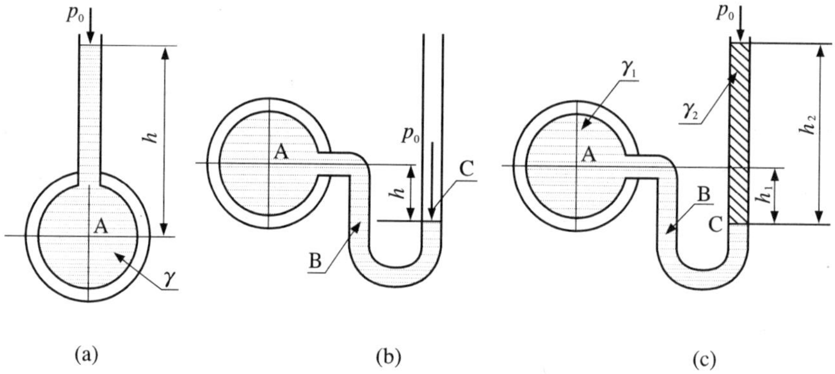

[그림 2-10] 액주계

액주계의 기본이 되는 것은 피에조미터로서 대기압보다 약간 높은 압력을 측정하는데 사용된다. 관 내의 임의의 지점, 즉 A점의 압력을 피에조미터로 측정하려면 그 지점으로부터 액주의 높이 h를 측정하여 다음의 식으로 계산한다. 즉

$$p_{A\ gage} = \gamma \cdot h \tag{2-4-1}$$

$$p_{A\ abs} = p_0 + \gamma \cdot h \tag{2-4-1'}$$

그런데 피에조미터로 진공압력을 측정하게 되면 공기가 흡입되고 또, 높은 압력을 측정할 때에는 상당히 긴 액주가 필요하게 되므로 이러한 경우는 피에조미터를 사용할 수 없다.

비교적 낮은 압력이나 진공도가 낮은 진공압력은 [그림 2-10] (b)와 같이 U자관 액주계를 사용한다. [그림 2-10] (b)는 A점의 압력이 진공압력인 경우이다. 이 그림에서 A점의 압력은

$$p_{A\ \mathrm{gage}} = -\gamma \cdot h \qquad (2-4-2)$$

$$p_{A\ \mathrm{abs}} = p_0 - \gamma \cdot h \qquad (2-4-2')$$

이다.

유체의 큰 압력차를 측정할 경우에는 U자관 액주계에 측정하려는 유체의 비중보다 큰 다른 액체를 사용한다([그림 2-10] (c)의 경우). 이 그림 (c)에서 U자관 내의 서로 다른 액체의 경계를 지나는 수평면에 대한 힘의 평형식

$$p_A + \gamma_1 \cdot h_1 = \gamma_2 \cdot h_2 + p_0$$

으로부터

$$p_A + \gamma_1 \cdot h_1 - \gamma_2 \cdot h_2 = p_0 \qquad (2-4-3)$$

의 관계를 얻는다. 여기서 p_0는 U자관 액주의 자유표면에 작용하는 대기압이다. 만일 관내로 흐르는 유체가 기체일 경우에는 γ_1은 극히 작은 값이므로 기체에 의하여 생기는 압력 $\gamma_1 \cdot h_1$의 항은 무시해도 상관없다.

위의 과정에서 미루어 알 수 있는 바와 같이 복잡하게 구성된 액주계를 사용하여 압력을 계측할 때에는 다음과 같은 사항들을 응용하면 쉽게 계산할 수 있다.

i) 액주계의 좌나 우의 어느 한쪽 끝으로부터 시작하여 이 단에 작용하는 압력에 관 내에서 제일 먼저 서로 다른 액체와 접하는 액면을 제1경계면으로 하여 제1경계면까지의 압력변화 $\gamma_1 \cdot h_1$을 경계면이 아래쪽에 있을 때 더하고 위쪽에 있을 때 뺀다.

ii) 다시 관 내의 다음 경계면까지의 압력변화 $\gamma_2 \cdot h_2$를 그 경계면(제1경계면) 아래쪽에 있으면 i에서 얻은 결과에 더하고 위쪽에 있으면 빼어 준다.

iii) 이 과정을 밟아 액주계의 다른 쪽 끝단까지 계속해서 얻은 결과와 다른 쪽 끝단에 작용하는 압력과 같게 놓는다.

iv) 위의 iii)에서 얻은 결과를 구하려고 하는 압력의 단위에 대하여 푼다.

위에서 열거한 i), ii), iii), iv)의 네 가지 사항들은 시차액주계에 있어서 압력차를 구하는 데 적용하면 쉽게 계산할 수 있다.

2 시차액주계(differential manometer)

시차액주계는 [그림 2-11]과 같이 두 개의 탱크나 관 속에 있는 유체의 압력차를 측정하는 計器이다.

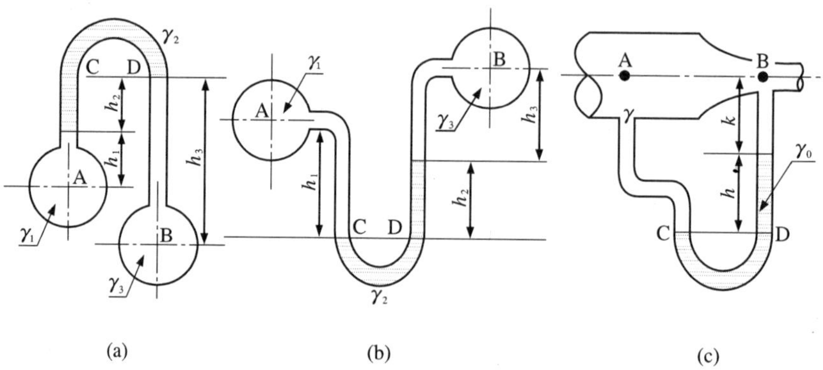

[그림 2-11] 시차액주계

압력차의 측정은 위에서 설명한 액주계에 관한 기본법칙, 즉 정지 유체에서 동일평면상의 임의의 두 점에서의 압력은 항상 같다는 원리와 액주계에서 설명한 i), ii), iii), iv)의 네 가지 사항을 적용시키면 쉽게 계산할 수 있다. 예를 들어 [그림 2-11]의 액주계에 관한 압력차를 계산하면 다음과 같다.

[그림 2-11] (a): $p_A - \gamma_1 \cdot h_1 - \gamma_2 \cdot h_2 + \gamma_3 \cdot h_3 = p_B$

$$\therefore p_A - p_B = \gamma_1 \cdot h_1 + \gamma_2 \cdot h_2 - \gamma_3 \cdot h_3$$

(b): $p_A + \gamma_1 \cdot h_1 - \gamma_2 \cdot h_2 - \gamma_3 \cdot h_3 = p_B$

$$\therefore p_A - p_B = \gamma_3 \cdot h_3 + \gamma_2 \cdot h_2 - \gamma_1 \cdot h_1$$

(c): $p_A + \gamma(k+h) - \gamma_0 \cdot h - \gamma \cdot k = p_B$

$$\therefore p_A - p_B = h(\gamma_0 - \gamma)$$

여기에서, 정지유체의 경우 동일평면상의 임의의 두 점에서의 압력은 항상 같다는 원리를 적용시켜서 $p_A - p_B$ 의 압력차를 구하여 보면

[그림 2-11] (a): $p_C = p_D$

$p_C = p_A - \gamma_1 \cdot h_1 - \gamma_2 \cdot h_2$이고 $p_D = p_B - \gamma_3 \cdot h_3$이므로

$\therefore p_A - p_B = \gamma_1 \cdot h_1 + \gamma_2 \cdot h_2 - \gamma_3 \cdot h_3$

(b): $p_C = p_D$

$p_C = p_A + \gamma_1 \cdot h_1$이고 $p_D = p_B + \gamma_3 \cdot h_3 + \gamma_2 \cdot h_2$이므로

$\therefore p_A - p_B = \gamma_3 \cdot h_3 + \gamma_2 \cdot h_2 - \gamma_1 \cdot h_1$

(c): $p_C = p_D$

$p_C = p_A + \gamma(k+h)$이고 $p_D = p_B + \gamma \cdot k + \gamma_0 \cdot h$

$\therefore p_A - p_B = h(\gamma_0 - \gamma)$

로 되어 같은 결과를 얻게 된다.

3 미압계(微壓計, micro-manometer)

아주 작은 압력차를 정밀하게 측정하는 계기로서 액주계의 액면변위차를 정밀하게 읽을 수 있게끔 현미경과 버니어(vernier)가 장치되어 있다. [그림 2-12] (a)에 U자관형 미압계를 (b)에 경사미압계를 표시한다. U자관형 미압계는 형상과 단면적이 정확히 똑같은 두 큰 용기에 U자관을 붙여서 큰 용기에서 미압(微壓)으로 생기는 미소한 액면 변위차가 U자관에서 크게 증폭되게 끔 만들어져 있다.

미압계에는 서로 섞이지 않는 비중이 다른 액체 중 좀 더 무거운 액체(γ_3)를 0-0의 면

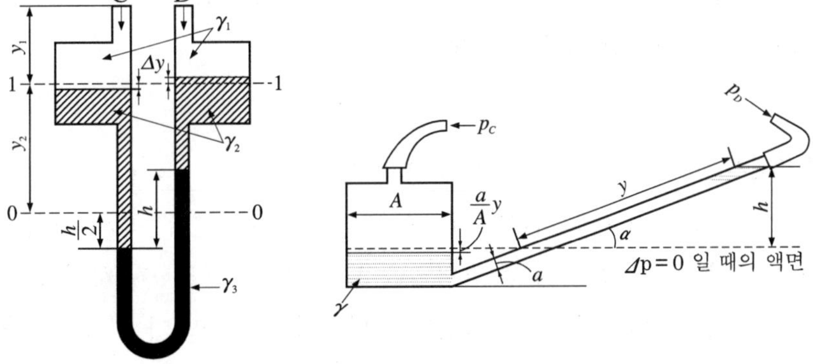

(a) 미압계 (b) 경사미압계

[그림 2-12] 미압계의 종류

까지 또 가벼운 액체(γ_2)를 1-1 면까지 채운다. 측정하려는 기체(γ_1)의 C쪽의 압력이 D쪽의 압력보다 조금 더 크면 γ_1 및 γ_2의 두 유체의 경계면은 Δy 만큼 움직여 그림과 같이 평행을 이룬다. 이때 각 그릇에서 변위한 액체의 체적을 U자관 내에서 변위한 액체의 체적과 같으므로 A 를 그릇의 단면적 a 를 U자관의 단면적이라 하면

$$\Delta y \cdot A = \frac{h}{2} \cdot a$$

$$\therefore \Delta y = \frac{a}{A} \cdot \frac{h}{2} \qquad (2\text{-}4\text{-}4)$$

가 성립된다. 그림과 같은 평형상태에서 C점의 압력에서 출발하여 D점에 이르기까지 마노미터에 대한 식을 세우면 다음과 같이 된다.

$$p_C + \gamma_1 \cdot (y_1 + \Delta y) + \gamma_2 \cdot \left(y_2 - \Delta y + \frac{h}{2}\right) - \gamma_3 \cdot h - \gamma_2 \cdot \left(y_2 - \frac{h}{2} + \Delta y\right)$$
$$- \gamma_1 \cdot (y_1 - \Delta y) = p_D$$

이 식에 식(2-4-4)에서 Δy의 값을 대입하면 $p_C - p_D$ 의 압력차를 얻는다.

$$\therefore p_C - p_D = h\left[\gamma_3 - \gamma_2\left(1 - \frac{a}{A}\right) - \gamma_1 \cdot \frac{a}{A}\right] \qquad (2\text{-}4\text{-}5)$$

우변의 대괄호 안의 값은 미압계의 제원(諸元)과 사용한 액체에 따라 정해지는 상수이므로 압력차는 h에 비례하게 된다. 또 미압계의 기능을 제대로 갖자면 대괄호 안의 값이 작아야 하며 a는 A에 비하여 아주 작아야 한다.

4 경사미압계(傾斜微壓計, inclined-manometer)

[그림 2-12] (b)와 같이 마노미터의 액주를 경사지게 하여 계측의 감도를 높인 것이 경사미압계이다. 액체를 담은 그릇의 단면적을 A, 경사유리관을 a라 하면 압력차 $p=0$일 때의 액면에서 y 만큼 변위했을 때의 그릇의 액면변위는 $\frac{a}{A} \cdot y$ 가 된다. 이 경사미압계는 보통 기체의 압력차를 측정하는 데 사용되므로 C, D 부분에 있는 기체의 중량은 무시하고 마노미터에 대한 식을 세우면 다음과 같다.

$$p_C = \gamma \cdot y \cdot \sin\alpha + \gamma \cdot \frac{a}{A} \cdot y = p_D$$

$$\therefore\ p_C - p_D = \gamma \left(y \cdot \sin\alpha + \frac{a}{A} \cdot y \right) = \gamma \cdot y \left(\sin\alpha + \frac{a}{A} \right) \quad (2\text{-}4\text{-}6)$$

여기에서 α 는 수평면에 대한 경사관과 이루는 각도이다. 액체의 연직변위는 $h = y \cdot \sin\alpha$ 이므로 경사관의 눈금의 읽음이 y 로 확대된 것이지만 α가 적어지면 α의 측정 정밀도가 낮아지므로 액주의 읽는 눈금 y 만을 확대하는 것은 의미가 없다.

예제 2-7 [그림 2-13] (a)에서 $p_1 - p_2$의 압력차를 구하여라.

풀이 마노미터에 대한 식에서

$$p_1 - p_2 = 9800 \times 13.6 \times 0.05 + 9800 \times 0.05 - 9800 \times 0.15$$
$$= 5684\ [\text{Pa}] = 5.684\ [\text{kPa}]$$

예제 2-8 [그림 2-13] (b)에서 $p_A - p_B$의 압력차를 계산하여라.

풀이 마노미터에 대한 식에서

$$p_A - p_B = 9800 \times 0.9 \times 0.06 + 9800 \times 0.96 \times 0.4 - 9800 \times 0.8 \times 0.3$$
$$= 1940\ [\text{Pa}] = 1.94\ [\text{kPa}]$$

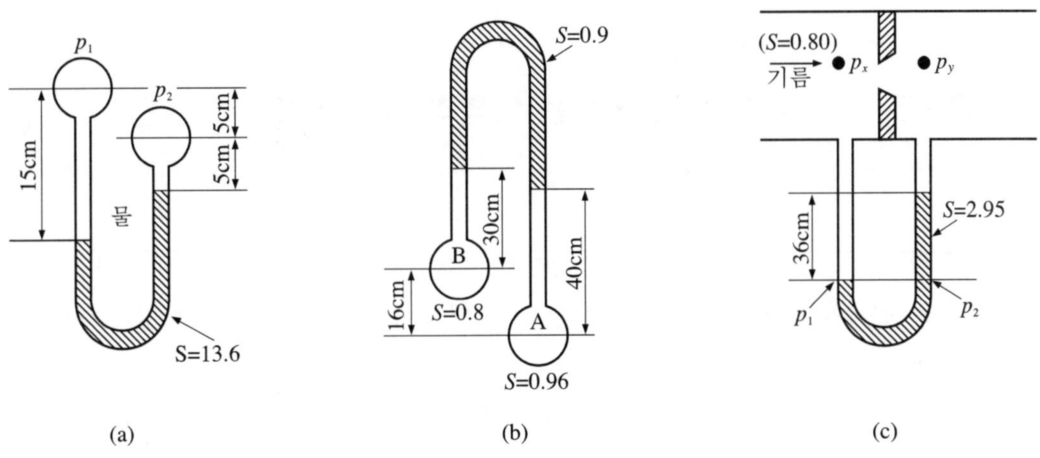

[그림 2-13] 시차 액주계

예제 2-9 [그림 2-13] (c)에서 관 속을 흐르는 기름의 유량을 구하기 위하여 오리피스를 그림과 같이 설치하였다. 오리피스 전과 후의 압력차는 얼마인가?

풀이 그림에서 압력 p_1과 p_2의 크기는 같으므로

$$p_x + 9800 \times 0.8 \times 0.36 = p_y + 9800 \times 2.95 \times 0.36$$

$$\therefore p_x - p_y = 0.36 \times 9800(2.95 - 0.8)$$

$$= 7585\ [\mathrm{Pa}]$$

예제 2-10 [그림 2-12] (b)의 경사미압계에서 $\sin\alpha = \dfrac{1}{25}$, 마노미터액의 비중은 0.8이고 경사관의 액면의 변위차를 0.25 mm까지 읽을 수 있다면 C와 D의 압력차는 수은주로 얼마까지 측정할 수 있겠는가? (단, $\dfrac{\alpha}{A} = \dfrac{1}{100}$ 로 한다.)

풀이 $\Delta p = \gamma \cdot y\left(\sin\alpha + \dfrac{a}{A}\right) = p_C - p_D$

$$\therefore \Delta p = 0.8 \times 10^3 \times \frac{0.25}{10^3}\left(\frac{1}{25} + \frac{1}{100}\right)$$

$$= 0.01 \frac{\mathrm{kg}_f}{\mathrm{m}^2} \times 10^{-4}$$

$$= 1 \times 10^{-6} \frac{\mathrm{kg}_f}{\mathrm{m}^2} \fallingdotseq 0.00074\ [\mathrm{mmHg}]$$

2-5 유체에 잠겨 있는 임의의 평면에 작용하는 힘

유체에 잠겨 있는 면에 작용하는 정압(靜壓)에 의한 힘의 크기와 작용점의 위치 및 방향을 구하는 문제는 댐(dam), 수문, 액체를 담는 탱크 및 선박 등의 설계에 있어 대단히 중요한 문제이다.

유체에 의해 힘을 받는 면은 놓인 위치가 수평, 연직, 경사인 경우와 곡면 등이다. 이들 각각의 경우에 대하여 전압력의 크기, 방향, 작용점의 위치를 구하여 보자.

(1) 수평면에 작용하는 힘

비중량이 γ인 정지유체 중에 면적 A인 평면이 깊이 h인 곳에 수평으로 위치하여 있을 때 단위면적에 대해 작용하는 압력은 $p=\gamma \cdot h$ 로서 평면 전체에 균일하게 수직으로 작용한다. 따라서 평면에 작용하는 전압력의 크기 F는 미소면적 dA에 작용하는 힘 $dF=p \cdot dA$를 평면 전체에 대하여 적분하면 얻을 수 있다. [그림 2-14] (a)에 수평면에 작용하는 힘을 나타낸다.

$$F=\int_A \cdot dF=\int_A p \cdot dA=p \cdot \int_A dA=p \cdot A=\gamma \cdot h \cdot A \qquad (2\text{-}5\text{-}1)$$

즉, 전압력의 크기는 [그림 2-14] (a)에 도시한 압력 프리즘(pressure prism)의 체적과 같으며 또한, 평면이 떠받들고 있는 액체의 무게와 같다는 것을 알 수 있다. 여기에서, 압력 프리즘이란, 압력 $p=\gamma \cdot h$를 벡터(vector)로 표시하여 이루어지는 도형을 말하며 이 압력 프리즘의 체적은 전압력의 크기와 같고 전압력 F는 반드시 이 압력 프리즘의 도심(圖心)을 지나며, 전압력의 작용점을 압력의 중심(center of pressure)이라 한다.

그리고 압력은 평면에 수직하게 작용하므로 전압력의 방향도 평면에 수직으로 작용한다. 작용점의 위치는 도심과 같다.

(2) 연직면에 작용하는 힘

연직인 평면 위의 임의의 각 점에 작용하는 힘은 [그림 2-14] (b)에 도시한 바와 같이 $p=\gamma \cdot h$에 의하여 깊이 h에 따라 선형적으로 변한다. 평면의 상단에서는 $p_1=\gamma \cdot h_1$이, 하단에는 $p_2=\gamma \cdot h_2$가 작용하므로 평면의 폭을 b라고 놓으면 전압력의 크기 F는 그림에 나타난 바와 같은 압력 프리즘의 체적과 같다.

$$F=\frac{(\gamma \cdot h_1+\gamma \cdot h_2)}{2}(h_2-h_1)\times \mathrm{b}=\frac{\gamma \cdot b(h_2+h_1)(h_2-h_1)}{2}$$

$$=\frac{\gamma \cdot b(h_2^2-h_1^2)}{2} \qquad (2\text{-}5\text{-}2)$$

전압력의 압력 중심은 압력 프리즘의 중심(重心)을 지나고 그 방향은 평면과 수직이며 항상 평면의 중심(中心)보다 아래에 위치한다. 평면이 대칭인 평면이 아니고 일반적인

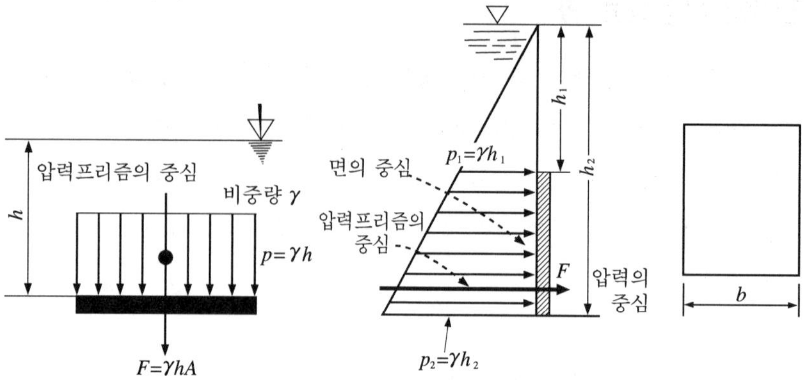

(a) 수평면에 작용하는 힘 (b) 연직면에 작용하는 힘

[그림 2-14]

평면의 경우에는 경사면에 작용하는 힘에서 구하기로 한다.

(3) 경사면에 작용하는 힘

[그림 2-15]와 같은 임의의 경사면에 작용하는 전압력을 구하기 위하여 그림에서와 같은 액체의 자유 표면과 θ 의 경사각을 가지는 일반 평면을 생각한다.

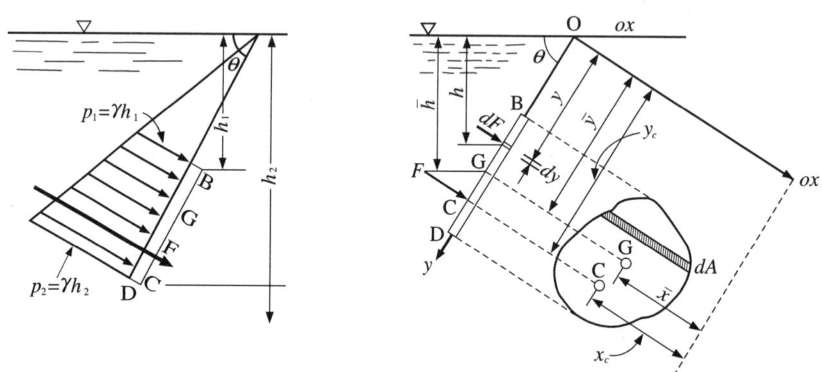

[그림 2-15] 경사면에 작용하는 힘

경사진 평면 BD의 한쪽(왼쪽)면에 작용하는 전압력을 구한다. 그림과 같이 깊이 h인 곳에 미소면적 dA를 잡고 dA의 미소전압력을 dF라고 하면

$$dF = p \cdot dA = \gamma \cdot h \cdot dA$$

가 된다. 평면 BD의 연장선과 만나는 자유표면과의 교점을 0, 또 이 평면의 연장축을 oy 축, 이 축과 교점 0에서 수직으로 ox축을 잡으면 $h = y \cdot \sin\theta$가 된다.

그러므로 위의 식은

$$dF = \gamma \cdot y \cdot \sin\theta \, dA \tag{2-5-3}$$

이 된다. 따라서 면적 A인 BD평면에 작용하는 전압력은 식 (2-5-3)을 적분하여 얻는다.

$$F = \gamma \cdot \sin\theta \int_A y \cdot dA \tag{2-5-4}$$

여기에서 $\int_A y \cdot dA$는 ox축에 대한 면적 A인 평면의 1차 모멘트로서 다음과 같이 표시할 수 있다. ox축에서 평면의 도심 G까지의 거리를 $\bar{y}$ 라고 하면

$$\int_A y \cdot dA = \bar{y} \cdot A \tag{2-5-5}$$

식 (2-5-5)를 식 (2-5-4)에 대입하면 다음과 같이 된다.

$$F = \gamma \cdot \bar{y} \cdot \sin\theta \cdot A = \gamma \cdot \bar{h} \cdot A \tag{2-5-6}$$

그러므로 $\bar{h} = \bar{y} \cdot \sin\theta$이다. 즉 정지 액체 속에 잠겨 있는 평면에 작용하는 전압력의 크기는 평면의 면적 A와 그 도심(면의 中心)에 대한 압력 $\gamma \cdot \bar{h}$ 와의 곱이 된다.

전압력의 방향은 액체가 정지하고 있으므로 면에 수직으로 작용한다. 그리고 힘, 즉 전압력의 작용점의 위치는 Varignon 원리를 적용하여 구한다. Varignon의 원리는 합력이 이루는 모멘트는 분력이 이루는 모멘트의 합과 같다는 이론으로 다시 말해서 전압력 F의 작용점 C에서 ox축까지의 거리 y_c는 전압력의 모멘트를 전압력의 크기로 나눔으로써 구할 수 있다.

지금 [그림 2-15]에서 미소면적 dA에 작용하는 미소전압력 dF의 ox축에 대한 모멘트는 $dM = y \cdot dF$가 되고 여기에 식 (2-5-3)을 대입하면

$$dM = \gamma \cdot y^2 \cdot \sin\theta \cdot dA \tag{2-5-7}$$

가 된다. 따라서 면적 A인 평면 전체에 대한 모멘트는 식 (2-5-7)을 적분함으로써 구할 수 있다.

$$\therefore\ M = \gamma \cdot \sin\theta \int_A y^2 \cdot dA \qquad (2\text{-}5\text{-}8)$$

여기에서 $\int_A y^2 \cdot dA$는 평면 BD의 ox축에 대한 관성능률(moment of inertia) Iox이다. 따라서 식 (2-5-8)은 다음과 같이 표시할 수 있다.

$$M = \gamma \cdot \sin\theta \cdot Iox \qquad (2\text{-}5\text{-}9)$$

그런데 $y_c = \dfrac{M}{F}$ 이므로 식 (2-5-6)과 식 (2-5-9)를 대입하면

$$y_c = \frac{Iox}{\bar{y}\ \cdot A} \qquad (2\text{-}5\text{-}10)$$

가 된다. 평면이 도심(면의 중심) G를 지나고 ox축과 평행한 축을 G축이라 하면 평면의 G축에 대한 관성능률(단면 2차 모멘트)을 I_G라고 할 때 관성능률의 평행축에 관한 정리 $Iox = I_G + A \cdot \bar{y}^2$을 적용시키면 식 (2-5-10)은 다음과 같이 된다.

$$y_c = \frac{I_G + A \cdot \bar{y}^2}{\bar{y}\ \cdot A} = \bar{y} + \frac{I_G}{A \cdot \bar{y}}$$

$$\therefore\ y_c - \bar{y} = \frac{I_G}{A \cdot \bar{y}} \qquad (2\text{-}5\text{-}11)$$

식 (2-5-11)로부터 평면의 도심(中心)과 전압력의 작용점 사이의 거리를 직접 계산할 수 있다. 위의 식에서 알 수 있는 바와 같이 전압력 F는 면의 중심 G에서 oy축에 따라 거리 $\dfrac{I_G}{A \cdot \bar{y}}$ 만큼 아래쪽 C점에 작용한다.

다음에 압력중심 x좌표를 구하여 보자. [그림 2-5]에서 보는 바와 같이 ox축과 수직인 oy축을 임의로 잡고 이 축에서 면의 중심 G와 압력중심 C까지의 x좌표를 각각 $\bar{x}$, x_c라 하면 전압력 F의 oy축에 대한 모멘트 $F \cdot x_c$는 각각의 미소전압력 dF의 oy축에 대한 모멘트의 합과 같으므로(Varignon 원리)

$$F \cdot x_c = \int_A x \cdot dF$$

$$(\gamma \cdot \bar{y} \cdot \sin\theta \cdot A) \cdot x_c = \int_A x(\gamma \cdot y \cdot \sin\theta \cdot dA) \tag{2-5-12}$$

$$x_c = \frac{1}{\bar{y} \cdot A} \cdot \int_A x \cdot y \cdot dA = \frac{I_{x \cdot y}}{\bar{y} \cdot A} \tag{2-5-13}$$

여기에서 $\int_A x \cdot y \cdot dA$는 평면 BD의 x, y축에 관한 관성상승모멘트(product of inertia) $I_{x \cdot y}$라 한다. 도형의 면의 중심 G를 지나는 $\bar{x}$, $\bar{y}$ 축에 관한 관성상승모멘트, 즉 면적 상승모멘트를 $I_{\bar{x} \cdot \bar{y}}$ 라고 하여 평행축 정리 $I_{x \cdot y} = I_{\bar{x} \cdot \bar{y}} + \bar{x} \cdot \bar{y} \cdot A$를 식 (2-5-13)에 적용하면

$$x_c = \bar{x} + \frac{I_{\bar{x} \cdot \bar{y}}}{\bar{y} \cdot A} \tag{2-5-14}$$

가 된다. 만일 경사면이 도심(면의 중심)을 지나는 좌표축 x축이나 또는 y축에 대하여 대칭이면 관성상승모멘트 $I_{\bar{x} \cdot \bar{y}}$는 0이 되어 $x_c = \bar{x}$ 가 된다. 그러므로 경사면이 $\bar{y}$ 축이나 $\bar{x}$ 축에 대하여 대칭이면 압력 중심은 $\bar{y}$ 축에 위치한다. 즉 평면 BD가 oy축과 평행한 G축에 대하여 좌우 대칭인 경우 다시 말해 원, 사각형, 타원 등에서는 x좌표를 구할 필요가 없다.

(4) 곡면에 작용하는 힘

액체 속에 잠겨 있는 곡면에 작용하는 힘, 즉 전압력은 평면의 경우에서와 같이 직접 계산해 낼 수 없고 곡면의 수평 및 연직 방향의 힘을 계산함으로써 힘의 합성에 의하여 구한다.

[그림 2-16]과 같은 정지유체 중의 곡면 AB에 작용하는 힘을 구하여 보자.

압력분포는 [그림 2-16] (a)에 표시된 바와 같으며, 이를 다시 수평 분력 F_H와 연직방향의 분력 F_V를 가진 합력 F로 나타낼 수 있다.

[그림 2-16] (b)와 같이 자유 물체도 ABC에 대한 정역학에서의 평형 조건을 적용하면 F_H와 F_V의 반력(反力)인 $F_H{}'$와 $F_V{}'$를 얻을 수 있으며, 이들 힘은 각각 크기가 같고 방향이 반대이다. 자유물체도의 정적 평형 조건으로부터

〈표 2-2〉 기하학적 원형의 면적, 체적, 원심, 관성능률

	스 케 치	면적 또는 체적	도심의 위치	I 또는 I_G
직사각형	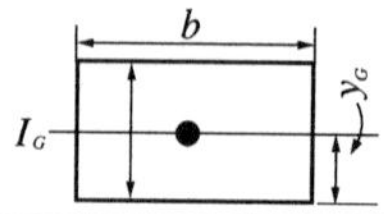	bh	$y_G = \frac{h}{2}$	$I_G = \frac{bh^3}{12}$
삼각형	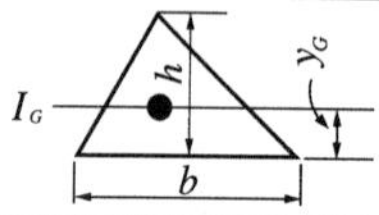	$\frac{bh}{2}$	$y_G = -\frac{h}{3}$	$I_G = \frac{bh^3}{36}$
원	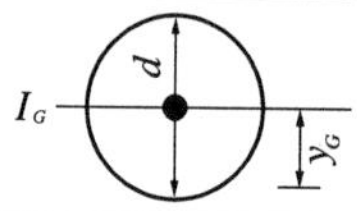	$\frac{\pi d^2}{4}$	$y_G = \frac{d}{2}$	$I_G = \frac{\pi d^4}{64}$
반 원	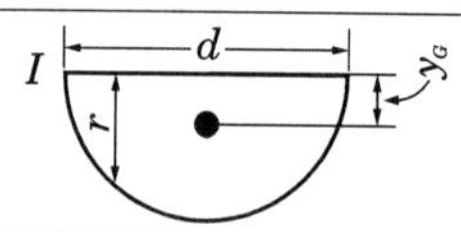	$\frac{\pi d^2}{8}$	$y_G = \frac{4r}{3\pi}$	$I = \frac{\pi d^4}{128}$
타 원	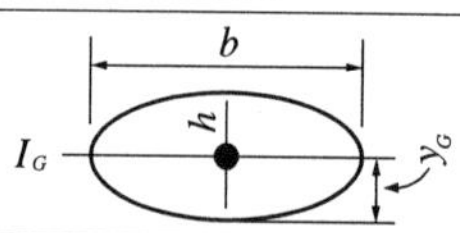	$\frac{\pi bh}{4}$	$y_G = \frac{h}{2}$	$I_G = \frac{\pi bh^3}{64}$
반 타 원	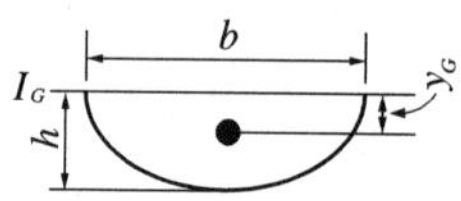	$\frac{\pi bh}{4}$	$y_G = \frac{4h}{3\pi}$	$I = \frac{\pi bh^3}{18}$
포 물 선	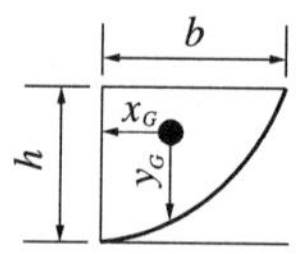	$\frac{2}{3}bh$	$y_G = \frac{3h}{2}$ $x_G = \frac{3b}{8}$	$I = \frac{2bh^3}{7}$
원 통	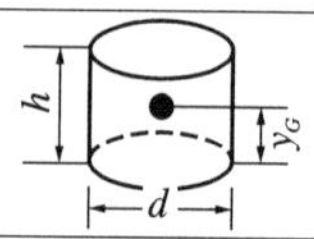	$\frac{\pi d^2 h}{4}$	$y_G = \frac{h}{2}$	
원 뿔	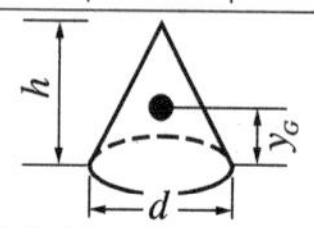	$\frac{1}{3}\left(\frac{\pi d^2 h}{4}\right)$	$y_G = \frac{h}{4}$	
포 물 회 전 체	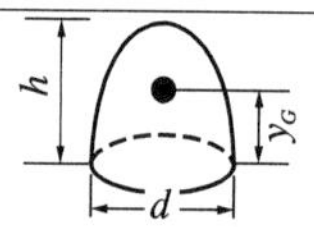	$\frac{1}{2}\left(\frac{\pi d^2 h}{4}\right)$	$y_G = \frac{h}{3}$	
구	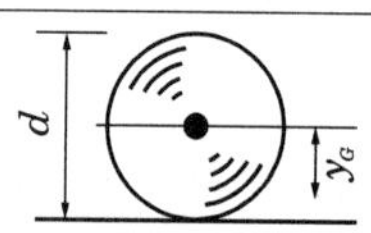	$\frac{\pi d^3}{6}$	$y_G = \frac{d}{2}$	
반 구	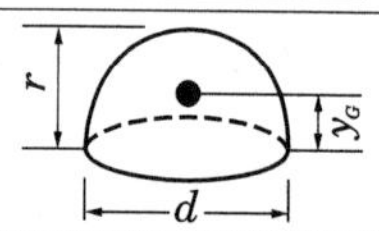	$\frac{\pi d^2}{12}$	$y_G = \frac{3r}{8}$	

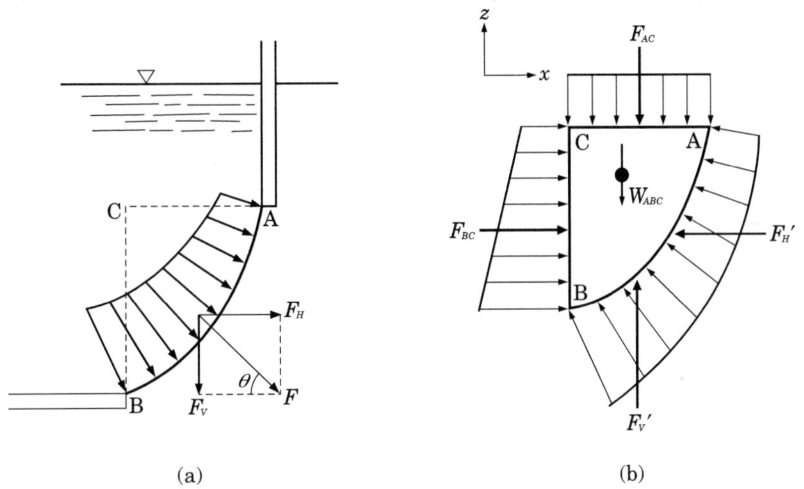

[그림 2-16] 곡면에 작용하는 힘

$$\left.\begin{array}{ll}\Sigma F_x = F_{BC} - F_H' = 0 & \therefore F_{BC} = F_H' \\ \Sigma F_z = F_V' - W_{ABC} - F_{AC} = 0 & \therefore F_V' = W_{ABC} + F_{AC}\end{array}\right\} \quad (2\text{-}5\text{-}15)$$

또 정지유체의 자유물체도에서 F_H'는 F_{BC}와 동일직선상에 있어야 하며 F_V'는 W_{ABC}와 F_{AC}의 합력과 동일직선상에 있어야 한다. 그리고 곡면 AB에 작용하는 힘의 결정은 F_{BC}와 F_{AC}의 크기와 작용점을 구하는 문제가 되며 W_{ABC}는 단순히 자유물체도 ABC 내의 유체 무게이고 작용점은 ABC의 중심(重心)을 지나 연직하향으로 작용한다. 따라서 유체 중의 곡면에 작용하는 힘의 수평 및 연직방향 분력의 크기와 작용점의 위치는 다음과 같은 방법으로 구할 수 있다.

i) 정지유체 내의 곡면에 작용하는 정압으로 인한 힘, 즉 전압력의 수평분력 (F_H)은 그 곡면을 연직면상에 투영했을 때 생기는 투영면적에 작용하는 정압으로 인한 힘 (F_{BC})의 크기와 같고 작용점은 정지유체 내의 연직면에 작용하는 힘의 작용점과 같다.

ii) 정지유체 내의 곡면에 작용하는 힘의 연직분력(F_V)은 그 곡면 상방향의 유체 무게와 같고 작용점은 유체 무게중심(체적 중심)을 통과하는 수직 선상에 있다.

여기에서 한 가지 주의해야 할 사항은 연직분력을 계산할 때 곡면의 상부가 유체로 채워져 있지 않을지라도 그 곡면을 밑면으로 하는 자유표면까지의 체적에 해당하는 유체 무게와 같은 상향력(上向力)을 받게 되며 그 작용점은 체적의 중심(中心)이라는 점이다.

위에서 설명한 바와 같이 F_V와 F_H를 구하여 곡면에 작용하는 전압력의 크기를 계산하면 다음과 같이 된다.

$$F=\sqrt{F_V^2+F_H^2}=\sqrt{F_V'^2+F_H'^2} \tag{2-5-16}$$

또, 수평면에 대한 전압력 F의 작용 방향은

$$\theta = \tan^{-1}\frac{F_V}{F_H} \tag{2-5-17}$$

로 구한다. 식 (2−5−15)에서 F_{AC}와 F_{BC}는 식 (2−5−16)에 의하여 구할 수 있고 W_{ABC}는 자유체의 체적을 V, 그 액체의 비중량을 γ라 할 때 $W=\gamma \cdot V$로서 구하여진다.

예제 2-11 [그림 2-17] (a)에서와 같은 평판이 물 속에 잠겨 있을 때 이 평판이 받는 전압력의 크기와 작용점의 위치를 구하여라.

풀이 i) $F = \gamma \cdot \bar{h} \cdot A$

$$= \gamma \cdot \bar{y} \cdot \sin\theta \cdot A = 9800\frac{\text{N}}{\text{m}^3}\times(3+1.5)\text{m}\times(2\times3)\text{m}^2$$

$$= 264600 \text{ N}$$

ii) $y_c = \bar{y} + \dfrac{I_G}{\bar{y}\cdot A} = \bar{y} + \dfrac{\frac{b\cdot h^3}{12}}{\bar{y}\cdot A}$

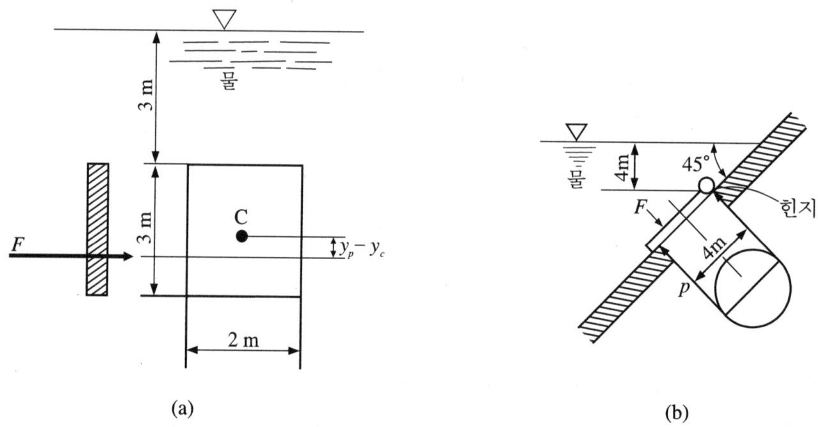

[그림 2-17]

$$= 4.5\ \text{m} + \frac{\dfrac{2\text{m} \times (3\text{m})^3}{12}}{4.5\text{m} \times (2 \times 3)\text{m}^2}$$

$$\fallingdotseq 4.67\ \text{m}(\text{수면 아래로 } 4.67\text{m인 지점})$$

예제 2-12 [그림 2-17] (b)와 같은 원형 수문이 있다. 이 수문의 자중을 무시할 때 수문을 열기 위한 힘 p를 구하여라.

풀이 $F = \gamma \cdot \bar{h} \cdot A = \gamma \cdot \bar{y} \cdot \sin\theta \cdot A$

$$= 1000 \times \left(\frac{4}{\sin 45^\circ} + 2\right) \sin 45^\circ \times \frac{\pi \cdot 4^2}{4}$$

$$= 68000\ [\text{kg}_f]$$

$$y_c = \bar{y} + \frac{I_G}{\bar{y} \cdot A}$$

$$= \left(\frac{4}{\sin 45^\circ} + 2\right) + \frac{\dfrac{\pi \cdot 4^4}{64}}{\left(\dfrac{4}{\sin 45^\circ} + 2\right) \cdot \dfrac{\pi \cdot 4^2}{4}}$$

$$\fallingdotseq 7.8\ [\text{m}]$$

그런데 힌지로부터 작용점까지의 거리는

$$7.8 - \frac{4}{\sin 45^\circ} \fallingdotseq 2.13\ [\text{m}]$$

따라서 $\Sigma M = 0$

$$\therefore\ p \times 4\text{m} - F \times 2.13\text{m} = 0$$

$$\therefore\ p = \frac{68000 \times 2.13}{4} = 36261\ [\text{kg}_f]$$

예제 2-13 [그림 2-18]과 같은 AB곡면은 $\frac{1}{4}$ 원통면이다. 곡면 AB가 받는 전압력의 크기와 방향을 구하여라. 단, 폭은 5 m이다.

풀이 $\frac{1}{4}$ 원통 AB의 자유체를 [그림 2-18] (b)와 같이 취하면

$$F_H = F_{AC} = \gamma \cdot \bar{h} \cdot A = 9.8 \times 10^3 \times (5 + 2.5) \times (5 \times 5)$$

$$= 1837.5 \times 10^3\ [\text{N}]$$

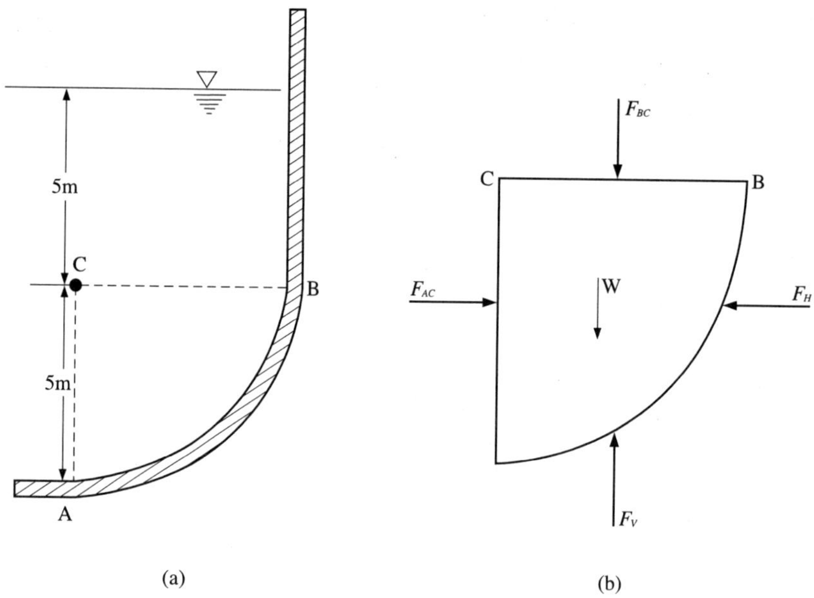

[그림 2-18]

$$F_V = W + F_{BC} = \gamma \cdot \left(\frac{1}{4} \times \pi \cdot r^2 \cdot b\right) + \gamma \cdot h \cdot A$$

$$= 9.8 \times 10^3 \left\{ \left(\frac{1}{4} \times \pi \cdot 5^2 \times 5\right) + 5 \times (5 \times 5) \right\}$$

$$\fallingdotseq 2186.625 \times 10^3 \, [\text{N}]$$

$$\therefore\ F = \sqrt{F_H{}^2 + F_V{}^2}$$

$$= 2856.175 \times 10^3 \, [\text{N}] = 2856.175 \, [\text{kN}]$$

또한, F가 수평과 이루는 각을 θ라고 하면

$$\therefore\ \theta = \tan^{-1}\frac{F_V}{F_H} = \tan^{-1}\frac{1531.25}{1837.5} = 39.8055°$$

2-6 부 력

정지유체 속에 물체가 잠겨 있거나 떠 있을 때 정지유체로부터 받는 압력의 합력을 부력이라고 정의한다. BC 200년경에 아르키메데스는 부력의 크기는 물체가 배제한 유체

의 중량과 같고 그 힘의 방향은 배수체적의 중심(重心), 즉 부심(浮心, center of buoyancy)을 지나 연직상방향으로 작용한다는 사실을 발견하였다.

지금, [그림 2-19]와 같이 임의의 물체가 비중량 γ인 액체 속에 잠겨있다고 가정하고 부력의 크기 F를 구하여 보자.

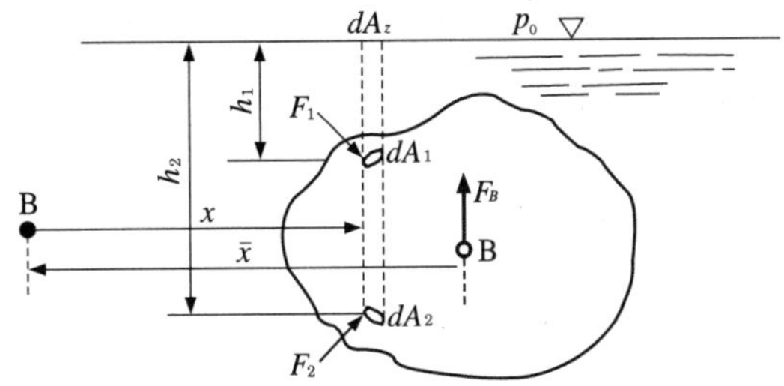

[그림 2-19] 부력에 관한 자유물체도

액면에 미소면적 dA_z를 잡고 이것을 밑면으로 하는 연직주(鉛直柱)가 임의의 물체를 관통하여 만드는 표면적의 위쪽을 dA_1, 그 깊이를 h_1, 아래의 표면적과 깊이를 dA_2, h_2라 하면 dA_1, dA_2에 작용하는 유체압력은 $\gamma \cdot h_1 \cdot dA_1$, $\gamma \cdot h_2 \cdot dA_2$로서 이 힘들은 각각 해당 표면과 수직으로 작용하나, 그 연직분력은 $\gamma \cdot h_1 \cdot dA_z$ 와 $\gamma \cdot h_2 \cdot dA_z$ 가 되지 않으면 안 된다. 그런데 dA_z는 dA_1과 dA_2의 z 방향에 대해 투상한 면적이다. 이 두 힘의 차가 임의의 물체의 가상주(假想柱)에 미치는 힘의 z 방향 분력이다. 이 부분의 물체의 체적을 dV라 하면,

$$dV = (h_2 - h_1) \cdot dAz$$

이므로 z 방향의 두 힘의 차 dF는

$$dF = (\gamma \cdot h_2 - \gamma \cdot h_1) \cdot dA_z = \gamma \cdot dV$$

가 된다. 따라서 물체 전체에 작용하는 연직력, 즉 부력의 크기 F_B는

$$F_B = \int_V dF = \gamma \cdot \int_V dV$$

물체의 전체적(全體積)을 V라 하면, $\int_V dV = V$이므로 결국

$$F_B=\gamma \cdot V \tag{2-6-1}$$

이 된다. 즉 부력의 크기 F_B는 물체와 같은 체적에 해당하는 유체의 무게와 같고 연직 상방향으로 작용한다.

여기에서, 부력 F_B의 작용점의 위치는 [그림 2-19]와 같이 임의로 잡은 축 O 둘레의 힘의 모멘트를 취함으로써 구할 수 있다. 즉 축 O에서 가상의 기둥까지의 수직거리를 x, 합력 F_B까지의 거리를 $\bar{x}$ 라고 하면

$$\int x \cdot dF = \bar{x} \cdot F_B$$

가 되어야 하므로,

$$\gamma \cdot \int x \cdot dV = \bar{x} \cdot \gamma \cdot V \tag{2-6-2}$$

이것으로부터 $\bar{x}$를 구하면 다음과 같이 된다.

$$\bar{x} = \frac{1}{V} \int x \cdot dV \tag{2-6-2}$$

이 값은 물체의 중심(重心)까지의 거리이며, 결국 부력은 부심(浮心)을 지나는 것이다.

한 물체의 전부 또는 그 물체의 일부가 정지유체 속에 잠긴 채 정적 평형상태에 있으면 이 물체에는 두 개의 힘이 작용한다. 하나는 부심을 지나 연직상향으로 작용하는 물체의 부력(F_B)이고 다른 하나는 물체의 중심(重心)을 지나 연직하향으로 작용하는 물체의 무게(W)이다. 만일 물체가 정지하고 있다면 이 두 힘의 크기는 같고 서로 반대방향으로 동일연직선상에서 작용한다. 즉

$$W = F_B \tag{2-6-3}$$

이다. 이 관계는 부력에 관한 문제를 푸는 데 잘 이용된다.

예제 2-14 어떤 물체의 무게를 측정하였더니 공기 중에서의 무게는 60N이고 물 속에서의 무게는 11N이었다. 이 물체의 체적과 비중을 구하여라.

풀이 물체의 무게를 W, 물 속에서의 무게를 W', 부력을 F_B라 하면 힘의 평형 방정식에서

$$W=W'+F_B$$

$$\text{즉 } 60\,[\mathrm{N}]=11\,[\mathrm{N}]+9800\left[\frac{\mathrm{N}}{\mathrm{m}^3}\right]\cdot \mathrm{V}$$

$$\therefore\ \mathrm{V}=\frac{(60-11)\,[\mathrm{N}]}{9800\left[\frac{\mathrm{N}}{\mathrm{m}^3}\right]}=0.005\,[\mathrm{m}^3]$$

$$\mathrm{S}=\frac{60\,[\mathrm{N}]}{9800\left[\frac{\mathrm{N}}{\mathrm{m}^3}\right]\times 0.005\,[\mathrm{m}^3]}=1.225$$

예제 2-15 바다에 얼음이 떠 있다. 해면 위에 떠 있는 부분의 체적이 $30\mathrm{m}^3$, 얼음의 비중이 0.88이다. 이 얼음의 무게는 얼마인가? 단, 바닷물의 비중은 1.023이다.

풀이 얼음의 무게를 W라 하면 바닷물에 잠겨 있는 얼음의 체적 V는

$$\therefore\ \mathrm{V}=\frac{60\,[W]}{9800\left[\frac{\mathrm{N}}{\mathrm{m}^3}\right]\times 0.88\,[\mathrm{m}^3]}-30\,[\mathrm{m}^3]$$

얼음의 부력과 무게는 같기 때문에 바닷물의 비중량을 γ'라고 하면

$$\therefore\ W=\gamma'\cdot V=\gamma'\left(\frac{W}{8624}-30\right)$$

$$=1.023\times 9800\left(\frac{W}{8624}-30\right)$$

$$\therefore\ \mathrm{W}\fallingdotseq 1820\,[\mathrm{KN}]$$

2-7 부양체의 안정성

잠겨 있거나 떠 있는 물체의 안정성은 부심과 물체의 무게 중심과의 상대적 위치에 따라 결정된다. [그림 2-20]의 (a), (c)에서 보는 바와 같이 공기 중의 기구나 바닷물 속의

잠수함처럼 유체 중에 잠겨 있는 경우는 부심이 무게 중심보다 위에 위치함으로써 안정하며 유체상에 떠 있는 선박의 경우는 비록 부심이 무게 중심보다 아래에 위치한다 하더라도 경사진 쪽으로 부심이 이동하므로 안정할 수 있다. 여기에서 부양체라 함은 위에서 언급한 선박의 경우와 같이 두 유체의 경계면상(공기와 물의 경계면)에 물체가 떠 있을 때 이 물체를 말하는 것으로 어떤 유체에 물체가 떠 있거나 잠겨 있을 때에 안정할 조건은 반드시 물체의 중심(重心)이 부심보다 아래에 위치해야 하는 것이다. 그러나 부양체의 경우는 이 조건을 필요로 하지는 않는다.

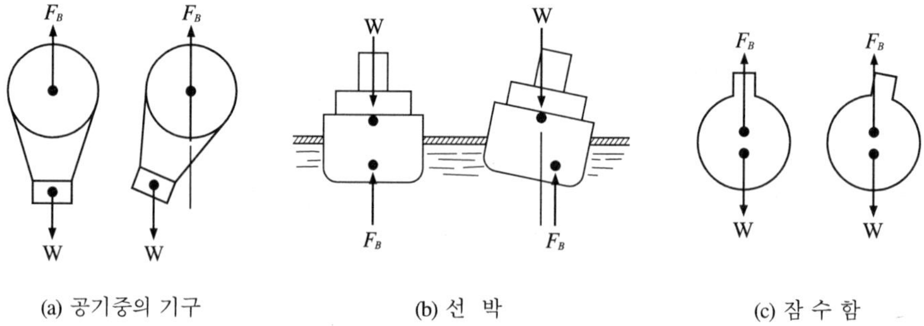

[그림 2-20] 물체의 안정성

여기에서 부양체의 안정성에 관해 선박을 예로 들어 알아보기로 하자. [그림 2-21] (a)는 선박의 종단면을 나타내고 있다. 배의 중심(重心) C와 부심 B를 잇는 직선을 부양축이라 하고 또, 수면으로 잘리는 배의 절단면을 부양면, 이 부양면에서 선저(船底)까지의 깊이를 흘수(吃水), 선박이 배제한 물의 중량을 배수량이라 한다.

지금 이 선박이 [그림 2-21] (b)와 같이 부양면과 θ만큼 기울어졌다고 하면 부양축의 우측의 배수량을 해칭한 부분에 상당하는 중량 ΔG만큼 감소하고, 반대로 좌측은 같은 크기의 ΔG만큼 증대된다. 이 좌우의 배수량의 변화로 인하여 처음의 부심 B의 위치가 B′로 이동한다. 이때에도 부력 F의 크기는 배의 중량 G와 같으나, 위의 그림 (a)와는 달리 G와 F가 일직선 상에 오지 않고 배를 회전시키려는 우력(偶力)이 발생한다. 이 B′점에 대한 부력의 작용선과 부양축 BC와의 교점 M을 부체(浮體)의 복원성중심, 즉 메타센터(metacenter)라 한다. 이 메타센터가 중심(重心) C의 위쪽에 있을 때에는 중량 G와 부력 F는 배를 원래의 평균 위치로, 즉 위의 그림 (a)와 같이 되돌아가게 하는 우력이 발생하게 되는데, 이것을 복원 우력(restoring couple)이라고 한다. 이때 배의 상태는 안정(stable equilibrium)하다. 이와 같이 배가 복원력을 갖기 위해서는 메타센터 M이 항상 중

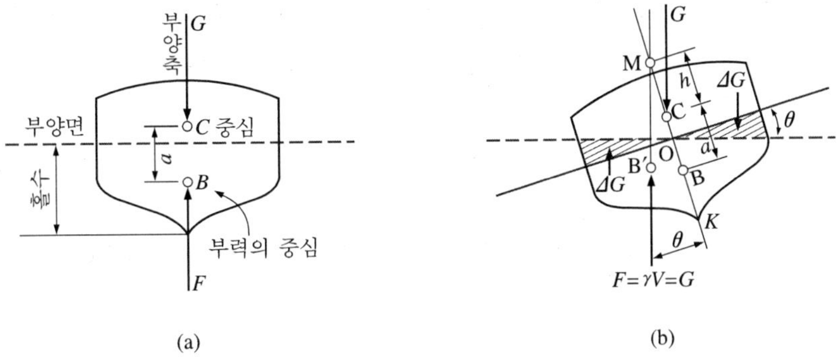

[그림 2-21] 선박의 안정성

심(重心) C보다 위쪽에 있어야 한다. 또, M과 C가 일치하여 G와 F가 우력을 이루지 않을 때의 상태는 중립상태(neutral equilibrium)가 되고 이때의 배의 상태는 항상 평형을 이루게 된다. 여기에서 만일 M이 C보다 아래쪽에 있으면 각변위 θ를 크게 하려는 우력이 발생하게 되어 복원성은 없어지고 배는 불안정(unstable equilibrium)상태가 되어 전복하게 된다.

배의 중심(重心) C에서 부력의 작용선 B′M에 수직선 CZ을 그을 때 이를 복원정(復原挺, righting arm)이라 하며

$$\mathrm{CZ}=\mathrm{CM}\cdot\sin\theta=h\cdot\sin\theta \tag{2-7-1}$$

이 된다. 식 (2-7-1)에서 CM=h 를 메타센터 높이(metacentric height)라고 하며 배를 원래의 평형상태로 돌이키려고 하는 복원모멘트(righting moment) T는 배의 배수량을 G라고 할 때

$$T=G\cdot\mathrm{CZ}=Gh\cdot\sin\theta \tag{2-7-2}$$

로 된다. θ가 작을 때에는 $\sin\theta\fallingdotseq\theta$로 놓아도 무방하다. 또 θ가 작은 범위에서는 M의 이동이 극히 작고, h는 거의 일정하다고 볼 수 있다. 또 T는 h에 비례하므로 h는 배의 안정성을 말하는 척도가 된다. [그림 2-21] (b)에서

$$h=\mathrm{KB}+\mathrm{BM}-\mathrm{KC} \tag{2-7-3}$$

이 성립하고, 이것은 선박을 설계할 때 메타센터의 위치를 결정하는 공식이 되며 BM의

계산은 부양면의 O축을 중심으로 한 관성 모멘트 I_O, 배수체적을 V라 할 때 BM= $\frac{I_o}{V}$ 가 된다. BC= a 라 하면 메타센터 높이 h는 BM=BC+CM=a+h 이므로

$$h = \frac{I_O}{V} - a \tag{2-7-4}$$

으로 표시된다. 식 (2-7-4)에서 배의 안정성의 조건은 다음과 같이 된다.

$$\left.\begin{array}{ll} \frac{I_O}{V} > a & \text{즉} \quad h > 0 \text{ 일 때 안정상태} \\ \frac{I_O}{V} = a & \text{즉} \quad h = 0 \text{ 일 때 중립상태} \\ \frac{I_O}{V} < a & \text{즉} \quad h < 0 \text{ 일 때 불안정상태} \end{array}\right\} \tag{2-7-5}$$

예제 2-16 흘수가 1.8m인 배가 있다. 만일 이 배의 중심(重心) C가 선저(船底)보다 1.35m 위에 있으면 배가 4°경사했을 때 복원우력은 얼마가 되겠는가? 단, 바닷물의 비중량은 10.045×103 $\frac{\text{N}}{\text{m}^3}$ 이고 배의 크기는 W×L×D= 9m×27m×2.4m이다.

풀이 배의 무게 W와 부력 F는 같으므로

$$W = F = \gamma \cdot V = 10045\left[\frac{\text{N}}{\text{m}^3}\right] \times (9 \times 27 \times 1.8)\ [\text{m}^3]$$

$$= 4293.2 \times 10^3\ [\text{N}]$$

부심은 배수량의 중심(重心)이므로 $\frac{(\text{흘수})}{2} = \frac{1.8}{2} = 0.9\ [\text{m}]$

$\therefore a = 1.35 - 0.9 = 0.45\ [\text{m}]$

여기에서 메타센터 높이 h는

$$h = \frac{I_O}{V} - a = \frac{\frac{27 \times 9^3}{12}}{437.4} - 0.45$$

$$\fallingdotseq 3.3\ [\text{m}]$$

따라서, 복원우력 T는 $\sin\theta = \sin 4° = 0.06976$ 이므로

$\therefore T = W \cdot h \cdot \sin\theta = 4293.2 \times 3.3 \times 0.06976$

$$\fallingdotseq 998 \times 10^3\ [\text{N} \cdot \text{m}]$$

2-8 상대적 평형

용기와 함께 등가속도로 직선운동을 하거나 등속 회전운동을 하고 있는 유체는 모두 등가속도운동을 하고 있는 경우로써 유체층과 층 사이에 또는 유체와 유체의 경계면 사이에 상대운동이 없으므로 유체정역학의 원리가 적용된다. 상대운동이 없다면 점성과 유체마찰은 고려되지 않으며 이러한 운동을 하는 유체를 상대적 평형(relative equilibrium) 또는 상대적 정지상태에 있다고 말한다.

(1) 용기가 수평방면으로 등가속도 a_x를 가지고 운동하는 유체

[그림 2-22] (b)와 같이 상부가 열린 용기에 담겨진 액체가 용기와 함께 수평등가속도 a_x로 운동하고 있다면 액면은 수평면과 각 θ만큼 경사를 이룬 상태에서 상대적 평형을 이루게 된다.

그림에서와 같은 단면적 A이고 길이 l인 자유체에 뉴턴의 운동방정식 $\Sigma F_x = \mathrm{m} \cdot a_x$를 적용시키면

$$p_1 \cdot A - p_2 \cdot A = \frac{\gamma}{g} \cdot l \cdot A \cdot a_x$$

$$\therefore \gamma \cdot h_1 \cdot A - \gamma \cdot h_2 \cdot A = \frac{\gamma}{g} \cdot l \cdot A \cdot a_x$$

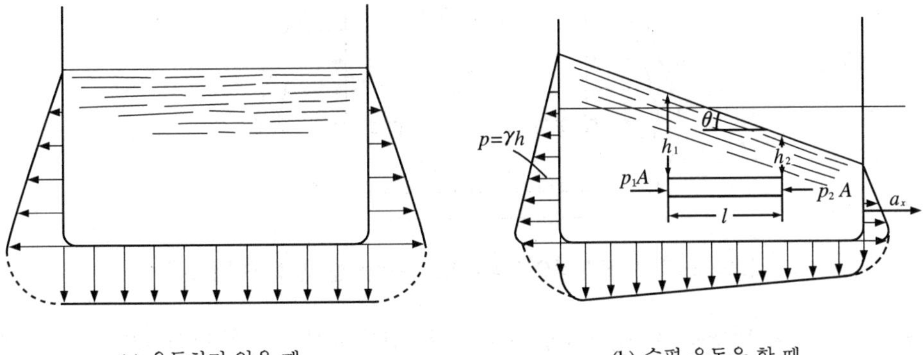

(a) 운동하지 않을 때　　　(b) 수평 운동을 할 때

[그림 2-22] 수평 등가속도 운동을 하고 있을 때의 압력 변화

윗식을 정리하면

$$\frac{h_1-h_2}{l}=\frac{a_x}{g}=\tan\theta \tag{2-8-1}$$

가 된다. 이 식은 액면 즉 자유표면의 경사도를 나타내므로 가속도의 크기 a_x를 알면 액면의 경사도를 알 수 있고, 반대로 경사도를 측정한다면 등가속도를 알 수 있게 된다. 그러나 연직방향의 경우에는 이 방향의 가속도의 성분이 0이므로 힘은 중력에 의한 $\gamma \cdot h \cdot A$와 액체의 압력에 의한 $p \cdot A$뿐이다. 그러므로 수평방향으로 등가속도운동을 할 때에 연직방향의 압력의 변화는 정지유체의 경우와 같게 되는 것이다.

이 원리를 이용하여 가속도계를 만들 수 있으며 상부가 개방되지 않은 밀폐된 용기에 담겨진 액체의 운동에 대하여도 압력의 변화는 위와 같은 원리가 그대로 적용된다.

(2) 용기가 연직방향으로 등가속도 a_y를 가지고 운동하는 유체

연직운동을 하는 액체의 자유표면이나 등압면은 정지하고 있을 때와 같으나 압력의 크기는 [그림 2-23]과 같이 변화한다.

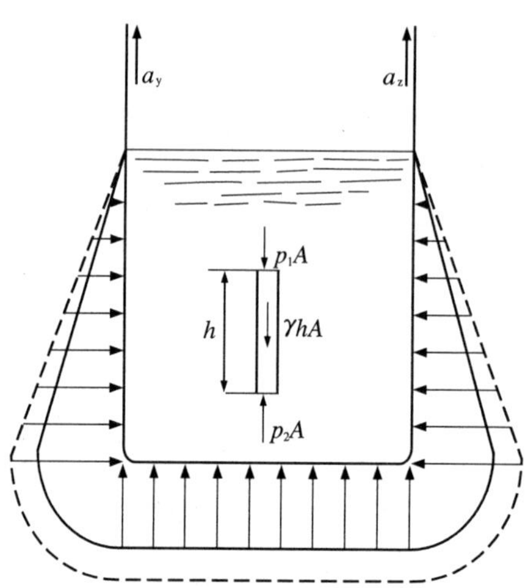

[그림 2-23] 연직 방향으로 등가속도 운동을 할 때의 압력 변화

그림에서와 같이 밑면적 A, 높이 h인 자유체를 생각하여 운동방정식 $\Sigma F_y=\mathrm{m} \cdot a_y$를 적용하면

$$p_2 \cdot A - p_1 \cdot A - \gamma \cdot h \cdot A = \frac{\gamma \cdot h \cdot A}{g} a_y$$

$$\therefore p_2 - p_1 = \gamma \cdot h(1 + \frac{a_y}{g}) \tag{2-8-2}$$

을 얻는다. 그러므로 연직방향의 압력변화는 중력에 의한 압력과 가속도운동에 의한 압력이 합쳐진 것만큼 변화한다. 여기에서 용기가 자유낙하운동을 한다고 가정하면 $a_y = -g$가 되어 식 (2-8-2)에서 $p_1 = p_2$가 된다. 즉 자유낙하를 하는 액체 내부에서는 압력변화가 없이 임의의 각 점에 있어서 압력의 세기는 같은 크기를 갖게 된다.

(3) 연직축을 중심으로 등속회전운동을 하는 유체

[그림 2-24]와 같이 원통형의 용기에 임의의 깊이 h까지 액체를 담고 연직축을 중심으로 등각속도 ω 로 회전시키는 경우를 생각한다. 액체는 회전하기 시작하여 등각속도에 이르게 되면 상대적 평형상태에 도달하게 되므로 유체정역학의 원리가 적용된다. 이와 같은 액체의 운동을 강제 소용돌이운동(forced vortex motion)이라고 한다. 여기서 액면의 모양을 구하여 보자.

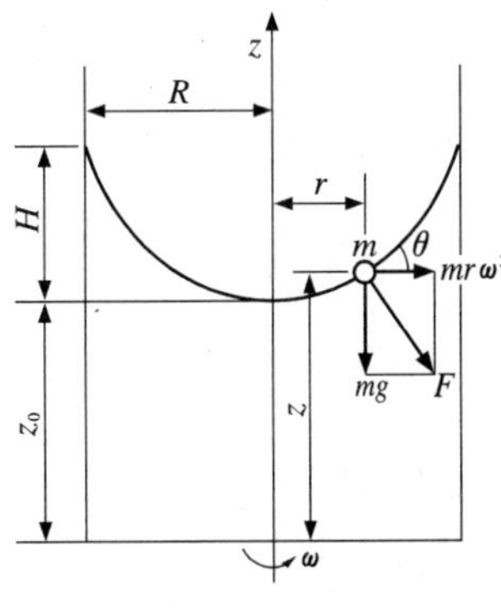

[그림 2-24] 원통형 용기의 등속회전운동

용기의 밑면에서 z의 위치에 있는 액면상의 미소질량 m을 생각하면 m에는 원심력 $m \cdot r \cdot \omega^2$과 중력 m · g가 작용하여 액면은 이 힘들의 합력 F와 수직방향이 된다. 지금 액면의 경사각을 θ라 하면

$$\tan\theta = \frac{m \cdot r \cdot \omega^2}{m \cdot g} = \frac{\omega^2}{g} \cdot r \tag{2-8-3}$$

이 된다. 연직상방향으로 z축을 잡으면 액면의 경사는 다음 식으로 표시된다.

$$\tan\theta = \frac{dz}{dr} \tag{2-8-4}$$

식 (2-8-3)과 (2-8-4)에서

$$\frac{dz}{dr} = \frac{\omega^2}{g} \cdot r$$

이 되므로 이를 적분하여 $r=0$, $z=z_0$ 의 조건을 대입하면

$$z - z_0 = \frac{\omega^2 \cdot r^2}{2g} \tag{2-8-5}$$

이 된다. z_0 는 $r=0$ 인 점의 액면의 높이이며 위의 식으로부터 액면은 회전포물면이 됨을 알 수 있다. 또, $r=R$ 일 때

$z = z_0 + H$ 이므로 식(2-8-5)는

$$H = \frac{\omega^2}{2g} \cdot R^2 \tag{2-8-6}$$

이 되며 이 식을 각 속도 ω에 대하여 정리하면

$$\omega = \frac{1}{R}\sqrt{2g \cdot H} \tag{2-8-7}$$

가 된다. 이 식에서 액면의 상승 높이 H를 측정하면 ω를 계산할 수 있는데, 이 원리를 이용하여 회전계(tachometer)를 만든다.

예제 2-17 물을 담은 탱크차가 중력가속도와 같은 가속도로 평탄한 길을 나아갈 때 물의 자유표면은 어떻게 되겠는가?

풀이 $\theta = \tan^{-1}\frac{a_x}{g} = \tan^{-1}\frac{9.8}{9.8} = 45°$

$\therefore$ 45° 의 각으로 경사진다.

예제 2-18 비중 1.2인 액체가 담긴 윗부분이 열린 원통이 연직 중심축을 회전축으로 하여 각속도 ω =2 rad/s 의 등속원운동을 한다면 중심축과 축으로부터 0.8 m 떨어진 곳에서의 액면차는 얼마인가?

풀이 $z-z_0=\dfrac{\omega^2 \cdot r^2}{2g}=\dfrac{2^2\times0.8^2}{2\times9.8}=0.13\ [\text{m}]$

예제 2-19 위가 열려진 높이 4m, 지름 2m인 직립원통에 물이 3m 깊이로 채워져 있다. 이 원통을 연직중심축을 회전축으로 하여 회전시킬 때 물이 넘치지 않을 최대각속도는 얼마인가?

풀이 물이 넘치지 않기 위해서는 $H=(4-3)\times2=2\text{m}$ 이라야 하므로

$$\therefore\ \omega=\frac{1}{R}\cdot\sqrt{2gH}=\frac{1}{1}\times\sqrt{2\times9.8\times2}$$

$$=6.26\ [\text{rad/s}]$$

예제 2-20 반경 0.5m, 높이 1.5m인 탱크에 물을 채우고 연직축을 중심으로 각속도 10 rad/s로 회전시킨다. 수면의 중심에 있어서의 액면의 높이 및 탱크 밑면의 중심에 있어서의 압력을 구하여라.

풀이 $z-z_0=\dfrac{R^2\cdot\omega^2}{2g}$

$$\therefore\ z_0=z-\frac{R^2\cdot\omega^2}{2g}=1.5-\frac{0.5^2\times10^2}{2\times9.8}$$

$$=0.224\ [\text{m}]$$

따라서, 탱크 밑면의 중심의 압력은

$$p=\gamma\cdot z_0=9.8\times10^3\times0.224\fallingdotseq2.2\times10^3\left[\frac{\text{N}}{\text{m}^2}\right]$$

이 장에서 기억해야 할 주요 관계식

- 힘의 평형방정식 : $\Sigma F=0$ — $\Sigma F_x=0$, $\Sigma F_y=0$, $\Sigma Fz=0$

- 압력 : $p=\dfrac{F}{A}$

  전압력 : $F=p\cdot A$

- 정력학의 기본방정식 : $\dfrac{dp}{dy}=-\gamma$

  압력수두 : $h=\dfrac{p}{\gamma}$

- 절대압력 : $P_{ab}=P_0\pm P_g$

  계기압력 : $P_g=P_{ab}-P_0$

  진공압력 : 대기압은 기준 ($P_0=0$)으로 한 음(−)의 압력

- 표준대기압 : $1\,\text{atm}=760\,\text{mmHg}$ 〔0°C일 때〕

  $=10332\dfrac{\text{kg}_f}{\text{m}^2}$ 〔상온일 때〕

  $=1.0332\dfrac{\text{kg}_f}{\text{cm}^2}$

  $=10.332\text{mAg}$

  $=101325Pa$

- $F=\gamma\cdot F\cdot A$

  $=\gamma\cdot\bar{y}\cdot\sin\theta\cdot A$

- $y_c=\bar{y}+\dfrac{I_G}{\bar{y}\cdot A}$

  ※ 관성능률(I_G) : 사각형$=\dfrac{b\cdot h^3}{12}$

$$원 = \frac{\pi \cdot d^4}{12}$$

$$삼각형 = \frac{b \cdot h^3}{36}$$

$\Sigma M = 0$

- 부력(F_B) : $F_B = \gamma \cdot \mathrm{V} \rightarrow \mathrm{W} = F_B$
- 부양체의 안정성 :

  메타센터 높이(h) : $h = \frac{I_O}{V} - a$ 에서

  $h > 0$ 안정상태

  $h = 0$ 중립상태

  $h < 0$ 불안정상태

- 상대적 평형 : $\tan\theta = \frac{a_x}{g}$

$$H = \frac{\omega^2}{2g} \cdot R^2$$

$$\omega = \frac{1}{R} \cdot \sqrt{2g \cdot H}$$

연습문제

1. 1 kPa를 다음에 주어진 단위로 환산하여라.

(1) mmHg　　(2) kg_f/cm^2　　(3) mAg

(4) bar　　(5) atm

2. 면적이 $\frac{1}{4}$ m^2에 작용하는 프레스의 전압력이 10ton일 때 압력의 세기는 얼마인가?

3. 지금 어떤 액체의 자유표면으로부터의 길이가 50m 일 때의 압력이 4.4 bar 라면, 이 액체의 비중량은 얼마인가?

4. 위가 열린 탱크에 비중이 0.88인 액체가 담겨 있다. 이때 액면하 3m 인 곳에서의 압력은 얼마이겠는가?

5. 위가 열린 어떤 용기에 비중이 1.6인 기름이 3m 깊이로 담겨 있고 그 위에 물이 2m 깊이로 채워져 있다. 용기 바닥면이 받는 압력을 구하여라.

6. 압력이 $2.1\frac{kg_f}{cm^2}$ 인 압축공기를 넣은 타이어가 있다. 이것에 340kg의 하중이 걸린다고 하면 타이어와 지면과의 접지면적은 얼마인가?

7. 버어든압력계의 눈금이 $5\frac{kg_f}{cm^2}$ 를 가리키고 있다. 이때 수은기압계의 눈금은 750 mm를 나타내고 있었다. 절대압력을 mmHg, Pa 및 bar의 단위로 구하여라.

8. 해면에서 계기압력이 762mmHg일 때 어느 산에서의 기압이 737mmHg이었다. 이 산의 높이는 해발 몇 m인가? 단, 공기의 비중량은 $11.8\frac{N}{m^3}$ 로 일정하다고 가정한다.

9. 뚜껑이 열린 물탱크 속에 물이 2m 깊이로 채워져 있고, 그 위에 비중이 0.8인 기름이 1m 깊이로 들어 있다. 이때 물과 기름의 접촉면에서의 압력을 구하고 또 탱크 밑면이 받는 압력을 구하여라.

10. 펌프의 흡입관 속을 흐르는 물의 압력을 버어든 진공계로 측정하니 수은주로 35 mm이었고 이때 기압계의 눈금은 752mmHg이었다. 흡입관 내의 물의 압력은 몇 $\frac{\text{kg}_f}{\text{cm}^2}$인가?

11. [그림 2-25]에서 $p_1 - p_2$는 얼마인가?

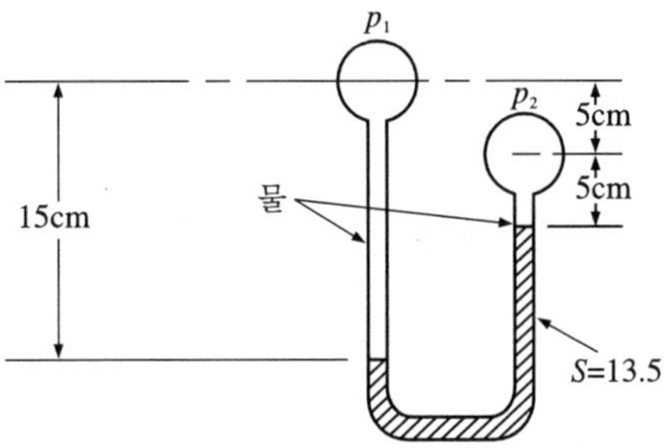

[그림 2-25]

12. [그림 2-26]에서 $p_A - p_B$를 계산하여라.

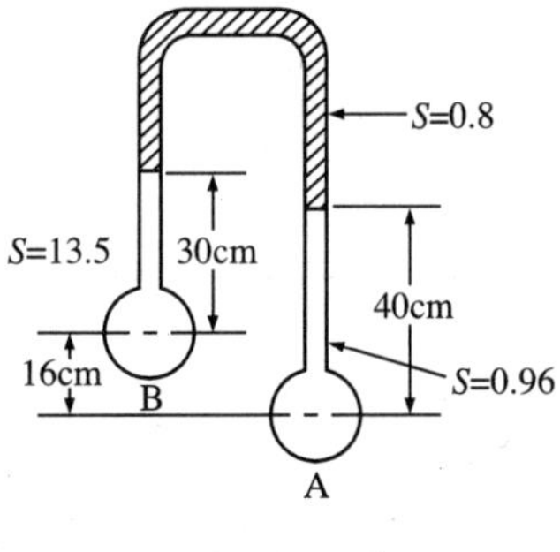

[그림 2-26]

13. [그림 2-27]에서 수직관 속에는 비중 0.9 인 기름이 흐르고 있다. 지금 그림과 같이 액주계를 설치하였다면 압력계의 눈금 p_x 는 얼마이겠는가?

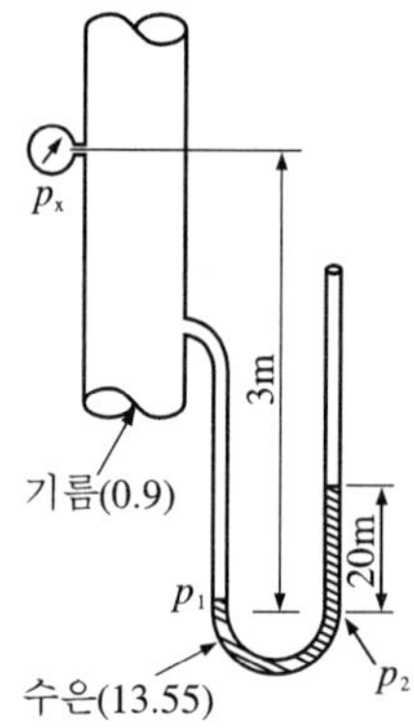

[그림 2-27]

14. 송유관 속의 중심압력을 구하기 위하여 [그림 2-28]과 같은 액주계를 장치하였다. p를 구하는 식을 만들고, 또 H_1= 650 mm, H_2= 1550 mm일 때의 압력을 구하여라. 단 기름의 비중량은 r ′=850 $\frac{kg_f}{cm^3}$ 이다.

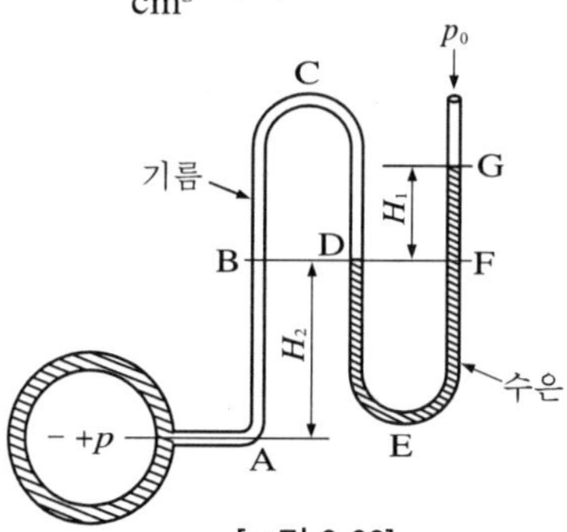

[그림 2-28]

15. [그림 2-29]에서 압력계의 눈금은 얼마인가? 단, 수은의 비중은 13.6으로 한다.

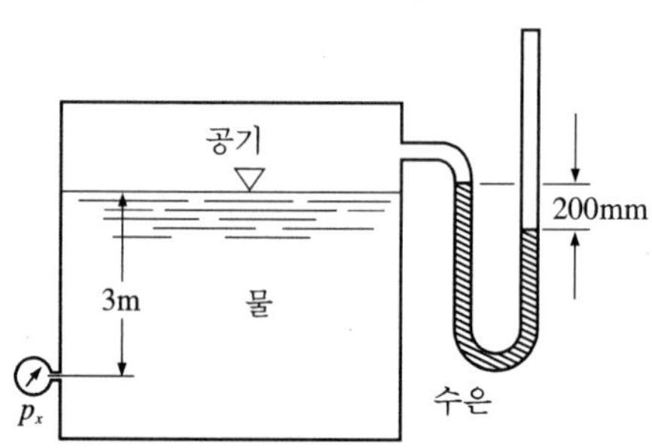

[그림 2-29]

16. [그림 2-30]에서 A를 구하여라.

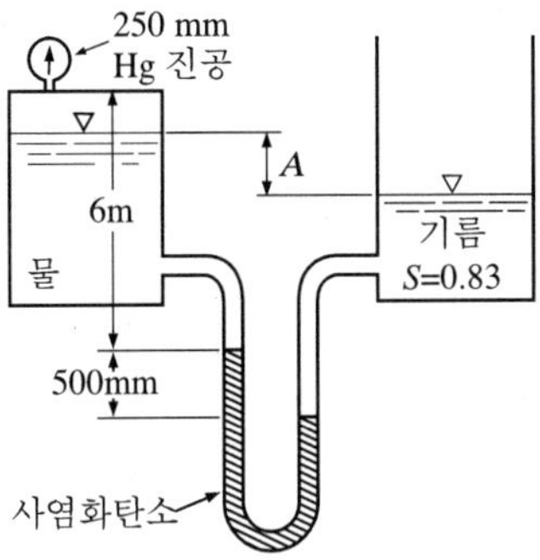

[그림 2-30]

17. [그림 2-31]과 같은 역 U자관에서 A, B 두 관속의 압력차를 계산하여라.

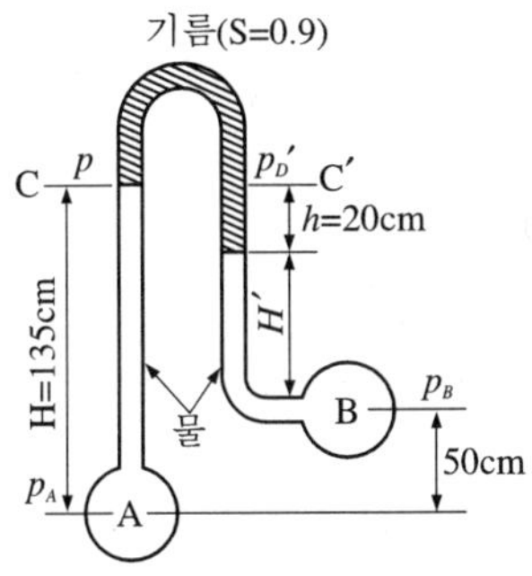

[그림 2-31]

18. 2개의 U자관을 [그림 2-32]와 같이 접속하여 탱크 속의 압력을 측정하였다.

H_1= 50cm, H_2= 64cm, H_3= 36cm, H_4= 36cm일 때 탱크 속의 계기압을 구하여라.

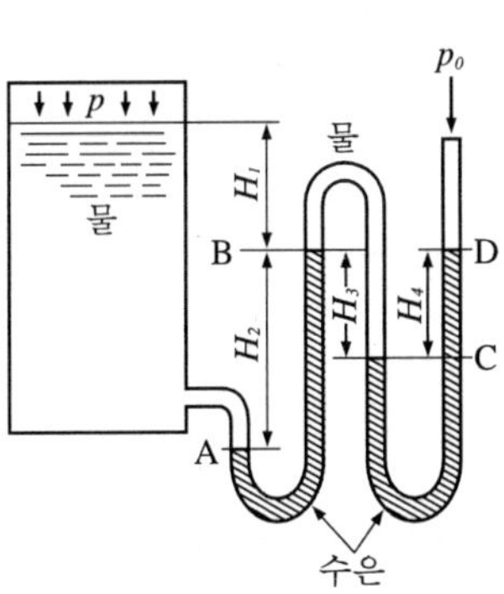

[그림 2-32]

19. [그림 2-33]에서와 같은 액주계는 두 수조 사이의 수면차를 측정할 때 사용하는 것으로 비중 0.9인 기름의 수두가 0.4m라면 A 탱크와 B 탱크의 수면차는 얼마인가?

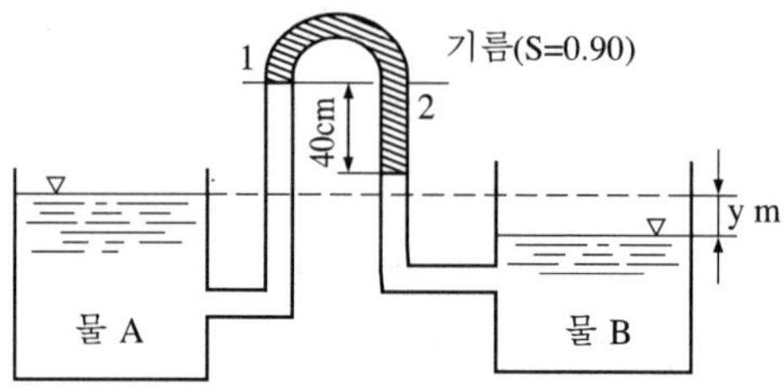

[그림 2-33]

20. [그림 2-34]와 같은 경사압력계에서 공기의 계기압력 p_B를 구하여라. 단 p_C는 개방되어 있으며 그릇과 경사관의 단면적의 비는 100:1이다.

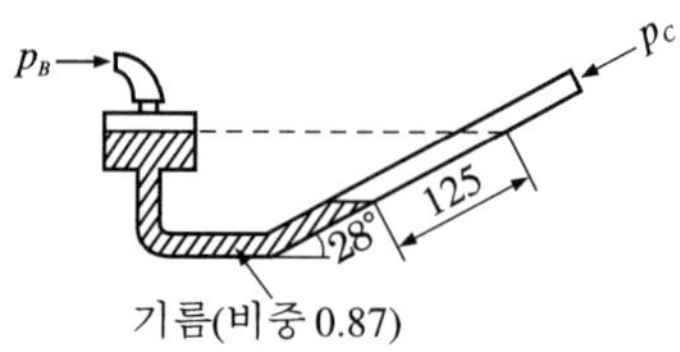

[그림 2-34]

21. [그림 2-35]에서 단위 폭 1m의 댐이 받는 유체정압에 의한 전압력을 구하여라. 또 수면에서 힘의 작용점까지의 깊이는 얼마인가?

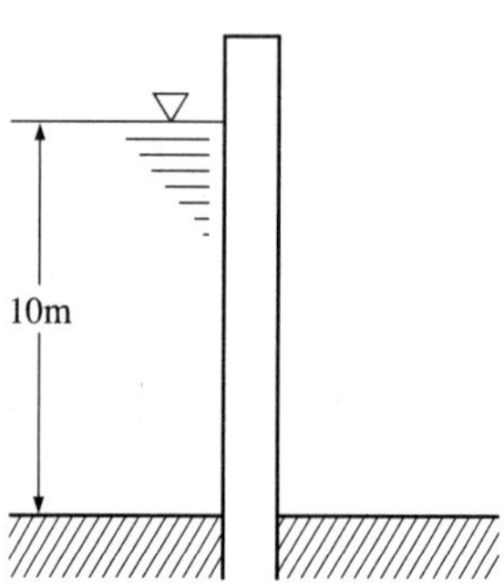

[그림 2-35]

22. [그림 2-36]에서와 같은 댐의 양쪽에 수면차가 5m로 물이 채워져 있다. 2m 폭의 댐에 유체정압의 힘에 의한 A점 둘레의 모멘트를 계산하여라.

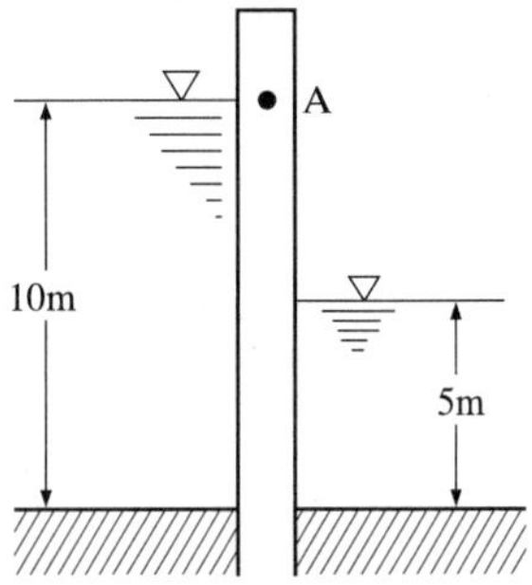

[그림 2-36]

23. 폭이 1.5m, 깊이 4m인 직사각형의 수문이 수면과 수직으로 놓여 있다. 지금 수문의 위 끝이 수면 아래 1m에 위치했을 때 이 평판에 가해지는 물의 전압력과 압력의 중심의 위치를 계산하여라.

24. (밑변)×(높이)=4 m×2.8m인 삼각형의 평판이 해면에서 깊이 3m인 위치에 수평으로 놓여 있을 때, 이 평판에 작용하는 바닷물의 전압력과 압력의 중심을 구하여라. 단, 바닷물의 $\gamma=10,025\ \dfrac{\text{kN}}{\text{m}^3}$ 이다.

25. 지름이 3m인 원형 수문이 있다. 그 중심점은 수면 아래 2.5m에 있고 수면과 60° 의 경사를 이루고 있다. 이 수문에 미치는 전압력과 압력의 중심 위치를 구하여라.

26. [그림 2-37]에서 수문을 연직으로 유지하는 데 요하는 O축 둘레의 모멘트는 얼마인가?

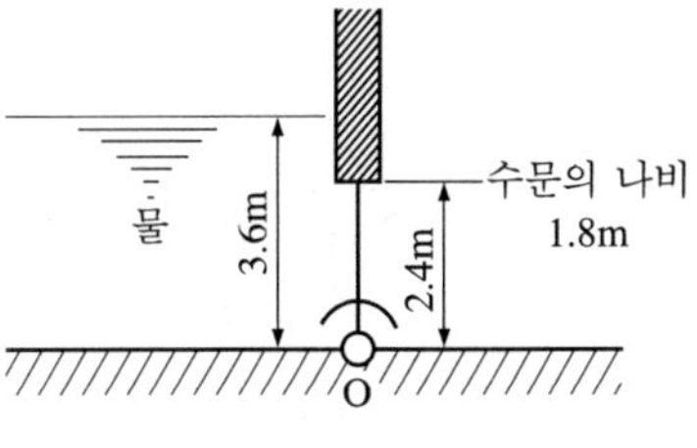

[그림 2-37]

27. [그림 2-38]에서 수면이 상승하면 수문은 자동적으로 열리게 된다. 수문의 자중을 무시할 때 수문이 열리게 될 수심 h를 결정하여라.

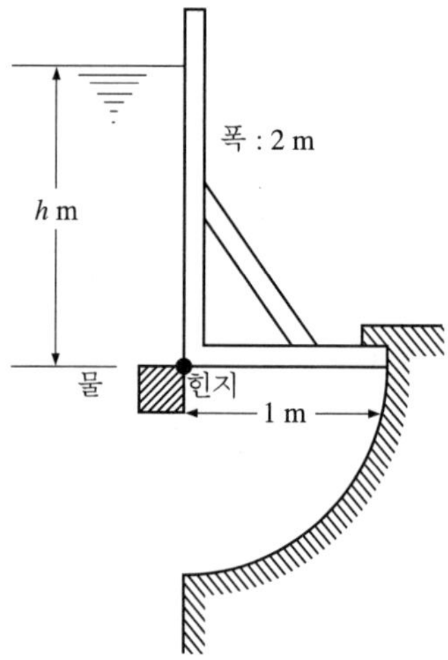

[그림 2-38]

28. [그림 2-39]의 직사각형 수문이 받는 전압력은 얼마인가? 또 A점에서 받쳐 주어야 할 힘의 크기도 구하여라. 단, 수문의 폭은 2m이다.

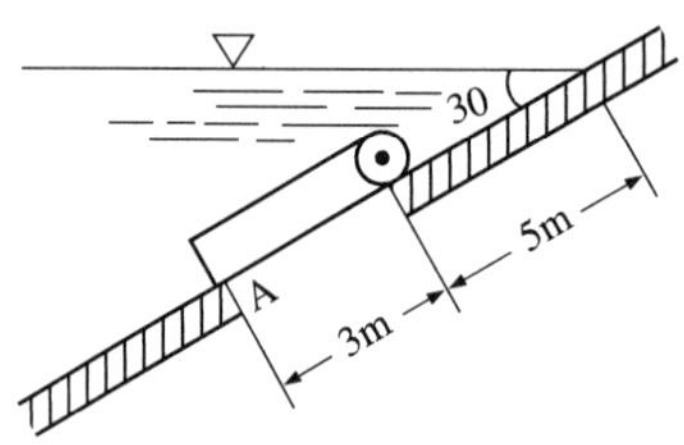

[그림 2-39]

29. [그림 2-40]과 같은 환상(環狀) 수문에 미치는 물의 전압력과 압력의 중심을 구하라.

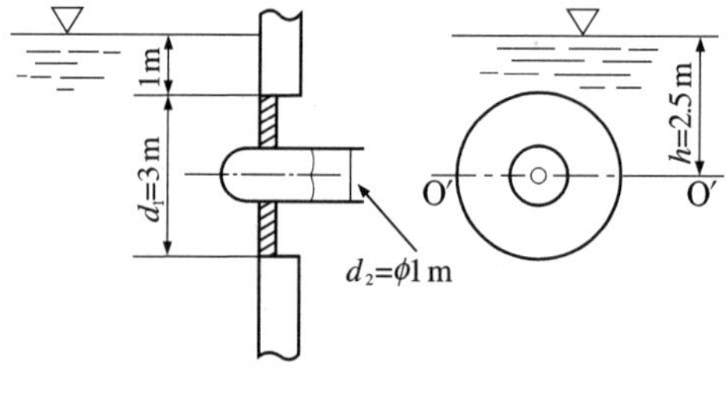

[그림 2-40]

30. [그림 2-41]에서 AB곡면은 $\frac{1}{4}$의 원통면이다. 원통면 즉 면 ABC가 받는 전압력의 크기와 방향을 결정하여라. 단, 폭은 5m이다.

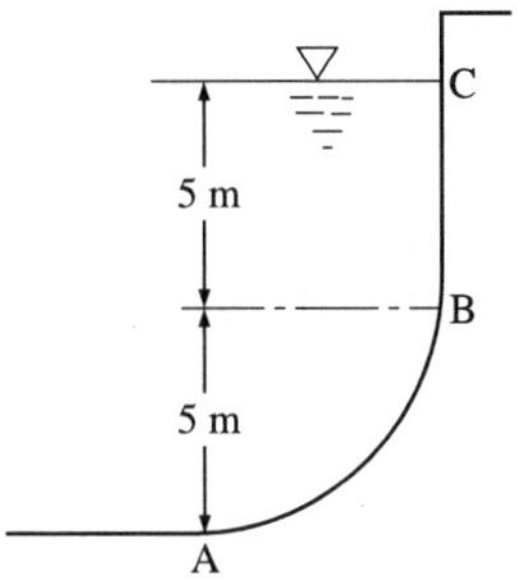

[그림 2-41]

31. [그림 2-42]의 4분의 1 원통 AB는 길이가 10m이다. AB에 작용하는 물의 전압력의 크기 및 방향을 결정하여라.

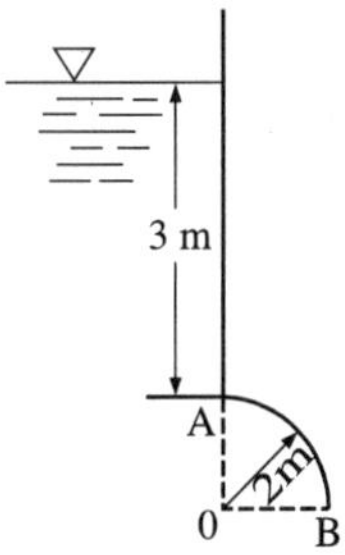

[그림 2-42]

32. 흘수(吃水) 3m일 때의 부양면의 면적이 372m^{2}인 선박이 있다. 흘수가 다시 50mm 증가하도록 하자면 몇 ton의 짐을 실어야 하는가? 단, 바닷물의 비중은 1.03으로 한다.

33. 무게가 0.196 N, 눈금막대의 지름 6mm인 비중계를 어떤 액체에 띄웠더니 비중 1인 물에 띄웠을 때 보다 4mm 더 뜨게 되었다. 어떤 액체의 비중을 계산하여라.

34. 공기 속에서 달면 27kg_f, 물 속에서 달면 18kg_f인 물체가 있다. 이 물체의 체적과 비중을 구하여라. 단, 공기의 무게는 무시한다.

35. 가로, 세로, 높이가 각각 7.5m, 3m, 4m인 상자의 무게가 4×10^5N 이었다. 다음의 사항을 계산하여라.

(1) 이 상자를 수면에 띄웠을 때 수면 밑으로 얼마나 가라앉겠는가?

(2) 수심이 4m일 때 이 상자를 완전히 물 속에 가라앉게 하려면 얼마의 무게를 상자에 넣어야 하는가?

36. 폭이 54m, 흘수 20m(깊이는 27m), 길이 350m인 단면이 균일한 상자형 배가 있다. 이 배의 중심(重心)은 선저(船底)에서 13.5m(깊이의 $\frac{1}{2}$) 위쪽에 있다. 메타센터의 높이는 얼마인가?

37. 비중 1.2인 액체가 담긴 상부가 개방된 원통이 연직 중심축을 회전축으로 각 속도 $\omega=10$rad/sec의 등속원운동을 하고 있다면 중심축과 축으로부터 80cm 떨어진 곳과의 액면차는 몇 m인가?

38. 폭이 1.5m, 길이 3m, 깊이 1.8m인 직사각형의 탱크에 깊이 1.2m까지 물을 넣었다. 이 탱크가 길이 방향으로 3$\frac{m}{s^2}$의 가속도로 움직이고 있을 때 탱크의 앞쪽과 뒤쪽에 있어서 수심은 각각 얼마가 되는가? 또 앞벽과 뒷벽에 걸리는 전압력을 구하여라.

제 3 장

유체동역학

유체가 흐른다는 말은 유체가 운동하고 있다는 것이다. 유체가 흐를 때에는 반드시 그 흐름의 원인이 되는 힘이 작용하는데, 이 힘은 보통 다섯 가지의 형태로 나누어서 생각할 수 있다.

즉, 중력 때문에 미치는 외력, 깊이의 차이에 따르는 압력차로 인한 힘, 흐르는 유체 각 부분의 질량과 이것이 가지는 가속도와의 곱으로 표시되는 관성력, 흐르는 유체의 점성에 기인하는 점성력, 유체의 압축성에 의한 탄성력 등이다.

유체의 운동에 관한 역학적 해석이 어려운 것은 유체가 점성과 압축성의 성질을 가지고 있기 때문이다. 그러므로 본 장에서는 먼저, 이 영향들을 고려하지 않은 비점성, 비압축성 유체 즉 이상유체에 관하여 기술하기로 한다. 이 장에서는 이상유체에 관한 기초방정식으로 연속방정식, 오일러방정식, 베르누이방정식 등을 다루었다. 이 방정식들에 대한 해석적인 접근방법은 벡터식으로, 또한 1차원, 2차원, 3차원 흐름에까지 이론을 전개할 수 있으나 여기에서는 주로 1차원 흐름에 대하여 알아보기로 한다.

학습목표

이 장에서는 다음의 항목들을 숙지 · 이해하고 이를 응용할 수 있도록 한다.

- 유체가 흐르게 되는 원인(5가지)
- 정상류, 비정상류
- 1차원 흐름, 2차원 흐름, 3차원 흐름
- 유선, 유선의 미분 방정식, 유관
- 연속의 원리, 연속 방정식
- 베르누이 방정식
- 정압, 동압, 전압
- E.L, H.G.L
- 유량계수, 오리피스계, 벤츄리계
- 피토관, 피토 정압관
- 동력

3-1 유체의 유동 형태에 따른 분류

유체 흐름의 형태는 여러가지 관점에서 분류할 수 있다. 유체 흐름의 유형을 분류하여 보면 정상류와 비정상류, 균속도 흐름과 비균속도 흐름, 1차원, 2차원, 3차원의 흐름, 층류와 난류, 압축성 유체 흐름과 비압축성 유체의 흐름, 아음속과 초음속 흐름 또는 개수로의 흐름에 있어서는 아임계, 임계, 초임계 흐름 등으로 분류된다.

(1) 정상류와 비정상류(steady flow and unsteady flow)

유체가 흐르고 있는 과정에서 임의의 어떤 한 점에서의 유동조건, 즉 흐름 자체에 영향을 주는 요소들(속도, 압력, 밀도, 온도 등)이 시간이 경과하더라도 변하지 않는 일정한 흐름을 정상류, 시간과 함께 변하는 흐름을 비정상류라 한다. 만일, 유동조건들 중에 어느 하나라도 시간이 경과함에 따라 변화한다면 이 흐름은 정상류가 아니며 비정상류가 된다. 예를 들면 정상유동을 하는 유체의 어느 한 점에서의 속도가 $u\ \dfrac{\mathrm{m}}{\mathrm{s}}$이면 속도 u는 시간이 경과하여도 크기, 방향이 모두 변하지 않는다. 여기에서 유의할 점은 정상류는 유동장 내의 모든 점에서 유동조건이 모두 같다는 뜻은 아니고 위치에 따라서 달라지나 임의의 각점에서의 조건은 시간에 관계 없이 일정하다는 뜻이다. 그러므로 시간을 t, 임의의 점의 좌표를 x_i라 하면 정상류는

$$\left.\begin{aligned}&\frac{\partial u}{\partial t}=0,\ \frac{\partial p}{\partial t}=0,\ \frac{\partial \rho}{\partial t}=0,\ \frac{\partial T}{\partial t}=0\\&\frac{\partial u}{\partial x_i}\neq 0,\ \frac{\partial p}{\partial x_i}\neq 0,\ \frac{\partial \rho}{\partial x_i}\neq 0,\ \frac{\partial T}{\partial x_i}\neq 0\end{aligned}\right\}\qquad(3\text{-}1\text{-}1)$$

인 관계가 성립한다.

실제 자연계에 있어서의 흐름은 엄밀한 의미에서 거의 비정상류에 속하는 것이 통상이지만, 정상류에 대한 이론은 실제 흐름의 문제 해석에 널리 적용된다. 비정상류에서는 유동의 조건이 시간에 대해서도 함수관계가 되므로 자연히 흐름의 해석이 복잡해지게 된다. 실제에 있어서는 충분한 시간이 경과된 다음에야 유동조건이 정상상태에 도달하게 된다.

(2) 균속도 흐름과 비균속도 흐름(uniform flow and nonuniform flow)

유동장 내의 어떤 영역에서 임의의 시각에 영역 내의 모든 점의 속도가 공간좌표에 관계없이 동일할 때 이 흐름을 균속도 흐름 또는 등속류라 한다. 균속도(均速度) 유동하는 유체의 속도는 시시각각으로 변하나 그 변화는 영역 내의 모든 점에서 동일하고 주어진 시각에 영역 내의 모든 점에서 속도는 동일한 값을 갖는다. 지금 속도를 V, 임의의 방향의 좌표를 S, 시간을 t라 하면 균속도 흐름은 다음 식으로 표시된다.

$$\frac{\partial V}{\partial s}=0, \quad \frac{\partial V}{\partial t}\neq 0 \tag{3-1-2}$$

주어진 영역 내에서 임의의 시각에 속도 V가 위치에 따라 변할 때 이와 같은 흐름을 비균속도 흐름이라 하고 다음 식으로 표시한다.

$$\frac{\partial V}{\partial s}\neq 0, \quad \frac{\partial V}{\partial t}\neq 0 \tag{3-1-3}$$

특히,

$$\frac{\partial V}{\partial s}=0, \quad \frac{\partial V}{\partial t}=0$$

을 만족하는 흐름을 정상균속도 흐름(steady uniform flow)이라 말하고 식 (3-1-2)를 만족하는 흐름을 비정상균속도 흐름이라고 한다.

(3) 1차원 흐름(one dimensional flow)

모든 물성(物性)과 유동특성(속도, 밀도, 압력, 온도 등)이 주어진 공간좌표와 시간의 함수로 표시될 수 있는 흐름을 1차원 흐름이라 말한다. 지금 원관을 따라 유체가 흐를 때 흐름방향에 수직한 임의의 단면에 물성과 유동특성이 균일하게 분포되어 있는 흐름을 생각하자. 수직단면 전체에 걸쳐 물성과 유동특성이 균일하게 분포되어 있으므로 이들 값은 유동거리(공간좌표)와 시간만의 함수로 표시될 수 있다. 따라서 분명한 1차원 흐름이다. 만일 수직단면의 물성과 유동특성의 변화가 무시될 수 있는 흐름은 수직단면에서 이들 값이 평균치로 균일하게 분포되어 있다고 가정하고 1차원 흐름으로 취급하는 것이 편리하다. 예를 들면 원관이나 임의 단면의 개수로에서의 실제 유체의 유동은 전단면에 걸쳐 유속이 같지 않으므로 즉, 임의의 단면 중앙에서 속도가 최대이며 벽면에서는 0이 되므로 엄밀한 의미에서 1차원 흐름이 아니나 유체역학에서는 이러한 흐름을 1차원 흐름으로 간주하고 물성과 유동특성은 각 주어진 단면에서의 평균치로 균일하게 분포되어 있다고 한다([그림 3-1] 참조). 1차원 흐름의 개념은 유체역학에 관한 여러 문제에 대하여 해석을 간단화하고 실제적인 특장(特長)이 있다.

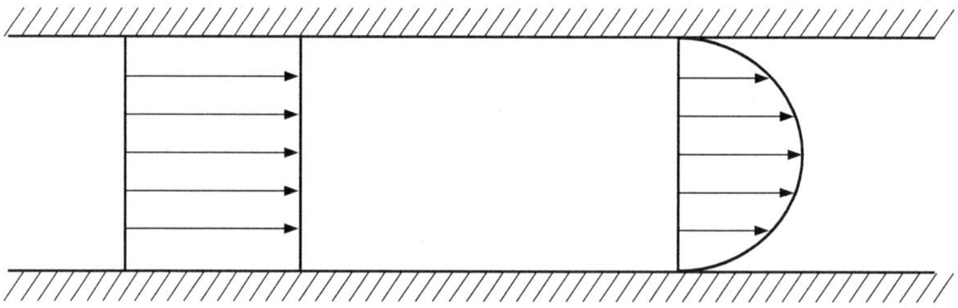

(a) 1차원 흐름의 속도분포 (b) 실제 유체의 속도분포

[그림 3-1]

(4) 2차원 흐름(two dimensional flow)

유체의 모든 물성과 유동특성을 2개의 공간좌표 즉 x, y 좌표와 시간의 함수로 표시될 수 있는 흐름을 2차원 흐름이라 한다. 그러므로 물성과 유동특성은 임의 시각 z축에 따른 변화는 없다. 따라서 물성과 유동특성의 기울기(gradient)는 2개의 성분(x, y 성분)만을 갖는다. 또 임의 시각에 있어서 z축에 수직한 모든 평면(x, y 평면에 평행한 평면)에서의 물성과 유동특성(유선)은 모두 같은 모형(pattern)을 갖는다. 2차원 흐름은 단일 평면에서의 유선들로 나타내지는 유동장(flow field)을 말한다. 따라서 2차원 흐름을 유선으로 나타내고자 하면 1차원 흐름에서처럼 단 한 개의 유선으로는 안 되고 여러 개의 유선군으로 이루어지는 평면이 필요하다.

[그림 3-2]에서 2차원 흐름의 대표적인 예를 표시한다.

(5) 3차원 흐름(three dimensional flow)

유체의 흐름 중에서 가장 일반성을 띤 흐름이다. 모든 물성과 유동특성을 3개의 공간좌표(x, y, z 좌표)와 시간의 함수로 표시될 수 있는 흐름을 3차원 흐름이라고 한다. 그러므로 3차원 흐름에서는 물성과 유동특성의 기울기(gradient)가 3개의 각방향의 성분을

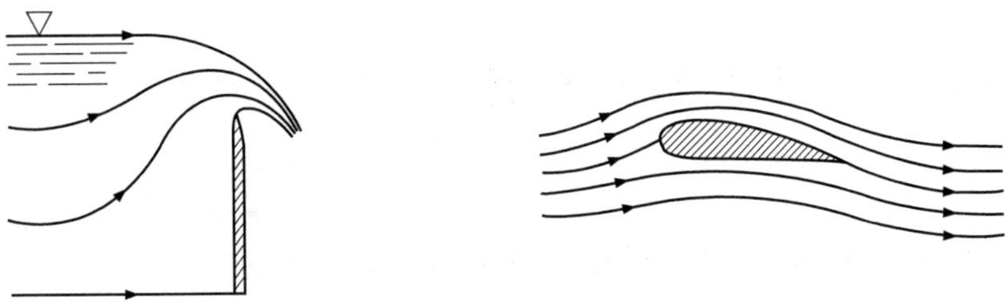

(a) 댐(dam)에서의 흐름　　　(b) 익형주의의 흐름

[그림 3-2] 2차원 흐름

갖는다. 유한한 길이를 갖는 날개의 끝점 부근에서의 흐름, 관류 입구 근방에서의 흐름, 제트 비행기의 공기 흡입구를 지나는 공기의 흐름 등이 일반적인 3차원 흐름이다.

2차원, 3차원 흐름은 대부분 흐름 자체가 매우 복잡하기 때문에 수학적으로 해석하기란 어려운 문제이다. 다만 간단한 기하하적 유동에 대하여 간단한 경계조건을 갖는 유동만을 다룰 뿐이다. 그러므로 많은 유체 흐름에 관한 문제를 다룰 때에는 실제로는 2차원 혹은 3차원 흐름이지만 흐름의 방향에 수직한 단면에 유동특성이 균일(평균치)하게 분포되어 있다고 간주하고 1차원 흐름으로 취급한다.

[그림 3−3]에 3차원 흐름의 예를 표시한다.

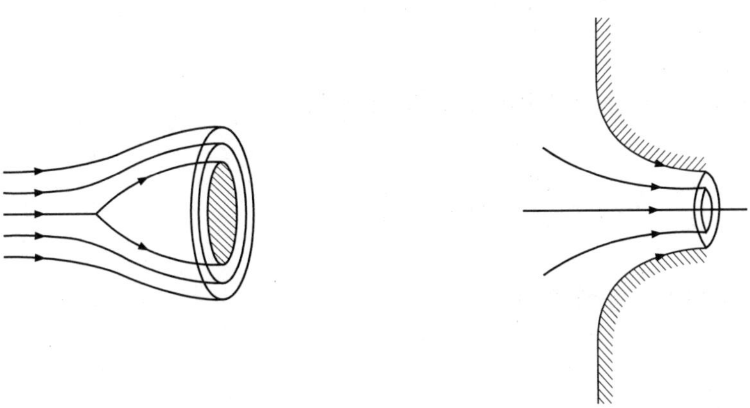

[그림 3-3] 3차원 흐름

층류와 난류, 압축성, 비압축성 유체의 흐름, 아음속, 초음속 흐름 또 개수로의 흐름에서 아임계, 임계, 초임계 흐름에 대하여는 후의 실제 유체를 다루는 장에서 언급하기로 한다.

3-2 유선(流線), 유적선(流跡線) 및 유관(流管)

유체의 흐름을 해석하는 데 있어서 유동장 내의 유체의 움직임을 표시할 방법이 필요한데 이러한 표현방법으로서 유선, 유적선, 유관 등이 고안된 것이다.

(1) 유선(stream line)

유체 흐름의 공간에서 임의의 한 가상적인 곡선을 그을 때 주어진 시각에 그 곡선상의 임의의 점들에서의 유체입자의 속도 방향과 접선 방향이 일치하는 곡선을 유선이라 한다. 그러므로 유체입자는 항상 유선을 따라 움직이며 정상류에서는 유선을 가로지르는 유체입자의 운동, 즉 흐름은 있을 수 없다.

지금 [그림 3-4] (b)에 나타낸 바와 같이 dt시간 동안에 움직여 생긴 유체입자의 미소변위를 ds, 그 x, y, z 방향의 성분을 각각 dx, dy, dz 또, 속도 벡터 V의 x, y, z 방향의 성분을 각각 u, v, w라 하고 V의 각 방향의 cosine값을 각각 $\cos\alpha$, $\cos\beta$, $\cos\gamma$라고 하면

$$\cos\alpha = \frac{u}{V},\ \cos\beta = \frac{v}{V},\ \cos\gamma = \frac{w}{V}$$

그런데 변위 ds도 속도 벡터 V와 동일한 방향이므로

$$\cos\alpha = \frac{dx}{ds},\quad \cos\beta = \frac{dy}{ds},\quad \cos\gamma = \frac{dz}{ds}$$

가 되고 따라서 위의 식들에 의하여

$$\frac{u}{V} = \frac{dx}{ds},\quad \frac{v}{V} = \frac{dy}{ds},\quad \frac{w}{V} = \frac{dz}{ds}$$

이 되므로

$$\therefore\ \frac{dx}{u} = \frac{dy}{v} = \frac{dz}{w} \tag{3-2-1}$$

를 얻는다. 즉 속도 벡터와 변위 벡터의 x, y, z 방향의 각 방향 성분은 비례관계를 이룬다. 여기에서 식 (3-2-1)를 유선의 미분방정식이라 한다.

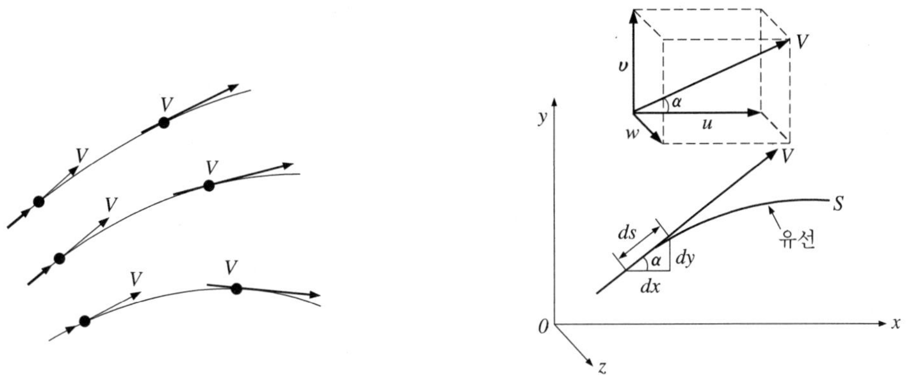

(a) 유선 (b) 유선의 미분방정식

[그림 3-4] 유선 및 유선의 미분방정식

(2) 유적선(path line)

특정한 유체입자가 일정한 시간 동안 움직인 자취를 나타낸 선을 말한다. 유체입자는 항상 유선의 접선 방향으로 운동하므로 정상류에서는 유적선은 유선과 일치한다. 지금 [그림 3-5] (a)에서 시각 $t = t_0$일 때 p_0에 있던 유체입자는 미소시간 $t = t_1 = t_0 + \Delta t$ 후에는 유선 C_0의 방향으로 운동하여 점 p_1에 도달한다. 다음 순간 $t = t_1$에 점 p_1을 지나는 유선이 C_1이라면 입자는 C_1을 따라 $t = t_2 = t_1 + \Delta t$ 에는 점 p_2까지 이동한다. 이와 같이 한 유체입자는 임의의 순간에 있어서의 유선군(流線群)의 포락선(包絡線)을 따라 움직인다. 이 포락선이 유적선이다.

(3) 유관(stream tube)

정상류의 흐름에서 유동장 내의 임의의 폐곡선을 생각하여 폐곡선 위의 임의의 각 점들을 통과하는 유선을 그리면([그림 3-5] (b)) 속도는 항상 경계를 나타내는 유선에 대하여 접선방향이므로 그들은 유체입자들이 지나갈 수 없는 경계면을 형성한다. 이와 같은 유선들 사이의 가상공간을 유관이라 한다. 이 유관은 마치 이웃하는 유체에서 분리된 것처럼 취급할 수 있다. 즉 유체 내의 자유 물체도를 생각하는 데 편리하다. 예컨대, 임의

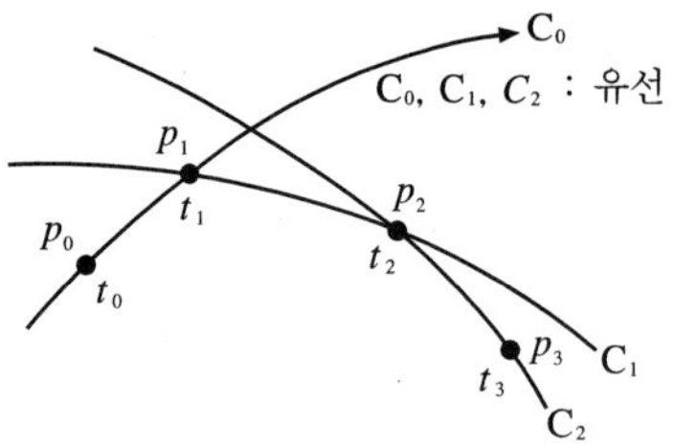

(a) 유적선

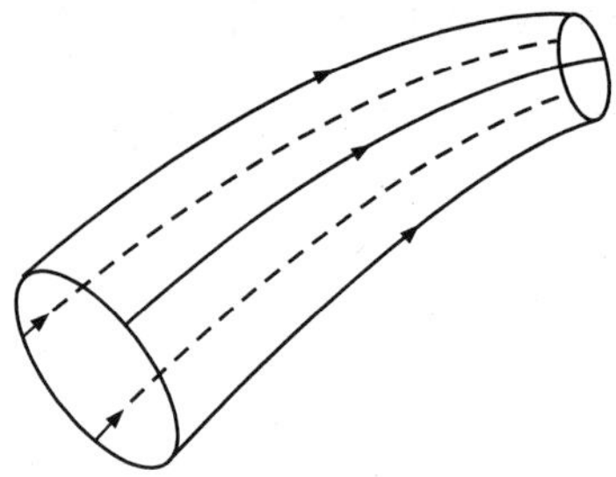

(b) 유 관

[그림 3-5] 유적선과 유관

의 미소단면적의 유관은 실질적으로 하나의 유선과 같으며 하나의 유선은 작은 유관으로 생각할 수 있다.

3-3 연속방정식

1차원 정상류의 흐름에서 질량보존의 법칙을 적용하여 연속방정식을 구하여 본다. 쉽게 말하면 연속방정식은 질량보존의 법칙을 수식으로 나타낸 것이다. 지금 [그림 3-6]과 같이 유관(혹은 관로)의 임의의 단면 1과 2사이의 공간을 검사체적(control volume)으로 생각하면 주어진 시간 동안에 이 체적(공간)으로 단면 ①을 통하여 유입되는 질량과 단면 ②를 통하여 유출되는 질량은 질량보존의 법칙에 따라 같다.

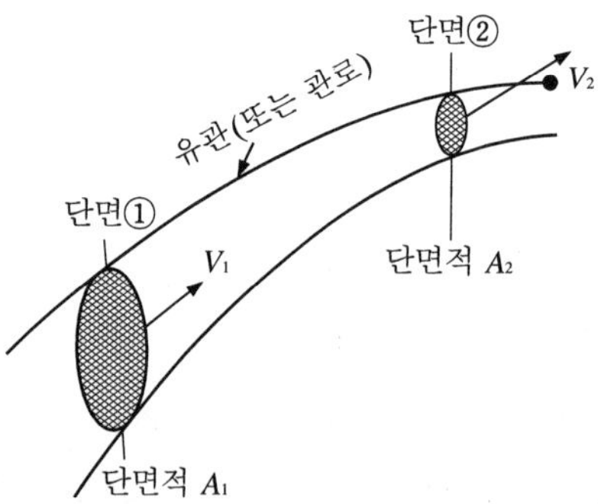

[그림 3-6] 유관과 검사체적

임의의 단면 ①과 ②에서의 평균속도, 밀도, 단면적을 각각 V_1, V_2, ρ_1, ρ_2, A_1, A_2라 하면 단위시간에 주어진 임의의 단면을 통과하는 질량은 같으므로

$$\rho_1 \cdot A_1 \cdot V_1 = \rho_2 \cdot A_2 \cdot V_2 = \cdots\cdots = \mathrm{M} \qquad (3\text{-}3\text{-}1)$$

식 (3-3-1)를 다음과 같이 표시할 수도 있다.

$$\rho \cdot A \cdot V = \text{const.}$$

$$d(\rho \cdot A \cdot V) = 0$$

$$\frac{d\rho}{\rho} + \frac{dA}{A} + \frac{dV}{V} = 0 \qquad (3\text{-}3\text{-}2)$$

이 M을 질량유량(mass flowrate)이라 한다.

식 (3-3-1)에 중력가속도 g를 곱하면 $\gamma = \rho \cdot g$이므로

$$\gamma_1 \cdot A_1 \cdot V_1 = \gamma_2 \cdot A_2 \cdot V_2 = \cdots\cdots = G \qquad (3\text{-}3\text{-}3)$$

가 되는데, 이 G를 중량유량(weight flowrate)이라 한다. 특히, 기체의 유량을 나타낼 때는 이 중량유량을 사용한다.

비압축성 유체의 흐름에서는 밀도 ρ가 일정하므로 $\rho_1 = \rho_2$, 즉 $\gamma_1 = \gamma_2$가 되고 따라서, 식 (3-3-1)와 식 (3-3-3)은

$$A_1 V_1 = A_2 V_2 = \cdots\cdots = Q \qquad (3\text{-}3\text{-}4)$$

으로 된다. 이 Q를 체적유량(volumetric flowrate)이라 하고, 보통 줄여서 유량이라 말한다. 물이나 기름 같은 액체의 흐름이나 밀도의 변화를 무시할 수 있는 기체의 흐름에 적용한다. 여기에서 식 (3-3-1)에서 식 (3-3-4)를 연속방정식이라고 말한다.

예제 3-1 지름 400mm의 원관 속을 물이 1.256 $\frac{\mathrm{m}^3}{\mathrm{s}}$ 로 흐른다. 평균속도와 질량유량, 중량유량을 계산하여라.

풀이 $Q = A \cdot V$에서

$$V = \frac{Q}{A} = \frac{Q}{\frac{\pi}{4} \cdot d^2} = \frac{1.256}{\frac{\pi}{4} \cdot (0.4)^2} \fallingdotseq 10 \left[\frac{\mathrm{m}}{\mathrm{s}}\right]$$

$$M = \rho \cdot A \cdot V$$

$$= 1000 \times \frac{\pi}{4} \times 0.4^2 \times 10 ≒ 1256 \left[\frac{\text{kg}_\text{m}}{\text{s}}\right]$$

또, $G = \gamma \cdot A \cdot V = \gamma \cdot Q$

$$= 9800 \times 1.256 = 12300 \left[\frac{N}{s}\right]$$

예제 3-2 관이 흐름에서 주어진 단면 1과 2에서 유속을 각각 $4\frac{\text{m}}{\text{s}}$, $2\frac{\text{m}}{\text{s}}$ 로 하고자 하면 유량이 $0.5\frac{\text{m}}{\text{s}}$ 일 때, 단면 1과 2의 지름은 얼마로 해야 하는가?

풀이 단면 1과 2의 지름을 각각 D_1, D_2라 하면

$$Q = A_1 \cdot V_1 = A_2 \cdot V_2 = \frac{\pi}{4} \cdot D_1^2 \cdot V_1 = \frac{\pi}{4} \cdot D_2^2 \cdot V_2$$

$$\therefore D_1 = \sqrt{\frac{4Q}{\pi \cdot V_1}} ≒ \sqrt{\frac{4 \times 0.5}{3.14 \times 4}} = 0.159\,[\text{m}] = 159\,[\text{mm}]$$

$$D_2 = \sqrt{\frac{4Q}{\pi \cdot V_2}} ≒ \sqrt{\frac{4 \times 0.5}{3.14 \times 2}} = 0.318\,[\text{m}] = 318\,[\text{mm}]$$

예제 3-3 지름 150 mm인 관로 속을 절대압력 $20.7\frac{\text{N}}{\text{cm}^2}$, 온도 15℃인 공기가 $8.9\frac{\text{N}}{\text{s}}$의 비율로 흐르고 있다. 이때 관속의 평균유속을 구하여라. 단, 공기의 기체상수는 $287\frac{\text{J}}{\text{kg} \cdot {}^\circ\text{K}}$이다.

풀이 $p \cdot v_s = R \cdot T \qquad \therefore p = \rho \cdot R \cdot T$

즉, $\gamma = \dfrac{g \cdot p}{R \cdot T} = \dfrac{9.8 \times 20.7 \times 10^4}{287(273+15)} = 24.5\left[\dfrac{\text{N}}{\text{m}^3}\right]$

따라서, $G = \gamma \cdot A \cdot V$에서

$$V = \frac{G}{\gamma \cdot A} = \frac{8.9}{24.5 \times \pi \times 0.15^2} ≒ 5.14\left[\frac{\text{m}}{\text{s}}\right]$$

3-4 Euler의 운동방정식

이상유체, 정상류 1차원 흐름에서 유선을 따라 움직이는 미소유관에 뉴턴의 제2운동 법칙을 적용하여 얻은 식을 오일러의 운동방정식(Euler's equation of motion)이라 한다.

오일러(1750년)는 처음으로 유체운동에 뉴턴의 운동법칙을 적용하여 유체동력학의 해석적 연구에 기초를 세웠다.

[그림 3-7]에서와 같이 유선 1과 2사이에 단면적 dA, 길이 ds인 미소유관을 취하여 뉴턴의 제2운동법칙을 적용하면 다음과 같이 된다. 미소유관에 작용하는 외력 F의 흐름 방향, 즉 변위 ds 방향의 성분 F_s의 대수합 ΣF_s는 미소유관의 질량 dm과 흐름 방향에 대한 유관의 가속도 a_s와의 곱과 같으므로

$$\Sigma F_s = dm \cdot a_s \tag{3-4-1}$$

가 성립된다. 미소유관에 미치는 외력으로는 압력과 중력뿐이다. 변위 ds의 방향, 즉 미소유관의 운동방향을 양의 값으로 놓으면 미소유관의 유입쪽의 압력은 $p \cdot dA$, 유출쪽의 압력은 $-(p+dp)dA$이고, 중력의 흐름 방향 성분은 $-\gamma \cdot ds \cdot dA\left(\dfrac{dz}{ds}\right)$이다. 따라서

$$\begin{aligned}\Sigma F_s &= p \cdot dA - (p+dp) \cdot dA - \gamma \cdot ds \cdot dA\left(\frac{dz}{ds}\right) \\ &= -dp \cdot dA - \gamma \cdot dA \cdot dz \end{aligned} \tag{3-4-2}$$

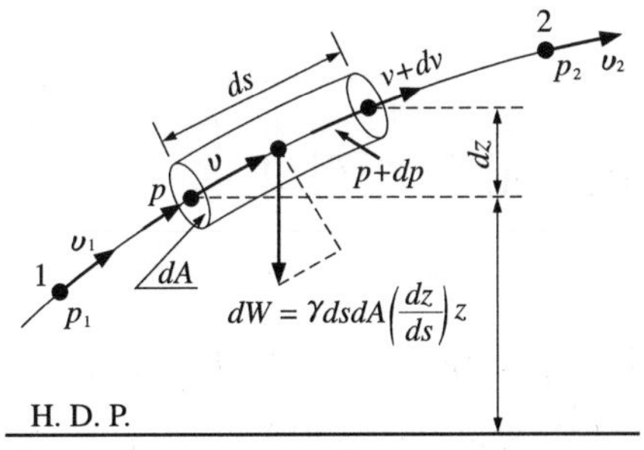

[그림 3-7]

그런데 유관의 질량과 가속도는 각각 다음과 같이 나타낼 수 있으므로

$$dm = \rho \cdot dA \cdot ds = \frac{\gamma}{g} \cdot dA \cdot ds$$

$$a_s = \frac{dv}{dt} = \frac{ds}{dt} \cdot \frac{dv}{ds} = v \cdot \frac{dv}{ds} \tag{3-4-3}$$

식 (3−4−2)와 식 (3−4−3)을 식 (3−4−1)에 대입하면

$$-dp \cdot dA - \gamma \cdot dA \cdot dz = \left(\frac{\gamma}{g} \cdot dA \cdot ds \right) \cdot v \cdot \frac{dv}{ds}$$

$$\therefore dp + \frac{\gamma}{g} v \cdot dv + \gamma \cdot dz = 0$$

윗식의 각 항을 γ로 나누어 정리하면 다음 식을 얻는다.

$$\frac{dp}{\gamma} + d\left(\frac{v^2}{2g} \right) + dz = 0 \tag{3-4-4}$$

그런데 균일한 밀도의 흐름이라면 식(3−4−4)는 다음과 같이 된다.

$$d\left(\frac{p}{\gamma} + \frac{v^2}{2g} + z \right) = 0 \tag{3-4-5}$$

여기에서 식 (3−4−4)와 식 (3−4−5)는 이상유체, 정상류 1차원 흐름에 뉴턴의 제2운동법칙을 적용하여 얻은 식이므로 Euler의 운동방정식이라고 한다.

3−5 Bernoulli의 방정식

베르누이방정식(Bernoulli's equation)은 3−4절에서 유도한 오일러의 운동방정식으로도 구할 수 있고 일과 에너지의 원리 즉 적분형의 에너지방정식으로도 간단히 구할 수 있다. 본 절에서는 오일러의 운동방정식을 가지고 구하기로 한다.

유선에 따르는 오일러의 운동방정식, 즉 식 (3−4−4)를 변위 s에 대하여 적분하면

$$\int \frac{dp}{\gamma} + \int \frac{v}{g}\, dv + \int dz = \text{일정} \tag{3-5-1}$$

이 된다. 이것은 유체입자가 힘을 받아 움직여 간 변위 s와의 관계에서 유체입자가 한 일, 즉 유체가 가지는 에너지를 나타낸다. 식 (3-5-1)을 정리하면

$$\int \frac{dp}{\gamma} + \frac{v^2}{2g} + z = \text{일정} = H \tag{3-5-2}$$

이 된다. 바로 위의 식은 유선을 따라 움직이는 유체입자가 가지는 여러 형태의 에너지의 총합이 주어진 유선상의 임의의 점에서 항상 일정불변함을 의미한다. 그러나 위의 식에서 일정한 값 곧, 에너지의 크기는 서로 다른 유선에서는 그 값을 달리 한다.

그런데 식 (3-5-2)는 오일러의 운동방정식에서 언급한 바와 같이 이상유체, 정상류, 동일한 유선상에서, 그리고 γ와 p는 함수관계라는 조건에서 성립된 것이다. 지금 식 (3-5-2)를 비압축성 유체에 대해 적용하면 γ는 일정한 값이 되므로 다음과 같은 베르누이 방정식이라고 일컫는 중요한 정리를 얻는다.

$$\frac{p}{\gamma} + \frac{v^2}{2g} + z = H \tag{3-5-3}$$

이 식은 모든 비압축성 이상유체의 정상류 동일 유선상의 흐름에서 단위중량의 유체가 가지는 에너지의 총합은 같다는 것을 뜻한다.

식 (3-5-3)에서 $\frac{p}{\gamma}$ 는 압력수두(壓力水頭, pressure head)로서 단위중량의 유체를 압력을 o에서 p까지 높이는 데 필요한 일의 양으로 압력 에너지의 형태로 있게 되며, $\frac{v^2}{2g}$은 속도수두(速度水頭, velocity head)로서 속도가 v인 단위중량의 유체가 가지는 운동에너지를 말하며, z는 위치수두(位置水頭, potential head)로서 단위중량의 유체가 수평기준면(H.D.P.)에서 z의 높이에 위치하기 때문에 가지는 위치 에너지를 말한다. 그리고 이 3가지 수두의 합을 전수두(全水頭, total head)라 하는데 이들의 단위는 [m]이며, 단위중량의 유체가 가지는 에너지를 역학적으로 표시하기 위하여 $\left[\frac{\mathrm{kg}_f \cdot \mathrm{m}}{\mathrm{kg}_f}\right]$ 또는 $\left[\frac{\mathrm{N} \cdot \mathrm{m}}{\mathrm{N}}\right]$ 로 표기하기도 한다.

위에서 언급한 이들 세 가지 에너지의 합을 기계적 에너지라고 부른다.

[그림 3-7]에서와 같이 동일유선상의 임의의 두 점 ①과 ②에 식 (3-5-3)을 적용하면

$$\frac{p_1}{\gamma}+\frac{v_1^2}{2g}+z_1=\frac{p_2}{\gamma}+\frac{v_2^2}{2g}+z_2 \qquad (3-5-4)$$

와 같이 표시되며, 그 관계를 나타내면 [그림 3-8]과 같이 된다.

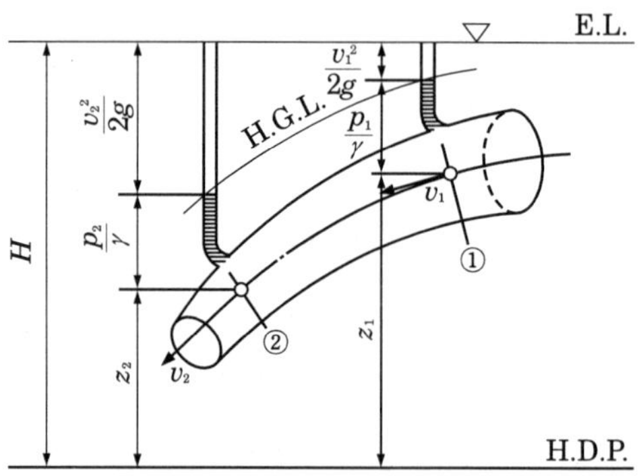

[그림 3-8] 그림으로 도시한 베르누이의 정리

여기에서 세 가지 수두의 합계, 즉 H를 나타내는 선을 에너지선(energy line)이라 하며 EL로 표기하고 ①과 ②의 위치에 세운 액주계의 높이는 임의의 단면을 흐르는 유체의 압력을 나타내는데 이 액주의 높이를 이은 선을 압력 기울기선 또는 수력구배선(hydraulic grade line)이라 하고 HGL로 표기한다. 수력구배선은 에너지선보다 항상 $\frac{v^2}{2g}$만큼 아래에 위치한다. 식 (3-5-3)의 각 항에 γ를 곱하여 압력의 차원으로 바꿔 쓰면

$$p+\frac{\gamma\cdot v^2}{2g}+\gamma\cdot z=\text{일정}$$

$$\therefore\ p+\frac{\rho}{2}v^2+\gamma\cdot z=p_t \qquad (3-5-5)$$

이 된다. 여기에서 p를 정압(靜壓, static pressure), $\frac{\rho v^2}{2}$을 동압(動壓, dynamic pressure), $\gamma\cdot z$를 위치압력(potential pressure)이라 하며 p_t를 전압(全壓, total pressure)이라 한다. 이 식은 전압과 정압을 알고 유속을 구하고자 할 때 사용하면 편리하다.

예제 3-4 기준면에서 5m 위치한 곳에 물이 5m/s의 속도로 흐른다. 이때 압력계의 눈금이 49kPa이었다면 전수두는 얼마인가?

풀이 $H = \frac{p}{\gamma} + \frac{v^2}{2g} + z = \frac{49 \times 10^3}{9.8 \times 10^3} + \frac{5^2}{2 \times 9.8} + 5$

$= 11.28$ [m]

예제 3-5 단면 1에서의 지름이 400mm에서 단면 2에서의 지름이 800mm로 확대되는 수평관로 속을 물이 흐르고 있다. 이때 단면 1에서의 유속과 압력이 $4\frac{\text{m}}{\text{s}}$와 98kPa이라면 단면 2에서의 유속과 압력은 각각 얼마인가?

풀이 수평관로이므로 $z_1 = z_2$, 따라서 단면 1,2 사이에 베르누이 정리를 적용하면

$$\frac{p_1}{\gamma} + \frac{v_1^2}{2g} = \frac{p_2}{\gamma} + \frac{v_2^2}{2g}$$

그런데 연속방정식에서

$$v_2 = v_1 \times \left(\frac{d_1}{d_2}\right)^2 = 4 \times \left(\frac{400}{800}\right)^2 = 1\left[\frac{\text{m}}{\text{s}}\right]$$

$$\therefore \frac{98 \times 10^3}{9800} + \frac{4^2}{2 \times 9.8} = \frac{p_2}{9800} + \frac{1^2}{2 \times 9.8}$$

$$\therefore p_2 = 105.5 \text{ [kPa]}$$

예제 3-6 [그림 3-9]와 같은 관로의 흐름에서 액주계의 눈금 h는 얼마이겠는가?

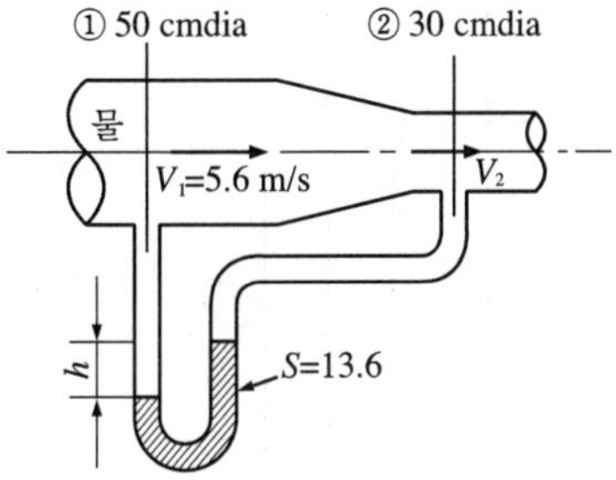

[그림 3-9]

풀이 연속방정식에서

$$v_2 = \frac{A_1}{A_2} \cdot v_1 = \left(\frac{D_1}{D_2}\right)^2 \times v_1 = \left(\frac{50}{30}\right)^2 \times 5.6 = 15.6 \left[\frac{\text{m}}{\text{s}}\right]$$

베르누이의 정리에서

$$p_1 - p_2 = \frac{\gamma}{2g}(v_2^2 - v_1^2) \quad \cdots\cdots \text{(a)}$$

또 액주계의 원리에서

$$p_1 - p_2 = (\gamma' - \gamma) \cdot h \quad \cdots\cdots \text{(b)}$$

식(a)와 (b)에서

$$(\gamma' - \gamma) \cdot h = \frac{\gamma}{2g}(v_2^2 - v_1^2)$$

$$\therefore h = \frac{\gamma}{2g(\gamma' - \gamma)}(v_2^2 - v_1^2)$$

$$= \frac{9.8}{2 \times 9.8(13.6 \times 9.8 - 9.8)}(15.6^2 - 5.6^2)$$

$$= 0.858\,[\text{m}] = 858\,[\text{mm}]$$

예제 3-7 [그림 3-10]에서 지름이 d_1=500mm, d_2=300mm일 때 압력계의 눈금이 같다면 흐르는 유량은 얼마이겠는가?

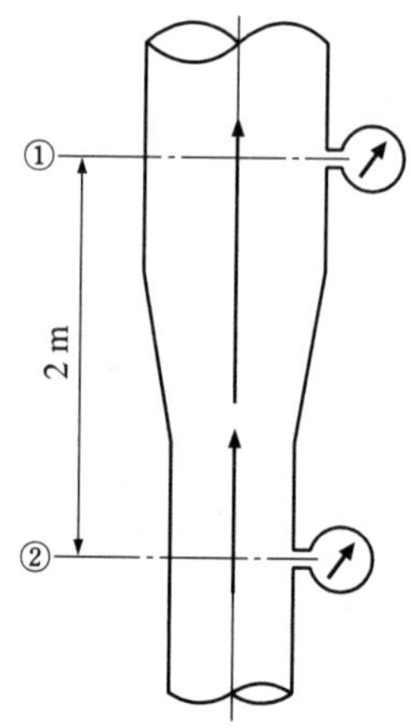

[그림 3-10]

풀이 단면 ①과 ②에서 베르누이의 정리를 적용하면 $p_1 = p_2$이므로

$$\frac{v_1^2}{2g} + 0 = \frac{v_2^2}{2g} - z_2$$

$$\therefore \ v_1{}^2 = v_2{}^2 - 2g \cdot z_2 \quad \cdots\cdots \text{(a)}$$

또 연속방정식에서

$$v_2 = \left(\frac{d_1}{d_2}\right)^2 \cdot v_1 \quad \cdots\cdots \text{(b)}$$

식 (b)를 식 (a)에 대입하면

$$v_1{}^2 = \left(\frac{d_1}{d_2}\right)^4 \cdot v_1{}^2 - 2g \cdot z_2$$

$$\therefore \ v_1{}^2\left\{\left(\frac{d_1}{d_2}\right)^4 - 1\right\} = 2g \cdot z_2$$

$$v_1 = \sqrt{\frac{2g \cdot z_2}{\left(\frac{d_1}{d_2}\right)^4 - 1}} = \sqrt{\frac{2 \times 9.8 \times 2}{\left(\frac{500}{300}\right)^4 - 1}} = 2.42\left[\frac{\text{m}}{\text{s}}\right]$$

$$\therefore \ Q = A_1 \cdot v_1 = \frac{\pi}{4} \cdot (0.5)^2 \cdot 2.42 = 0.475\left[\frac{\text{m}^3}{\text{s}}\right]$$

예제 3-8 강물이 흐르고 있다. 자유표면에서 10 m 깊이에 있는 물체에 작용하는 압력을 측정하였더니 1.5 $\frac{\text{kg}_f}{\text{cm}^2}$ 이었다. 10 m 깊이에서 흐르는 강물의 유속은 얼마이겠는가?

풀이 $p + \dfrac{\rho \cdot v^2}{2} = p_t$

$$\therefore \ 1000 \times 10 + \frac{102 \times v^2}{2} = 1.5 \times 10^4$$

$$\therefore \ v = 9.9\left[\frac{\text{m}}{\text{s}}\right]$$

3-6 Bernoulli 방정식의 응용

베르누이방정식은 연속방정식과 아울러 수력학(水力學)에서 가장 많이 적용되는 논리이다. 그런데 앞 절에서 설명되어진 바와 같이 베르누이방정식은 비압축성 이상유체의 정상류에서 동일 유선상에 적용시켜야 한다. 그러나 다음의 경우에 있어서는 위의 조건들을 무시하더라도 베르누이 방정식의 적용이 가능하다.

i) 저수지의 경우와 같이 단위 중량당 가지는 유체 에너지가 어디서나 같은 경우에는 동일 유선상이 아니어도 좋다.

ii) 유체가 기체인 흐름일 경우라도 압력의 변화가 적어서 무시할 수 있을 경우에는 기체도 비압축성 유체로 간주하고 베르누이방정식을 적용시킨다.

iii) 용적이 아주 큰 저장용 탱크에서 물이 흘러나오는 경우와 같이 흐름의 상태가 매우 느리게 변화하는 흐름에 대해서는 정상상태의 흐름으로 간주하여 베르누이방정식을 적용시켜도 큰 오차가 없다.

iv) 유체의 흐름에 점성이 존재하는 실제 유체의 흐름에 대하여 베르누이방정식을 적용하려면 오른쪽 항에 손실수두의 항을 더하여 줌으로써 가능해진다.

(1) 오리피스계(orifice meter)

[그림 3-11]과 같이 물이 담겨 있는 큰 수조(tank)를 생각하여 보자. 지금 수면으로부터 길이가 h인 곳의 탱크 벽면에 작은 구멍(orifice)이 뚫려서 물이 분출되고 있다. 이와 같이 액체가 분출하는 원형 출구를 오리피스라고 한다. 그런데 오리피스의 입구 또는 출구는 날카롭게 가공을 하여 사용하는데 그 이유는 유체와의 접촉면적을 최소화하여 마찰손실을 줄이기 위한 것이다.

수면(자유표면)에서 오리피스에 이르는 임의의 유선 ①, ②를 잡고 액면의 횡단면적,

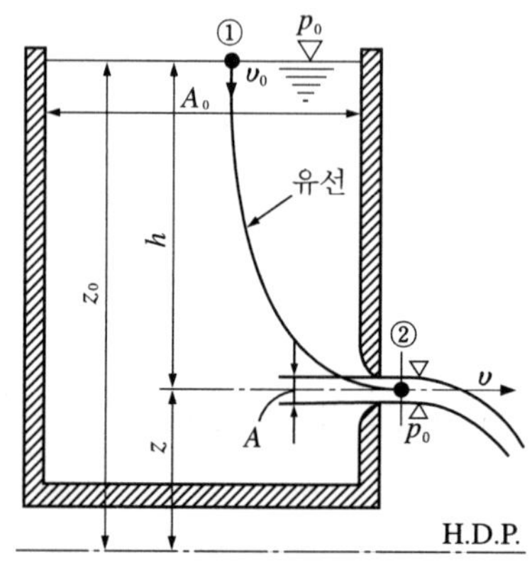

[그림 3-11] 탱크 오리피스

유체입자의 속도, 압력 및 수평 기준면에서의 높이를 각각 A_0, v_0, p_0 및 z_0라 하고, 오리피스를 통해 분출되는 분류(噴流)의 것들을 A, v, p 및 z라 하여 이 사이에 베르누이방정식을 적용하면

$$\frac{p_0}{\gamma}+\frac{{v_0}^2}{2g}+z_0=\frac{p}{\gamma}+\frac{v^2}{2g}+z$$

그런데 $p=p_0$(∵ 대기압)이고 연속방정식에서

$$A_0 \cdot v_0 = A \cdot v \qquad \therefore v_0=\frac{A}{A_0}\cdot v$$

그런데 만일 $A_0 \gg A$이면 $v_0 \ll v$이므로 $v_0 \approx 0$

따라서 $z_0-z=h$라고 놓으면

$$v=\sqrt{2g \cdot h} \tag{3-6-1}$$

이 된다. 위의 식을 토리첼리의 정리(Torricell's theorem)라고 하며 이는 Torricelli (1608~1647)가 베르누이에 앞서 발견한 것이다.

오리피스를 통하여 흐른 유량 Q는 연속방정식에 의하여 오리피스의 단면적 A를 곱하면 구하여진다. 그러나 실제로는 점성으로 인한 영향과 오리피스 입구와 출구의 형상 등 여러 요인으로 인하여 속도와 유량이 이보다 작은 값이 된다.

이론적인 속도를 v, 실제의 속도를 v'라 하여 비교하면

$$v'=C_V \cdot v$$

가 되고 여기에서 C_V를 속도계수(coefficient of velocity)라 한다. 물의 경우 보통 C_V는 0.93~0.98의 값을 취한다. 그리고 오리피스를 통해 분출되는 분류의 흐름의 단면적 A'도 오리피스의 단면적 A보다 조금 작아지는데, 즉

$$A'=C_c \cdot A$$

가 되며 C_c를 수축계수(coefficient of contraction)라 하고 물의 경우는 0.61~0.66 정도의 값을 취한다. 그러면 오리피스에서의 실제 유량 Q'는

$$Q' = A' \cdot v' = C_c \cdot A = C_V \cdot v$$
$$= C_c \cdot C_V \cdot A \cdot v = C \cdot A \cdot v$$
$$= C \cdot A \cdot \sqrt{2g \cdot h} \qquad (3\text{-}6\text{-}2)$$

로 구하여진다. 여기에서 C를 유량계수(flow coefficient)라 부르며 물의 경우 일반적인 C의 값은 0.59~0.68을 취한다.

오리피스는 이 외에 수고(水高)가 다른 두 곳의 저수지나 탱크에서 가로 막힌 벽의 밑부분에서 작은 구멍을 통한 압력차에 의하여 수고(水高)가 높은 곳에서 낮은 곳으로 물이 흘러나가는 잠수 오리피스(submerged orifice)의 경우와 관로 내에 설치된 관 오리피스(pipe orifice)의 경우가 있다.

(2) 벤투리계(venturi meter)

일종의 노즐(nozzle)이나 오리피스로 관의 단면적을 축소하여 흐르는 유체에 압력 강하를 일으키게 하여 유체의 압력 에너지의 일부를 운동 에너지, 즉 속도 에너지로 변환시킴으로써 유량을 측정하는 계기(計器)로서 수축각이 21° 내외인 수축부(convergent), 목부분(throat), 5°~9° 정도로 확대되는 확산부(divergent)로 구성되어 있다.

[그림 3-12]와 같이 수평으로 설치한 벤투리계의 ①, ② 사이에서 흐름에 따르는 에너지의 손실을 무시한다면 베르누이정리에 의하여

$$\frac{p_1}{\gamma} + \frac{v_1^2}{2g} = \frac{p_2}{\gamma} + \frac{v_2^2}{2g} \qquad \cdots\cdots \text{(a)}$$

단면 ①과 ②의 단면적을 각각 A_1, A_2라 하면 유량 Q는 연속방정식에서

$$Q = A_1 \cdot v_1 = A_2 \cdot v_2$$

그러므로 단면 ①에서의 유속 v_1은

$$v_1 = \frac{A_2}{A_1} \cdot v_2 \qquad \cdots\cdots \text{(b)}$$

(b)를 (a)에 대입하여 정리하면

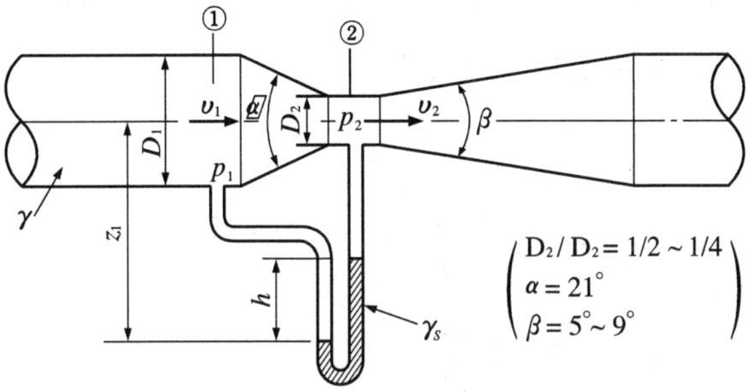

[그림 3-12] 벤투리관

$$\frac{p_1 - p_2}{\gamma} = \frac{v_2^2}{2g}\left\{1 - \left(\frac{A_2}{A_1}\right)^2\right\}$$

이 식으로부터

$$v_2 = \frac{1}{\sqrt{1 - \left(\frac{A_2}{A_1}\right)^2}} \cdot \sqrt{2g \cdot \frac{(p_1 - p_2)}{\gamma}} \quad \cdots\cdots\cdots\cdots \text{(c)}$$

를 얻는다. 그런데 주어진 그림에서 단면 ①과 ②사이의 압력차를 U자관(管) 액주계를 사용하여 측정하면 액주계의 원리에 의하여

$$p_1 + \gamma \cdot z_1 = p_2 + \gamma \cdot (z_1 - h) + \gamma_s \cdot h$$

즉, 이 식을 정리하면

$$\frac{p_1 - p_2}{\gamma} = h \cdot \left(\frac{\gamma_s}{\gamma} - 1\right) \quad \cdots\cdots\cdots\cdots \text{(d)}$$

(d)를 (c)에 대입하면

$$v_2 = \frac{1}{\sqrt{1 - \left(\frac{A_2}{A_1}\right)^2}} \cdot \sqrt{2g \cdot h\left(\frac{\gamma_s}{\gamma} - 1\right)}$$

이 된다. 이 식에 목(throat)부분의 단면적 A_2를 곱하고 면적비를 지름비로 나타내면 구하고자 하는 유량 Q는 다음과 같이 표시된다.

$$Q = A_2 \cdot v_2 = A_2 \cdot \sqrt{\frac{2g \cdot h\left(\frac{\gamma_s}{\gamma}-1\right)}{1-\left(\frac{D_2}{D_1}\right)^4}} \tag{3-6-3}$$

위의 식은 h만 알면 유량 Q를 구할 수 있음을 보여주고 있다. 물론 식 (3-6-3)으로 구할 수 있는 유량은 이론 유량이며 실제 유량은 마찰손실 등 여러 가지 손실을 고려하여 유량계수를 곱해줌으로써 구할 수 있다.

(3) 피토관(pitot tube)

피토관은 유로(流路) 내의 유속을 측정하는 계측기(計測器)로서 비행속도, 풍동(wind tunnel)에서의 풍속(風速), 개수로(開水路)(open channel) 내에서의 유속 등을 측정한다. 예를 들면 [그림 3-13]에서와 같이 개수로에 직각으로 굽힌 유리관의 한쪽을 깊이 z인 위치에 넣고 그 개구(開口)를 흐름과 반대 방향으로 놓는다. 그러면 물은 관 속에 유입되어 수면보다 h만큼 더 올라가서 정지하고 관 속의 물의 연직 높이, 즉 $z+h$에 해당하는 압력과 개구의 위치 그의 점에서의 압력이 평형을 이루게 된다. 따라서 점 2에서의 흐름이 정지하게 되고 관 둘레를 따라 사방으로 흘러간다. 이 개구의 점 2를 정체점(stagnation point)이라 하고 이 점의 압력을 정체압(stagnation pressure)이라 한다.

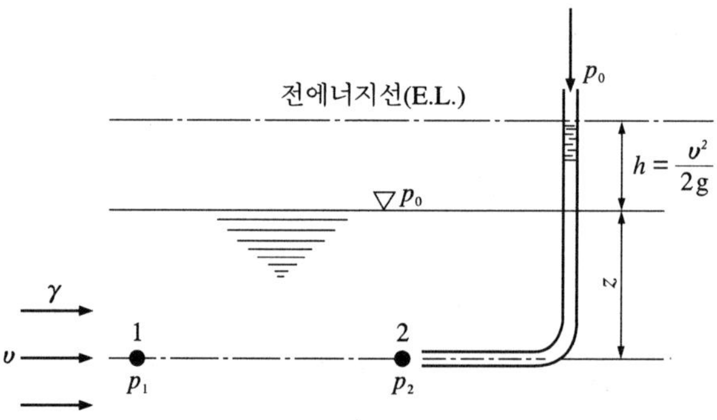

[그림 3-13] 피토관

지금 이 정체압을 p_2, 정체점보다 상류에 있는 동일 유선상에서의 임의의 점 1점을 잡고 그 점에서의 정압을 p_1, 유속을 v라고 하여 유선 1과 2사이에 베르누이방정식을 적용하면

$$\frac{p_1}{\gamma}+\frac{v^2}{2g}=\frac{p_2}{\gamma}+0=z+h$$

그런데 점 1과 2는 동일 수평면상에 있으므로 $\frac{p_1}{\gamma}=z$가 되고 따라서 윗식은

$$\frac{v^2}{2g}=h$$

즉 흐르는 유속 v는

$$v=\sqrt{2g\cdot h} \tag{3-6-4}$$

가 된다. 이와 같이 수면에서 측정한 수주(水柱)의 높이 h를 읽음으로써 점 1에서의 유속을 구할 수 있다.

(4) 피토 정압관(pitot-static tube)

관 내의 흐르는 유체의 속도를 측정할 경우에는 [그림 3-14]에 표시한 바와 같이 관벽과 직각으로 뚫은 작은 구멍에서 흐름의 정압(靜壓)을 잡고, 위에서 언급한 피토관을 관축의 방향으로 흐름과 정반대로 위치시켜 전압을 잡아 이 두 개의 압력을 U자관 혹은 그 밖의 시차액주계(示差液柱計)의 양단(兩端)에 연결하여 차압을 측정할 수 있도록 한 것이 피토-정압관이다. 여기에서의 차압은 유체의 동압(動壓)을 의미한다.

지금 그림과 같은 유선 1과 2사이에 베르누이방정식을 적용하면

$$\frac{p_1}{\gamma}+\frac{v^2}{2g}=\frac{p_2}{\gamma}+0$$

$$\therefore\ \frac{v^2}{2g}=\frac{p_2-p_1}{\gamma} \quad \cdots\cdots\cdots\cdots \text{(a)}$$

U자관 액주계에서 액주계의 압력의 평형의 원리에 따라

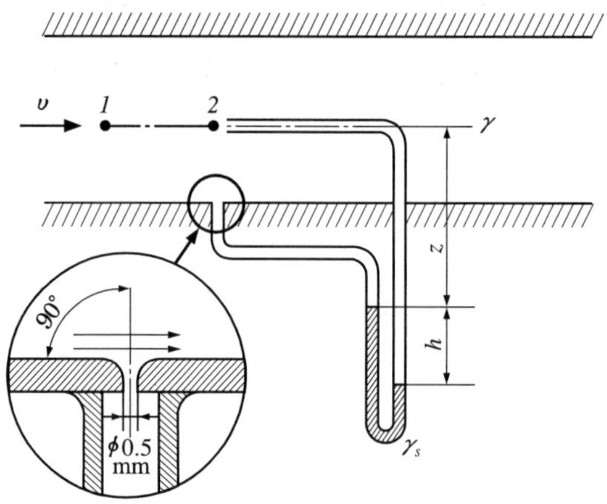

[그림 3-14] 피토 정압관

$$p_1+\gamma\cdot z+\gamma_s\cdot h=p_2+\gamma(z+h)$$

$$\therefore \ \frac{p_2-p_1}{\gamma}=h\left(\frac{\gamma_s}{\gamma}-1\right) \quad \cdots\cdots \text{(b)}$$

(a)와 (b)에서

$$\frac{v^2}{2g}=h\left(\frac{\gamma_s}{\gamma}-1\right)$$

따라서 유속 v는

$$v=\sqrt{2g\cdot h\left(\frac{\gamma_s}{\gamma}-1\right)} \quad (3-6-5)$$

로 된다. 피토관을 흐름과 직각인 방향으로 이동함에 따라 관 내의 각 점에 대한 속도분포상태를 알 수 있다.

(5) 손실수두와 동력

이상유체가 아닌 실제 유체의 흐름에서는 유체의 점성으로 인한 손실이 반드시 발생하게 된다. 이러한 손실은 마찰에 의한 손실 에너지로서 흐름 자체에서 압력 강하의 현상으로 나타나게 된다. 여기에서 베르누이방정식에다 손실수두 항을 첨가하면 실제 유체의 흐름에 대해서도 베르누이정리가 적용될 수 있다.

[그림 3-15]에서와 같이 일반적인 관로의 흐름에서 상류쪽에 단면 ①을, 하류쪽에 단면 ②를 잡는다.

점성으로 인하여 흐르는 유체가 손실이 발생하면 에너지선은 수평 기준면과 평행하지 못하고 단면 ②의 전수두는 단면 ①의 전수두보다 손실수두만큼 작을 것이므로 손실수두를 H_L이라 하면 베르누이방정식은

$$\frac{p_1}{\gamma}+\frac{V_1^2}{2g}+z_1=\frac{p_2}{\gamma}+\frac{V_2^2}{2g}+z_2+H_L \tag{3-6-6}$$

으로 표시된다. [그림 3-15] (a)와 같이 단면 ①과 ② 사이에 펌프(pump)가 설치되어 유체가 펌프로부터 에너지를 공급받는다면 펌프에 의한 에너지를 Ep라 할 때

$$\frac{p_1}{\gamma}+\frac{V_1^2}{2g}+z_1+Ep=\frac{p_2}{\gamma}+\frac{V_2^2}{2g}+z_2+H_L \tag{3-6-7}$$

로 되며 [그림 3-15] (b)와 같이 단면 사이에 터빈(turbine)이 설치되어 유체로부터 에너지를 소모한다면 터빈에 의한 소모 에너지를 E_T라 할 때

$$\frac{p_1}{\gamma}+\frac{V_1^2}{2g}+z_1+Ep=\frac{p_2}{\gamma}+\frac{V_2^2}{2g}+z_2+E_T+H_L \tag{3-6-8}$$

로 베르누이방정식을 수정하여 적용한다.

동력(power)은 단위시간에 대한 일의 양 또는 에너지의 크기로 나타내는데, 펌프나 터

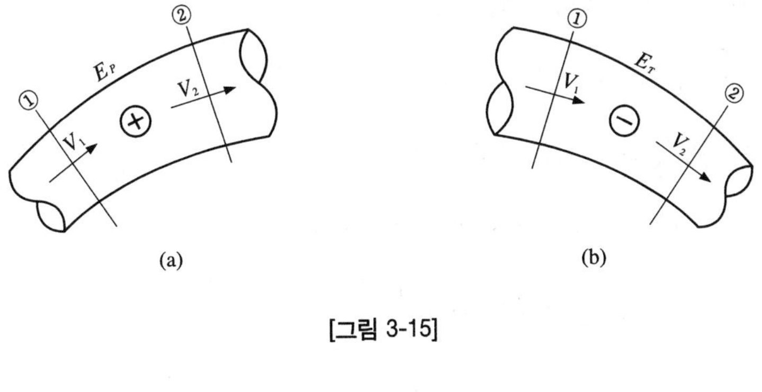

(a) (b)

[그림 3-15]

빈과 같은 기계에 의한 에너지는 통상 동력으로 표시한다. 그러므로 동력은 중량유량(重量流量)과 유체단위중량당(流體單位重量當)의 에너지와의 곱으로 나타내고, 다음과 같은 식으로 계산된다.

$$p=\gamma \cdot Q \cdot H \tag{3-6-9}$$

여기에서 참고삼아 공동현상(空洞現象, cavitation)에 관하여 간략히 설명하기로 한다.

액체는 액체가 증기로 기화하였을 때 갖는 압력, 즉 증기압 이하의 압력에서 비등한다. 흐르는 유체도 마찬가지로 거소압력이 증기압 이하로 강화되면 기포가 발생하는데 이러한 현상을 공동현상이라 한다. 기포는 액체 속에 용해되어 있던 기체(대부분이 공기)가 유리(遊離)되면서 액체가 기화된 기체와 합쳐서 생성된다. 액체 속에 용입된 기체의 양은 압력의 강하에 따라 줄어들고, 온도가 높아지면 증기압도 높아지므로 고압저온의 액체가 저온고압이 될수록 공동현상은 잘 일어난다.

그런데 발생한 공동은 어느 시기에 이르면 액체의 압력에 의하여 파괴되고, 이 때 고체 벽면에 충격을 주어 진동과 소음을 일으킨다. 이 충격 때문에 벽면은 침식(errosion)을 당하게 되고 마치 충치와 같이 벽 내부가 부스러져서 심한 경우에는 구멍이 뚫리거나 유체기계의 국부를 파괴하기도 한다.

따라서 펌프나 터빈 등의 회전차 또는 선박의 프로펠러 등에 있어서 공동현상이 발생하면 성능을 저하시키고 그리고 수명을 단축시키게 된다. 그래서 설계시에는 이러한 점을 충분히 고려하여야 한다.

예제 3-9 탱크에 물이 담겨져 있다. 이 탱크의 자유 표면에서 5 m의 깊이에 설치한 오리피스의 지름이 100 mm일 때 오리피스의 출구 유속과 유량을 구하여라. 단, 유량계수 c는 0.65로 가정한다.

풀이 토리첼리의 정리에 의하여

$$v=\sqrt{2g \cdot h}=\sqrt{2\times 9.8\times 5}=9.9\left[\frac{\mathrm{m}}{\mathrm{s}}\right]$$

연속방정식에 의하여 유량 Q는

$$Q=c \cdot A \cdot v=0.65\times\frac{\pi}{4}\times 0.1^2\times 9.9$$

$$\fallingdotseq 0.0507\left[\frac{\mathrm{m}^3}{\mathrm{s}}\right]$$

예제 3-10 [그림 3-12]에서 $0.033\,\frac{m^3}{s}$ 의 물이 벤츄리관을 통하여 흐르고 있다. ①과 ② 단면의 지름이 각각 200mm와 90mm일 때 U자관 속의 수은주의 높이는 얼마가 되겠는가?

풀이 식 (3-6-3)을 수은주의 높이 h에 관한 식으로 변형하여 주어진 수치들을 대입하면

$$h=\frac{\left(\frac{Q}{A^2}\right)^2\cdot\left[1-\left(\frac{D_2}{D_1}\right)^4\right]}{\left\{2g\cdot\left(\frac{\gamma_s}{\gamma}-1\right)\right\}}$$

$$=\frac{\left[0.033/\frac{\pi}{4}\times(0.09)^2\right]^2\left[1-\left(\frac{90}{200}\right)^4\right]}{\{2\times9.8(13.6\times9.8/9.8-1)\}}$$

$$=0.105\,[\mathrm{m}]=105\,[\mathrm{mmHg}]$$

예제 3-11 어떤 관로에 15℃, 760 mmHg인 공기가 흐르고 있다. 이 관 속에 피토관을 설치하여 유속을 측정하였더니 U자관의 수은주의 높이가 311mm이었다. 이 공기의 흐름을 비압축성으로 간주할 때 공기의 유속을 구하여라.

풀이 이 공기의 흐름의 정압 $p_2-p_1=\Delta p$는 735.5 mmHg가 $1\,\frac{kg_f}{cm^2}$ 이므로

$$\Delta p=\frac{311}{735.5}\times10^4=0.422\times10^4\frac{kg_f}{m^2}$$

15℃, 760mmHg인 공기의 비중량은 $1.225\frac{kg_f}{m^3}$ 이다. 따라서 공기의 흐름의 속도 v는

$$v=\sqrt{\frac{2g}{\gamma}\times(p_2-p_1)}=\sqrt{\frac{2\times9.8}{1.225}(0.422\times10^4)}$$

$$=260\left[\frac{m}{s}\right]$$

예제 3-12 단면적이 0.5 m²인 관로 속을 유속 $2.8\,\frac{m}{s}$, 압력이 $0.46\,\frac{kg_f}{cm^2}$ 인 물이 흐를 때 이 물이 가지는 동력은 몇 kW인가? 또, 공학 단위로 환산하면 몇 HP이 되겠는가?

풀이 이 물이 가지는 전에너지 H는

$$H = \frac{p}{\gamma} + \frac{v^2}{2g} = \frac{0.46 \times 10^4}{1000} + \frac{2.8^2}{2 \times 9.8} = 5\,[\text{m}]$$

유량 Q는

$$Q = A \cdot V = 0.5\,[\text{m}^2] \times 2.8 \left[\frac{\text{m}}{\text{s}}\right] = 1.4 \left[\frac{\text{m}^3}{\text{sec}}\right]$$

따라서, 이 흐르는 물이 가지는 동력 p는 식 (3-6-9)에 의하여

$$p = \gamma \cdot H \cdot Q = 9800 \left[\frac{\text{N}}{\text{m}^3}\right] \times 5\,[\text{m}] \times 1.4 \left[\frac{\text{m}^3}{\text{s}}\right]$$
$$= 68600\,[\text{W}] = 68.6\,[\text{KW}]$$

또, 이를 공학단위로 환산하면

$$p = \gamma \cdot H \cdot Q = 1000 \left[\frac{\text{kg}_f}{\text{m}^3}\right] \times 5\,[\text{m}] \times 1.4 \left[\frac{\text{m}^3}{\text{s}}\right] \times \frac{1}{75}$$
$$\fallingdotseq 93.3\,[\text{HP}]$$

이 장에서 기억해야 할 주요 관계식

- 유선의 미분 방정식 : $\dfrac{dx}{u}=\dfrac{dy}{v}=\dfrac{dz}{w}$
- 연속방정식 : 질량유량(M) : $M=\rho\cdot A\cdot V$

  중량유량(G) : $G=\gamma\cdot A\cdot V$

  체적유량(Q) : $Q=A\cdot V$
- 베르누이 방정식 : 압력수두 + 속도수두 + 위치수두 = 전수두

  즉, $\dfrac{p}{\gamma}+\dfrac{v^2}{2g}+z=H$
- 정압 + 동압 = 전압 $\left(p+\dfrac{\rho V^2}{2}=p_t\right)$
- 유량계수(C) : $C=C_c\cdot C_V$
- 오리피스계 : $Q'=C\cdot Q \quad \therefore C=\dfrac{Q'}{Q}$

  $$\begin{aligned} Q' &= A'\cdot v \\ &= C_c\cdot A\cdot C_V\cdot v \\ &= C_c\cdot C_V\cdot A\cdot v \\ &= C\cdot A\cdot v \end{aligned}$$
- 벤투리계 : $Q'=C\cdot Q$

  $$Q=A_2\cdot V_2=A_2\cdot\sqrt{\frac{2g\cdot h\left(\frac{\gamma_s}{\gamma}-1\right)}{1-\left(\frac{D_2}{D_1}\right)^4}}$$
- 피토관 : $v=\sqrt{2g\cdot h}$
- 피토정압관 : $v=\sqrt{2g\cdot h\left(\dfrac{s'}{s}-1\right)}$
- 동력(p) : $p=G\cdot H$

  $$=\gamma\cdot Q\cdot H\left(\frac{p}{\gamma}+\frac{V^2}{2g}+z\right)$$

연습문제

1. 안지름 100mm인 관에 비중이 0.9인 액체가 평균속도 $5\frac{\text{m}}{\text{s}}$로 흐를 때 질량 유량, 그리고 중량 유량을 계산하여라

2. 원관 속에 물이 흐를 때 지름 500mm인 단면에서의 평균속도가 $9\frac{\text{m}}{\text{s}}$이면 지름 300mm인 단면에서의 평균속도는 얼마인가?

3. $400\frac{\text{N}}{\text{s}}$의 물이 200mm의 관로를 흐르고 있을 때의 평균속도는 얼마이겠는가?

4. $200\frac{l}{\text{min}}$의 기름이 76.2mm의 관로를 흐른다. 평균속도는 얼마인가?

5. 원관의 단면적 변화에 따른 압력변화로 ②단면의 밀도가 ①단면 밀도의 80%로 줄었다. 단면 ①에서의 밀도는 $800\frac{\text{kg}}{\text{m}^3}$, 지름은 200mm이고 평균속도가 $20\frac{\text{m}}{\text{s}}$라 하면 지름 100mm인 단면 ②에서의 평균속도는 얼마인가?

6. 안지름 1000mm인 원통형 물탱크에서 안지름 150mm인 철관으로 물을 수송할 때 어느 순간에서의 철관 속의 평균유속이 $3\frac{\text{m}}{\text{s}}$이었다. 이 때의 유량과 물탱크 속의 수면이 내려가는 속도를 구하여라.

7. 지름 400mm인 원관 속을 $5\frac{\text{kg}_f}{\text{s}}$의 공기가 흐르고 있다. 관 속의 압력은 200kPa, 온도는 23℃이고 공기의 기체상수는 $287\frac{\text{J}}{\text{kg}\cdot\text{K}}$라고 할 때 공기의 평균유속은 얼마인가?

8. 수평기준면에서 5m 높은 곳에 유속 $5\frac{\text{m}}{\text{s}}$인 물이 흐르고 있다. 이 때 압력계의 눈금이 $0.5\frac{\text{kg}_f}{\text{cm}^2}$이었다면 전수두는 얼마인가?

9. 지름 d_1= 400mm에서 d_2= 890mm로 확대되는 수평관로 속을 물이 흐르고 있다. 단면 1의 유속과 압력이 각각 $V_1 = 4\frac{\text{m}}{\text{s}}$, $p_1 = 1\frac{\text{kg}_f}{\text{cm}^2}$ 이라면 단면 2의 압력 p_2는 얼마인가?

10. 지름이 다른 수평관으로 송수할 때 안지름 d_1=100mm의 단면에 대한 압력을 계산하여라. 단, 유량은 $0.035\frac{\text{m}^3}{\text{s}}$ 이고 대기 속으로 유출되는 유출구의 안지름은 d_2= 250mm, 압력은 $1.5\frac{\text{kg}_f}{\text{cm}^2}$ 이다.

11. 수평기준면에서 1m 높이에 있는 점 A에서 안지름 150mm인 관이 점차 굵어져서 기준면에서 5m에 있는 점 B에서 안지름 300mm가 되었다. 지금 단면 A에서의 압력이 $p_A = 2\frac{\text{kg}_f}{\text{cm}^2}$ 일 때 단면 B에 있어서의 압력 p_B는 얼마인가? 단, 이 관로를 지나는 유량은 $300\frac{l}{\text{s}}$ 이다.

12. [그림 3-11](본문 p. 136)과 같은 지름이 큰 물탱크의 측벽에 원형 오리피스를 설치하였다. h=2m일 때 지름 50mm인 오리피스로 유출되는 유량은 얼마인가?

13. [그림 3-11](본문 p. 136)의 오리피스에서 분출하는 물의 속도가 $19.6\frac{\text{m}}{\text{s}}$ 일 때 수위 h는 몇 m인가?

14. [그림 3-12](본문 p. 139)의 벤투리계에서 단면 1, 2의 지름이 각각 150mm, 100mm이고 1점과 2점 사이의 압력차가 0.2bar일 때의 유량을 계산하여라. 단, 관 속을 흐르는 유체의 비중은 0.9이다.

15. [그림 3-16]과 같이 비중량 γ인 액체를 담은 탱크의 밑에 작은 구멍을 뚫었을 때 이 구멍으로 분출하는 유속을 구하여라. 단, 탱크의 위는 뚜껑으로 밀폐되어 있고 액면상의 압력은 p_1, 대기의 압력은 p_2이다. 그리고 액면에서 구멍까지의 수직거리 h는 일정한 것으로 한다.

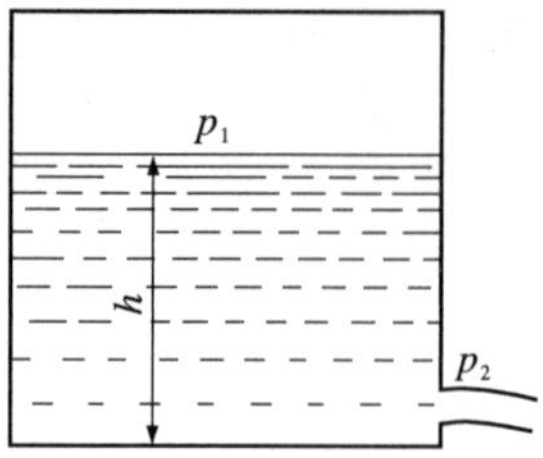

[그림 3-16]

16. [그림 3-17]과 같은 원관 속에 비중 1.2인 액체가 흐르고 있다 p_1= 300kPa, p_2= 200kPa이면 관을 흐르는 유량은 얼마인가?

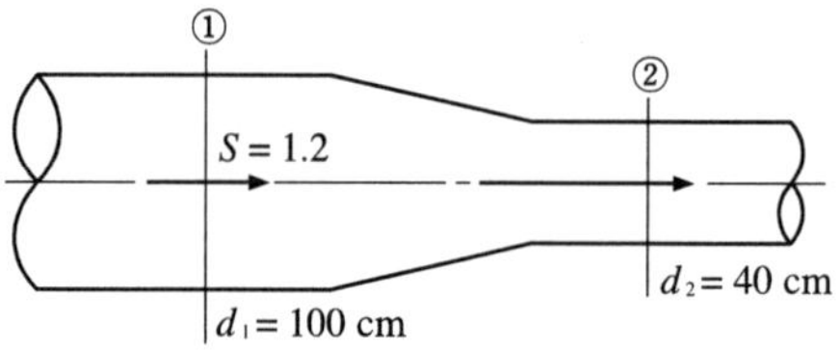

[그림 3-17]

17. [그림 3-18]에서 액주계의 눈금 h는 얼마인가?

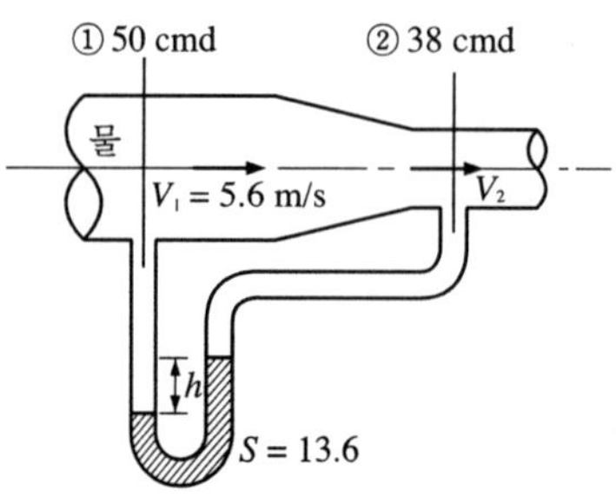

[그림 3-18]

18. [그림 3-19]에서 d_1= 50cm, d_2= 30cm이다. 압력계의 눈금이 같을 때 유량을 계산하여라.

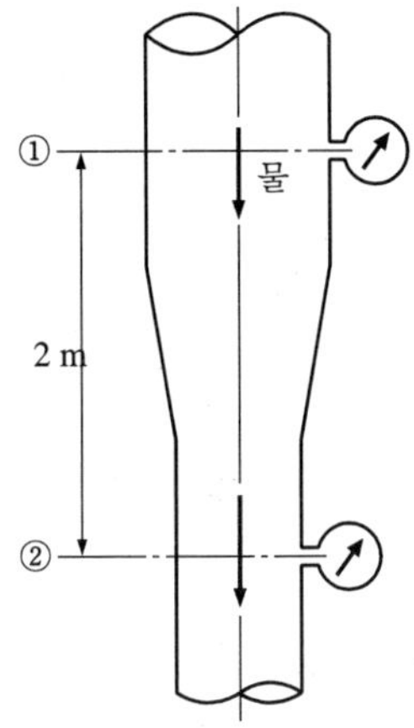

[그림 3-19]

19. 지름이 $d_1 = 200\text{mm}$, $d_2 = 100\text{mm}$인 확대 축소관에서 유량이 $0.2\,\frac{\text{m}^3}{\text{s}}$로 흐를 때 액주계의 눈금이 수평을 이루고 있다면 ①, ② 단면에서의 중심의 높이차는 얼마인가?

20. [그림 3-20]에서 유량을 계산하고, 또 평균속도가 $3\,\frac{\text{m}}{\text{s}}$이면 관로에서의 손실수두는 몇 m이겠는가?

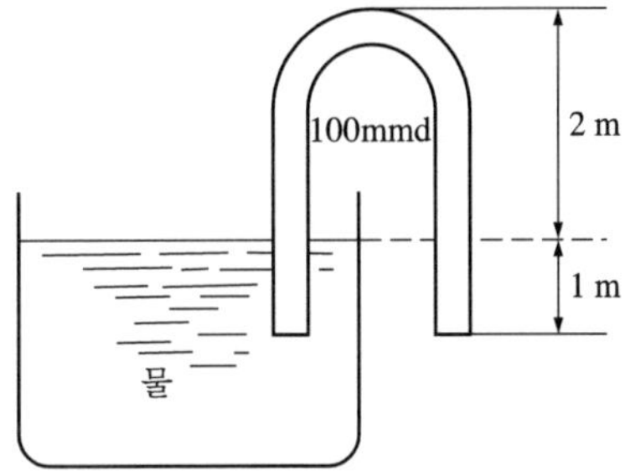

[그림 3-20]

21. [그림 3-21]에서 펌프의 흡입구와 송출구에 연결된 압력계 1, 2의 눈금이 250mmHg(진공)과 2.6 bar이다. 이 펌프의 송출유량이 $0.15\,\frac{\text{m}^3}{\text{s}}$가 되려면 펌프의 출력은 얼마가 되어야 하는가?

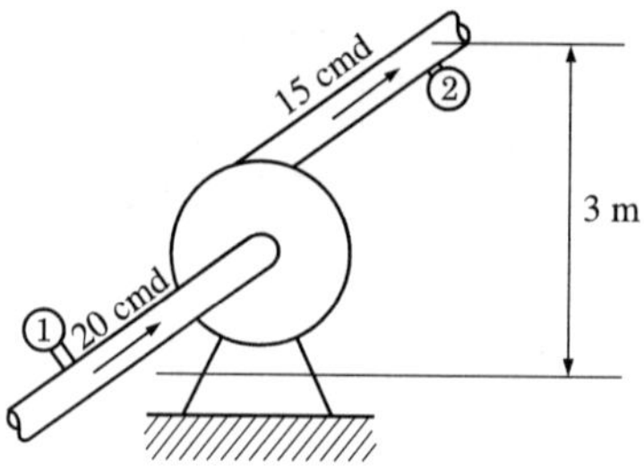

[그림 3-21]

22. 지금 바다밑 10m 깊이를 수평으로 정지해 있는 잠수함이 있다. 이 때 잠수함 정면에 정착되어 있는 압력계의 눈금은 $2\dfrac{kg_f}{cm^2}$ 이다. 이 깊이에서의 바닷물의 흐름의 속도를 구하여라. 단, 바닷물의 $\gamma = 1.023 \times 10^3 kg_f/m^3$ 이다.

23. 지금 수평관 속의 물이 $5\dfrac{m}{s}$ 의 유속과 압력이 $0.5\dfrac{kg_f}{cm^2}$ 로 흐른다. 이 때 유량이 $10m^3/sec$ 이라면 물의 동력은 몇 kW 인가?

제 4 장

운동량이론과 그 응용

운동량 이론의 방정식은 연속방정식, 운동방정식 및 베르누이방정식과 같이 유체의 흐름에 관한 해석을 쉽게 하여 주는 매우 중요하고 또한 편리한 이론이다. 즉 베르누이방정식을 적용하여 해결하지 못하는 문제들도 이 운동량에 관한 이론을 적용하면 쉽게 풀리는 경우가 많다.

편의상 이 장에서는 대부분이 비압축성 유체의 흐름에 대하여 운동량 이론을 적용하지만 이 원리는 압축성이나 점성의 유무에는 관계없이 모든 유체의 흐름에 적용된다. 운동량 이론을 응용한 대표적인 예로는 펌프나 터빈 또는 송풍기 등의 회전유체기계와 분사추진 등에 관한 경우이다.

학습목표

이 장에서는 다음의 항목들을 숙지 · 이해하고 이를 응용할 수 있도록 한다.

- 운동량, 운동량 법칙
- 운동 에너지 수정계수, 운동량 수정계수
- 곡관에 미치는 힘
- 분류가 평판 및 날개에 미치는 힘
- 프로펠러 이론
- 각 운동량 이론(운동량 모멘트의 원리)

4-1 운동량 법칙

질량 m인 물체가 평균속도 V로 운동할 때 질량과 속도와의 곱, 즉 $m \cdot V$를 그 물체의 운동량(momentum)이라 하고 물체에 가해진 외력의 합 ΣF와 미소시간 dt와의 곱 $\Sigma F \cdot dt$를 역적(力積, impulse)이라 한다. 뉴턴의 제 2운동법칙으로부터 운동량의 시간에 대한 변화율은 외력의 합과 같다. 즉

$$\frac{d}{dt}(m \cdot V) = \Sigma F \text{ 또는 } d(m \cdot V) = \Sigma F \cdot dt$$

이며 속도와 합력은 벡터량이고 물론 질량 m은 시간의 변화에 대하여 항상 일정하다. 이 원리를 운동량법칙이라 한다. 이 원리를 [그림 4-1]과 같이 임의의 곡관에서의 정상류 1차원 흐름에 적용하여 운동량방정식을 구하여 보자.

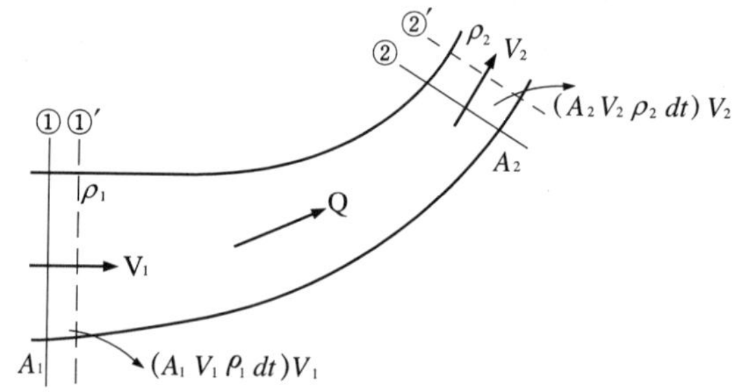

[그림 4-1] 임의의 곡관에서의 운동량변화

단면 ①과 ② 사이의 공간을 검사체적으로 하고 어느 순간의 검사체적 내의 유체가 dt 시간 후에 단면 ①′와 ②′ 사이의 위치로 이동하였다면 검사체적 내의 유체의 운동량 변화는

(단면 ①′와 ②′ 사이의 유체운동량) − (단면 ①과 ② 사이의 유체운동량)

인데 단면 ①′와 ② 사이의 유체가 가지는 운동량은 공통으로 갖는 운동량이므로 결과적으로 dt시간 동안의 운동량 변화량은 다음과 같다.

(단면 ②와 ②′ 사이의 유체운동량) – (단면 ①과 ①′ 사이의 유체운동량)

위의 사실을 운동량 법칙에 적용하면

$$\Sigma F \cdot dt = (A_2 \cdot V_2 \cdot \rho_2 \cdot dt) \cdot V_2 - (A_1 \cdot V_1 \cdot \rho_1 \cdot dt) \cdot V_1$$

그런데 연속방정식에서 $Q = A_1 \cdot V_1 = A_2 \cdot V_2$이므로 윗식은

$$\Sigma F \cdot dt = \rho \cdot Q(V_2 - V_1) \cdot dt$$

$$\therefore \Sigma F = \rho Q(V_2 - V_1) \qquad (4-1-1)$$

식 (4–1–1)을 운동량방정식이라 한다.

지금 힘과 속도는 벡터량이므로 평균속도 V_1과 V_2의 크기가 같다고 하더라도 방향이 다르면 외력 F가 작용하여야 한다. 따라서 속도변화량은 힘의 작용방향과 같아야 하고 임의의 공간 내에서 x, y, z 방향의 속도변화성분은 각각 외력의 x, y, z 방향분력에 의한 것이므로 식(4–1–1)은 다음과 같이 쓸 수 있다.

$$\left.\begin{aligned} \Sigma F_x &= \rho \cdot Q(V_{x2} - V_{x1}) \\ \Sigma F_y &= \rho \cdot Q(V_{y2} - V_{y1}) \\ \Sigma F_z &= \rho \cdot Q(V_{z2} - V_{z1}) \end{aligned}\right\} \qquad (4-1-2)$$

다시 말하면, 흐르는 유체에 작용한 외력은 질량유량과 단위시간의 속도변화량과의 곱이된다.

베르누이방정식은 정상류에 있어서의 평균유속이나 평균압력과의 상호관계를 나타내지만, 운동량방정식은 특정한 방향에 있어서의 유체가 고체 벽면에 미치는 힘과 그 방향에 있어서의 속도변화와의 관계를 나타낸다.

4–2 운동량 수정계수와 운동에너지 수정계수

유체의 흐름에 대한 여러 문제들을 역학적으로 해석함에 있어서 유체가 흐르고 있는 유로(流路)의 형태가 폐수로나 개수로를 막론하고 해석을 쉽게 하기 위하여 흐름을 1차

원적으로 취급하게 된다. 따라서, 임의의 단면에서 속도분포가 일정한 것으로 간주하고 평균속도를 사용하였다. 그러므로 베르누이방정식에서 속도수두는 $\frac{V^2}{2g}$ 으로서 여기에 V는 유로단면에서의 평균속도가 된다.

그러나 유로단면의 임의 점에서 속도분포의 값 u를 이용한 운동 에너지 $\frac{u^2}{2g}$을 전단면에 대하여 적분함으로써 얻어진 값은 평균속도 V를 이용하여 계산된 값과는 차이가 있게 된다. 따라서 좀더 정확한 운동 에너지 즉 속도수두를 평균속도 V를 이용하여 계산하려면 $\frac{V^2}{2g}$ 에 수정계수 α를 곱하여 줌으로써 얻을 수 있다. 이렇게 함으로써 일일이 $\frac{u^2}{2g}$의 값을 전단면에 대하여 적분해야 하는 불편을 없앨 수 있게 된다.

[그림 4-2]에서와 같은 임의의 단면을 통과하는, 단위시간에 가지는 운동 에너지 E_k는 다음과 같이 적분함으로써 얻을 수 있다.

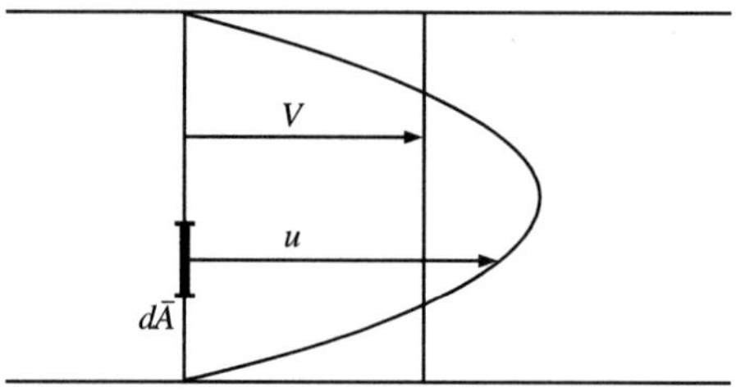

[그림 4-2] 층류에서의 속도분포

$$E_k = \gamma \int_A \frac{u^2}{2g} \cdot u \cdot dA$$

여기에서 $\gamma \cdot u \cdot dA$는 단위시간에 단면 dA를 통과하는 유체의 무게이며 $\frac{u^2}{2g}$ 은 단위무게당의 운동 에너지이다. 이 때 평균속도 V를 그대로 사용하기 위하여 수정계수 α를 고려한 운동 에너지 $E_k{}'$는

$$E_k{}' = \alpha \cdot \frac{V^2}{2g} \cdot \gamma \cdot V \cdot A$$

따라서, $E_k = E_k{}'$라고 놓고 α에 대하여 정리하면 다음과 같은 식이 된다.

$$\alpha = \frac{1}{A} \int_A \left(\frac{\mathrm{u}}{\mathrm{V}}\right)^3 \cdot dA \qquad (4-2-3)$$

식 (4−2−3)에서 α를 운동 에너지 수정계수라고 한다.

그러므로 관로(管路)의 흐름에 베르누이방정식을 적용할 때는 운동에너지 항을 수정한 방정식, 즉

$$\frac{p_1}{\gamma}+\alpha_1\cdot\frac{V_1^2}{2g}+z_1=\frac{p_2}{\gamma}+\alpha_2\cdot\frac{V_2^2}{2g}+z_2 \tag{4-2-4}$$

를 사용하는 것이 훨씬 합리적이다. 그러나 관로의 흐름에서 층류일 때는 $\alpha=2$이지만 난류의 경우는 α의 값은 1.01~1.10 정도의 범위로써 통상 1로 놓게 되어 수정계수를 고려할 필요가 없게 된다. 따라서 관로설계시 특별한 경우를 제외하고는 일반적으로 흐름이 난류로 간주되므로 정밀한 계산 이외에는 α를 고려하지 않는다. 운동량 수정계수도 운동 에너지 수정계수와 같은 방법으로 구한다.

임의의 단면적 dA를 통과하는 유체질량이 가지는 단위시간당 운동량 I는

$$I=\int_A dm\cdot u=\int_A(\rho\cdot u\cdot dA)\cdot u=\int_A\rho\cdot u^2\cdot dA$$

로 된다. 다음 평균속도 V를 그대로 사용하기 위하여 수정계수 β를 고려할 운동량 I'는

$$I'=\beta\cdot(m\cdot V)=\beta\cdot(\rho\cdot A\cdot V\cdot V)=\beta\cdot\rho\cdot A\cdot V^2$$

이므로 $I=I'$라고 놓고 β에 대해 정리하면

$$\beta=\frac{1}{A}\int_A\left(\frac{u}{V}\right)^2\cdot dA \tag{4-2-5}$$

로 된다. 식 (4−2−4)에서 β를 운동량 수정계수라 한다.

여기에서 식 (4−1−1)을 운동량 수정계수를 고려하여 다시 쓰면 다음과 같이 된다.

$$\Sigma F=\rho\cdot Q(\beta_2\cdot V_2-\beta_1\cdot V_1) \tag{4-2-6}$$

β는 보통 층류인 경우에 $\frac{4}{3}$, 난류이면 1.01~1.05 정도 범위의 값을 취한다. 물론 임의의 단면에서 속도분포가 일정하다고 하면 $\beta_1=\beta_2=\beta$이고 $\beta=1$이 되므로 식 (4−2−6)은

$$\Sigma F=\beta\cdot Q(V_2-V_1)$$

이 된다.

4-3 운동량이론의 응용

(1) 흐르는 유체가 관(管)에 작용하는 힘

1 직관에 미치는 힘

유체가 관에 미치는 힘은 작용과 반작용의 원리에 의하여 유체가 관으로부터 받는 외력의 크기와 같고 방향이 반대이다.

지금 [그림 4-3]과 같은 직관로에서 단면적이 A_1에서 A_2로 변화할 때 이 관로 속을 흐르는 유체는 운동량의 변화를 일으켜 흐름의 단면적이 축소되는 원뿔면에 힘 F를 미치게 된다. 여기에서 이 힘 F를 구하여 보기로 한다.

이 그림과 같이 임의의 단면 1과 2 사이의 검사체적에 미치는 힘의 x 방향 성분을 구한다. 이 힘에는 두 가지가 있는데 그 하나는 압력에 의한 힘으로서 오른쪽으로 작용하고, 또 한 힘은 원뿔벽면이 유체에 미치는 힘 F의 x 방향 성분 F_x로서 왼쪽으로 작용한다. 이 힘의 합이 흐르는 유체를 단위시간에 속도 V_1에서 V_2로 가속시키는 원인이 되는 것이다. 즉 운동량방정식 (4-1-2)에 의하여

$$p_1 \cdot A_1 - p_2 \cdot A_2 - F_x = \rho \cdot Q(V_2 - V_1)$$

$$\therefore F_x = (p_1 \cdot A_1 - p_2 \cdot A_2) - \rho \cdot Q(V_2 - V_1) \qquad (4-3-1)$$

을 얻는다. 또 원뿔의 꼭지각을 θ라 하면 합력 F는

$$F = F_x \cdot \operatorname{cosec}\left(\frac{\theta}{2}\right)$$

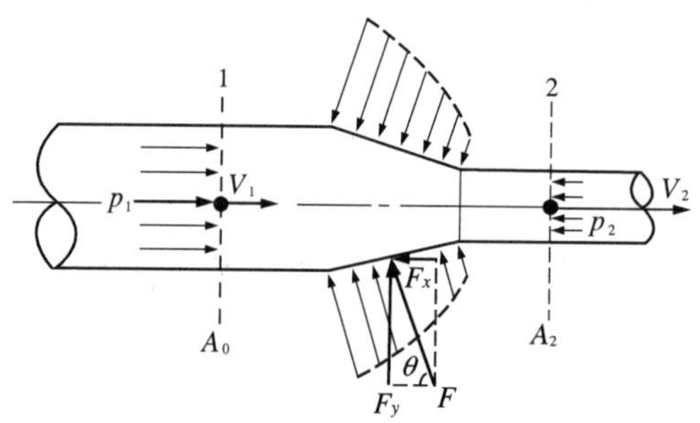

[그림 4-3] 원뿔면에 미치는 힘

가 된다. 그림과 같이 도시한 압력분포를 알면, 이것을 관 벽면에 따라 적분하여 구할 수도 있다. 그러나 위에서 언급된 바와 같이 운동량 이론을 적용하면 압력분포를 모르더라도 간단히 구할 수가 있다.

2 곡관에 미치는 힘

[그림 4-4]와 같은 곡관 속을 유체가 흐르는 경우에도 이 곡관에 미치는 힘 F는 직관에서와 마찬가지로 운동량 원리를 적용하면 된다. 즉 F의 x 방향의 성분 F_x는

$$p_1 \cdot A_1 - p_2 \cdot A_2 \cdot \cos\alpha - F_x = \rho \cdot Q(V_2 \cdot \cos\alpha - V_1)$$

$$\therefore F_x = p_1 \cdot A_1 - p_2 \cdot A_2 \cdot \cos\alpha - \rho \cdot Q(V_2 \cdot \cos\alpha - V_1) \tag{4-3-2}$$

또 y 방향의 성분 F_y는

$$F_y - p_2 \cdot A_2 \cdot \sin\alpha = \rho \cdot Q(V_2 \cdot \sin\alpha - 0)$$

$$\therefore F_y = (p_2 \cdot A_2 + \rho \cdot Q \cdot V_2) \cdot \sin\alpha \tag{4-3-3}$$

가 된다. 그러므로 관에 미치는 힘 F와 그 방향은 다음과 같이 구해진다.

$$F = \sqrt{F_x^2 + F_y^2}$$

$$\theta = \tan^{-1}\frac{F_y}{F_x} \tag{4-3-4}$$

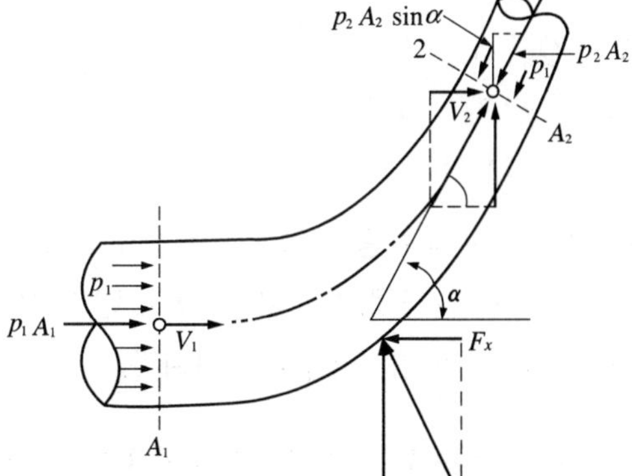

[그림 4-4] 곡관에 미치는 힘

예제 4-1 [그림 4-5]에 표시한 것과 같이 액체가 노즐에서 대기 속으로 유량 Q로 분출하고 있다. 노즐에 작용하는 힘 F는

$$F = \frac{\gamma \cdot A_1 \cdot Q^2}{2g}\left(\frac{A_1 - A_2}{A_1 \cdot A_2}\right)^2$$

으로 표시됨을 증명하여라. 단, A_1, A_2는 노즐의 ①과 ② 단면에서의 단면적이고, γ는 액체의 비중량이다.

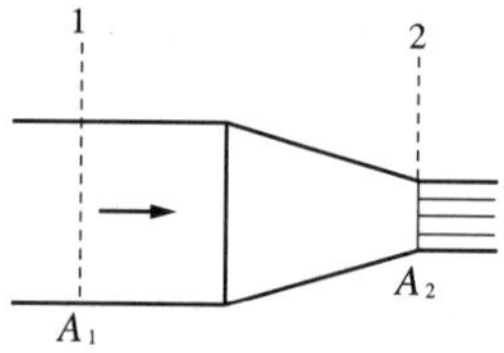

[그림 4-5]

풀이 구하는 힘을 F라 하고 단면 ①과 ② 사이에 운동량 원리를 적용하면

$$F = \rho \cdot Q\,(V_1 - V_2) + p_1 \cdot A_1 = \rho \cdot Q\left(\frac{Q}{A_1} - \frac{Q}{A_2}\right) + p_1 \cdot A_1 \qquad \cdots\cdot \text{(a)}$$

또한 단면 ①과 ② 사이에 베르누이식을 세우면

$$\frac{\gamma}{2g} \cdot V_1^2 + p_1 = \frac{\gamma}{2g} \cdot V_2^2 + p_2 = \frac{\gamma}{2g} \cdot V_2^2 \qquad \cdots\cdot \text{(b)}$$

그런데 p_2는 대기압이므로 $p_2 = 0$

따라서 식 (a)와 (b)에서

$$F = \frac{\gamma}{g} \cdot Q\left(\frac{Q}{A_1} - \frac{Q}{A_2}\right) + \frac{\gamma \cdot A_1}{2g}\left[\left(\frac{Q}{A_2}\right)^2 - \left(\frac{Q}{A_1}\right)^2\right]$$

$$= \frac{\gamma \cdot A_1 \cdot Q^2}{2g}\left(\frac{A_1 - A_2}{A_1 \cdot A_2}\right)^2$$

예제 4-2 [그림 4-3]과 같은 관로에 유량 $0.01\frac{\text{m}^3}{\text{s}}$의 물이 흐르고 있다. 단면 1의 지름이 50mm, 단면 1에 미치는 압력이 490kPa이고 단면 2의 지름이 30mm일 때 흐르는 유체가 원뿔면에 미치는 힘을 계산하여라.

풀이 단면 1과 2에서의 유속 V_1과 V_2는 연속방정식에 따라

$$V_1 = \frac{Q}{A_1} = \frac{0.01}{\frac{\pi}{4} \times (0.05)^2} \fallingdotseq 5\left[\frac{\text{m}}{\text{s}}\right]$$

$$V_2 = \frac{Q}{A_2} = \frac{0.01}{\frac{\pi}{4}\times(0.03)^2} \fallingdotseq 14.2\left[\frac{m}{s}\right]$$

단면 1과 2사이에 베르누이식을 세우면

$$\frac{p_1}{\gamma} + \frac{V_1^2}{2g} = \frac{p_2}{\gamma} + \frac{V_2^2}{2g}$$

$$\therefore p_2 = p_1 + \frac{\gamma}{2g}(V_1^2 - V_2^2)$$

$$= 490 + \frac{9.8}{2\times 9.8}(5^2 - 14.2^2) = 401.7\ [\text{kPa}]$$

따라서 원뿔면이 유체에 미치는 힘 F_x는 식(4-3-1)에서

$$F_x = (p_1 \cdot A_1 - p_2 \cdot A_2) - \frac{\gamma}{g} \cdot Q(V_2 - V_1)$$

$$= \left\{490\times\frac{\pi}{4}\times(0.05)^2 - 401.7\times\frac{\pi}{4}\times(0.03)^2\right\} - \frac{9.8}{9.8}\times 0.01(14.2-5)$$

$$= 0.59\text{kN} = 590\ [\text{N}]$$

예제 4-3 [그림 4-4]에서 $p_1 = 20\frac{N}{cm^2}$, $p_2 = 8\frac{N}{cm^2}$, $d_1 = 50$ cm, $d_2 = 40$cm, $\theta = 60°$이고, 980 $\frac{N}{s}$의 물이 곡관 속을 흐르고 있다. 합력 F와 θ를 구하여라.

풀이 중량유량 $G = \gamma \cdot Q = 980\ \frac{N}{s}$이므로

$$Q = \frac{G}{\gamma} = \frac{980}{9800} = 0.1\left[\frac{m^3}{s}\right]$$

$$\therefore V_1 = \frac{Q}{A_1} = \frac{0.1}{\frac{\pi}{4}\times 0.5^2} = 0.51\left[\frac{m}{s}\right],\quad V_2 = \frac{Q}{A_2} = \frac{0.1}{\frac{\pi}{4}\times 0.4^2} = 0.8\left[\frac{m}{s}\right]$$

따라서

$$F_x = 20\times 10^4\times\frac{\pi\times 0.5^2}{4} - 8\times 10^4\times\frac{\pi\times 0.4^2}{4}\times\cos 60°$$
$$- 0.1\times 10^3\times(0.8\cos 60° - 0.51) \fallingdotseq 29228\ [\text{N}]$$

$$F_y = 0.1\times 10^3\times 0.8\sin 60° + 8\times 10^4\times\frac{\pi\times 0.4^2}{4}\times\sin 60°$$
$$= 8776\ [\text{N}]$$

$$\therefore F = \sqrt{F_x^2 + F_y^2} = \sqrt{29228^2 + 8776^2}$$

$$= 30517\,[\text{N}] = 30.5\,[\text{kN}]$$

$$\theta = \tan^{-1}\frac{F_y}{F_x} = \tan^{-1}\frac{8776}{29228} = 16.7°$$

예제 4-4 [그림 4-6]과 같이 안지름 300mm의 관로에 끼운 밴드에 206kPa의 압력으로 0.28 $\frac{m^3}{s}$의 물이 흐를 때 밴드에 미치는 분력과 합력 그리고 θ를 구하여라.

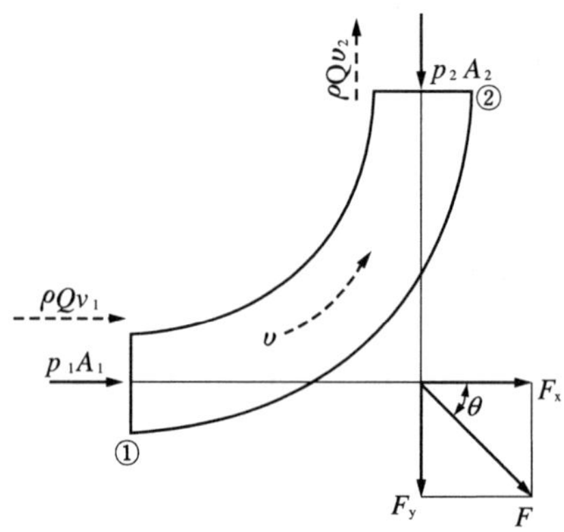

[그림 4-6]

풀이 $\rho = \frac{9.8}{9.8} = 1\text{k}\frac{\text{N}\cdot\text{s}^2}{\text{m}^4}$, $Q = 0.28\frac{\text{m}^3}{\text{s}}$, $A_1 = A_2 = \frac{\pi}{4} \times 0.3^2 ≒ 0.071\text{m}^2$

그리고

$$V_1 = V_2 = \frac{0.28}{0.071} = 3.94\,\frac{\text{m}}{\text{s}},$$

$p_1 = p_2 = 206\,\text{kPa}$, $\cos 90° = 0$

$\sin 90° = 1$를 식 (4-3-2), (4-3-3), (4-3-4)에 대입하면

$$F_x = \rho \cdot Q \cdot V_1 \cdot \cos\alpha_1 + A_1 \cdot p_1 \cdot \cos\alpha_1$$

$$= 1 \times 0.28 \times 3.94 \times 1 + 0.071 \times 206 \times 1 = 15.7\,[\text{kN}]$$

$$F_y = \rho \cdot Q \cdot V_2 \cdot \sin\alpha_2 - A_2 \cdot p_2 \cdot \sin\alpha_2$$

$$= 1 \times 0.28 \times 3.94 \times 1 - 0.071 \times 206 \times 1 = 15.7\,[\text{kN}]$$

그러므로 합력의 크기 F는

$$F = \sqrt{F_x^2 + F_y^2} = \sqrt{15.7^2 + 15.7^2} = 22.2\,[\text{kN}]$$

또, 합력이 x축과 이루는 각을 θ라 하면

$$\theta = \tan^{-1}\frac{F_y}{F_x} = \tan^{-1}(-1.0) = 135^\circ \text{ 또는 } -45^\circ$$

(2) 고체벽면(固體壁面)에 충돌하는 분류(噴流)가 미치는 힘

오리피스나 노즐에서 분출되는 분류가 고체 표면에 충돌하면 방향이 바뀌어져 면에 접하여 흐른다. 충돌하는 분류의 방향이 바뀌어졌다면 외력의 작용이 있는 것이므로 운동량방정식을 적용하게 되는데 여기에는 해석의 간결화를 위하여 다음과 같은 가정이 일반적으로 통용된다. 첫째로는 고체 벽면과 분류 사이의 마찰은 무시하고, 둘째, 유체의 자동은 무시하며, 셋째, 분류 단면적의 크기는 일정하고, 넷째, 분류정압은 대기압과 같은 것으로 한다. 그러면 고체 표면에 분류에 의해 미치는 힘을 구하여 보자.

1 고정평판이 분류와 수직인 경우

[그림 4-7] (a)와 같이 분류가 면적이 넓은 고정평판에 수직으로 충돌할 때에는 평판에 의하여 속도의 방향이 바뀌어지지만 그 크기는 같다. 따라서 분류가 판에 미치는 힘을 분류의 방향으로 식 (4-2-2)를 적용하면 다음과 같이 된다. 지금 분류의 단면적을 A라 하고 분류의 속도를 V라 하면

$$F = \rho \cdot Q \cdot V = \rho \cdot A \cdot V^2 \tag{4-3-5}$$

F. Reich의 실험에 의하면 d를 분류의 지름, n을 오리피스와 평판과의 거리로 했을

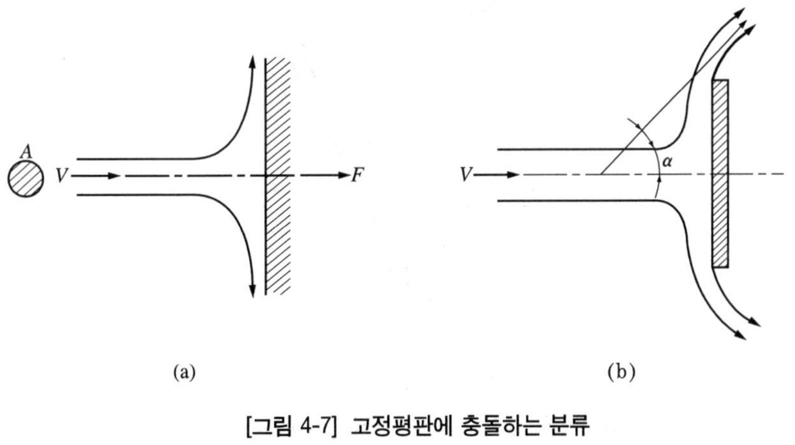

[그림 4-7] 고정평판에 충돌하는 분류

때, 분류의 방향을 완전히 변화하는 데 필요한 판의 최소 지름 D, 즉 (4−3−5)가 성립하기 위한 D의 값은

$$D=\frac{5d}{\sqrt{n}}$$

으로 주어지며 F의 실험값은 식 (4−3−5)로 구한 것보다 4~6%정도 적은 값이다.

분류의 지름에 비하여 평판이 작을 경우에는 분류가 완전히 판을 따라 흐르는 것과 같은 방향 전환은 이루어지지 않고 분류는 원래 방향의 분속도를 가지고 [그림 4−7] (b)와 같이 평판에서 떨어져 나가게 된다.

2 고정평판이 분류에 대하여 경사진 경우

[그림 4−8]에 나타낸 바와 같이 분류의 속도를 V, 평판의 경사각을 θ라 하면, 평판에 충돌하는 분류에 의해 가해지는 힘 F는 식 (4−1−1)에 의해

$$F = \rho \cdot Q \cdot V \cdot \sin\theta \tag{4-3-6}$$

이 된다. 따라서 분류 방향의 분력 F_0는

$$F_0 = \rho \cdot Q \cdot V \cdot \sin^2\theta \tag{4-3-7}$$

로 된다. 그런데 유량 Q_1과 Q_2를 구하여 보면 다음과 같이 된다.

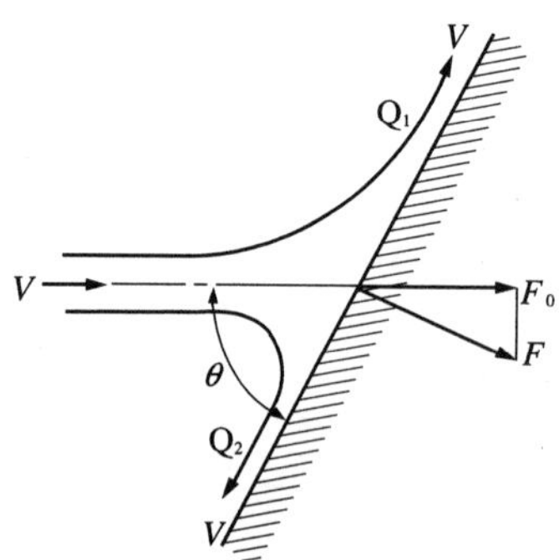

[그림 4-8] 경사진 고정평판에 충돌하는 분류

지금 평판과 평행한 힘은 작용하지 않고 판과 평행한 방향의 운동량 변화량은 없으므로 평행한 분류의 최초의 운동량은 충돌 후의 운동량의 합과 같다. 즉

$$\rho \cdot Q \cdot V \cdot \cos\theta = \rho \cdot Q_1 \cdot V - \rho \cdot Q_2 \cdot V$$

$$\therefore Q \cdot \cos\theta = Q_1 - Q_2$$

그런데 연속의 원리에서 $Q = Q_1 + Q_2$이므로 이 두 식에 대해 연립방정식을 풀면

$$Q_1 = \frac{Q}{2}(1+\cos\theta)$$

$$Q_2 = \frac{Q}{2}(1-\cos) \qquad (4-3-8)$$

이 된다.

3 움직이는 평판이 분류와 수직인 경우

[그림 4-9]에서와 같이 평판이 분류의 방향으로 u의 속도를 가지고 움직일 때 분류가 평판에 충돌하는 속도는 분류의 속도 V에서 u를 뺀 값, 즉 평판에 대한 분류의 상대속도이다. 그러므로 단위시간에 평판이 받는 유량은 $A(V-u)$이고 평판에 미치는 힘 F는 식 (4-3-5)에서 다음과 같이 된다.

$$F = \rho \cdot Q \cdot (V-u) = \rho \cdot A \cdot (V-u)^2 \qquad (4-3-9)$$

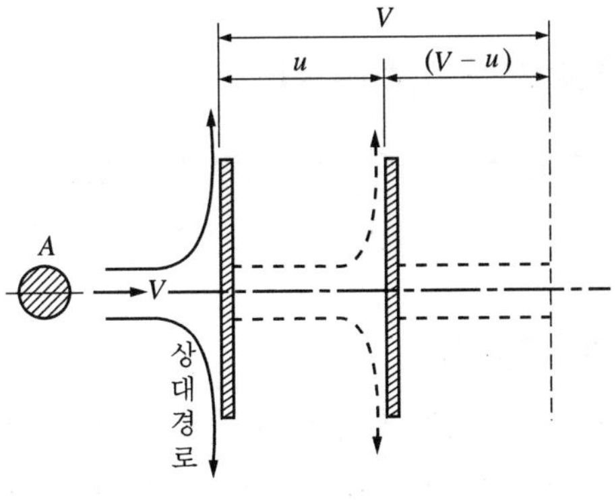

[그림 4-9] 움직이는 평판에 충돌하는 분류

예제 4-5 비중이 0.8인 액체가 $10\frac{m}{s}$의 속도로 연직평판에 수직으로 부딪치고 있다. 이 평판에 작용하는 힘을 구하여라. 단, 분류의 지름은 100mm이다.

풀이 식 (4-3-5)에 의하여

$$F = \rho \cdot Q \cdot V = \rho \cdot A \cdot V^2 = \frac{9.8 \times 10^3 S \times A \times V^2}{g}$$

$$= \frac{9.8 \times 0.8 \times \frac{\pi}{4} \times 0.1 \times 10^2}{9.8} \times 10^3$$

$$= 6280\,[N] = 6.28\,[kN]$$

예제 4-6 유량이 $50\frac{L}{s}$이고 유속이 $15\frac{m}{s}$이면 분류가 평판과 60°의 각으로 충돌할 때 분류가 평판에 미치는 힘은 얼마인가?

풀이 $F = \rho \cdot Q \cdot V \cdot \sin\theta = 1000 \times 50 \times 10^{-3} \times 15 \times \sin 60° = 650\,[N]$

예제 4-7 [그림 4-9]에서 속도 $u = 5\frac{m}{s}$로 움직이는 평판이 있을 때 지름 4mm인 노즐에서 물이 $25\frac{m}{s}$의 속도로 평판과 수직으로 충돌할 때 평판에 미치는 힘을 구하여라.

풀이 $F = \rho \cdot A \cdot (V-u)^2 = 1 \times 0.004^2 \times \frac{\pi}{4}(25-5)^2 \times 10^3$

$= 502\,[N]$

(3) 날개(vane)에 분류(噴流)가 미치는 힘

수차(turbine)나 펌프는 움직이는 날개와 날개에 부딪히는 분류에 의해(작용과 반작용의 원리) 운동량에 변화를 주어 동력 교환이 이루어지도록 한 유체기계의 한 예이다.

1 고정날개(fixed vane)에 미치는 힘

[그림 4-10]과 같이 분류가 고정날개에 부딪쳐 각도 α만큼 휘어졌을 때 날개가 받는 힘 F의 x, y 방향 분력 F_x와 F_y는 식 (4-2-2)에 의하여 다음과 같이 된다.

$$F_x = \rho \cdot Q \cdot V(1-\cos\alpha)$$

$$F_y = -\rho \cdot Q \cdot V \cdot \sin\alpha \tag{4-3-10}$$

그러므로 날개가 받는 힘 F는 이 힘들의 합력을 구하면 되므로

$$F = \sqrt{F_x^2 + F_y^2} = \rho \cdot Q \cdot V\sqrt{(1-\cos\alpha)^2 + \sin^2\alpha}$$
$$= 2\rho \cdot Q \cdot V \cdot \sin\frac{\alpha}{2}$$

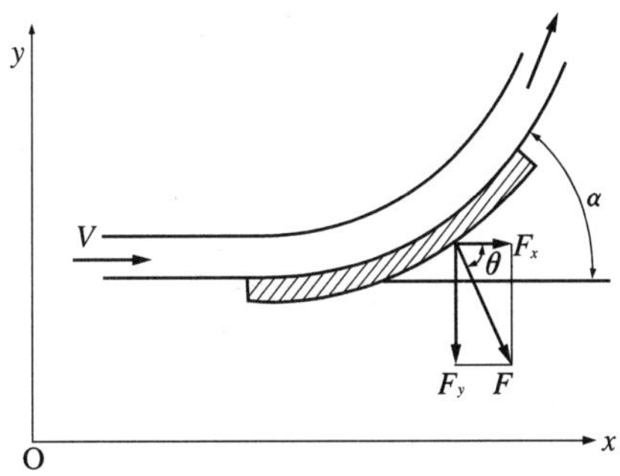

[그림 4-10] 고정날개에 미치는 분류의 힘

또, 합력 F가 x축과 이루는 각을 θ라 하면 그 방향은 다음과 같이 된다.

$$\tan\theta = \frac{-F_y}{F_x} = \frac{\sin\alpha}{1-\cos\alpha} = \cot\frac{\alpha}{2}$$
$$= \tan\left(\frac{\pi-\alpha}{2}\right)$$

위의 식에 의하면 그 방향은 분류가 날개에 부딪치는 전후 속도의 방향을 2등분하는 선의 방향과 일치한다. 또 날개가 받는 힘 F는 α=180°, 즉 U자형을 이룰 때 최대가 되고, 분류가 평판과 수직한 경우의 2배가 된다.

2 움직이는 날개(moving vane)에 미치는 힘

[그림 4-11]과 같이 분류가 같은 방향으로 u의 속도를 가지고 움직이는 날개에 부딪쳐 각도 α만큼 휘어졌을 때 날개가 받는 힘 F의 x, y 방향성분 F_x와 F_y는 고정날개의 경우에 있어서의 유량 Q 대신 $A \cdot (V_0-u)$를, 분류의 속도 V를 상대속도 (V_0-u)로 치환하면 된다. 즉

$$F_x = \rho \cdot A \cdot (V_0 - u)^2 \cdot (1 - \cos\alpha)$$
$$F_y = -\rho \cdot A \cdot (V_0 - u)^2 \cdot \sin\alpha \quad (4-3-11)$$

이 된다. 또한 이 경우에서 날개가 얻는 동력 P는 날개에 미치는 힘 F와 날개의 이동속도 u와의 곱으로 나타내진다. 즉

$$P = F \times u \quad (4-3-12)$$

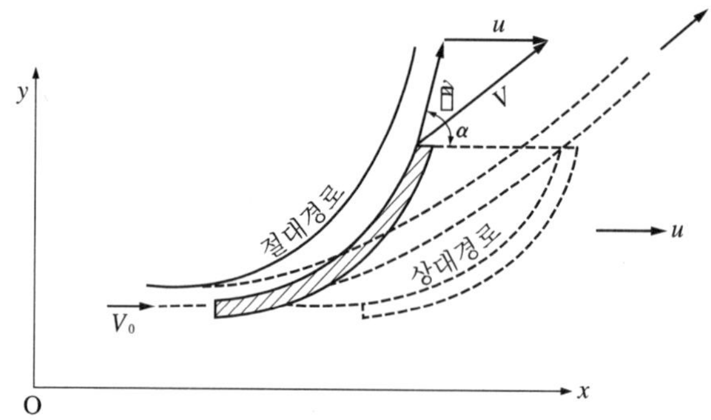

[그림 4-11] 이동날개에 분류가 미치는 힘

예제 4-8 [그림 4-12]에서와 같이 유속이 33 $\frac{\text{m}}{\text{s}}$이고, 단면의 지름이 80 mm인 물 제트가 날개의 각도가 150°이며, 물 제트와 동일한 방향으로 움직이는 날개에 20 $\frac{\text{m}}{\text{s}}$의 속도로 부딪치고 있다. 이 경우 물 제트에 의하여 날개에 미치는 힘의 x, y 방향 성분을 구하여라.

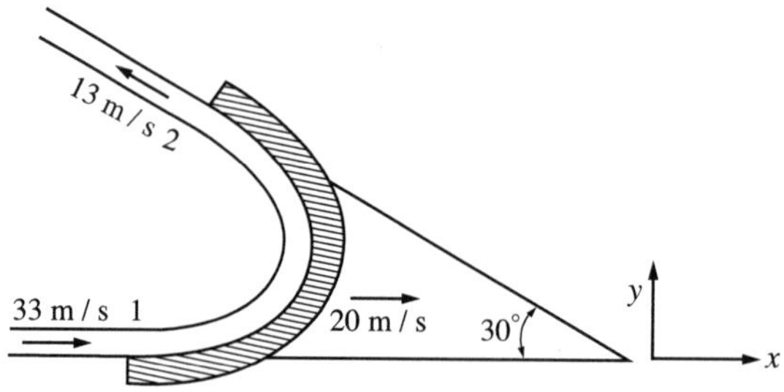

[그림 4-12]

풀이 단일 날개이므로 유량 Q는

$Q = A(V-u) = \pi \cdot (0.04)^2 \cdot (33-20) \fallingdotseq 0.0653 \left[\frac{\text{m}^3}{\text{s}}\right]$ 식(4-3-11)로부터

$$-F_x = -1000 \times 0.0653 \times 13 \times 1.866 = -1584\,[\mathrm{N}]$$

$$F_y = 1000 \times 0.0653 \times 13 \times 0.5 = 424.5\,[\mathrm{N}]$$

(4) 프로펠러(propeller) 이론

선박이나 항공기의 프로펠러는 프로펠러를 통과하는 유체의 선형(線型) 운동량을 변화시켜 그 반력(反力)으로 추진력을 얻는 장치이다. 운동량의 이론만으로 프로펠러의 원리를 완전하게 설명할 수는 없지만 그 특성을 규명하는 데 크게 도움을 준다.

[그림 4-13]은 프로펠러 작용의 설명도이다. 지금 프로펠러는 정지하고 있다. 유체가 왼쪽에서 오른쪽으로 등속도운동을 하고 상류의 1단면에서의 압력을 p_1, 속도를 V_1이라고 하면 유입한 유체는 프로펠러쪽으로 접근됨에 따라 압력 에너지가 점점 감소되는 반면에 압력 에너지는 속도 에너지로 변환되어 속도는 점점 증속된다. 유체가 프로펠러를 통과하는 동안에 프로펠러로부터 에너지를 받아 압력은 p_2로부터 p_3로 증가한다. 반면에 속도는 프로펠러를 통과하는 동안에 변하지 않는다. 프로펠러를 통과한 유체는 압력

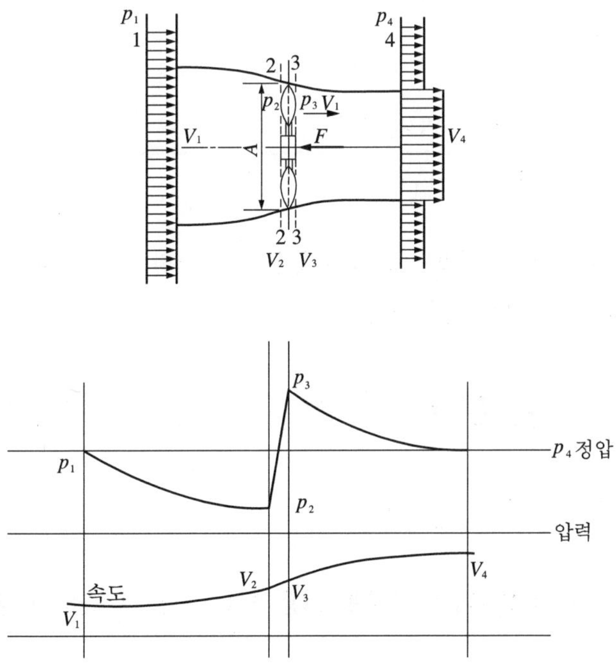

[그림 4-13] 프로펠러

이 p_3로부터 하류 4단면에서의 압력 $p_4(=p_1)$까지로 되며 이 때 압력 에너지는 속도 에너지로 변환되어 4단면에서의 속도에 이르게 된다. 다시 말하면 흐름이 프로펠러에 가까워 질수록 속도는 증가하고 압력은 감소하며 프로펠러를 지나며 다시 압력은 증가하고 흐름은 증속되면서 흐름의 단면적이 좁혀져 단면 4에 이르게 된다.

여기에서 단면 1과 4 그리고 반류(伴流, slip stream)로 둘러싸인 체적을 검사체적으로 하여 운동량방정식을 적용하면 이 흐름에 미치는 힘은 프로펠러가 주는 힘 F뿐이고 유체가 프로펠러에 가한 힘, 즉 추진력은 이 힘의 반력이므로 추진력을 F_R이라고 하면

$$F_R = \rho \cdot Q \cdot (V_4 - V_1)$$

으로 주어진다. 그런데 추진력은 프로펠러 전후의 압력차로 인하여 생기는 힘과 같아야 하므로 A를 프로펠러의 회전면적이라고 하면

$$F_R = \rho \cdot Q \cdot (V_4 - V_1) = (p_3 - p_2) \cdot A \qquad (4-3-13)$$

가 성립하여야 한다. 유체가 프로펠러를 통과하는 속도 V를 구하는 것은 프로펠러의 효율계산에 있어서 매우 중요한 일이다.

$Q = A \cdot V$이므로 윗식은

$$(p_3 - p_2) \cdot A = \rho \cdot A \cdot V(V_4 - V_1)$$

$$\therefore p_3 - p_2 = \rho \cdot V \cdot (V_4 - V_1) \qquad (4-3-14)$$

로 쓸 수 있으며 식 (4-3-14)에서 왼쪽의 항들을 속도항으로 나타내기 위하여 단면 1과 2, 3과 4에 Bernoulli 정리를 적용하면

$$p_1 + \frac{\rho}{2} \cdot V_1^2 = p_2 + \frac{\rho}{2} \cdot V_2^2$$

$$p_3 + \frac{\rho}{2} \cdot V_3^2 = p_4 + \frac{\rho}{2} \cdot V_4^2$$

이 되며 여기에 $p_4 = p_1$과 $V_2 = V_3$인 관계를 이용하여 $p_3 - p_2$에 관하여 풀면

$$p_3 - p_2 = \frac{\rho}{2}(V_4^2 - V_1^2) = \frac{\rho}{2}(V_4 + V_1)(V_4 - V_1) \qquad (4-3-15)$$

이 된다. 그러므로 식 (4-3-14)와 식 (4-3-15)에서 $p_3 - p_2$를 소거하면

$$V = \frac{1}{2}(V_4 + V_1) \tag{4-3-16}$$

으로 되는데 이는 프로펠러를 통과하는 유체의 흐름의 속도 V는 상류와 하류 속도의 산술평균과 같다는 것을 의미한다.

프로펠러가 단위시간에 행하는 유효한 일, 즉 출력 p_0는

$$p_0 = F_R \cdot V_1 = \rho \cdot Q(V_4 - V_1) \cdot V_1 \tag{4-3-17}$$

으로 표시되며 또, 입력 p_i는 유체의 속도를 V_1으로부터 V_4로 증가시키는 데 필요한 동력을 말하며 다음의 식으로 나타낸다. 즉

$$p_i = F_R \cdot V = \rho \cdot Q(V_4 - V_1) \cdot V \tag{4-3-18}$$

프로펠러의 이론효율은 유효동력과 입력과의 차로써 나타낼 수 있다. 이론효율을 η_{th}라 하면 식 (4-3-17)과 식 (4-3-18)에서

$$\eta_{th} = \frac{\text{출력}}{\text{입력}} = \frac{p_0}{p_i}$$

$$= \frac{V_1}{V} \tag{4-3-19}$$

그러나 $V_1 = V$일 경우에는 계산상으로는 효율이 100%가 되지만 $V_1 = V_4$로 되어 속도의 변화, 다시 말해 운동량의 변화가 일어나지 않으므로 추진력은 발생하지 않게 된다.

프로펠러의 이론효율은 비행체의 비행속도가 크면 클수록 최대의 효율을 갖게 된다. 그러나 공기압축의 영향, 반류의 복잡한 와동(渦動) 등으로 비행기 프로펠러의 실제 효율은 시간당 640km 정도에서 급격히 저하된다. 비행기 프로펠러의 실제 효율은 가장 최적한 조건하에서 이론 효율과 거의 일치하고 이 때 85% 정도의 효율을 갖는다. 선박의 프로펠러는 프로펠러 지름의 크기 제한 때문에 최대 60% 정도의 효율을 갖게 된다.

풍차(wind mill)는 프로펠러와 사용 목적이 서로 상반되지만 상호간에 많은 유사점을 가지고 있다. 즉 프로펠러는 스스로 추진력을 얻을 수 있도록 설계되지만 풍차는 바람으

로부터 에너지를 흡수할 수 있도록 설계되어야 한다. 또한 흐름의 특성을 살펴보면 프로펠러와는 완전히 반대되는 성질을 갖게 되는데 예를 들면 풍차의 날개를 통과한 흐름은 흐름의 폭이 좁아지지 않고 넓어진다. 효율은 프로펠러의 효율과는 비교가 안 될 정도로 매우 낮아서 약 50% 정도는 얻을 수 있다고 하나 실제로는 겨우 5% 정도인 것으로 알려져 있다.

예제 4-9 흐르지 않는 공기 속을 시간당 500km의 속력으로 날으는 비행기가 있다. 회전 반경 1m인 프로펠러를 통하여 600 $\frac{m^3}{s}$의 공기량을 배출할 때 ① 이론효율, ② 추진력, ③ 프로펠러 날개를 전후한 압력차, ④ 이론 동력을 계산하여라. 단, 공기의 비중량은 13 $\frac{kN}{m^3}$ 이다.

풀이 ① $V_1 = \frac{500 \times 10^3}{60 \times 60} \fallingdotseq 138.9 \left[\frac{m}{s}\right]$

$Q = A \cdot V$에서

$$V = \frac{600}{\pi \times 1^2} \fallingdotseq 191.1 \left[\frac{m}{s}\right]$$

$$\therefore \eta_{th} = \frac{V_1}{V} = \frac{138.9}{191.1} \times 100 \fallingdotseq 72.7\%$$

② $V = \frac{V_1 + V_4}{2}$ 에서

$$\therefore V_4 = 2V - V_1 = 2 \times 191.1 - 138.9 = 243.3 \left[\frac{m}{s}\right]$$

$$\therefore F_{th} = \rho \cdot Q(V_4 - V_1)$$

$$= \frac{13 \times 10^3}{9.8} \times 600 \times (243.3 - 138.9)$$

$$= 83094 \text{ [kN]}$$

③ 압력차 $p_3 - p_2 = \frac{F}{A} = \frac{\rho \cdot Q \cdot (V_4 - V_1)}{\frac{Q}{A}} = \rho \cdot V \cdot (V_4 - V_1)$이므로

$$p_3 - p_2 = \rho \cdot V \cdot (V_4 - V_1)$$

$$= \frac{13}{9.8} \times 191.1 \times (243.3 - 138.9) = 10^3$$

$$= 26465.4 \left[\frac{kN}{m^2}\right] = 26465.4 \text{ [kPa]}$$

④ 이론 동력 p_{th}는

$$p_{th} = \frac{F_R+V_1}{\eta} = \frac{83094 \times 138.9}{0.727} \times 10^3=15875867\ [\mathrm{kw}]$$

(5) 분사추진(jet propulsion)

공기나 물 속에서의 추진력은 물체 후미(後尾)에 형성되는 분사의 압력 때문에 발생한다. 제트 추진장치는 프로펠러의 결점을 보완한 것인데, 프로펠러의 이론 효율은 비행체의 속도가 증가할수록, 반류의 절대속도가 감소할수록 증가하였다. 그러나 프로펠러의 날개를 지나는 유속이 음속에 가까워지면 압축성의 영향을 받아 날개에 작용하는 항력이 증대되어 프로펠러의 효율은 급격히 저하되는데 이에 대응할 수 있는 방안으로 개발된 것이 제트 추진장치이다.

여기에서 프로펠러에서의 경우와 마찬가지로 운동량 이론을 적용함으로써 분사추진에 관하여 알아보기로 한다.

1 탱크의 벽에 설치된 노즐에 의한 추진

[그림 4-14]와 같은 수조의 탱크 측벽에 설치된 노즐에서 분출하는 분류의 상태를 생각하면 분류의 속도 V는 $V= C_V \cdot \sqrt{2g \cdot h}$ (여기서 C_V는 속도계수)이고 탱크에서 잃게 되는 운동량은 단위시간에 대하여 $\rho \cdot Q \cdot V$이다. 따라서 탱크는 그 반작용으로서 분류의 방향과 역으로

$$F = \rho \cdot Q \cdot V$$

$$Q = C_c \cdot A \cdot V \quad (\text{여기서 } C_c\text{는 수축계수})$$

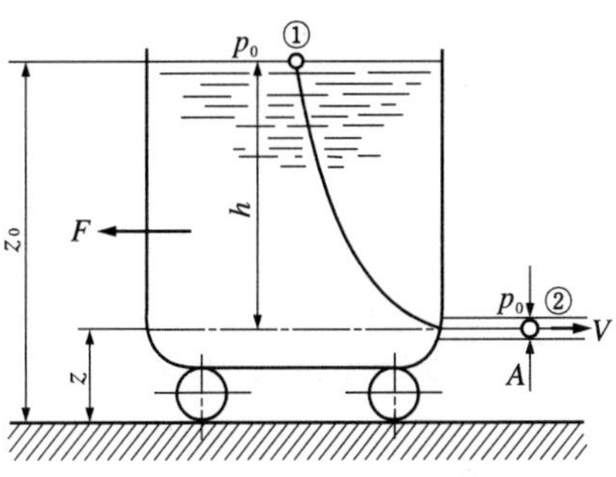

[그림 4-14]

인 힘, 즉 추력(推力, thrust)을 받는다. 이것을 다시 바꾸어 쓰면 다음과 같이 된다.

$$F = \rho \cdot C_c \cdot A \cdot \sqrt{2g \cdot h} \cdot C_V \cdot \sqrt{2g \cdot h}$$
$$= 2 \cdot \gamma \cdot C \cdot A \cdot h$$

윗식에서 $C = C_c \cdot C_V$이며 이것은 노즐에서의 유량계수를 말하는 것으로 노즐에서는 $C \doteqdot 1$이므로, $C = 1$이라 하면

$$F = 2(\gamma \cdot h \cdot A) \tag{4-3-20}$$

가 된다. 즉 탱크는 분류에 의하여 노즐의 면적에 작용하는 정압의 2배의 힘을 받아 분류와 반대 방향으로 운동한다.

2 제트 비행기의 추진

제트 추진 방법은 제트기의 전방으로부터 깨끗한 공기를 압축기에 의해서 흡수하여 압축시킴으로써 공기의 밀도와 온도를 상승시켜 준다. 이렇게 압축된 공기는 연소실에 분출된 연료를 연소시키는 역할을 한다. 연료를 연소시킴으로써 얻어진 고온 고압의 기체의 일부는 가스터빈을 돌려서 공기 압축기를 운전하는 데 사용되고 나머지의 기체는 제트기의 노즐에서 팽창 분출됨으로써 아주 높은 속도로 대기중으로 방출된다. 물론 이때의 배출 압력은 외부의 대기압보다 낮아서는 안 된다. 결국 제트 추진 방법은 흡입된 공기에 운동량의 변화를 주어서 추진력을 얻게 되는 것으로 운동량의 원리를 적용하면 쉽게 해석이 가능해진다.

지금 [그림 4-15]와 같은 터보제트기의 원리는 공기가 흡입구에서 V_1의 속도로 흡입되어 압축기에서 압축되고 연소실에 들어가서 연료와 같이 연소되어 팽창된다. 팽창된 가스는 아주 높은 속도 V_2로서 노즐을 통하여 공기 속으로 분출된다. 이 때 입구에서 단

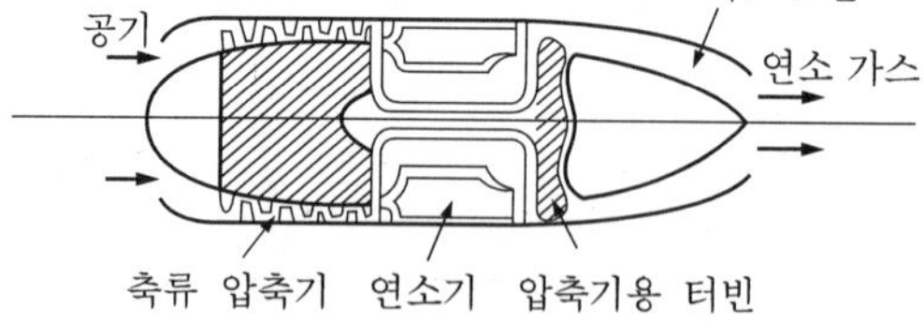

[그림 4-15] 터보제트기 추진의 원리

위시간에 얻는 운동량은 $\rho_1 \cdot Q_1 \cdot V_1$이고 출구에서는 $\rho_2 \cdot Q_2 \cdot V_2$의 운동량을 잃는다. 따라서 기체가 받는 추진력 F는

$$F = \rho_2 \cdot Q_2 \cdot V_2 - \rho_1 \cdot Q_1 \cdot V_1 \qquad (4-3-21)$$

이 된다. 여기에서 ρ_2, Q_2, V_2는 각각 제트기 후미에서 분출되는 기체의 밀도, 유량, 유속이고, ρ_1, Q_1은 제트기 입구로 들어가는 기체의 밀도와 유량, V_1은 제트 본체의 속도, 즉 정지유체 속을 제트기가 비행할 때의 속도이다. 연속방정식 $\rho_2 \cdot Q_2 = \rho_1 \cdot Q_1 = \rho \cdot Q$가 성립하면 식 (4-3-21)은

$$F = \rho \cdot Q(V_2 - V_1) \qquad (4-3-22)$$

이 된다. 또, 제트 추진기의 출력은

$$F \cdot V_1 = \rho \cdot Q(V_2 - V_1)V_1$$

으로 구하고, 분류의 지구에 대한 속도는 $(V_2 - V_1)$이므로 단위시간에 잃어버리는 손실 에너지 h_L은

$$h_L = \frac{1}{2} \cdot \rho \cdot Q(V_2 - V_1)^2$$

이 된다. 따라서 추진효율 η는

$$\eta = \frac{출력}{출력 + 손실} = \frac{\rho \cdot Q(V_2 - V_1)V_1}{\rho \cdot Q(V_2 - V_1)V_1 + \frac{1}{2}\rho \cdot Q(V_2 - V_1)^2} = \frac{1}{1 + \frac{(V_2 - V_1)}{2 \cdot V_1}} \text{ 이다.}$$

위의 식에서 추진효율을 크게 하려면 $\frac{(V_2 - V_1)}{V_1}$을 될 수 있는 대로 작게 하면 된다. 그러나 주어진 V_1에 대하여 추진물체의 추진력 F는 그 물체의 모양과 표면의 상태 그리고 물체 주위의 흐름의 유형과 유체의 물성(物性)에 의하여 정하여지므로 같은 F에 대하여 $(V_2 - V_1)$을 작게 하기 위해서는 식 (4-3-22)에서 알 수 있는 바와 같이 $\rho \cdot Q$를 크게 하면 된다.

3 로켓 추진

로켓에서 얻어지는 추진력 F는 제트 추진의 경우와는 달리 흡입되는 공기가 필요없이 자체가 가지고 있는 산소를 이용하여 연료를 연소시키므로 추진력을 얻게 되어 있다. 따라서 추진력 F는 $V_1=0$이 되므로 식 (4-3-22)에서

$$F = \rho \cdot Q \cdot V = \frac{G}{g} \cdot V \qquad (4-3-23)$$

여기에서 G는 추진체의 중량, V는 노즐 출구 속도이다. 로켓의 전진 속도를 u라고 하면 추진 동력 p는

$$p = F \cdot u = \frac{G}{g} \cdot V \cdot u = \rho \cdot Q \cdot V \cdot u$$

그러므로 로켓의 효율 η는 다음과 같이 된다.

$$\eta = \frac{F \cdot u}{F \cdot u + \frac{G}{2g}(V-u)^2}$$

[그림 4-16]에 로켓 추진의 원리를 간단히 나타낸다.

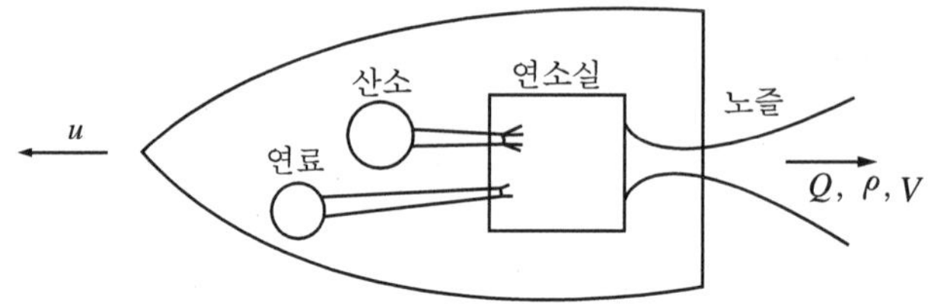

[그림 4-16] 로켓 추진의 원리

예제 4-10 [그림 4-14]와 같이 수조 탱크차의 측벽에 지름 20cm의 노즐을 설치하여 깊이 3m만큼 탱크에 물을 실었다. 탱크차가 받는 추력을 구하여라.

풀이 $F = 2 \cdot \gamma \cdot h \cdot A = 2 \times 9800 \times 3 \times \frac{\pi}{4} \cdot 0.2^2$

$\fallingdotseq 1.85 \times 10^3 = 1.85$ [kN]

예제 4-11 매시 800km의 속도로 비행하는 제트기가 $400\frac{m}{s}$의 속도로 배기를 노즐에서 분출할 때 제트기의 추력을 계산하여라. 단, 흡기량은 $245\frac{N}{s}$ 로서 배기에는 연소가스가 2.5% 증가하는 것으로 한다.

풀이 $V_1 = 800\frac{km}{h} = 222.2\frac{m}{s}$, $\rho_1 \cdot Q_1 = \frac{245}{9.8} = 25\frac{N \cdot s}{m}$

또, $V_2 = 400\frac{m}{s}$, $\rho_2 \cdot Q_2 = \frac{(245+245 \times 0.025)}{9.8} = 25.6\frac{N \cdot s}{m}$

$\therefore F = \rho_2 \cdot Q_2 \cdot V_2 - \rho_1 \cdot Q_1 \cdot V_1$

$= 25.6 \times 400 - 25 \times 222.2 = 4685\,[N]$

예제 4-12 어떤 로켓이 $120\frac{kg_m}{s}$의 연소가스를 $2000\frac{m}{s}$의 속도로 분출하고 있다. 이 때 로켓의 추진력은 얼마인가?

풀이 $\rho \cdot Q = 120\frac{kg_m}{s}$ 이므로

$F = \rho \cdot Q \cdot V$

$= 120 \times 2000 = 240000N \times 10^{-3} = 240\,[kN]$

4-4 각(角)운동량 이론

임의의 1점을 중심으로 하여 물체에 작용한 힘의 모멘트는 그 점을 중심으로 한 물체의 운동량 모멘트의 단위시간에 대한 변화와 같다. 이것을 각운동량 이론 또는 운동량 모멘트의 원리(the theory of moment of momentum)라 한다. 즉 질량 m인 물체가 임의의 1점을 중심으로 하여 반지름 r인 곡선 위를 운동하고 있을 때 이 물체에 작용하는 힘의 모멘트(토크) T는

$$T = \frac{m \cdot d(\upsilon \cdot r)}{dt} \tag{4-4-1}$$

으로 표시된다.

[그림 4-17]에서와 같은 직각좌표에서 x, y의 위치에 있는 질량 m인 구(球)에 x, y 방

향으로 각각 X, Y의 힘이 작용할 때 이들 힘에 의한 구의 운동은

$$X = m \cdot \frac{d^2x}{dt^2},\ Y = m \cdot \frac{d^2y}{dt^2}$$

로 표시된다.

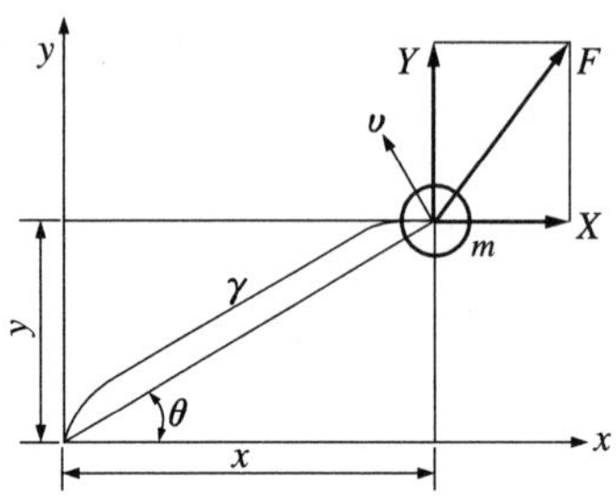

[그림 4-17] 각운동량 이론

지금 좌표축에 원점을 중심으로 하여 이 힘에 의한 모멘트를 생각하면,

$$T = x \cdot Y - y \cdot Y$$
$$= m\left(x \cdot \frac{d^2y}{dt^2} - y \cdot \frac{d^2x}{dt^2}\right) = m \cdot \frac{d}{dt}\left(x \cdot \frac{dy}{dt} - y \cdot \frac{dy}{dt}\right)$$

윗식에서 $x = r \cdot \cos\theta$, $y = r \cdot \sin\theta$로 하여 x, y를 r, θ로 나타내면

$$T = m \cdot \frac{d}{dt}(r^2 \cdot \frac{d\theta}{dt}) \tag{4-4-2}$$

그런데 원점을 중심으로 한 반지름 r인 원주상의 분속도를 v라 하면

$$\upsilon = r \cdot \frac{d\theta}{dt}$$

이므로

$$\therefore T = m \cdot \frac{d}{dt}(r \cdot \upsilon)$$

따라서 일반적인 관계로서는 $T = \dfrac{m \cdot d(\upsilon \cdot r)}{dt}$, 즉 식 (4-4-1)을 얻게 된다.

이 각운동량 이론을 선회류(旋回流)에 적용하면 다음과 같다. [그림 4-18]에서와 같이 유체가 원점 O를 중심으로 하여 선회하면서 유출하고 있는 정상류를 생각한다. 반지름 r_1과 r_2 사이에 있는 유체에 착안하여, 여기에 둘레에서 작용하는 즉, O점을 중심으로 한 일정한 모멘트를 T라 한다.

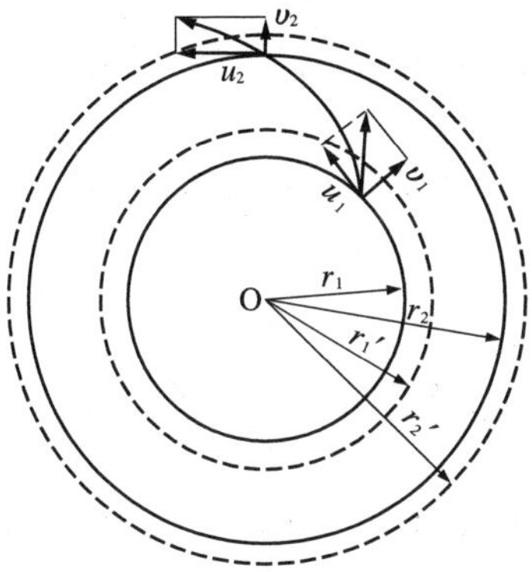

[그림 4-18] 선회류

반지름 r_1과 r_2 사이의 유체가 시간 dt 후에 반지름 r_1', r_2' 사이로 진행하였다고 하면, dt시간 동안에 운동량 모멘트의 증가는

$$(2\pi \cdot r_2 \cdot v_2 \cdot dt \cdot \rho_2)\, u_2 \cdot r_2 - (2\pi \cdot r_1 \cdot v_1 \cdot dt \cdot \rho_1)\, u_1 \cdot r_1$$

여기에서 v_1, v_2는 반지름 r_1, r_2에 있어서의 반지름 방향 유속이고 v_1, v_2는 r_1, r_2에 대한 원주방향 유속이며, ρ_1, ρ_2는 r_1, r_2에 대한 밀도이다. 식(4-4-1)에 의하여

$$T = \frac{(2\pi \cdot r_2 \cdot v_2 \cdot dt \cdot \rho_2)u_2 \cdot r_2 - (2\pi \cdot r_1 \cdot v_1 \cdot dt \cdot \rho_1)u_1 \cdot r_1}{dt}$$

그런데 Q_1, Q_2을 r_1과 r_2에 대한 유량이라 하면 $Q_1=2\pi \cdot r_1 \cdot v_1$, $Q_2=2\pi \cdot r_2 \cdot v_2$이므로

$$T = \rho_2 \cdot Q_2 \cdot u_2 \cdot r_2 - \rho_1 \cdot Q_1 \cdot u_1 \cdot r_1 \qquad (4-4-3)$$

연속방정식 $\rho_1 \cdot Q_1 = \rho_2 \cdot Q_2 = \rho \cdot Q$가 성립하면

$$T = \rho \cdot Q\,(u_2 \cdot r_2 - u_1 \cdot r_1) \qquad (4-4-4)$$

이 된다. 이 식은 원심식 펌프나 송풍기의 회전차 속을 흐르는 유체의 토크를 나타내 주는 식으로써 매우 중요하다.

예제 4-13 바깥지름 276mm, 안지름 139mm인 회전차를 갖는 원심펌프가 있다. 회전수가 1450 rpm으로 운전할 때 회전차의 바깥지름, 안지름의 원주방향 분속도가 각각 $14\frac{\text{m}}{\text{s}}$, $0\frac{\text{m}}{\text{s}}$, 유량이 $2.6\frac{\text{m}^3}{\text{min}}$이면 이론상으로 동력은 얼마인가?

풀이 회전차의 바깥지름과 안지름의 원주속도는

$$u_2 = \frac{\pi \cdot D_2 \cdot N}{60} = \frac{\pi \times 0.276 \times 1450}{60} = 21\left[\frac{\text{m}}{\text{s}}\right]$$

$$u_1 = \frac{\pi \cdot D_1 \cdot N}{60} = \frac{\pi \times 0.139 \times 1450}{60} = 10.6\left[\frac{\text{m}}{\text{s}}\right]$$

또, 회전차의 바깥지름과 안지름에 대한 유체의 원주방향 분속도는

$$v_2 \cdot \cos\alpha_2 = 14\left[\frac{\text{m}}{\text{s}}\right],\ v_1 \cdot \cos\alpha_1 = 0\left[\frac{\text{m}}{\text{s}}\right]$$

따라서 이론상으로 동력은

$$p_{th} = \rho \cdot Q(u_2 \cdot v_2 \cdot \cos\alpha_2 - u_1 \cdot v_1 \cdot \cos\alpha_1)$$

$$= 1000 \times \frac{2.6}{60}(21 \times 14 - 10.6 \times 0) \times 10^{-3}$$

$$= 12.74\ [\text{kW}]$$

이 장에서 기억해야 할 주요 관계식

- 운동량 : $m \cdot V$
- 운동량 법칙 : $\Sigma F = \rho \cdot Q(V_2 - V_1)$
- 운동에너지 수정계수(α) : $\alpha = \frac{1}{A} \int_A \left(\frac{\mathrm{u}}{\mathrm{V}}\right)^3 \cdot dA$
- 운동량 수정계수(β) : $\beta = \frac{1}{A} \int_A \left(\frac{u}{V}\right)^2 \cdot dA$
- 곡관에 미치는 힘 :

  $F_x = p_1 \cdot A_1 - p_2 \cdot A_2 \cdot \cos\alpha - \rho \cdot Q(V_2 \cdot \cos\alpha - V_1)$

  $F_y = (p_2 \cdot A_2 + \rho \cdot Q \cdot V_2) \cdot \sin\alpha$

  $\therefore F = \sqrt{F_x^2 + F_y^2}$

  $\theta = \tan^{-1} \frac{F_y}{F_x}$
- 분류가 평판에 미치는 힘(상대 운동에 의한 경우) :

  $F = \rho \cdot Q \cdot V \ (= \rho \cdot A \cdot (V-u)^2)$
- 분류가 날개에 충돌할 때 날개가 얻는 동력(P) : $P = F \cdot u$
- 프로펠러 이론 :

  $F = \rho \cdot Q(V_4 - V_1) = (p_3 - p_2) \cdot A$

  $V = \frac{V_1 + V_4}{2}$

  $p_i = F \cdot V, \quad p_0 = F \cdot V_1$

  $\eta = \frac{p_0}{p_i} \times 100\,\% = \frac{V_1}{V} \times 100\,\%$

연습문제

1. 지름 50mm인 직관 속을 점성을 고려한 물이 흐를 때 단면 1과 2에 장치한 액주계의 눈금이 1mmHg였다. 중력의 영향을 무시하면 물이 관벽에 미치는 마찰력은 얼마인가?

2. 지름 500mm인 수평원관에 물이 흐르고 있다. 1단면에서의 압력이 100kPa이고, 2단면에서의 압력이 50kPa이면 두 단면 사이의 벽면이 받는 마찰력은 몇 N인가?

3. [그림 4-19]에서 d_1=400mm, d_2=200mm, p_1=200kPa이다. 1과 2단면 사이의 물의 무게와 손실을 무시할 때 단면 1과 2사이의 곡관이 물에 미치는 반력(反力) R의 크기와 방향을 구하여라.

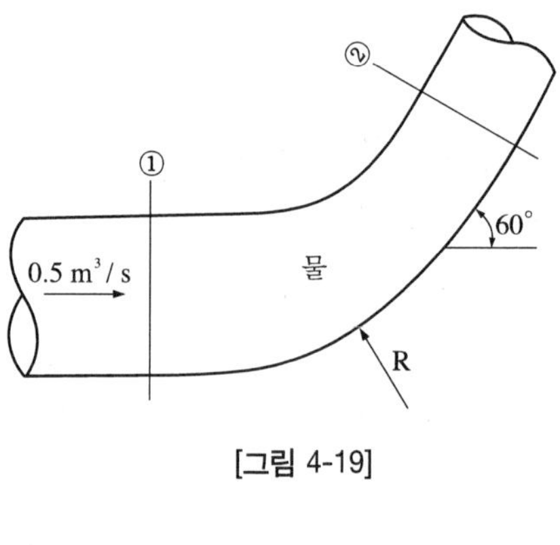

[그림 4-19]

4. 안지름 1m인 90° 곡관 속을 평균유속 3m/s로 물이 흐르고 있다. 곡관의 입구와 출구에 붙인 압력계는 다같이 1kg_f/cm^2, g를 가리키고 있다. 유체가 곡관에 미치는 힘의 크기와 방향을 구하여라. 단, 중력의 영향은 무시한다.

5. [그림 4-5](본문 p. 160)의 노즐에서 단면 1의 지름 90mm, 단면 2의 지름이 30mm이다. 이 노즐에서 비중 0.8인 기름이 분출되고 있다. 단면 1에서의 압력이 7bar일 때 이 노즐에 미치는 힘은 몇 kN인가?

6. [그림 4-20]에서 물이 90° 곡관에 미치는 힘의 크기, 방향을 구하여라.

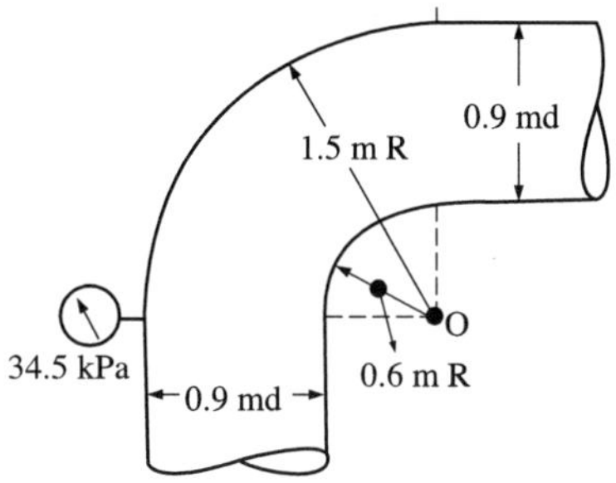

[그림 4-20]

7. 비중 0.8인 기름이 10m/s의 속도로 연직평판과 수직으로 평판에 분출하고 있다. 판에 작용하는 힘을 구하여라. 단, 분류의 지름은 10cm이다.

8. 분류가 평판과 60°의 각으로 충돌할 때, 유량이 50l/s, 유속이 15m/s이면, 분류가 평판에 수직으로 미치는 힘은 얼마인가?

9. [그림 4-8]에 있어서 지름 40mm인 분류가 60m/s의 속도로 고정 평판에 60°의 각을 이루고 충돌할 때의 판이 받는 힘을 구하여라.

10. [그림 4-9]에서 평판이 속도 u=5m/s로 움직이고 있을 때, 지름 40mm인 노즐에서 물이 25m/s의 속도로 분류와 수직인 평판에 충돌할 때의 평판에 미치는 힘을 구하여라.

11. 제트 엔진이 200m/s에서 작동하여 20kg$_f$/s의 공기량을 소비한다. 700kg$_f$의 추진력을 만들기 위하여 배출되는 가스의 속도를 구하여라.

12. 배가 잔잔한 물위를 10m/s의 속력으로 달린다. 배 뒤에 붙어 있는 프로펠러를 지난 후의 물의 반류(slip stream) 속도는 8m/s이다. 프로펠러의 지름을 0.8m라 할 때 추력(推力)은 얼마인가?

13. 문제 12에서 이론 효율은 몇 %인가?

제5장

실제 유체의 유동

이 장에서는 압축성을 고려하지 않는 액체 흐름의 점성효과에 관하여, 주로 관(pipe)을 통하여 흐르는 흐름에 대해 알아보기로 한다. 점성은 유체 상호간 또는 고체 벽면 사이에 전단력을 유발하게 하고 전단력은 흐름 자체의 에너지 손실을 초래하게 된다. 다시 말해 유체의 점성은 손실을 유발시키는 유체의 물성(物性)이다. 따라서 그러한 흐름의 해석은 유체가 한 곳에서 다른 곳으로 이동해야 하는 여러 가지 경우에 있어 매우 중요한 의미를 갖는 것이다. 예를 들면 관 내에서 마찰로 인한 압력강하의 계산은 물 공급계통의 펌프용량을 결정하게 되고 또 저장용 탱크로부터 관이나 관로망(管路網, pipe network)을 통한 유출량을 결정하는 데도 적용이 된다.

이 장에서는 층류와 난류의 흐름을 정의하며 Reynolds 실험을 통한 흐름의 분류에 대한 조건 그리고 관로에서 손실수두, 압력강하를 구하고 Stokes 법칙에 관하여 공부하기로 한다.

학습목표

이 장에서는 다음의 항목들을 숙지 · 이해하고 이를 응용할 수 있도록 한다.

- 층류, 난류
- 레이놀즈 수, 임계 레이놀즈 수
- 원관 내의 층류 유동(Hagen-Poiseuille's Law)
- 스토크의 법칙

5-1 층류와 난류 — Reynolds 수

실제 유체의 흐름은 두 가지 아주 상이한 흐름으로 구분되는데, 층류와 난류가 그것이다. 1883년 Reynolds는 [그림 5-1]과 같은 장치를 가지고 관 속의 흐름이 층류에서 난류로 천이(遷移)하는 조건을 실험하였다. 실험장치는 유리로 만든 탱크와 염과사관(染料射管) 및 긴 유리관으로 되어 있다. 탱크에 물을 채운 후 수시간 정치(靜置)함으로써 물 입자의 운동이 안정해 질 때를 기다려 실험을 개시하였다. 염료로서는 아닐린 용액을 사용하여 유동상태를 가시화하였다. 먼저 염료 주사관의 콕을 조금 열고, 계속하여 2″의 철관 끝에 장치한 밸브를 조금 열어 관 속의 유속을 느리게 한 후, 나팔형관 입구에 착색액 염료를 주사한 결과 관축방향으로 착색액은 확산됨이 없이 평행하게 전장에 걸쳐 [그림 5-2] (a)와 같은 흐름의 상태를 나타내었다.

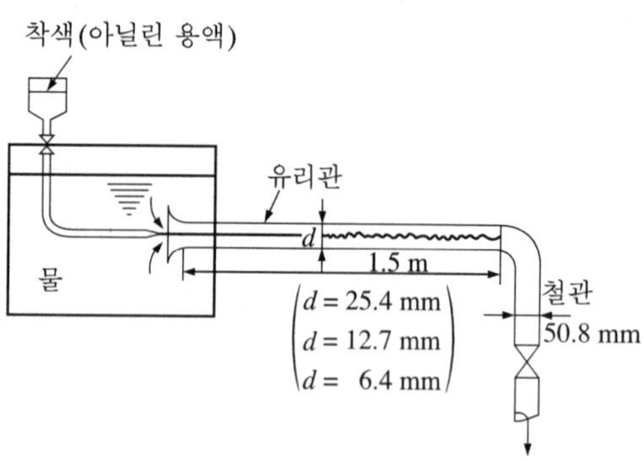

[그림 5-1] Reynolds 실험 장치

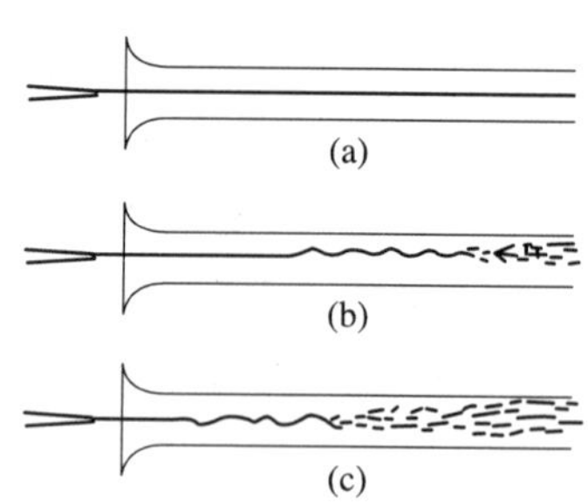

[그림 5-2] 착색액의 유동 상태

다시 밸브를 더 열고 유량을 증가시켜 유속을 빠르게 하니, 착색액은 [그림 5-2] (b)와 같이 관 입구에서 어느 거리에 이르러 흐느적 거리며 흐르고, 드디어 [그림 5-2] (c)와 같이 불규칙한 소용돌이가 되어 착색액은 관 단면 전체에 걸쳐 확산되었다. 여기에서 [그림 5-2]에서 (a)의 경우를 층류(laminar flow), (b)의 경우를 천이(遷移) 흐름(transition flow), (c)의 경우를 난류(turbulent flow)라고 말한다. 즉 실험을 통하여 알 수 있는 바와 같이 유체 입자가 서로 층을 형성하여 층과 층이 서로 미끄러지면서, 규칙적으로 흐르는 흐름은 층류, 유체 입자가 불규칙한 운동을 하며 무질서하게 흐르는 흐름을 난류라고 정의하는 것이다.

위의 실험의 결과를 종합하여 Reynolds는 층류와 난류 사이의 천이 조건으로서 유속 V, 관의 지름 D 및 유체의 점도 μ 사이의 관계를 구하였다. 즉

$$R_e = \frac{\rho \cdot V \cdot D}{\mu} = \frac{V \cdot D}{\nu} \tag{5-1-1}$$

여기에서, 이 R_e를 Reynolds 수(Reynolds number)라 하며 식 중에서 ν는 유체의 동점성계수이다.

식 (5-1-1)에서 알 수 있는 바와 같이 층류는 낮은 점성, 빠른 속도 및 큰 유로에서 흐름의 상태가 불안정해지고, 유속을 점점 더 빨리하면 난류로 천이한다. 이와 같이 층류에서 난류로 천이할 때의 유속을 상임계속도(上臨界速度, upper critical velocity)라 하며 또, 난류 때의 속도를 줄이면 흐름은 다시 층류 상태로 되돌아가는데, 이때의 속도를 하임계속도(下臨界速度, lower critical velocity)라 한다.

무차원 수인 R_e가 작을 때에는 층류이고, 클 때에는 난류이다. 층류와 난류의 천이점의 Reynolds 수를 임계 Reynolds 수(critical Reynolds number)라 하고, R_{ec}로 표기한다. 층류에서 난류로 변할 때의 R_{ec}를 상임계 Reynolds 수, 난류에서 층류로 천이할 때의 R_{ec}를 하임계 Reynolds 수라 한다.

Reynolds의 실험에 의하면, 상임계 Re수는 12000~14000 사이의 범위이었다. 그러나 이 상임계 R_e수는 물을 담는 탱크 내의 조건, 관 입구의 형상, 관의 조도 등의 영향을 크게 받으므로 실험조건에 따라 변동이 심하다. 그리하여 공학자들은 많은 실험 결과를 종합하여 상임계 R_e수로서 원관에 대하여 2700~4000 사이의 범위를 택하였고 하임계 R_e수는 2100~4000 사이를 택하였다. 하임계 R_e수는 공학적으로 매우 중요한 의미를 갖는다. 왜냐하면 하임계 R_e수 이하에서는 외부로부터 교란을 주어 난류로 만들더라도 점성력의 작용으로 다시 층류로 되돌아가기 때문이다. 하임계 Re수는 2100~4000 사이에 존재하므로 공학자들은 설계시 안전한 쪽을 택하는 것이 원칙이므로 원관에 대한 임계 R_e수는 2100으로 하는 것이 보통이다.

Schiller와 같은 사람은 2320을 주장하며, 2300 혹은 2000을 주장하는 학자도 있다.

R_e수의 크기는 흐름의 경계가 다르면 크기 계산 방법도 달라진다. 이를테면, 식 (5-1-1)에서 원관인 경우에는 안지름 D로써 표시하나 평행평판 사이의 흐름에서는 평판

사이의 간격을 h로 표시하고, 자유표면을 가지는 흐름에서는 액체의 깊이를 L로써 표시하여 계산한다. 따라서 이 때의 R_{ec}는 각각 달라지는데, 평행평판 사이의 흐름에서는 R_{ec}=1000이며 자유표면을 가지는 흐름에서는 R_{ec}=500이고, 구(球) 둘레의 흐름에서는 접근속도 V, 지름 d에 대하여 R_{ec}=1로 한다.

Reynolds는 또 직선관로의 두 점 사이의 관의 길이 l에 대한 압력강하 Δp를 관속의 평균속도 V에 대하여 조사한 결과 [그림 5-3]에서와 같이 층류에서는 Δp가 V의 1승에 비례하여 변화하였다. 이것은 바로 다음 절에서 설명할 Hagen-Poiseuille의 이론식을 실증한 것이 된다. 바로 이것은 유체의 점성저항 때문에 생기는 압력손실인 것이다. 또 난류에서는 Δp가 거의 V의 제곱에 비례하여 변화한다.

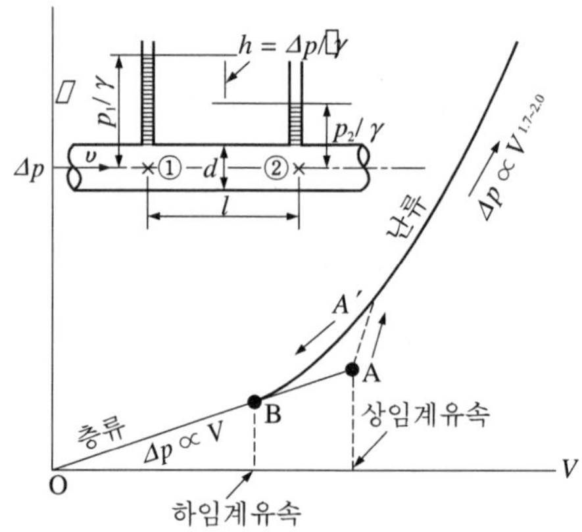

[그림 5-3] 층류와 난류에서의 압력손실

이와 같이 난류는 층류에 비하여 유체입자가 헝클어져 난동하면서 흐르므로 현저하게 큰 압력손실을 가져오게 된다. 또한, 난류에서는 유체입자가 유로단면 전체에서 난입, 충돌하면서 흐르기 때문에 유체입자 사이에 운동량의 교환이 있게 되고, 유체 덩어리의 크기나 속도가 시시각각으로 변하면서 끊임없이 가속과 감속의 운동을 하므로 관성저항을 띠게 된다. 바로 이 저항이 일반적으로 유체가 가지는 흐름의 에너지를 소모시키는 것이 된다.

예제 5-1 지름 40mm의 수평 원관에 평균속도 $0.5\frac{m}{s}$의 물이 흐르고 있다. R_e수를 구하고 층류와 난류를 판별하여라. 단, 물의 동점성계수는 $1.79 \times 10^{-6}\frac{m^2}{s}$이다.

풀이 $R_e = \dfrac{0.5 \times 0.04}{1.79 \times 10^{-6}} \fallingdotseq 11173$

그런데 $R_{ec} = 2100$ 이므로 $R_{ec} > 2100$

∴ 흐름은 난류

예제 5-2 비중 0.85이고 점성계수 $3.2 \times 10^{-3} \dfrac{kg_f \cdot s}{m^2}$ 인 기름이 지름 100mm인 원관 속을 흐를 때 층류로 흐를 수 있는 최대 유속은 얼마인가?

풀이 하임계 R_e수는 2100이므로 $R_e = \dfrac{\rho \cdot V \cdot D}{\mu}$ 에서

$$2100 = \frac{\rho \cdot V \cdot D}{\mu}$$

$$\therefore V = \frac{2100\mu}{\rho \cdot D} = \frac{2100 \times 3.2 \times 10^{-3}}{102 \times 0.85 \times 0.1} \fallingdotseq 0.775\,[\frac{m}{s}]$$

예제 5-3 동점성계수가 $6.52 \times 10^{-5} \dfrac{m^2}{s}$인 액체가 곧은 원관 속을 $0.2 \dfrac{m^3}{s}$로 흐른다. 이 때 층류로 흐를 수 있는 관의 최소지름은 얼마이겠는가?

풀이 $R_c = \dfrac{V \cdot D}{\nu} = \dfrac{4Q \cdot D}{\pi \cdot D^2 \cdot \nu} = \dfrac{4Q}{\pi \cdot D \cdot \nu}$ 그런데 하임계 R_c수는 2100

$$\therefore D = \frac{4Q}{\pi \cdot \nu \cdot R_{ec}}$$

$$= \frac{4 \times 0.2}{\pi \times 6.52 \times 10^{-5} \times 2100} \fallingdotseq 1.86\,[m] \times 10^3 = 1860\,[mm]$$

5-2 평행평판 사이의 층류 흐름

지금 [그림 5-4]와 같은 평행벽 또는 평판 사이를 점성 유체가 층류로 흐를 때를 생각한다.

간격 $2h$인 평행평판 사이에 그림과 같은 길이 ds, 두께 $2y$, 폭이 단위폭으로써 1인 검사체적을 생각할 때 흐름이 정상상태이면, 이 검사체적에 미치는 힘은 검사체적의 왼쪽

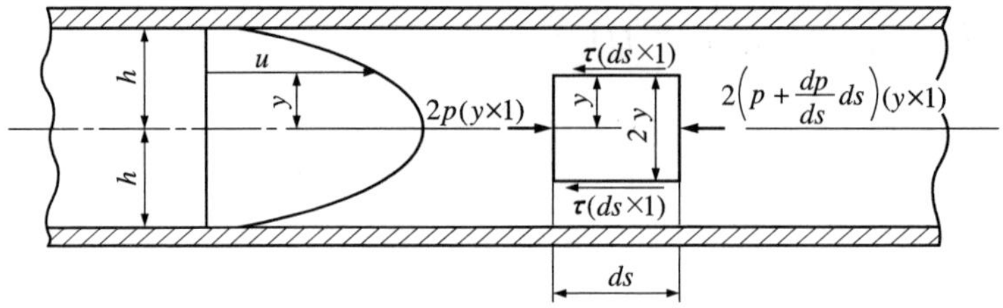

[그림 5-4] 평행벽 사이의 층류의 흐름

면과 오른쪽 면에 작용하는 수직력, 즉 압력과 윗면과 아랫면에 작용하는 접선방향의 힘, 즉 전단력이 있다는 것을 알 수 있다. 이 검사체적에 미치는 힘들은 평형방정식에 의하여 다음과 같이 된다.

$$p \cdot (2y \times 1)-(p+\frac{dp}{ds} \cdot ds) \cdot (2y \times 1)-2\tau(ds \times 1)=0$$

$$\therefore \tau=-\left(\frac{dp}{ds}\right) \cdot y \tag{5-2-1}$$

여기에서 $\frac{dp}{ds}$는 흐름 방향의 압력 기울기로서 y와는 관계가 없다. 그리고 이 경우에도 y가 증가함에 따라 u는 감소하므로, 뉴턴의 점성법칙은 다음과 같이 된다.

$$\tau = -\mu \cdot \left(\frac{du}{dy}\right) \tag{5-2-2}$$

이 $\frac{du}{dy}$는 흐름과 직각방향으로의 속도 기울기로서 변위 s와는 관계가 없다. 식 (5-2-1)과 식 (5-2-2)에서 τ를 소개하면,

$$\frac{du}{dy}=\frac{1}{\mu}\left(\frac{dp}{ds}\right) \cdot y$$

윗식을 y에 대하여 적분하면,

$$\int \frac{du}{dy} \cdot dy=\frac{1}{\mu}\left(\frac{dp}{ds}\right) \cdot \int y \cdot dy + C$$

$$\therefore u = \frac{1}{2\mu}\left(\frac{dp}{ds}\right)y^2 + C \qquad \text{(여기서 } C\text{는 적분상수)}$$

아래위의 벽면에서 속도는 0이어야 하므로 윗식에 $y=\pm h$일 때 $u=0$의 조건을 대입하면,

$$0 = \frac{1}{2\mu}\left(\frac{dp}{ds}\right)\cdot h^2 + C$$

$$\therefore C = -\frac{1}{2\mu}\left(\frac{dp}{ds}\right)\cdot h^2$$

이를 윗식에 대입하면 속도에 대한 관계식을 얻는다. 즉

$$u = -\frac{dp}{ds}\cdot\frac{1}{2\mu}(h^2-y^2) \qquad (5\text{-}2\text{-}3)$$

그러므로 속도분포는 포물선이 됨을 알 수 있다. 중심 $y=0$에서 속도는 최대가 되므로

$$u_{max} = -\frac{dp}{ds}\cdot\frac{h^2}{2\mu} \qquad (5\text{-}2\text{-}4)$$

가 된다. 면적 $(2h\times 1)$을 통과하는 유량 Q는

$$Q = \int_{-h}^{+h} u\cdot(dy\times 1)$$

$$= -\frac{dp}{ds}\cdot\frac{1}{2\mu}\int_{-h}^{+h}(h^2-y^2)dy$$

$$= -\frac{dp}{ds}\cdot\frac{2\cdot h^3}{3\mu} \qquad (5\text{-}2\text{-}5)$$

이 된다. 그런데 평균속도 $V=\dfrac{Q}{(2h\times 1)}$ 이므로

$$V = -\frac{dp}{ds}\cdot\frac{h^2}{3\mu} \qquad (5\text{-}2\text{-}6)$$

과 같이 되고, 이것은 최대속도 u_{max}의 $\frac{2}{3}$에 해당한다.

평판이 경사졌을 때에는 위의 식들 중에 $-\frac{dp}{ds}$ 대신에 $-\frac{d(p+\gamma \cdot z)}{ds}$로 바꾸어 쓰면 된다.

따라서 길이 l인 평행평판 사이의 압력강하 Δp는 $-\left(\frac{dp}{ds}\right)=\frac{\Delta p}{l}$로 두면 되므로 식 (5-2-5)에서 다음과 같이 된다.

$$\Delta p=\frac{3}{2} \cdot \frac{\mu \cdot Q \cdot l}{h^3} \qquad (5-2-7)$$

예제 5-4 평행벽 사이를 흐르는 층류의 평균속도가 $0.6\frac{\mathrm{m}}{\mathrm{s}}$이면 최대속도는 얼마인가?

풀이 평균속도 V는 최대속도 u_{max}의 $\frac{2}{3}$ 이므로

$$u_{max}=\frac{3}{2}V=\frac{3}{2} \times 0.6=0.9\left[\frac{\mathrm{m}}{\mathrm{s}}\right]$$

예제 5-5 폭이 1m, 길이가 3m인 두 평판이 5mm의 간격을 두고 평행으로 놓여 있다. 이 사이에 점성계수가 15.14 poise인 기름이 $5\frac{l}{\mathrm{s}}$ 씩 흐를 때 압력강하는 얼마나 일어나는가?

풀이 $$\Delta p=\frac{3}{2} \cdot \frac{\mu \cdot Q \cdot l}{h^3}$$

$$=\frac{2}{3} \times \frac{\left(\frac{15.14 \times 9.8}{98}\right) \times 5 \times 10^{-3} \times 3}{\left(\frac{0.005}{2}\right)^3}$$

$$=2.18 \times 10^6\left[\frac{\mathrm{N}}{\mathrm{m}^2}\right] \times 10^{-3}$$

$$=2180\ [\mathrm{kPa}]$$

5-3 원관 내의 층류 유동(Hagen-Poiseuille's Law)

직원관 속을 점성유체가 층류를 이루며 정상적으로 흐를 때, 그 속도분포, 유량 및 압력강하 사이의 관계는 다음과 같이 이론적으로 구할 수 있고, 또한 그 결과는 실험과 잘 일치한다. 이와 같은 원형단면 직관 속의 유체 흐름에 대한 연구는 1840년대에 Hagen과 Poiseuille, 두 사람에 의하여 이루어졌다. 맨 먼저 1839년에 독일의 공학기사인 G. H. L. Hagen에 의하여 실시되었는데, 그는 아주 작은 황동관을 사용하여 물을 흘려보냈는데, 주어진 길이를 흐르는 동안에 압력 손실은 유량에 비례하고 관 지름의 4제곱에 반비례함을 알아내었다. 그때 프랑스의 J. L. M. Poiseuille도 혈관 내에 흐르는 피(blood)의 흐름에 대하여 연구하고자 매우 힘들고 정밀한 실험을 수행하고 있었다. 그는 아주 작은 유리관을 사용하여 물을 흐르게 함으로써 압력 손실을 측정한 결과 Hagen과 동일한 결과를 얻어내었다.

지금 [그림 5-5]에서와 같은 반지름 r_o인 직관 속에 반지름 r, 길이 ds인 원통형의 자유체(평행평판 사이의 층류 흐름의 경우와 마찬가지로 검사체적을 고려하여야 하지만, 여기서는 논리 전개의 편의상 자유체를 생각함)를 고려하면 여기에 미치는 힘은 자유체의 왼쪽 단면과 오른쪽 단면에 수직력, 즉 압력이 작용하고, 원통 표면에는 접선력, 즉 전단력이 작용함을 알고 있으므로 이 자유체에 미치는 힘들은 평형방정식에 의하여 다음과 같이 된다.

다시 말하면, 관축의 방향으로 미소자유체에 미치는 힘은 원통의 단면에 유체가 미치는 압력에 의한 힘과 원통의 측면에 있어서 이것을 둘러싸는 유체와의 사이에 일어나는 전단력의 두 가지로 생각할 수 있다. 즉

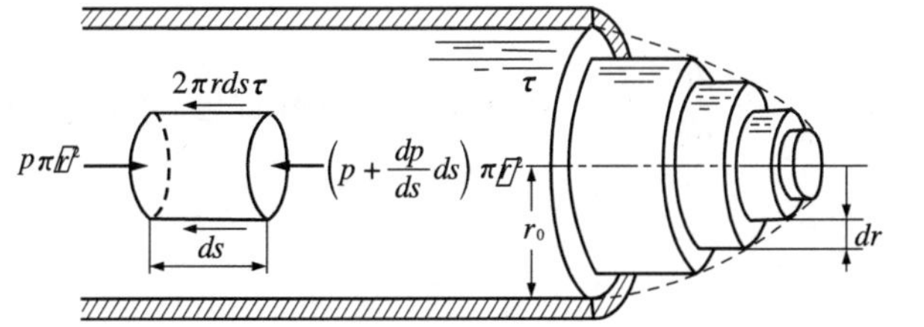

[그림 5-5] 직원관 속의 층류의 흐름

$$p \cdot \pi r^2 - \left(p + \frac{dp}{ds} \cdot ds\right) \pi \cdot r^2 - 2\pi \cdot r \cdot ds \cdot \tau = 0$$

$$\therefore \tau = -\frac{dp}{ds} \cdot \frac{r}{2} \tag{5-3-1}$$

이 성립한다.

여기에서 $\frac{dp}{ds}$ 는 흐름의 방향에 대한 압력 기울기이다. 이 경우에는 직원관의 관축 방향의 운동이므로 압력 p는 변위 s만의 함수이고, 반지름 r의 방향으로는 일정하다. 식 (5−3−1)에서 전단력 τ는 $r=0$에서 0이 되고, r와 함께 증대하여 $r=r_o$인 관벽에서 최대값 τ_o가 된다. 유체가 가지는 위치 에너지나 운동 에너지는 흐름의 방향, 즉 관축 방향으로는 변하지 않으므로 각 층에 있어서의 유체마찰 다시 말해 전단력에 소모된 유체 에너지는 압력 에너지 뿐이기 때문이다. 따라서 압력은 흐름의 방향으로 감소한다. 그러므로 $\frac{dp}{ds}$ 는 음의 값이 되고 $-\frac{dp}{ds}$ 는 양의 값이 된다. 식 (5−3−1)은 힘의 평형조건으로 구한 것이므로 층류뿐만 아니라 난류나 그밖에 일반적인흐름 문제를 다룰 때에도 성립한다. 여기서는 흐름 자체에 의한 전단응력 τ만을 생각했기 때문이다. 따라서 이 경우에 τ는 뉴턴의 점성법칙에서

$$\tau = -\mu \cdot \frac{du}{dr} \tag{5-3-2}$$

로 표시된다. 이것을 식 (5−3−1)에 대입하면

$$\frac{du}{dr} = \frac{1}{2\mu} \cdot \frac{dp}{ds} \cdot r \tag{5-3-3}$$

이 된다. $\frac{dp}{ds}$ 는 흐름의 방향에 대한 관의 단위 길이당의 압력강하로 r와는 관계가 없다. 따라서 위의 식을 r에 대하여 적분하면

$$\int \frac{du}{dr} \cdot dr = \frac{1}{2\mu} \cdot \frac{dp}{ds} \int r \cdot dr + C \quad (\text{여기서 C는 적분상수})$$

즉

$$u = \frac{1}{4\mu} \cdot \frac{dp}{ds} \cdot r^2 + C \tag{5-3-4}$$

그런데 실제유체에서는 점성으로 인하여, $r=r_0$ 인 관벽에 접하는 유체 분자는 벽에 부착하므로 $r=r_0$ 에서 $u=0$ 인 경계조건을 넣으면 적분상수 C는 위의 식에서

$$0=\frac{1}{4\mu}\cdot\frac{dp}{ds}\cdot r_0^2+C$$

$$\therefore C=-\frac{1}{4\mu}\cdot\frac{dp}{ds}\cdot r_0^2 \tag{5-3-5}$$

이 된다. 식 (5-3-5)를 식 (5-3-4)에 대입하여 정리하면

$$u=-\frac{1}{4\mu}\cdot\frac{dp}{ds}(r_0^2-r^2) \tag{5-3-6}$$

을 얻는다. 바로 이 식이 원관 속의 층류의 속도분포를 나타내는 식이다. 즉 속도는 반지름에 대하여 포물선으로 변화하고, 속도 벡터의 끝을 맺는 곡면은 포물회전면을 이룬다. 이 관계를 [그림 5-6]에 전단응력의 분포도와 함께 표시한다.

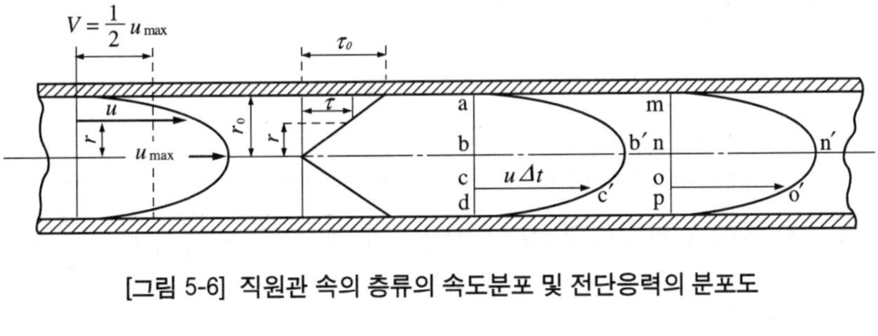

[그림 5-6] 직원관 속의 층류의 속도분포 및 전단응력의 분포도

그러므로 속도 u의 최대값 u_{max}은 $r=0$ 인 축심에서 일어나고, 그 크기는

$$u_{max}=-\frac{r_0^2}{4\mu}\cdot\frac{dp}{ds} \tag{5-3-7}$$

이 된다.

[그림 5-7]에서 반지름 dr 인 미소환상층을 지나는 미소유량 dQ는

$$dQ = 2\pi\cdot r\cdot dr\cdot u \tag{5-3-8}$$

이 된다.

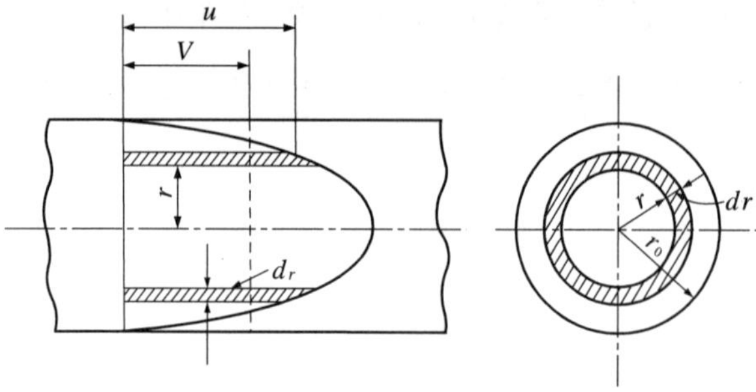

[그림 5-7] 직원관을 흐르는 유체의 미소환상층

그러므로 원관의 단면 전체를 흐르는 유량 Q는 식 (5-3-6)을 식 (5-3-8)에 대입하여 적분을 하면 얻어진다.

$$Q = \int_0^{r_0} u \cdot 2\pi \cdot r_0 \cdot dr$$

$$= -\frac{dp}{ds} \cdot \frac{\pi}{2\mu} \int_0^{r_0} (r_0^2 - r^2) r \cdot dr$$

$$= -\frac{dp}{ds} \cdot \frac{\pi \cdot r_0^4}{8\mu} \tag{5-3-9}$$

여기서 관의 l에 대한 압력강하를 Δp라 하면, 이 때 $-\frac{dp}{ds} = \frac{\Delta p}{l}$, $r_0 = \frac{D}{2}$ 이므로 위의 식은 다음과 같이 된다.

$$Q = \frac{\Delta p \cdot \pi \cdot r_0^4}{8\mu \cdot l} = \frac{\Delta p \cdot \pi \cdot D^4}{128\mu \cdot l} \tag{5-3-10}$$

관 속의 평균속도를 V라 하면 $V = \frac{Q}{\pi \cdot r_0^2}$ 이므로, 윗식에서

$$V = \frac{\Delta p \cdot r_0^2}{8\mu \cdot l} \left(= \frac{u_{max}}{2}\right) \tag{5-3-11}$$

이 되고 평균속도는 최대속도의 $\frac{1}{2}$과 같다.

식 (5-3-10)에서 압력강하 Δp는 다음과 같이 된다.

$$\Delta p = \frac{128\mu \cdot l \cdot Q}{\pi \cdot D^4} \tag{5-3-12}$$

즉, 점성으로 인한 압력손실 Δp는 유체의 점성 μ, 관의 길이 l 및 유량 Q에 비례하고, 관의 지름 D의 4제곱에 반비례한다. 이것을 Hagen-Poiseuille의 법칙이라 한다.

경사관로인 경우에는 점성으로 인한 손실이 압력 에너지 p와 위치 에너지 $r \cdot z$의 합으로 나타난다. 따라서 유량 Q는 식 (5-3-10)에 의하여 다음과 같이 된다.

$$Q = -\frac{d}{ds}(p + r \cdot z) \cdot \frac{\pi \cdot {r_0}^4}{8\mu} \tag{5-3-13}$$

예제 5-6 [그림 5-8]에서와 같은 안지름 600mm의 수평원관에 유체가 흐를 때 50m 길이에서 78.4kPa의 압력강하가 발생했다. 관벽에서의 전단응력은 얼마인가?

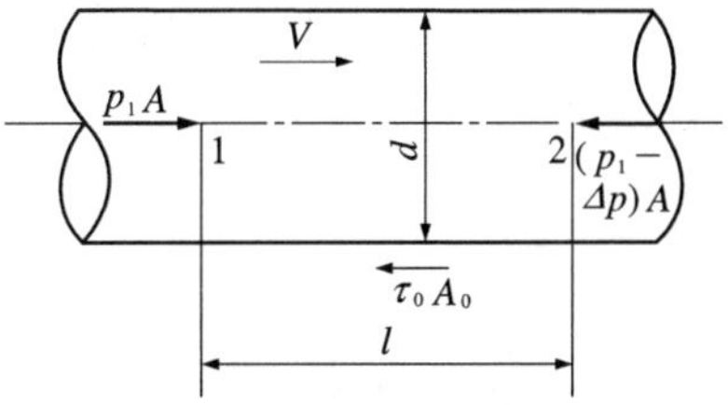

[그림 5-8]

풀이 뉴턴의 제 2법칙을 적용하면 $\Sigma F = m \cdot a$에서 가속도는 0이므로

$$p_1 \cdot A - (p_1 - \Delta p)A - \tau_0 \cdot A_0 = 0$$

$$\therefore \tau_0 = \frac{A \cdot \Delta p}{A_0} = \frac{\frac{\pi}{4} \cdot d^2 \cdot \Delta p}{\pi \cdot d \cdot l} = \frac{d \cdot \Delta p}{4l}$$

$$= \frac{0.6 \times 78.4 \times 10^3}{4 \times 50} = 235.2\ [\text{Pa}]$$

예제 5-7 지름 50mm, 길이 0.8km인 매끈한 원관을 사용하여 유량 135 l/min의 기름을 수송하고자 할 때 오일펌프의 압력은 얼마로 하여야 하는가? 단, 기름의 비중은 0.92, 점성계수는 0.56poise이다.

풀이 $V = \dfrac{Q}{\pi \cdot \dfrac{D^2}{4}} = \dfrac{\dfrac{0.135}{60}}{3.14 \times \dfrac{0.05^2}{4}} = 1.15\left[\dfrac{\text{m}}{\text{s}}\right]$

여기서 R_e수를 구하여 보면

$$1\text{P} = 1\frac{\text{g}}{\text{cm}\cdot\text{s}} = 100\frac{\text{g}}{\text{m}\cdot\text{s}} = 10^{-1}\,\text{Pa}\cdot\text{S}$$

$$\mu = 0.56 \times 10^{-1} = 5.6 \times 10^{-2}\,[\text{Pa}\cdot\text{S}]$$

$$\rho = \frac{\gamma}{g} = \frac{0.92 \times 9800}{9.8} = 920\left[\frac{\text{kg}}{\text{m}^3}\right]$$

그러므로 동점성계수 ν는

$$\nu = \frac{5.6 \times 10^{-2}}{920} = 6.09 \times 10^{-5}\left[\frac{\text{m}^2}{\text{s}}\right]$$

$$R_e = \frac{V \cdot D}{\nu} = \frac{1.15 \times 0.05}{6.09 \times 10^{-5}} = 944 < 2100$$

고로, 흐름은 층류이다. 따라서 압력강하 즉 오일펌프의 압력 Δp는 식 (5-3-12)에 의하여

$$\Delta p = \frac{128\mu \cdot L \cdot Q}{\pi \cdot D^4}$$

$$\fallingdotseq \frac{128 \times 5.6 \times 10^{-2} \times 800 \times \left(\dfrac{0.135}{60}\right)}{3.14 \times (0.05)^4}$$

$$= 657\,[\text{kPa}]$$

예제 5-8 [그림 5-9]에 표시된 원형관로로 $\gamma = 7.84\left[\dfrac{\text{kN}}{\text{m}^3}\right]$, $\mu = 0.4$ Poise인 유체가 층류를 이루어 흐른다. 유량 및 흐름의 방향을 구하여라.

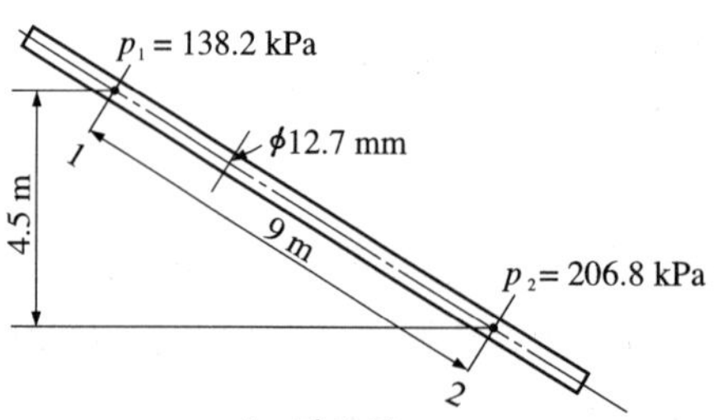

[그림 5-9]

풀이 관로를 흐르고 있는 단위중량의 유체 $1kg_f$가 가지는 에너지의 기준 평면을 단면 2를 포함하는 수평면으로 잡으면 단면 1의 압력 에너지와 위치 에너지의 합은

$p_1 + \gamma \cdot z_1 = 138.2 + 7.84 \times 4.5 = 173.5$ [kPa]

단면 2에 있어서는

$p_2 + 0 = 206.8$ [kPa]

그런데 운동 에너지 $\frac{\gamma \cdot V^2}{2g}$은 이 경우에 관로에 따라 일정하므로 단면 2의 전에너지는 단면 1의 것보다 크게 되고 유체는 2에서 1단면으로 흐른다. 그런데

$$-\frac{d}{ds}(p+\gamma \cdot z) = -\frac{173.5 - 206.8}{9} = 3.7 \text{ [kPa]}$$

$$\mu = \frac{0.4 \times 9.8}{98} = 4 \times 10^{-2} \text{Pa} \cdot \text{S}$$

이들을 식 (5-3-13)에 대입하면

$$Q = 3700 \times \frac{\pi \times (6.35 \times 10^{-3})^4}{8 \times 4 \times 10^{-2}} \fallingdotseq 5.9 \times 10^{-5} \left[\frac{\text{m}^3}{\text{s}}\right]$$

5-4 Stokes의 법칙

점성계수 μ인 기체나 액체 속을 반지름 a인 구체(球體)가 속도 V로 천천히 움직일 때 구(球) 둘레의 흐름이 완전히 층류를 이룬다면 구체는 다음과 같은 크기의 저항력 F_D를 받게 된다. 즉

$$F_D = 6\pi \cdot \mu \cdot a \cdot V (= 3\pi\mu \cdot d \cdot V) \tag{5-4-1}$$

여기에서 구 둘레의 흐름이 완전히 층류를 이룬다는 것은 R_e수가 1보다 작아야 한다는 말이며 d는 구의 지름이다. 이것을 Stokes의 법칙이라 한다.

구 둘레의 흐름이 층류인 영역은 극히 한정되어 있고, 유체가 물이나 공기인 경우에는

층류로 되어야 할 구의 크기는 극히 작아서 현미경으로 볼 정도이다. 한편 구가 클 때에는 유체의 점성이 대단히 크든가 아니면 구와 유체와의 상대속도가 대단히 작은 경우로 한정된다. 그럼에도 불구하고 이 Stokes의 법칙은 실제로 매우 유용하고 유체 속에 놓인 고체미립자 등의 운동을 다루는데 기본적인 역할을 한다. 예를 들면 공기 속에서의 물방울의 낙하운동, 수력기계나 증기보일러의 가동시에 나타나는 물 속에서의 기포의 운동을 비롯하여 공장에서의 집진이나 매연 제거 등의 분체공학(粉體工學)에 활용된다.

지금 정지하고 있는 유체의 비중량을 γ라 하고 그 속에 비중량 γ_s인 작은 구(球)를 낙하시킬 때의 구의 종속도(終速度, terminal velocity), 즉 가속이 끝나서 일정속도로 낙하하는 속도를 V라 하면, 등속운동이므로 구에 미치는 힘의 合은 0이 된다. 그러므로

$$[\text{부력}] + [\text{마찰저항력}] - [\text{하방력}(\text{下方力}\ ;\ \text{구체의 무게})] = 0$$

이 된다. 즉 구의 지름을 d라 하면

$$\frac{\pi}{6} \cdot d^3 \cdot \gamma + 3\pi \cdot \mu \cdot V \cdot d = \frac{\pi}{6} \cdot d^3 \cdot \gamma_s$$

따라서 종속도 V는

$$V = \frac{d^2 \cdot (\gamma_s - 1)}{18\mu} \tag{5-4-2}$$

로 주어진다. 여기에서 구의 운동이 종속도로 되어 등속운동을 하는 이유는 고체 입자가 자중(自重)으로 유체 속을 낙하하고 있을 때 아래 방향으로 순수하게 작용하는 힘이 0이 될 때까지는 입자에는 가속이 발생하나 입자의 무게가 부력이나 점성에 의한 저항력과 평형을 이루게 되면 가속은 중지되기 때문이다.

예제 5-9 지름 10×10^{-6}m인 분립자(粉粒子)가 점성계수 1.81×10^{-5} Pa · s이고 유속이 $2.5 \times 10^{-4} \frac{\text{m}^2}{\text{s}}$인 공기 속을 낙하할 때 받는 항력을 구하여라. 단, 이 공기의 R_e수는 1보다 작다.

풀이 Stokes의 법칙에서

$$D = 3\pi \cdot \mu \cdot V \cdot d$$
$$= 3\mu \times 1.81 \times 10^{-5} \times 2.5 \times 10^{-4} \times 10 \times 10^{-6} = 4.26 \times 10^{-13}\ [\text{N}]$$

이 장에서 기억해야 할 주요 관계식

- 레이놀즈 수(R_e) : $R_e = \dfrac{\rho \cdot V \cdot D}{\mu} = \dfrac{V \cdot D}{\nu}$
- 임계 레이놀즈 수(Re_c) : 하$Re_c < 2100$

  $2100 <$ 천이상태(Re_c) < 4000

  상$Re_c > 4000$
- Hagen-Poiseuille's Law : $\Delta p = \dfrac{128\mu \cdot L \cdot Q}{\pi \cdot D^4}$
- 스토크의 법칙 : $F_D = 6\pi \cdot \mu \cdot V \cdot \gamma$

  $= 3\pi \cdot \mu \cdot V \cdot D$

연 습 문 제

1. 원관에서의 흐름에서 R_e수를 Q, d, ν의 항으로 표시하여라.

2. 10℃의 물(ν=0.0131 cm^2/s)을 안지름 20mm인 원관을 통하여 흐름을 고속의 난류상태에서 저속으로 떨어뜨려 가면 얼마만한 유속에서 층류로 되는가?

3. 지름이 1cm인 원관에 0℃의 물이 흐르고 있다. 물의 평균속도가 1.2m/s이면 Reynolds 수는 얼마인가? 그리고 이 때 이 흐름의 상태를 판정하여라.

4. 20℃의 물이 지름 2cm인 원관 속을 흐르고 있다. 층류로 흐를 수 있는 최대의 평균유속과 유량을 구하여라.

5. 비중 0.8, 점성계수 5×10^{-3}kg$_f$ · s/m^{2}인 기름이 지름 15cm의 원관 속을 0.6m/s의 속도로 흐르고 있을 때 이 흐름은 층류인가, 난류인가?

6. 관류(管流)의 임계 R_e수가 2320일 때, 20℃의 공기의 임계속도는 몇 m/s인가? 단, 20℃때의 공기의 동점성계수는 15.01×10^{-6}St이다.

7. 너비 1m, 길이 3m인 두 평판이 5mm의 간격을 두고 평행으로 놓여 있다. 이 사이에 점성계수가 15.14P인 피마자 기름이 5 l/s씩 흐를 때 압력강하는 얼마인가?

8. 안지름 60cm의 수평원관에 유체가 흐를 때, 50m 길이에서 0.8kg$_f$/cm^{2}의 압력강하가 생겼다. 관벽에서의 전단응력은 몇 kg$_f$/m^{2}인가?

9. 내관 180mm, 길이 1260m인 관로를 통하여 점성계수 μ=0.0888kg$_f$ · s/m^2, 비중량 γ=950kg$_f$/m^{3}인 기름을 매초 0.024m^3 수송하는 데 필요한 압력을 구하여라.

제 6 장

차원해석과 상사율

실험적으로 얻은 값의 정확성 여부도 어느 완벽한 기준에 맞추기가 곤란하기 때문에 보다 만족스러운 값을 얻기 위하여는 여러 가지 실험 조건 하에서 수 없이 많은 실험을 반복함으로써 일반성을 가진 값들을 찾아내야 한다. 예를 들면, 관 속 유속의 분포를 실험적으로 관찰하기 위해서는 먼저 관의 지름을 정하고 다음에 유속을 정한다. 여기에서 관의 종류가 n종이고 속도를 m단계로 나누어 실험한다면 관의 한 위치에서만 해도 $n \times m$회의 실험을 거쳐야 한다. 그리고 실험 위치를 s번 변경하여 실시한다면 결과적으로는 $n \times m \times s$번의 실험을 거듭하여야 한다는 얘기가 된다. 이와 같이 많은 횟수의 실험을 한다는 것은 결코 쉬운 일이 아니며 설령 실험을 마쳤다 하더라도 실험결과를 정리하여 어떤 결론을 이끌어 내는 데는 많은 시간과 노력이 요구되며 자료정리가 불가능할지도 모른다. 이러한 실험 수행 과정상의 어려움은, 1차적으로 문제에 관여한 물리량을 가지고 무차원수(無次元數)를 찾아내고 이들 사이의 관계를 알아냄으로써 해결할 수 있게 된다. 이와 같이 문제에 관여한 물리량 대신 무차원수를 사용하는 이유는 물리현상에 관여하는 물리량들의 변수의 수를 줄일 수 있다는 데 있다. 이 장에서는 무차원수를 찾아내어 이들 사이의 함수관계를 유도해 내는 과정으로서의 차원해석(次元解析)에 관하여 설명하고, 모형실험에서 요구되는 상사율(相似律), 또한 Buckingham의 π정리에 대하여 알아보기로 한다.

학습목표

이 장에서는 다음의 항목들을 숙지 · 이해하고 이를 응용할 수 있도록 한다.

- 차원해석
- 상사칙(기하학적 상사, 운동학적 상사, 역학적 상사)
- 버킹햄의 Π 정리
- 레이놀즈 상사칙
- 푸루우드 상사칙

6-1 상사율(相似律)

만일 실형(實型)을 가지고 실험을 한다면 실험결과의 신뢰도는 높겠지만 반면에 시간과 돈의 낭비가 너무나 커서 실험이 어려울 경우가 많다. 그러므로 실형이 크던가 또는 제작비가 많이 소요되던가 할 경우에는 모형을 만들어 실험하여야 한다.

그런데 모형실험으로부터 얻은 결과를 실형에 적용할 수 있으려면 어떠한 법칙이 성립하여야 한다. 바로 이와 같은 경우의 구조물이나 기계들의 실물, 즉 실형을 원형(prototype)이라 하고, 원형의 성능을 예측하기 위하여 실험을 목적으로 제작한 구조물이나 기계들을 모형(model)이라 하는데, 원형과 모형 사이에 반드시 성립하여야 하는 어떤 법칙을 상사칙(相似則) 또는 상사율(相似律)이라 한다.

예를 들면 수차(水車)나 펌프에 있어서는 모형실험을 통하여 원형의 성능을 알아내며, 조선공학에서는 선박 모형을 만들어 예인 수조(towing tank)에서 선체 저항 등의 성능실험을 하고, 항공공학에서는 풍동(wind tunnel) 안에 모형을 장치하여 설계 결과를 검토하기 위한 자료를 얻는다. 또 토목공학에서는 하천이나 구조물의 신뢰성 있는 설계 자료를 얻기 위하여 모형실험을 하게 된다.

그러므로 유체역학적인 측면에서 상사율이라 함은 일반적으로 원형 흐름과 기하학적으로 상사한 경계면을 갖는 모형 흐름과의 사이에 존재하는 상사관계, 즉 운동학적 및 역학적 상사를 나타내는 법칙이라고 할 수 있다.

(1) 기하학적 상사(geometrical similarity)

원형 흐름과 모형 흐름이 기하학적(幾何學的)으로 상사(相似)한 경계면을 가질 때 이 두 흐름을 기하학적 상사 흐름이라 한다. 그러므로 기하학적 상사가 성립하는 두 흐름 사이에는 서로 대응하는 모든 길이의 비가 일정한 값을 갖는다.

[그림 6-1]과 같이 원형에는 첨자 p를, 모형에는 첨자 m을 붙여 표시하며, 길이, 면적, 체적의 비는 다음과 같이 일정한 값을 갖게 된다.

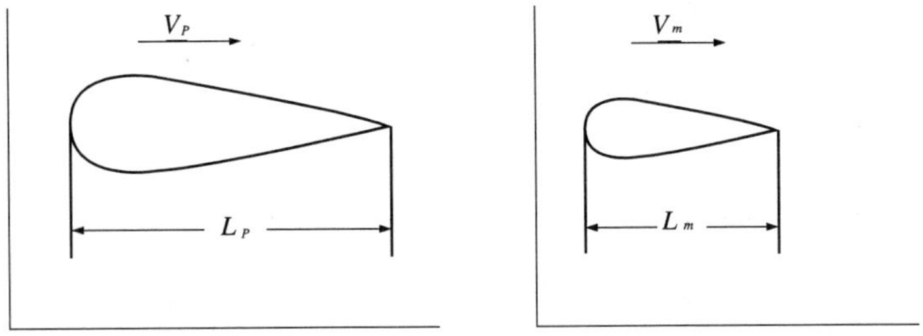

(a) 원　형　　　(b) 모　형

[그림 6-1] 원형과 모형

$$\left.\begin{aligned} &\text{길이: } \frac{L_m}{L_p}=L_r \\ &\text{면적: } \frac{L_m^{\ 2}}{L_p^{\ 2}}=L_r^2 \\ &\text{체적: } \frac{L_m^{\ 3}}{L_p^{\ 3}}=L_r^3 \end{aligned}\right\} \tag{6-1-1}$$

여기에서 L_r을 선형비(線型比, length ratio) 또는 모형비(模型比, scale ratio)라 한다.

(2) 운동학적 상사(kinematic similarity)

기하학적으로 상사인 두 유동계(流動系)에서 운동학적 물리량들, 즉 변위, 속도, 가속도 등의 비가 같을 때에 두 흐름을 운동학적 상사(運動學的 相似) 흐름이라 한다. 시간의 비가 $\frac{T_m}{T_p}=T_r$이고, $V_p=\frac{L_p}{T_p}$, $V_m=\frac{L_m}{T_m}$ 일 때 속도, 가속도 및 체적유량의 비는 다음과 같다.

$$\left.\begin{aligned} &\text{속　도: } \frac{V_m}{V_p}=\frac{L_m\cdot T_m^{\ -1}}{L_p\cdot T_p^{\ -1}}=L_r\cdot T_r^{-1} \\ &\text{가 속 도: } \frac{a_m}{a_p}=\frac{L_m\cdot T_m^{\ -2}}{L_p\cdot T_p^{\ -2}}=L_r\cdot T_r^{-2} \\ &\text{체적유량: } \frac{Q_m}{Q_p}=\frac{L_m^3\cdot T_m^{\ -1}}{L_p^3\cdot T_p^{\ -1}}=L_r^3\cdot T_r^{-1} \end{aligned}\right\} \tag{6-1-2}$$

(3) 역학적 상사(dynamic similarity)

두 유동장에서 기하학적 상사와 운동학적 상사가 이루어지고 있는 경우 모든 대응점에 작용하는 결과력(結果力)은 각 힘들, 즉 점성력, 중력, 압력 등의 방향이 같고, 또 크기의 비가 같을 때 두 흐름을 역학적 상사(力學的 相似) 유동이라 한다. 밀도의 비를 $\frac{\rho_m}{\rho_p}=\rho_r$로 표시할 때 두 유동장에 작용하는 관성력의 비는

$$\frac{F_m}{F_p}=\frac{M_m \cdot a_m}{M_p \cdot a_p}$$

$$=\frac{\rho_m \cdot L_m{}^3}{\rho_p \cdot L_p{}^3} \cdot \frac{L_m \cdot T_m{}^{-2}}{L_p \cdot T_p{}^{-2}}=\rho_r \cdot L_r{}^4 \cdot T_r{}^{-2} \qquad (6-1-3)$$

과 같이 된다.

역학적 상사에 관한 문제를 좀 더 구체적으로 설명하기 위하여 유체의 흐름에 영향을 미치는 힘, 즉 유체력들을 생각하여 본다. 이 힘들은 유체의 질량에 작용하는 것들이기 때문에 상사율을 표시하는 조건의 물리량들, 즉 ρ, V, L로 나타내면 다음과 같다.

관 성 력 : $F_I=m \cdot a=(\rho \cdot L^3) \cdot (\frac{V^2}{L})=\rho \cdot V^2 \cdot L^2$

점 성 력 : $F_\mu=\mu \cdot (\frac{du}{dy}) \cdot A=\mu \cdot (\frac{V}{L}) \cdot L^2=\mu \cdot V \cdot L$

중　 력 : $F_g=m \cdot g=(\rho \cdot L^3) \cdot g=\rho \cdot g \cdot L^3$

압 축 력 : $F_p=p \cdot A=p \cdot L^2$

탄 성 력 : $F_e=K \cdot A=K \cdot L^2$

표면장력 : $F_T=\sigma \cdot L$

원 심 력 : $F_\omega=m \cdot a=(\rho \cdot L^3) \cdot (L \cdot \omega^2)=\rho \cdot L^4 \cdot \omega^2$

진 동 력 : $F_f=m \cdot a=(\rho \cdot L^3) \cdot (\frac{L}{T^2})=\rho \cdot L^4 \cdot T^{-2}$

여기에서 이 힘들이 두 유동장에 동시에 작용한다면 역학적 상사가 성립하기 위해서는 원형과 모형에 있어서 관성력 F_I에 대한 힘들의 비가 모두 같아야 한다. 또한 이 유

체력들 가운데 원심력과 진동력은 질량과 가속도의 곱으로 정의되는 관성력과 같은 형태의 힘으로서 원심력은 원심력이 지배하는 회전체의 유동에서 언급될 수 있으며, 진동력은 유체 속에 잠겨 있는 물체의 후류(後流)에서 와동(渦動, eddy)의 상호 교환에 의한 탈락이나 물체의 진동력에 의하여 유기되는 유체력이 고려될 때 문제가 된다.

따라서 상사율을 간단히 나타내기 위해 유체력들로 무차원수를 만들면 다음과 같다.

$$\left.\begin{array}{l}
\text{Reynold 수 : } R_e=\dfrac{F_I}{F_\mu}=\dfrac{\rho\cdot V^2\cdot L^2}{\mu\cdot V\cdot L}=\dfrac{\rho\cdot V\cdot L}{\mu}=\dfrac{V\cdot L}{\nu} \\[2ex]
\text{Froude 수 : } F_r=\dfrac{F_I}{F_g}=\dfrac{\rho\cdot V^2\cdot L^2}{\rho\cdot g\cdot L^3}=\dfrac{V^2}{g\cdot L}\ \text{혹은}\ \dfrac{V}{\sqrt{g\cdot L}} \\[2ex]
\text{Euler 수 : } E_u=\dfrac{F_p}{F_I}=\dfrac{\rho\cdot L^2}{\rho\cdot V^2\cdot L^2}=\dfrac{p}{\rho\cdot V^2} \\[2ex]
\text{Cauchy 수 : } C_a=\dfrac{F_I}{F_E}=\dfrac{\rho\cdot V^2\cdot L^2}{K\cdot L^2}=\dfrac{\rho\cdot V^2}{K} \\[2ex]
\text{Weber 수 : } W_e=\dfrac{F_I}{F_T}=\dfrac{\rho\cdot V^2\cdot L^2}{\sigma\cdot L}=\dfrac{\rho\cdot V^2\cdot L}{\sigma} \\[2ex]
\text{Mach 수 : } M=\dfrac{F_I}{F_E}=\dfrac{\rho\cdot V^2\cdot L^2}{K\cdot L^2}=\dfrac{\rho\cdot V^2}{K}=\dfrac{V^2}{\dfrac{K}{\rho}}\ \text{혹은}\ \dfrac{V}{C}
\end{array}\right\}\quad(6\text{-}1\text{-}4)$$

Euler 수와 같은 성격의 무차원 변수로서 압력계수, 항력계수 및 양력계수가 있다.

$$\left.\begin{array}{l}
\text{압력계수(pressure coefficient) 수 : } C_p=\dfrac{p}{\dfrac{\rho\cdot V^2}{2}} \\[2ex]
\text{항력계수 (drag coefficient) : } C_D=\dfrac{F_D/A}{\rho\cdot V^2/2} \\[2ex]
\text{양력계수 (lift coefficient) : } C_L=\dfrac{F_L/A}{\rho\cdot V^2/2}
\end{array}\right\}\quad(6\text{-}1\text{-}5)$$

여기에서 F_D와 F_L은 각각 항력과 양력을, A는 운동방향의 수직한 면에 투영한 면적을 나타낸다.

물론, 위에서 설명한대로 유체력들이 작용하는 두 유동계에서 역학적 상사가 이루어지려면 원형과 모형 사이에서 무차원변수가 서로 같아야 함은 두 말할 나위가 없다. 그러나 실제 문제에 있어서는 모든 유체력들이 동시에 작용하는 것은 아니기 때문에 모든 무차원변수가 같아야 하는 것은 아니다. 어떤 힘은 작용하지 않을 때도 있고 또 어떤 힘은 무시할 수 있을 때도 있으며, 또는 다른 힘과 상쇄되기도 한다. 경우에 따라 다르기는 하지만 대개 1개 또는 2개의 무차원변수가 같으면 역학적으로 상사조건이 충족된다.
예를 들면 저유속의 유체 속에 놓인 익형(翼形)에 미치는 힘을 보면 표면장력은 작용하지 않고 압축성의 효과는 무시할 수 있으며 중력에 의한 힘은 유동장에 별 영향을 미치지 못한다. 다만 점성에 의한 힘만이 주요한 힘이 되기 때문에 기하학적 상사가 성립하는 경우 $(R_e)_p=(R_e)_m$만 성립하면 역학적 상사가 성립된다.

6-2 차원해석

어떤 물리현상에 관여되고 있는 물리량들을 알고 이들 물리량 사이에 존재하는 함수관계를 알지 못할 때 함수관계를 찾아내는 절차를 차원해석(dimensional analysis)이라 한다. 차원해석은 물리적 현상을 표현하는 모든 자연법칙, 즉 자연법칙을 나타내는 방정식이 차원동차(次元同次)이어야 한다는 성질, 다시 말해 방정식의 양변의 차원은 같아야 한다는 사실을 적용한 것이다.

역학에서 사용하는 차원은 1-5에서 설명한 바와 같이 질량 M, 길이 L, 시간 T와 힘 F이다. 역학에서의 모든 계(系)는 3개의 기본차원으로 정의할 수 있다. 계로서는 질량계 $[M, L, T]$와 힘의 계 $[F, L, T]$가 사용된다. 질량계에 있어서 힘은 유도 차원이고 힘계에 있어서는 질량이 유도차원이 된다. 이를테면 뉴턴의 제 2법칙을 나타내는 방정식 $F=m \cdot a$에서 F의 차원을 모른다고 하면 차원상으로

$$[F\text{의 차원}] = [m\text{의 차원}] \times [a\text{의 차원}]$$

이 성립되어야 하므로 힘 F는 $M \cdot L \cdot T^{-2}$의 차원을 가져야 함을 알 수 있다. 〈표 1-1〉에 유체역학에서 사용되는 주요한 물리량들에 대한 차원을 이미 소개하였다.

차원해석의 절차를 예를 들어 설명하기로 한다. 지금 비압축성 점성유체가 원관을 흐

를 때 생기는 압력강하, 즉 손실을 생각한다. 압력강하 Δp는 종속변수이다. 압력강하 Δp에 관여되는 물리량으로서 원관의 길이 L, 안지름 D, 유체의 평균유속 V, 밀도 ρ, 점성계수 μ, 또 원관의 벽의 표면 조도(粗度) e를 생각할 수 있다. 이들 변수 사이에 다음과 같은 함수관계가 있다고 가정한다.

$$\Delta p = h(\rho \cdot \mu \cdot V \cdot L \cdot D \cdot e) \tag{6-2-1}$$

식 (6-2-1)의 우변은 무한급수

$$\Delta p = k_1 \cdot \rho^{a^1} \cdot \mu^{b^1} \cdot V^{c^1} \cdot L^{d^1} \cdot D^{f^1} \cdot e^{g^1} + k_2 \cdot \rho^{a^2} \cdot \mu^{b^2} \cdot V^{c^2} \cdot L^{d^2} \cdot D^{f^2} \cdot e^{g^2} + \dots \tag{6-2-2}$$

로 고쳐 표시할 수 있다. 여기에서 k_1, k_2 …는 무차원의 계수이고, a_1, b_1 …, a_2, b_2 …는 무한급수 전개에서 요구되는 지수들이다. 식 (6-2-2)는 차원동차가 되어야 하므로 우변 각 항의 차원은 좌변 Δp의 차원을 가져야 한다. 그러므로 차원해석에서는 우변 제 1항의 차원만을 고려하면 충분하다. 여기서 식 (6-2-2)의 차원식을 $[M, L, T]$로서 나타내면 다음과 같이 쓸 수 있다.

$$\left[\frac{M}{L \cdot T^2}\right] = \left[\frac{M}{L^3}\right]^a \cdot \left[\frac{M}{L \cdot T}\right]^b \cdot \left[\frac{L}{T}\right]^c \cdot [\mathrm{L}]^d \cdot [\mathrm{L}]^f \cdot [\mathrm{L}]^g \tag{6-2-3}$$

여기에서 지수 a_i, b_i … 의 첨자는 생략하였다. 식 (6-2-3)에 지수법칙을 적용하면

$$[M]\,[L]^{-1} \cdot [T]^{-2} = [M]^{a+b} \cdot [L]^{-3a-b+c+d+f+g} \cdot [T]^{-b-c} \tag{6-2-4}$$

와 같이 고쳐 쓸 수 있다. 이 식이 차원동차가 되려면 지수 a, b,……는 다음 연립방정식을 만족하여야 한다.

$$\left.\begin{aligned} M &: a+b=1 \\ L &: -3a-b+c+d+f+g=-1 \\ T &: -b-c=-2 \end{aligned}\right\} \tag{6-2-5}$$

연립방정식 식 (6-2-5)는 미지수가 6개, 방정식의 수는 3개이므로 미지수 6개중 3개를 독립변수로 보고 나머지 3개의 변수를 이들 3개의 독립변수로 나타낼 수 있다. 예를

들어 b, d 및 g를 독립변수로 보고 a, c 및 f를 이들 b, d, g의 함수로 표시하면

$$\left.\begin{aligned} &a=1-b \\ &c=2-b \\ &f=-b-d-g \end{aligned}\right\} \tag{6-2-6}$$

를 얻는다. 이 때 어느 변수를 독립변수로 택하느냐 하는 것은 일정한 법칙이 없다. 그러나 여기에서 a, c, f는 다음 절에 설명할 반복변수(repeating variables)와 관계가 있음을 알아 두길 바란다. 식 (6-2-6)의 결과를 식 (6-2-2)의 우변 제 1항에 대입하면

$$\begin{aligned} &k(\rho^{1-b})(\mu^{b})(V^{2-b})(L^{d})(D^{-b-d-g})(e^{g}) \\ &= k\left(\frac{\rho \cdot V \cdot D}{\mu}\right)^{-b} \cdot \left(\frac{L}{D}\right)^{d} \cdot \left(\frac{e}{D}\right)^{g} \cdot (\rho \cdot V^2) \end{aligned} \tag{6-2-7}$$

을 얻는다. 식 (6-2-2)의 우변 각 항은 식의 성질로 보아 식 (6-2-7)의 형으로 표시될 수 있다. 그러므로 압력강하 Δp는 다음 식으로 주어진다.

$$\begin{aligned} \Delta p = &k_1\left(\frac{\rho \cdot V \cdot D}{\mu}\right)^{-b_1} \cdot \left(\frac{L}{D}\right)^{d_1} \cdot \left(\frac{e}{D}\right)^{g_1} \cdot (\rho \cdot V^2) \\ &+ k_2\left(\frac{\rho \cdot V \cdot D}{\mu}\right)^{-b_2} \cdot \left(\frac{V}{D}\right)^{d_2} \cdot \left(\frac{e}{D}\right)^{g_1} \cdot (\rho \cdot V^2) + \cdots \end{aligned}$$

즉

$$\begin{aligned} \frac{\Delta p}{\rho \cdot V^2} = &k_1\left(\frac{\rho \cdot V \cdot D}{\mu}\right)^{-b_1} \cdot \left(\frac{L}{D}\right)^{d_1} \cdot \left(\frac{e}{D}\right)^{g_1} \\ &+ k_2\left(\frac{\rho \cdot V \cdot D}{\mu}\right)^{-b_2} \cdot \left(\frac{V}{D}\right)^{d_2} \cdot \left(\frac{e}{D}\right)^{g_2} + \cdots \end{aligned} \tag{6-2-8}$$

식 (6-2-8)을 함수형으로 표시하면

$$\frac{\Delta p}{\rho \cdot V^2} = f\left(\frac{\rho \cdot V \cdot D}{\mu},\ \frac{L}{D},\ \frac{e}{D}\right) \tag{6-2-9}$$

즉

$$E_u = f\left(R_e,\ \frac{L}{D},\ \frac{e}{D}\right) \tag{6-2-10}$$

식 (6-2-10)은 원관에서의 압력강하를 무차원수만을 포함하는 함수형으로 표시한 식이다. 함수 f는 이론적 해석이나 실험에 의하여 정량적으로 얻어낼 수 있다.

위의 예에서 독립변수를 b, d, g로 택하였을 때 여기에 대응하는 무차원수로서 서로 독립하는 무차원수 E_u, R_e, $\frac{L}{D}$, $\frac{e}{D}$를 얻었다. 여기에서 서로 독립하는 무차원수라 함은 이들 무차원수 중 어느 하나도 대수(代數) 연산에 의하여 나머지 무차원수로부터 유도할 수 없다는 뜻이다(무차원수와 무차원수를 사칙연산하여도 역시 무차원수이다). 만일 독립변수를 달리 택한다면 다른 독립무차원수군을 포함하는 함수관계를 얻는다. 그러나 후자의 시행에서 얻은 무차원수군은 원관 유동에서의 압력강하를 해결하는 문제에서 요구하는 무차원수군이 아니므로 이 경우에는 대수연산에 의하여 얻어진 무차원수군으로부터 요구하는 무차원수군을 찾아내어야 한다. 예를 들면 독립변수를 b, f, g로 택하면 원관에서의 압력강하는

$$\frac{\Delta p}{\rho \cdot V^2} = h\left(\frac{\rho \cdot V \cdot L}{\mu},\ \frac{L}{D},\ \frac{e}{D}\right) \tag{6-2-11}$$

의 형으로 주어진다. 식 (6-2-11)에 나타나 있는 무차원수군, $\frac{\Delta p}{\rho \cdot V^2}$, $\frac{\rho \cdot V \cdot L}{\mu}$, $\frac{L}{D}$, $\frac{e}{D}$ 도 역시 독립무차원수군이다. 그러나 이들 무차원수들은 원관 압력강하 식에서 요구되는 무차원수가 아니므로 이들 무차원수를 가지고 사칙연산하여 요구하는 무차원수군을 찾아내어야 한다. 즉

$$\frac{\rho \cdot V \cdot D}{\mu} = \left(\frac{\rho \cdot V \cdot L}{\mu}\right) \div \left(\frac{L}{D}\right)$$

$$\frac{e}{D} = \left(\frac{e}{L}\right) \times \left(\frac{L}{D}\right)$$

따라서 식 (6-2-11)은 다음 식으로 고쳐 표시할 수 있다.

$$\frac{\Delta p}{\rho \cdot V^2} = f\left(\frac{\rho \cdot V \cdot D}{\mu},\ \frac{L}{D},\ \frac{e}{D}\right) \tag{6-2-12}$$

지금까지의 설명에서 알 수 있는 바와 같이 차원해석에서 독립변수 혹은 종속변수를 어떻게 택하느냐 하는 문제는 요구하는 결론에 어떻게 쉽게 도달할 수 있느냐의 여부를 결정하여 주는 문제이므로 매우 중요하다.

위의 예에서 문제에 관여하고 있는 물리량(변수)은 7개(Δp, ρ, μ, V, L, D, e)에 대하여 얻어진 독립무차원수는 4개(E_u, R_e, $\frac{L}{D}$, $\frac{e}{D}$)이었다. 얻어질 수 있는 독립무차원수의 개수에 대한 정리로서 Buckingham의 π정리가 있다.

예제 6-1 펌프에 필요한 동력 L은 비중량 γ, 유량 Q, 양정 H의 함수이다. 차원해석에 의하여 동력의 식을 구하여라.

풀이 $L = f(\gamma, Q, H)$

바꾸어 쓰면

$L = k \cdot \gamma^{\alpha} \cdot Q^{\beta} \cdot H^{\gamma}$ 여기서 k는 무차원 계수

차원방정식을 세우면

$M \cdot L^2 \cdot T^{-3} = [M \cdot L^{-2} \cdot T^{-2}]^{\alpha} \cdot [L^3 \cdot T^{-1}]^{\beta} \cdot [L]^{\gamma}$

$M: 1 = \alpha$

$L: 2 = -2\alpha + 3\beta + \gamma$

$T: -3 = -2\alpha - \beta$

따라서

$\alpha = 1,\ \beta = 1,\ \gamma = 1$

이들의 값을 위의 식에 대입하면

$L = k \cdot \gamma \cdot Q \cdot H$

예제 6-2 기체 속의 음파의 속도 α에 관계되는 물리량은 기체의 압력 p, 기체의 밀도 ρ, 기체의 점성계수 μ이다. 음속 a는 어떤 식으로 표시되겠는가? 단, 차원해석에 의하여 결정하여라.

풀이 $a = k \cdot p^{\alpha} \cdot \rho^{\beta} \cdot \mu^{\gamma}$ 여기서 k는 무차원계수

차원방정식을 세우면

$L \cdot T^{-1} = [M \cdot L^{-1} \cdot T^{-2}]^{\alpha} \cdot [M \cdot L^{-3}]^{\beta} \cdot [M \cdot L^{-1} \cdot T^{-1}]^{\gamma}$

양변에 대해서 M, L, T에 대한 지수방정식을 세우면

$M: 0 = \alpha + \beta + \gamma$

$L: 1 = -\alpha - 3\beta - \gamma$

$T: -1 = -2\alpha - \gamma$

따라서 α, β, γ를 구하면

$$\alpha = \frac{1}{2},\ \beta = \frac{1}{2},\ \gamma = 0$$

이들의 값을 위의 식에 대입하면

$$a = k \cdot \sqrt{\frac{p}{\rho}}$$

6-3 Buckingham의 π 정리

물리현상에 관여하는 물리량〔變數〕을 n개, 이들 물리량들의 기본차원의 개수를 m개라 할 때 물리현상을 나타내는 독립무차원수의 개수는 Buckingham의 π정리에 의하여 $n-m$개이다.

6-2의 예에서 $n=7$, 이들 변수의 기본차원은 M, L, T 혹은 F, L, T이므로 $m=3$ 따라서 독립무차원수의 개수는 $n-m=7-3=4$ 개다. 여기에서 기본차원은 M, L, T계를 사용하든 F, L, T계를 사용하든 문제가 되지 않는다. 만일 M, L, T계를 택하면 힘의 차원 $F=M \cdot \mathrm{L} \cdot \mathrm{T}^{-2}$로 계산하고, 또 F, L, T계를 택하면 질량의 차원 $M=F \cdot T^2 \cdot L^{-1}$로 계산하면 된다.

Buckingham의 π정리를 식으로 요약하면 다음과 같이 나타낼 수 있다. 물리현상에 관여하는 필요 불가결한 모든 물리량(변수)을 안다고 가정할 때 x_1, x_2, x_3, ……, x_n을 필요 불가결한 물리량(압력, 속도, 점성계수 등)이라 하면 이들 물리량 사이에는 다음과 같은 함수관계가 존재하여야 한다.

$$F(x_1,\ x_2,\ x_3,\ \ldots\ldots,\ x_n)=0 \tag{6-3-1}$$

만일 π_1, π_2, π_3, ……, π_{n-m}을 x_1, x_2, x_3, ……, x_n으로부터 얻어지는 무차원수(무차원량 π)군이라 하면 함수관계 식 (6-3-1)은 다음과 같은 형으로 표시할 수 있다.

$$h(\pi_1,\ \pi_2,\ \pi_3,\ \ldots\ldots,\ \pi_{n-m})=0 \tag{6-3-2}$$

이것이 넓은 의미의 π정리이다.

π정리에 의하여 독립무차원수 π의 개수 $(n-m)$을 알더라도 각 π의 꼴이 어떤 형태인가는 미정이다. 일반적으로 경험적 사실에 기초를 두어 그 형태를 차원적으로 결정하게 되는데 이를 다음과 같이 설명하기로 한다.

(i) 물리량(변수) 중 동일차원을 갖는 변수(물리량)가 있으면 동일차원의 변수 중 대표 물리량이 될 수 있는 변수와의 비를 무차원수 π로 놓는다. 동일차원의 변수가 δ개 있으면 무차원수는 π_1, π_2, ……, $\pi_{\delta-1}$이다. 따라서 식 (6-3-1)은 다음의 형태로 바꾸어 쓸 수 있다.

$$F(x_1,\ x_2,\ \ldots\ldots,\ x_{n-\delta+1},\ \pi_1,\ \pi_2,\ \pi_3,\ \ldots\ldots,\ \pi_{\delta-1})=0 \qquad (6\text{-}3\text{-}3)$$

(ii) $n-\delta+1$개의 변수(물리량) x_1, x_2, ……, $x_{n-\delta+1}$중에서 서로 차원이 다르고 또 m개의 기본차원을 포함하는 변수 m개를 선정하여 반복변수(repeating variables)로 한다. 종속변수(구하고자 하는 물리량)는 반복변수로 놓아서는 안 된다.

(iii) m개의 반복변수를 x_i, x_j, x_k(m=3이라 가정한다)라 할 때 무차원수 π를 다음과 같이 놓는다.

$$\begin{aligned}
\pi_\delta &= x_i^{a\delta}\cdot x_j^{a\delta}\cdot x_k^{c\delta}\cdot x_1 \\
\pi_{\delta+1} &= x_i^{a\delta+1}\cdot x_j^{a\delta+1}\cdot x_k^{c\delta+1}\cdot x_2 \qquad (6\text{-}3\text{-}4)\\
&\ \vdots \\
\pi_{n-m} &= x_i^{a_{n-m}}\cdot x_j^{a_{n-m}}\cdot x_k^{c_{n-m}}\cdot x_n
\end{aligned}$$

식 (6-3-4)의 좌변은 무차원이므로 차원동차성의 원리에 의하여 우변의 지수가 0이 되도록 a, b, c를 계산하면 $n-m$개의 독립무차원수 군(群)을 얻을 수 있다. 식 (6-3-4)로부터 지수 a, b, c를 계산하는 방정식은 연립방정식이라는 것을 알 수 있다.

(iv) 반복변수는 선정을 위한 법칙은 없으나 일반적으로 다음과 같은 요령으로 정한다. 기하학적 상사를 고려할 때 x_i는 길이 L 또는 지름 D로, 운동학적 상사를 고려할 때 x_j는 속도 V 또는 가속도 a로, 또 역학적 상사를 고려할 때 x_k는 액체의 밀도 ρ 또는 비중량 γ로 한다. 그러므로 x_1, x_2, ……, x_n는 반복변수를 제외한 나머지 물리량 가운데서 택하면 된다. 따라서 그 개수는 $(n-m)$이며 m=3, 즉 $(n-3)$이 된다.

예제 6-3 어떤 흐름을 해석하는 데 관계되는 변수는 6개이다. 기본 차원을 M, L, T로 할 때 Buckingham의 π 정리로서 해석한다면 몇 개의 π를 얻는가?

풀이 수 n=6, 기본차원의 개수 m=3 이므로 π정리에 의하여 독립무차원 매개변수는

$n-m=6-3=3$(개)

예제 6-4 어떤 물리량의 함수관계가 $F(\nu, a, L, t, V)=0$로 주어졌을 때 독립무차원 매개변수 π는 몇 개인가? 단, ν는 동점성계수, a는 가속도, L은 길이, t는 시간, V는 속도이다.

풀이 물리량(변수)는 n=5 이며 주어진 변수들의 차원을 구하면 $[\nu]=[L^2 \cdot T^{-1}]$, $[a]=[L \cdot T^{-2}]$, $[L]=[L]$, $[t]=[T]$, $[V]=[L \cdot T^{-1}]$ 이므로 여기에서 기본차원은 L과 T즉 m=2 임을 알 수 있다. 따라서 π의 정리에 의하여 매개변수 π의 개수는

$n-m=5-2=3$(개)

예제 6-5 원관 속의 흐름과 관계되는 물리량은 아래 표와 같다. π 정리에 의하여 관계식을 만들어라.

〈표 6-1〉

변수	기호	차원	변수	기호	차원
관의 길이	l	L	점성계수	μ	$ML^{-1}T^{-1}$
압력차	p	$ML^{-1}T^{-2}$	평균유속	V	LT^{-1}
유체의 밀도	ρ	ML^{-3}	관의 지름	D	L

풀이 무차원량의 개수 = $n-m=6-3=3$ 그러므로 반복변수는 $x_i=D$, $x_j=V$, $x_k=\rho$로 정한다. 따라서 남은 물리량(변수)은 p, μ, l의 3개이므로 π는

$$\pi_1=\frac{p}{D^{a1}\cdot V^{b1}\cdot \rho^{c1}}$$

$$\pi_2 = \frac{\mu}{D^{a2} \cdot V^{b2} \cdot \rho^{c2}}$$

$$\pi_3 = \frac{l}{D^{a3} \cdot V^{b3} \cdot \rho^{c3}}$$

가 된다. 각 π가 무차원량이 되도록 a, b, c를 결정한다. π_1의 식에서

$$p = \pi_1 \cdot D^{a1} \cdot V^{b1} \cdot \rho^{c1} \tag{a}$$

이것을 주어진 차원에 의하여 표시하면

$$[M \cdot L^{-1} \cdot T^{-2}] = [L]^{a1} \cdot [L \cdot T^{-1}]^{b1} \cdot [M \cdot L^{-3}]^{c1}$$
$$= M^{c1} \cdot L^{a1+b1-3c1} \cdot T^{-b1}$$

$\therefore M : 1 = c1$

$L : -1 = a1 + b1 - 3c1$

$T : -2 = -b1$

따라서 $c1=1$, $b1=2$, $a1=0$ (b)

(b)의 값을 (a)에 대입하면

$$\pi_1 = \frac{p}{\rho \cdot V^2} \tag{c}$$

마찬가지 방법으로 하면

$$\pi_2 = \frac{\mu}{\rho \cdot D \cdot V}, \quad \pi_3 = \frac{l}{D} \tag{d}$$

여기에서 (c)와 (d)를 종합하면 구하는 관계식은 다음과 같이 된다.

$$F\left(\frac{p}{\rho \cdot V^2}, \frac{\mu}{\rho \cdot D \cdot V}, \frac{l}{D}\right) = 0$$

6-4 차원해석의 물리적 의미와 상사율의 응용

여기에서는 유체역학에서 많이 응용되는 무차원수들에 대한 물리적 의미와 이들 무차원수에 관계하는 상사율을 예시하고 그 실제의 적용 예로서 선박의 상사율에 관하여 알아보기로 한다.

(1) Reynolds 수(Reynolds number)

Reynolds 수 $\dfrac{\rho \cdot V \cdot L}{\mu}$ 은 점성력에 대한 관성력의 비로 정의한다. Reynolds 수는 점성력이 주로 작용하는 유동모형에서 매우 중요한 의미를 갖는다. 실형(원형)과 모형유동 사이에

$$(R_e)_p=(R_e)_m \text{ 혹은 } \left[\frac{\rho \cdot V \cdot L}{\mu}\right]_p=\left[\frac{\rho \cdot V \cdot L}{\mu}\right]_m \tag{6-4-1}$$

이 성립하면 두 유동은 상사를 이룬다. 이 관계를 Reynolds의 상사법칙이라 말하고, Reynolds의 상사법칙이 성립하는 모형을 Reynolds 모형(Reynolds model)이라 한다. 유로 내에서의 마찰손실, 비행체의 양력과 항력, 비압축성 유동장에 놓인 물체에 작용하는 항력, 비압축성과 압축성 유동에서의 경계층 문제 등은 Reynolds 모형이다. 압축성 유체의 유동이라 할지라도 Mach 수가 0.3까지는 압축성의 영향이 무시되므로 기체 흐름의 점성에 관한 문제는 Reynolds 모형으로 취급할 수 있다. Mach수가 0.3을 넘으면 기체 흐름에서는 압축성의 영향을 받게 된다. 이 때에는 적당한 모형을 선정하여야 한다. 다시 말하자면 Mach수를 고려하여 모형실험을 하여야 한다.

경계층 문제에 있어서 실형과 모형 주위에 발생하는 난류경계층이 상사하기 위하여는 표면 조도(粗度)도 기하학적으로 상사하여야 함은 물론, 자유유동의 난류 정도도 같아야 한다. 그러므로 비록, Reynolds수가 같다 하더라도, 잔잔한 공기 속을 비행체가 나르는 것과, 큰 풍동(wind tunnel) 속에 같은 비행체를 넣고 공기를 동일풍속으로 불어 넣는 것과는 조건이 다르다. 따라서 경계층 천이(遷移, boundary layer transition)도 실형과 모형에서 동일하게 일어날 수 없다. 잔잔한 공기 속을 비행할 때가 풍동에서 보다 층류경계층 부분이 많다. 항력은 난류경계층에 대한 것이 층류경계층에 대한 것보다 크므로, 풍동 속에 놓인 비행체에 작용하는 항력이 잔잔한 공기 속을 나르는 비행체에 작용하는 것보다 크다. 그러나 비행체를 풍동 속에서 모형실험을 할 때에는 유동현상을 실형과 최대한으로 상사시켜 풍동실험으로부터 상사율을 찾아내야 한다.

(2) Froude 수(Froude number)

Froude 수 $\dfrac{V^2}{g \cdot l}$ 또는 $\dfrac{V}{\sqrt{g \cdot l}}$ 는 중력에 대한 관성력의 비(比)로 정의된다. 자유표면을 갖는 유동문제를 다룰 때에는 액체의 자유표면에 발생하는 파형이 매우 중요하다. 자

유표면에 있는 액체입자들이 어떠한 원인에서 연직방향으로 동요되면 중력은 동요된 액체입자들을 원상태로 복원시키려는 힘을 작용하게 한다. 그러므로 중력은 파형성(波形成)의 원인이 되는 힘이다. 따라서 자유표면을 갖는 유동은 Froude수와 밀접한 관계를 갖는다.

Froude수는 수차(水車), 선박의 파고 저항(波高低抗, wave drag), 항구의 조수(潮水) 모형시험, 조파(造波) 현상, 강의 모형시험, 수력도약 등 자유표면을 갖는 모형 실험에 있어서 매우 중요한 무차원수이다. 선박이 바다를 항해할 때 받는 항력은 압력항력(pressure drag), 표면마찰력(skin fric-tion), 파고항력(wave drag)이 복잡하게 합성되어 작용한다. 이 중에서 파고항력과 표면마찰력이 서로 복합해서 작용한다. 표면 마찰력은 점성마찰에 기인하므로 모형실험으로부터 표면마찰력을 계산할 때에는 Reynolds의 상사율과 항력계수로 계산할 수 있다. 즉

$$\left[\frac{\rho \cdot V \cdot l}{\mu}\right]_m = \left[\frac{\rho \cdot V \cdot l}{\mu}\right]_p, \quad \left[\frac{F_D}{\rho \cdot V^2 \cdot l^2}\right]_m = \left[\frac{F_D}{\rho \cdot V^2 \cdot l^2}\right]_p \tag{6-4-2}$$

을 연립해서 $(F_D)_p$를 계산한다. 파고항력도 Froude의 상사율과 항력계수를 연립해서 얻는다. 그러나 선박에 작용하는 항력은 표면마찰과 파고저항이 복합하게 작용하므로 실형과 모형이 역학적 상사가 이루어지려면 Reynolds의 상사율과 Froude의 상사율이 동시에 충족되어져야 한다. 그러므로 다음 두 연립방정식이 동시에 만족되게 시험액체의 점성계수와 상사비를 선정하여야 한다.

Reynolds의 상사율

$$\left[\frac{\rho \cdot V \cdot l}{\mu}\right]_p = \left[\frac{\rho \cdot V \cdot l}{\mu}\right]_m \tag{6-4-3a}$$

Froude의 상사율

$$\left[\frac{V}{\sqrt{g \cdot l}}\right]_p = \left[\frac{V}{\sqrt{g \cdot l}}\right]_m \tag{6-4-3b}$$

지구상에서 시험하므로 실형에서나 모형에서 g는 같다. 이들 두 식으로부터 V를 소거하면

$$\frac{\mu_p/\rho_p}{\mu_m/\rho_m} = \frac{\nu_p}{\nu_m} = \frac{l_p}{l_m} \tag{6-4-4}$$

를 얻는다. 식 (6-4-4)는 배의 모형실험에서 역학적 상사가 성립하려면 모형비와 액체의 점성계수 사이에는 반드시 어떠한 관계, 즉 식 (6-4-4)와 같은 관계가 이루어져야 한다는 것을 의미하고 있다. 만일 실형과 모형에서 동일한 액체를 사용한다면 실형과 모형의 크기가 같아야 한다. 또 공학에서 식 (6-4-4)를 만족할 수 있는 액체를 값싸게 얻기란 힘든 일이다. 이러한 이유에서 공학자는 다음과 같은 순서를 밟아 항력을 계산한다. 먼저 조파수조(造波水槽)에서 모형배에 작용하는 전항력을 측정한다. 다음에 수조의 파고를 없애고 잔잔한 상태에서 모형배에 작용하는 표면마찰력을 측정하여 전항력으로부터 이것을 뺀다. 뺀 나머지 항력은 파고항력(波高抗力)에 해당하므로 Froude의 상사율과 항력계수로부터 실형에 작용하는 파고항력을 계산한다. 다음에 모형에서 측정한 표면마찰력으로부터 Reynolds의 상사율과 항력계수를 연립해서 실형에 작용하는 표면마찰력을 계산하여 파고항력에 가산한다. 합해서 얻어진 총항력이 실형에 작용될 전항력이다.

(3) Mach 수(Mach number)

Mach 수는 탄성력에 대한 관성력의 비로 정의한다. 유체 속에서 발생한 압력파의 전파속도(음속) $C=\sqrt{\dfrac{E}{\rho}}$ (E는 유체의 체적 탄성계수)이므로 식 (6-1-4)에 의하여 Mach수는 $M=\dfrac{V}{C}$ 와 같이 표시할 수 있다. 또 Mach수를 제곱하고 $\left(\dfrac{V^2}{C^2}\right)$, 분모분자에 각각 $\dfrac{\rho \cdot A}{2}$ 를 곱하면 분자는 유체가 속도 V로 운동할 때 갖는 동적 힘(dynamic force), 분모는 음속으로 운동할 때 유체가 갖는 동적 힘이 된다. 또 Mach수는 운동하는 유체의 내부 에너지에 대한 운동 에너지의 비라고도 말할 수 있다. 속도가 음속에 가까울 때 또는 음속 이상인 흐름에서 Mach수는 매우 중요한 무차원수가 된다. 여기에서, 기타 무차원의 수들에 대하여는 생략하기로 하고 필요한 사람은 참고문헌을 참조하기 바란다.

(4) 선박의 상사율

운반중인 선박에 미치는 바닷물의 전항력은 표면마찰저항과 조파저항으로 조성되는데, 전저항에서 전저항의 약 반을 차지하는 마찰저항을 뺀 나머지를 잉여저항(residual resistance)이라 한다. 이것은 조파저항(wave making resistance), 조와(造渦)저항(eddy making resistance) 및 공기저항으로 이루어지지만, 조파저항이 이들의 대부분을 차지하므로, 전저항을 마찰저항과 조파저항으로 대별하여 기술한다. 마찰저항은 R_e수의 함수이지만, 조파저항은 F_r수의 함수로서, 이 두 가지는 서로 다른 것이다. 지금 Reynolds와 Froude의 상사칙에 의한 항력계수를 각각 C_f와 C_w, 전저항계수를 C_D라 하면,

$$C_D = \phi(R_e) + \phi(F_r) = C_f + C_w \tag{6-4-5}$$

으로 표시된다. 이것은 선체의 침수면적을 A라 할 때

$$D_r = C_D \frac{\gamma}{2g} V^2 \cdot A = (C_f + C_w) \cdot \frac{\gamma}{2g} \cdot V^2 \cdot A \tag{6-4-6}$$

이 되는 것으로 보아 알 수 있다. 실물의 선박과, 이것과 상사한 모형 사이에

$$(R_e)_p = (R_e)_m,\ (F_r)_p = (F_r)_m$$

을 동시에 성립시킬 수 없다. 왜냐하면, 만일 동시에 위의 두 식이 성립한다면,

$$\left(\frac{V \cdot l}{\nu}\right)_p = \left(\frac{V \cdot l}{\nu}\right)_m$$

$$\left(\frac{V}{\sqrt{l \cdot g}}\right)_p = \left(\frac{V}{\sqrt{l \cdot g}}\right)_m$$

이 동시에 성립하는 것이 된다. 그런데 실제로는 실물과 모형이 다같이 물에 띄워서 실험을 하기 때문에, 동점성계수 ν와 중력의 가속도 g는 동일하다. 따라서

$$(V \cdot l)_p = (V \cdot l)_m$$

$$\left(\frac{V}{\sqrt{l}}\right)_p = \left(\frac{V}{\sqrt{l}}\right)_m$$

이 동시에 성립하지 않으면 안 되기 때문에 이 두 식은 동시에 성립할 수 없다. 즉 Froude의 상사칙이 성립하는 경우에는

$$\left(\frac{V^2 \cdot l^2}{l^3}\right)_p = \left(\frac{V^2 \cdot l^2}{l^3}\right)_m \quad \therefore (V^2 \cdot l^2)_p = (V^2 \cdot l^2)_m \cdot \left(\frac{l_p}{l_m}\right)^3$$

이 되어 Reynolds의 상사칙이 성립되지 않게 된다.

실제 모형 실험에서 실물의 저항을 구하자면 조파의 상태를 같게 하고, 즉 조파저항계수를 같게 하며 $[(C_w)_p=(C_w)_m]$, 이어 F_r수가 같게 되도록 $[(F_r)_p=(F_r)_m]$하여 다음과 같은 차례로 실험한다.

(i) 모형의 C_{Dm}을 실험에서 구한다. 이와는 별도로 C_{fm}을 평판마찰에 관한 식에서 계산으로 구한다.

(ii) 모형의 C_{wm}은 $C_{Dm}-C_{fm}$에서 구한다.

(iii) 실물의 V_p에서 실물의 R_e수가 정하여지고, 이것으로부터 C_{fp}가 구하여진다.

(iv) 실물의 C_{fp}와 $C_{wp}(= C_{wm})$에서 $(C_{Dp}+ C_{wp})$가 정하여지고, 전저항 $(C_D = \frac{\gamma}{2g} \times V^2 \cdot A)_p$가 구하여진다.

예제 6-6 안지름이 ϕ 812인 실물의 원관 속을 20℃, 760mmHg인 공기가 평균속도 1.8 $\frac{\mathrm{m}}{\mathrm{s}}$로 흐르고 있다. 이 관속의 흐름의 상태를 조사하기 위하여 안지름 ϕ75인 모형을 사용하여 물을 흐르게 하려고 한다. 물의 평균속도는 얼마로 하면 되는가?

풀이 역학적 상사 흐름이 되기 위하여는 Reynolds의 상사칙이 성립해야 하므로

$$\left(\frac{D_1 \cdot V_1}{\nu_1}\right)_m = \left(\frac{D_2 \cdot V_2}{\nu_2}\right)_p$$

$$\therefore\ V_1 = V_2\left(\frac{D_2}{D_1}\right) \cdot \left(\frac{\nu_1}{\nu_2}\right)$$

$$= 1.8 \times \left(\frac{0.812}{0.075}\right) \cdot \left(\frac{1.003 \times 10^{-6}}{1.422 \times 10^{-5}}\right)$$

$$=1.375\left[\frac{\mathrm{m}}{\mathrm{s}}\right]$$

예제 6-7 잠수함이 12 $\frac{\mathrm{km}}{\mathrm{h}}$의 속도로 잠항하는 상태를 관찰하기 위하여 실물의 $\frac{1}{10}$의 길이의 모양을 만들어 같은 해수를 넣은 탱크 안에서 실험하려고 한다. 모형의 속도는 몇 $\frac{\mathrm{km}}{\mathrm{h}}$인가?

풀이 이 경우에는 실물과 모형 사이에 Reynolds의 상사칙이 성립하므로

$$\left(\frac{V \cdot l}{\nu}\right)_p = \left(\frac{V \cdot l}{\nu}\right)_m$$

따라서

$$\frac{12l_p}{\nu} = \frac{V_m \cdot \frac{l_p}{10}}{\nu} \qquad \therefore\ V_m = 120\frac{\text{km}}{\text{h}}$$

예제 6-8 원심펌프로 기름을 압송하고 있다. 이 펌프의 회전속도는 1200rpm이고 기름의 동점성계수는 $9 \times 10^{-4}\ \frac{\text{m}^2}{\text{s}}$ 이다. 이 원심펌프의 모형을 만들어 20℃의 공기로 모형시험을 하려고 한다. 모형펌프의 지름을 원형의 3배로 하였을 때 모형펌프의 회전수를 구하여라.

풀이 이 문제의 경우에 역학적 상사가 이루어지려면 원형과 모형 사이에 Reynolds 상사칙이 성립한다. 즉

$(R_e)_p = (R_e)_m$

또 속도는 회전차의 원주선 속도를 사용하여야 하고, 각속도를 ω라 하면 선속도는 $\gamma \cdot \omega$

$$\left(\frac{\frac{d}{2}\ \omega \cdot d}{9 \times 10^{-4}}\right)_p = \left(\frac{\frac{3d}{2} \times 2\omega \times 3d}{1.56 \times 10^{-4}}\right)_m$$

$\therefore\ \omega_p = 52\omega_m$

따라서 모형펌프의 회전수는

$$\frac{1200}{52} \fallingdotseq 23\ [\text{rpm}]$$

예제 6-9 길이 2.5m의 모형선이 물 위를 $2\frac{\text{m}}{\text{s}}$의 속도로 항진할 때 49N의 조파저항을 받는다. 길이 40m인 실물의 배가 이것과 상사인 조파상태로 항진하게 하려면 실물의 속도를 얼마로 하여야 하는가?

풀이 조파저항은 주로 중력에 의해 좌우되므로 Froude의 상사칙이 성립하면 된다. 즉

$$\left(\frac{V}{\sqrt{l \cdot g}}\right)_p = \left(\frac{V}{\sqrt{l \cdot g}}\right)_m$$

따라서 실물의 속도는 $g_p = g_m$ 이므로

$$V_p = V_m \sqrt{\frac{l_p \cdot g_p}{l_m \cdot g_m}} = V_m \sqrt{\frac{l_p}{l_m}} = 2\sqrt{\frac{40}{2.5}} = 8 \left[\frac{\text{m}}{\text{s}}\right]$$

예제 6-10 개수로(開水路)에 weir를 설치하여 유량을 측정한 결과 600 $\frac{\text{m}^2}{\text{s}}$ 이었다. 1:15의 비로 축소된 모형개수로를 만들고저 한다. 역학적 상사를 만족시키려면 모형에서의 유량은 얼마나 되어야 하는가? 단, 이 때 weir에서의 마찰효과는 무시한다.

풀이 이 문제는 Froude의 상사칙이 성립하면 역학적 상사가 성립하게 된다.

즉, $F_p = F_m$

따라서

$$\left(\frac{V^2}{l \cdot g}\right)_p = \left(\frac{V^2}{l \cdot g}\right)_m$$

그런데, $Q = A \cdot V \quad \therefore V = \frac{Q}{l^2}$

이것을 윗식에 대입하면

$$\left(\frac{Q}{l^2\sqrt{l \cdot g}}\right)_p = \left(\frac{Q}{l^2\sqrt{l \cdot g}}\right)_m \text{ 또는 } \left(\frac{Q}{l^{\frac{5}{2}} g^{\frac{1}{2}}}\right)_p = \left(\frac{Q}{l^{\frac{5}{2}} g^{\frac{1}{2}}}\right)_m$$

$$\therefore Q_m = 600 \times \left(\frac{1}{15}\right)^{\frac{5}{2}} = 0.689 \left[\frac{\text{m}^3}{\text{s}}\right]$$

예제 6-11 물 위를 2 $\frac{\text{m}}{\text{s}}$ 의 속도로 항진하는 길이 2.5 m인 모형선에 작용하는 조파저항이 49 N이다. 길이 40 m인 실물선을 이것과 상사인 조파상태에서 또 해상에서 항진시킬 때 몇 N의 조파저항이 발생하는가? 단, 해수의 비중량 $\gamma_p = 10045 \frac{\text{N}}{\text{m}^3}$ 로 한다.

풀이 실물의 속도는

$$V_p = V_m \cdot \sqrt{\frac{l_p}{l_m}} = 2\sqrt{\frac{40}{2.5}} = 8 \left[\frac{\text{m}}{\text{s}}\right]$$

실물의 조파저항 F_p와 모형의 조파저항 F_m과의 비를 구하면

$$\frac{F_p}{F_m}=\frac{C_{wp}\cdot\frac{\gamma_p}{2g}\cdot V_p^2\cdot A_p}{C_{wm}\cdot\frac{\gamma_m}{2g}\cdot V_m^2\cdot A_m}=\frac{C_{wp}\cdot\gamma_p\cdot V_p^2\cdot l_p^2}{C_{wm}\cdot\gamma_m\cdot V_m^2\cdot l_m^2}$$

상사에서의 조파상태이므로 조파항력계수는 같다. 즉

$C_{wp}=C_{wm}$

$$\therefore\ \frac{F_p}{F_m}=\frac{\gamma_p\cdot V_p^2\cdot l_p^2}{\gamma_m\cdot V_m^2\cdot l_m^2}=\frac{10045\times8^2\times40^2}{9800\times2^2\times2.5^2}=4200$$

$\therefore\ F_p=4200\times F_m=4200\times49=205800$ [N]

예제 6-12 20℃의 표준대기에서 M=3으로 날으는 미사일을 $\frac{1}{10}$ 모형으로 만들어 -40℃의 풍동에서 모형실험을 한다. 풍동에서 실험하여야 할 속도는 얼마인가? 또 실형미사일의 비행속도는 얼마인가?

풀이 초음속운동이므로 탄성력과 관성력이 지배한다. 따라서 마하수가 같아야 상사칙이 성립하므로 $M_p=M_m$

$$\therefore\ \left(\frac{V}{C}\right)_p=\left(\frac{V}{C}\right)_m$$

대기 중에서의 음속은 압력파의 형성이 가역단열 과정이라고 하면 $E=k\cdot p$이므로

$$C=\sqrt{\frac{E}{\rho}}=\sqrt{\frac{kp}{\rho}}=\sqrt{k\cdot R\cdot T}$$

따라서

$$\therefore\left(\frac{V}{\sqrt{k\cdot R\cdot T}}\right)_m=\left(\frac{V}{\sqrt{k\cdot R\cdot T}}\right)_p=3$$

$$\therefore\ V_m=3\cdot\sqrt{k\cdot R\cdot T}=3\sqrt{1.4\times287.1\times(273-40)}=918\left[\frac{\text{m}}{\text{s}}\right]$$

$$V_p=3\sqrt{1.4\times287.1\times(273+20)}=1030\left[\frac{\text{m}}{\text{s}}\right]$$

이 장에서 기억해야 할 주요 관계식

- $R_e = \dfrac{\text{관성력}}{\text{점성력}} = \dfrac{\rho \cdot V \cdot L}{\mu} = \dfrac{V \cdot L}{\nu}$

- $F_r = \dfrac{\text{관성력}}{\text{중력}} = \dfrac{V}{\sqrt{g \cdot L}}$

- $E_r = \dfrac{\text{압력}}{\text{관성력}} = \dfrac{p}{\rho \cdot V^2}$

- $C_a = \dfrac{\text{관성력}}{\text{탄성력}} = \dfrac{\rho \cdot V^2}{K}$

- $W_e = \dfrac{\text{관성력}}{\text{표면장력}} = \dfrac{\rho \cdot V^2 \cdot L}{\sigma}$

- $M_a = \dfrac{\text{관성력}}{\text{탄성력}} = \dfrac{\rho \cdot V^2}{K} = \dfrac{V}{C}$

- Reynolds 의 상사율 :

  $\left(\dfrac{\rho \cdot V \cdot L}{\mu}\right)_p = \left(\dfrac{\rho \cdot V \cdot L}{\mu}\right)_m$ 즉 $(R_e)_p = (R_e)_m$

- Froude 의 상사율 :

  $\left(\dfrac{V}{\sqrt{g \cdot L}}\right)_p = \left(\dfrac{V}{\sqrt{g \cdot L}}\right)_m$

연습문제

1. 길이 l, 지름 d인 원관 속을 밀도 ρ, 점성계수 μ인 유체가 속도 V로써 흐를 때 유량 Q는 다음과 같이 됨을 차원해석으로 구하여라.

2. 속도 V인 등속류 속에 놓인 물체가 받는 항력 D_r은 유체의 밀도 ρ, 유속 V, 점도 μ 및 물체의 길이 l 및 물체의 기준면적 A의 함수이다. 차원해석에 의하여 관계식을 구하여라.

3. 선박의 조파저항 D의 실험식을 구하여라. 단, D는 유체의 밀도 ρ, 선체의 배수체적 Q, 속도 V, 중력의 가속도 g와 관계가 있다. 차원해석에 의하여 D의 관계식을 구하여라.

4. 선박의 나사 프로펠러(screw propeller)의 추진력 P에 관한 식을 π정리로 구하여라. 관계되는 양은 다음 표와 같다.

변수	기호	차원	변수	기호	차원
추진력	P	MLT^{-2}	중력의 가속도	g	LT^{-2}
프로펠러의 지름	D	L	유체의 밀도	ρ	ML^{-3}
추진 속도	V	LT^{-1}	유체의 동점성계수	υ	L^2T^{-1}
단위시간당의 회전수	N	T^{-1}			

5. 물 속을 초속 2.0m로 헤엄치는 길이 60cm인 고기에 대한 실험을, 동점도(動粘度)가 물의 12배인 기류 속에서 길이 40cm인 모형으로 하자면, 기류의 속도는 얼마로 하여야 하는가?

6. 안지름이 75mm 인 관 속을 30℃인 물이 평균유속 15cm/s 로 흐르고 있다. 안지름 25mm 인 관에 피마자 기름(30℃, 동점성계수 $4.5 \times 10^{-4}m^2/s$)이 흐를 때 피마자 기름의 유속이 얼마이면, 두 흐름이 역학적으로 상사(相似)가 되는가?

7. 대기 속을 30m/s 의 속력으로 날고 있는 비행기의 상태를 알기 위하여 그 크기의 $\frac{1}{5}$ 모형을 만들었다. (a) 풍동(風洞) 실험을 할 때 풍동 내의 모형에 대한 공기의 속도는 몇 m/s 로 하여야 하는가? (b) 물 탱크 안에서 실험할 때 물탱크 내의 모형에 대한 물의 속도는 몇 m/s 로 하여야 하는가? 단, 공기 및 물의 동점성계수는 각각 $0.15cm^2/s$, $0.010cm^2/s$ 이다.

8. 전장(全長) 150m 의 배가 8.0m/s 의 속도로 진행할 때의 조파저항을 전장 3m 의 모형으로 실험할 때, 모형의 속도는 몇 m/s 로 하여야 하는가?

제 7 장

관류와 유체마찰

공업용 관로, 가스관이나 수도관 등의 관 속을 유체가 흐르는 것을 보면, 대부분이 난류이다. 층류에서 흐름의 속도분포나 압력손실은 이론적으로 구할 수 있으나, 난류인 경우에는 흐름의 상태가 복잡하여 속도분포나 압력손실은 거의 실험적으로 구한다. 이들 실험계수가 Reynolds수에 의하여 체계화되기 때문에 이것을 바탕으로 하여 관로의 난류와 점성으로 인한 유체마찰(流體摩擦)을 설명하기로 한다.

학습목표

이 장에서는 다음의 항목들을 숙지 · 이해하고 이를 응용할 수 있도록 한다.

- 원관속의 난류의 전단응력
- 관마찰 계수
- Darcy-Weisbach의 식
- Moody 선도
- 경계층
- 경계층의 박리
- 층류저층

7-1 Reynolds의 응력

[그림 7-1]과 같이 난류의 2차원 흐름을 생각한다. 흐름이 난류일 때는 유체입자가 불규칙으로 헝클러지면서 흐르게 되므로, 각 점에 있어서 속도는 시간적으로 불규칙하게 변동한다. 지금 난류가 2차원의 흐름으로서 평균속도는 x축에 평행일 때를 생각한다.

이 때 흐름 속에 어느 점의 속도는 시간적으로 [그림 7-2]에 표시한대로 변동하는 것으로 생각한다. 여기에서 x방향의 속도의 순간속도 u를 시간적 평균값 $\bar{u}$와 변동속도 u'와의 합의 모양으로 이루어진다고 보아 다음과 같이 나타낸다.

$$u = \bar{u} + u' \cdot u = \bar{u} + v'$$

여기에서

$$\bar{u} = \frac{1}{T}\int_0^T u \cdot dt,\ \bar{u}' = \frac{1}{T}\int_0^T u' dt = 0$$

이다. 또 y방향(주류의 직각방향)에 대한 속도의 순간속도를 v로 한다면 v의 시간적 평균값은 $\bar{v}$=0로서 변동속도 v'뿐이므로

$$v = v'$$

$$\bar{v}' = \frac{1}{T}\int_0^T v' \cdot dt = 0$$

로 나타낼 수가 있다.

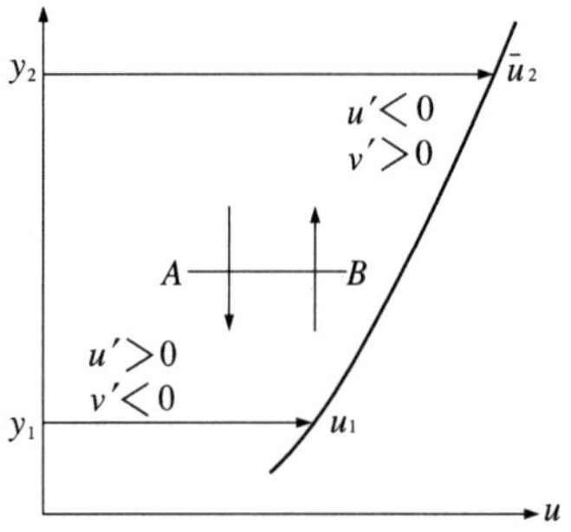

[그림 7-1] 난류의 헝클림 작용

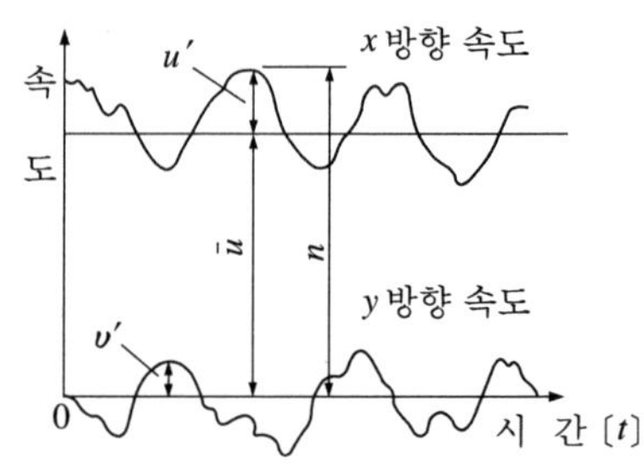

[그림 7-2] 변동속도

지금 [그림 7-3]에 표시한 바와 같이 유체 중의 임의의 위치에서 x축에 평행한 단위면적을 잡아서 생각한다. 이 평면을 단위시간에 y방향으로 통과하는 유체의 질량은 $\rho v'u$이다. 따라서 평면을 통과하는 전후에 있어서 운동량의 x방향의 성분이 $\rho v'u$만큼 변화하게 되며 운동량의 법칙에 의해, 평면상에 x방향의 힘(전단응력)이 작용하게 된다. $\rho v'u$의 시간적 평균값을 구하면

$$\frac{1}{T}\int_0^T \rho v'u \cdot dt = \frac{1}{T}\int_0^T \rho v'(\bar{u}+u')dt = \frac{\rho}{T}\int_0^T u'v' \cdot dt = \overline{\rho v'u'} \qquad (7-1-1)$$

이 된다. 단 $\overline{\rho v'u'}$은 $\rho v'u'$의 시간적 평균값이며, 이 운동량에 상응하는 힘이 평면상에 전단응력(剪斷應力)으로서 작용하게 된다.

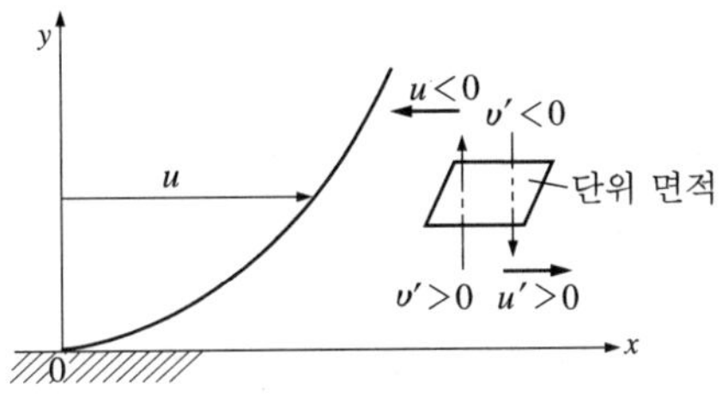

[그림 7-3] 단위면적상의 변동속도

여기에서 u', v'의 부호에 대하여 생각한다. [그림 7-3]에 표시한 바와 같이 $v' > 0$일 때는 평균속도가 느린 입자가 상향으로 평면을 통과하므로 통과 후에는 $u' < 0$로 되는 일이 많다.

또 $v' < 0$일 때는 평균속도가 큰 입자는 하향으로 통과하므로 통과 후에는 $u' > 0$로 되는 일이 많다. 즉 u', v'의 부호는 반대가 되는 일이 많고, $\overline{v'u'}$는 부(負, -)가 된다. 따라서 전단응력을

$$\tau_t = -\overline{\rho v'u'} \qquad (7-1-2)$$

로서 나타낸다. 이 전단응력을 Reynolds응력 또는 난류 전단응력이라 한다. 식 (7-1-2)을 $\tau_t = \varepsilon\left(\frac{d\bar{u}}{dy}\right)$를 나타내고 점성에 의한 전단응력을 평균속도를 가지고서 $u\left(\frac{du}{dy}\right)$로서 나타내면 난류에 있어서의 전단응력은

$$\tau = \mu\left(\frac{du}{dy}\right) + (-\rho\overline{u'v'}) \tag{7-1-3}$$

이 된다. 그러나 벽면에서 떨어진 곳에서 제1항은 제2항에 비하여 작으므로, 무시할 수 있어서 결국 마찰응력은 Reynolds의 응력만으로 된다. 즉 식 (7-1-2)에서

$$\tau_t = -\rho\overline{v'u'} = \varepsilon\left(\frac{du}{dy}\right)$$

이라 하면 전체의 전단(마찰)응력은 식 (7-1-3)으로부터

$$\tau = \mu\left(\frac{du}{dy}\right) - \rho\overline{u'v'} = (\mu + \varepsilon)\left(\frac{du}{dy}\right) \tag{7-1-4}$$

이 된다. 즉 난류는 층류의 전단응력에 점성으로 인한 값이 더해진 것과 같다. 식 (7-1-4)의 ε을 와류점도(渦劉粘度, eddy viscosity)라 한다.

7-2 Prandtl의 난류이론

Prandtl은 불규칙한 운동을 하고 있는 난류에 대하여 기체에 적용한 평균자유행로(平均自由行路)와 같은 이치로 혼합거리(混合距離)란 정의를 붙여 설명하였다. 이것에 대하여 간단히 설명하기로 한다.

유체입자가 이웃되는 입자와 혼합하여 그 고유의 성질, 이를테면 힘의 크기라든가 그 방향을 변화할 때가지의 진행거리는 l', l'' ··· 로서 각각 다르나, 그 평균을 잡아서 l_1 이라 한다.

[그림 7-4]에서와 같이 x축을 벽으로 하여 이것과 평행하게 흐르는 유체에 대하여 x축에서의 거리 y에 있는 어떤 속도변동에 대하여 생각한다.

먼저 y축에 있는 임의의 평균속도 u를 y의 함수로 하여 $u_{(y)}$라 하면 $y+l_1$ 및 $y-l_1$의 층의 평균속도는 각각 $\bar{u}_{(y+l)}$, $\bar{u}_{(y-l)}$으로 표시하고 이것을 Taylor의 급수로 전개하면 그 근사식은 다음과 같이 된다.

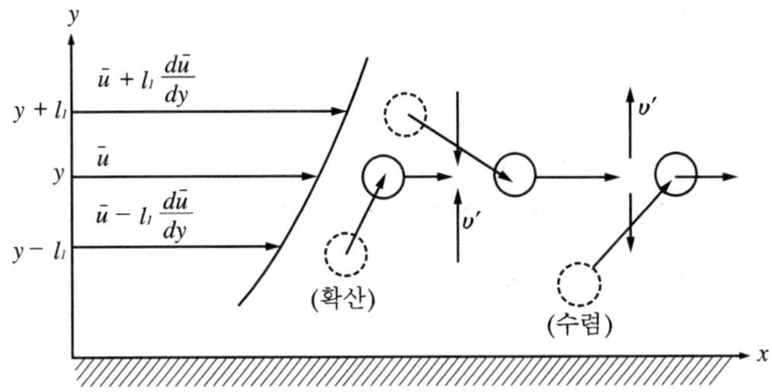

[그림 7-4] 난류에서의 혼합거리

$$\bar{u}_{(y+l)} = \bar{u}_{(y)} + \frac{l_1}{1!}\frac{d\bar{u}}{dy} + \frac{l_1^2}{2!}\frac{d^2\bar{u}}{dy^2} + \cdots \fallingdotseq u_{(y)} + l_1\frac{d\bar{u}}{dy}$$

$$\bar{u}_{(y+l_1)} = \bar{u}_{(y)} + \frac{l_1}{1!}\frac{d\bar{u}}{dy} + \frac{l_1^2}{2!}\frac{d^2\bar{u}}{dy^2} + \cdots \fallingdotseq u_{(y)} - l_1\frac{d\bar{u}}{dy}$$

따라서 $y+l$, $y+l_1$의 층에 있는 유체입자가 y층에 도달하였을 때 x방향의 속도변동 u_1', u_2' 는 각각

$$u_1' = \bar{u}_{(y+l)} - \bar{u}_{(y)} \fallingdotseq l_1\frac{d\bar{u}}{dy} \quad u_2' = \bar{u}_{(y-l)} - \bar{u}_{(y)} = -\,l_1\frac{d\bar{u}}{y}$$

로 표시되고 결국 이들의 평균값이 y에 있어서의 변동속도 u'가 된다. 즉

$$\left|\bar{u}'\right| = \frac{1}{2}\left(\left|u_1'\right| + \left|u_2'\right|\right) = \frac{1}{2}\left[\left|l_1\frac{d\bar{u}}{dy}\right| + \left|-l_1\frac{d\bar{u}}{dy}\right|\right] = l_1\left|\frac{d\bar{u}}{dy}\right| \qquad (7-2-1)$$

이 된다고 생각한다.

또 [그림 7-4]와 같이 y층에 있어서 $y+l_1$의 층에서 온 유체입자가 $y-l_1$에서 온 것보다 앞쪽에 있으면, 전방의 유체입자가 후방의 유체입자보다 빠르고 그 속도로 인하여 두 유체입자의 간격은 넓혀지므로, 이것을 메우기 위하여 y방향에서 유체는 흘러 들어온다. 역으로 $y-l_1$의 층에서 온 유체입자가 $y+l_1$에서 온 것보다 앞쪽에 있으면 양자의 간격은 좁혀지고, 그 사이의 유체입자는 y방향으로 밀려난다. 따라서 y방향의 속도변동 v'는 $|\bar{v}'| \propto |\bar{u}'|$라고 생각된다. 즉

$$|\ \bar{v}'\ | \propto l_1 \left| \frac{d\bar{u}}{dy} \right| \tag{7-2-2}$$

여기서 u', v'의 부호는 앞절에서 설명한 바와 같이 $u' > 0$는 $v' < 0$와, $u' < 0$는 $v' > 0$와 조합되는 기회가 많으므로, 어느 것으로 잡든 $u' \times v' < 0$는 부(負, −)의 부호가 된다. 따라서 l'의 크기를 비례상수까지 포함하여 l로 나타내면

$$\overline{u'v'} = -l^2 \left| \frac{d\bar{u}}{dy} \right| \frac{d\bar{u}}{dy}$$

그러므로 식 (7-1-2)와 (7-1-3)에 이 값을 대입하면 다음과 같이 된다.

$$\tau_t = \rho l^2 \left| \frac{d\bar{u}}{dy} \right| \frac{d\bar{u}}{dy} \tag{7-2-3}$$

$$\tau = \mu \frac{du}{dy} + \rho l^2 \left| \frac{d\bar{u}}{dy} \right| \frac{d\bar{u}}{dy} \tag{7-2-4}$$

l를 Prandtl의 혼합거리(混合距離, mixing length)라 하고, 이것을 실험으로 구하는 수밖에 없다. 식 (7-2-3)은 교란하는 유체입자는 운동량을 보유한 그대로 y방향으로 이동한다는 생각으로서, 이것을 Prandtl의 운동량윤송이론(運動量輸送理論, momentum transfer theory)이라 한다. 식 (7-2-3)을 평방근으로 잡아서 다시 쓰면

$$\sqrt{\frac{\tau_t}{\rho}} = l \frac{d\bar{u}}{dy} \tag{7-2-5}$$

이 된다. 이 미분방정식은 τ_t와 l이 함께 y의 함수로 주어지면 풀 수 있게 된다. 간단한 보기로서 $\dfrac{d\bar{u}}{dy}$가 큰 평탄한 벽 부근의 흐름(마찰력이 미치는 영역으로서 이것을 경계층이라 한다)을 들어 보자. Prandtl의 차원해석에 의한 고찰에 따르면 l은 y에만 비례한다. 이 비례상수를 k라 하면

$$l = ky \tag{7-2-6}$$

이 된다. 이것을 Prandtl의 혼합거리의 가설이라고 한다. k의 실험가치(實驗價値)는 0.4이다. 즉

$$l = 0.4y$$

이 된다. [그림 7-5]는 혼합거리 l의 꼴을 무차원 표시 l/r_0 대 y/r_0로 나타낸 것이다. 도시한 바와 같이 $R_e > 10^5$이면 혼합거리의 형상은 하나의 꼴로 표시되고 이 분포는 관의 내면의 조도(粗度)라든가 관의 치수, Reynolds 수에는 관계가 없이 일정하다.

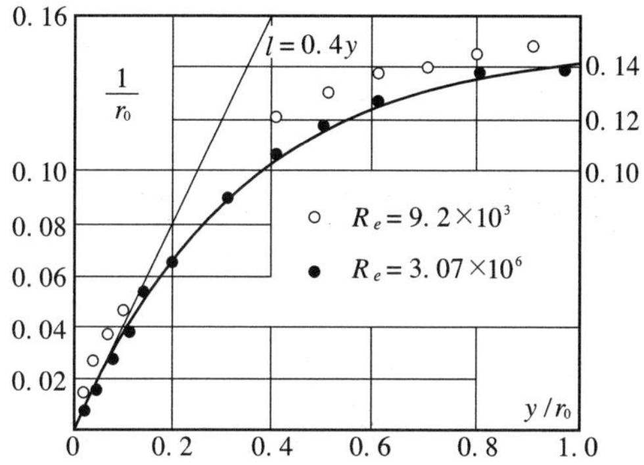

[그림 7-5] 혼합거리 l의 분포

따라서 이 l의 이론은 난류의 속도분포나 마찰응력을 결정하는 데 유용한 식이란 것이 표시되었다.

지금 식 (7-2-5)의 τ_t 를 벽면의 전단응력 τ_0=(const.)로 치환하면 벽면 부근의 흐름의 속도기울기(速度勾配)는

$$\frac{d\bar{u}}{dy} = \frac{2.5u^*}{y} \tag{7-2-7}$$

으로 바꾸어 쓸 수 있다.

1930년 Kármán은 상사이론(相似理論)에 의하여 임의의 점에 적용할 수 있는 혼합거리 l의 식을 구하였다. 즉

$$l = k\left|\left(\frac{d\bar{u}}{dy}\right)\Big/\left(\frac{d^2\bar{u}}{dy^2}\right)\right| \tag{7-2-8}$$

이것을 식 (7-2-3)에 대입하면

$$\tau_t = k^2\rho\left(\frac{du}{dy}\right)^4\Big/\left(\frac{d^2u}{dy^2}\right)^2 \tag{7-2-9}$$

이 된다. 이것은 Prandtl의 가설보다 한 걸음 전진한 것이다. 이에 대하여Prandtl의 가설을 쓰면

$$\tau_t = \rho\,(ky)^2 \left| \frac{d\bar{u}}{dy} \middle/ \frac{d\bar{u}}{dy} \right| \qquad (7-2-10)$$

7-3 원관 속의 난류의 전단응력

관로의 흐름을 보면 대체로 관벽 부근의 흐름이 층류상태이고, 관 중심 부분은 난류의 상태이다. 이제 점성과 난류에 의한 전단응력을 각각 τ_m, τ_t라 하면 흐름의 방향으로 작용하는 전단응력 τ는

$$\tau = \tau_m + \tau_t$$

으로 된다. τ_l은 층류의 식에서 $\tau_m = \mu \dfrac{d\bar{u}}{dy}$로 주어지고, 이것에 대하여 $\tau_t = \varepsilon \dfrac{d\bar{u}}{dy}$로 표시한다. ε는 와류 때문에 생기는 점성으로서 $\varepsilon = \rho\eta$로 표시하고, η를 난류확산계수(亂流擴散係數, eddy diffusivity)라 한다. 그러면, 국부적으로 층류를 포함하는 관 속의 난류에 있어서 평균전단응력 τ는 식 (7-1-3)과 같이 된다. 또 식 (7-2-3)을 참고하여 η을 속도 기울기로 표시하면

$$\eta = \frac{\varepsilon}{\rho} = l^2 \frac{d\bar{u}}{dy} = l\upsilon' \qquad (7-3-1)$$

이 된다. 점성유체의 층류에서 $\nu = \dfrac{\mu}{\rho}$와 난류에서 $\eta = \dfrac{\varepsilon}{\rho}$을 생각한 셈이다. 그런데

$$\eta = l\upsilon' \propto VD$$

가 된다. 왜냐하면 속도변동 υ'는 평균유속 V에 비례하고 l도 경계의 크기, 즉 관로에서는 관벽에서의 거리 y 또는 관지름 D에 비례하기 때문이다. 그러므로 η는 (m^2/s)의 차원을 가지며, η/ν의 무차원량을 만들면

$$\frac{\eta}{\nu} \propto \frac{VD}{\nu} = R_e$$

가 되고, 비례상수를 β라 하면

$$\varepsilon = \rho\eta = \beta\mu R_e \qquad (7-3-2)$$

로 표시된다. 이와 같이 난류에서 η는 층류의 동점성계수(動粘性係數) ν에 대응하므로, 이런 의미에서 η를 운동와류점도(運動渦流粘度, kinematic eddy viscosity)라고도 한다.

다음에 원관 속의 난류에 대한 압력손실과 전단응력과의 관계를 알아보자. [그림 7-6]은 지름 D인 단면적이 일정한 수평관로의 유동기구를 표시한다. 단면 1과 2사이의 흐름의 상태, 즉 속도분포화 운동 에너지의 변화도 없는 것으로 한다. 실제 유체에서는 앞에서 설명한 분자점성과 와류점성에 의한 마찰응력 τ가 흐름과 역방향으로 작용하기 때문에 유체는 마찰일을 하게 되어 압력손실이 생긴다.

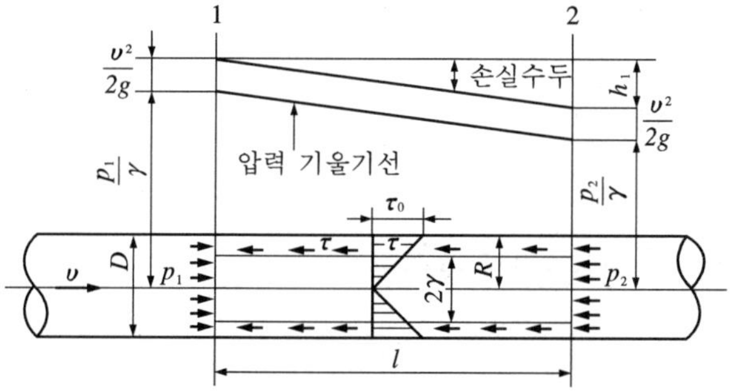

[그림 7-6] 수평 관로 속의 흐름의 기구

그림에서와 같이 관 길이 l 사이의 압력손실을 h_l, 평균속도를 v라 하면 단면 1, 2 사이에 에너지 손실을 생각한 Bernoulli의 식은

$$\frac{p_1}{\gamma} + \frac{v_1^2}{2g} = \frac{p_2}{\gamma} + \frac{v_2^2}{2g} + h_l$$

가 된다. 여기에는 p_1, p_2는 단면 1, 2 의 정압(靜壓)이고 유체는 비압축성이다. 따라서 윗식은

$$h_l = \frac{p_1 - p_2}{\gamma}$$

가 된다. 즉 마찰손실은 압력의 감소로 표현된다. 지금 반지름 r, 길이 l인 원주상자유체(圓柱狀自由體)를 생각하여 이것에 미치는 힘의 평형식을 구하면,

$$\pi r^2 p_1 - \pi r^2 p_2 - 2\pi r l \tau = 0$$

이것을 정리하고, 또 h_l의 값을 대입하면

$$\tau = \left(\frac{rh_l}{2l}\right)\gamma \tag{7-3-3}$$

이 된다. 즉 관로의 흐름이 층류이거나 난류이거나 간에 흐름의 각 층에 작용하는 τ는 r에 비례한다. 따라서 $r \to R$에 있어서의 전단응력 $\tau \to \tau_0$ 벽에서의 거리를 y라 하면

$$\tau = \tau_0\left(1 - \frac{y}{R}\right) = \tau_m + \tau_t = (\mu + \varepsilon)\left(\frac{du}{dy}\right) \tag{7-3-3}$$

그런데 식 (7-3-3)에 의하여

$$\tau = \left(\frac{\gamma h_l}{2l}\right)(R - y) = \frac{\gamma D h_l}{4l}\left(1 - \frac{y}{R}\right) \tag{7-3-4}$$

이므로, 이 두 식에서

$$\frac{\gamma D h_l}{4l}\left(1 - \frac{y}{R}\right) = (\mu + \varepsilon)\left(\frac{du}{dy}\right)$$

을 얻는다. 이 식에서 지름 D인 수평관로에 있어서 단위 길이당의 압력손실 $\frac{\gamma h_l}{l}$와 속도분포 $u = f(y)$를 알고 있으면, $(\mu+\varepsilon)$의 값을 산출할 수 있다. 그런데 μ는 유체에 따라 그 값을 알고 있으므로, 벽에서의 거리 y와 그 점의 du/dy에서 각점의 ε와 분포가 감정된다.

[그림 7-7]은 원관 속의 난류에 대한 τ의 분포화 그 내용을 예시한 것이다. 즉, 속도분포 $u = f(y)$에서 $\tau_m = \mu\frac{du}{dy}$의 분포를 알 수 있고, 한편 식 (7-3-3)에서 전전단응력(全剪斷應力) τ와 반지름 r와의 직선분포를 알고 있다. 따라서 $\tau - \tau_m = \tau_t$에서 난류의 전단응력분

포가 구해진다. 흐름이 층류이면 $\tau = \tau_m$ 이고, 난류이면 관벽에서 $\tau = \tau_t$ 벽에서 멀어짐에 따라 τ_m은 감소하고 τ_t의 비율은 커져서 관의 중앙부근에서 $\tau = \tau_t$가 된다. 난류의 정도가 커져서 Reynolds가 증대할수록 y에 있어서의 τ에 대한 τ_m의 비율은 매우 작아진다.

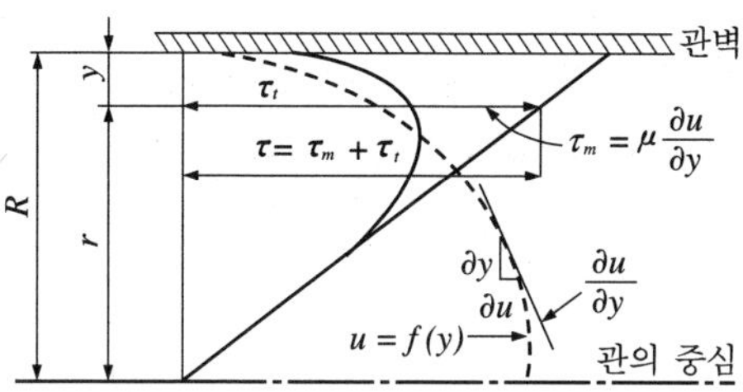

[그림 7-7] 원관 속의 난류에 대한 τ

예제 7-1 풍동(風洞)에 사용하는 정류격자(整流格子)의 반류(伴流, wake)에 대한 난류의 세기 $\sqrt{\bar{u}^2}$ 의 시간적 평균풍속 $\bar{u}$ 에 대한 비는 다음 식으로 주어진다.

$$\frac{\sqrt{\bar{u}^2}}{\bar{u}} = \frac{1.12}{(x/d)^{5/7}}$$

여기에서 d는 격자의 침 또는 막대의 지름, x는 격자에서의 거리이다. 지금 선의 지름을 1.66 mm라 하면 격자에서 6 m 하류에 있는 모형시험(模型試驗)의 위치에 있어서의 난류의 세기는 평균풍속에 대하여 몇 %인가?

풀이 $\left(\frac{x}{d}\right)^{\frac{5}{7}} = \left(\frac{6}{1.66 \times 10^{-3}}\right)^{\frac{5}{7}} = 3750^{\frac{5}{7}} = 357$

$$\therefore \frac{\sqrt{\bar{u}^2}}{\bar{u}} = \frac{1.12}{357} = 0.00314 = 0.314[\%]$$

7-4 관 마찰계수

점성유체가 관로를 따라 흐를 때 단면 1과 2 사이에 수두손실(head loss) h_l라 하면 Bernoulli의 정리에 의하여

$$\frac{p_1}{\gamma} + \frac{v_1^2}{2g} + z_1 = \frac{p_2}{\gamma} + \frac{v_2^2}{2g} + z_2 + h_l$$

$$h_l = \left(\frac{p_1 - p_2}{\gamma}\right) + \left(\frac{v_1^2 - v_2^2}{2g}\right) + (z_1 - z_2) \tag{7-4-1}$$

이 된다. 관로의 단면적이 일정하면 제2항은 0이고, 다시 관로를 수평으로 놓으면 제3항도 0이 된다. 따라서 단면적이 일정한 수평관로에서는 흐름에 의한 마찰손실, 즉 수두손실은 압력 에너지의 감소로 나타난다. 그러므로 이때 유체는 압력이 큰 쪽에서 작은 쪽으로 흐른다.

관 속의 난류는 그 운동의 기구가 복잡하므로, 층류처럼 이론적으로 분석하기는 곤란하다. 앞절의 식 (7-3-3)과 같이 길이 l인 직관 속의 흐름의 압력강화 γhl을 p_1-p_2로 표시하고, 관벽 $R=\frac{D}{2}$에 있어서의 전단응력을 τ_0라고 하면 이 식은 다음과 같이 된다.

$$4\tau_0 = \frac{p_1 - p_2}{l} D \tag{7-4-2}$$

이 식은 압력의 차원을 가지므로 두 변을 이것과 같은 차원의 동압(動壓) $\frac{\gamma v^2}{2g}$으로 나누면, 그 몫은 Euler 수가 된다. 따라서 이것은 Reynolds수의 함수가 되지 않으면 안 된다. 지금 이것을 Euler수 대신에 λ로 표시한다. 이 때 흐름은 관벽으로 둘러싸여 있어서 자유표면(自由表面)을 가지지 않으므로 Froude수는 관계가 없다. 즉

$$\frac{4\tau_0}{(\gamma/2g)v^2} = \frac{p_1 - p_2}{l}\,\frac{D}{(\gamma/2g)v^2} = \lambda = \phi\,(R_e) \tag{7-4-3}$$

이 식으로부터

$$p_1 - p_2 = \lambda\,\frac{l}{D}\cdot\frac{\rho v^2}{2g} \tag{7-4-4}$$

$$h_l = \lambda\,\frac{l}{D}\cdot\frac{v^2}{2g}$$

이 식을 Darcy-Weisbach의 식이라 하고, 무차원량 λ를 관의 마찰계수(friction factor)

라 한다. 식 (7-4-4)에서 λ를 제외한 다른 값은 실험으로 구할 수 있으므로, λ는 이들 실험값에서 산출할 수 있다.

이상은 매끈한 원관 속의 난류에 대하여 성립한다. 미국의 Saph와 Schoder들의 관마찰에 대한 실험값에서 λ를 Reynolds수와 연관시켜 처음으로 실험식을 발표한 것은 독일의 H. Blasius이다. 즉

$$\lambda = 0.3164\, R_e^{-\frac{1}{4}} \qquad (7\text{-}4\text{-}5)$$

(매끈한 관, $3 \times 10^3 < 1.5 < 10^5$)

이 식은 R_e=3000에서 150000까지의 난류에 적용하고, 보통의 관로의 흐름은 대체로 이 범위에 속한다.

Reynolds수가 10^5 이상인 흐름에 대해서는 식 (7-4-5)는 다소의 오차가 있다.

Reynolds수가 $3 \times 10^3 \sim 3 \times 10^6$의 범위에 대해서 Karman-Nikuradse의 식(Kármán이 처음 발표, Prandtl이 식을 수정 Nikuradse가 정수를 결정)이 있다. 즉

$$\lambda = \frac{1}{\{2 \log_{10}(R_e \sqrt{\lambda}\,) - 0.8\}^2} \qquad (7\text{-}4\text{-}6)$$

또는

$$\frac{1}{\sqrt{\lambda}} = 2 \log_{10} \frac{R_e \sqrt{\lambda}}{2.51}$$

식 (7-4-5)는 다만 실험식에 지나지 않지만, 식 (7-4-6)은 어느 정도 이론적 근거에 기초를 두고 유도된 식이다. 다시 더 큰 Reynolds수의 흐름에 대해서는 다음의 Nikuradse의 식이 있다. 즉

$$\lambda = 0.0032 + \frac{0.221}{R_e^{0.237}} \qquad (7\text{-}4\text{-}7)$$

이 식은 $R_e = 10^5 \sim 10^8$의 범위에 대하여 적용된다.

또, 벽면이 거친 관의 마찰계수 λ는 Reynolds수 외에 관벽의 凹凸의 크기 e가 관계된다. 이 e를 절대조도(絕對粗度, roughness height)라 하고, 이 e를 관지름 D로 나눈

무차원수 e/D를 관벽의 상대조도(相對粗度, relative roughness)라고 한다. Nikuradse는 관의 내벽에 지름이 균일한 모래알을 붙여 그 평균지름을 e라 하고, 3종류의 관지름 D에 대하여 e/D의 λ에 대한 영향을 조사하여 [그림 7-8]과 같은 결과를 얻었다. 그림을 보면 같은 e/D에 대한 λ대 R_e의 시험값은 관지름 D에는 관계 없이 한 곡선 상에 배열되어 있다.

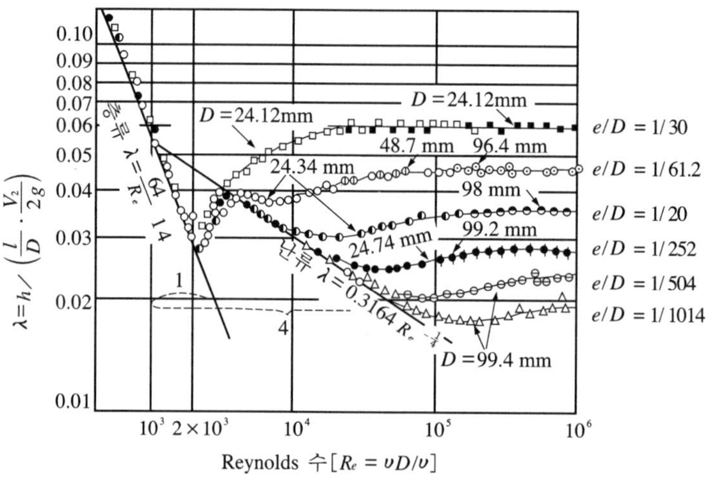

[그림 7-8] Nikuradse의 관마찰계수

또 $R_e \geqq 10^4$이 되면 같은 R_e수에 대하여 λ는 e/D와 함께 증대한다. 또 각각의 e/D의 값에 대하여 R_e수가 각각 어떤 값 이상이 되면, 마찰계수 λ는 일정하게 된다. 이런 영역을 특히 거친 관(rough pipe)으로 부르기도 한다. 이 영역에서는 마찰계수는 이미 R_e수의 함수가 아니고, 관벽의 상대조도만이 함수가 된다. 이 때 흐름은 벽면까지 완전히 난류의 상태가 되므로 이 영역은 완전난류(完全亂流)의 영역이 된다. 이와 같은 관이라도 R_e수가 작을 때는 매끈한 관이 되고 R_e수가 크면 거친 관의 성질을 나타낸다. 이 거친 관의 영역에 대하여 Kármán과 Nikuradse는 1933년에 다음과 같은 식을 만들었다.

$$\frac{1}{\sqrt{\lambda}} = 2 \log_{10}\left(3.71 \frac{D}{e}\right) \tag{7-4-8}$$

이 식의 e의 값은 실제의 관에 대하여 〈표 7-1〉에 나타내었다.

〈표 7-1〉 시판관(市販管)의 절대조도

관의 종류		절대 조도 e[mm] (평균값)
주 철 관	신품	0.3~0.4
	녹슨 것	1.0~1.5
	찌꺼기가 붙은 것	1.5~3.0(수도관의 평균값)
공업용 인발(引拔)강관		0.5(신품), 0.2~(낡은 것)
아스팔트를 칠한 주철관		0.05~0.20
아연입힌 철관		0.15
목 관		0.2~1.0
시 멘 트 관	매끈한 것	0.3~0.8
	거친 것	1.0~2.0
리베팅한 강관		1.0~10.0

또, 같은 선도에서 식 (7-4-5)로 주어지는 수력학적으로 매끈한 관에서 식 (7-4-8)의 거친 관으로 λ의 값이 변하는 영역을 천이영역(遷移領域, transition zone)이라 한다. Colebrook는 공업용 관에 대한 이 천이영역에 대하여 다음과 같은 해석함수의 식을 만들었다.

$$\frac{1}{\sqrt{\lambda}} = -2\log_{10}\left(\frac{e/D}{3.71} + \frac{2.51}{Re\sqrt{\lambda}}\right) \tag{7-4-9}$$

예제 7-2 안지름 10mm인 원관 속을 평균유속 5m/s로 물이 흐르고 있다. 관의 길이 10m 사이에 압력강화는 얼마인가? 단, 관 마찰계수는 0.013이다.

풀이 식 (7-4-4)에 의하면 압력강화, 즉 손실수두 h_l는

$$h_l = \lambda\frac{1}{D}\cdot\frac{v^2}{2g} = 0.013\times\frac{10}{0.01}\times\frac{5^2}{2\times 9.8} = 16.6[\text{m}]$$

7-5 원관 속의 흐름의 마찰손실

실제 사용되고 있는 원관의 마찰계수의 결정은 전술한 Nikuradse의 실험식 또는 식 (7-4-8), (7-4-9)에 의하여 계산된다. 그러나 계산의 번거로움을 덜기 위하여 이들

에 관한 무차원선도(無次元線圖), 즉 [그림 7-9]의 Moody 선도(Moody diagram)를 이용한다. 이것은 시판되고 있는 매끈한 신품관(新品管)에 대한 λ와 R_e수와의 관계를 표시한다. 관벽의 절대조도 e(mm)는 실용관에 대하여 실칙한 것으로서, 이 선도의 완전난류의 영역에 대한 λ와 e/D의 관계는 식 (7-4-8)과 거의 일치한다. 매끈한 관에서 거친 관의 흐름으로 상태가 변하는 천이영역에 대하여서는 Colebrook의 식을 채용하고 있다. 이 선도에 의한 계산 결과는 실용관의 특성과 잘 맞는다. 다만 왼쪽 아래에 표시한 e의 값은 미국과 독일의 것에 대한 실측값이다. [그림 7-9]의 왼쪽에 그린 직선은 흐름이 층류일 때의 λ-R_e의 관계를 나타내고, 즉

$$\Delta p = \frac{8\mu l v}{r_0^2}$$

가 되고 여기서 $\Delta p = p_1 - p_2$, $r_0^2 = \dfrac{D^2}{4}$

$$p_1 - p_2 = \frac{32\mu l v}{D^2} = \frac{64\mu}{\rho D v} \cdot \frac{l}{D} \cdot \frac{\gamma v^2}{2g} = \frac{64}{R_e} \cdot \frac{l}{D} \cdot \frac{\gamma v^2}{2g}$$

즉 점성마찰에 의한 손실수두를 h_l라 하면 $\dfrac{p_1 - p_2}{\gamma} = h_l$ 이므로

$$h_l = \lambda \frac{l}{D} \cdot \frac{v^2}{2g} = \left(\frac{64}{R_e}\right) \cdot \frac{l}{D} \cdot \frac{v^2}{2g} \qquad (7\text{-}5\text{-}1)$$

$$\therefore \lambda \frac{64}{R_e} \qquad (7\text{-}5\text{-}2)$$

이 된다. 이와 같이 층류에 있어서의 λ와의 관계는 두 대수(對數) 그래프상에서 -1의 기울기를 가지는 직선으로 표시된다.

앞의 〈표 7-1〉은 각종 관의 절대조도 e를 나타낸 것이다. 이 e의 값을 관 지름 D로 나눈 벽면의 조도를 D에 대하여 나타낸 선로를 [그림 7-10]에 표시한다.

비압축성 유체의 유관에 대한 계산문제를 대별하면 〈표 7-2〉에서 보는 바와 같이 세 가지 유형으로 구별된다.

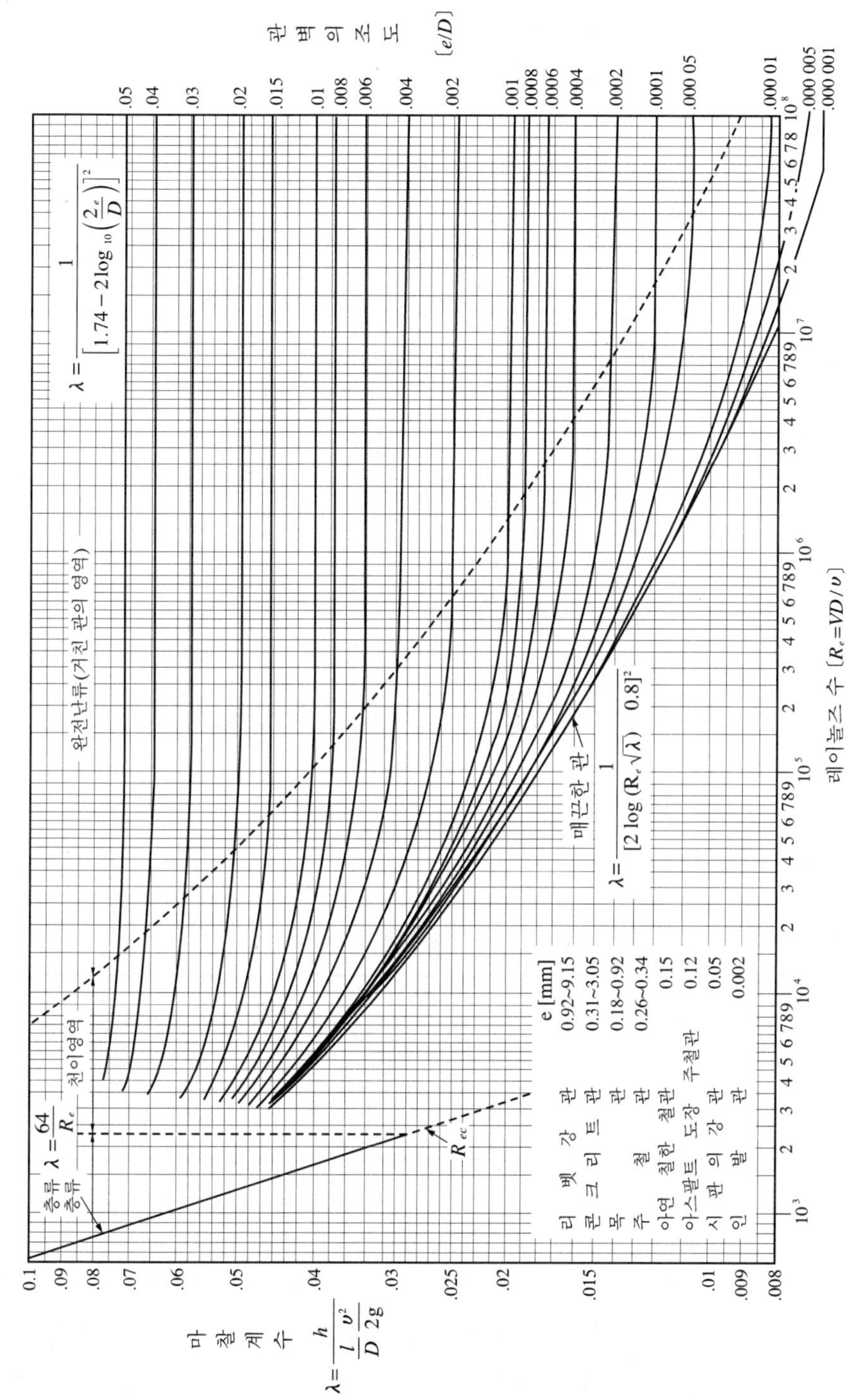

[그림 7-9] Moody 선도

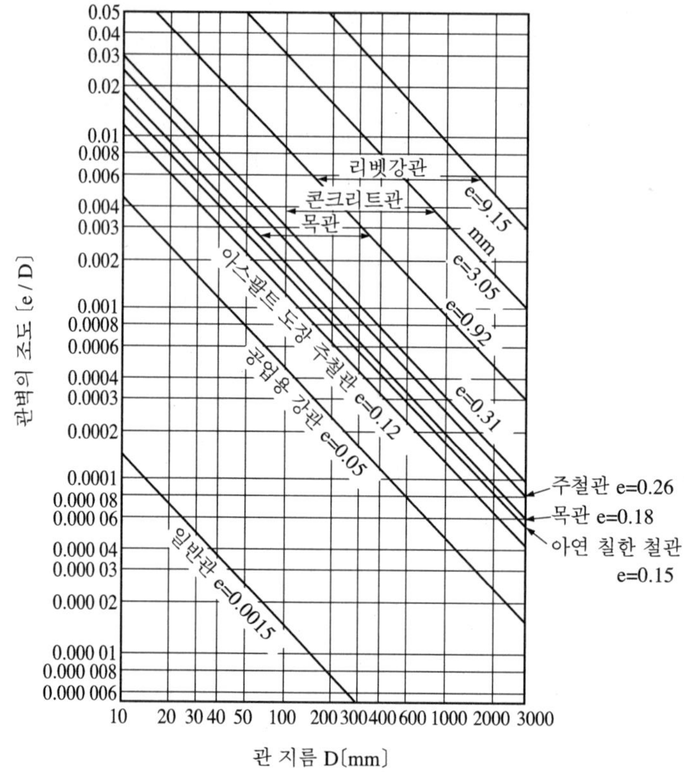

[그림 7-10] 관의 지름과 상대조도

〈표 7-2〉 관류의 문제

구 분	주어지는 양	구하는 양
I	Q, l, D, ν, e	h
II	h, l, D, ν, e	Q
III	h, Q, l, ν, e	D

이 문제들은 어느 것이나 연속방정식이나 Darcy-Weisbach의 식 및 Moody 선도를 이용함으로써 풀 수 있다. 문제 중 요형 I은 가장 간단하고, 주어진 양으로부터 곧 흐름의 R_e수와 상대조도 e/D를 감정할 수 있으며, 이것으로부터 Moody 선도를 이용하여 λ를 구하고, 다시 Darcy-Weisbach의 식에서 손실수두 h_l를 구하면 된다.

예제 7-3 15° C의 물(ν =1.15 × 10^{-6} m²/s)이 평균유속 2m/s로 안지름이 30cm인 주철관을 흐를 때, 길이 100m 사이의 손실수두 및 벽면상의 전단응력 t_0은 얼마인가? 단, 관 내벽의 절대조도를 0.1cm라 한다.

풀이

$$R_e = \frac{\upsilon D}{\nu} = \frac{2 \times 0.3}{1.15 \times 10^{-6}} = 5.22 \times 10^5$$

$$\frac{e}{d} = \frac{0.1}{30} = 0.00333$$

Moody 선도에서 마찰계수를 구하면 λ=0.027이 된다.

따라서 손실수두 및 벽면상의 마찰응력 τ_0는

$$h_l = \lambda \frac{l}{d} \cdot \frac{\upsilon^2}{2g} = 0.027 \times \frac{100}{0.3} \times \frac{2^2}{2 \times 9.81} = 1.835[\text{m}]$$

$$\tau_0 = \frac{\lambda \rho \upsilon^2}{8} = \frac{0.027 \times 102 \times 2^2}{8} = 1.376[\text{kg}_f/\text{m}_2]$$

예제 7-4 점성계수 7.64 × 10^{-4} Pa · s, 비중 0.90인 벤젠이 지름 150mm인 곧은 주관 속을 58.3L/s의 비율로 흐르고 있다. 길이 60m에 대한 압력강하는 얼마인가?

풀이 연속방정식에서

$$\upsilon = \frac{Q}{A} = \frac{58.3 \times 10^{-3}}{\frac{\pi}{4}(0.15)^2} = 3.3[\text{m/s}]$$

$$R_e = \frac{\rho \upsilon D}{\mu} = \frac{0.90 \times 10^3 \times 3.3 \times 0.15}{7.64 \times 10^{-4}} = 583 \times 10^5$$

$R_e = 5.83 \times 10^5 > 2320$이므로 흐름은 난류이다. 강관의 절대조도는 표에서 e = 0.05mm, 따라서 상대조도 $\frac{e}{D}$= 0.00033 또는 [그림 7-10]에서 D = 150mm의 강관의 $\frac{e}{D}$= 0.00033 이다. 따라서, [그림 7-9]의 moody 선도에서 λ의 값을 구하면 λ = 0.0162이다.

$$h_t = \lambda \frac{e}{D} \cdot \frac{\upsilon^2}{2g} = 0.0162 \times \frac{60}{0.150} \times \frac{3.3^2}{2 \times 9.81} = 3.61[\text{m}]$$

압력손실은

$$\Delta p = \gamma \cdot h \frac{0.9 \times 10^3 \times 3.61}{104} = 0.325[\text{kg}_f/\text{cm}^2]$$

예제 7-5 맑은 물(15°C)가 지름 300mm인 리벳팅된 강관(절대조도 e=3mm) 속을 흐르고 있다. 길이 100m에 대한 손실수두가 2m일 때의 유량을 구하라.

풀이 〈표 7-2〉의 II에 속하는 분제이다. λ와 v는 같이 미지수이므로 Darcy식과 Moody 선도를 써서 시산법(試算法, trial and error method)에 의해 계산한다. 즉 e/D는 알고 있으므로, 관 속의 흐름은 완전난류로 보고 Moody 선도에 의하여 λ의 대략값을 구한다. 이 근사값의 λ를 Darcy의 식에 대입하여 관로의 평균속도 v를 정한다. 이것으로부터 Reynolds수의 근사값을 알 수 있다. 이 R_e수를 써서 다시 Moody 선도에서 1의 제2근사값을 구한다.

이 방법을 반복하여 λ이 유효숫자 2자리까지를 합치시키면, 이 때의 λ의 값을 써서 산출한 v의 값은 충분한 정도(精度)를 가지게 된다. 이렇게 하여 유량 Q는 v에 단면적 A를 곱함으로써 구해진다.

$$\frac{e}{D} = \frac{3}{300} = 0.01$$

이것에 대하여 흐름이 완전난류라고 가정하면, [그림 7-9]에서 $\lambda = 0.038$이 된다. 이것을 Darcy식에 대입하면,

$$2 = 0.038 \times \frac{100}{0.300} \times \frac{v^2}{2 \times 9.81}$$

$$\therefore\ v = 1.76\ [\text{m/s}]$$

15°C의 물의 ν는 $1.146 \times 10^{-2}(\text{cm}^2/\text{s})$이다. 따라서 이 때의

$$R_e = \frac{vD}{\nu} = \frac{1.76 \times 0.300}{1.146 \times 10^{-6}} = 4.61 \times 10^5$$

이것은 $\frac{e}{D} = 0.01$ 에 대하여 완전난류의 영역에 있으므로 상기한 λ의 값은 참값이 된다. 따라서 구하는 유량은

$$Q = Av = \frac{\pi}{4} \times (0.3)^2 \times 1.76 = 7.46[\text{m}^3/\text{min}]$$

7-6 원관이 아닌 관로의 마찰계수

단면이 원형이 아닌 관의 마찰에 의한 압력강하 Δp는, 관의 단면적을 A, 단면의 둘레의 접수 길이를 p, 관 길이 l, 관류의 평균속도를 v라 하고 흐름은 관축과 평행한 것으로 생각하여 관벽면상의 전단응력을 τ이라 하면 $\tau = f\dfrac{\gamma v^2}{2g}$ (f는 표면마찰계수 또는 저항계수라 한다)으로 표시되므로

$$A\Delta p = plf\frac{\gamma v^2}{2g}$$

이것으로부터 $f = \dfrac{\lambda}{4}$ 로 놓으면

$$\Delta p = \frac{fl}{A/p}\cdot\frac{\gamma v^2}{2g} = f\frac{l}{R_h}\cdot\frac{\gamma v^2}{2g}$$

$$= \lambda\frac{l}{4R_h}\cdot\frac{\gamma v^2}{2g} \qquad (7-6-1)$$

단, $$R_e = \frac{4R_h v}{\nu} \qquad (7-6-2)$$

된다. 식 (7−6−2)이 된다. 식 (7−6−1)에서 $A/p=R_h$를 수력반경(水力半徑, hydraulic radius) 또는 수력 평균 깊이(hydraulic mean depth)라 하고 식 (7−6−1)을 Fanning Darcy−Weisbach의 식 (7−4−4)이 된다. 원관의 관마찰에 대하여 Fanning의 식을 쓸 때에는 식 (7−4−4)의 λ를 $\dfrac{1}{4}$로 잡아야 한다. 왜냐하면 $R_h = A/p = \dfrac{\frac{\pi}{4}D^2}{\pi D} = \dfrac{D}{4}$가 되기 때문이다.

이 때의 λ는 원관의 경우와 같이 $R_e = (\dfrac{4R_h v}{\nu})$와 $e/4R_h$와의 함수이고, 근사하게 원관에 대한 Moody 선도 등을 쓸 수 있으나 ($D = 4R_h$로 하여), 단면의 형상에 따라서도 λ의 값은 다소 영향을 받는다.

예제 7-6 장방형 단면(7.5cm × 3cm)의 관 속을 동점성이 20c st인 기름이 매분 50L 흐르고 있다. 관길이 1m 당의 손실수두를 구하여라.

풀이

$$v = \frac{Q}{A} = 0.37[\text{m/s}]$$

$$R_h = \frac{A}{p} = 1.67[\text{cm}]$$

$$R_e = \frac{4R_h v}{\nu} = 792$$

$$\therefore \lambda = \frac{64}{R_e} = \frac{64}{792} = 0.081$$

$$\Delta h_l = \lambda \frac{l}{4R_h} \frac{v^2}{2g} = 0.013[\text{m}]$$

예제 7-7 안지름 200mm인 원관 속에 바깥지름이 180mm인 원관이 동심으로 들어 있다. 이 두 원관 사이를 평균유속 2(m/s)인 물이 흐르고 있다. 관 길이 10m 사이에 생기는 손실수두는 얼마인가? 단, 마찰계수는 Darcy의 식을 쓰기로 한다.

풀이 수력반지름 m은

$$R_h = \frac{\pi}{4}(200^2 - 180^2) \,/\, \pi(200+180) = 5[\text{mm}]$$

$$\therefore D = 4R_h = 4 \times 5 = 20(\text{mm}) = 0.02[\text{m}]$$

Darcy의 식에 의하면

$$\lambda = 0.02\left(1 + \frac{0.025}{D}\right) \quad (\text{신품 주철관})$$

$$\lambda = 0.04\left(1 + \frac{0.025}{D}\right) \quad (\text{낡은 주철관})$$

관이 신품인 경우

$$\lambda = 0.02\left(1 + \frac{0.025}{0.02}\right) = 0.045$$

따라서 손실수두 h_l는

$$h_l = 0.045 \times \frac{10}{0.02} \times \frac{2^2}{2 \times 9.81} = 4.6[\text{m}]$$

예제 7-8 절대압력 1kg$_f$/cm^2, 온도 16° C인 공기를 평균속도 3 m/s로 300mm × 450mm 인 직사각형 도관을 통하여 수평거리 1000m인 곳에 수송하려고 한다. 압력강하를 계산하여라. 단, 도관의 벽면은 매끈하다.

풀이 $4R_h = \dfrac{2ab}{a+b} = \dfrac{2 \times 0.3 \times 0.45}{0.3+0.45} = 0.36[\mathrm{m}]$

16°C 때의 공기의 동점성계수는 $\nu = 0.150\mathrm{cm^2/s}$ 이므로 $R_e = \dfrac{4mv}{\nu} = \dfrac{3 \times 0.36}{0.15 \times 10^{-4}} = 7.2 \times 10^4$ 따라서 흐름은 난류이다.

단면의 가로, 세로의 비가 극히 작거나 큰 범위 (실제로는 1:3과 3:1 사이의 범위)일 때에는 원관의 λ와 일치한다. 그밖의 경우에는 원관의 λ보다 조금 큰 값이 된다. 이 문제에 대해서는 $b/a = \dfrac{0.45}{0.3} = 1.5$ 로서 $1:3 < \dfrac{b}{a} < 3:1$ 이므로 원관에 대한 $\lambda - R_e$의 관계와 일치한다고 볼 수 있다. 관의 내벽은 매끈하므로 moody 선도에서 $R_e = 720 \times 10^4$ 일 때 $\lambda = 0.019$이다.

공기의 비중량은

$$\gamma = \frac{p}{RT} = \frac{1.0 \times 10^4}{29.27 \times 273 + 16} = 1.18[\mathrm{kg_f/m^2}]$$

따라서 압력 강하는

$$\Delta p = \lambda \frac{l}{4R_h} \cdot \frac{\gamma v^2}{2g} = 0.019 \times \frac{1000}{0.36} \times \frac{1.18 \times 3^2}{2 \times 9.81}$$

$$= 28.6[\mathrm{kg_f/m^2}] = 2.86 \times 10^{-3}[\mathrm{kg_f/m^2}]$$

7-7 원관 속의 속도분포

매끈한 고체벽을 따라서 흐르는 난류에서는 고체벽면에 아주 가까운 층 내에서는 유체입자의 혼합작용이 억제되어 [그림 7-11]에 나타낸 바와 같이 두께 δ_1와 같이 층의 두께의 얇은 층이 된다. 이와 같은 층류를 층류저층(層流底層, lamina sublayer) 또는 층류막이라고 한다. 층류막은 두께가 얇으므로 층내 속도분포는 대략 직선이라고 볼 수 있

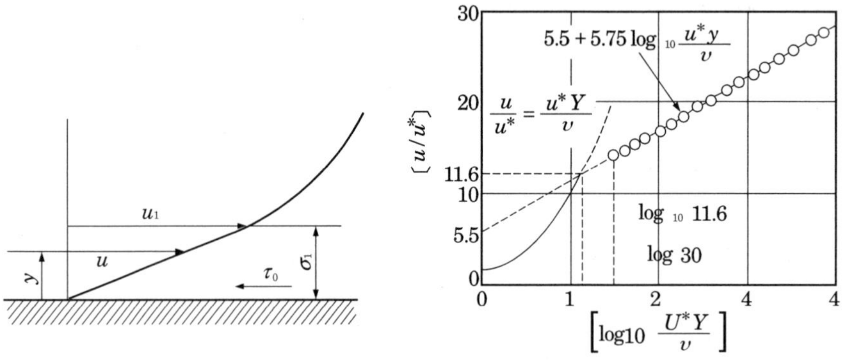

(a) 층류 저층　　　(b) 매끈한 원관

[그림 7-11] 매끈한 고체벽을 따라서 흐르는 난류

다. 따라서 벽면상의 마찰응력은 t_0라 하면 $t_0 = \mu(\dfrac{du}{dy})$로 생각되며 $\mu = \rho\nu$ 이므로

$$\frac{\tau_0}{\rho} = \nu\,\frac{u}{y} \tag{7-7-1}$$

로 된다. 여기에서 $\sqrt{\tau_0/\rho}$ 를 생각하면 이 값은 속도의 차원을 가지므로 마찰속도 또는 전단속도라고 한다. 여기에서 $\sqrt{\tau_0/\rho} = u^*$로 나타내면 식 (7−7−1)에서

$$\frac{u}{u^*} = \frac{u^* y}{\nu} \tag{7-7-2}$$

이 된다. 식 (7−7−2)는 층류막에 있어서 속도분포를 나타낸다. 또 벽면에서 충분히 떨어진 곳에서는 식 (7−2−4)의 제1항은 무시되고, Reynolds 응력만으로 된다. 이 때의 전단응력을 τ_0와 같은 것으로 놓고 또 $l = ky$라 하면

$$\tau_0 = \rho l^2\left(\frac{du}{dy}\right)^2 = \rho(ky)^2\left(\frac{du}{dy}\right)^2$$

$$\therefore \sqrt{\frac{\tau_0}{\rho}} = ky\left(\frac{du}{dy}\right)$$

이 된다. 평균 흐름과 y방향에 대한 속도기울기 $\dfrac{du}{dy}$ 는 관벽으로부터 거리 y에 반비례

한다는 사실이다. 이것을 다시 쓰면

$$\frac{d\bar{u}}{dy} = 2.5\frac{\sqrt{\frac{\tau_0}{\rho}}}{y} = 2.5\frac{u^*}{y} \quad (7\text{-}7\text{-}3)$$

와 같다. 비례상수 2.5는 실험으로 구한 계수이고 이 식은 y에 대하여 적분하면, 대수함수가 되는데 이 적분상수도 실험으로 결정한다.

매끈한 관에 대한 실험에 의하면 이 적분상수는 관벽의 마찰속도 u^*에 관계가 있고, 이 때의 속도분포는 다음과 같이 된다.

$$\frac{u}{u^*} = 5.75\log\frac{u^*}{\nu}y + 5.50 \quad \text{(매끈한 관)} \quad (7\text{-}7\text{-}4)$$

이 식을 난류의 속도분포에 관한 Prandtl-Nikuradse의 대수법칙(對數法則, logarithmic law)이라 한다. 윗식은 모든 R_e수의 흐름에 적용되므로 총합속도분포식(總合速度分布式)이라고 한다.

거친 관에 대해서는 Nikuradse가 관벽에 모래알을 붙여 실험한 것이 있는데 그 결과는 다음과 같다.

$$\frac{u}{u^*} = 5.75\log\frac{y}{e} + 8.48 \quad \text{(거친 관)} \quad (7\text{-}7\text{-}5)$$

관류의 속도분포를 나타내는 방법에는 위에서 설명한 대수법칙 외에 지수법칙(指數法則)이 있다. 지금 속도 u는 밀도 ρ, 점성계수 μ, 관벽으로부터의 거리 y, 관벽의 마찰력 τ_0의 함수 $u = f(\rho, \mu, y, \tau_0)$

$$u = y^m \mu^\alpha \rho^\beta \tau_0^r \quad (7\text{-}7\text{-}6)$$

으로 표시한다. 관 길이 l인 양 단면에 미치는 압력차로 미치는 힘과 원통의 관 마찰로 미치는 전단응력에 의한 힘은 평형을 이룬다고 생각하면,

$$\tau_0 \pi dl = \Delta p\frac{\pi}{4}d^2$$

한편 전단응력은

$$\tau_0 = \frac{\lambda}{8} \rho v^2$$

이 된다. 여기에서 λ는 매끈한 관에 대한 Blasius의 식을 쓰면

$$\tau_0 \propto u^{\frac{7}{4}}$$

이 되고 지수 γ값은 $\frac{4}{7}$가 된다. 따라서 식 (7-7-6)의 동차성의 원리에서

$$LT^{-1} = (L)^m \, (FL^{-2}T)^{\alpha} \, (FL^{-4}T^2)^{\beta} \, (FL^{-2})^{\frac{4}{7}}$$

이 되고 지수방정식을 세우면

F에 대하여 $0 = \alpha + \beta + \frac{4}{7}$

L에 대하여 $1 = m - 2\alpha - 4\beta - \frac{8}{7}$

T에 대하여 $-1 = \alpha + 2\beta$

이 연립방정식에서 α, β, m을 구하면

$$\alpha = -\frac{1}{7}, \; \beta = -\frac{3}{7}, \; m = \frac{1}{7}$$

이 되어 식 (7-7-6)은 다음과 같이 표시된다.

$$u = h\left(\frac{\tau_0}{\rho}\right)^{\frac{4}{7}} \cdot \left(\frac{y}{\nu}\right)^{\frac{1}{7}} \tag{7-7-7}$$

여기에서 k는 비례상수로서 실험의 결과에 의하면 $k = 8.7$이다. 매끈한 원관 속의 난류의 속도분포에 대해서는 Prandtl 및 Kármán이 간단한 가정을 설정하여 거의 이론적으로 유도한 $\frac{1}{7}$ 승근법칙(乘根法則, seven root law)이 있다. 이 결과에 의하면 반지름 r의 위치에 있어서 속도 u를

$$u = u_{max}\left(\frac{y}{a}\right)^{\frac{1}{7}} \tag{7-7-8}$$

로 주어지고 있다. 단, [그림 7-12]와 같이 a는 관의 반지름, y는 관벽에서의 거리 ($a-r$), u_{max}은 관 중심에 있어서 최대속도이다. 식 (7-7-8) Reynolds수가 $3 \times 10^3 \sim 10^5$의 범위에서 성립되고 Reynolds수가 변하면 다르게 된다. 따라서 식 (7-7-8)을 일반화하여 다음식으로 나타내고 n을 실험적으로 구하고 있다.

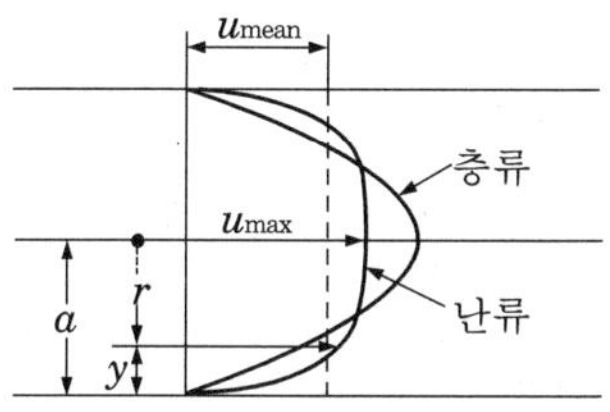

[그림 7-12] 원관 내 속도 분포

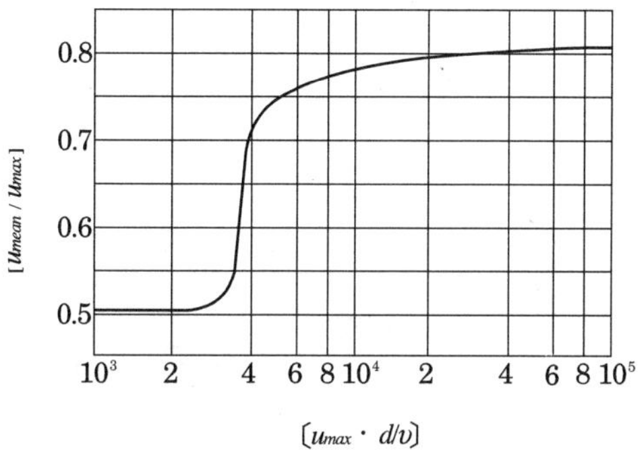

[그림 7-13] 평균유속과 최대유속의 비

Nikuradse의 실험결과에 따르면 〈표 7-3〉과 같은 값이 된다. 또, 원관 속의 흐름이 층류일 때는 속도분포가 포물선이 되며 평균속도는 최대속도의 $\frac{1}{2}$이었다. 따라서 난류일 때 속도분포는 층류의 경우에 비하여 평탄하게 되고 Reynolds수가 커질수록 그 경향은 세게 된다.

평균속도 u_{max}과 최대속도 u_{max}의 비는 매끈한 관일 때 Reynolds수 $u_{maen}d/\nu$에 대하여 [그림 7-13]과 같이 주어지고 있다.

이것에 따르면 Reynolds수가 10^5 부근에서 u_{maen}/u_{max}가 약 0.81이다.

〈표 7-3〉 지수법칙 (7-7-8)식에서의 n의 값

R_e	4×10^3	$10^4 \sim 3 \times 10^4$	1.2×10^5	3.5×10^5	3.2×10^6
n	6	7	8	9	10

7-8 경계층(境界層)

(1) 경계층의 흐름

물이나 공기와 같은 점도가 낮은 유체가 물체 둘레를 흐를 때 Reynolds수가 비교적 높을 때에는 [그림 7-14](평판 위의 흐름)와 같이 흐름은 두 가지의 층으로 구분된다.

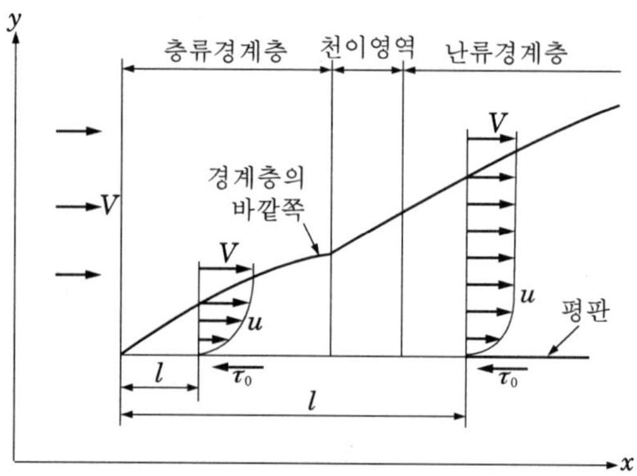

[그림 7-14] 경계층

그 첫째의 층은 물체 표면에 극히 가까운 엷은 층의 영역으로서, 여기에서는 점성의 영향이 현저하게 나타나고 유체의 속도는 물체에 접한 표면에서 떨어짐에 따라 0에서 어떤 크기로 급격한 변화를 한다. 즉 속도 기울기 $\frac{du}{dy}$ 는 매우 크고, 유체의 점성이 작더라도 전단응력이 크게 작용한다.

둘째의 층은 엷은 층의 바깥 전체의 영역으로서, 법선 방향의 속도기울기가 작고 점성에 대한 영향을 거의 받지 않으며 이상유체와 같은 흐름을 형성하고 있다. Prandtl은 이 사실을 관찰하고, 물체 표면에 따라 흐르는 엷은 첫째층을 경계층(boundary layor)이라 명명하였다. 경계층 내의 흐름도 원관 속의 흐름과 같이 그 흐름인 경우 층류경계층, 난류인 경우 난류경계층이라 하고, 층류경계층에서 난류경계층으로 변하는 영역을 천이영역(transition zone)이라 한다. 천이가 일어나는 Reynolds수가 원관인 경우와 같이 경계 Reynolds수(critical Reynolds number)라 한다.

평판인 경우의 R_e수와 R_{ec}는 경계층의 유속을 υ, 평판의 길이를 l, 유체동 점성계수를 ν라 하면 $R_{ec}=\frac{\upsilon l}{\nu}$ 로 표시되고 $R_{ec}=5\times10^5$이 되는데, 이것을 상류의 흐름이나, 평판의 전연(前緣)의 형상 및 판의 표면조도 등에 따라서 달라진다. 또 평판에서의 경계층의 생성과 층류경계층에서 난류경계층으로 천이가 갑자기 일어나는 것이 아니고, [그림 7-14]에서와 같이 일부는 층류, 다른 일부는 난류인 것과 같은 영역이 있는데 이 부분을 천이영역(遷移領域)이라 한다.

(2) 경계층의 두께

경계층의 내부와 외부와의 속도변동은 점차적으로 이루어지고, 그 두께도 정확하게는 표시할 수 없다. 따라서 실용상으로는 물체 표면을 x축, 이것과 수직방향을 y축으로 잡고 경계층 외부의 속도를 u라 하면 경계층의 두께 δ는 다음과 같이 정의된다.

① [그림 7-15]에서와 같이 물체 표면($\mathrm{o}x$면)에서 측정하여 속도 u가 $0.99V$에 상당하는 점까지의 y좌표는 경계층의 두께로 한다.

② 그림에서와 같이 속도분포를 나타내는 곡선과의 사이의 빗금친 면적이 같도록 원점 O를 지나는 직선을 긋고, 속도분포곡선의 접근선과의 교점을 만들어 물체 표면에서 이 점까지의 y좌표를 경계층의 두께로 잡는다.

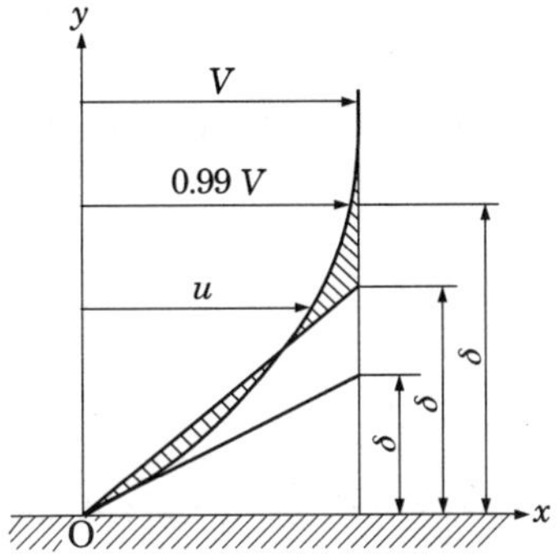

[그림 7-15] 경계층의 두께

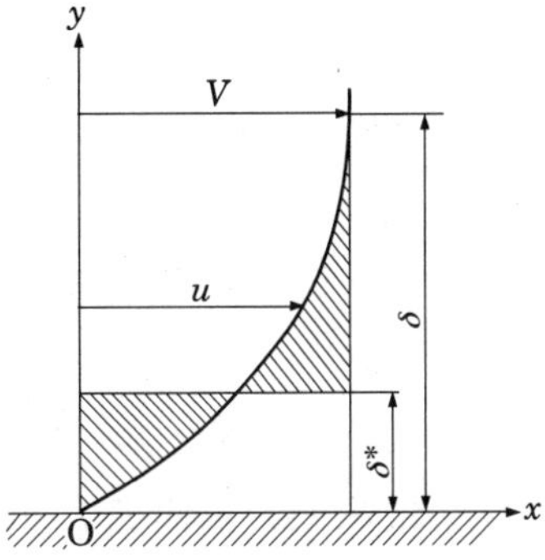

[그림 7-16] 경계층의 배제 두께

③ 그림에서처럼 원점 O에 있어서 속도분포곡선에 접선을 긋고, 속도분포의 접근선과의 교점을 만들어 물체 표면에서의 이 점까지의 y좌표를 경계층의 두께 δ로 잡는다.

④ [그림 7-16]과 같이 관성력이 큰 이상유체 영역의 유선이 경계층이 형성되므로 말미암아 점성력이 큰 점성유체에 의하여 바깥쪽을 밀려나는 평균적인 거리를

$$\delta^* = \frac{1}{V}\int_0^\delta (V-u)dy \qquad (7-8-1)$$

로 표시하여 δ^*를 경계층의 배제 두께(displacement thickness)라 한다.

⑤ 경계층의 외부의 유체가 경계층이 형성되므로 말미암아 단위시간에 유체가 잃은 운동량을 대상으로 잡아 평균적인 경계층의 두께를

$$\theta = \frac{1}{\rho V^2}\int_0^\delta \rho u(V-u)dt$$

$$= \frac{1}{V^2}\int_0^\delta u(V-u)dt \qquad (7-8-2)$$

으로 표시하고 이 θ를 경계층의 운동량 두께(momentumt hikness)라 한다. 이상과 같이 경계층의 두께를 나타내는 정의는 여러 가지가 있으나, 두께 δ보다 배제 두께 δ^* 또는 운동량 두께 θ쪽이 보다 더 보편적으로 사용하는 기준 두께이다.

예제 7-9 경계층 밖의 유속을 V, 물체 표면에서의 거리를 y, 경계층의 두께를 δ라고 할 때, 경계층 내의 흐름의 속도 u는 다음 식으로 표시된다.

$$u = V\left\{1-\left(1-\frac{y}{\delta}\right)\right\}$$

물체 표면에 있어서의 속도 기울기 몇 경계층 배제 두께를 구하여라.

풀이 주어진 흐름의 속도를 y로 계산하면,

$$\frac{du}{dy} = \frac{2U}{\delta}\left(1-\frac{y}{\delta}\right)$$

그러므로 물체 표면에서의 속도 기울기는 $y=0$을 대입하여 구하면,

$$\left(\frac{du}{dy}\right)_{y=0} = \frac{2u}{\delta}$$

경계층의 배제 두께 δ^*는 식 (7-8-1)을 이용하여 주어진 흐름의 속도 u를 대입하면

$$\delta^* = \frac{1}{V}\int_0^\delta (V-u)dy = \frac{1}{V}\int_0^\delta \left[V-V\left\{1-\left(1-\frac{y}{\delta}\right)^2\right\}\right]dy$$

$$= \int_0^{\delta} \left(1 - \frac{y}{\delta}\right)^2 dy = -\delta \int_0^{\delta} \left(1 - \frac{y}{\delta}\right)^2 d\left(1 - \frac{y}{\delta}\right)$$

$$= \left[-\frac{\delta}{3} \left(1 - \frac{y}{\delta}\right)^2 \right]_0^{\delta} = \frac{\delta}{3}$$

(3) 경계층의 박리(剝離)

고체 표면에 따른 흐름에 있어서 하류방향으로 압력상승이 일어나면 어느 점에서 흐름이 표면으로부터 그 뒤에 소용돌이가 생긴다. 이 현상을 경계층의 박리(separation)라 한다.

[그림 7-17]과 같이 하류방향으로 압력상승이 있을 때 벽면에서 먼 부분의 유체는 유속이 크고 관성이 크기 때문에 높은 압력에 견디면서 하류까지 진행할 수가 있으나, 벽 가까운 유속이 느린 유체는 점성 때문에 관성이 작아 압력을 견디면서 하류까지 가기는 곤란하다.

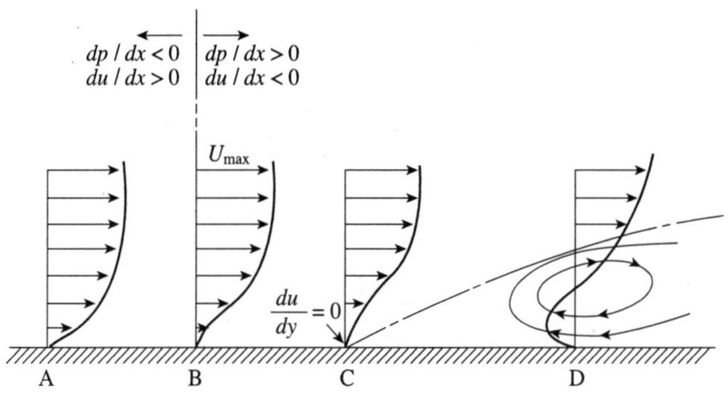

[그림 7-17] 경계층의 박리

이런 까닭으로 외측의 유속이 최고가 되는 위치 B를 지나 압력 기울기가 $dp/dx \langle 0$, 즉 역류가 생긴다. D점에서는 소용돌이가 생기는 모양을 표시하고 있다. 이와 같이 소용돌이가 생기면 흐름이 혼란해져서 에너지의 손실을 초래하므로, 박리가 생기는 것은 바람직하지 못하다. 따라서 큰 양의 값의 압력 기울기가 흐름 속에 나타나지 않도록 하여야 한다.

(4) 층류저층

난류계층에서 벽면이 매끈할 때에는 표면에 가까운 흐름은 여전히 층류를 이루는데, 이것을 층류저층(層流底層, laminar sublayer)이라 한다. 이 층내의 속도분포는 이론적으로는 포물선을 이루지만 이 층의 두께 δ가 관의 반지름 r_0에 비하여 매우 작기 때문에 벽에 있어서의 전단응력을

$$\tau_0 = \mu\left(\frac{du}{dy}\right)_{y=0} = \mu\frac{u}{y}$$

로 하여 이것으로부터 속도분포 $u = \tau_0 \dfrac{y}{\mu}$인 직선으로 치환하여도 무방하다. 식 (7-7-5)와 같이 이것을 u^*로 나누어 무차원화하면

$$\frac{u}{u^*} = \frac{z_0/\mu}{u^*}\, y = \frac{u^*}{\nu} \cdot y \tag{7-8-3}$$

이 된다.

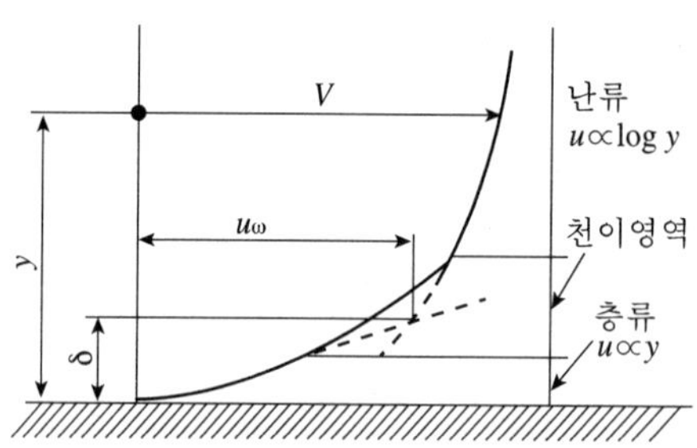

[그림 7-18] 매끈한 관벽 부근의 속도분포

[그림 7-18]과 같이 속도가 직선적으로 변화하는 층류저층과 대수적(對數的)으로 변화하는 난류와의 두 속도분포의 곡선이 교점에서 벽까지의 거리 δ를 층류저층의 두께로 가정한다. 이 δ와 r_0와의 비는 Reynolds 수에 반비례한다.

$$\frac{\delta}{r_0} = \frac{116}{Re^{\frac{7}{8}}} \tag{7-8-4}$$

여기에서 $R_e = 3 \times 10^3 \sim 1.5 \times 10^5$의 범위이다.

식 (7-8-4)에서 표시한 층류저층의 두께 δ는 다음과 같이 간단히 유도된다. [그림 7-18]에 표시한 바와 같이 층류저층을 명백하게 표시한 두께 δ를 가진다고 하고 또 이 속의 흐름은 속도가 직선분포인 층류로 한다. 지금 $y=\delta$에 있어서의 유속을 u_w라 하면 [그림 7-18]에서

$$\frac{du}{dy} = \frac{u_w}{\delta}$$

따라서 관벽의 전단응력 τ_0는

$$\tau_0 = \mu \frac{u^*}{\delta}$$

그런데 식 (7-4-3)에서

$$\tau_0 = \frac{\lambda}{8} \rho \upsilon^2$$

이 두 식을 같게 놓고 δ를 구하면,

$$\delta = \frac{8\mu u_w}{\lambda \rho V^2}$$

여기에서 D/D를 곱하여

$$\delta = \frac{8}{\lambda} \cdot \frac{u_w}{V} \cdot \frac{\mu}{\rho D V} D$$

$$\therefore \text{ 따라서, } \frac{\delta}{D} = \frac{8}{\lambda} \cdot \frac{u_w}{V} \cdot \frac{1}{R_e} \qquad (7\text{-}8\text{-}5)$$

그런데 Kármán에 의하면 $u^*=V\sqrt{\frac{\lambda}{8}}$ 에 대입하면

$$u_w = 11.6V\sqrt{\frac{\lambda}{8}}$$

이것으로부터 $\frac{u_w}{V} = 4.1\sqrt{\lambda}$

이것을 식 (7-8-5)에 대입하면

$$\frac{\delta}{D} = \frac{32.8}{R_e\sqrt{\lambda}} \qquad (7-8-6)$$

이 된다. 이것이 층류저층의 두께를 나타내는 이론식이다. 식 (7-8-6)에서 식 (7-4-5)와 $D=2r_0$를 대입하면 식 (7-8-3)이 된다.

예제 7-10 지름 100mm, 관 마찰계수 0.03인 원관 속의 흐름의 Reynolds수가 3000이다. 층류저층의 두께 δ를 구하여라.

풀이 식 (7-8-6)에서 층류저층의 두께 δ는

$$\delta = \frac{32.8 \times D}{R_e\sqrt{\lambda}} = \frac{32.8 \times 0.10}{3000 \times \sqrt{0.03}} = 6.31 \times 10^{-4}\text{m} = 6.3[\text{mm}]$$

이 장에서 기억해야 할 주요 관계식

- Darcy-Weisbach의 식 : $\dfrac{p_1 - p_2}{\tau} = h_c = \lambda \cdot \dfrac{l}{D} \cdot \dfrac{V^2}{2g}$
- 원관 내의 층류 흐름에서 관 마찰계수(λ) : $\lambda = \dfrac{64}{R_e}$

연습문제

1. 밀도가 998kg/m^{3}인 물이 원관 속을 흐를 때, 관벽에 작용하는 전단응력은 147.2kPa이다. 마찰속도는 얼마인가?

2. 지름이 150mm인 원관 속을 물이 흐를 때 마찰속도가 2m/s이면, 관벽에서 20mm인 곳의 속도기울기는 얼마인가? 단, 관류의 흐름은 난류이다.

3. 지름이 1m인 관 속을 물이 난류로 흐르고 있다. 속도분포가 u=10+0.8 log ym/s이고, 벽에서 0.25m인 곳에서 전단응력이 80Pa일 때, 이 위치에서의 와류점성계수, 혼합거리 및 난류상수를 구하여라. 단, y는 벽에서 잰 수직거리이다.

4. 안지름이 250mm인 원관으로 수평거리로 150m 떨어진 곳에 물을 수송하려고 한다. 24시간에 10000m^{3}의 물을 보내는 데 드는 압력을 구하여라. 단, 관 마찰계수는 λ=0.035이다.

5. 지름 25mm, 길이 100m인 매끈한 원관 속을 동점도 1.31 × 10^{-4}m^2/s인 물이 2m/s로 흐를 때, 마찰에 의한 손실수두는 얼마인가? 단, 관 마찰계수는 흐름이 난류인 경우에는 Blasius의 식에 의한 것으로 한다.

6. 지름이 500mm인 시판강관으로 길이가 200m인 곳에 매분 0.5m^{3}의 물을 수용할 때, 얼마만한 손실수두가 생기겠는가? 또 지름을 100mm로 하면 손실수두는 얼마인가?

7. 지름이 300mm인 원관 속을 물이 흐르고 있다. 100m 당의 손실수두가 5m일 때 (1) 관벽에서의 전단응력, (2) 관 중심에서 50mm 떨어진 곳에서의 전단응력, (3) 마찰속도, (4) 관 마찰계수 λ=0.059일 때의 평균유속을 구하여라.

8. 안지름이 300mm 인 원관으로 유량 $90m^3/h$ 를 1km 떨어진 곳으로 보낼 때, 압력 손실수두는 얼마인가? 단, 관 마찰계수는 0.03 이다.

9. 지름 25mm 인 매끈한 원관을 통하여 20°C 의 물을 매초 $1l$ 씩 보낸다. 관 길이 5m 에 대한 손실수두는 얼마인가?

10. Reynolds 수가 1500 인 유체가 매끈한 원관 속을 흐를 때, 관 마찰계수는 얼마인가?

11. 안지름 300mm, 길이 500m 인 주철관을 통하여 동점도가 $5.2 \times 10^{-5} m^2/s$ 인 기름을 $0.1825m^3/s$ 로 수용할 때의 압력강하를 구하여라.

12. 석유를 $150l/min$ 로 안지름 90mm 인 파이프를 통하여 25km 떨어진 곳으로 수송할 때, 압력손실수두를 계산하여라. 또 이에 요구되는 동력은 몇 kW 인가? 단 원류의 점성계수는 0.981Pa · s 이고 비중은 0.96 이다.

13. 15°C 의 물이 안지름 300mm 인 주철로 된 원관 속을 평균유속 2m/s 로 흐를 때의 관 마찰계수는 얼마인가?

14. 경사지게 세운 안지름 150mm 의 직선의 원관을 통하여 물을 위로 올리고 있다. 이 관의 기준면에서 1, 2 의 높이를 각각 27m, 40m 로 하고 1, 2 사이의 관의 길이를 200m 라 한다. 1, 2 의 위치에 있어서의 압력강하를 227[mAq]이라 하면 이 관벽에 있어서의 마찰응력은 얼마인가?

15. 지름이 100mm 인 원관 속을 물이 난류로 흐르고 있다. 관 중심의 최대속도가 5m/s 일 때, 관벽에서 40mm 인 곳의 유속은 얼마인가?

16. 반지름 300mm 인 원관 속의 속도분포가 난류의 7승근법칙에 따른다고 하면, 평균 유속을 주는 반지름은 얼마로 되는가?

17. 한 변이 200mm 인 정사각형 도관(duct)으로 유량 0.12m^3/s 의 공기를 보낼 때, 길이 50m 에 대한 압력손실은 얼마인가? 공기의 온도는 20°C, 압력은 101.3kPa 이고 관의 내면은 매끈하다.

18. 한 변이 20mm 인 정사각형의 관 속을 비중 0.85 인 기름이 5m/s 의 속도로 흐른다. 10m 당의 압력강하는 얼마인가? 단, 관 마찰계수는 λ:0.03 이다.

19. 경계층 밖의 포텐셜 흐름의 속도가 2m/s 일 때, 경계층의 두께는 속도가 얼마 일 때의 값으로 잡아야 하는가?

20. 지름이 150mm 이고 관 마찰계수가 0.025 인 원관 속의 흐름의 Reynolds 수가 5000 이다. 층류저층의 두께는 얼마인가?

제 8 장

관로의 제손실

유체가 관로 속을 흐를 때에는 관벽 때문에 생기는 마찰손실 이외에 흐름이 단면적의 크기, 형상 또는 방향이 변화하는 곳 그리고 관로의 입구와 출구, 관로 도중에 설치되는 밸브(valve), 콕(cock), 유니언(union), 티(tee) 등을 지날 때에도 손실이 생긴다. 이것을 관로의 부차적 손실(minor loss)이라 한다. 이 장에서는 이와 같은 여러가지 손실을 구하는 방법에 대하여 설명하기로 한다.

학습목표

이 장에서는 다음의 항목들을 숙지 · 이해하고 이를 응용할 수 있도록 한다.

- 관로의 부차적 손실
- 관로의 손실 수두
- 급확대 및 급축소 관로에서의 손실
- 입구 길이와 입구 손실
- 점차 확대 관로에 있어서의 손실
- 곡관에서의 손실
- 밸브와 콕에 의한 손실
- 분지관과 합류관에서의 손실
- 단일관로와 직열관에서의 손실
- 사이펀
- 등가관로
- 관로망

8-1 관로에 있어서의 손실수두

단면적이 일정한 직관 속의 흐름상태는 입구에서 어느 거리만큼 지난 하류에 이르면 어느 단면에서나 일정하게 되고, 따라서 관로의 에너지 손실의 비율은 일정하다. 그러나 관로의 (1) 단면적이 급확대되는 경우, (2) 단면적이 급축소되는 경우, 또는 (3) 방향이 변화할 경우에는 에너지 손실도 변화한다.

관로의 입구 및 출구에서의 손실, 밸브나 콕 등의 부속품에 의한 손실은 위의 세가지 경우 중 하나 또는 조합한 경우에 속한다. 이와 같은 부차적 손실은 유체를 가속시키기 위한 에너지 손실과 점성 때문에 생기는 손실의 두 가지 형태로 되어 있고, 이 손실이 차지하는 비율은 관 길이의 장단에 달려 있다. 즉 관이 길 때에는 이 손실은 무시될 정도로 적은 값이 되고, 반대로 관이 짧을 때에는 이 손실의 비율이 대부분을 차지한다.

부차적 손실이 생기는 원인은 [그림 8-1]과 같은 장애물이 놓여 있는 관로 속의 흐름을 생각하면 알 수 있다. 이런 경우의 유동손실은 보통 속도의 변화(크기라든가 방향) 때문에 생기는데, 이것을 속도변화 또는 형상변화에 의한 손실이라 한다. 속도의 변화가 급격할 때에는 충돌손실(衝突損失)이라고도 한다.

[그림 8-1]에서 단면 1, 2 에서는 장애물 때문에 유관이 좁혀지므로 속도는 증가하고 압력은 떨어진다. 운동 에너지가 압력 에너지로 변하여 그림의 실선과 같이 흐름의 방향으로 압력이 높아진다. 이로 인하여 유체입자의 흐름은 압력구배에 역행하여 흐르므로 그 운동은 극히 불안전하게 되고, 주류는 장애물의 배면에서 박리하여 여기에 큰 와류를 일으킨다. 이 수두를 h_l라 할 때 이것을 와류손실(渦流損失, eddy loss)이라 한다.

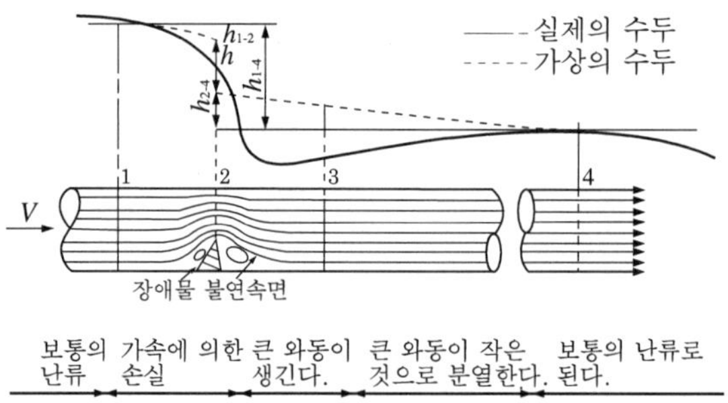

[그림 8-1] 부차적 손실의 발생 원인

이 큰 와류는 단면 3과 4 사이에서 작은 와류로 분열되고, 작은 와류는 점성마찰 때문에 차차 감소하여 나중에는 열 에너지로 변환하여 소산된다. 그래서 장애물을 지나가는 흐름의 전손실수두는 h_{1-4}가 된다. 이것은 와류손실 h_l와 보통의 난류로 인한 마찰손실 h_{1-2}, h_{2-4}를 합친 복잡한 내용의 것이 되고, 그 압력수두는 그 점까지의 손실수두와 속도수두에서 압력수두로의 변환(또는 그 반대의 변환)한 분을 대수적으로 더한 것이 되며, 그림에서 실선으로 나타낸 경로를 거친다. 그러나 편의상 h_l가 그림의 점선으로 표시한 것과 같이 단면 2에 집중하여 생기는 것으로 가정하여 취급한다.

이와 같은 손실수두를 h_t라 하면, 일반적으로 h_l는 다음과 같은 식으로 표시된다. 즉 속도수두의 값으로 표시하여

$$h_l = \zeta \frac{V^2}{2g} \qquad (8-1-1)$$

V는 수두손실이 생기지 않는 곳의 단면에 있어서의 평균유속을 잡고, 손실이 생기는 곳의 전후에서 평균유속이 변화할 때에는 큰 쪽의 것을 잡는다. 또 식중의 ζ는 전저항계수(全抵抗係數)라 하고, 실험으로 정한다. 이 ζ는 일반적으로 관류의 R_e수, 장애물의 형상 y/D(y는 장애물의 크기, D는 관지름) 및 표면의 상대조도 e/D와 관계가 있다. 즉

$$\zeta = f\left(\frac{DV}{\nu}, \frac{y}{D}, \frac{e}{D}\right) \qquad (8-1-2)$$

보통 관로 도중에 설치되는 부속품의 길이는 짧기 때문에 표면마찰의 정도가 적고 e/D의 영향도 근소하다. 또 Nikuradse의 실험결과와 같이, 이때 불규칙한 통로 때문에 큰 와류가 생기고, 흐름은 고도의 난류가 되므로 ζ는 R_e수와 거의 관계가 없다. 따라서 난류를 형성하는 관로 속의 저항계수 ζ는 거의 장애물의 형상 y/D에 의하여 정해진다.

8-2 급확대관로에 있어서의 손실

[그림 8-2]에서와 같이, 관로의 단면적이 A_1에서 A_2로 갑자기 확대될 때, 유체는 작은 단면 A_1으로부터 분류를 이루면서 큰 단면 A_2로 유입하고, 그 주위에 비교적 이동속도

가 느린 와류를 일으킨다. 그러나 이 와류의 스케일은 크다. 속도가 빠른 주류와 느린 와류 사이에는 큰 속도구배가 생겨 이 불연속면에 강한 전단응력이 발생하고, 평균류와 직각인 방향으로 유체부분의 혼합작용이 생기며, 분류는 점차 확산하여 마침내 큰 관로의 전단면으로 퍼지게 된다.

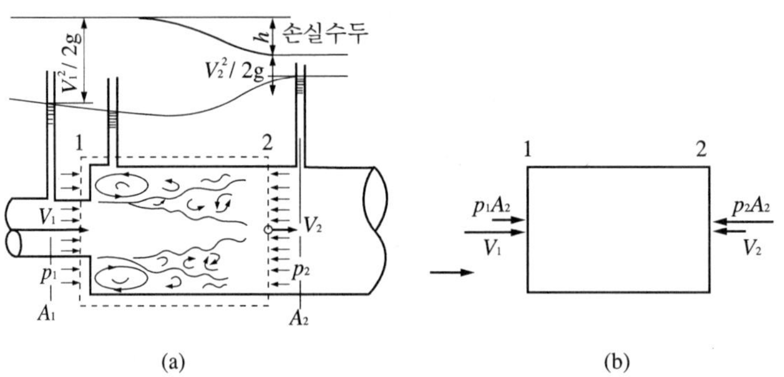

[그림 8-2] 급확대관 속의 흐름

그리하여 큰 와류는 차차 작은 와류로 분열되고, 관 지름 D의 50배 정도가 되는 거리의 하류에 이르러 소멸하게 되고, 이곳에서 비로소 보통의 난류로 되돌아간다. 이 단면을 2, 급확대의 단면을 1이라 한다. 그림 (b)와 같이 단면 1, 2 사이의 자유체를 생각한다〔그림 (a)와 같은 검사면(control surface)을 생각하여도 좋다〕.

지금 유체의 흐름은 큰 와류에서 작은 것으로 바뀌면서 흐르고, 관벽의 마찰력은 와류에 의한 전단력에 비하여 작기 때문에 이것을 생략하고, 운동량의 원리를 이 자유체에 적용하면

$$p_1A_1 - p_2A_2 = \rho Q\,(V_2 - V_1)$$

이 되고, 또 단면 1, 2 사이의 손실수두를 h라 하여, 이 사이에 Bernoulli의 정리를 적용하면

$$\frac{p_1}{\gamma} + \frac{V_1^2}{2g} = \frac{p_2}{\gamma} + \frac{V_2^2}{2g} + h_l$$

와 같이 된다. 위의 두 식에서 $(p_1 - p_2)/\gamma$를 구하여 이들을 등식하면

$$\frac{p_1 - p_2}{\gamma} = \frac{Q}{gA_2}(V_2 - V_1) + \frac{V_1^2 - V_2^2}{2g} + h_l$$

그런데 $Q/A_2 = V_2$ 이므로

$$h_l = \frac{2V_2(V_2 - V_1)}{2g} - \frac{V_2^2 - V_1^2}{2g} = \frac{(V_1 - V_2)^2}{2g} \tag{8-2-1}$$

이 되는데, 이것은 식 (8−1−1)의 꼴로 나타내면 다음과 같이 된다.

$$h = \zeta \frac{V_1^2}{2g} = \zeta\left(1 - \frac{A_1}{A_2}\right)^2 \frac{V_1^2}{2g} \tag{8-2-2}$$

여기에서

$$\zeta = \zeta\left(1 - \frac{A_2}{A_2}\right)^2 \tag{8-2-3}$$

이 된다. 식 중 ζ는 1에 가까운 값이 되고, 이 급확대관류의 손실을 Borda Carnot의 손실이라 한다.

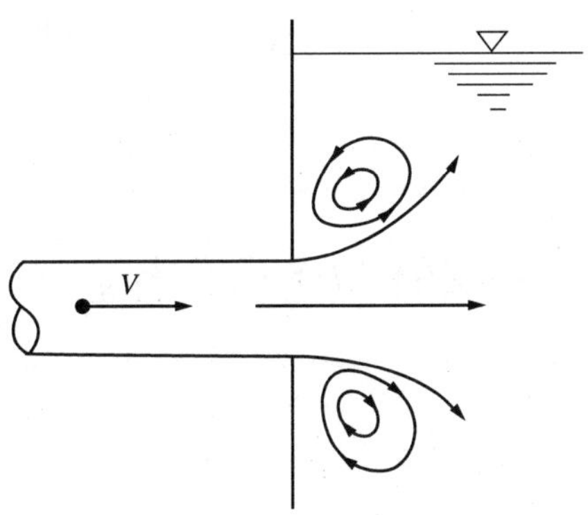

[그림 8-3] 출구손실

$A_1 \ll A_2$ 인 경우, 이를테면 [그림 8−3]과 같은 관류가 큰 탱크로 유입하는 것과 같은 때에 윗식에서 ζ=1 이 되고 이 때의 손실수두는

$$h_l = \frac{V_2}{2g} \qquad (8-2-4)$$

으로 표시된다. 이것을 출구손실(exit loss)이라 한다. 식 (8-2-4)는 관 속에서 가지고 있던 물의 운동 에너지가 탱크 속에서 와류로 되고, 잇달아 그 와류의 에너지가 전부 열로 변하여 소실되는 것을 뜻한다.

예제 8-1 안지름 250mm인 원관이 안지름 400mm인 원관으로 급확대되었을 때 유량 230L/s로 흐르면 손실수두는 얼마나 되는가?

풀이 연속방정식에 의하여 유속 V_1, V_2를 구하면

$$V_1 = \frac{Q}{A_1} \cdot \frac{0.230}{\frac{\pi}{4}(0.25)^2} = 4.69[\text{m/s}]$$

$$V_2 = \frac{Q}{A_2} \cdot \frac{0.230}{\frac{\pi}{4}(0.4)^2} = 1.83[\text{m/s}]$$

식 (8-2-1)에 의하여

$$h_l = \frac{(V_1 - V_2)^2}{2g} = \frac{(4.69-1.83)^2}{2 \times 9.81} = 0.417[\text{m}]$$

8-3 급축소관로에 있어서의 손실

[그림 8-4]에 나타낸 바와 같이 관로의 단면적이 갑자기 축소될 때에는 급축소되는 점에서 흐름은 박리되어 유관의 면적 A_1는 일단 A_c로 수축되었다가 이어 A_2로 확대된다. 따라서 압력수두의 일부는 A_1에서 A_c쪽으로 향하여 속도수두로 변함으로써 축류의 속도는 V_c로 된다. 이 사이의 에너지 변환은 거의 안정하여 미소한 와류를 동반할 뿐이며, 그 손실은 적다. A_c에서 A_2까지는 속도수두를 압력수두로 바꾸는 과정이고, 그 사이의 에너지 변환은 거의 불안정하며, 그 손실은 A_1에서 A_c에 이르는 그것보다 훨씬 크다. 그

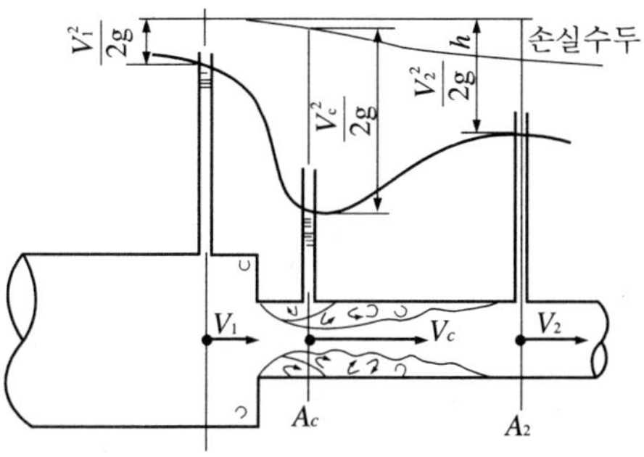

[그림 8-4] 급축소관의 손실

래서 A_c에서 A_2로의 확대손실 h_l에 대하여 식 (8-2-3)를 적용하면

$$h = \left(1 - \frac{A_c}{A_2}\right)^2 \frac{V_c^{\,2}}{2g}$$

이 된다. 지금 $A_c/A_2 = C_c$라 하고, 또 연속방정식에서 $V_c = V_2/C_2$ 이므로

$$h = (1-C_c)^2\left(\frac{1}{C_c}\right)^2 \frac{V_2^{\,2}}{2g} = \left(\frac{1}{C_c} - 1\right)^2 \frac{V_2^{\,2}}{2g} \qquad (8-3-1)$$

으로 된다. 식 중 Cc를 수축계수(收縮係數, coefficient of contraction)라 하고, Weisbach가 물에 대하여 실험한 이 C_c의 값과 $\left(\frac{1}{C_c} - 1\right)^2$의 값은 〈표 8-1〉에 나타낸 바와 같다.

〈표 8-1〉 급축소관로의 수축계수

A_2/A_1	0.2	0.2	0.3	0.4	0.5	0.6	0.7	0.8	0.9	1.0
C_c	0.61	0.62	0.63	0.65	0.67	0.70	0.73	0.77	0.84	1.00
$(1/C_e\text{-}1)^2$	0.41	0.33	0.34	0.29	0.24	0.18	0.14	0.089	0.036	0

예제 8-2 반지름 450mm와 300mm 두 원관을 직접 연결하여 지름이 큰 관에서 작은 관으로 물을 매초 230L씩 수송할 때 연결부의 손실수두를 구하여라.

[풀이] 식 (8-3-1)의 수축계수 C_c는 〈표 8-1〉에 의하면 $\frac{A_2}{A_1} = \left(\frac{300}{450}\right)^2 = 0.445$ 에 대하여 C_c=0.66 또 $\left(\frac{1}{C_c} -1\right)^2 = 0.27$이다.

$$V_2 = \frac{0.230}{\frac{\pi}{4}(0.30)^2} = 3.29[\mathrm{m/s}]$$

따라서 손실수두는 식 (8-2-4)에 의하여

$$h = 0.27 \times \frac{3.29^2}{2 \times 9.80} = 0.149[\mathrm{m}] = 149[\mathrm{mmAq}]$$

8-4 조주(助走)거리와 입구손실

비교적 큰 탱크에서 관 속으로 유체가 흘러 들어갈 때에는 급축소관의 특별한 경우이다. [그림 8-5]에서 보는 바와 같이 관 입구가 나팔 모양의 종구(鐘口, bell mouth)일 때에는 흐름의 수축은 일어나지 않고, 유체입자는 모두 같은 운동 에너지를 가지기 때문에 속도분포가 고르다. 정지상태에서 막 흐르기 시작한 이 부분의 흐름은 와동이 없는데, 이것을 포텐셜 흐름(potentiall flow)이라 한다.

여기에서부터 하류로 흘러감에 따라 층류경계층이 생기고, 그 두께 δ_l은 점점 증가한다. δ_l이 커지면 이 안에서의 흐름은 흔들리게 되어 불규칙한 운동으로 변이한다. 이 때

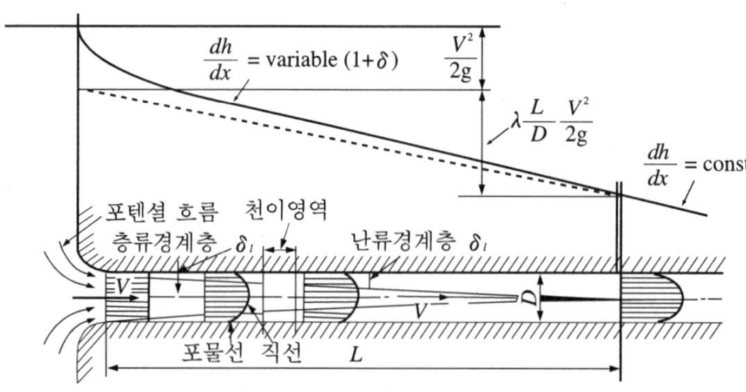

[그림 8-5] 입구 길이 사이의 흐름

속도구배는 비교적 느슨한 것으로 된다. 이 상태의 층이 난류경계층이다.

실험에 의하면 난류경계층의 두께 δ_t은 δ_l보다 빨리 성장하고, 관의 중심에 이른 후 비로소 관 단면의 속도분포는 일정하게 되며, 이 하류에서는 변하지 않는다. 속도분포의 꼴에 변화가 일어나는 길이 L을 입구 길이 또는 조주거리(助走距離, inlet length of entrance length)라 하고, 이 구간을 조주구간이라 한다. 관마찰과 속도분포의 식은 이 조주거리의 하류에 대하여 적용된다.

(1) 층류 때 : $L = 0.065\, R_e D$ (8-4-1)

(2) 난류 때 : $L = (25 \sim 40) D$ (8-4-2)

식 (8-4-1)의 R_e는 DV/ν와 같고, 이 식은 1981년 Boussinesq(부지네)가 이론을 세우고 1922년 Nikuradse가 실험으로 확인하였다.

또 식 (8-4-2)는 1927년 Kirstein, Nikuradse가 실험으로 구한 것이다. 지금 관로 입구에서 $l > L$인 하류의 점과 탱크 안과의 수두차를 h, 관 속의 평균유속을 V, 관마찰을 제외한 L 사이의 손실을 $\zeta V^2/2g$라 하면

$$h = \frac{V^2}{2g} + \zeta \frac{V^2}{2g} + \lambda \frac{l}{D} \frac{V^2}{2g} \tag{8-4-3}$$

이 성립한다. 윗 식의 우변 첫째 항은 속도수두이고, 둘째 항은 입구손실수두, 셋째 항은 관마찰 손실수두이다. 둘째 항에서 ζ를 입구손실계수라 한다. ζ의 값은 [그림 8-6]과 같이 형상에 따라 다르고 또 같은 형상이라도 관 지름이 커지면 ζ의 값은 작아지는 경향이 있다.

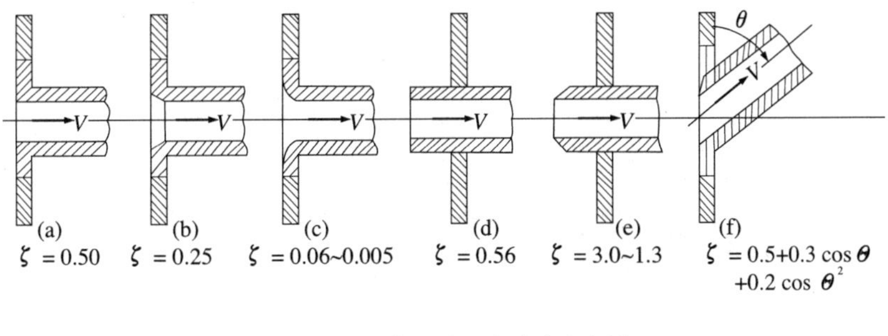

[그림 8-6] 관로 입구의 형상과 손실

예제 8-3 액체 탱크 측벽 하단에 원관을 수직으로 장치하여 경계층이 합류하는 곳에 압력계를 달고자 한다. 관지름 250mm, 유속 5m/s, 동점도 ν=1.146 × $10^{-6}$$m^2$/s인 조주거리를 구하여라.

풀이 먼저 Reynolds수를 계산하면,

$$R_e = \frac{VD}{\nu} = \frac{5 \times 0.25}{1.146 \times 10^{-6}} = 1.09 \times 10^6 > 2320$$

흐름은 난류이다. 식 (8-4-2)에서

$$L = 25D = 25 \times 0.25 = 6.24[\text{m}]$$

따라서 관 입구로부터 6.25m 하류에 압력계를 달면 된다.

8-5 점차 확대관로에 있어서의 손실

[그림 8-7]에 나타낸 바와 같이, 관의 단면적이 A_1에서 A_2로 완만하게 확대될 때에는 관류의 속도가 V_1에서 V_2로 감소하기 때문에 압력은 그림에 나타낸 바와 같이 하류로 갈수록 높아진다. 즉 속도수두가 압력수두로 변환한다. 이와 같은 장치를 디퓨저(diffuser)라 한다. 이상유체인 경우에는 점선으로 표시한 것과 같이, 확대초전에 압력 p_1이 확대가 끝나는 점에서 최고값 p_2로 되고, 이 후에는 확대로 인한 손실이 생기지 않으므로 일정하게 된다. 이에 대하여 실제 유체에서는 관마찰과 와류손실 때문에 압력손실은 실선으로 나타낸 것과 같이 되고, 최고 압력 p_2는 관의 확대가 끝난 점에서 조금 하류로 간 곳에서 나타난다. 여기서부터 하류 쪽에서는 관마찰에 의하여 재차 내려간다.

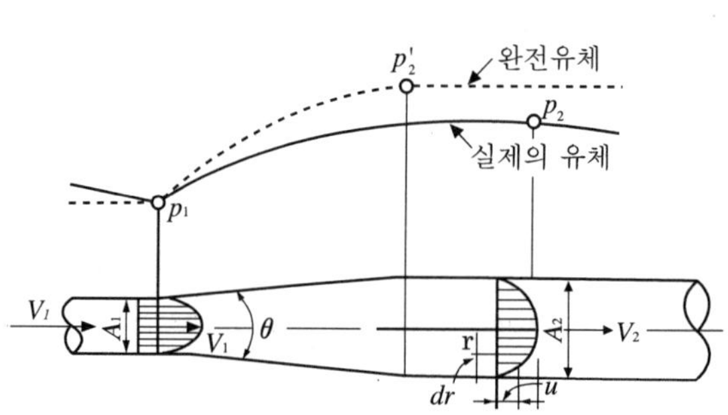

[그림 8-7] 점차확대관의 손실

점차확대관로의 손실을 식 (8-1-1)과 (8-2-1)와 같이 표시하면

$$h_l = \zeta (V_1 - V_2)\frac{2}{2g} = \zeta\left(1-\frac{A_2}{A_2}\right)^2\frac{V_1^2}{2g} = \zeta\frac{V_1^2}{2g} \tag{8-5-1}$$

여기에서

$$\zeta = \zeta\left(1-\frac{A_2}{A_2}\right)^2$$

이 된다. 원형 확대관에 대한 ζ의 값은 [그림 8-8]과 같이 된다.

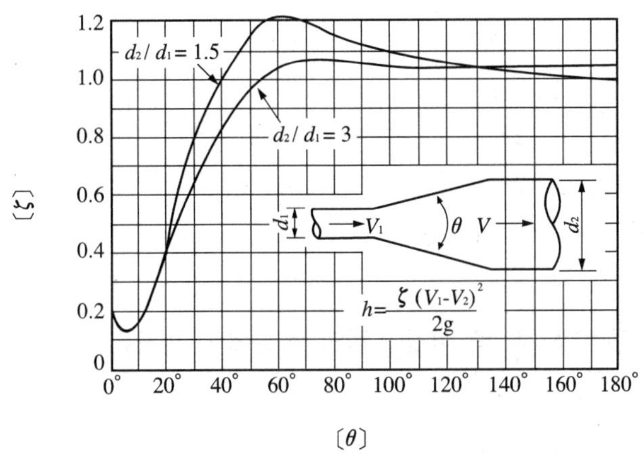

[그림 8-8] 원추확대관의 손실계수

ζ의 값은 원추확대각(圓錐擴大角) θ에 따라 달라지는데, 원형단면에서는 θ=5일 때 최소로 되고, ζ=0.135이며, 정사각형 단면인 경우 θ=6에서 최대로 되고, ζ=0.145 또는 θ=50°~60° 이상에서는 거의 일정하며 $\zeta \fallingdotseq 1$이 된다.

θ가 작은 경우에는 측벽부착현상에 의하여 흐름은 확대관을 따라 흐른다. 이 벽효과, 즉 벽면에 부착하여 흐르는 현상은 1932년 H. Coanda에 의하여 발견된 것으로서, 그의 이름을 붙여 Coanda 효과라 한다.

θ가 ζ의 최소값을 주는 각도보다 커지면, 흐름은 도중에서 [그림 8-9]와 같이 박리한다. 이와 같은 흐름의 박리를 동반하는 교란에 의하여 손실수두는 급격히 증가한다.

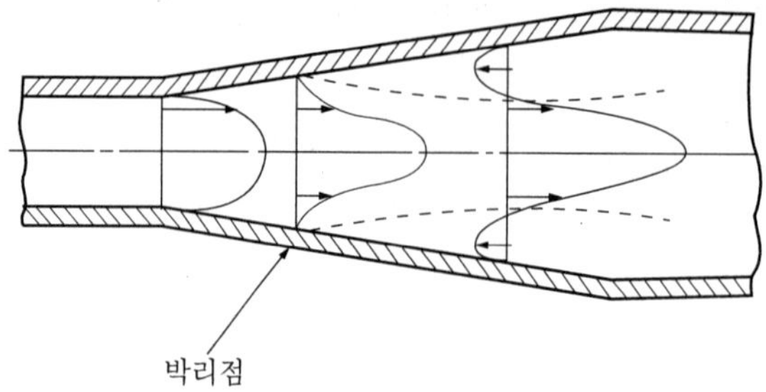

[그림 8-9] 확대관 속도분포

확대관의 흐름에 Bernoulli의 정리를 적용하면,

$$\frac{p_1}{\gamma}+\frac{V_1^2}{2g}=\frac{p_2}{\gamma}+\frac{V_2^2}{2g}+h$$

$$\therefore\ \frac{p_2-p_1}{\gamma}=\frac{V_1^2-V_2^2}{2g}-h$$

$$\frac{1}{2g}\left\{V_1^2-V_2^2-\zeta(V_1-V_2)^2\right\} \tag{8-5-2}$$

이 되고, 또 손실을 무시할 때, 즉 이상유체의 흐름에 대해서는 p_2를 p_2'라 하면

$$\frac{p_2-p_2'}{\gamma}=\frac{1}{2g}(V_1^2-V_2^2) \tag{8-5-3}$$

과 같이 된다. 따라서 디퓨저의 압력회수효율(壓力回收效率)(η)은

$$\eta=\frac{p_2-p_1}{p_2'-p_1}=1-\zeta\frac{(V_1-V_2)^2}{V_1^2-V_2^2}=1-\zeta\,\frac{1-(V_2/V_1)}{1+(V_2/V_1)}$$

η와 ζ의 관계는

$$\zeta=(1-\eta)\frac{1+(A_1/A_2)}{1-(A_1/A_2)} \tag{8-5-4}$$

과 같이 된다. 원추 확대관의 ζ에 관한 Gibson의 실험식은 $\theta=7.5°\sim35°$의 범위에 대해

$$\zeta = 0.011\theta^{1.22} \tag{8-5-5}$$

로 주어져 있다. 확대관로의 흐름은 팬(fan)이나 펌프의 회전차 통로 또는 풍동, Venturi 계 등에서도 볼 수 있다.

예제 8-4 안지름 25mm인 원관을 확대각 20°의 확대관에 의해 안지름 65mm까지 확대할 때, 압력회수효율은 얼마인가? 단, 손실계수는 Gibson의 공식을 써서 계산하여라.

풀이 단면적 A_1, A_2를 구하면,

$$A_1 = \frac{\pi}{4}d_1^2 = \frac{\pi}{4} \times 0.025^2 = 0.000491[\text{m}^2]$$

$$A_2 = \frac{\pi}{4}d_2^2 = \frac{\pi}{4} \times 0.065^2 = 0.00332[\text{m}^2]$$

$$\frac{A_1}{A_2} = \frac{0.000491}{0.00332} = 0.148$$

손실계수 ζ는 (8-5-5) 식에 의하여

$$\zeta = 0.011\theta^{1.22} = 0.011 \times 20^{1.22} = 0.425$$

(8-5-4) 식에서 압력회수효율 η는

$$\eta = 1 - \zeta\frac{1-(A_1/A_2)}{1+(A_1/A_2)} = 1 - 0.425 \times \frac{1-0.425}{1+0.425} = 0.682$$

그러므로 압력회수효율은 68.2%이다.

8-6 흐름의 방향이 변할 때의 손실

(1) 2차 흐름

[그림 8-10]에서와 같이 정지한 원통용기 속의 유체에 회전운동을 가하였을 때, 반지름 r인 점의 유도를 v, 압력을 p, $r+dr$인 점의 압력을 $p+dp$라 하면 밀도 ρ인 유체 부분

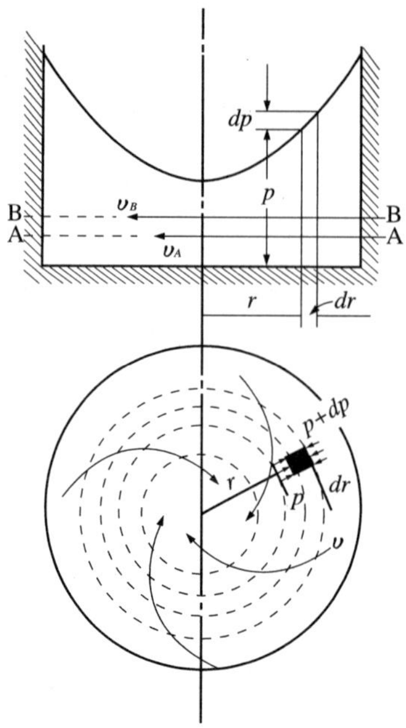

[그림 8-10] 원통용기 속의 2차흐름

에 작용하는 원심력과 압력기울기에 의한 힘의 평형에서 다음 식을 얻는다.

$$\frac{dp}{dr} = \rho\frac{v^2}{r} \qquad (8-6-1)$$

이 때 주류의 유선은 물론 동심원이 되고 그림에서 평면도에 표시한 점선과 같이 된다. 그러나 같은 반지름 위에 있는 유체라도 저면에 가까운 A-A층의 원주속도 v_A는 밑변 벽의 영향을 받아 이보다 위에 있는 B-B층의 원주속도 v_B보다 작아진다. 한편 B-B층의 압력은 그대로 A-A층에 전달되므로 같은 반지름과 함께 같지 않으면 안된다.

그런데 $v_A < v_B$이므로 A-A층의 흐름의 곡률 반지름 r_A는 B-B층의 곡률 반지름 r_B보다 작아지지 않으면 안 된다. 즉, $r_A < r_B$로 되고, B-B층의 유선이 점선의 원이 되면, A-A층의 유선의 곡률 반지름은 이것보다 작은 실선의 것과 같이 되고, 그것은 중심을 향한 나선흐름이 된다. 이 반지름 방향의 흐름을 2차 흐름(secondary flow)이라고 한다. 세탁할 때 물을 둥글게 돌리면 비누때가 중심으로 모인다던지, 굽어 흐르는 하천에 있어서 굽은 안쪽의 밑바닥은 얇고 바깥쪽의 강바닥이 깊게 굽어 파인 것은 이 2차 흐름 때문이다.

(2) 곡관에서의 손실

[그림 8-11]은 곡관(bent pipe) 속의 2차흐름(단면 A-B의 횡단면적에 표시한)과 관벽에 있어서 압력분포를 나타낸 것이다.

이 2차흐름과 주류가 합성되어 곡관 속의 흐름은 2조로 되는 나선운동을 이룬다. 또 나선류에 의한 원심력 때문에 곡관의 안쪽은 압력이 낮게, 바깥쪽은 높게, 안팎 벽의 압력은 만곡이 끝난 직선관로로 어느 거리만큼 흘러간 하류에서 비로소 일치된다. 곡관의 안쪽에서는 중심 AB까지는 흐름의 방향으로 압력은 강하하고, 흐름은 안정하나 AB를 지나면 $dp/dx > 0$가 되어 경계층이 벽면에서 박리하여 도시한 바와 같은 과류가 생긴다. 이것과 반대로 곡관의 바깥쪽에서의 중앙선 AB에 이를 때까지 $dp/dx > 0$로 되어 와류를 형성하고, AB를 지나서 $dp/dx < 0$로 되어 흐름은 비교적 안정하게 된다.

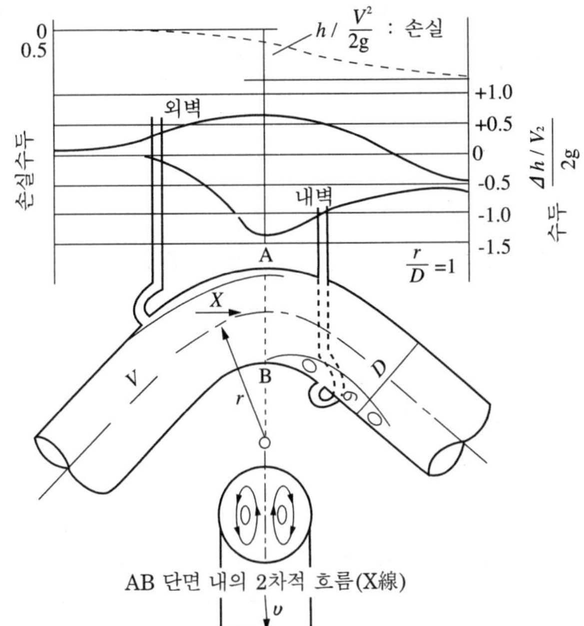

[그림 8-11] 곡관 속의 흐름

이와 같이 곡관 속의 흐름에 대한 수두손실 h_l는 (1) 표면마찰에 의한 것, (2) 2차흐름에 의한 것, (3) 흐름의 박리에 의한 와류의 발생으로 말미암은 것의 세 가지 원인이 합

쳐진 것이다. 이것을 식으로 표시하면

$$h_l = \zeta_b \frac{v^2}{2g} = \left(\zeta + \lambda \frac{L}{D}\right)\frac{v^2}{2g} \tag{8-6-2}$$

이 된다. 여기에서 ζ_b는 전손실계수, ζ는 흐름이 굽는 것만에 의한 손실계수이고, λ는 관마찰계수, L은 곡관의 만곡부 중심선의 길이이다.

원형단면의 곡관에 대한 전손실계수 ζ_b에 대해서는 H. Richter가 D=40, 20mm의 인발동관을 써서 실험한 결과의 다음과 같은 식이 있다.

$$\zeta_b = 0.00705\alpha\theta^{1.1}R_e^{\beta} \tag{8-6-3}$$

여기에서 θ는 방향 변화의 각도, R_e은 Reynolds수로서 $R_e=D \cdot v/\nu$, 계수 α와 β는 [그림 8-12]에 표시한 것과 같다. 그림에서 D는 곡관의 안지름, 곡률 반지름 r는 곡관의 중심선의 곡률 반지름이다. 또 r/D=3~36일 때에는 그림 (a)의 점선과 같이 $\alpha \fallingdotseq 0.48\rho/D$의 관계가 있다.

〈표 8-2〉는 흐름이 굽기 때문에 생기는 손실계수 ζ의 값을 표시한다.

매끈한 벽면인 곡관의 ζ에 대해서는 Weisbach가 지름 D=30, 10mm를 사용한 실험에서 다음 식을 세웠다.

$$\zeta = \left\{0.131+0.1632\left(\frac{D}{\gamma}\right)^{3.5}\right\}\left(\frac{\theta}{90}\right) \tag{8-6-4}$$

〈표 8-2〉 **곡관의 손실계수** (매끈한 벽면 R_e= 2.25 × 10^5, 거칠은 벽면 R_e= 1.46 × 10^5)

벽면	0° \ ρ/D	1	2	4	6	10
매끈한	15	0.03	0.03	0.03	0.03	0.03
	22.5	0.045	0.045	0.045	0.045	0.045
	45	0.14	0.09	0.08	0.08	0.07
	60	0.19	0.12	0.095	0.085	0.07
	90	0.21	0.135	0.10	0.085	0.105
거친	90	0.51	0.30	0.23	0.18	0.20

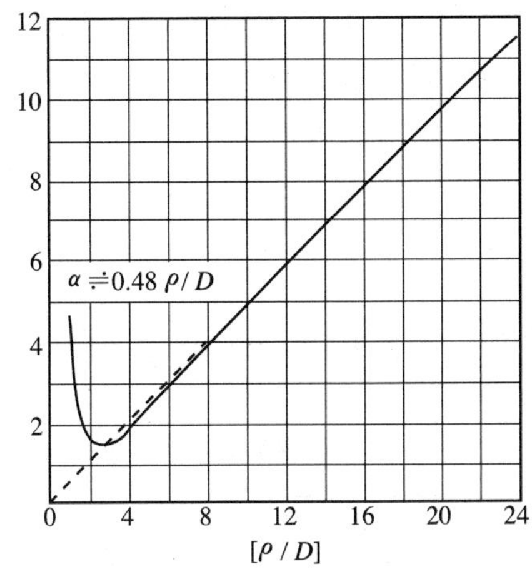

(a) α의 값

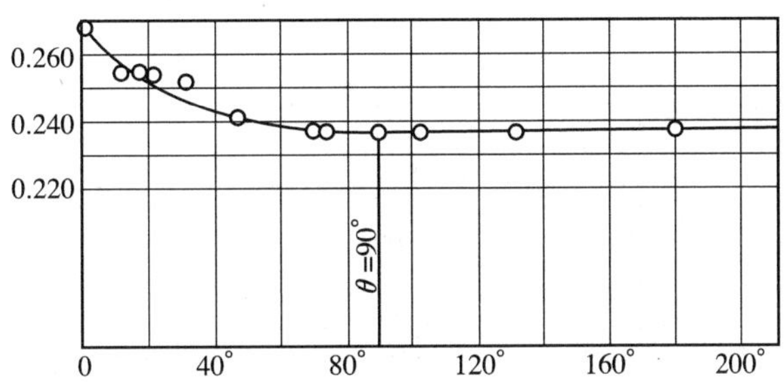

(b) β의 값

[그림 8-12] 계수 α와 β의 값

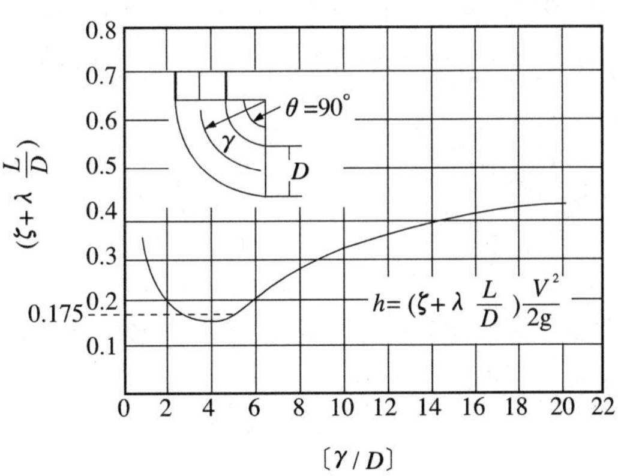

[그림 8-13] 90° 벤트의 손실 계수

여기에서 θ는 벤트의 각도이다. 특히 θ=90° 인 벤트에서는 [그림 8-13]과 같이 되고, r/D=2.5~5 의 범위에서 손실계수가 최소로 되며

$$\zeta + \lambda \frac{L}{D} = 0.175 \tag{8-6-5}$$

이 된다. 또 〈표 8-3〉은 단면이 원형인 90° 곡관의 전저항계수 ζ_b의 값을 나타낸다.

〈표 8-3〉 90° 벤트의 전저항계수

r/D	全저항계수 ζ	
	매끈한	거칠은
1.0	0.21	0.51
2.0	0.14	0.51
4.0	0.11	0.23
6.0	0.09	0.18
10	0.11	0.20

(3) 엘보(elbow)

관의 만곡이 심한 부분, 즉 벤트의 곡률 반지름이 r=0 인 때를 엘보라 한다. 유체가 이 부분을 통과할 때 [그림 8-14]와 같이 만곡부에서 흐름이 벽으로부터 박리되기 때문에 와류가 생기고, 이로 인하여 손실이 생긴다. 이 손실수두를 h_e라 하면

$$h_e = \zeta_e \frac{V^2}{2g} = \left(\zeta + \lambda \frac{L}{D}\right) \frac{V^2}{2g} \tag{8-6-6}$$

이 된다. 여기에서 ζ_e는 마찰손실을 포함한 엘보의 전손실계수로서, ζ는 흐름이 굽기 때문에 생기는 손실계수이다.

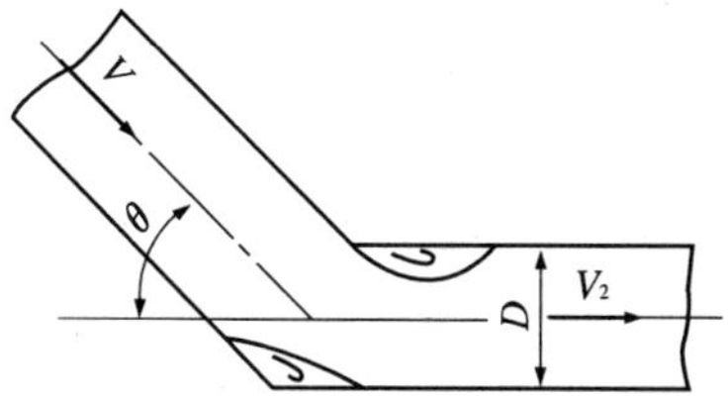

[그림 8-14] 엘보의 흐름

[그림 8-15]는 ζ_e와 굴절각 θ와의 관계를 나타낸 것으로서, 원형단면의 엘보의 ζ에 Weisbach가 다음과 같은 근사식을 세웠다.

$$\zeta = 0.946\sin^2\left(\frac{\theta}{2}\right) + 2.05\sin^4\left(\frac{\theta}{2}\right) \tag{8-6-7}$$

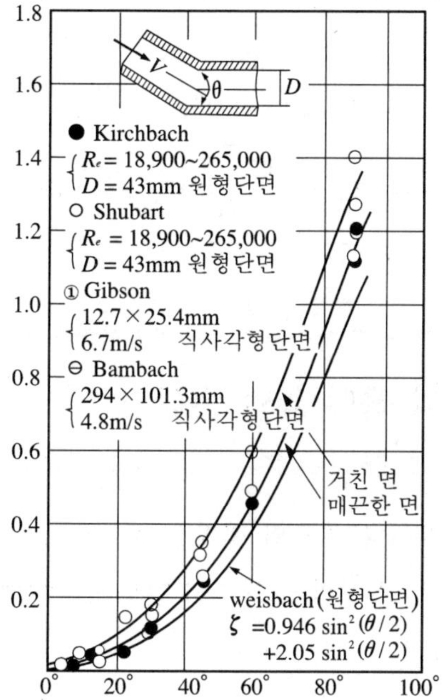

[그림 8-15] 엘보의 손실계수 ζ_e

〈표 8-4〉 엘보의 손실계

	θ°	5	10	15	22.5	30	45	60	90
ζ_e	매끈한	0.016	0.034	0.042	0.066	0.130	0.236	0.471	1.129
	거칠은	0.024	0.044	0.062	0.154	0.165	0.320	0.687	1.265

예제 8-5 안지름 35mm로서 내면이 매끈한 원형단면의 곡관에 있어서 반지름 r=125mm, 방향변화의 각도가 35° 이며 온도 25° C인 물이 2.5L/min씩 흐르고 있을 때, 전손실수두를 구하여라. 단, 25° C인 물의 동점도 ν=0.898 × 10^{-6}m²/s 이다.

풀이 식 (8−6−4) [그림 8−11]에 구해지는 α=1.71, β=−0.245 및 θ=35°

$$R_e = \frac{VD}{\nu} = \frac{4Q}{\pi D\nu} = 4 \times 0.025/60 \times \pi \times 0.035 \times 0.0898 \times 10^{-6} = 16879$$

$$\zeta_b = 0.00705\alpha\theta^{1.1}R_e^{\beta} = 0.00705 \times 1.71 \times 351.1 \times 16879^{-0.245} \fallingdotseq 0.056$$

$$\upsilon = \frac{4Q}{\pi D^2} \fallingdotseq \frac{4 \times 0.025}{3.14 \times 60 \times 0.035^2} = 0.433[\text{m/s}]$$

$$h_b = \zeta_b \frac{V^2}{2g} = 0.056 \frac{0.433^2}{2 \times 9.81} = 5.34 \times 10^{-4}\ [\text{m}]$$

8-7 밸브와 콕에 의한 손실

관로를 흐르는 유체의 유량이나 흐름의 방향을 제어(control)하기 위하여 각종 밸브가 사용되는데, 이 밸브가 달린 부분에서 흐름의 단면적이 변화하기 때문에 에너지의 손실이 생긴다. 이것을 h_υ라 하면

$$h_\upsilon = \zeta_\upsilon \frac{V^2}{2g} \tag{8-7-1}$$

으로 표시된다. 단, V는 관로 속에서 밸브의 영향을 받지 않는 곳에서의 평균유속이다.

(1) 슬루스 밸브(sluice valve)

[그림 8-16]의 슬루스 밸브에 있어서는 밸브 단의 직후에서 흐름의 단면적이 급확대되기 때문에 수두손실이 생긴다. x/d가 작을수록 손실은 커져서 관로의 유량이 감소한다. 〈표 8-5〉에 손실계수 ζ_v의 값을 나타낸다.

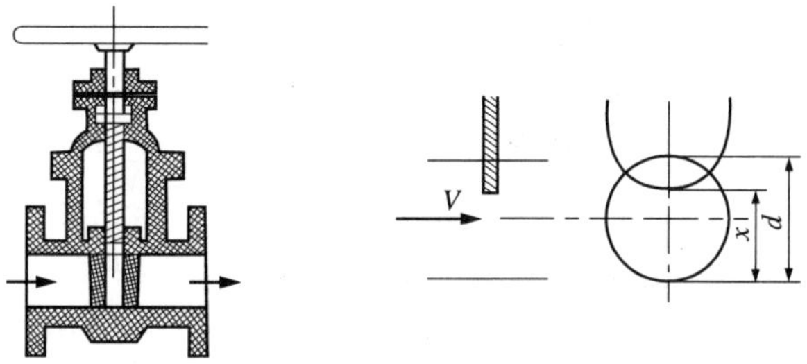

[그림 8-16] 슬루스 밸브

〈표 8-5〉 슬루스 밸브의 ζ의 값

호칭구경 (in)	x/d					
	1/8	1/4	3/8	1/2	3/4	1
1/2	374	53.6	18.26	7.74	2.204	0.808
3/4	303	40.3	10.15	4.23	0.920	0.280
1	211	34.9	9.91	3.54	0.882	0.233
2	146	22.5	7.15	3.22	0.739	0.175
4	67.2	13.0	4.62	1.93	0.412	0.164
6	87.3	17.1	6.12	2.64	0.522	0.145
8	66.3	13.5	4.92	2.19	0.464	0.103
10	96.2	17.4	5.61	2.29	0.414	0.047

(2) 글로브 밸브(glove valve)

[그림 8-17]의 글로브 밸브에 있어서도 x/d_1가 커질수록 ζ_v의 값은 작다. 단, 전개하였을 때에도 ζ_v는 〈표 8-6〉의 값을 갖는다. 〈표 8-6〉에 ζ_v의 값을 표시한다.

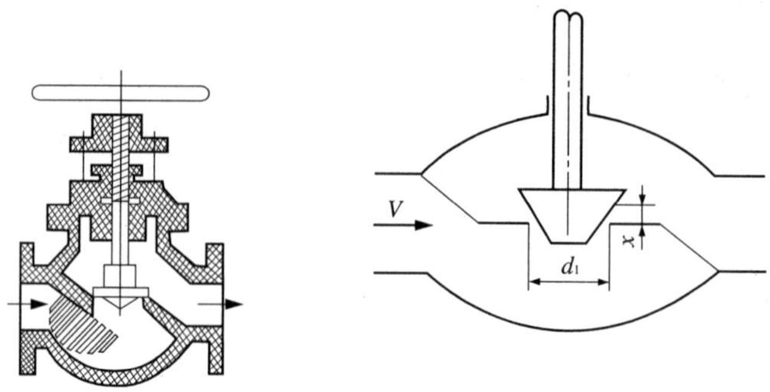

[그림 8-17] 글로브 밸브

〈표 8-6〉 글로브 밸브의 ζ의 값(d_1=1 in)

x/d_1	1/4	1/2	3/4	1
ζ	16.3	10.3	7.63	6.09

(3) 나비 너트 밸브 (butterfly valve)

[그림 8-18]의 나비 너트 밸브에 있어서는 밸브판의 경각 θ가 커지면, 밸브 직후의 단면적이 급증하여 손실계수 ζ_v가 커진다(〈표 8-7〉 참조). 밸브 원판의 두께를 t, 그 지름을 d_0라 하면, 원형 나비 너트 밸브에서 $\theta=0°$ 이면 $\zeta \fallingdotseq t/d_0$이다.

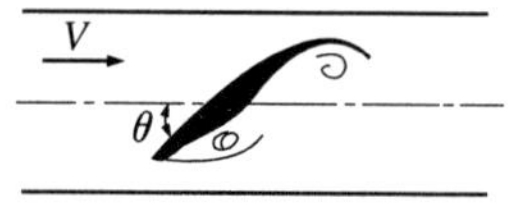

[그림 8-18] 나비 너트 밸브

〈표 8-7〉 나비 너트 밸브의 ζ의 값

$\theta°$	5	10	15	20	25	30	40	50	60	70
ζ(원형)	0.24	0.52	0.90	1.54	2.51	3.90	10.8	32.6	118	751
ζ(사각형)	0.28	0.45	0.77	1.34	2.16	3.54	9.3	24.9	77.4	368

(4) 플랩 밸브(flap valve)

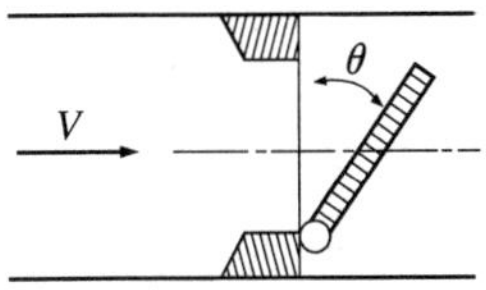

[그림 8-19] 플랩 밸브

〈표 8-8〉 플랩 밸브의 ζ의 값

$\theta°$	15	20	25	30	35	40	45	50	60	70
ζ	90	62	42	30	20	14	9.5	6.6	3.2	1.7

(5) 콕(cock)

[그림 8-20]의 콕에 있어서도 각 θ가 증가하면 흐름의 단면적도 커져서 손실이 증대한다. 〈표 8-9〉에 콕의 ζ_v를 원형과 4각형에 대하여 표시한다.

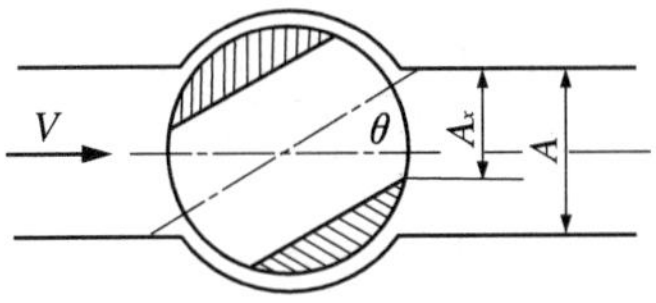

[그림 8-20] 콕

〈표 8-9〉 원형 콕의 ζ의 값

$\theta°$		5	10	15	20	30	40	50	55	60
원 형	A_x/A	0.93	0.85	0.77	0.69	0.52	0.38	0.25	0.19	0.14
	ζ	0.05	0.25	0.75	1.56	5.47	17.3	52.6	106	206
사각형	A_x/A	0.93	0.85	0.77	0.69	0.52	0.35	0.19	0.11	–
	ζ	0.05	0.31	0.88	1.84	6.15	20.7	95.3	275	–

예제 8-6 [그림 8-21]에 나타낸 바와 같이 저수지의 수면 1과 관로의 출구 2와의 낙차 H=9m일 때 이 관을 흐르는 물의 유량을 구하여라.

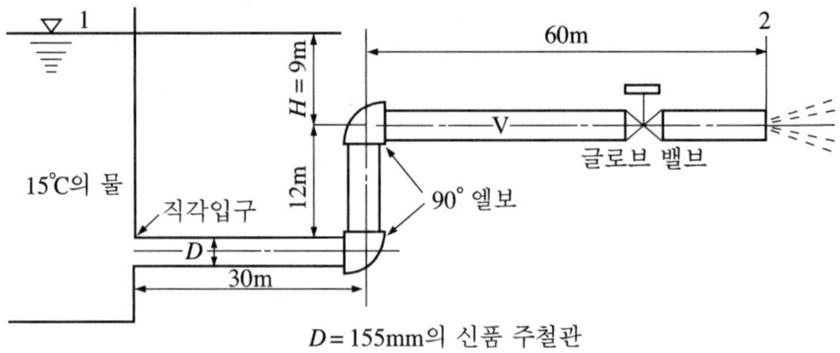

[그림 8-21] 엘보와 밸브가 달린 관로

풀이 1, 2 사이에 여러 손실을 고려하여

$$H = \frac{V^2}{2g} + \zeta\frac{V^2}{2g} + \lambda\frac{l}{D}\frac{V^2}{2g} + 2\zeta_e\frac{V^2}{2g} + \zeta_v\frac{V^2}{2g}$$

(속도수두) (입구손실) (마찰손실) (엘보손실) (밸브손실)

L = 30+12+60 = 102m

$$9 = \left(1+0.5+\lambda\frac{102}{0.155}+2\times1.129+7.5\right)\frac{V^2}{2\times981}$$

$$= (11.3+659\lambda)\frac{V^2}{2\times9.81}$$

λ = 0.03으로 가정하면 이것으로부터 V=2.38m/s를 얻는다. 신품 주철관의 절대조도 e=0.3mm, 상대조도 $\frac{e}{D} = \frac{0.3}{155} = 0.0019$

$$R_e = \frac{VD}{\nu} = \frac{2.38\times0.155}{1.139\times10^{-6}} = 3.23\times10^5$$

Moodydiagram에서 ν=0.024를 얻는다.

$$9 = (11.3+659+0.024)\frac{V^2}{2\times981}\text{에서}$$

V = 2.55m/s를 얻는다. 이것에 대한 R_e=3.48 × 10^5이 된다.

따라서 $Q = \frac{\pi}{4}D^2V = \frac{\pi}{4}0.155^2\times2.55 = 0.0481[\mathrm{m^3/s}] = 48.1[l/\mathrm{s}]$

8-8 분기관과 합류관에서의 손실

하나의 관로가 분기할 때 또는 둘 이상의 관로가 하나로 합류할 때에는 흐름의 속도의 크기나 방향이 변하기 때문에 여기에서 손실이 생긴다.

(1) 분기관의 경우

[그림 8-22]와 같은 분기관에 있어서는 관마찰손실 이외에 주관 ①에서 지관 ②로 흐를 때 만곡손실이 생기고, ①에서 ③으로 흐를 때에는 확대손실이 생긴다.

[그림 8-22]에서와 같이 단면 ①, ②, ③에서 속도 V, 유량 Q, 압력 p에서 각각 해당 첨자를 붙이기로 한다. 단면 ①을 단위시간에 통과하는 유체의 에너지에서, 단면 ② 및 ③을 지나는 유체의 에너지의 합을 빼면, 이 사이에서 단위시간에 잃은 에너지 E_0를 얻을 수 있다.

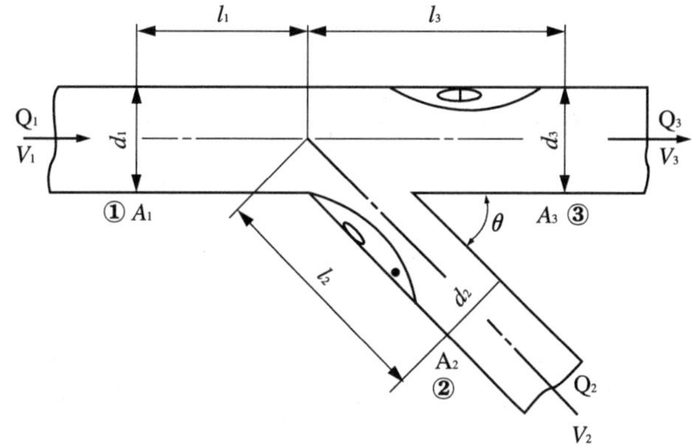

[그림 8-22] 분기관

즉, E_0는 다음 식으로 표시된다.

$$E_0 = \rho Q_1\left(\frac{p_1}{\rho} + V_1^2\right) - \rho Q_2\left(\frac{p_2}{\rho} + \frac{V_2^2}{2}\right) - \rho Q_3\left(\frac{p_3}{\rho} + \frac{V_2^2}{2}\right)$$

이 손실 중에는 마찰손실에 의한 것도 포함이 되어 있으므로, 단면 ①, ②, ③의 각각의 분기관까지의 거리에 따라 손실이 달라진다. 따라서 이 마찰손실을 뺀 것을 분기에 의한 손실로 정의할 수 있다. 마찰손실로서는 직관인 경우의 값을 사용하면, 마찰손실 에너지 E_f는 다음 식과 같이 된다.

$$E_f = \rho Q_1 \lambda_1 \frac{l_1}{d_1} \frac{V_1^2}{2} + \rho Q_2 \lambda_2 \frac{l_2}{d_2} \frac{V_2^2}{2} + \rho Q_3 \lambda_3 \frac{l_3}{d_3} \frac{V_3^2}{2}$$

따라서 분기로 인하여 단위시간에 잃게 되는 에너지 E는 $E=E_0-E_f$이므로 다음 식을 얻는다.

$$E = \rho Q_1 \left\{ \left(\frac{p_1}{\rho} + \frac{V_1^2}{2} \right) - \lambda_1 \frac{l_1}{d_1} \frac{V_1^2}{2} \right\} - \rho Q_2 \left\{ \left(\frac{p_2}{\rho} + \frac{V_2^2}{2} \right) - \lambda_2 \frac{l_2}{d_2} \frac{V_1^2}{2} \right\}$$

$$- \rho Q_3 \left\{ \left(\frac{p_3}{\rho} + \frac{V_3^2}{2} \right) - \lambda_2 \frac{l_3}{d_3} \frac{V_3^2}{2} \right\}$$

그런데 $Q_1=Q_2+Q_3$이므로

$$E = \rho Q_2 \left\{ \left(\frac{p_1}{\rho} + \frac{V_1^2}{2} \right) - \left(\frac{p_2}{\rho} + \frac{V_2^2}{2} \right) - \left(\lambda_1 \frac{l_1}{d_1} \frac{V_1^2}{2} + \lambda_2 \frac{l_2}{d_2} \frac{V_2^2}{2} \right) \right\}$$

$$+ \rho Q_3 \left\{ \left(\frac{p_1}{\rho} + \frac{V_1^2}{2} \right) - \left(\frac{p_3}{\rho} + \frac{V_3^2}{2} \right) - \left(\lambda_1 \frac{l_1}{d_1} \frac{V_1^2}{2} + \lambda_3 \frac{l_3}{d_3} \frac{V_3^2}{2} \right) \right\} \quad (8-8-1)$$

지금 여기서

$$h_{12} = \left(\frac{p_1}{\gamma} + \frac{V_1^2}{2g} \right) - \left(\frac{p_2}{\gamma} + \frac{V_2^2}{2g} \right) - \left(\lambda \frac{l_1}{d_1} \frac{V_1^2}{2g} + \lambda_2 \frac{l_2}{d_2} \frac{V_2^2}{2g} \right) \quad (8-8-2)$$

$$h_{13} = \left(\frac{p_1}{\gamma} + \frac{V_1^2}{2g} \right) - \left(\frac{p_3}{\gamma} + \frac{V_2^2}{2g} \right) - \left(\lambda_1 \frac{l_1}{d_1} \frac{V_1^2}{2g} + \lambda_3 \frac{l_3}{d_3} \frac{V_3^2}{2g} \right)$$

으로 놓고 다시

$$h_{12} = \zeta_{12} \frac{V_1^2}{2g}, \quad h_{13} = \zeta_{13} \frac{V_1^2}{2g} \quad (8-8-3)$$

이라 하면, h_{12}, h_{13}은 각각 단면 1-2 및 1-3으로 분기할 때의 겉보기의 손실수두가 된다. 식 (8-8-1), (8-8-2)을 식 (8-7-2)에 대입하면

$$E = \rho Q_2 g h_{12} + \rho Q_3 g h_{13} \tag{8-8-4}$$

을 얻는다. 또 전손실수두는 다음과 같이 된다.

$$h = \frac{E}{\gamma Q_1} = \left(\frac{Q_2}{Q_1}\zeta_{12} + \frac{Q_3}{Q_1}\zeta_{13} \right) \frac{V_1^2}{2g} \tag{8-8-5}$$

여기에서 ζ는 전분자손실이다. 또 ζ_{12}, ζ_{13}은 주관과 분기관과 면적비 $m=A_1/A_2$, 분기각 θ 및 분기점에 있어서의 모떼기의 상태에 따라 달라지며, 유량배분비 Q_2/Q_1 및 R_e수에 의해서도 달라진다.

[그림 8-23] 및 [그림 8-24]는 원관인 경우의 분기손실계수 ζ_{12} 및 ζ_{13} 유량배분비 Q_2/Q_1에 대한 관계를 나타낸다.

(2) 합류관인 경우

[그림 8-25]와 같은 합류관에 있어서도 주관 1에서 3으로의 흐름에서는 축소손실이 생기고, 지관 2에서 주관 3으로의 흐름에는 곡관손실이 생긴다.

손실수두의 계산은 (1)항의 분기관에서와 같은 방법으로 하면, 단면 1, 3 및 2, 3 사이의 겉보기의 수두손실은 다음과 같이 된다.

$$h_{c13} = \left(\frac{p_1}{\gamma} + \frac{V_1^2}{2g} \right) - \left(\frac{p_3}{\gamma} + \frac{V_3^2}{2g} \right) - \left(\lambda_1 \frac{l_1}{d_1}\frac{V_1^2}{2g} + \lambda_3 \frac{l_3}{d_3}\frac{V_3^2}{2g} \right) \}$$

$$h_{c23} = \left(\frac{p_2}{\gamma} + \frac{V_2^2}{2g} \right) - \left(\frac{p_3}{\gamma} + \frac{V_3^2}{2g} \right) - \left(\lambda_2 \frac{l_2}{d_2}\frac{V_2^2}{2g} + \lambda_3 \frac{l_3}{d_3}\frac{V_3^2}{2\rho} \right) \} \tag{8-8-6}$$

$$h_{c13} = \zeta_{c13}\frac{V_3^2}{2g}, \quad h_{c23} = \zeta_{c23}\frac{V_3^2}{2g} \tag{8-8-7}$$

합류함으로써 읽게 되는 에너지 E는

$$E = \rho Q_1 g h_{c2} + \rho Q_2 g h_{c23} \tag{8-8-8}$$

이고, 또 $Q_1 + Q_2 = Q_3$로 되므로, 전손실수두는 다음과 같이 된다.

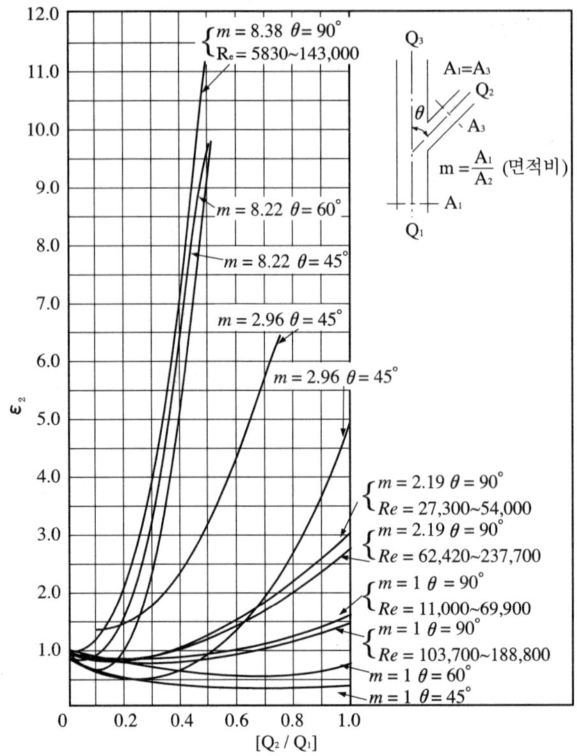

[그림 8-23] 원관에 있어서의 지관의 분기손실계수 ζ_2

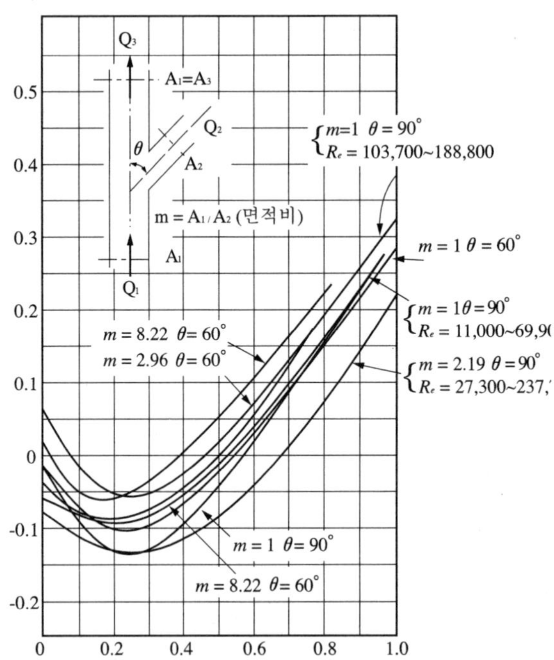

[그림 8-24] 원관에 있어서의 지관의 분기손실계수 ζ

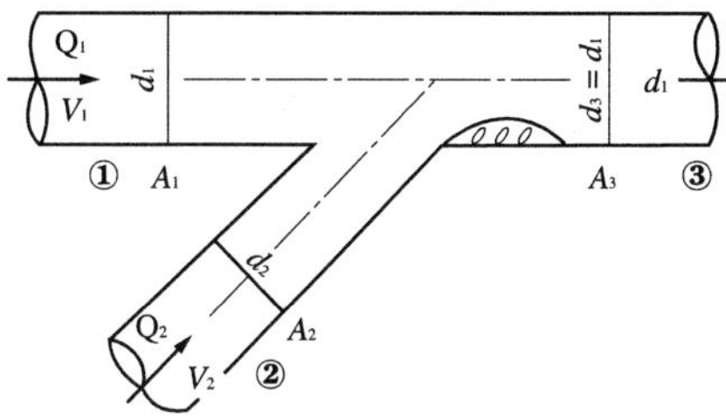

[그림 8-25] 합류관

$$\frac{E}{\gamma Q_3} = h_c = \left(\frac{Q_1}{Q_3} \zeta_{c13} + \frac{Q_2}{Q_3} \zeta_{c23} \right) \frac{V_3^2}{2g} = \zeta_c \frac{V_3^2}{2g} \qquad (8-8-9)$$

여기에서 ζ_{c13}, ζ_{c23}은 손실계수로서, 분기관에서와 마찬가지로 m, θ, 모떼기, R_e수에 따라 변한다. [그림 8-26] 및 [그림 8-27]에 원관에 대한 합류손실계수를 나타낸다.

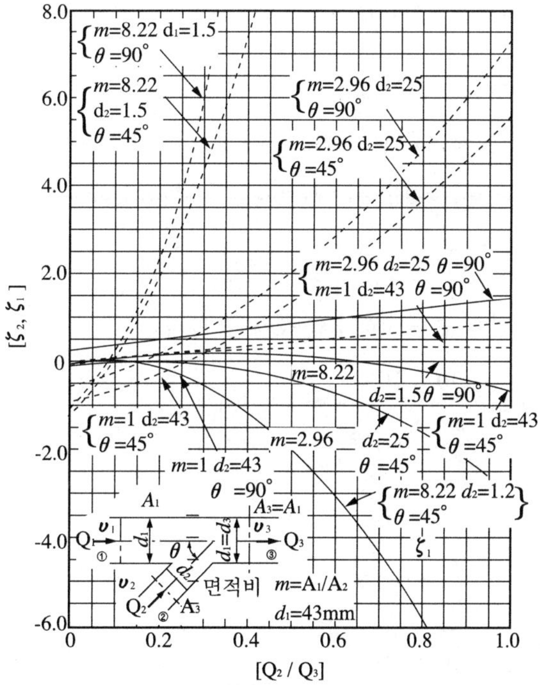

[그림 8-26] 원관의 합류손실계수 ζ_1, ζ_2(실선:ζ_1, 파선:ζ_2)

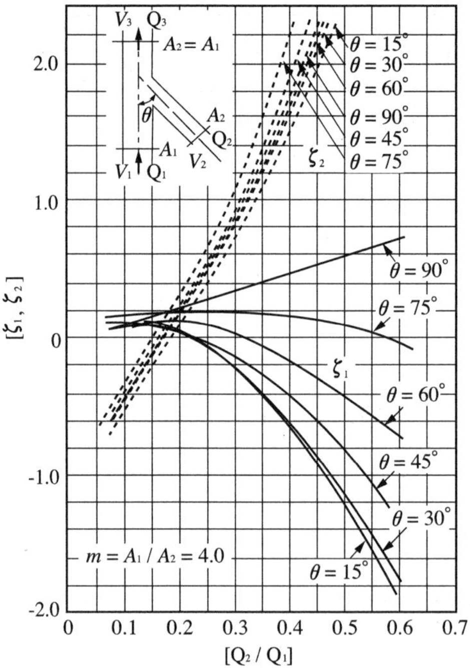

[그림 8-27] 원관의 합류손실계수 ζ_1, ζ_2, (m=4.00)의 경우 (실선:ζ_1, 파선:ζ_2)

예제 8-7 안지름 $d_1=d_2=d_3=100$mm, $\theta=90°$ 인 분기관에서 $Q_1=30$L/s, $Q_2=20$L/s이고, 단면 ①에서 정압이 0.5kg$_f$/cm^{2}일 때 ②, ③에 있어서의 정압은 각각 몇 kg$_f$/cm^{2}가 되는가? 관 마찰계수 $\lambda_1=\lambda_2=\lambda_3=0.03$이다. 또 관의 길이는 $l_1=l_2=l_3=1$m 이다.

풀이 주관 ①의 압력수는 5m이고 유속은 각각

$$V_1 = \frac{Q}{A_1} = \frac{30 \times 10^{-3}}{\frac{\pi}{4} \times 0.10^2} = 3.82[\text{m/s}]$$

$$V_2 = \frac{Q}{A_2} = \frac{20 \times 10^{-3}}{\frac{\pi}{4} \times 0.10^2} = 2.55[\text{m/s}]$$

$$V_3 = \frac{Q}{A_3} = \frac{10 \times 10^{-3}}{\frac{\pi}{4} \times 0.10^2} = 1.27[\text{m/s}]$$

[그림 8-23]과 [그림 8-24]에서 Q_2/Q_1=0.667에 대하여 ξ_{1-2}=1.0이고, ξ_{1-3}=0.11이다.

$$\frac{p_2}{\gamma} = \frac{p_1}{\gamma} + \left(\frac{V_1^2}{2g} - \frac{V_2^2}{2g}\right) - \left(\lambda_1 \frac{l}{d_1} \frac{V_1^2}{2g} + \lambda_2 \frac{l_2}{d_2} \frac{V_2^2}{2g}\right) - \xi_{1-2} \frac{V_1^2}{2g}$$

$$= 5 + \frac{3.82^2 - 2.55^2}{2 \times 9.81} - \left(0.03 \frac{1}{0.10} \frac{3.82^2}{2 \times 9.81} + 0.03 \frac{1}{10} \times \frac{2.55^2}{2 \times 9.81}\right)$$

$$-1.0 \times \frac{3.82^2}{2 \times 9.81}$$

$$= 5 + 0.412 - 0.322 - 0.744 = 4.35[\text{m}]$$

같은 방법으로

$$\frac{p_3}{\gamma} = 5.33[\text{m}]$$

8-9 단일관로에서의 손실

실제의 관로에 있어서는 지금까지 설명한 여러 가지의 손실이 조합되어 있으므로, 이들의 압력손실과 마찰손실과의 총합을 생각하여야 한다. [그림 8-28]은 곡관과 밸브가 달린 일정한 단면의 관로로서, 상하 두 수면의 차가 H인 물탱크이다.

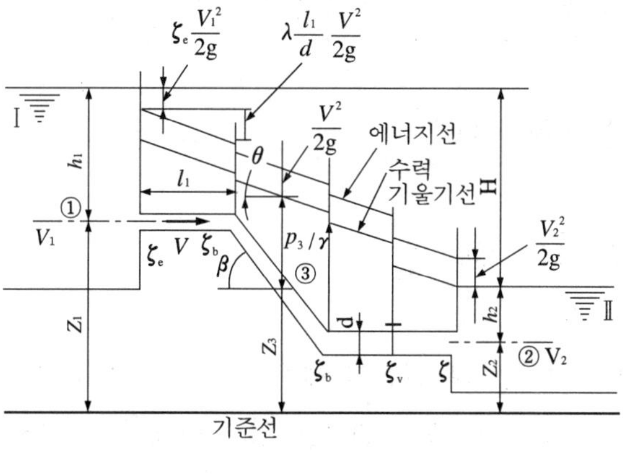

[그림 8-28] 수력 기울기선과 에너지선

관로의 총손실수두를 h_e으로 하여, 두 물 탱크 I, II 사이에 Bernoulli 식을 세우면

$$z_1 + h_1 + \frac{V_1^2}{2g} = z_2 + h_2 + \frac{V_2^2}{2g} + h_l$$

이 되는데, $(z_1+h_1)-(z_2+h_2)=H$이고, V_1, V_2는 관 속의 유속 V에 비하여 작으므로 생략하면, 총손실수두는 다음과 같이 된다.

$$H = h_l = \left(\lambda \frac{l}{d} + \Sigma\zeta + 1\right) \frac{V^2}{2g} \tag{8-9-1}$$

여기에서 $\Sigma\zeta$는 입구, 곡관 및 밸브 등 마찰손실 이외의 손실계수의 총합, d는 관의 지름, l은 관의 길이를 표시한다. 따라서 유속 V는

$$V = \sqrt{\frac{2gH}{\lambda \frac{l}{d} + \Sigma\zeta + 1}} \tag{8-9-2}$$

이 되고, 또 유량 Q는

$$Q = \frac{\pi}{4} d^2 V = \frac{\pi}{4} d^2 \sqrt{\frac{2gH}{\lambda \frac{l}{d} + \Sigma\zeta + 1}} \tag{8-9-3}$$

과 같이 된다. 낙차 H와 반지름 d는 각각 다음과 같이 표시된다.

$$H = \frac{8}{\pi^2 g} \left(\lambda \frac{l}{d} + \Sigma\zeta + 1\right) \frac{Q^2}{d^4} \tag{8-9-4}$$

$$d^5 = \frac{8}{\pi^2 g} \left\{ \lambda l + (\Sigma\zeta + 1) d \right\} \frac{Q^2}{H} \tag{8-9-5}$$

관지름이 서로 다른 여러 관으로 연결될 때에는 그 하나의 관내유속으로 환산한 값을 사용하면 된다. 만일 긴 관으로서 $l/d > 2000$이면, 마찰손실에 대하여 다른 손실과 속도수두는 생략해도 무방하다.

[그림 8-28]에서와 같이 관로의 어떤 1점 ③에 액주계(液柱計)를 달면, 그 점에서의 압력수두만큼 액면이 상승하지만, 이 점에서의 압력 p_2는 ①과 ③ 사이에 Bernoulli의 식을 적용함으로써 다음과 같이 된다.

$$\frac{p_3}{\gamma} + z_3 + \frac{V^2}{2g} = h_1 + z_1 - h_{(1-2)}$$

$$= h_1 + z_1 \left(\lambda \frac{l_{1-3}}{d} + \Sigma\zeta_{1-3} \right) \frac{V^2}{2g} \qquad (8-9-6)$$

여기에서 h_{1-3}는 ①에서 ③까지의 관 길이 l_{1-3} 사이의 손실의 총합을 $\Sigma\zeta_{1-3}$는 l_{1-3}에 있어서의 마찰손실 이외의 손실계수의 총합이다.

유속은 식 (8-9-2)에서 구해지므로, 식 (8-9-6)에서 구한$(p_3/\gamma)+z_3$를 이은 선과 $(p_3/\gamma)+z_3+(V^2+2g)$을 맺은 선이 구해지는데, 이것을 각각 수력 기울기선(hydraulic grade line ; HGL) 및 에너지선(energy line ; EL)이라 함은 이미 3장에서 설명한 바와 같다. 또 수평선에 대하여 HGL이 이루는 각을 θ라 하면

$$i = \tan\theta \qquad (8-9-7)$$

이 성립하는데, 이 i는 상당(相當)기울기(equivalent slope)라 한다. 이 i는 관로의 실제 경사각 β와는 관계가 없고, 유량, 관의 크기 및 유체마찰에만 관계되면, 일정한 단면 사이에서는 식 (7-7-1)의 h/l이 이 i의 값이 된다.

[그림 8-28]과 같이 단면이 균일하고, 손실이 직관의 마찰손실만에 의한 것이라면, HGL이나 EL도 직선이 되지만, 관의 크기가 변하든가 관이 굽었을 때에는 HGL과 EL도 곡선이 된다.

예제 8-8 수면차가 12m인 상하의 두 물탱크를 지름 280mm, 길이 1520m인 원관으로 연결하고 있다. 관로의 도중에 밴드가 4개 붙어 있을 때, 관로를 흐르는 수량(水量)을 구하여라. 단, 관마찰계수는 0.032, 입구손실계수는 0.45, 밴드의 손실계수는 0.17이다.

풀이 관내유속은 $\Sigma\zeta=0.45+4\times0.17=1.13$이므로

$$V = \sqrt{\frac{2gH}{\lambda\left(\frac{l}{d}\right)+\Sigma\zeta+1}} = \sqrt{\frac{2\times 9.80\times 12}{0.032\times\frac{1520}{0.28}+1.13+1}} = 1.16[\mathrm{m/s}]$$

따라서 유량 Q는

$$Q = AV = \frac{\pi}{4}\times 0.28^2\times 1.16 = 0.0714[\mathrm{m^3/s}] = 71.4[l/\mathrm{s}]$$

8-10 직렬관에서의 손실수두

지름이 서로 다른 2개 이상의 관로가 1열로 연결된 것을 직렬관(series pipe)이라 한다. 지금 [그림 8-29]에서 직렬관 1, 2에 대하여 모든 손실을 고려하여 점 A, B 사이에 Bernoulli의 정리를 적용하면,

$$H+0+0=0+0+0+\zeta\frac{V_1^2}{2g}+\lambda_1\frac{l_1}{d_1}\frac{V_1^2}{2g}+\zeta_1\frac{(V_1-V_2)^2}{2g}+\lambda_2\frac{l_2}{d_2}\frac{V_2^2}{2g}+\zeta_2\frac{V_2^2}{2g}$$

이 된다. 마지막 항은 2의 출구실수를 표시한다. 연속방정식에 의하여

$$A_1V_1 = A_2V_2$$
$$\therefore\ V_2 = (d_1/d_2)^2V_1$$

이 되는데, 이것을 윗식에 대입하면

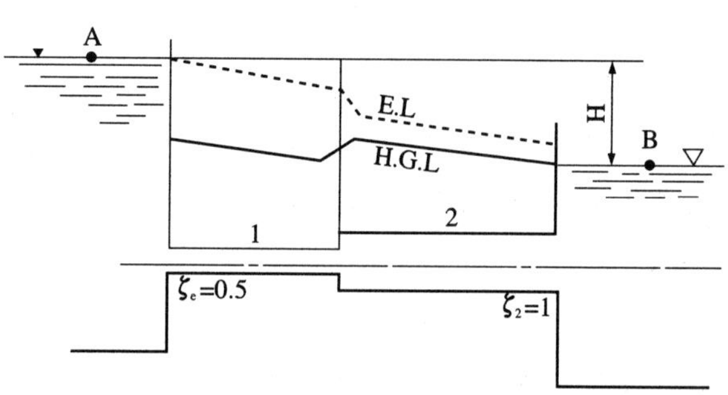

[그림 8-29] 직렬관로

$$H = \frac{V_1^2}{2g}\left[\zeta + \lambda_1 \frac{l_1}{d_1} + \zeta_1\left\{1-\left(\frac{d_2}{d_1}\right)^2\right\}^2 + \lambda_2 \frac{l_2}{d_2}\left(\frac{d_1}{d_2}\right)^4 + \zeta_2\left(\frac{d_1}{d_2}\right)^4\right] \quad (8-10-1)$$

예제 8-9 [그림 8-29]와 같은 직렬관로에서 ζ=0.5, $\zeta_1=\zeta_2$=1, l_1=210m, d_1=600mm, e_1=1.5mm, l_2=270m, d=900mm, e_2=0.3mm, 물의 $\nu=9\times10^{-7}$[m²/s] H=6m 이다. 관로의 유량을 구하여라.

풀이 식 (8−10−1)에 대입하면

$$6 = \frac{V_1^2}{2g}\left[0.5 + \lambda_1 \frac{210}{0.6} + \left\{1+\left(\frac{0.6}{0.9}\right)^2\right\}^2 + \lambda \frac{270}{20.9}\left(\frac{0.6}{0.9}\right)^4 + \left(\frac{0.6}{0.9}\right)^4\right]$$

$$\therefore\ 6 = \frac{V_1^2}{2g}(1.01 + 3.50\,\lambda_1 + 60\,\lambda_2)$$

상대조도 $\frac{e_1}{d_1} = \frac{1.5}{600} = 0.0025$, $\frac{e_2}{d_2} = \frac{0.3}{900} = 0.00033$ Moody diagram에서 완전 난류로 가정하면 λ_1=0.025, λ_2=0.015이다.

$$V_1 = \sqrt{\frac{2\times9.81\times6}{1.01 + 350\times0.025 + 60\times0.15}} = 3.32[\text{m/s}]$$

연속방정식에서

$$V_2 = V_1\left(\frac{d_1}{d_2}\right)^2 = 3.32\times\left(\frac{0.6}{0.9}\right)^2 = 1.46[\text{m/s}]$$

$V_1 V_2$ 로 각각의 Reynolds수를 계산하면

$$R_{e_1} = \frac{V_1 d_1}{\nu} = \frac{3.32\times0.6}{9\times10^{-7}} = 2.21\times10^6$$

$$R_{e_2} = \frac{V_2 d_2}{\nu} = \frac{1.46\times0.9}{9\times10^{-7}} = 1.46\times10^6$$

즉 [그림 7−9]에서 $R_{e_1}=2.21\times10^6$이고, $\frac{e_1}{d_1}$=0.0025일 때 λ_1=0.025 또 $R_{e_2}=1.46\times10^6$이고, $\frac{e_2}{d_1}$=0.0003일 때 λ_2=0.016이다. $\therefore V_1$=3.31[m/s]가 된다. 따라서 $Q=AV=\frac{\pi}{4}\times(0.6)\times3.31=0.937[\text{m}^3/\text{s}]$

8-11 사이펀

[그림 8-30]과 같은 자유표면보다 높은 곳까지 액체를 올렸다가 낮은 곳으로 배출하는 밀폐도관을 사이펀(siphon)이라 한다.

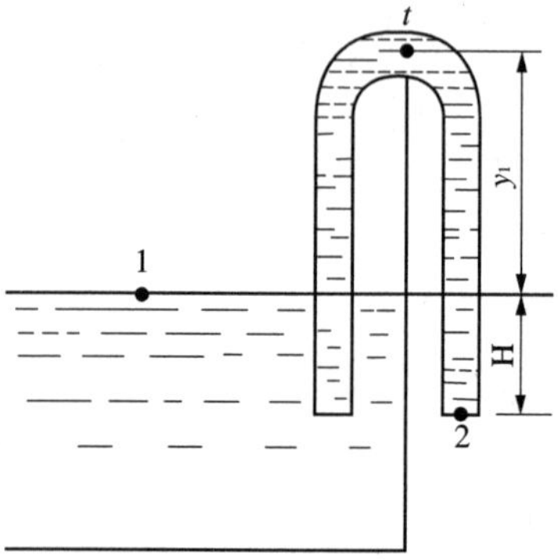

[그림 8-30] 사이펀

관로 내의 정압은 대기압보다 낮고, 정점 t부근에서 일어나는 저압으로 인하여 성능에 대한 제한을 받게 된다. 지금 액체가 계속하여 사이펀에 충만하여 흐른다고 하면, 점 1과 2 사이에 Bernoulli의 정리를 적용할 수 있으며, 다음과 같이 된다.

$$H = \frac{V^2}{2g} + \Sigma\zeta\frac{V^2}{2g} + \lambda_1\frac{l}{d}\frac{V^2}{2g} = (1+\Sigma\zeta+\lambda\frac{l}{d})\frac{V^2}{2g} \qquad (8-11-1)$$

이것은 단일관로에 대한 식 (8-9-1)과 같아진다. 또 정점 t의 압력 p_t는 식 (8-11-1)의 해답을 구한 후 점 1과 t 사이에 Bernoulli의 정리를 적용하여 구한다. 즉

$$0 = \frac{p_t}{\gamma} + \frac{V^2}{2g} + y_t + \zeta_{1-t}\frac{V^2}{2g} + \lambda\frac{l}{d}\frac{V^2}{2g}$$

따라서

$$\frac{p_t}{\gamma} = -y_t - \frac{V^2}{2g}\left(1 - \zeta_{1-t} + \lambda\frac{l'}{d}\right) \tag{8-11-2}$$

여기에서 ζ_{1-t}는 점 1과 t 사이의 미소손실계수이고, l는 t점의 상류부분의 도관의 길이다.

만일 $\frac{p_t}{\gamma}$가 액체의 증기압과 같거나 낮아지면 식 (8-11-2)를 적용할 수 없게 된다. 왜냐하면 Bernoulli의 방정식을 세울 때 비압축성으로 가정하였기 때문에 액주 부분에 증발과 기포가 생기면 비압축성이 아니기 때문이다. 그러나 실제로는 y_t와 증기압이 대기압보다 낮은 경우에도 액체는 흐른다. 따라서 식 (8-11-2)에 대하여 t점의 압력이 증기압보다 낮더라도 이 값을 취한다.

8-12 등가관로

두 관로계에서 같은 두수손실에 대하여 같은 유량을 내게 될 때, 이 두 관로는 등가(等價, equivalent)라 한다. 앞절의 직렬관의 문제(예제 8-9)는 등가 길이(equivalent length)의 방법으로 풀 수 있다. 지금 두 개의 지름이 다른 관로를 가정하여 Darcy-Weisbach의 식을 적용하면, 제1의 관로에 대한 손실수두는

$$h_1 = \lambda\frac{l_1}{d_1}\frac{Q_1^2}{\left(\frac{\pi}{4}d_1^2\right)^2 \times 2g} = \frac{8\lambda_1 l_1 Q_1^2}{\pi^2 g d_1^5} \tag{8-12-1}$$

이 된다. 다음에 제2의 관로에 대해서는

$$h_2 = \frac{8\lambda_2 l_2 Q_2^2}{\pi^2 g d_2^5} \tag{8-12-2}$$

이 되고, 두 관로가 등가가 되려면,

$$h_1 = h_2 \text{ 또 } Q_1 = Q_2 \tag{8-12-3}$$

이 되지 않으면 안 된다. 따라서 식 (8-12-1)과 식 (8-12-2)를 등식으로 하여 정돈하면

$$\lambda_1(l_1/d_1) = \lambda_2(l_2/d_2)$$

로 된다. 이것을 l_2에 대하여 풀면,

$$l_2 = l_1 \frac{\lambda_1}{\lambda_2}\left(\frac{d_2}{d_1}\right)^5 \qquad (8-12-4)$$

을 얻는다. 즉 이 식에 의하여 l_1과 등가인 제2의 관 길이 l_2를 구할 수 있다.

예제 8-10 [예제 8-9]를 등가관의 방법으로 풀어 보자.

풀이 관로 ①에 대하여 미소손실을 등가관의 길이로 표시하면,

$$\zeta_1 = \zeta_e + \zeta_1\left\{1-\left(\frac{d_1}{d_2}\right)^2\right\}^2 = 0.5+1\times\left\{1-\left(\frac{0.6}{0.9}\right)^2\right\}^2 = 0.808$$

$$l_1 = \frac{\zeta d_1}{\lambda_1} = \frac{0.808\times 0.6}{0.025} = 19.4[\text{m}]$$

관로 ②에 대해서는

$$l_2 = \frac{\zeta_2 d_2}{\lambda_2} = \frac{1\times 0.9}{0.015} = 60\text{ m}$$

그러므로 210+19.4=229.4m의 지름 600mm인 관로와, 270+60=330m인 지름 900mm의 관로를 등가인 단일관로로 치환하면 900mm의 관로를 600mm인 동과관의 길이로 환산하여야 한다.

$$l = 330\times\frac{0.015}{0.025}\left(\frac{0.6}{0.9}\right)^5 = 26.1[\text{m}]$$

이것을 600mm의 관로에 합치면

$$229.4 + 26.1 = 255.5[\text{m}]$$

수두손실 $\quad 6 = \lambda\dfrac{255.5}{0.6}\times\dfrac{V^2}{2\times 9.81} = 0.025\dfrac{255.5}{0.6}\times\dfrac{V^2}{2\times 9.81}$

$$\therefore\ V = 3.32[\text{m/s}]$$

$$Q = AV = \frac{\pi}{4}(0.6)^2\times 3.32 = 0.94[\text{m/s}]$$

8-13 병렬관로

[그림 8-31]에 나타낸 바와 같이, 한 관로에서 다수의 관로로 분기하였다가 재차 한 관로로 합쳐지는 것을 병렬관로(parallel pipes)라 한다. 병렬관로의 모든 지관에 있어서 기계적 에너지의 손실은 같고 유량은 점차 증가한다. 그러므로 관로의 용량을 증가시키는 방법에 이 병렬을 이용한다. 이 때 병렬관은 원관과 평행이 되도록 배열하여야 하며, 지관에서의 흐름 분포는 각각의 지관에서 같은 수두손실이 생기도록 하여야 한다. 만일 이렇게 배관하지 않으면, 접합점의 상 · 하류의 관에 대하여 1개 이상의 에너지선(EL)이 존재하게 되어 모순이 생긴다. 병렬관의 미소손실은 등가관 길이로써 각 관에 부가시키는 방법을 쓴다. [그림 8-31]과 같은 병렬관에 대해서는

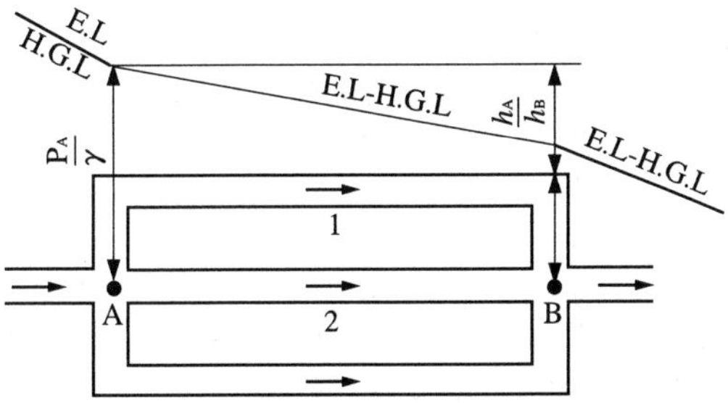

[그림 8-31] 병렬관로

$$\left.\begin{aligned} h_1 &= h_2 = h_3 = \frac{p_A - p_B}{\gamma} + z_A \cdot z_B \\ Q &= Q_1 + Q_2 + Q_3 \end{aligned}\right\} \qquad (8-13-1)$$

이 되도록 하여야 한다. 이 식에서 Q는 입구 또는 출구의 유량이다. 또 손실수두 h_l는 Darcy-Weisbach의 식 (7-7-1)에서 구한다. 즉

$$h_l = \lambda \frac{l}{d} \frac{V^2}{2g} = \frac{\lambda l}{2gd} \frac{16Q^2}{\pi d^4} = \left(\frac{8\lambda l}{\pi^2 g d^5}\right) Q^2 \qquad (8-13-2)$$

예제 8-11 [그림 8-32]와 같은 측관(bypass)을 가진 신품의 주철관으로 물이 흐르고 있을 때 본관과 측관과의 유량비를 구하여라. 단, 본관의 지름 D=250mm, 측관의 지름이 d=125mm이다.

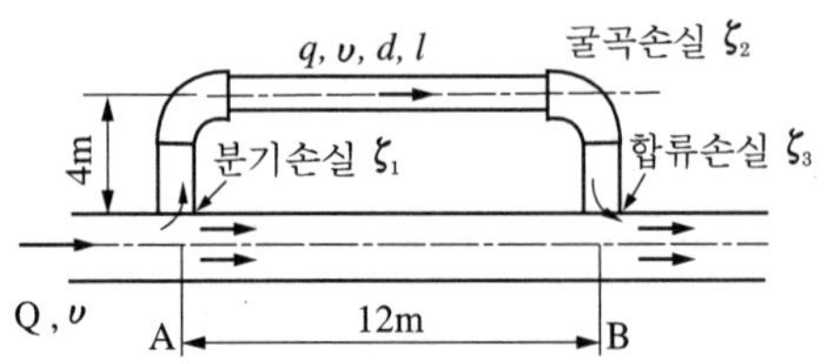

[그림 8-32] 병렬관

풀이 두 점 AB 사이의 손실을 고려하면,

$$h_e = \lambda \frac{l}{D}\frac{V^2}{2g} = \zeta_1 + \lambda_1 \frac{l}{d} + 2\zeta_2 + \zeta_3 \frac{v^2}{2g}$$

$$\frac{V^2}{v^2} = \frac{\zeta_1 + \lambda_1 \frac{l}{d} + 2\zeta_2 + \zeta_3}{\lambda l / D} \cdot \frac{D}{\lambda l}\left(\frac{\lambda_1 l}{d} + \zeta\right)$$

따라서 유량

$$\frac{Q}{q} = \frac{\frac{\pi}{4}D^2 V}{\frac{\pi}{4}d^2 v} = \sqrt{\left(\frac{D}{d}\right)^5 \frac{\lambda_1 l + d\zeta}{\lambda L}}$$

$$\lambda = 0.02\left(1 + \frac{0.0025}{0.25}\right) = 0.022 = 3.76$$

$$\lambda_1 = 0.02\left(1 + \frac{0.025}{0.125}\right) = 0.024$$

$$= \sqrt{\left(\frac{0.25}{0.125}\right)^5 \frac{0.024 \times 20 + 0.125(1.5 + 2 \times 0.9 + 0.2)}{0.022 \times 12}}$$

$$= 3.76$$

8-14 지상관로

[그림 8-33]에서 보는 바와 같이, 많은 물 탱크가 관로로 연결된 지상관로에 있어서 각 관로의 유량은 다음과 같이 구한다.

물 탱크의 물을 단일관로로 보내고, 도중에 물 탱크 II에서 유출하는 물을 D점에서 합류시켜 탱크 III으로 유입하게 하는 합류관로에 대하여 생각한다. 임의의 기준면 0-0에서 재어 물 탱크의 수면의 높이를 각각 H_1, H_2, H_3라 하고, D점의 높이를 H, 관로 AD, BD, DC의 지름을 d_1, d_2, d_3, 관 길이를 l_1, l_2, l_3라 하여 AD, BD, DC 사이에서 각각 Bernoulli의 식을 세우면 다음과 같이 된다.

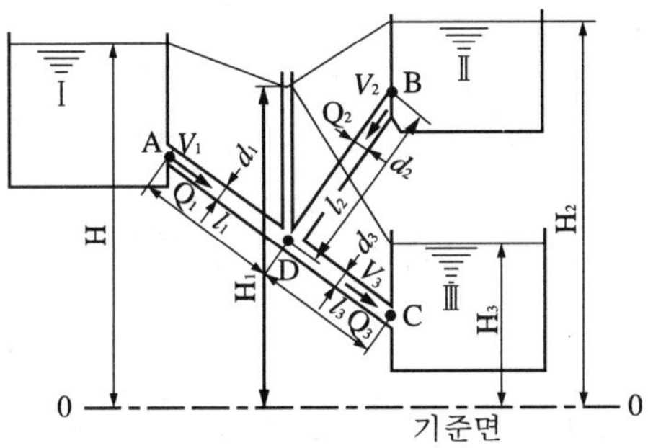

[그림 8-33] 합류관로

$$
\left.
\begin{aligned}
&\text{AD: } H-H_1=\left(\Sigma\zeta_{A-D}+\lambda_1\frac{l_1}{d_1}\right)\frac{V_1^2}{2g} \qquad V_1=\frac{4Q_1}{\pi d_1^2}\\
&\text{BD: } H_2-H=\left(\Sigma\zeta_{B-D}+\lambda_2\frac{l_2}{d_2}\right)\frac{V_2^2}{2g} \qquad V_2=\frac{4Q_2}{\pi d_2^2}\\
&\text{DC: } H-H_3=\left(\Sigma\zeta_{D-C}+\lambda_3\frac{l_3}{d_3}\right)\frac{V_2^3}{2g} \qquad V_3=\frac{4Q_3}{\pi d_3^2}
\end{aligned}
\right\} \qquad (8-14-1)
$$

식 중 $\Sigma\zeta_{A-D}$, $\Sigma\zeta_{B-D}$, $\Sigma\zeta_{D-C}$는 각각 관로 AB, BD, DC 사이에서의 마찰손실 이외의 손실계수이다.

[그림 8-34]와 같이 물탱크 I에서 분기관에 의하여 물 탱크 II와 III으로 송수되는 분

기관로의 경우도 AD, DB, DC 사이에 각각 Bernoulli의 식을 적용하면 다음과 같은 식을 얻는다.

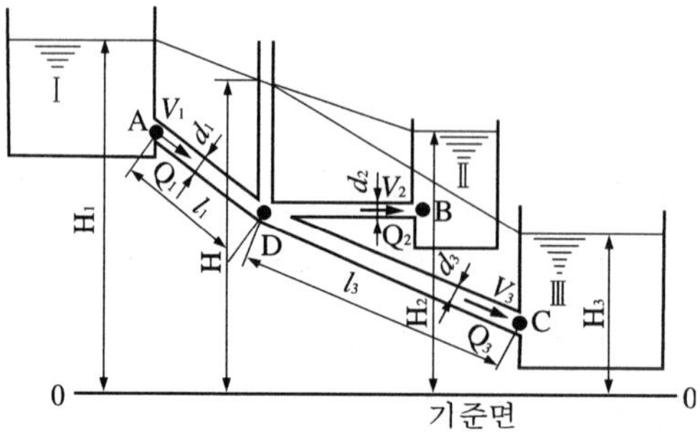

[그림 8-34] 분기관로

$$\left.\begin{aligned} &\text{AD: } H_1-H=\left(\Sigma\zeta_{A-D}+\lambda_1\frac{l_1}{d_1}+1\right)\frac{V_1^2}{2g} \quad V_1=\frac{4Q_1}{\pi d_1^2} \\ &\text{DB: } H-H_2=\left(\Sigma\zeta_{D-B}+\lambda_2\frac{l_2}{d_2}+1\right)\frac{V_2^2}{2g} \quad V_2=\frac{4Q_2}{\pi d_2^2} \\ &\text{DC: } H-H_3=\left(\Sigma\zeta_{D-C}+\lambda_3\frac{l_3}{d_3}+1\right)\frac{V_3^2}{2g} \quad V_3=\frac{4Q_3}{\pi d_3^2} \end{aligned}\right\} \qquad (8-14-2)$$

특히 $\frac{l}{d}$이 충분히 클 때에는 관마찰 이외의 손실, 즉 부차적 손실은 무시할 수 있으므로, 식 (8−14−1)와 식 (8−14−2)는 다음 식과 같이 된다.

$$\left.\begin{aligned} &H_1-H_3=\frac{8}{\pi^2 g}\left(\lambda_1\frac{l_1}{d_1^5}Q_1'^2+\lambda_3\frac{l_3}{d_3^5}Q_3'^2\right) \\ &H_2-H_3=\frac{8}{\pi^2 g}\left(\pm\lambda_2\frac{l_2}{d_2^5}Q_2^2+\lambda_3\frac{l_3}{d_3^5}Q_3^2\right) \\ &Q_1\pm Q_2=Q_3 \end{aligned}\right\} \qquad (8-14-3)$$

따라서, 미지수인 각 관로의 유량 Q_1, Q_2, Q_3가 구해지고, 각 관의 유속도 정해지게 된다.

예제 8-12 [그림 8-35]와 같은 저수지 AB에서 분기관로를 통하여 저수지 C로 수송된다. 관 길이를 각각 l_1=400m, l_2=300m, l_3=1000m, 관 지름을 각각 d_1=150m, d_2=120m, d_3=250m로 하고 저수지 AB의 수면의 높이를 저수지 C의 수면에서 H_1=30m, H_2=20m라 하면, Q_1, Q_2 및 Q_3는 얼마인가? 단, 관 마찰계수 λ=0.03으로 하고, 다른 손실은 무시한다.

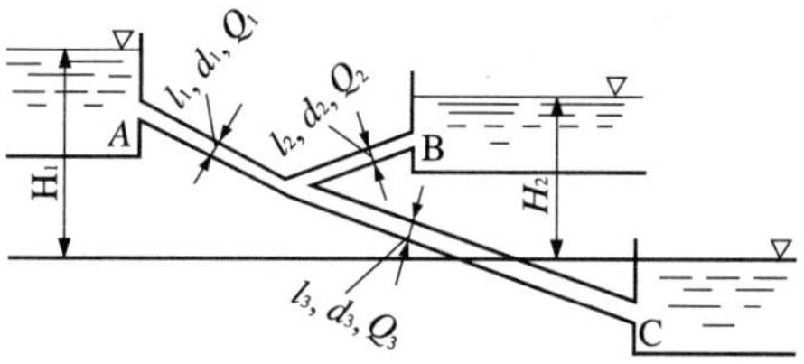

[그림 8-35] 합류지관

풀이 관로 AJ, BJ, CJ의 손실수두를 각각 h_1, h_2, h_3라 하면

$$\left.\begin{aligned} H_1 &= h_2 + h_3 \\ H_2 &= h_2 + h_3 \end{aligned}\right\} \qquad \text{(i)}$$

λ=0.03일 때

$$h = 0.0025\frac{lQ^3}{d^5} \qquad \text{(ii)}$$

$$\left.\begin{aligned} H_1 &= 0.0025\left(\frac{l_1Q_1^2}{d_1^5}+\frac{l_3Q_3^2}{d_3^5}\right) \\ H_2 &= 0.0025\left(\frac{l_2Q_2^2}{d_2^5}+\frac{l_3Q_3^2}{d_3^5}\right) \end{aligned}\right\} \qquad \text{(iii)}$$

따라서 (iii)에 주어진 값을 대입하면

$$30 = 0.0025\left(\frac{400Q_1^2}{(0.15)^5}+\frac{1000Q_3^2}{(0.25)^5}\right) \qquad \text{(iv)}$$

$$= 13200Q_1^2 + 2560(Q_1+Q_2)$$

$$20 = 0.0025\left(\frac{200Q_2^2}{(0.12)^5}+\frac{1000Q_3^2}{(0.25)^5}\right) \qquad \text{(v)}$$

(iv)×2, (v)×3 으로 하여 변끼리 빼면

$$92860Q_2^2 + 5120Q_1Q_2 - 23840Q_1^2 = 0$$

$$Q_2 = \frac{-5120 \pm \sqrt{(5120)^2+1 \times 92860 \times 23840}}{2 \times 92860} \cdot Q_1$$

$Q_1 < 0$ 이므로 (+)부호만 취하면

$$Q_2 = 0.232Q_1 \qquad \text{(vi)}$$

이것을 (iv)에 대입하면

$$Q_1 = 0.0428[\mathrm{m^3/s}]$$

따라서 $Q_2 = 0.0099[\mathrm{m^3/s}]$

$$Q_3 = Q_1 + Q_2 = 0.0527[\mathrm{m^3/s}]$$

8-15 관로망

[그림 8-36]과 같이 몇 개의 폐로로 구성된 관로를 관로망(管路網, network) 또는 조합관로라 한다. 관로망의 유량배분은 임의의 두 점 사이의 손실수두가 경로의 여하에는 관계없이 같은 점과 연속의 조건으로부터 구할 수 있다.

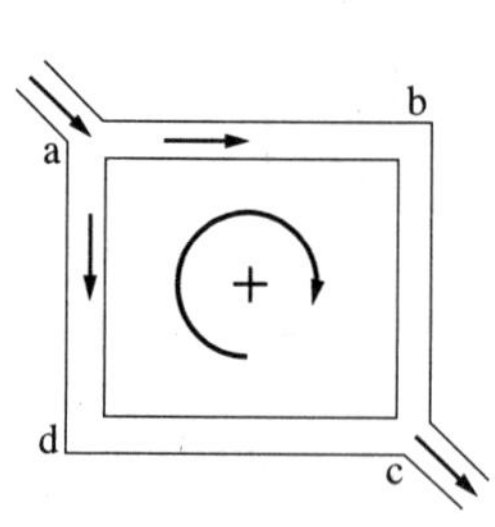

[그림 8-36] 관로망

관로망의 각 관이 충분히 길고, 또 관 마찰손실이 커서 국부손실을 무시할 수 있을 경우에는 각 관의 손실수두 h를 식 (7-7-1)에 준하여 다음과 같이 나타낼 수 있다. 즉

$$\left.\begin{aligned} h &= \lambda\frac{l}{d}\cdot\frac{V^2}{2g} = \lambda\frac{l}{d}\cdot\frac{1}{2y}\left(\frac{4Q}{\pi d^2}\right)^2 \\ K &= \lambda\frac{l}{d}\cdot\frac{1}{2g}\left(\frac{4}{\pi d^2}\right)^2 = \frac{8\lambda l}{\pi^2 g d^5} = 0.0827\times\frac{l}{d^5} \end{aligned}\right\} \quad (8-15-1)$$

여기에서 K는 관의 길이 l, 관의 지름 d 및 λ에 의하여 정해지는 계수이다.

식 (8−15−1)과 같은 손실수두 h는 유량 Q의 2제곱에 비례하며 Q만의 함수이다. 참유량 Q를 구하기 위하여 참유량에 가까운 제1차 근사치 Q'로 가정하고, h'를 가정한 유량 Q'가 흐를 때의 손실수두, h를 참유량 Q가 흐를 때의 손실수두라 하면

$$h = h' + \Delta h,\ Q = Q' + \Delta Q \quad (8-15-2)$$

이 된다. 따라서 Q의 미소변화 ΔQ에 대한 h의 미소변화 Δh는 식 (8−15−2)에 식 (8−15−1)의 관계를 대입하여, 고차의 미소량을 생략하면 다음과 같이 된다.

$$\left.\begin{aligned} &\Delta h = h - h' \\ &KQ^2 - KQ'^2 = K(Q' - \Delta Q)^2 - KQ'^2 \fallingdotseq 2KQ'\Delta Q \end{aligned}\right\} \quad (8-15-3)$$

여기에서 Q 및 ΔQ의 부호는 시계방향을 +로 하고, 그 반대의 경우를 −로 한다. 마찰손실수두의 부호도 흐름의 방향이 +일 때를 +, −일 때를 −로 잡으면 [그림 8−36]의 폐관로망(閉管路網)의 손실수두에 대해서는

$$h_{ac} = h_{ab} + h_{bc} = h_{ad} + h_{dc}$$

이고,

$$h_{abc} + h_{cda} = 0$$

으로서, 즉 하나의 폐관로에 대해서는 총손실수두의 총합 Σh는 당연히 0이 되지 않으면 안 된다. 따라서 식 (8−15−2)는 다음과 같이 표시된다.

$$\Sigma h = \Sigma h' + \Sigma\Delta h = 0 \quad (8-15-4)$$

관로망을 형성하는 하나의 폐관로에 대해서는 ΔQ가 균일하게 분배된다고 가정하면,

식 (8−15−4)에 식 (8−15−3)을 대입함으로써 다음과 같은 식으로 된다.

$$\Sigma h \fallingdotseq \Sigma h' + 2\Sigma KQ'\Delta Q = 0 \qquad (8-15-5)$$

식 (8−15−5)에 있어서 ΔQ와 ΔH는 같은 부호이므로, Q'가 음의 값일 때에는 (−)의 부호를 붙이지 않으면 안 된다.

$$\Delta Q = \frac{\Sigma h}{2\Sigma\,|\mathrm{KQ}|} \qquad (8-15-6)$$

식 (8−15−8)에 의하여 처음에 가정한 Q'를 가지고, Q'에 대한 보정치 ΔQ를 구할 수 있다. 다시 제2의 근사치 $Q''=Q'+\Delta Q$가 구해지고, 이 조작을 반복하여 ΔQ는 0이 될 때까지 되풀이해 나가면 참유량 Q를 구하게 된다.

이 방법을 Hardy−Cross의 추차근이법(Hardy Cross method)이라 한다.

예제 8-13 [그림 8-37]과 같은 주철관로를 흐르는 유량을 구하여라.

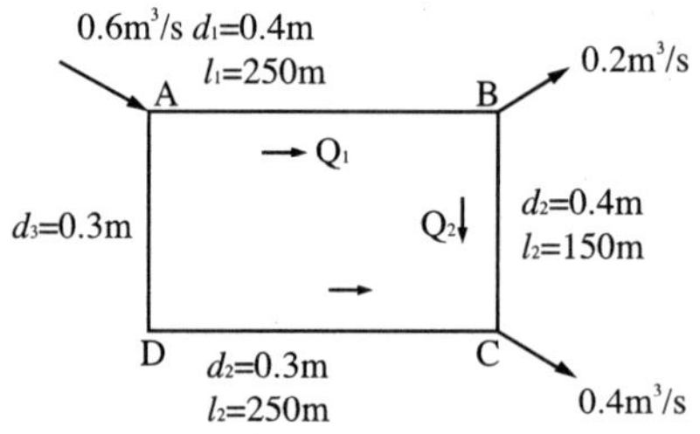

[그림 8-37] 관로망

풀이 관로가 길기 때문에 관마찰 이외의 손실은 무시한다. 또, λ를 지름 0.4m인 관에 대하여 0.025, 지름 0.3m인 관에 대하여 0.028을 가정한다. 이 관로에 대한 K의 값을 계산하면 식 (8−15−1)에 의하여 다음과 같이 된다.

$$K_1 = 0.0827 \times 0.025 \times \frac{250}{(0.4)^2} = 50$$

$$K_2 = 0.0827 \times 0.025 \times \frac{150}{(0.4)^2} = 30$$

$$K_3 = 0.0827 \times 0.025 \times \frac{400}{(0.3)^2} = 381$$

흐름의 방향과 유량을 그림에서와 같이 연결하면

$$Q_1 + Q_3 = 0.6 \qquad \text{(i)}$$

$$Q_1 - Q_2 = 0.2 \qquad \text{(ii)}$$

이 되고, 또 $h_{ABCDA} = 0$에서

$$50Q_1^2 + 30Q_2^2 - 381Q_3^2 = 0 \qquad \text{(iii)}$$

식 (i), (ii)에서 Q_2, Q_3를 풀어 식 (iii)에 대입하면

$$50Q_1^2 + 30(Q_1 - 0.2)^2 - 381(0.6 - Q_1^2) = 0$$

$$301Q_1^2 - 445Q_1 + 127 = 0$$

$$\therefore\ Q_1 = 1.09[\text{m}^3/\text{s}] \text{ 또는 } 0.29$$

Q_3가 역류하는 일은 있을 수 없으므로 $Q_1 = 1.09[\text{m}^3/\text{s}]$는 일어나지 않는다. 따라서 식 (i), (ii)를 써서

$$Q_1 = 0.39[\text{m/s}],\ Q_2 = 0.19[\text{m/s}],\ Q_3 = 0.21[\text{m/s}]$$

를 얻는다.

이 장에서 기억해야 할 주요 관계식

- 관로의 손실수두(h_l) : $h_l = K \cdot \dfrac{V^2}{2g}$

- 급확대 관로에서의 손실(h) : $h = K \cdot \dfrac{V^2}{2g} = \zeta\left(1 - \dfrac{A_1}{A_2}\right)^2 \cdot \dfrac{V_1^2}{2g}$

- 급축소 관로에서의 손실(h) : $h = K \cdot \dfrac{V^2}{2g} = \left(\dfrac{1}{C_c} - 1\right)^2 \cdot \dfrac{V_2^2}{2g}$

- 등가관로 : $l_2 = l_1 \cdot \dfrac{\lambda_1}{\lambda_2} \cdot \left(\dfrac{d_2}{d_1}\right)^5$

연습문제

1. 안지름이 300mm 및 450mm인 두 원관을 직접 연결하여 지름이 작은 관에서 큰 쪽으로 매초 230l의 물을 수송할 때, 연결부의 소실수두를 구하여라.

2. 지름이 100mm에서 200mm로 급확대되는 관에 물이 0.04m^3/s로 흐른다. 급확대로 인한 손실수두가 0.748m이면 전저항계수는 얼마인가?

3. 펌프에서 나온 압력수가 지름 50mm의 관을 통하여 5m/s의 속도를 가지고 큰 탱크로 송수되고 있을 때, 관 끝의 출구손실을 구하여라.

4. 물 탱크의 벽에 수직으로 설치한 관로 속을 물이 3m/s의 속도로 흐른다. 입구 손실계수가 0.5일 때, 관 끝의 출구손실을 구하여라.

5. 지름 20mm인 원관에 지름 40mm의 길이 1m인 원관을 접속하고, 그 끝은 대기에 개방한다. 관마찰계수를 0.03으로 하여 관접속부의 압력수두를 구하여라. 단, 관은 수평으로 설치하고 지름 20mm인 원관 내의 유속을 4m/s로 한다.

6. 단면적이 5m^2인 관에 단면적 3m^2인 관이 연결되어 있다. 수축계수가 0.65이면, 축류의 단면적은 얼마인가?

7. 안지름 4mm인 원관에 안지름이 0.4mm인 노즐을 달아 급축소될 경우, 이 구멍으로부터 밀도 900kg/m^3의 기름을 680cm^3/min의 비율로 분출한다. 이 축소된 부분의 압력손실은 몇 [kg_f/cm^2]인가?

8. 큰 기름 탱크의 측벽에 직각 입구를 가진 지름 100mm의 원관 속을 비중 0.925인 원유가 1.2m/s의 속도로 수송되고 있다. 조주거리를 구하여라. 단, 원유의 점도는 0.118Pa·s이다.

9. 물 탱크의 측벽에 안지름이 20mm인 원관을 달아 동점도가 $1.829 \times 10^{-6} m^2/s$인 물을 0.15m/s의 속도로 수송할 때, 조주 거리를 구하여라.

10. 물 탱크의 측벽에 원관을 60° 상향으로 부착할 때, 입구 손실계수는 얼마인가?

11. 입구지름 300mm, 출구지름 600mm, 길이 3m인 점차확대관 속을 물이 위에서 아래로 흐른다. 입구에서의 유속이 6m/s일 때, 확대에 의한 손실수두는 얼마인가?

12. 큰 탱크에서 [그림 8-38]과 같은 배관으로 안지름이 100mm인 신품추철관에 의하여 물이 수송되고 있다. 밸브가 전개시 이 관로를 흐르는 유량은 얼마인가? 또, 밸브를 3/4까지 닫았을 때 수량은 얼마만큼 감소하는가? 단, 밸브는 슬루우스로 하고, 마찰손실계수는 Darcy의 공식에서 계산하여라.

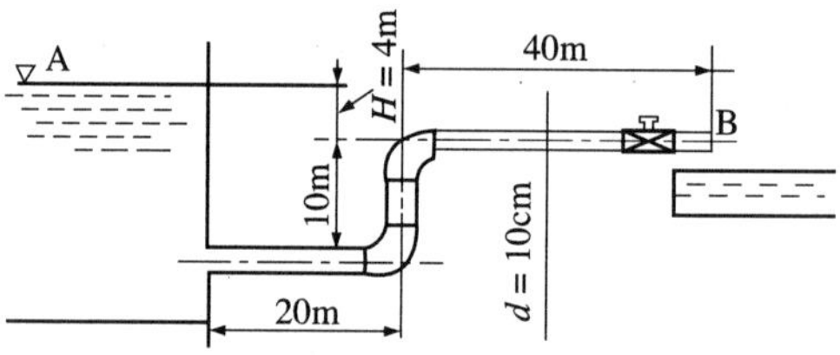

[그림 8-38]

13. [그림 8-39]와 같이 수면에서 15m 낮은 원관에서 물을 분출시킬 때 물의 분출량은 실제로 몇 m^3/s로 되는가? 단 원관의 내부는 안지름이 150mm, 엘보와 글로브 밸브를 전개할 때의 손실계수는 각각 0.9와 10.0이다. 또 물의 동점성계수는 $0.01cm^2/s$이고, 원관 속의 저항계수는 0.02에 가까운 값이 되는 것으로 본다.

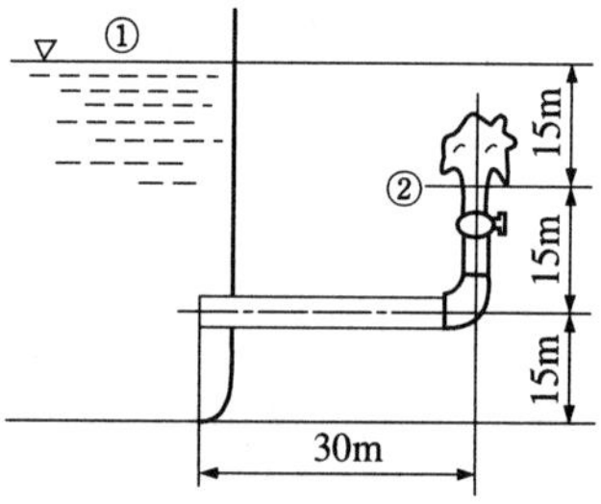

[그림 8-39]

14. 안지름 40mm인 내부가 매끈한 관으로 곡률 반지름 120mm, 만곡각 30°인 벤드를 만들고, 이것에 25°C의 물로 17l/min로 흐르게 할 때의 전손실수두를 계산하여라.

15. 안지름 $d_1=d_2=d_3=200$mm, $Q=90°$인 분기관에서 $Q_1=120l/s$, $Q_2=80l/s$이고, 분기점의 상류 1m인 점의 압력이 49.1kPa일 때, 지관 ② 및 주관 ③의 분기점 아래 각 1m인 점의 압력을 구하여라. 단, $\lambda_1=\lambda_2=\lambda_3=0.03$이다.

16. 높은 곳에 설치한 탱크의 밑에 안지름 20mm, 길이 5m인 원관을 연적으로 연결하여 그 하단을 대기 중에 개방하였다. 탱크의 수심이 1m, 관 마찰계수 0.02, 관입구의 손실계수가 0.5일 때, 관 속의 평균유속을 구하여라.

17. 안지름이 300mm인 곧은 신품의 주철관 속을 물이 평균속도 1m/s로 흐르고 있을 때 상당구배 i값을 계산하여라. 단 λ는 표에서 구하여라.

18. [그림8-29]에서 $\zeta=0.5$, $l=300$m, $d_1=600$mm, $e_1=1.5$mm, $l_2=240$m, $d_2=900$mm, $e_2=3$mm, $\nu=9\times10^{-7}$m^2/s, $H=6$m이다. 관로 속을 흐르는 유체의 유량을 구하여라.

19. [그림 8-40]과 같이 수면차 $H=12$m인 A, B의 두 소조가 안지름 $d=350$mm, 길이 $l=1250$m의 관로로 연결되어 있다. 관로 입구의 끝은 수조 A에 직각으로 달려 있고, 관로의 최고점 C는 상류측보다 600m 높은 곳에 있다.

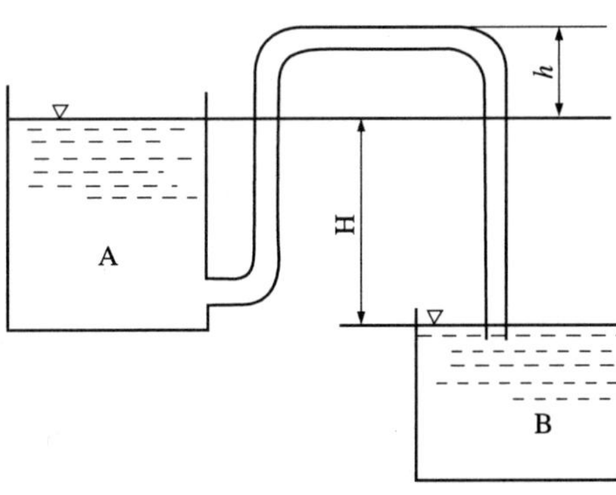

[그림 8-40]

지금 수중에 포함되어 있는 기포가 분리하는 압력(포화증기압)이 절대압력으로 23kPa이라 하면, h는 얼마만한 높이까지 올릴 수 있는가? 또, λ=0.04라 할 때 유량은 얼마인가?

20. [그림 8-41]에서 A점과 B점의 압력이 각각 3.5bar, 2.1bar이다. 관이 수평으로 놓여 있다고 가정하고, 물이 흐르고 있을 때, 각 관을 흐르는 유량을 구하여라. 단, 각 관의 마찰계수는 λ=0.020이다.

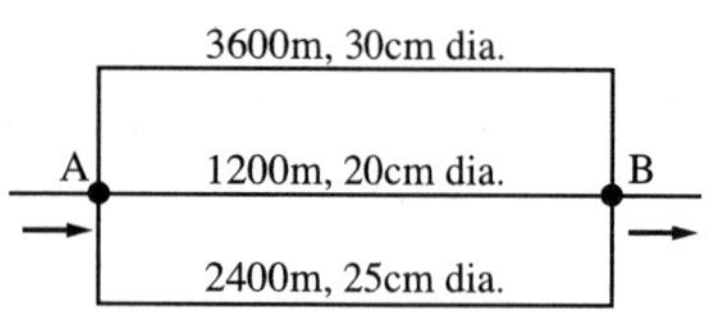

[그림 8-41]

제 9 장

개수로 유동

개수로 유동(open channel flow)이란 개울, 운하, 하수도, 관개용 수로, 충만하지 않은 채로 흐르는 배수관이나 하수관 내의 흐름처럼 자유표면을 갖는 액체의 흐름을 말한다.

관의 경우 유동의 원인은 압력차이지만, 개수로에서는 압력은 어느 곳이나 대기압과 같으므로 압력차가 생기지 않고, 유동의 원인은 수로의 구배 때문이다. 즉, 중력작용에 의해서 유동한다는 것이다.

학습목표

이 장에서는 다음의 항목들을 숙지 · 이해하고 이를 응용할 수 있도록 한다.

- 개수로 유동
- 수력반경
- 췌지-만닝의 식
- 수력학적 최대효율 단면
- 원형수로
- 비에너지
- 수력도약
- 중력파의 전파속도

9-1 서 론

개수로의 유동문제를 정확하게 푼다는 것은 관 유동에 비하여 훨씬 어려운 문제이다. 왜냐하면, 개수로 유동은 관 유동보다 더 복잡하고 유동조건이 광범위하여 설계모형에 알맞은 실험자료를 얻기가 힘들며, 관 유동의 단면은 원형인 데 비하여 개수로 유동의 단면은 원형, 삼각형, 사각형 등이며, 특히 자연수로의 단면은 대단히 불규칙한 형상이기 때문이다.

이러한 개수로의 문제해결을 논리적으로 전개하기 위하여는 개수로 유동의 여러 형태를 구분하여야 한다. 즉, 층류와 난류, 정상류와 비정상류, 등류와 비등류, 상류와 사류 등으로 구분하여 연구하게 된다.

그런데 개수로에서는 수력반지름의 개념을 사용하여 $R_h=\frac{A}{p}$ 를 쓰면, $R_e=4R_h \cdot V/\nu >$ 2000일 때에는 흐름은 난류이다. 대부분의 개수로에서는 R_h가 크고 따라서 Reynolds수가 커지기 때문에, 흐름은 난류이며 벽면의 전단응력은 속도의 제곱에 비례하고, 마찰계수는 Reynolds수에 따라 변하지 않는다. 그러므로 개수로에서는 Reynolds수가 중요하지 않으며, 마찰계수는 벽의 조도에 의해서 정하여진다.

또한, 시간과 독립인 정상류와 시간에 종속적인 비정상류, 즉 시간이 경과함에 따라 유량이 변화하는 흐름으로 구분된다. 그러나 여기에서는 정상류의 관점에서 알아보기로 한다.

그리고 등류(等流)란, 수로에 따라 흐름의 깊이와 단면의 경사가 일정한 흐름을 말하며, 수로의 상당한 거리에 걸쳐 조도가 같을 때에 일어난다. 또한 여기에서는 등류의 관점에서 개수로 유동을 살펴보기로 한다.

정상등류(steady uniform flow)는 수로에 따라 유동의 깊이와 경사가 일정하다. 이 때의 자유표면은 수로 바닥면과 평행하며, 유량은 각 단면에서 시간에 관계없이 일정하다. 그러므로 유체를 흐르게 하는 데 소비되는 에너지는 경사에 따라 낮아지는 위치 에너지의 감소와 같다.

[그림 9-1]에서 경사각이 α이고, 등속류(等速流)로 일정 깊이이므로 $V_1=V_2$, 즉 속도수두는 일정하다. 단위거리당 손실수두를 S라고 하면, 거리 L인 두 위치에서의 베르누이방정식을 적용하면,

$$\frac{p_1}{\gamma}+\frac{V_1^2}{2g}+z_1=\frac{p_2}{\gamma}+\frac{V_2^2}{2g}+z_2+SL \qquad (9-1-1)$$

이 되고, 수로면, 자유표면, 수력 기울기(H.G.L), 에너지선(E.L)은 모두 평행이다. 특히 수력 기울기는 자유표면과 일치한다.

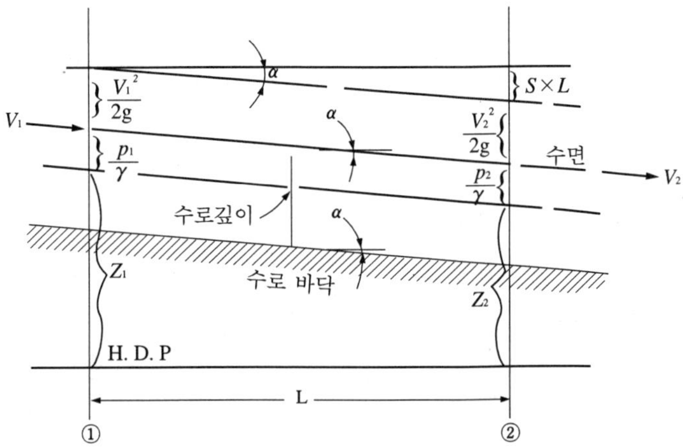

[그림 9-1] 개수로의 정상등류 흐름

9-2 췌지-매닝(Chézy-Manning)의 식

개수로(開水路) 흐름에 관한 방정식을 구하기 위하여, [그림 9-2]와 같은 직사각형 단면의 수로를 생각해 보자. 수면에 작용하는 압력은 대기압이므로 일정하며, 등류이므로 유속이 일정하다. 그러므로 검사체적(control volume) 내의 유체에 미치는 외력은 평행을 이룬다.

$$\tau \cdot p \cdot L=\gamma A L\sin\alpha \qquad (9-2-2)$$

여기에서 τ는 유체와 벽면 사이의 평균 전단응력, p는 접수길이, 유체자중(流體自重) $W=\gamma AL$의 흐름방향 분력이 $\gamma AL\sin\alpha$이다.

또한 수로의 단면원형에 있어서 물에 접한 곡선(또는 직선)의 길이를 접수길이

p(wetted perimeter)라 하고 그 때의 단면적을 A라고 하면, A/p를 수력반지름(hydraulic radius)이라 부르며, R_h로 표기한다. 식 (9−1−2)에서

$$\tau = \frac{A}{p}\gamma \sin\alpha = R_h \gamma \sin\alpha \fallingdotseq \gamma R_h S \tag{9-1-3}$$

여기에서 $\sin\alpha$는 α가 작을 때 근사적으로 기울기 S와 같다고 본다.

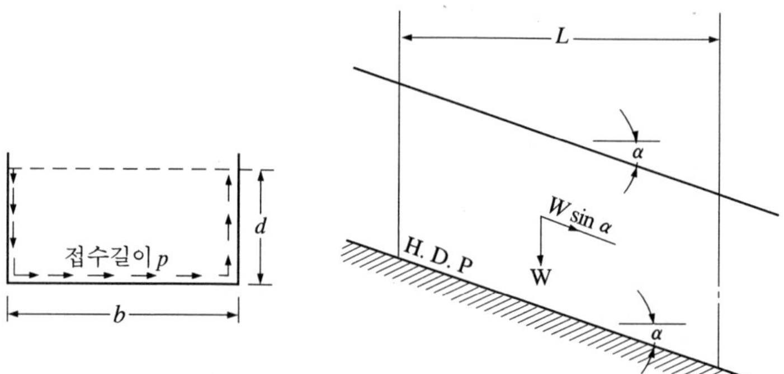

[그림 9-2] 개수로의 힘의 평형

한편, τ를 마찰계수 λ를 써서 $\tau = \lambda \frac{\gamma v^2}{2g}$로 표시하면, (9−1−3)식에서

$$v = \frac{\sqrt{2g}}{\lambda} \sqrt{R_h \cdot S} = C\sqrt{R_h \cdot S} \tag{9-2-4}$$

(9−2−4)식을 Chézy 식이라 하며, 프랑스 공학자 Chézy가 1769년에 발표하였다. 여기에서 계수 C는 R_e수, 수로의 상대조도, 수로단면형태 등에 기인되며, 1891년 이란공학자 R. Manning은 $C = \frac{1}{n} R_h^{\frac{1}{6}}$을 제안하였다. 여기에서 n은 Manning's n이라 부르고, 〈표 9−1〉에 주어져 있다. 그래서

$$v = \frac{1}{n} R_h^{\frac{2}{3}} S^{\frac{1}{2}} \tag{9-2-5}$$

로 표기되어, Manning's formula라 부르며, 개수로에 흔히 적용하는 식이다. 따라서 유량 Q는

〈표 9-1〉 매닝의 n값(오차범위 20%)

수로표면(水路表面)	n	수로표면	n
인공적으로 제작한 수로		**땅을 파낸 수로**	
유리	0.010	깨끗한 수로	0.022
황동	0.011	자갈로 된 수로	0.025
매끈한 강철	0.012	잡초 있는 수로	0.030
페인트 칠한 강철	0.014	돌이 많은 수로	0.035
리벳한 강철	0.015	**자연수로**	
주조 강철	0.013	깨끗하고 똑바른 수로	0.030
마무리 작업 된 시멘트	0.012	느리고 깊은 수로	0.040
마무리 작업 안 된 시멘트	0.014	큰 강	0.035
대패질 안한 나무	0.012	**대평원의 수로**	
점토 타일	0.014	목장 · 농장의 수로	0.035
벽돌 벽면	0.015	가벼운 풀이 있는 수로	0.05
아스팔트	0.016	거칠은 풀이 많은 수로	0.075
주름진 금속	0.022	나무가 있는 수로	0.15
자갈, 석조물	0.025		

$$Q = \frac{1}{n} \cdot A \cdot R_h^{\frac{2}{3}} S^{\frac{1}{2}} \tag{9-2-6}$$

예제 9-1 단면이 직사각형인 콘크리트제 개수로에 있어서 폭이 8m, 수심이 1m이다. 기울기가 1/500일 경우 평균유속을 구하여라.

풀이 〈표 9-1〉에서 n=0.012로 하여, 수로 단면적 $A=1\times 8=8[\mathrm{m}^2]$ 접수 길이 p=1m+8m+1m=10[m]이므로 수력반지름 $R_h=\frac{A}{p}=\frac{8}{10}=0.8[\mathrm{m}]$, 기울기 $S=1/500=0.002$이다.

그러므로 Chézy−Manning의 식에 의하여

$$\upsilon=\frac{1}{n}R_h^{\frac{2}{3}}S^{\frac{1}{2}}$$

$$\upsilon=\frac{1}{0.012}(0.8)^{\frac{2}{3}}(0.002)^{\frac{1}{2}}=3.21[\mathrm{m/sec}]$$

예제 9-2 직사각형 개수로의 폭이 2[m], 수심이 0.5[m]이다. 유량이 2배가 되면 수심은 얼마나 되는가? 유속계수는 일정불변이라고 한다.

풀이 직사각형 개수로의 폭을 b, 수심을 h_1, 유량증가 후 h_2가 되었다고 하면, 각각의 경우 수력반지름 R_{h_1}, R_{h_2}는

$$R_{h_1}=\frac{bh_1}{2h_1+b},\ R_{h_2}=\frac{bh_2}{2h_2+b}$$

각각의 경우 유량 Q_1, Q_2는

$$Q_1=bh_1C\sqrt{R_{h_1}S},\ Q_2=bh_2C\sqrt{R_{h_1}S}$$

$$\frac{Q_2}{Q_1}=\frac{h_2}{h_1}\sqrt{\frac{Rh_2}{Rh_1}}=\frac{h_2}{h_1}\sqrt{\frac{h_2}{h_1}\cdot\frac{2h_1+b}{2h_2+b}}$$

$\frac{Q_2}{Q_1}=2$, $h_1=0.5$[m], $b=2$[m]를 대입하면,

$$2=\frac{h_2}{0.5}\sqrt{\frac{h_2}{0.5}\cdot\frac{2\times0.5+2}{2h_2+2}}$$

$$2=2h_2\sqrt{\frac{3h_2}{h_2+1}}$$

$$3h_2^3-h_2-1=0$$

$$\therefore\ h_2=0.85[\text{m}]$$

9-3 수력학적 최대효율단면

식 (9-2-5)를 보면, 개수로 유동에 있어서 주어진 기울기, 벽면조건에 대해서 평균유속은 수력반지름 R_h의 2/3제곱에 비례하여 증대된다는 것을 알 수 있다. 그러므로 주어진 유동단면 A에 대하여 주어진 조건하에서 최대유량을 얻으려면, 수력반지름 R_h가 최대여야 한다는 것을 알 수 있다. 수력반지름 R_h가 되려면 주어진 유동단면적 A에 대하여 접수길이 p가 최소가 되도록 수로단면을 설계하여야 한다. 이러한 단면을 유동면적

A에 대한 최대효율단면(最大效率斷面, most efficient cross section), 또는 최량수력단면(最良水力斷面, best hydraulic cross section)이라 한다. 바꾸어 말하면 주어진 유량에 대하여 수력반지름 R_h가 최대가 되도록, 즉 접수길이 p를 최소로 설계하면, 주어진 유량에 대한 수력학적 최대효율단면이 된다고 말할 수 있다. 그러면 단면의 기하학적 형상이 최적조건일 때를 알아보자.

(1) 최적 직사각형 단면

폭 b, 깊이 y인 직사각형 상단면에서 단면적은 $A=by$이고, 수력반지름 $R_h=A/p=by/(b+2y)$에서 단면적 A가 일정한 값이면 R_h가 최대인 경우는 접수길이(wetted perimeter) p가 최소인 경우이다. 또 식 (9-2-6)에서 Q, n, S가 주어진 값이므로 이 값을 상수 C로 놓고, 수력반지름 $R_h=A/p$를 대입하면

$$A=Cp^{\frac{2}{5}} \tag{9-3-1}$$

따라서 $A=(p-2y)y=Cp^{\frac{2}{5}}$로 놓을 수 있으며, p가 최소가 될 조건은 $\frac{dp}{dy}=0$을 만족해야 한다.

$$\left(\frac{dp}{dy}-2\right)y+p-2y=\frac{2}{5}Cp^{-\frac{3}{5}}\frac{dp}{dy} \tag{9-3-2}$$

그러므로 $p=4y$이며, 즉 $b=2y$인 최대효율단면이 결정된다. 즉, 깊이 y가 밑변 b의 1/2인 직사각형 단면의 흐름이 동일한 면적을 갖는 다른 어떤 직사각형 단면보다 접수길이가 작고 수력반지름은 크며, 속도가 크다. 다시 말해 접수길이가 짧을수록 수로 건설에 있어서 경제적이라는 것이다. 물론 형상별로는 반원형단면이 가장 접수길이가 짧은 것이지만, 반원형단면의 제작이 쉽다고는 할 수 없으므로 주어진 단면 형상에서 최적조건을 찾는 것이다. 사각형에서와 같은 방법으로 다른 형상에서도 최소접수길이를 구하면 대개 자유표현에서의 폭이 깊이의 2배일 때이다.

예제 9-3 폭 2m, 밑바닥 경사가 0.001인 대패질 안한 나무로 만든 직사각형 수로에서 유동깊이가 1m일 때, 등류상태로 흐르는 유량은 얼마인가? 단, 대패질 안한 나무의 조도계수는 $n=0.012$이다.

[풀이] 수력반지름 R_h는

$$R_h = \frac{2 \times 1}{2+2 \times 1} = 0.5[\mathrm{m}]$$

유량 Q는

$$Q = \frac{1}{0.012}(2 \times 1)(0.5)^{\frac{2}{3}}(0.001)^{\frac{1}{2}}$$

$\therefore\ Q = 3.32[\mathrm{m^3/sec}]$

(2) 사다리꼴 단면

하천이나 관개수로에 가장 많이 이용하는 단면형상이 사다리꼴 단면인데, 직사각형 단면의 경우와 같은 방법으로 수력학적 최대효율단면의 조건을 구해 보자. [그림 9-3]과 같이 치수와 기호를 정하고, 단면적 A, 접수길이를 p, 수력반지름을 R_h라 하면,

$$p = b + 2y\sqrt{1+m^2}$$
$$A = by + my^2$$

가 된다.

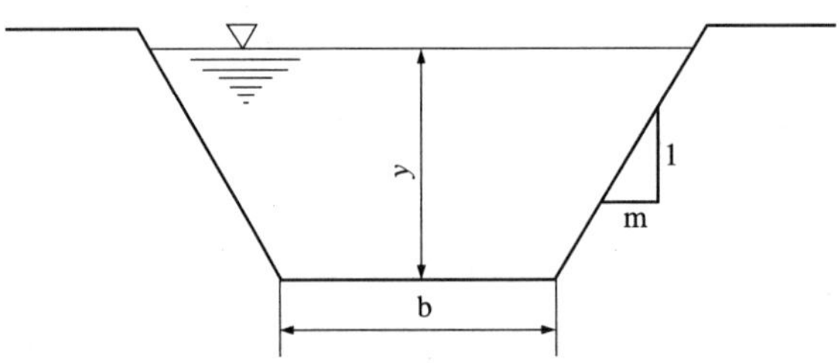

[그림 9-3] 사다리꼴 단면 개수로

따라서 식 (9-3-1)에서 $A = (p - 2y\sqrt{1+m^2}\,)y + my^2 = Cp^{\frac{2}{5}}$

여기에서 m을 상수로 놓고 y에 관해서 미분한 다음 $\frac{ap}{ay} = 0$로 놓으면,

$$p = 4y\sqrt{1+m^2} - 2my \tag{9-3-3}$$

또한 위의 식 (9-3-3)에서 y를 상수로 놓고 m에 대하여 미분한 다음 $\frac{\partial p}{\partial m} = 0$으로 놓으면,

$$\frac{2m}{\sqrt{1+m^2}} = 1 \tag{9-3-4}$$

식 (9-3-4)를 m에 관해서 풀면, $m=\frac{\sqrt{3}}{3}$ 이 되고, 이 값을 식 (9-3-3)에 대입하면 $p=2\sqrt{3}\,y$, $b=\frac{2\sqrt{3}}{3}y$, $A=\sqrt{3}\,y^2$가 된다.

따라서 결과를 종합해 보면 $b=\frac{p}{3}$ 가 되는 것을 알 수 있으며, 이상에서 주어진 기울기와 유량을 갖는 사다리꼴 단면으로서 수력학적 최대효율단면은 경사면의 길이와 밑변의 길이가 같고, 경사면 각도가 60°인 정육각형의 절반과 같은 형상일 때라는 것을 알 수 있다.

예제 9-4 땅을 파서 만든(n=0.022) 깨끗한 등변사다리꼴 단면의 개수로가 있다. 이 개수로의 경사면 각도는 45°이며, 경사도가 0.0001일 때 유량은 얼마인가? 밑면의 길이는 3m이고, 수심은 2m이다.

풀이 접수길이 p는

$$p=3+(2\times\frac{2}{\sin 45})=8.65[\text{m}]$$

단면적 A는

$$A=(3\times 2)+(2\times 2)=10[\text{m}^2]$$

수력반지름 R_h는

$$R_h=\frac{A}{p}=\frac{10}{8.65}=1.15[\text{m}]$$

그러므로 유량 Q는

$$Q=\frac{1}{n}\cdot A\cdot R_h^{\frac{2}{3}}S^{\frac{1}{2}}=\frac{1}{0.022}(10)\ (1.15)^{\frac{2}{3}}\ (0.0001)^{\frac{1}{2}}$$

$$\therefore\ Q=5[\text{m}^3/\text{sec}]$$

(3) 원형수로(圓形水路)

원관이라도 물이 관 속을 차서 흐르지 않을 경우에는 개수로로서 취급하고 빗물이나 하수처리용 관에 잘 사용한다. [그림 9-4]와 같이 치수와 기호를 정하고 식 (9-2-6)을 이용하여 가득차서 흐를 때와 부분적으로 흐를 때의 유량비를 나타내면,

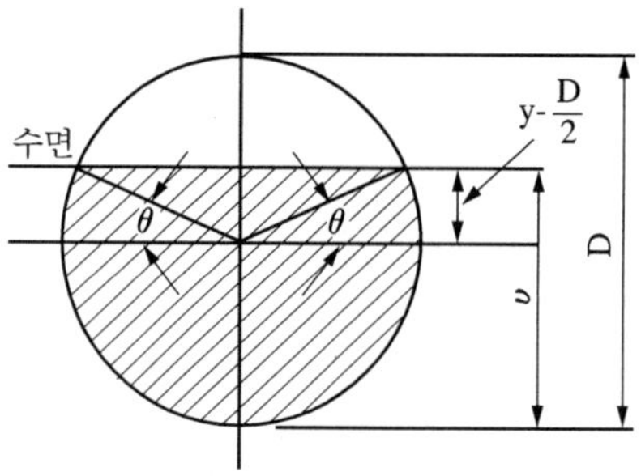

[그림 9-4] 원형수로 단면

$$\frac{Q}{Q_f}=\frac{AV}{A_fV_f}=\frac{A\left(\frac{1}{n}R_h^{\frac{2}{3}}S^{\frac{1}{2}}\right)}{A_f\left(\frac{1}{n}R_h^{\frac{2}{3}}S^{\frac{1}{2}}\right)}=\frac{A}{A_f}\left(\frac{R_h}{R_{hf}}\right)^{\frac{2}{3}} \tag{9-3-5}$$

여기에서 첨가 f는 가득 차서 흐를 때이다. 식 (9-3-5)을 바꾸어 쓰면

$$\frac{Q}{Q_f}=\left(\frac{A}{A_p}\right)^{\frac{5}{3}}\left(\frac{p_f}{p}\right)^{\frac{2}{3}} \tag{9-3-6}$$

[그림 9-4]에서 단면적 A는 θ를 라디언 각이라고 할 때

$$A=\left(\frac{\pi D^2}{4}\right)\left(\frac{\pi+2\theta}{2\pi}\right)+\left(y-\frac{D}{2}\right)\left(\frac{D}{2}\cos\theta\right) \tag{9-3-7}$$

접수길이 p는

$$p=\frac{\pi D\left(\frac{\pi}{2}+\theta\right)}{2\pi} \tag{9-3-8}$$

여기에서 θ는 y와 D의 함수로 주어져 있으므로

$$\theta=\sin^{-1}\left(\frac{2y-D}{D}\right) \tag{9-3-9}$$

따라서, 식 (9-3-7), (9-3-8), (9-3-9)를 식 (9-3-6)에 대입하면

$$\frac{Q}{Q_f}=\left\{\frac{\pi+2\theta}{2\pi}+\frac{\cos(2y-D)}{\pi D}\right\}^{\frac{5}{3}}\left(\frac{2\pi}{\pi+2\theta}\right)^{\frac{2}{3}} \tag{9-3-10}$$

동일한 방법으로, 속도 비는

$$\frac{V}{V_f}=\left\{\frac{\pi+2\theta}{2\pi}+\frac{\cos(2y-D)}{\pi D}\right\}^{\frac{5}{3}}\left(\frac{2\pi}{\pi+2\theta}\right)^{\frac{2}{3}}$$

$$=\left\{\frac{2\cos\theta(2y-D)}{D(\pi+2\theta)}\right\}^{\frac{2}{3}} \tag{9-3-11}$$

이상의 결과를 종합해 보면, 식 (9-3-9), (9-3-10), (9-3-11)에서 $\frac{Q}{Q_f}$와 $\frac{V}{V_f}$는 $\frac{y}{D}$만의 함수임을 알 수 있으며, 이들 함수관계를 그래프로 나타내면 [그림 9-5]와 같다.

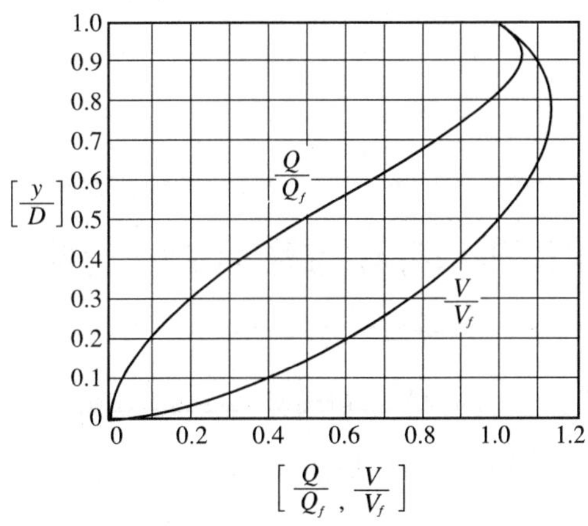

[그림 9-5] 원형수로의 흐름

[그림 9-5]에서 유량은 $y=0.94D$일 때 최대이고, 속도는 $y=0.8D$일 때 최대임을 알 수 있다.

예제 9-5 원형 개수로를 만들 때, 가장 경제적인 형상은 무엇인가?

풀이 수면의 중심각을 θ, 원의 반지름을 r라고 하면,

$L=r\theta$

$$A=\frac{r^2}{2}(\theta-sin\,\theta)$$

$$\therefore\ A=\frac{L^2}{2}\cdot\frac{\theta-sin\theta}{\theta^2}$$

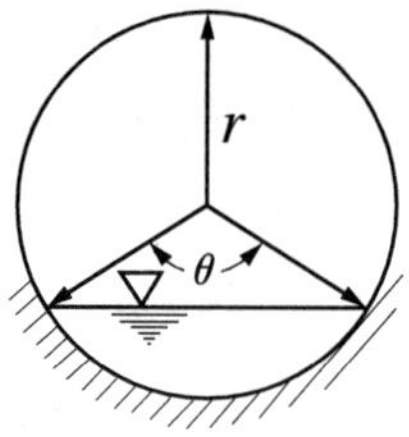

$\frac{dA}{d\theta}=0$로 놓으면,

$$\frac{(1-\cos\theta)\theta^2-2\theta(\theta-sin\theta)}{\theta^4}=0$$

$$\theta-\theta\cos\theta-2\theta+2\sin\theta=0$$

$$\theta\cos\theta+\theta-2\sin\theta=0$$

따라서 이 식을 만족하는 θ값은 $\theta=\pi$이므로, 윗식에 대입하면,

$$\pi\cos\pi+\pi-2\sin\pi=-\pi+\pi-0=0$$

그러므로 단면의 형상이 반원이 되는 경우가 가장 경제적인 수로임을 알 수 있다.

9-4 비(比)에너지와 상류(常流) · 사류(射流)

수로의 단면에서 수심을 y, 수로의 밑면에서 임의의 높이에 있는 점의 속도를 V, 그 점과 수면과의 압력차를 p라 하면, 전수두는

$$E=y+\frac{V^2}{2g} \tag{9-4-1}$$

이다. 이 E를 비(比)에너지(specific energy)라 한다. 즉, 수로 바닥면에서 에너지선 EL까지의 높이를 비에너지라 한다.

폭이 넓은 사각형 수로의 단위폭당 유량을 q라 하면, $q=Vy$이므로 비에너지는

$$E=y+\frac{q^2}{2gy^2}\ \text{또는}\ q=y\sqrt{2g(E-y)} \tag{9-4-2}$$

이 된다. 식 (9-4-1)과 식 (9-4-2)를 그래프로 표시하면, [그림 9-6] 및 [그림 9-7]과 같다.

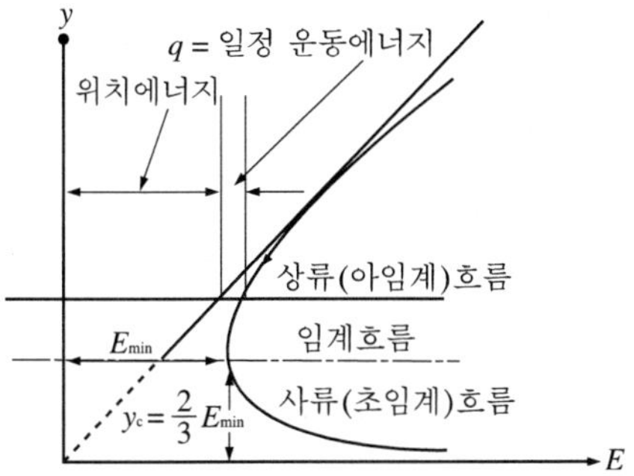

[그림 9-6] 비에너지 전도(q가 일정)

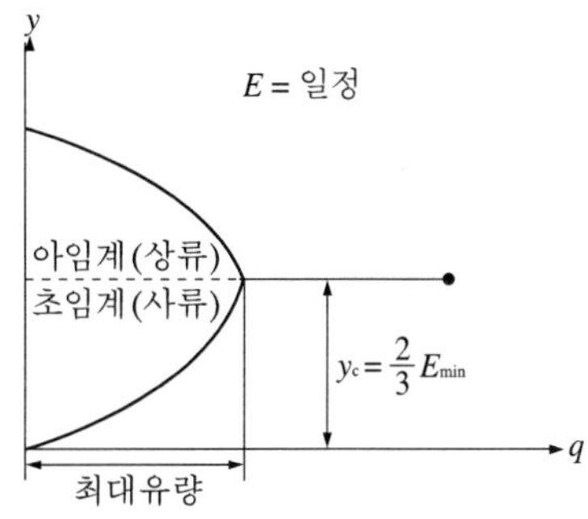

[그림 9-7] 유량선도

[그림 9-6]을 보면 q를 일정한 값이라고 할 때, E를 y의 함수로 보고 그래프를 그린 것이며, 45°의 대각선은 여러 가지 y값에 대한 위치 에너지를 나타내는 선이고, 이 선과 곡선 사이의 수평거리는 운동 에너지이다. 또한 [그림 9-6]을 관찰하면, 일정유량 q에 대하여, 비에너지 E에는 최소값이 존재한다. 이 때의 깊이 y_c를 임계깊이(rapid folw)라고 하며, 이 때의 흐름을 임계 흐름(critical flow)이라고 한다. 그리고 임계깊이 y_c보다 깊은 흐름을 아임계 흐름(subcritical flow)이라 하고, 임계깊이 y_c보다 얕은 흐름을 초임계 흐름(supercritical flow)이라고 한다. 또한 비에너지 E가 최소가 아닌 다른 임의 값에서는 자연적으로 두 개의 y값이 존재하게 된다. 이러한 두 개의 깊이를 공액(共軛)깊이: alternate depth)라고 한다. 이상에서 아임계 흐름을 상류(常流, tranguil flow) , 초임계 흐름을 사류(射流, rapid flow)라고도 한다.

식 (9-4-2)에서 E가 최소일 때의 수심인 임계깊이 y_c를 구하면,

$$\frac{dy}{dy} = 1 - \frac{q^2}{g{y_c}^3} = 0$$

$$\therefore\ y_c = \left(\frac{q^2}{g}\right)^{\frac{2}{3}} \text{ 또는 } q^2 = g{y_c}^3 \tag{9-4-3}$$

이므로 최소비 에너지 E_{min}은

$$E_{min} = y_c + \frac{q^2}{2g{y_c}^2} = \frac{3}{2}y_c \tag{9-4-4}$$

로 된다.

이번에는 E를 일정한 값으로 보고 y와 q의 함수관계에서 q를 y의 함수로 정리하면,

$$q^2=(E-y)2gy^2 \tag{9-4-5}$$

이며, 식 (9-4-5)는 [그림 9-7]과 같이 나타나고, 다시 y의 함수로서 g의 최대값을 구하면 역시 식 (9-4-4)의 y_c값일 때임을 알 수 있다.

한편, 이들 관계를 속도와 관련지어 생각하면 식 (9-4-3)에서 $q^2/gy_c{}^3=1$ 이고, $V^2=q^2/y^2$ 또는 $V^2/y=q^2/y^3$ 이므로, $q^2/gyc^3=\dfrac{V}{gy_c}=1$ 이다. 따라서 깊이에 의하여 결정되는 속도에 따라 흐름을 다음과 같이 구분한다. $V>\sqrt{gy}$ 이면 사류(rqpid flow), $V<\sqrt{gy}$ 이면 상류(tranguil flow), $V=\sqrt{gy}$ 이면 임계 흐름(critical flow) 또는 특히 V_c라 하여 임계속도 (critical velocity)라고 한다.

한편 $\sqrt{gy}$는 중력파의 전파속도와 같으므로 상류(常流)에서는 하나의 물결이 발생된 지점으로부터 상류(上流)로 거슬러올라갈 수 있지만, 사류에서는 상류로 이동하지 못하고 떠내려가게 된다.

예제 9-6 폭이 10[m], 수심이 2[m]인 직사각형 수로에 물이 20[m³/sec]의 유량으로 흐르고 있다. 비에너지, 임계깊이, 임계속도를 구하여라.

풀이 단위폭당 유량 q는

$$q=\frac{Q}{b}=\frac{20}{10}=2[\text{m}^3/\text{sec}-\text{m}]$$

비에너지 E는

$$E=y+\frac{q^2}{2gy^2}=2+\frac{2^2}{2\times9.8\times2^2}=2.05[\text{m}]$$

임계깊이 y_c는

$$y_c=\left(\frac{q^2}{g}\right)^{1/3}=\left(\frac{2^2}{9.8}\right)^{1/3}=0.74[\text{m}]$$

임계속도 V_c는

$$V_c=\sqrt{gy_c}=\sqrt{9.8\times0.74}=2.7[\text{m/sec}]$$

9-5 수력도약

개수로에서 액체의 유동이 빠른 흐름에서 느린 흐름으로 변할 때 수면이 갑자기 상승한다. 즉, 운동 에너지가 위치 에너지로 바뀌는 이러한 현상을 수력도약(hydraulic jump)이라고 한다. 다시 말해서, 수력도약의 전후에서는 깊이의 증가가 있고 속도의 감소가 있으며 손실 에너지가 존재하게 된다. 깊이의 변화는 사류(射流)에서 상류로 변하는 것을 의미하고, 상류의 조건에 따른 하류조건과 손실 에너지 계산 등은 연속방정식, 에너지방정식, 운동량방정식 등의 적용으로 간단히 유도되며 이 때 계산의 편의를 위해서 수력도약 전후의 짧은 간격에 수평방향으로만 힘이 작용되는 것으로 가정한다. 도약 후의 깊이를 y_2, 도약 전의 깊이를 y_1, 도약전의 속도를 V_1이라고 하면, [그림 9-8]에서 유체 정압에 의한 힘의 크기를 F_1, F_2라 하면,

$$F_1=\frac{\gamma \cdot {y_1}^2}{2},\quad F_2=\frac{\gamma \cdot {y_2}^2}{2} \tag{9-5-1}$$

이고, 역적운동량 정리를 적용하면,

$$F_1-F_2=\frac{\gamma}{2}({y_1}^2-{y_2}^2)=\frac{\gamma q}{2}(V_2-V_1) \tag{9-5-2}$$

여기에서 q는 단위폭당의 유량이며, 속도 $V=q/y$관계가 있으므로

$${y_1}^2-{y_2}^2=\frac{2q^2}{g}\left(\frac{1}{y_2}-\frac{1}{y_1}\right)$$

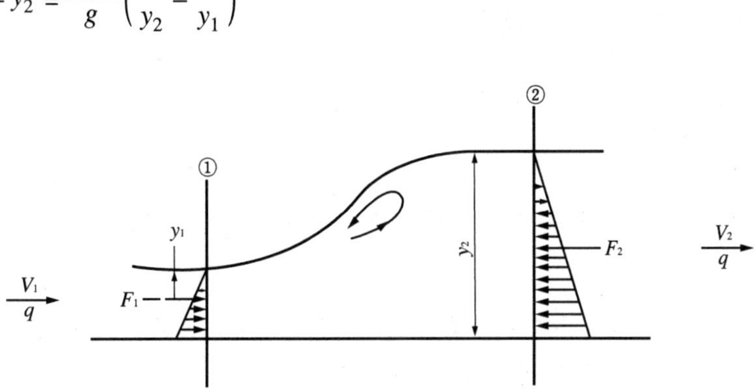

[그림 9-8] 수력도약

$$y_2^2 + y_1 y_2 - \frac{2q^2}{g y_1} = 0 \tag{9-5-3}$$

y_2에 주목하여 2차방정식의 근의 공식을 적용하면

$$y_2 = -\frac{y_1}{2} + \frac{\sqrt{y_1^2 + \frac{8g^2}{g y_1}}}{2}$$

$$y_2 = \frac{y_1}{2}\left(-1 + \sqrt{1 + \frac{8g^2}{g y_1^3}}\right)$$

$$y_2 = -\frac{y_1}{2} + \sqrt{\frac{2V_1^2 y_1}{g} + \frac{y_1^2}{4}}$$

$$\frac{y_2}{y_1} = \frac{1}{2}\left(-1 + \sqrt{1 + \frac{8g^2}{g y_1^3}}\right) \tag{9-5-4}$$

그러므로 $\frac{V_1^2}{g y_1} = 1$이면 $y_1 = y_2$, $\frac{V_1^2}{g y_1^3} < 1$이면 $y_2 < y_1$이 되어 수력도약이 일어나지 않으며, $\frac{V_1^2}{g y_1} > 1$일 때 $y_1 > y_2$인 수력도약이 일어나게 되는 것이다. 즉, $V_1 > \sqrt{g y_1}$일 때 수력도약이 일어날 수 있음을 알 수 있다.

수력도약에 의한 손실수두는 에너지방정식에 의하여,

$$\Delta h_l = \left(y_1 + \frac{q^2}{2g y_1^2}\right) - \left(y_2 + \frac{q^2}{2g y_2^2}\right)$$

$$= \frac{q^2}{2g}\left(\frac{1}{y_1^2} - \frac{1}{y_2^2}\right) + (y_1 - y_2)$$

그런데 $\frac{q^2}{g} = \frac{y_1 y_2 (y_1 + y_2)}{2}$ 이므로

$$\Delta h_l = \frac{(y_2 - y_1)^3}{4 y_1 y_2} \tag{9-5-5}$$

이다. 여기에서 손실수두 Δh_l은 수력도약 전후의 깊이 $y_1 y_2$ 안의 함수임을 알 수 있다.

예제 9-7 깊이 50cm인 개수로를 물이 단위폭당 2m³/sec로 흐를 때, 수력도약을 일으킬 수 있는 깊이와 에너지 손실을 구하라.

풀이 $V_1=\frac{q}{y_1}=\frac{2}{0.5}=4$[m/sec]

$$\frac{V_1^2}{gy_1}=\frac{4^2}{9.8\times0.5}=3.27>1$$ ∴ 수력도약이 일어난다.

$$\therefore\ y_2=\frac{y_1}{2}\left[-1+\sqrt{1+\frac{8V_1^2}{gy_1}}\right]=\frac{0.5}{2}\left[-1+\sqrt{1+\frac{8\times4^2}{9.8\times0.5}}\right]$$

$$=1.05[\mathrm{m}]$$

따라서 $V_2=\frac{q}{y_2}=\frac{2}{1.05}=2$[m/sec]

그리고, 에너지 손실 Δh_l은

$$\Delta h_l=\frac{(y_2-y_1)^3}{4y_1y_2}=\frac{(1.05-0.5)^3}{4\times0.5\times1.05}=0.08[\mathrm{m}]$$

9-6 중력파의 전파속도

자유표면을 가지는 액체에 있어서 표면에 발생한 단일 파동의 한 방향으로서의 이동속도는 연속방정식과 베르누이방정식을 적용해서 간단히 구할 수 있다. [그림 9-9]의 (a)에서는 파동의 이동방향을 나타내고 있고 (b)에서는 방정식을 적용하는데 편리하도록 파동을 고정시키고, 유체가 상대적으로 움직이고 있는 것으로 보게 한 것이다.

연속방정식에 의하여

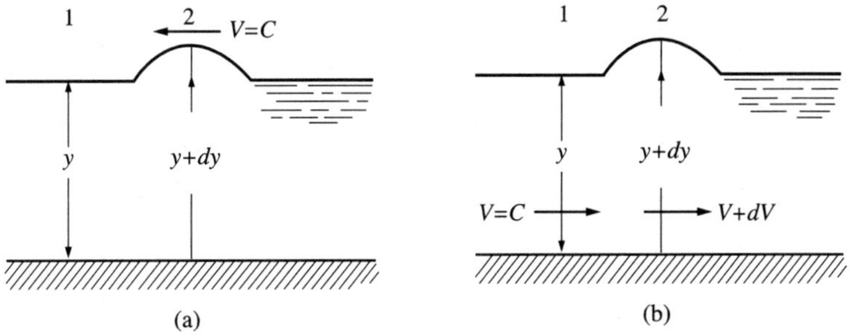

[그림 9-9] 표면파의 전파속도

$$V \cdot y = (V+dV)(y+dy) \quad \text{또는} \quad \frac{dV}{V} + \frac{dy}{y} = 0 \tag{9-6-1}$$

또, 1, 2 단면 사이에 베르누이방정식을 세우면,

$$\frac{V^2}{2g} + y = \frac{(V+dV)^2}{2g} + (y+dy) \quad \text{또는} \quad VdV + gdy = 0 \tag{9-6-2}$$

식 (9−6−1)과 (9−6−2)를 결합하여 구한 속도 V를 파동의 전파속도 C로 놓으면,

$$C = \sqrt{gy} \tag{9-6-3}$$

이 된다. 식 (9−6−3)의 속도를 중력파의 전파속도라 부르는데, 이 식에서 알 수 있듯이 액체표면에 발생한 파동의 전파속도는 중력가속도 g와 유체의 깊이 y에 관계되므로, 이 파동을 중력파(gravity wave)라고 부른다.

이 장에서 기억해야 할 주요 관계식

- 수력 반지름(R_h) : $R_h = \frac{A}{p}$
- 쉐지−매닝의 식 : $v = \frac{\sqrt{2g}}{\lambda}\sqrt{R_h \cdot S} = C\sqrt{R_h \cdot S}$

  $Q = \frac{1}{n} \cdot A \cdot R_h^{\frac{2}{3}} S^{\frac{1}{2}}$
- 비에너지(E) : $E = y + \frac{V^2}{2g}$
- 중력파의 전파 속도(C) : $C = \sqrt{gy}$

연습문제

1. 폭 5m인 사각형 단면의 수로에 깊이 1m의 등류 흐름이 있다. 기울기 1/1000이고 맨닝수 n=0.012일 때의 유량을 계산하라.

2. 췌지 상수가 127[$m^{\frac{1}{2}}$/sec]인 직사각형 수로가 있다. 수로의 폭이 2m, 깊이 1m, 경사도가 0.016일 때 유량은 얼마인가?

3. 다음 [그림 9-10]의 개수로는 대패질이 안 된 나무로 만들어졌다. 이 개수로의 경사도가 0.0009일 때 유량은 얼마인가? 단, 조도계수는 0.013이다.

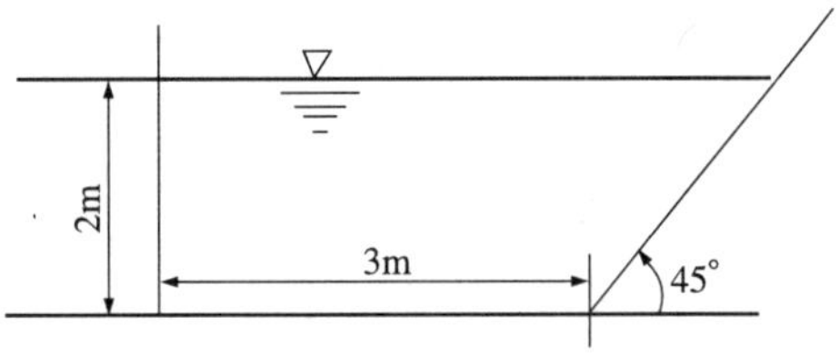

[그림 9-10]

4. 다음 [그림 9-11]과 같이 이등변삼각형의 개수로에서 가장 경제적인 단면형상을 구하라.

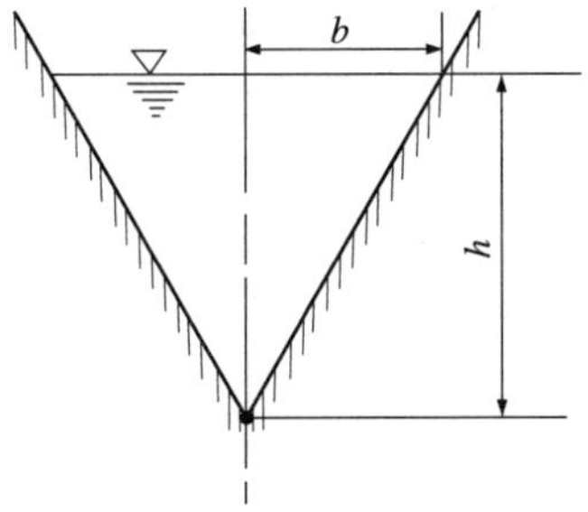

[그림 9-11]

5. 기울기 0.001의 경사지에 유량 1[m^3/sec]를 통수(通水)하는 반원형 개수로를 만들고 싶다. 반지름을 얼마로 하면 되는가?

6. 폭이 10m, 수심이 2m인 직사각형 수로에 물이 20[m^3/sec]의 유량으로 흐르고 있다. 비에너지, 임계깊이, 임계속도를 구하라.

7. 폭 24m의 직사각형 수로에서 비에너지가 E=1.5m일 때 최대유량은 얼마인가?

8. 경사도가 0.0004인 벽돌로 만든 사다리꼴 수로에 물을 216[m^3/sec]의 유량으로 운반하려고 한다. 이 수로의 단면이 최대효율 단면으로 되기 위한 치수를 구하여라. 단, 벽돌의 조도계수 n은 0.016이다.

9. 수심의 변화에도 수력반지름의 변화가 없는 개수로가 있다. 이 수로의 단면측벽을 나타내는 방정식을 유도하라.

10. 직사각형 단면수로에 12.8[m^3/sec]의 물이 흐른다. 수로의 폭이 2.8m이고 깊이가 0.5m이다. 수력도약이 일어난 후의 깊이를 구하라.

제 10 장

항력과 양력

7, 8장에서는 주위를 고체의 벽으로 둘러싼 내부 흐름에 대하여 설명하였다. 그러나 공중을 비행기가 난다든지, 야구공이나 골프공이 난다든지, 자동차가 달린다든지, 또는 물 속을 잠수함이 항해하는 등의 경우는 유체가 고체벽의 바깥쪽을 따라 흐르는 흐름, 즉 외부 흐름에 속한다. 외부 흐름에서는 초음속으로 나는 경우를 제외하고는 물체의 영향은 그리 멀리까지 미치지 않으며, 물체의 바로 가까이의 흐름과 후류를 제외하면 그 영향은 이상유체의 법칙에 따른다. 이 장에서는 이와 같은 외부 흐름에 대하여 기술한다.

학습목표

이 장에서는 다음의 항목들을 숙지 · 이해하고 이를 응용할 수 있도록 한다.

- 항력과 양력
- 익형

10-1 물체 둘레의 흐름

균일한 흐름 U속에 놓인 물체 둘레의 흐름은 유체의 점성으로 인하여 물체 표면에 따라 속도변화가 큰 엷은 층, 즉 경계층을 형성하고, 이 층 밖은 균일한 속도로 된다. 다시 흐름은 물체의 뒤쪽에서 박리되고 소용돌이를 동반하는 후류로 된다. [그림 9-1]은 원주와 평판 둘레 흐름의 양상이다.

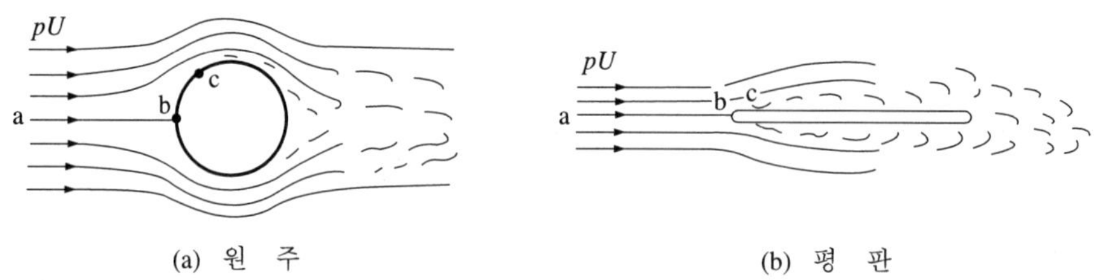

[그림 10-1] 물체 둘레의 흐름

상류 a에서 흘러오는 균일 흐름은 물체의 표면 b에 이르러 정체되고 여기에서 속도는 0이 된다. 이 b점을 정체점(停滯點, stagnation point)이라 한다. b에서 흐름은 상하로 분리되고, c에서 박리(separation)하여, 소용돌이를 동반하는 후류로 된다.

물체로부터 영향을 받지 않는 상류 a의 압력을 p_∞, 유속을 U라 하고, 정체점 b의 압력을 p_0라 하면,

$$p_0 = p_\infty + \frac{\rho U^2}{2} \tag{10-1-1}$$

이 된다. 이것을 정체압(停滯壓, stagnation pressure)이라 한다.

10-2 물체에 미치는 힘

흐름 속에 물체를 둔다든지 또는 정지하고 있는 유체 속에서 물체가 운동할 때, 물체는 주위의 유체로부터 힘을 받는다. 이것을 유체의 저항(resistance)이라 한다. 평판을 흐

름의 방향으로 놓을 경우에는 하류방향의 힘을 받을 뿐이지만, 날개를 놓을 경우에는 [그림 10-2]에 나타난 바와 같이 흐름에 대하여 경사진 힘 R을 받는다. 일반적으로 물체에 작용하는 힘 R을 흐름 U의 방향의 성분 D와 U와 직각방향의 성분 L로 분해하여 전자를 항력(drag), 후자를 양력(lift)이라 한다.

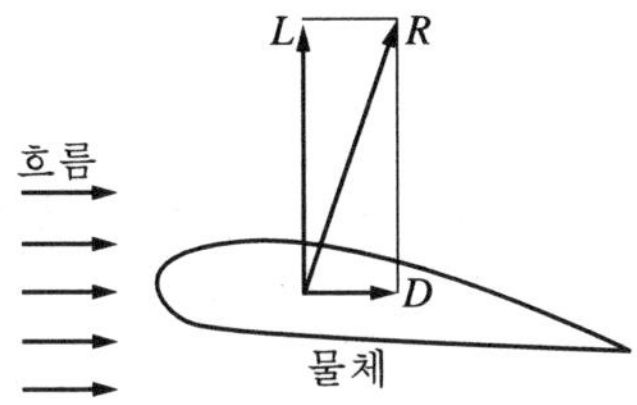

[그림 10-2] 물체에 미치는 힘

항력과 양력은 다음과 같이 설명할 수 있다. [그림 10-3]과 같이 물체 표면의 임의의 미소단면적 dA에 작용하는 유체의 압력을 p, 단위면적당 마찰력을 τ라 한다. 압력 p에 의한 힘 pdA는 dA에 수직으로 작용하고, 마찰응력 τ에 의한 힘 τdA는 판면 dA의 접선방향으로 미친다. 이 힘 pdA의 유속 U방향의 성분을 물체 표면 전체에 대하여 적분한 항력 Dp를 형상항력(form drag) 또는 압력항력(pressure drag)이라 하고, τdA를 같은 방법으로 적분한 항력 D_f를 마찰항력(friction drag)이라 한다.

D_p와 D_f를 식으로 표시하면 다음과 같다.

$$D_p = \int_A pdA \cos\theta \qquad (10-2-1)$$

$$D_f = \int_A \tau dA \sin\theta \qquad (10-2-2)$$

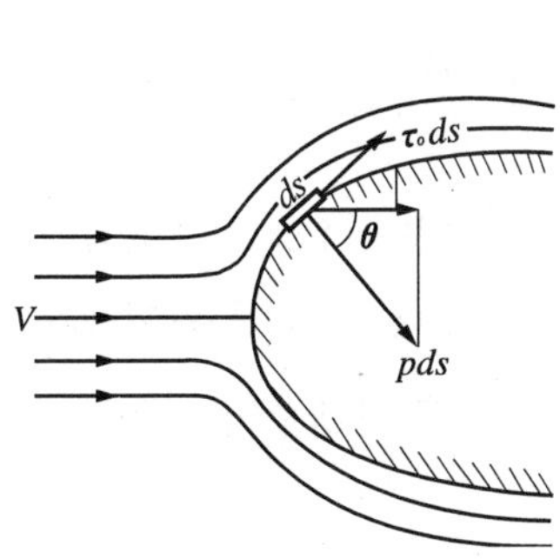

[그림 10-3] 물체에 작용하는 압력과 전단응력

따라서 물체가 받는 전저항 D_r는 압력항력 D_p와 마찰항력 D_f의 합, 즉

$$D_r = D_p + D_f \tag{10-2-3}$$

이 되고, 물체의 형상에 따라 각각의 항력이 차지하는 비율이 다르다. 〈표 10-1〉은 형상의 다름으로 인한 D_p와 D_f의 비율을 나타낸다.

〈표 10-1〉 형상에 따른 D_p와 D_f의 비율

형 상	압 력 항 력 (D_p %)	마 찰 항 력 (D_f %)
U 	0	100
U 	≈ 10	≈ 90
U 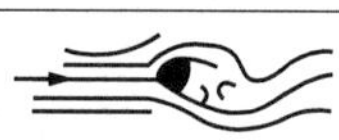	≈ 90	≈ 10
U 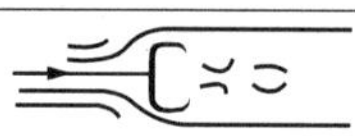	100	0

균일한 흐름 V속에 놓인 물체의 항력 D_r는 식 (10-2-2), (10-2-3)로부터 구해지지만, 이것은 보통 간단한 형상의 것이고, 한정된 속도 범위 외에는 계산이 곤란하다. 따라서 실험으로 구할 수밖에 없다. 일반적으로 항력 D_r는 유체의 동압에 비례하는데, 이는 다음과 같이 표시한다.

$$D_r = C_D \frac{\rho V^2}{2} A = (C_p + C_f) \frac{\rho V^2}{2} A \tag{10-2-4}$$

여기에서 ρ는 유체의 밀도, A는 기준면적으로서 [그림 10-4]와 같이 흐름과 직각인 평면에 내린 투상단면이다. 또 C_D, C_p 및 C_f는 무차원의 계수로서 각각 물체의 항력계수(drag coefficient), 압력항력계수 및 마찰항력계수이다.

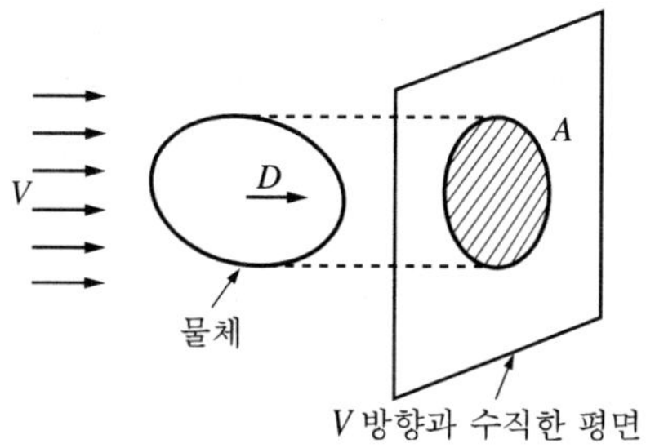

[그림 10-4] 기준면적

물체의 항력 중 압력항력의 크기는 물체의 형상과 그 물체에 대한 흐름의 방향에 따라 영향을 받고, 마찰항력의 크기는 물체의 표면에 따르는 유체의 점성으로 인한 전단력의 크기 및 그 표면의 조도에 따라 변한다.

유선형의 물체에서는 [그림 10-5]에서와 같이 두께 t와 길이 l에 따라 압력항력과 마찰항력이 변하고, $t/l \fallingdotseq 0.25$일 때 C_p와 C_f의 합 C_D가 최소이다. 〈표 10-2〉는 풍동실험에서 얻은 각종 물체의 항력계수를 나타낸다. 다만 C_D는 Reynolds수에 따라 그 값을 달리하므로, 〈표 10-2〉에는 계수만을 표시하고 있다.

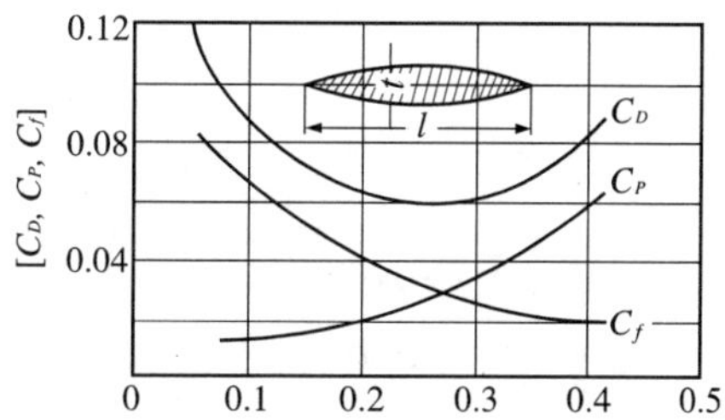

[그림 10-5] 유선형 평판의 항력계수

식 (10-2-4)를 항력계수 C_D의 식으로 변형하면,

$$C_D = \frac{D_r/A}{\rho V^2/2} \tag{10-2-5}$$

과 같이 된다. 그런데 위 식 C_D는 Euler수를 변형한 것에 지나지 않는다. 따라서 물체 둘레의 흐름이 역학적으로 상사가 되기 위해서는 C_D는 관성력과 점성력의 비인 R_e수와

〈표 10-2〉 3차원물체의 항력계수

물 체	치 수 비 율	기 준 면 적	저 항 계 수 $C_D=D/(\rho V^2 A/2)$
원기둥(흐름의 방향) 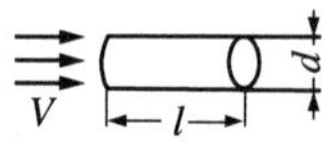	$l/d=1$	$\frac{\pi}{4}d^2$	0.91
	2		0.85
	4		0.87
	7		0.99
원기둥(흐름과 직각) 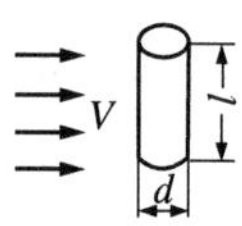	$l/d=1$	dl	0.63
	2		0.68
	4		0.74
	10		0.82
	18		0.98
	∞		1.20
직사각형판(흐름과 직각) 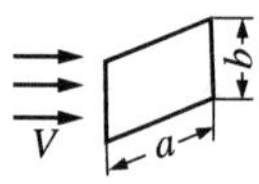	$a/b=1$	ab	1.12
	2		1.15
	4		1.19
	10		1.29
	18		1.40
	∞		2.01
반구(밑면 없음) 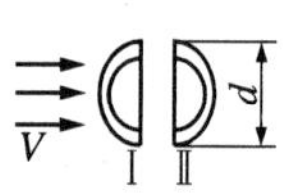	Ⅰ(凸)	$\frac{\pi}{4}d^2$	0.34
	Ⅱ(凹)		1.33
원추 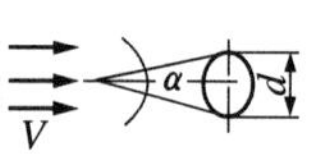	$\alpha=60°$	$\frac{\pi}{4}d^2$	0.51
	$\alpha=30°$		0.34
원판 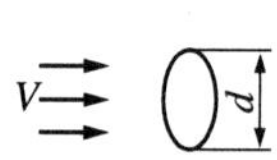		$\frac{\pi}{4}d^2$	1.2

직접 결부된다. 이런 점에서 일반적으로 실험에서 구한 C_D는 이때 R_e와 대비한 평면상에 표시할 수 있다.

예제 10-1 지름 1m, 높이 6m인 굴뚝이 풍속 30[m/s]의 바람에 의하여 받는 항력을 구하여라. 단, 항력계수 C_D=1.2, A=1×6=6[m²], ρ=1.226[kg/m³], V=30[m/s]이다.

풀이 $D_r = C_D \frac{\rho V^2}{2} A = 1.2 \times \frac{1.226 \times 30^2}{2} \times 6 = 405\text{kg}_f$

10-3 물체의 항력

(1) 원주의 항력

1 이상유체

흐름 속에 놓인 원주에 대하여 유체의 점성을 무시하고 이론적으로 조사해 보자. 이상유체(理想流體)의 V와 직각으로 놓인 원주 둘레의 흐름은 [그림 10-6]과 같이 되고, 원주 둘레의 임의의 점 p에서 유속 v_θ는 이론유체역학 이론에 의하여

$$v_\theta = 2V\sin\theta \tag{10-3-1}$$

과 같이 된다.

원주 상류의 평행 흐름의 압력을 p_∞, 원주 표면 위의 임의의 점에 대한 압력을 p라 하면, 다음과 같은 Bernoulli의 식이 성립한다.

$$p_\infty + \frac{\rho V^2}{2} = p + \rho\frac{v_\theta^2}{2} \tag{10-3-2}$$

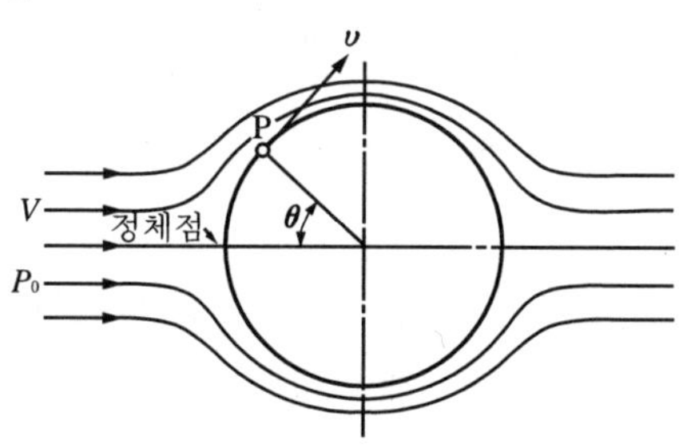

[그림 10-6] 원주 둘레의 흐름(이상유체)

따라서 원주 표면의 압력분포는 위 식과 식 (10−3−1)에 의하여

$$p-p_{\infty}=\frac{\rho(V^2-v_\theta^2)}{2}=\frac{\rho V^2}{2}(1-4\sin^2\theta)$$

로 되고, 이것을 변형하면

$$\frac{p-p_{\infty}}{\rho V^2/2}=1-4\sin^2\theta \tag{10-3-3}$$

과 같이 된다. 이 압력분포는 [그림 10−7]과 같이 되고 흐름과 직각인 중심선에 의하여 좌우대칭이 된다. 따라서 이 압력분포를 적분하여 얻는 압력항력은 0이 되고, 원주에는 어떠한 힘도 미치지 않는다. 이 현상은 실제의 흐름과 모순이 되는 것으로서, 항력이 0이 되는 것을 다람베어드(d'Alembert)의 역설(paradox)이라 한다.

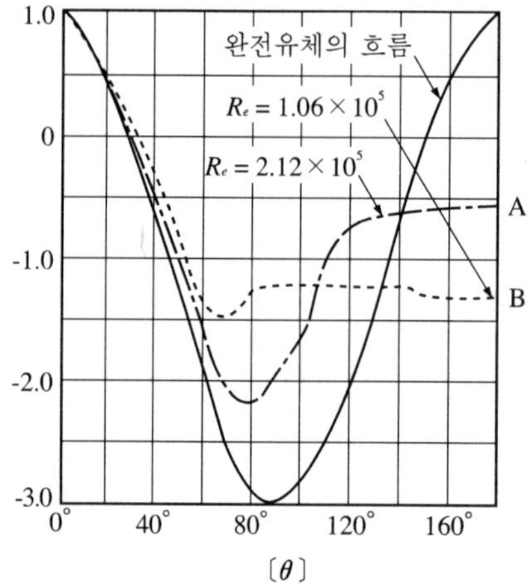

[그림 10-7] 원주 표면의 압력분포

그러나 실제 유체에서는 어떤 물체든 다소의 저항을 받는다. 따라서 이론과 실제 사이의 모순을 해결하고자 지금까지 많은 연구들이 전개되어 왔으나 충분하지는 못하였다. 그러다 마침내 Prandtl이 경계층이론을 세움으로써 물체 둘레의 흐름을 매우 정확하게 실제에 가깝도록 표현할 수 있게 되었다.

2 점성유체

점성(粘性)이 있는 실제 유체는 [그림 10-8]과 같다.

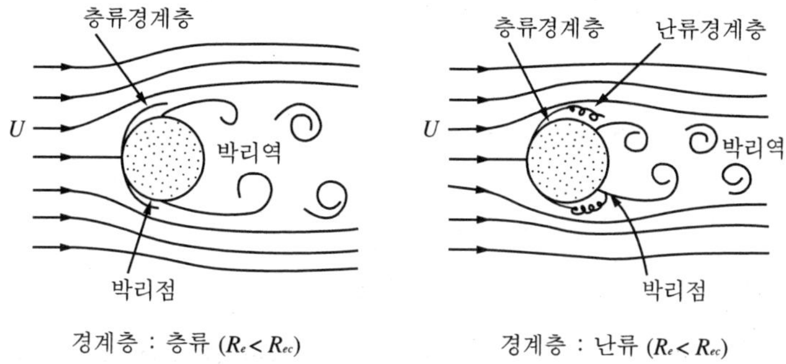

[그림 10-8] 원주 둘레의 흐름

원주 표면에 따른 유선은 도중에 원주로부터 박리되어 배후에 와류를 일으킨다. 이 때 원주 표면의 압력분포는 [그림 10-7] A, B와 같이 되어 이상유체의 경우와 같이 좌우대칭이 되지 않고 원주 배후에서 압력이 낮아지며, 흐름의 하류방향의 힘을 받게 된다.

원주의 후반에서는 확대관의 경우와 같이 점차 감소하여 압력은 증가하고 속도기울기가 0으로 되는데, 이 점([그림 10-9] 참조)이 박리점이 되고, 여기서부터 하류에서는 역류하여 소용돌이가 발생한다.

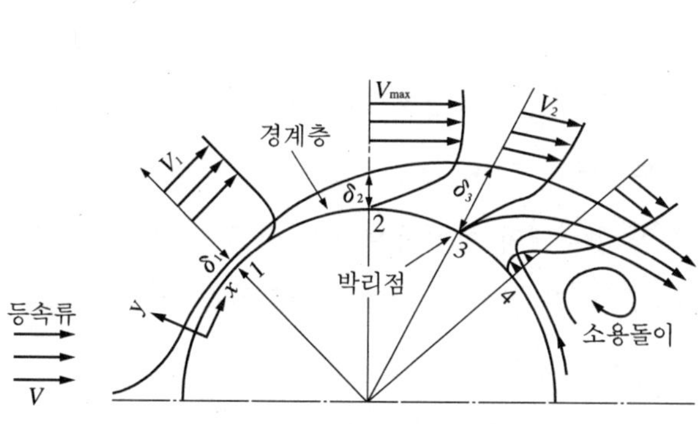

[그림 10-9] 원주 배후의 소용돌이

이 박리점은 $R_e = dV/\nu$(d: 원주 지름)가 커지면 [그림 10-8], [그림 10-9]에 나타낸 바와 같이 뒤(하류쪽)로 이동한다. 그 이유는 R_e수가 커지면 경계 내의 흐름이 난류로 되고, 그 결과 경계층 내외의 유체입자가 서로 혼합하여 헝클어지게 되며, 경계층 밖에서 에너지가 공급되어 박리가 일어나기 힘들어지기 때문이다.

[그림 10-10]은 지름이 d인 원주가 균일한 흐름 V속에 놓여 있을 때 R_e수에 따른 항력계수 C_D의 변화와 타원주 및 유선형 물체의 것을 비교한 것이다.

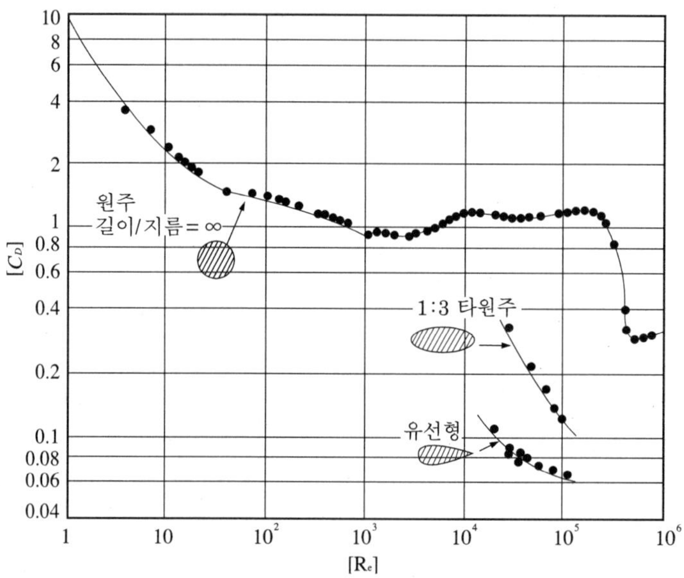

[그림 10-10] 원주의 항력계수

R_e=10^3~2×10^5 사이에서는 C_D=1~1.2로 거의 일정한 값으로 되어 있으나 경계층이 난류로 되는 R_e=5×10^5 부근에서 약 1/3로 감소하고 있다.

이 R_e수를 Reynolds수라 한다. 이 현상에서 보더라도 R_{ec}를 경계로 하여 박리점의 위치가 [그림 10-8]에 나타낸 바와 같이 급격하게 변화함을 알 수 있다. 원주의 배후에는 R_e=2~70에서는 내칭와류가 발생하고, 70을 넘으면 [그림 10-11]에 나타낸 바와 같이 회전방향이 반대인 소용돌이가 교대로 발생한다.

이 와열을 Kármán의 와열(Kármán's trail)이라 한다. Kármán은 이상유체에 대한 이 박리된 와열을 이론적으로 해석하고, 두 개의 열의 간격 b와 한 개의 열 사이의 소용돌이 간격 a간에

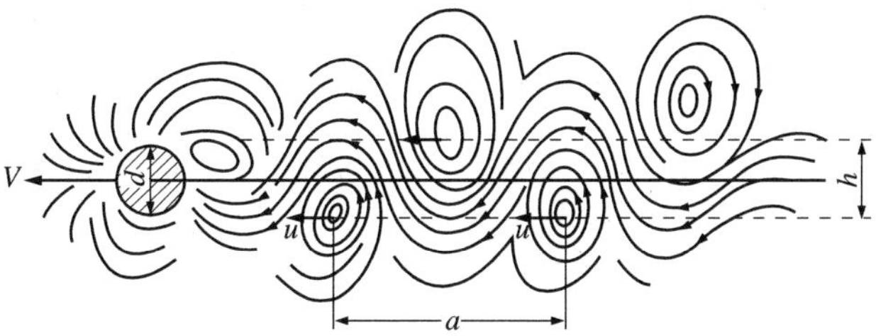

[그림 10-11] Kármán의 와열

$$\sinh = \frac{\pi b}{a} = 1 \text{ 또는 } \frac{b}{a} = 0.2806 \qquad (10\text{-}3\text{-}4)$$

의 관계가 있으면, 와열은 안정하다는 것을 표시하였다. 이 Kármán 와열은 그림에 나타낸 바와 같이 두 와열 사이에 소용돌이를 이루어 흐르는 유선이 있고, 각 열의 와류는 그 중심의 둘레로 닫힌 타원상의 유선을 이룬다. 또 이 와열은 각 와열의 세기, 즉 순환을 $\Gamma \text{m}^2/\text{s}$라 하면

$$u = \frac{\Gamma}{a\sqrt{8}} \qquad (10\text{-}3\text{-}5)$$

인 속도로 원주가 운동하는 방향으로 움직인다. 원주의 속도를 u라 하면, 와열은 원주에 대하여 $(U-u)$의 속도로 떨어진다. 따라서 단위시간의 원주에서 발생하는 상하 한 쌍의 와류의 수(한쪽 열에 와류가 발생하는 주파수)를 f라 하면,

$$f = \frac{U-u}{a} [\text{Hz}] \qquad (10\text{-}3\text{-}6)$$

이 된다.

와류는 원주배면에 대하여 상하 교대로 발생하였다가 떨어지기 때문에 [그림 10-11]에 표시한 바와 같이 원주에 가로방향의 추력(side thrust)이 주기적으로 작용한다. 즉 어느 순간에는 한 방향으로, 다른 순간에는 다른 방향으로 미치는 진동력이 작용한다. 이 힘의 진동수는 말할 것도 없이 Kármán 와열의 주파수 f에 지나지 않는다. Roshko의 실험에 의하면,

$$f = 0.2035 \frac{U}{d} \left\{ 1 - \frac{21.0}{R_e} \right\} \qquad (10\text{-}3\text{-}7)$$

이 된다. 여기에서 d는 원주의 지름, $d \cdot f/U$는 일반적으로 R_e의 함수로서 Strauhal 수 (Strauhal number)라 하고, S_t로 표시한다. 단, $50 < R_e < 3000$의 범위이다. 그러나 전술한 규칙적인 와열을 지속하는 R_e수의 범위는 $R_e = 50 \sim 150$으로서, 이때의 S_t수는 다음과 같다.

$$S_t = 0.2035\left(1 - \frac{21.0}{R_e}\right) = 0.18 \sim 0.27 \qquad (10-3-8)$$

f가 물체의 고유진동수와 일치하면 공진을 일으키고 음향, 진동의 원인이 된다. 전선이 바람에 의하여 우는 것은 Kármán의 와열의 주파수가 전선의 고유진동수와 일치한 공명에 의한 소리이다.

일반적으로 항력의 대부분은 물체의 배후에서 흐름이 박리되어 소용돌이가 생기고 압력이 떨어지기 때문에 발생하게 되는 것이므로 항력을 작게 하자면 흐름이 박리되지 않는 구조로 하면 된다. 이것이 유선형인 것이다.

예제 10-2 지름 2.5mm인 송전선에 풍속 8[m/s]의 바람이 직각으로 불고 있다. 이 때 생기는 Kármán 와열의 주파수를 구하여라. 단, 기온은 20° 이다.

풀이 전선 둘레의 Reynolds 수는

$$R_e = \frac{Ud}{\nu} = \frac{800 \times 0.25}{0.151\text{cm}^2/\text{s}} = 1325$$

이 때의 Strauhal 수를 구하면

$$S_t = 0.2035\left(1 - \frac{21.0}{R_e}\right) = 0.2035\left(1 - \frac{21.0}{1325}\right) = 0.20$$

따라서 주파수는 다음과 같이 된다.

$$f = \frac{S+U}{d} = \frac{0.2 \times 800}{0.25} = 640[\text{Hz}]$$

(2) 구(球)와 원판의 항력

[그림 10-12]는 구, 원판(흐름과 직각) 및 비행선동체 등의 항력계수 C_D와 R_e수와의 관계를 그래프지에 나타낸 것이다.

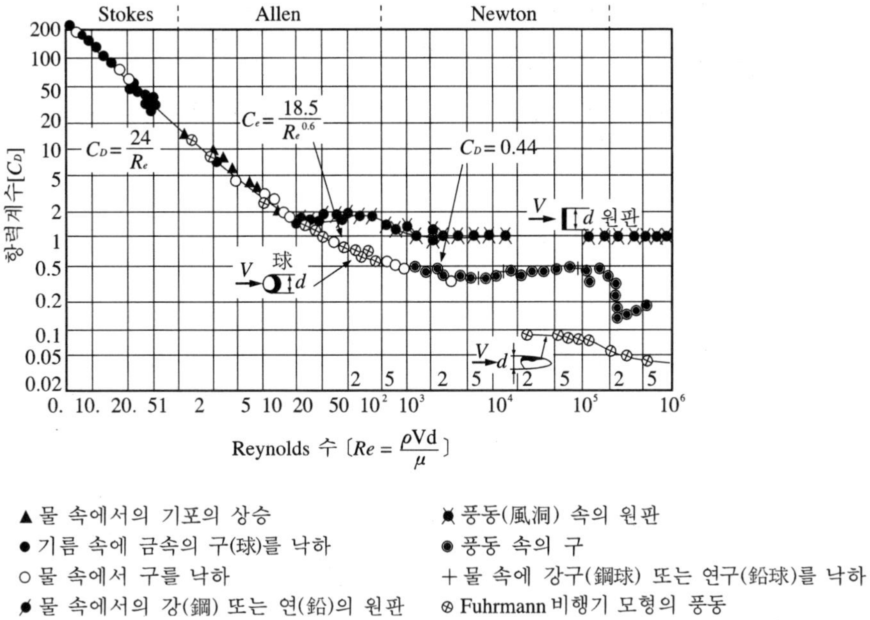

[그림 10-12] 구, 원판 및 비행선 동체의 항력계수

구나 회전체 등에 있어서는 R_e수가 증가함에 따라 C_D가 작아진다. 이것은 물체의 경계층의 박리점이 R_e수가 증가함에 따라 뒤쪽으로 이동하기 때문에 후류의 폭이 작아져서 항력계수의 감소로 나타난다. 지금 구의 지름을 d, 상류의 균일한 흐름의 속도를 U, 유체의 점도를 μ, 밀도를 ρ로 나타내고, $R_e=\rho dU/\mu \leqq 1$일 때 보면, C_D와 R_e는 45° 의 우하직선으로 표시된다. 이것은 구를 도는 유체입자의 관성력, 즉 가속에 요하는 힘이 점성력에 비하여 생략할 수 있을 정도일 때로서, 구의 둘레는 점성유체의 흐름으로 되어 있다. 이 때 구의 항력은 Stokes의 법칙 $D_r=3\pi\mu dU$로 표시한다. 지금 이것을 식 (10-2-6)과 같이 투상면적과 동압으로 나누어

$$\frac{D_r}{\rho AU^2/2} = \frac{3\pi\mu dU}{\frac{\pi}{4}d^2 \cdot \frac{\rho U^2}{2}} = C_D$$

라 하면, $R_e<1$에 있어서는

$$C_D = \frac{24\mu}{\rho dU} = \frac{24}{R_e} \qquad (10\text{-}3\text{-}9)$$

인 관계가 성립한다. 실험치도 이것과 잘 일치한다. 그러나 $R_e>3$으로 되면, 윗식과 실험치의 차이는 점차 커지고, 실험치를 맺는 곡선의 기울기는 차차 느슨해져서 대체로 R_e가 1000 이상이 되면 수평으로 된다. 이 $2<R_e<500$의 영역에 대해서는 다음 식으로 표시된다.

$$C_D=\frac{18.5}{R_e^{0.6}} \tag{10-3-10}$$

수평에 가까운 영역, 즉 C_D= const.인 영역에서는 구의 전면(θ=85°)에서 흐름이 층류 경계층 그대로 박리되어 후류를 일으키는 영역이다. 그것은 $R_e=10^3 \sim 10^5$의 범위에 있고, 이 박리상태의 흐름은 안전하다. C_D가 일정하면, 그 범위에서는 식 (10-2-5)에 표시한 바와 같이 항력은 속도의 제곱에 비례한다. 이와 같이 항력을 Newton 항력이라 한다.

$R_e=(1.20 \sim 3.80)\times 10^5$ 부근이 될 때 C_D의 값은 갑자기 저하하고 있다. 이것을 지금까지 층류였던 구 둘레의 경계층이 난류로 변하였으므로, 후류가 작아져서 항력이 격감하기 때문이다. 상기한 천이 R_e수는 구 자체의 표면조도와 상류의 난류의 정도에 따라 달라진다.

$R_e=10^5$에서 $C_D=0.5$이던 것이 경계층이 난류로 되어 박리가 쳐지기 때문에, $R_e=5\times 10^5$에서는 $C_D=0.2$로 되어 절반 이하로 떨어지고 있다. 이에 대하여 원판의 항력계수는 거의 일정하고, R_e수가 조금 낮은 곳에서 약간 증대하며, 점성의 영향이 다소 생긴다. 제일 아래쪽의 곡선은 모형비행선의 풍동실험에서 얻은 것으로서, 이 때의 C_D는 거의 표면마찰에 의한 항력계수 C_f이다. R_e수가 커짐에 따라 C_D가 저하되고 있는 것은 평판인 경우와 같은 뜻을 가진다.

예제 10-3 정지하고 있는 공기 속을 시속 160km로 운동하고 있는 물체에 미치는 항력과 소요마력을 구하여라. 물체는 (*a*) 원판과 (*b*) 구이다. 단, 최대지름은 어느 것이나 300mm로 하고, 공기의 밀도는 1.225[kg/m³], 동점성계수 $\nu=0.1501\times 10^{-4}$ [m²/s]로 한다.

풀이 속도 $U=\dfrac{16000}{3.600}=44.45[\mathrm{m/s}]$

동압 $\dfrac{\rho u^2}{2}=\dfrac{1.225}{2}\times 44.45^2=1210\mathrm{Pa}=123.340[\mathrm{kg^5}_f/\mathrm{m}^2]$

투상면적 $A=\frac{\pi}{4}d^2=\frac{\pi}{4}\times 0.3^2=0.0707[\mathrm{m}^2]$

따라서 항력

$$D_r=C_D\times\frac{\rho U^2}{2}\times A=C_D\times 123.34\times 0.0707=8.72C_D[\mathrm{kg}_f]$$

이 되고 소요마력

$$L=\frac{D_rU}{75}=\frac{8.72\times 44.45}{75}=5.168[\mathrm{Ps}]$$

지름 d에 대한 Reynolds수

$$R_e=\frac{Ud}{\nu}=\frac{44.45\times 0.3}{0.1501\times 10^{-4}}=8.89\times 10^5$$

(3) 평판의 항력

[그림 10-13]에서와 같이 길이 l인 평판과 평행한 유속이 U의 균일한 흐름으로 흘러오면, 점성에 의하여 경계층이 발달하여 나간다. 지금 평판의 선단에서 x의 거리에 있어서의 경계층의 두께를 δ라 한다.

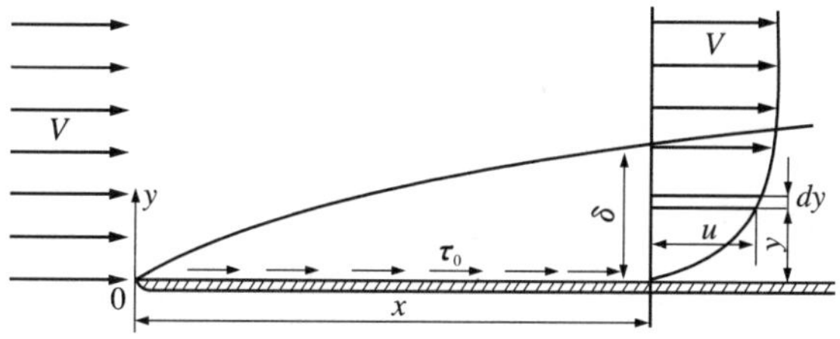

[그림 10-13] 평판에 있어서의 경계층의 발달

이 평판의 단위나비에 대하여 평판의 선단 0에서 x인 곳에 dy의 층을 경계층내에 잡으면, 이 dy층을 흘러가는 유량은 ρudy로서, 이것이 평판 전후를 통과할 때, 운동량의 차로 인하여 평판마찰에 의한 항력 D_r을 구하면

$$D_r=\int_0^\delta \rho\mu(U-u)dy_0 \tag{10-3-11}$$

과 같이 된다. 한편, 벽면마찰응력을 τ_0라 하면

$$D_r = \int_0^x \tau_0 dx$$

로부터

$$\tau_0 = \frac{dD_r}{dx} = \rho \frac{d}{dx} \int_0^\delta u(U-u)dy \tag{10-3-12}$$

을 얻는다.

(4) 층류경계층의 경우

경계층의 두께 δ보다 큰 y좌표의 값을 h라 하고, 이 h는 x와 관계없는 일정값이라고 하면, 평판에 따른 정상류의 전단응력 τ_0는 식 (10-3-12)와 같이 된다. 왜냐 하면, $y>\delta$에서는 $u=U$가 되고, 피적분함수는 0이 되므로 적분의 상한 δ을 h로 바꾸어도 상관없다. 그런데 이 운동량의 식은 경계층 내의 속도분포 $u=F(y)$의 함수에 대해서는 아무런 표시가 없다. 그래서 유체입자는 벽면에서 미끄러지지 않는다는 조건, 즉 $y=0$일때 $u=0$ 및 경계층의 바깥쪽은 주류의 속도와 같으므로 조건, 즉 $y=\delta$에서 $u=U$를 만족하는 것과 같은 속도분포를 가정하면, 이것으로부터 경계층의 두께나 벽면에 대한 전단응력을 함께 구할 수 있게 된다. 이 속도분포는 변위 x의 각 점에서 같은 모양이 되는 것으로 가정하고, y좌표 대신에 무차원좌표 $y/\delta=\eta$(δ는 불명)를 사용하면, 속도분포의 무차원 함수

$$\frac{u}{U} = F\left(\frac{y}{\delta}\right) = F(\eta)$$

에 대해 Prandtl은 다음 식을 사용하고 있다. 즉

$0 \leqq y \leqq \delta$에 있어서

$$\frac{u}{U} = F(\eta) - \frac{3}{2}\eta - \frac{1}{2}\eta^2 \tag{10-3-13}$$

$\delta \leqq y$에 있어서

$$F(\eta) = 1$$

속도분포곡선을 포물선으로 가정할 때에는

$$\frac{u}{U}=\frac{y}{\delta}\left(2-\frac{1}{\delta}\right)=2\eta-\eta^2$$

이 되어, 식 (10−3−13)과 별 차이가 나지 않는다. 이들은 전술한 경계조건을 만족한다. 매개변수 $y=\delta\eta$를 써서 식 (10−3−12)을 다시 쓰면

$$\tau_0=\rho U^2\frac{d\delta}{dx}\int_0^1\left(1-\frac{u}{U}\right)\frac{u}{U}d\eta \tag{10−3−12}'$$

이것에 식 (10−3−13)을 대입하면

$$\tau_0=\rho U^2\frac{d\delta}{dx}\int_0^1\left(1-\frac{4}{2}\eta+\frac{\eta^2}{2}\right)\left(\frac{3}{2}\eta+\frac{\eta^2}{2}\right)d\eta$$
$$=0.139\rho U^2 \tag{10−3−12}''$$

을 얻는다. 벽면 $y=0$에서의 전단응력은 $u/U=F(\eta)$, $y/\delta=\eta$에서

$$\tau_0=\mu\left|\frac{du}{dy}\right|_{\eta=0}=\mu\frac{U}{\delta}\left|\frac{dF}{d\eta}\right|_{\eta=0}=\mu\frac{U}{\delta}\left|\frac{dF}{d\eta}\left(\frac{3}{2}\eta-\frac{\eta^2}{2}\right)\right|_{\eta=0}$$
$$=\frac{3}{2}\mu\frac{U}{\delta} \tag{10−3−12}'''$$

따라서 이 식과 식 (10−3−12)''로부터

$$\frac{3}{2}\mu\frac{U}{\delta}=0.139\rho U^2\frac{d\delta}{dx}$$

로 된다. 지금 같은 변수를 한쪽으로 모아 정돈하면

$$\delta d\delta=10.79\frac{\mu dx}{\sigma U}$$

$$\frac{\delta^2}{2}=10.79\frac{\nu}{U}x+\text{const.}$$

초기 조건 $x=0$일 때 $\delta=0$을 적용하면 적분상수는 0이 된다. 따라서 윗식을 x^2으로 나누어 $\sqrt{\ }$ 를 취하면

$$\frac{\delta}{x}=4.65\sqrt{\frac{\nu}{Ux}}=\frac{4.65}{\sqrt{R_e}} \qquad (10-3-14)$$

을 얻는다. 여기에서 Renolds수는 $R_e=Ux/\nu$로서, 평판의 선단에서의 거리 x를 가지고 그 점의 특성을 나타낸 R_e수이다. 식 (10−3−14)에서 알 수 있는 바와 같이 층류경계층 유효두께 δ는 유속의 제곱근에 비례하고, 선단에서의 거리 x의 제곱근에 비례하여 증대한다.

식 (10−3−13)을 식 (7−8−1)에 대입하면, 배제 두께와의 관계는 $y=\delta\eta$에서

$$\delta^*=\int_0^\delta\left(1-\frac{u}{U}\right)dy=\delta\int_0^1\left(1-\frac{3}{2}\eta+\frac{1}{2}\eta^3\right)d\eta=\frac{3}{8}\delta$$

* 속도분포의 식 $u/U=2\eta-\eta^2$을 채용하면 이 수치 4.65는 5.46이 된다.

이것으로부터

$$\delta^*=\frac{1.75}{\sqrt{R_e}}x \qquad (10-3-15)$$

또 식 (10−3−14)을 식 (10−3−13)에 대입하면

$$\tau_0=0.323\sqrt{\frac{\mu\rho U^3}{x}} \qquad (10-3-16)$$

이 된다. 즉 벽면의 전단응력은 선단에서의 거리의 제곱근에 반비례하고, 주류의 유속의 3/2제곱에 비례한다.

이 전단응력에 바탕을 둔 길이 l인 평판의 마찰항력 D_f는 평판의 한쪽 면에 대하여, 또 단위 나비당

$$D_f=\int_0^1\tau_0(dx\times 1)=0.645\sqrt{\rho\mu U^3 l} \qquad (10-3-17)$$

이 된다.

다음에 마찰항력을 Euler 수와 같이 항력계수 C_f와 동압 $\rho U^2/2$ 및 단위너비의 평판의 면적($l\times 1$)과의 곱으로 표시하여

$$D_f = C_f \frac{\rho U^2}{2} l \qquad (10-3-18)$$

으로 하고, 식 (10-3-17)의 계수는 Blasius의 정밀해 의한 값 0.664를 쓰면, 이것과 윗 식에서

$$C_f = 1.328\sqrt{\frac{\mu}{\rho U l}} = \frac{1.328}{\sqrt{R_e}} \qquad (10-3-19)$$

과 같이 된다. 이것이 층류계층을 갖는 평관의 마찰항력계수(skin-frictional drag coeffiecient)의 이론식이다. 평판의 R_e수를 관류와 같이 임계 Reynolds 수라 한다. 평판의 임계 Reynolds 수는 상류는 난동이나 판 선단의 형상 및 판의 표면조도에 따라 달라진다. [그림 10-14]는 평판의 경계층의 성장과 층류에서 난류로 바뀌는 천이의 모양을 나타낸 것이다.

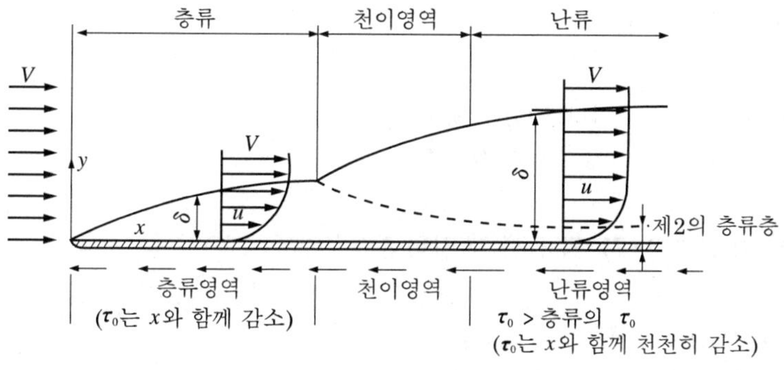

[그림 10-14] 평판의 경계층의 성장

(5) 난류경계층의 성질

평판에서의 난류경계층에 대해서도 운동량의 법칙을 적용하여 층의 두께와 전단응력을 계산한다. 이 때 층 내의 속도분포를 잘못 가정하면 계산은 매우 복잡하게 된다. 그러나 다행스럽게도 난류경계층의 속도분포는 원관과 비슷하기 때문에 이에 대한 가장 간단한 Prandtl의 1/7승근법칙(one-seventh power law)을 사용한다. 지금 관의 반지름을 r_0, 중심속도를 최대로 하여 u_{max}로 표시하면 다음과 같이 주어진다.

$$\frac{u}{u_{max}} = \left(\frac{y}{r_0}\right)^{1/7} \qquad (10-3-20)$$

지금 관 속의 평균속도를 U라 하면, 이것과 중심속도와의 관계 $u_{max} = C \cdot U$에 대한 상수 C는 $R_D = u_{max} D/\nu = 10^5$ 부근의 난류에 있어서 $C = 1.235$이다. 구하고자 하는 지수를 n이라 하면

$$u = CU\left(\frac{y}{r_0}\right)^n \qquad (10-3-21)$$

으로 표시된다.

관마찰계수를 λ라 하면, 이것과 관의 전단응력 τ_0와의 관계는 다음과 같이 된다.

$$\tau_0 = \rho \frac{\lambda}{\delta} U^2$$

이것에 식 (7-4-5)인 $\lambda = 0.3164\ R_e^{-1/4}$의 값을 대입하면 다음과 같이 된다. 다만 이 식은 $R_D = \rho DU/\mu$로 표시된다.

$$\tau_0 = \frac{0.0395 \rho U^2}{R_D} = \frac{0.0395 \rho^{3/4} u^{1/4} U^{7/4}}{2^{1/4} r_0^{\ 1/4}} \qquad (10-3-22)$$

이 식의 U에 식 (10-3-21)의 U를 대입하면

$$\tau_0 = \frac{0.0395 \rho^{3/4} u^{1/4} U^{7/4}}{2^{1/4} C^{7/4} r_0^{\ 1/4}} \left(\frac{r_0}{y}\right)^{7n/4}$$

이 된다. 지금 τ_0가 관의 크기, 즉 r_0와 관계가 없다고 하면, 윗식의 r_0의 지수는 0이 되지 않으면 안된다. 따라서

$$\frac{7}{4} n - \frac{1}{4} = 0$$

이것으로부터 $n = 1/7$을 얻는다. 그러므로

$$u = u_{max}\left(\frac{y}{r_0}\right)^{1/7} = 1.235U\left(\frac{y}{r_0}\right)^{1/7} \qquad (10-3-23)$$

이 된다. 이와 같이 Prandtl의 1/7승근법칙은 다음과 같은 4개항의 가정 하에서 성립된다. 즉

① 매끈한 관으로서, 그 마찰계수 λ가 Blasius의 식으로 표시되는 흐름, 즉 $R_e=1.5\times10^5$ 이하인 경우일 것

② 벽 부근의 속도분포가 관벽에 대하여 유체의 전단응력 τ_0에 지배될 것

③ τ_0는 관의 크기 r_0와 관계가 없을 것

④ 속도분포의 꼴 $u/u_{\max}=F(y/r_0)$는 속도의 크기에 따라 변하지 않아야 할 것

위의 법칙이 매끈한 평판의 경계층 내의 속도분포에 적용된다고 가정하고, 관 속의 중심속도 $u_{\max}$을 평판의 경계층의 바깥쪽 속도 U와 같다고 놓음으로써 $r_0=\delta$로 보면,

$$F=\frac{u}{U}=\left(\frac{y}{\delta}\right)^{1/7}=\eta^{1/7} \tag{10-3-24}$$

이 된다. 따라서 층류경계층의 τ_0에 대한 식 (10-3-22)와 같이 난류경계층에 대한 τ_0는 다음과 같이 된다.

$$\tau_0=\rho U^2\frac{d\delta}{dx}\int_0^1(1-\eta^{1/7})\eta^{1/7}\ \ d\eta=\frac{7}{72}\rho U^2\frac{d\delta}{dx} \tag{10-3-25}$$

또 식 (10-3-12)을 변형하면

$$\tau_0=0.322\rho^{3/4}\ \mu^{1/4}\ U^{7/4}\ r_0^{-(1/4)}$$

이 식에 식 (10-3-23)의 U를 대입하면,

$$\tau_0=0.0228\rho U^2\left(\frac{\nu}{uy}\right)^{1/4} \tag{10-3-26}$$

이것과 식 (10-3-24)에서 u를 소거하여

$$\tau_0=0.0228\rho U^2\left(\frac{\nu}{U\delta}\right)^{1/4} \tag{10-3-27}$$

을 얻는다. 이것이 난류경계층을 갖는 평판의 마찰응력을 구하는 식이다. 식 (10-3-24)

와 식 (10-3-26)을 같게 놓으면 경계층의 두께 δ에 대한 미분방정식을 얻는다. 즉

$$\delta^{1/4}d\delta=0.235\left(\frac{\nu}{U}\right)^{1/4}dx \tag{10-3-28}$$

경계층이 평판의 전체 길이에 걸쳐 난류라고 하면, $x=0$일 때 $\delta=0$인 초기 조건을 쓸 수가 있다. 그러므로 윗식을 적분하면,

$$\delta^{5/4}=0.294\left(\frac{\nu}{U}\right)^{1/4}x$$

이 식으로부터 경계층의 두께 δ는 다음과 같이 된다.

$$\delta=0.376\left(\frac{\nu}{U}\right)^{1/5}x^{4/5}=\frac{0.376x}{(Ux)^{1/5}}=\frac{0.376x}{Rx^{1/5}} \tag{10-3-29}$$

이와 같이 난류경계층일 때, δ는 $x^{4/5}$에 비례하여 증가함을 알 수 있다. 즉 경계층이 난류가 되면, 그 두께는 층류보다도 급격히 증대한다. 배제 두께는

$$\delta^*=\int_0^{\delta}\left(1-\frac{u}{U}\right)dy=\delta\int_0^1(1-\eta^{1/7})d\eta=\frac{1}{8}\delta \tag{10-3-30}$$

으로서 유효두께의 $\frac{1}{8}$이 된다.

매끈한 평판 위를 유체가 흐를 때의 난류경계층으로 인한 평판의 마찰항력은 식 (10-3-27)과 식 (10-3-29)에서 δ를 소거하면

$$\tau_0=0.0292\rho U^2\left(\frac{\nu}{Ux}\right)^{1/5} \tag{10-3-31}$$

과 같이 된다. 따라서 길이 l인 평판의 한쪽 면에 대한 마찰항력 D_f는 지면과 직각인 단위 나비에 대하여

$$D_f=\int_0^l\tau_0(dx\times 1)=0.0365\rho U^2 l\left(\frac{\nu}{Ul}\right)^{1/5}=\frac{0.0365\rho U^2 l}{R_l^{1/5}} \tag{10-3-32}$$

으로 된다. 여기에서 R_l은 평판의 길이를 기준으로 한 Reynolds수이다. $D_f=C_f\frac{\rho}{2}U^2(l\times$

1)와 식 (10-3-32)에서 이 때의 항력계수는

$$C_f = \frac{0.074}{R_l^{1/5}} \tag{10-3-33}$$

이 된다. 관류의 Reynolds수 R_e가 3×10^5 이상이 되면 속도분포는 1/7승근법칙에서 벗어나게 한다. 따라서 R_e가 커짐에 따라 속도분포의 지수 n은 작아진다. 결국 광범한, R_e수의 흐름에 대한 적합한 속도분포의 식으로서는 식 (10-3-35)의 Prandtl-Nikuradse의 대수법칙을 쓰지 않으면 안 된다. 이것을 써서 유도한 평판 둘레의 난류계층에 관한 결론을 요약하면 다음과 같다.

① 항력계수는 다음식으로 주어진다.

$$\frac{0.242}{\sqrt{C_f}} = \log_{10}[RxC_f] \tag{10-3-34}$$

② 경계층의 두께

$$\delta = 0.38x\sqrt{C_f} \tag{10-3-35}$$

③ 경계층 내의 속도분포는 대수함수로 표시되고, 대체로 다음식과 같다.

$$\frac{u}{U} = 1 - 4.15\sqrt{C_f}\ \log_{10}\left(\frac{\delta}{y}\right) \tag{10-3-36}$$

이 식에서 마찰항력계수 C_f를 알면 경계층 내의 속도분포가 구해지고, 또 식 (10-3-35)에서 임의의 점 x에 대한 층의 두께가 구해진다. 이들의 계산을 쉽게 하기 위하여 [그림 10-15]에 평판 표면의 마찰항력계수를 층류인 경우 난류인 경우 및 천이영역의 경우까지 포함하여 표시한다.

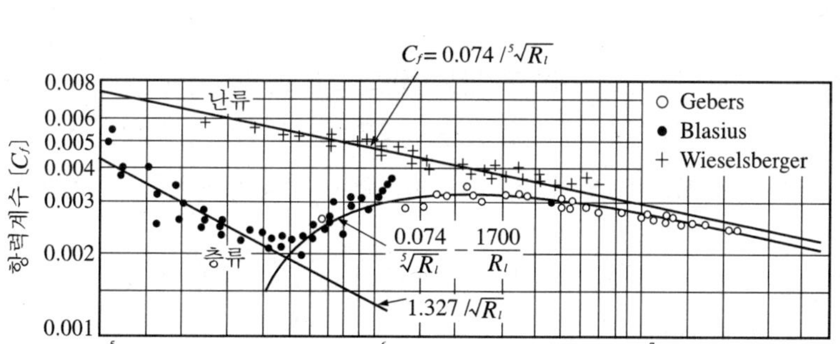

[그림 10-15] 매끈한 평판의 마찰항력계수

이론식 (10-3-34)는 실용상 항력계수를 구하기가 불편하므로 계산하기 쉬운 다름의 Prandtl-Schlichting의 공식을 사용한다.

$$C_f = \frac{0.455}{(\log_{10} R_l)^{2.58}} \quad (\text{단, } 10^6 < R_e < 10^9) \tag{10-3-37}$$

이 식은 평판의 선단에서 난류경계층이 발달되어 있을 때로서, 상수 0.455는 실험값과 일치시킨 것이다.

Reynolds수가 매우 작을 경우, 경계층은 평판에 따라 전단에서 후단까지 층류이지만 〔[그림 10-16] (a) 참조〕, Reynolds수가 점점 커지면 선단에서 발달한 층류경계층은 도중에서는 난류로 천이된다〔그림 (b)〕.

다시 Reynolds수가 증대하면, 천이점은 이동하여 평판의 선단에서 난류로 된다〔그림 (c)〕, 그림 (a)의 경우는 Blasius의 해석 (c)에 대해서는 Prandtl의 해석이다(앞에서 설명). (b)의 경우에 대해서는 역시 Prandtl의 해석이고, 천이점이 $R_u = 5 \times 10^5$일 때 다음과 같은 편리한 식을 쓰도록 제창하였다.

$$C_f = \frac{0.074}{(\log_{10} R_l)^{2.58}} = \frac{1700}{R_e} \tag{10-3-38}$$

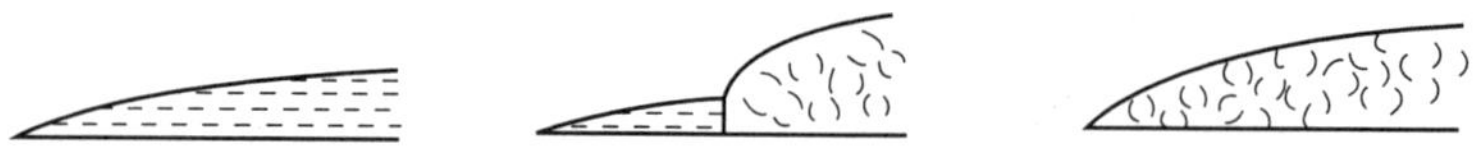

(a) (b) (c)

[그림 10-16] 경계층의 발달

예제 10-4 나비 3m, 길이 30m인 매끈한 평판의 20°C인 정지한 물 속을 6.1[m/s]의 속도로 예인되고 있을 때 ① 경계층이 층류에서 난류로 천이되는 점, ② 평판의 한쪽 변에 미치는 마찰항력, ③ 선단에서 3m까지의 부분에 미치는 항력을 구하여라.

풀이 ① 천이영역까지의 거리 x_0, 천이가 일어나는 임계 Reynolds를 5×10^5로 가정하면

$$\therefore x_0 = \frac{R_e \nu}{U} = \frac{5 \times 10^5 \times 1.011 \times 10^{-6}}{6.1} = 0.083\text{m}$$

② 평판의 전길이에 걸쳐 난류경계층이라고 볼 수 있으므로 식 (10-3-37)의 항력계수를 사용한다.

$$R_t = \frac{Ul}{\nu} = \frac{6.1 \times 30}{1.011 \times 10^{-6}} = 1.81 \times 10^8$$

$$C_f = \frac{0.455}{\log_{10}(1.81 \times 10^8)^{2.58}} = \frac{0.455}{(8.2577)^{2.58}} = 0.022$$

평판의 한쪽면에 미치는 마찰력

$$D_f = C_f \frac{\rho}{2} U^2 A = 0.022 \times \frac{1000}{2} \times 6.1^2 \times 3 \times 30 = 36.8[\text{kN}]$$

③ 선단으로부터 3m에 대한 R_e=1.81 × 10^8, 이것에 대응하는 마찰항력계수 C_f=0.00274가 되고

$$D_f = C_f \frac{\rho}{2} U^2 A = 0.00274 \times \frac{1000}{2} \times 6.1^2 \times 3 \times 30 = 4.6[\text{kN}]$$

예제 10-5 도관에 벌집 모양의 정류격자를 설치하였다. 이것은 얇은 금속판으로 되었고, 그 세로와 가로의 핏치는 다같이 25mm로서 격자의 길이도 25mm이다. 도관 속의 풍속이 30m/s일 때 이 격자의 앞과 뒤의 압력차 Δp를 구하여라. 단 금속평판은 매우 얇고, 격자의 전길이 25mm에 걸쳐서 층류경계층이 발달한 것으로 한다. 또 ν_{aix}=1.501 × 10^{-7}m²/s, 20°C, 760mmHg이다.

풀이

$$R_l = \frac{Ul}{\nu} = \frac{30 \times 0.025}{1.501 \times 10^{-7}} \times 5 \times 10^5$$

$$\sqrt{R_l} = \sqrt{5 \times 10^4} = 224$$

격자의 항력계수식 (10-3-19)에 의하여

$$C_f = \frac{1.328}{\sqrt{R_l}} = \frac{1.328}{224} = 0.00593$$

1mech의 격자, 즉 25mm 평방의 격자의 전표면적 A_s에 작용하는 표면마찰 D_f는 식 (10-3-18)에 의하여

$$D_f = C_f \cdot \frac{\rho}{2} U^2 A_s = 0.00593 \times \frac{1.226}{2} 30^2 \times \frac{4 \times 25^2}{10^6} = 0.00818[\text{N}]$$

격자 전후의 압력차를 Δp, 1mech의 면적을 A라 하면

$$D_f = \Delta p A \qquad\qquad \therefore\ \Delta p = \frac{0.00818}{25^2 \times 10^{-6}} = 13.1[\mathrm{Pa}]$$

(6) 회전원판의 항력

[그림 10-17]에서와 같이 유체 속에서 원판이 일정한 각속도 ω로 회전할 때, 원판은 유체의 점성으로 인하여 마찰저항의 토크를 받는다. 이것을 원판마찰(disc friction)이라 한다. 이것은 평판의 경우와 같이 이상유체에서는 생기지 않는다. 원판의 표면에서 유체는 점성 때문에 원판에 부착하여 원판과 함께 회전하여 경계층을 이룬다. 이 경계층 내의 속도와 난류상태는 평판인 경우와 같고, $R_e = Ur/\nu(3\sim5)\times 10^5$ 이하에서는 층류이며, 그 이상에서는 난류로 천이된다.

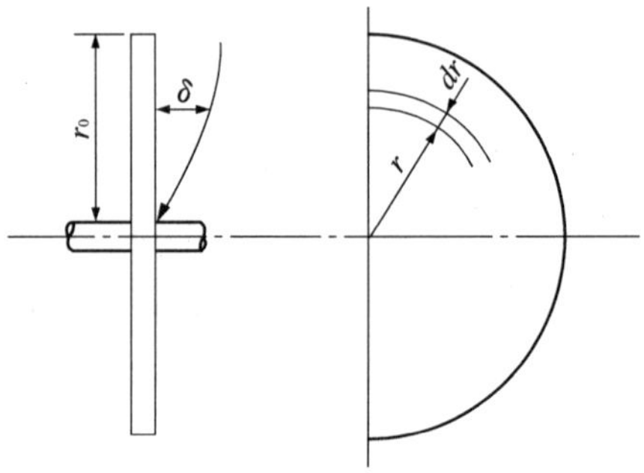

[그림 10-17] 회전원판

지금 원판의 반지름을 r_0, 두께를 b라 하고, 임의의 반지름 r에 있는 미소의 면적 $2\pi r dr$가 받는 저항을 dF라 한다. dF는 그 부분의 원주속도 $r\omega$의 제곱에 비례하는 것으로 하고, 마찰계수를 f라 하면

$$dF = f\frac{\rho(r\omega)^2}{2} = 2\pi r dr$$

이 된다. 이 표면마찰에 의한 토크 T_1은

$$T_1 = \int_{r=0}^{r0} dF \times r = \frac{\pi f}{5}\rho\omega^2 r_0^5 = C_f\frac{\rho\gamma_0^5}{2}\omega^2 \tag{10-3-39}$$

으로 된다. 여기에서 C_f는 무차원상수로서 $C_f = 2\pi/5$이다.

또 원판의 원통 부분의 마찰계수 f'를, 받는 저항을 F'라 하면

$$F' = f' \frac{\rho(\gamma_0 \omega)^2}{2} 2\pi r_0 b$$

가 되고, 이 표면마찰에 의한 토크 T_2는

$$T_2' = \pi f' \rho \omega^2 r_0^4 b \tag{10-3-40}$$

으로 된다. 지금 $f = f'$라 하면, 이 원판을 회전시키는 데 필요한 토크 T는

$$T = 2T_1 + T_2 = \pi f \rho \omega^2 r_0^4 \left(\frac{2}{5} r_0 + b\right) \tag{10-3-41}$$

또 이때 필요한 동력 P는

$$P = T\omega = \pi f \rho \omega^3 r_0^4 \left(\frac{2}{5} r_0 + b\right) \tag{10-3-42}$$

이 된다. 이들 식에서 각속도 및 원판의 반지름의 크기가 마찰 토크 또는 손실동력에 미치는 영향임을 알 수 있다.

10-4 양 력

어떤 경우라도 물체에 항력은 작용하지만, 장력의 발생은 그 물체의 형상과 관계가 있으며, 경우에 따라서는 양력은 발생하지 않는다. 양력이 발생되는 형상으로 가장 잘 알려진 보기로는 항공기의 날개 축류기계나 회전차(impeller) 등이 있다. 이 날개나 회전차에서는 양력이 크고, 한편 항력이 될 수 있는 한 작아야 한다.

지금 [그림 10-18]과 같은 회전하는 원주 둘레의 흐름을 보기로 하여 양력 L가 발생되는 기구를 알아보자. 균일한 흐름 U속에 놓인 원주가 각속도 ω로 회전하는 경우를 생각한다. 원주 표면의 유체는 점성으로 인하여 원주에 부착하여 원주속도 $u - r_0\omega$로 운동

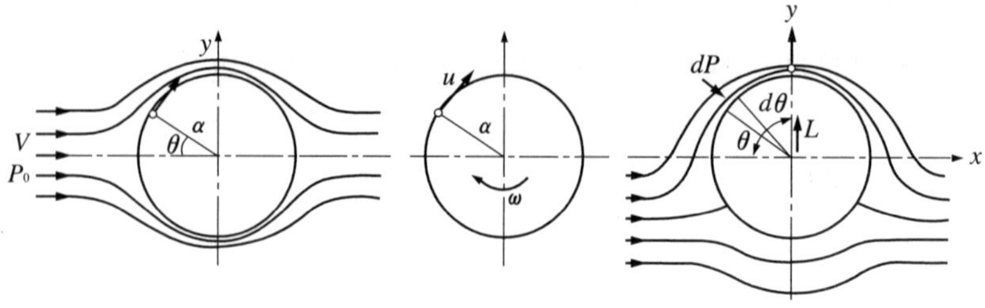

(a) (b) (c)

[그림 10-18] 회전 원주에 미치는 양력

하므로, 원주 표면의 임의 점 p에 있어서의 유속은 균일한 흐름 U에 의한 그 점의 접선 속도 v_θ에 u가 첨가된다. 즉 식 (10−3−1)에서 $v_\theta=2U\sin\theta$이므로 $v_\theta+u=2U\sin\theta+r_0\omega$로 된다.

균일한 흐름의 압력을 p_∞, 원주표면의 임의 점의 압력을 p로 하여 Bernoulli의 정리를 응용한다.

$$p_\infty+\frac{\rho}{2}U^2=p+\frac{\rho}{2}(2U\sin\theta+r_\theta\omega)^2$$

$$\therefore\ p-p_\infty=\frac{\rho}{2}U^2\left\{1-\left(\frac{2U\sin\theta+r_\theta\omega}{U}\right)^2\right\}$$

따라서

$$\frac{p-p_\infty}{\rho U^2/2}=1-\left(\frac{2U\sin\theta+r_0\omega}{U}\right)^2 \qquad (10-4-1)$$

그러므로 단위 나비의 원주 표면을 생각하며 그 미소면적 $r_0d\theta$에 작용하는 압력 $p-p_\infty$에 의한 힘 dp의 y방향의 성분 $-(p-p_\infty)\,r_0d\theta\sin\theta$를 원주 표면 전체에 대하여 적분하면 단위 나비의 원주에 작용하는 양력 L이 구해진다. 즉

$$L=2\int_{-\pi/2}^{\pi/2}-(p-p_\infty)\,r_0d\theta\sin\theta$$

$$=-r_0\rho U^2\int_{-\pi/2}^{\pi/2}\left\{1-\left(\frac{2U\sin\theta+r_0\omega}{U}\right)^2\right\}\sin\theta d\theta$$

$$=-r_0\rho U^2\int_{-\pi/2}^{\pi/2}\left\{1-\left(\frac{r_0\omega}{U}\right)^2-\frac{4r_0\omega}{U}\sin\theta-4\sin^2\theta\right\}\sin\theta d\theta$$

$$=2\pi r_0^2\omega\rho U$$

$$\therefore\ L=2\pi r_0 u\rho U \tag{10-4-2}$$

균일 흐름 U속에 놓인 정지원주이든, u인 원주속도를 일으키는 순환 Γ가 있을 경우이든 같다고 말할 수 있다. 즉

$$\Gamma=2\pi r_0 u$$

이것을 식 (10–4–2)에 대입하면 양력은 다음과 같이 된다.

$$L=\rho U\Gamma \tag{10-4-3}$$

일반적으로 평행한 흐름 U속에 놓인 임의의 물체 둘레의 순환이 Γ일 때, 그 물체에 작용하는 양력은 항상 식 (10–4–3)으로 표시된다〔[그림 10–19] 참조〕. 이것을 Kutter–Joukowski의 정리라 한다. 일반적으로 균일한 흐름 U속에 놓인 임의의 형상을 가진 물체 둘레의 순환 Γ가 있을 때에도 그 단면의 단위너비에 대하여 식 (10–4–3)의 양력 L이 발생한다. 야구, 정구, 골프 등의 공에 회전운동을 가하면, 공이 커브를 이루는 것은 위의 양력으로 인하여 생긴 것이다.

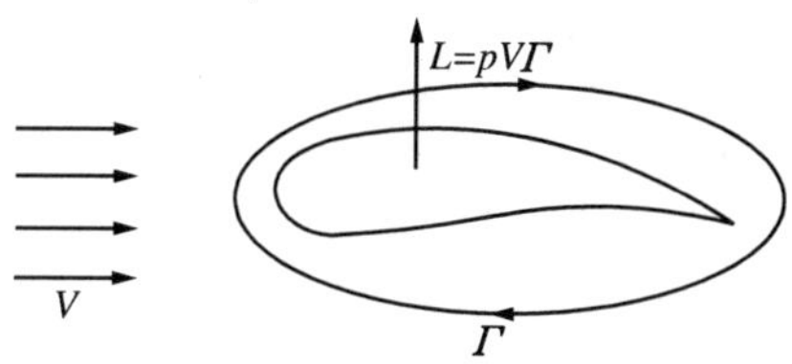

[그림 10-19] 순환과 양력

예제 10-6 풍속 30m/s의 균일한 공기(밀도는 ρ=1.226kg/m³)의 2차원 흐름 속에 반지름 10cm인 원주가 있다. 원주는 그 축심을 중심으로 매초 5회전의 비율로 회전하고 있다. 다음을 구하여라.

① 원주둘레의 공기에 생기는 순환

② 원주의 축과 수직하게 미치는 힘

단, 원주의 표면에서는 유체는 점성으로 인하여 원주와 같은 속도를 갖는다.

① 구하는 순환을 Γ라 하면, 이것은 원주의 바깥 둘레에 있어서의 순환과 같다. 따라서

$$\Gamma = \int_0^{2\pi} r_0 \omega r_0 d\theta = 2\pi r_0^2 \omega = 2\pi \times 0.1^2 \times 2\pi \times 5 = 1.97[\mathrm{m^2/s}]$$

② 식 (10-4-3)에 의하여

$$\eta = \rho U \Gamma = 1.226 \times 30 \times 1.97 = 72.5[\mathrm{N/S}]$$

10-5 익 형

흐름 속에 놓인 물체에 작용하는 힘 가운데 항력에 비하여 양력이 크도록 만든 물체를 날개(wing, airfoil, aerofoil, blade)라 한다. 날개 단면의 형상을 익형(airfoil section)이라 하고, 이 한 보기를 [그림 10-20]에 나타낸다. 전연(前緣, leading edge)과 후연(後緣, trailing edge)을 맺는 직선을 익현(翼弦, chord)이라 하고, 익현의 길이를 익현 길이(chord length)라 한다.

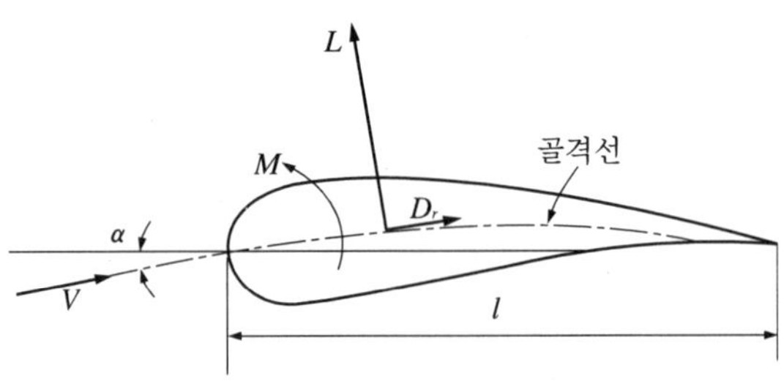

[그림 10-20] 익형

또 익현의 상면과 하면의 중심점을 맺는 선을 골격선(camber line), 이 선의 골격선으로부터의 높이를 휨(camber)이라 하는데, 특히 그 최대값을 지칭할 경우가 많다. 골격선 또는 익현 길이와 수직하게 그은 날개의 두께를 익현 두께(blade thickness), 그 최대값을 최대 날개 두께(maximum blade thickness)라 한다.

또 익현과 흐름 U사이의 각 a를 영각(迎角, attack angle)이라 한다. 지금 익폭을 b, 날개의 최대 투상면적을 A라 할 때, b^2/A를 종횡비(aspect ratio)라 한다. 익현 길이를 l이

라 하면, 직사각형 날개에서는 $A=bl$이므로, 종횡비는 $b^2/A=b/l$가 된다.

익형의 성능에 대한 연구는 미국의 NACA[(National Advisory Commitee for Aeronautics) : 1959년 이후부터는 NASA(National Aeronautics and Space Administration)으로 개칭], 영국의 RAF(Royal Aircraf Factory), 독일의 괴팅겐(Götingen) 대학에서 이룬 것이 유명하고, 익형에 각각의 명칭을 붙여서 부른다.

날개에 작용하는 양력을 L, 항력을 D, 모멘트(날개 전연의 둘레, 또는 전연에서 $l/4$인 익현상의 점에 관한 모멘트) M은 단위 나비에 대하여 각각 다음 식으로 표시된다.

$$\left.\begin{aligned} L &= C_L \frac{\rho}{2} U^2 l \\ D &= C_D \frac{\rho}{2} U^2 l \\ M &= C_M \frac{\rho}{2} U^2 l \end{aligned}\right\} \tag{10-5-1}$$

여기서 C_L, C_D, C_M은 각각 양력계수, 항력계수 및 모멘트계수로서, 익형, 영각, Mach 수 및 Reynolds 수에 의해 정해진다. 날개의 성능을 표시하자면, 영각 α에 대한 C_L, C_D, C_M의 값으로 나타내든가 또는 가로축에 C_D, C_M을 잡고, 세로축에 C_L을 잡아 나타낸다. 이것을 성능곡선(characteristic curve)이라 한다. [그림 10-21]에 그 한 보기를 든다.

양력계수 C_L은 어느 영각 α_0에서 0으로 된다. 이 α_0를 제로양력각(zero lift angle)이라 한다. 영각이 제로양력각으로부터 증가함에 따라서 양력계수 C_L은 직선적으로 증가하지만, 보다 더 증가하면 C_L은 완만해지고 어느 곳에서 최대값이 되며, 그 이후는 갑자기 감소한다. 이것은 영각이 너무 커짐으로써 날개 윗면에서 흐름이 날개면으로부터 박리되기 때문으로서, 대관 또는 물체 후류에서 일어나는 박리와 똑같다. 이 현상을 실속(失速, stall)이라 하고, C_L가 최대로 되는 α를 실속각(stalling angle), C_L의 최대값을 최대 양력계수(maximum lift coeffcient)라 한다.

익형에 있어서 양력이 발생하는 이유는 [그림 10-19]에 나타낸 바와 같이, 익형이 평행한 흐름 U속에 놓음으로써 익형 둘레에 순환 Γ가 유지되기 때문이다. 익형의 윗면에서는 평행 흐름과 순환 흐름의 속도가 가해져서 속도가 커지므로, Bernoulli 정리에 의하여 압력이 떨어진다. 또 익형의 아랫면에서는 평행 흐름의 속도와 순환 흐름의 속도의 방향이 반대가 되기 때문에 속도가 낮아지고, 압력이 높아진다. 익형의 상하의 이 압력차로 말미암아 양력이 발생한다. [그림 10-21]에서 알 수 있듯이 일반적으로 양력은 아랫면의 양의 압력에 의하여 압상되는 작용보다도 윗면의 음의 압력에 의하여 흡상되는 작용이 효과가 더 크다.

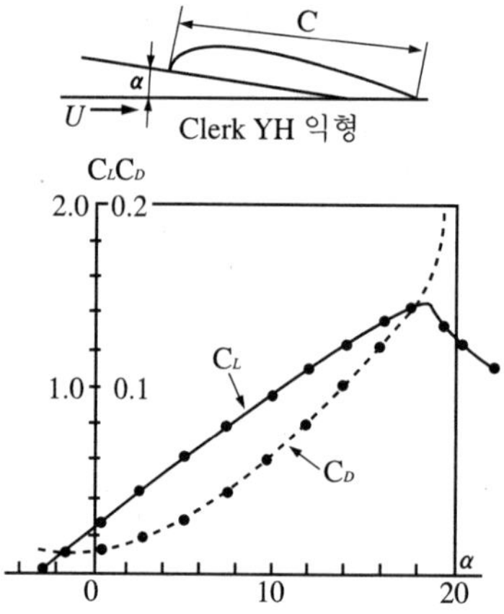

[그림 10-21] 익형의 성능곡선

축류식의 펌프, 송풍기, 프로펠러수차, 증기기관 또는 가스 터빈 등의 내부의 흐름을 보면, [그림 10-22]와 같이 익형이 줄지은 상태로 되어 있다. 이것을 익렬이라 하고, 각각의 익형 둘레의 흐름 상태는 이웃것에 의하여 영향을 받으며, 단독익형 때에 비하여 양력이 변화한다. 같은 익형에 대하여 단독익형의 양력을 L_0, 부열이 되었을 때의 양력을 L이라 하면

$$L = kL_0 \tag{10-5-2}$$

인 관계가 있다. k는 익렬의 간섭계수로서 절현비 l/t와 β의 함수이다. l/t=0.5이하인 경우에는 간섭계수는 1에 가까운 값이 된다.

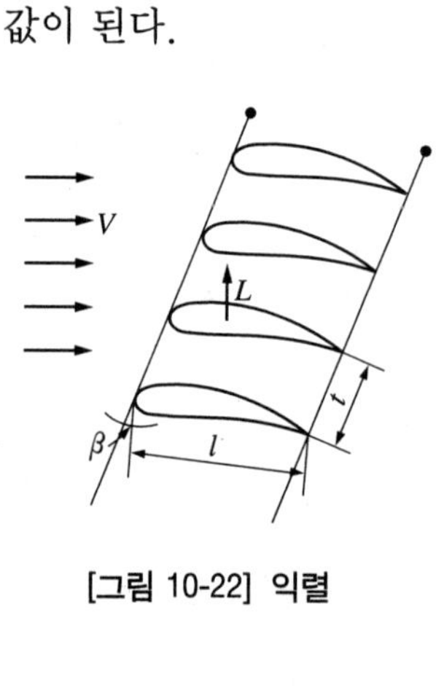

[그림 10-22] 익렬

예제 10-7 익현 길이 1.8m, 익폭이 10m인 날개를 가진 항공기가 112[m/s]의 속도로 날고 있다. 이 때의 영각은 1°, 양력계수 C_L=0.326, 항력계수 C_0= 0.0761이다. 양력과 항력은 각각 얼마인가? 단, 항공기의 본체의 영향은 무시하고 공기의 밀도는 1.23kg/m³으로 한다.

풀이

$$L = C_L \frac{\rho U^2}{2} A$$

$$= 0.326 \times \frac{1.23}{2} \times 112^2 \times 10 \times 1.8$$

$$= 45.3[\mathrm{kN}]$$

$$D_r = C_D \frac{\rho U^2}{2} A$$

$$= 0.0761 \times \frac{1.23}{2} \times 112^2 \times 10 \times 1.8$$

$$= 10.6[\mathrm{kN}]$$

이 장에서 기억해야 할 주요 관계식

- 항력(D) : $D = C_D \cdot \frac{1}{2}\rho \cdot A \cdot V^2$
- 양력(L) : $L = C_L \cdot \frac{1}{2}\rho \cdot A \cdot V^2$

연습문제

1. 0.5 기압의 정지한 공기 속을 비행기가 시속 792km로 날 때, 비행기 동체의 선단에 있어서의 정체압을 구하여라. 단 공기의 밀도는 0.695kg/m^{3}이다.

2. 지름 80cm, 높이 8m인 공장 굴뚝이 풍속 16m/s의 바람을 받을 때의 항력을 구하여라. 단 공기의 밀도는 1.23kg/m^{3}이다.

3. 굴뚝의 지름이 1m, 높이가 14m인 굴뚝이 풍속 30m/s인 바람을 받을 때의 항력이 4kN이다. 이 때의 항력계수는 얼마인가? 단, 공기의 밀도는 1.23kg/m^{3}이다.

4. 풍속 6m/s인 공기 속을 원기둥꼴을 한 나일론 펠릿(pellet)이 날고 있을 때, 펠릿의 주변으로 바람이 부딪친다. 펠릿의 길이는 30mm, 지름은 10mm이고, 공기의 밀도는 1.23kg/m^{3}이다. 나일론 펠릿이 받는 항력은 얼마인가?

5. D'Alembert의 박리를 설명하여라.

6. 이상유체의 균일 흐름 속에 공기의 흐름과 직각방향으로 축을 둔 원주가 15m/s의 공기와 45°를 이루는 표현에 있어서의 흐름의 속도를 구하여라.

7. 점성유체가 원주 둘레를 흐를 때의 박리를 설명하여라.

8. Kármán의 와열이 발생하는 원인을 예를 들어 설명하여라.

9. 지름이 10m/s인 동력전력선에 풍속 10m/s인 바람이 직각으로 불고 있다. 이 때 생기는 Kármán의 와열의 주파수를 구하여라. 단 기온은 15°C이다.

10. 지름 8mm인 전선에 풍속 15m/s인 바람이 직각방향으로 불어오고 있다. Roshko의 식으로 와열의 주파수를 구한 후, Straubal 수를 구하여라. 단, 공기의 동점도 1.512 $\times 10^{-5}m^2/s$이다.

11. 지름 50mm인 구가 공기 속을 매초 40m/s의 속도로 날 때, 항력은 얼마인가? 단, 항력계수는 0.6, 공기의 밀도는 $9.8kg/m^3$이다.

12. 지름 10mm인 구가 공기 속을 매초 30m/s의 속도로 날 때의 항력과 마력을 구하여라. 단, 공기의 밀도는 $1.23kg/m^3$, 공기의 동점성계수는 0.15 st이다.

13. 평균지름 5mm, 미중 7.84인 강구를 점성계수 1.96Pa · s인 글리세린을 채운 용기 속을 조용히 떨어뜨릴 때 충분한 시간이 지난 후 구가 도달하게 되는 종속도(가속이 끝나서 일정한 속도로 낙하할 때의 속도)는 몇 m/s로 되는가? 단, 글리세린의 비중은 1.26이다.

14. 길이 30mm, 나비 20mm인 엷은 평판이 유속 10m/s인 수류 가운데 흐름과 평행으로 놓여 있다. 수온이 20°C일 때, 평판이 받는 마찰저항은 얼마인가?

15. 평균풍속이 10m/s인 바람 속에 $1m^2$의 평판을 바람과 평행으로 받칠 때, 평면 한쪽 면의 저항은 얼마인가? 단, 공기의 밀도는 $1.23kg/m^3$, 점도는 $1.68 \times 10^{-4}Pa \cdot s$이고, 평판의 앞쪽은 층류, 뒤쪽은 난류이다.

16. Prandtl의 1/7 승근법칙을 설명하여라.

17. 반지름 R인 원판을 각속도 ω로 유체 속에서 회전시킬 때, 마찰저항 F와 C_f를 계수로 하여 $F=C_f S r v^2/2g$로 주어질 때 저항을 이겨서 원판을 회전하는 데 필요한 동력 L은 어떻게 표시되는가? 단, 식중 S는 원판 표면과 용기(casing) 내면 사이의 간격이다.

18. 익폭 10m, 익현 길이 1.8m인 익형을 갖는 비행기가 112m/s의 속도로 날고 있다. 이 때 익형의 영각이 1°, 양력계수가 0.326이다. 비행기의 항력을 구하여라. 단, 본체의 영향은 무시하고, 공기의 밀도는 $1.2kg/m^3$로 한다.

19. 70kg의 사람이 낙하산을 이용해서 낙하할 때의 종속도의 크기를 구하여라. 단, 낙하산을 펼쳤을 때 지름 7m의 항력계수는 1.0이고, 공기의 밀도는 $1.2kg/m^3$이다.

20. 온도 21°C 기압 760mmHg, 속도 5m/s의 공기 속을 지름 15cm인 구의 항력계수를 구하여라. 단, 공기의 동점성 계수 $\nu = 0.15cm^2/s$이다.

21. 콩알을 물 속에서 자유낙하했을 때 종속도의 크기를 구하여라. 단, 콩알의 평균지름은 6.26mm 비중 1.23, 항력계수는 0.5이다.

제 11 장

압축성 흐름

지금까지 취급해온 흐름은 유체의 압축성 및 점성을 무시한 이상유체의 흐름이나 점성만을 고려한 비압축성 점성유체의 흐름이었지만, 고속으로 흐르는 기체의 운동이나 압력파의 전파 등을 취급할 때는 압축성을 고려할 필요가 있다. 여기에서는 주로 기체의 압축성에 따른 흐름의 제반 성질에 대하여 설명을 한다.

학습목표

이 장에서는 다음의 항목들을 숙지 · 이해하고 이를 응용할 수 있도록 한다.

- 음파, 음속
- 마하수
- 충격파
- 수격작용

11-1 음 속

유체 중에서 압력변동이 생기면, 이 압력변동은 유체의 압축성에 의해 종파(縱波)로서 전파한다. 이와 같은 압력파의 전파속도는 압력변동의 크기에 따라 다르며 미소한 압력변동의 압력파를 음파(sound wave)라고 하며 그 전파속도를 음속(sonic speed)이라고 한다. 폭발 등으로 생기는 큰 압력변동의 압력파는 음속보다 빨리 전파된다. 음속은 압축성 흐름에 있어서 유속이나 일반의 압력파의 전파속도를 나타낼 때의 기본적인 값으로서 사용하고 있다.

지금 충분히 긴 관속을 미소한 압력변동에 의하여 생긴 압력파면(음파)이 속도 a로서 전파한다고 보면, 좌표계를 압력파면에 고정하여 생각하면 [그림 11-1]에 나타난 바와 같이 압력파는 정지하고 관 내의 유체가 속도 a로서 압력파면으로 향하여 흐르게 된다.

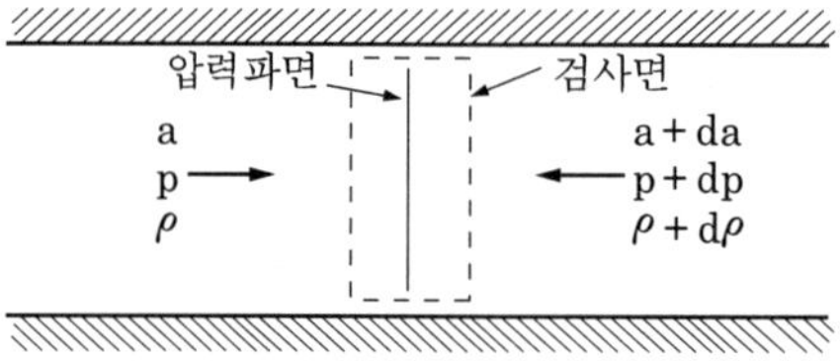

[그림 11-1] 미소압력파의 전파

압력파면 전후의 압력차 dp에 의해서 유체의 밀도가 변하므로 압력파면을 통과하면 밀도변화에 따라서 속도는 $(a+da)$로 변한다. 관의 단면적을 A라 하고, 압력파면을 둘러싼 검사면에 대하여 운동량의 균형을 생각하면 다음 식이 된다.

$$A[p-(p+dp)] = (\rho+d\rho)A(a+da)^2-\rho Aa^2 \tag{11-1-1}$$

또 연속방정식에서 다음 식이 된다.

$$\rho aA = (\rho+d\rho)A(a+da) \tag{11-1-2}$$

따라서 식 (11-1-1)과 식 (11-1-2)에 다음 식이 구해진다.

$$-dp = \rho ada \tag{11-1-3}$$

식 (11−1−2)에 있어서 2차의 미소항을 생략하면 $\frac{d\rho}{\rho} = \frac{-da}{a}$ 가 되므로 식 (11−1−3)은 다음과 같이 변형된다.

$$a^2 = \frac{dp}{d\rho} \tag{11-1-4}$$

따라서 유체의 압축성을 나타내는 체적탄성계수 k를 사용하여 식 (11−1−4)를 변형하면 유체 중의 음속이 다음과 같이 표시된다.

$$a = \sqrt{\frac{dp}{d\rho}} = \sqrt{\frac{k}{\rho}} \tag{11-1-5}$$

유체가 비교적 밀도가 작은 기체(공기)일 때는 완전한 가스로 보아 압력 ρ_1, 비체적 υ 및 절대온도 T에 대한 상태방정식은 다음 식으로 주어진다.

$$p\upsilon = RT \ (R : \text{기체상수}) \tag{11-1-6}$$

또 음파와 같은 약한 압력파를 통과할 때에 기체의 상태변화는 단열변화인 것으로 보아지기 때문에 다음 식이 성립된다.

$$p\upsilon k = \text{c}(\text{일정}) \tag{11-1-7}$$

따라서 식 (11−1−6) 및 식 (11−1−7)에서 $\upsilon=1/\rho$을 고려하여 다음 식이 된다.

$$\frac{dp}{d\rho} = k\frac{p}{\rho} = kRT \tag{11-1-8}$$

윗식의 관계를 식 (11−1−4)에 대입하면 기체 중의 음속이 다음과 같이 구해진다.

$$a = \sqrt{kRT} \tag{11-1-9}$$

또,

$$a = \sqrt{\frac{kp}{\rho}} \tag{11-1-10}$$

이상과 같이 유체 중의 음속은 일반적으로 식 (11−1−5)에서 표시되지만 유체가 액체인 경우에는 체적탄성계수 k가 기체보다 훨씬 크기 때문에 음속도 기체속도보다도 큰 값이 된다. 예를 들면 상온의 기체 속의 음속이 a=340m/s 인 데 대해서 상온의 물 속의 음속은 a=1425m/s 이다. 각각의 기체 속의 음속을 식 (11−1−10)을 가지고 구한 결과는 〈표 11−1〉에 나타내고 있다.

〈표 11-1〉 각종 기체의 음속

기 체	음속a[m/s]	상 태
공기	331	0°C, 1기압 건조
He	970	0°C, 1기압
H_2	1270	0°C, 1기압
O_2	317	0°C, 1기압
CO_2	259	0°C, 1기압
CO	337	0°C, 1기압
CH_4	432	0°C, 1기압
H_2O	405	100°C, 1기압

다음에 무한히 넓고 정지된 기체 속의 한 점에서 일정주기 Δt로 발생되는 음파의 전파 방법에 대하여 생각해 보자.

[그림 11−2] (a)에 표시한 바와 같이 음원(音源)이 정지하고 있을 때는 차례차례로 발생되는 음파는 음속 a로서 주심구면상(周心球面狀)으로 퍼진다. 또 음원이 음속 a보다 작은 V로서 작용하고 있을 때는 [그림 11−2] (b), 음파는 동심구변상이 아니고 소위 도플러의 효과가 나타나지만, 역시 소리가 주위 전체에 퍼진다.

한편 음원의 속도가 음속보다 클 때 [그림 11−2] (c)는 음파가 전파되는 범위가 원추면 내에 한정되고 그 외측에는 음파가 도달하지 못하게 된다. 이와 같은 원추면을 마하콘 (Mach cone)이라고 하며, 마하콘의 반정각 μ(마하각)은 다음 각으로 주어진다.

$$\sin\mu = \frac{a}{V} = \frac{1}{M} \qquad (11-1-11)$$

또, $M=(\frac{V}{a})$은 마하수(Mach number)이다.

이상의 설명에서 정지 기체 속에 음원이 작용하는 것으로 취급하였지만, 그와는 반대로 음원이 정지하고 기체가 속도 V로 작용한다고 생각하여도 음파의 전파법은 같은 것이다.

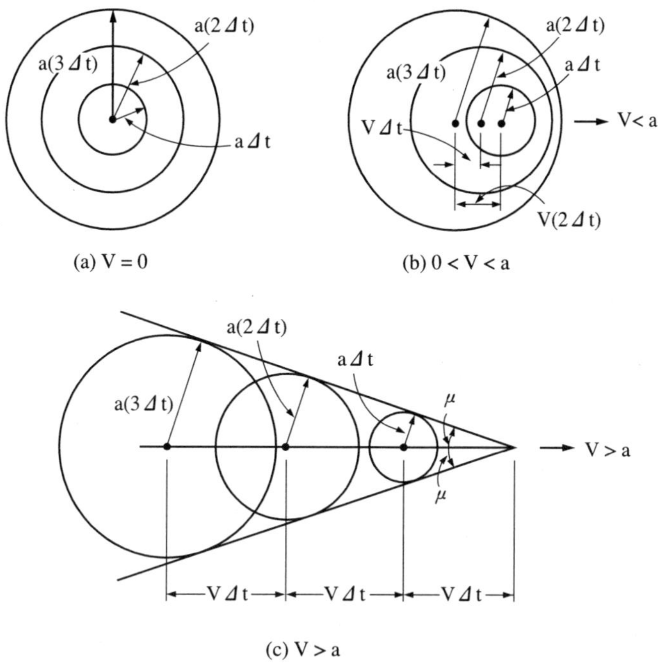

[그림 11-2] 음파의 전파 방향

이와 같이 기체의 흐름이 아음속(subsonic flow)이나 초음속(suppersonic flow)에 의하여 음파, 즉 미소압력변동의 전파방법이 전혀 다르다. 이것은 아음속의 흐름과 초음속의 흐름에 있어서 기본적인 상이점의 하나이다.

예제 11-1 기온 20℃일 때의 공기 속의 음속을 구하여라.

풀이 식 (11-1-9)에서 $k=1.4$, $R=287\dfrac{\text{J}}{\text{kg}\cdot{}^\circ\text{K}}$, $T=273+20=293^\circ\text{K}$

$$a=\sqrt{kRT}$$
$$=\sqrt{1.4\times287\times293}$$
$$=343[\text{m/s}]$$

예제 11-2 물 속에서의 압력파의 속도를 구하여라. 단, 물의 체적탄성계수 $k=2.03\times10^9$Pa 이다.

풀이 식 (11-1-5)에서

$$a = \sqrt{\frac{k}{\rho}}$$

$$= \sqrt{\frac{2.03 \times 10^9}{1000}}$$

$$= 1425[\mathrm{m/s}]$$

예제 11-3 매초 700m의 속도로 제트기가 날고 있다. 이 때 Mach수는 얼마인가? 단, 공기의 온도 20°C, $R = 287 \frac{\mathrm{J}}{\mathrm{kg \cdot {}^\circ K}}$, $k = 1.4$이다.

풀이 식 (11-1-11)에서

$$M = \frac{V}{\alpha} = \frac{V}{\sqrt{kRT}}$$

$$= \frac{700}{\sqrt{1.4 \times 287 \times 293}}$$

$$= 2.04$$

예제 11-4 음속 341m/s인 공기 속을 초음속으로 날으는 물체의 Mach 각 40°C일 때 그 물체의 속도는 얼마인가?

풀이 $\sin\theta = \frac{a}{V}$ $\qquad V = \frac{a}{\sin\theta}$

$$= \frac{341}{\sin 40}$$

$$= 530[\mathrm{m/s}]$$

11-2 1차원 압축성 흐름

(1) 등엔트로피 흐름

많은 기체 흐름은 충분한 정도(精度)로서 등엔트로피의 흐름이라고 가정된다. 이 가정은 압축성 흐름에 있어서 마찰이 없고 흐름에 따른 상태의 변화가 단열적인 것을 외면하고 있다. 이와 같은 흐름의 예로서 외부 흐름(external flow)에 있어서 속도구배나, 온도구배가 작은 영역이나 내부 흐름(internal flow)에 있어서 유로단면적의 변화가 흐름의 상태변화에 지배적인 노즐이나 디퓨서 내의 흐름이 있다. 여기에서는 내부적 흐름에 있어서 등엔트로피 흐름에 대하여 설명한다. 먼저 완전 가스의 정상적인 1차원 흐름의 에너지에 대하여 설명한다.

[그림 11-3]에 나타낸 바와 같이, 흐름이 정상이며 외부와의 사이에 마찰이나 온도차 등에 따라서 에너지의 수수가 전혀 없는 단면의 단열 흐름을 가진 유관을 생각한다.

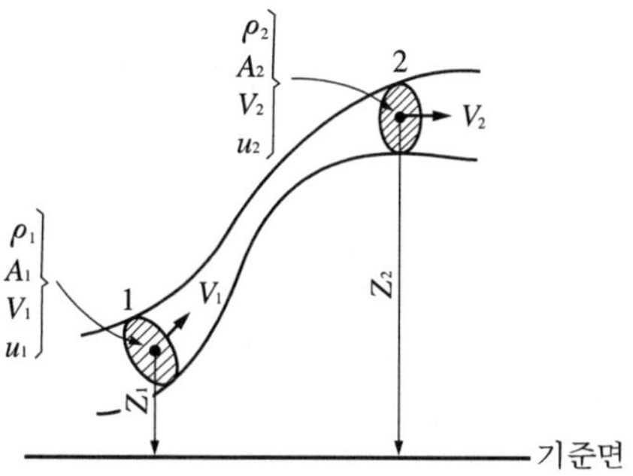

[그림 11-3] 1차원 압축성 흐름

유관을 지나는 단위시간 내의 질량유량 $m(\rho_1 A_1 V_1 = \rho_2 A_2 V_2)$로 하면 단면 1을 통과하는 단위시간당의 에너지는 다음과 같이 분류된다. 즉 운동의 에너지 $m\dfrac{V_1^2}{2}$, 위치에너지 mgz, 내부 에너지 mu, 압력에 의한 에너지 $A_2 p_1 V_1 = mp_1/\rho$, 단면적 2를 통과하는 단위시간당의 에너지도 이와 같이 분류되어, 단면 1, 2 사이의 에너지 보존의 법칙 식에서 다음과 같은 식이 된다.

$$\frac{V_1^2}{2}+gz_1+u_1+\frac{p_1}{\rho_1}=\frac{V_2^2}{2}+gz_2+u_2+\frac{p_2}{\rho_2} \qquad (11-2-1)$$

여기에서 V: 속도, g: 중력가속도, z: 기준면에서의 높이, u_1: 단위질량당의 내부 에너지, p: 압력, ρ: 밀도를 표시한다. $(u+\dfrac{p}{\rho})$은 엔탈피 i를 나타내므로 식 (11-2-1)은 일반적으로 다음 식과 같이 된다.

$$\frac{V^2}{2}+gz+i=\text{const} \tag{11-2-2}$$

윗식은 이상기체의 단열적인 1차원 흐름의 에너지 식이며, 압축성 흐름에 대한 에너지 식이며, 압축성 흐름에 대한 Bernoulli식이라고도 하겠다.

식 (11-2-2)에 있어서 기체의 경우는 위치 에너지(gz)와 운동 에너지 등에 비교하여 작은 것임을 고려해서 $i=C_pT$라 하면 다음 식이 된다.

$$\frac{V^2}{2}+C_pT=\text{const} \tag{11-2-3}$$

또 $T=\dfrac{p}{\rho R}$ 및 $R=C_p-C_u$의 관계를 윗식에 대입하면 다음 식이 된다.

$$\frac{V^2}{2}+\frac{k}{k-1}\frac{p}{\rho}=\text{const} \tag{11-2-3}$$

윗식을 미분하면 다음과 같이 된다.

$$VdV+\frac{k}{k-1}d\left(\frac{p}{\rho}\right)=0 \tag{11-2-4}$$

흐름의 상태는 단열적 변화를 한다고 가정하고 있으므로,

$$d\left(\frac{p}{\rho}\right)=\frac{dp}{\rho}-\frac{p}{\rho^2}dp=\frac{k-1}{k}\frac{dp}{\rho} \tag{11-2-4}$$

또, 식 (11-1-4)에서 $\dfrac{d\rho}{\rho}=\left(\dfrac{d\rho}{\rho}\right)-\left(\dfrac{dp}{d\rho}\right)=a^2\left(\dfrac{d\rho}{\rho}\right)$ 단, a는 국소의 음속이 되므로 식 (11-2-4)는 다음과 같이 변형된다.

$$VdV+a^2\frac{d\rho}{\rho}=0 \tag{11-2-5}$$

한편, 流管을 흐르는 질량($m=\rho AV$)은 보존되기 때문에 1차원 흐름의 연속식으로 다음 식이 된다.

$$\frac{d\rho}{\rho}+\frac{dA}{A}+\frac{dV}{V}=0 \tag{11-2-6}$$

결국 식 (11-2-5)와 식 (11-2-6)에서 1차원 엔트로피 흐름에 대한 유로단면적의 변화와 속도변화의 관계식이 다음과 같이 구해진다.

$$\frac{dA}{A}=\frac{dV}{V}(M^2-1),\ M=\frac{V}{a}\ (\text{마하수}) \tag{11-2-7}$$

윗식에서와 같이 아음속 흐름($M<1$)인 경우 단면적이 증가하면, 유속이 감소되는데 초음속 ($M>1$)의 경우는 단면적의 증가와 동시에 속도도 증가되는 것을 알 수가 있다. 따라서 탱크 내의 정지 고압기체를 축소 노즐(converging nozzle)을 사용하여 저압기체 중에 분출시켜도, 높은 음속까지 가속되지만 압력차의 대소의 관계없이는 초음속의 흐름은 얻을 수가 없다. 초음속 흐름을 얻기 위해서는 일단 단면적이 흐름방향으로 작게 되는 노즐부($dA<0$)에서 아음속 흐름을 가속해서 흐름이 음속에 도달한 후는 단면적이 흐름 방향으로 증가하는 디퓨셔 부분($dA>0$)에서 초음속 흐름을 가속시키지 않으면 안 된다. 노즐부에서 디퓨셔로 매존하게 이행하는 부분에서는 dA=0가 되고 이 부분을 스로트(throat)라 부른다. 라발(De Laval)은 이와 같은 노즐을 사용해서 처음으로 초음속 흐름을 얻은 것으로 라발노즐이라고 부른다.

지금, 고압의 정지기체(p_0, ρ_0, T_0)를 관로를 통하여 저압의 정지기체(p_b, ρ_b, T_b) 중에 분출시켰을 때, 관로 내의 흐름에 대하여 생각해 보자. 흐름이 1차원 등엔트로피 흐름이라고 가정하면, 관로의 임의 단면에 있어서 유속 V와 압력 p의 관계는 에너지 식 (11-2-3)을 사용하여 다음과 같이 나타난다.

$$\frac{V^2}{2}=\frac{k}{k-1}\left(\frac{p_0}{\rho_0}-\frac{p}{\rho}\right) \tag{11-2-8}$$

식 $p_0\rho_0^{-k}=p\rho^{-k}$, 식 (11-1-10)에서 $a_0^2=\frac{kp_0}{\rho_0}$, $a^2=\frac{kp}{\rho}$가 되므로 윗식은 다음과 같이 바꾸어 쓸 수가 있다.

$$\frac{V^2}{2}=\frac{a^2}{k-1}\left[1-\left(\frac{p}{\rho_0}\right)^{\frac{k-1}{k}}\right] \tag{11-2-9}$$

또는

$$\frac{V^2}{2}=\frac{-a^2}{k-1}\left[\frac{p}{\rho_0}^{\left(\frac{k-1}{k}\right)}-1\right] \tag{11-2-10}$$

단, a_0는 고압측 정지기체 중의 음속, a는 관로의 임의 단면에 있어서 국소음속을 나타낸다.

그러므로 관로 내의 임의 단면을 단위시간당 통과하는 질량유량은 $m=\rho AV$(일정)이므로, 단위면적당의 질량유량은 식 (11-2-9)에 의해서 다음과 같이 나타난다.

$$\frac{m}{A}=\rho V=\rho_0 a_0\left[\frac{2}{k-1}\left\{\left(\frac{p}{p_0}\right)^{\frac{2}{k}}-\left(\frac{p}{p_0}\right)^{\frac{k+1}{k}}\right\}\right]^{\frac{1}{2}} \tag{11-2-11}$$

[그림 11-4]는 식 (11-2-9)~(11-2-11)에서 속도비 V/a_o 국소의 Mach 수 $M=\dfrac{V}{a}$, 음속비 a/a_0 및 질량 유량비 $\dfrac{\rho V}{p_0 a_0}$의 압력비 $\dfrac{p}{p_0}$에 대한 변화를 나타낸 것이다. $\dfrac{p}{p_0}$에 변화에 대하여 질량유량이 $\dfrac{\rho V}{p_0 a_0}$ 곡선은 최대치를 가지고 식 (11-2-11)에서 $a(\rho V/p_0 a_0)=0$이 되는 압력비 $\dfrac{p}{p_0}$를 구하면 다음 식의 결과를 얻는다.

$$\frac{p^*}{p_0}=\left(\frac{2}{k+1}\right)^{\frac{k}{k-1}} \tag{11-2-12}$$

따라서 단위면적당에 흐르는 최대질량유량비 $\dfrac{\rho^* V^*}{p_0 a_0}$는 다음과 같이 된다.

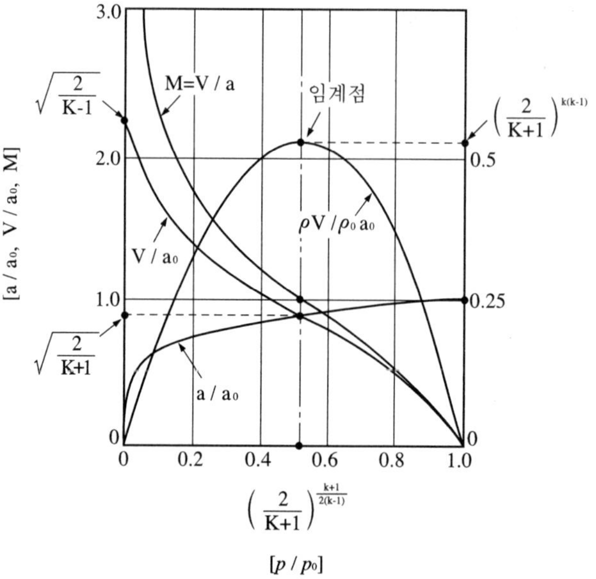

[그림 11-4] $\dfrac{a}{a_0}$, $\dfrac{V}{a_0}$, M과 $\dfrac{p}{p_0}$와의 상관관계

$$\frac{\rho^* V^*}{p_0 a_0} = \left(\frac{2}{k+1}\right)^{\frac{k-1}{2(k-1)}} \qquad (11-2-13)$$

또 이 때의 Mach 수 $M^* = \dfrac{V^*}{a^*}$ 를 식 (11-2-10)에서 구하면 다음과 같이 된다.

$$M^* = 1, \quad \therefore \ V^* = a^*$$

즉, $\dfrac{p}{p_0} = \dfrac{p^*}{p_0}$ 일 때 국소의 Mach 수가 1이 되고 속도는 국소의 음속에 도달한다. 이와 같은 상태를 임계상태(critical condition)이라 부른다. 이 때의 압력 p^*를 임계압력(critical pressure)이라 한다. 임계상태에 있어서 음속비 $\dfrac{a^*}{a_0}$ 는 식 (11-2-10)에서 다음과 같은 값이 된다.

$$\frac{a^*}{a_0} = \sqrt{\frac{2}{k+1}} \qquad (11-2-14)$$

그러므로 식 (11-2-10)에 있어서 압력 $p=0$(진공)으로 하면, $k>1$로부터 다음과 같은 식이 된다.

$$\left(\frac{V}{a_0}\right)_{p=0} = \sqrt{\frac{2}{k+1}} \qquad (11-2-15)$$

이러한 사실은 저압측 기체의 압력을 점차적으로 저하시켜서 진공으로 해도 관로분출구에서 흐름이 이르게 되는 최고 속도는 고압측 정지기체의 음속 a_0의 $\sqrt{\dfrac{2}{(k-1)}}$ 배까지인 것을 의미한다.

이상에서 고압측과 저압측을 있는 관로의 단면적 변화에 대하여 특별히 취급하지 않았지만 다음에 [그림 11-5]에 나타낸 바와 같이 관로의 축소 노즐의 경우와 라발노즐의 경우에 대하여 흐름의 성질을 검토해 보기로 한다.

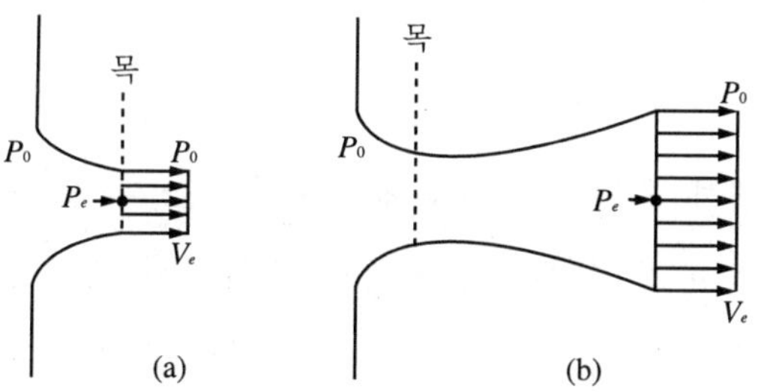

[그림 11-5] 관로에서 축소 노즐과 라발노즐에서의 흐름

압력 p_0의 고압측 정지기체를 [그림 11-5] (a)에 표시한 축소 노즐을 사용하여 압력 p_b의 저압측 정지기체에 분출시키는 것으로 한다. 끝이 가는 노즐의 출구 단은 스로트 상태(dA=0)로 되어 있으며 출구 단의 압력 p_e는 저압측 압력 p_b에 따라서 지배되고 일반적으로 $p_e=p_0$로 보아진다. 축소 노즐 내의 흐름방향에 대한 단면적인 변화는 $dA<0$이며, 식 (11-2-7)에서 고압측 정지기체는 노즐 안에서 가속되어, 속도 V_e로서 저압측에 분출한다. 그러나 식 (11-2-7)에서 명확한 바와 같이 $dA<0$의 경우에는 속도가 음속을 넘어서 가속되는 일은 없으며, 노즐 단의 스로트(dA=0)로서 높은 M=1이 된다. 이 때 흐름은 스로트로서 임계상태에 도달하게 되며, 저압측 압력 p_b를 더욱 낮게 해도 분출속도 V_e는 국소음속 a와 같고 노즐 출구 단에 있는 압력 p_e는 임계압력 p^*와 같이 일정하게 된다.

이상을 정리하면 축소 노즐의 경우에는 저압측기체의 압력 p_b가 임계압력 p^*〔식 (11-2-12)참조〕보다 높은가 낮은가에 따라서 흐름은 다음 두 종류로 나누어진다.

① $p_b=p^*$일 때 단위시간에 분출되는 질량유량은 p_b의 저하와 함께 증대하고 다음의 식으로 나타난다.

$$m=\rho V_e A_t=\rho_0 V_0 A_t\left[\frac{2}{k-1}\left\{\left(\frac{p}{p_0}\right)^{\frac{2}{k}}-\left(\frac{p_e}{p_0}\right)^{\frac{(k+1)}{k}}\right\}\right]^{\frac{1}{2}} \qquad (11-2-16)$$

$p_e=p_b$, A_t : throat 단면적

② $p_e=p^*$일 때 p_b의 값에 관계없이 질량유량은 일정값으로 다음 식으로 나타난다.

$$m=\left(\frac{2}{k+1}\right)^{\frac{(k-1)}{2(k-1)}}\rho_0 a_0 A_t$$

$$p_e=p^*=\left(\frac{2}{k+1}\right)^{\frac{k}{k-1}}\rho_0=\text{const.} \qquad (11-2-17)$$

이와 같은 스로트에서 흐름이 임계상태에 도달하는 것을 초크(choke)라고 하며, $p_b<p^*$의 경우에는 압력 p^*로서 분출된 분류는 저압기체 중에서 또 다시 p_b까지 압력이 내려가(팽창) 초음속에 이른다. 이와 같이 노즐 출구에서 압력 p_e가 저압측 압력 p_b까지 저하되지 않는 상태를 부족팽창(under expansion)이라 한다.

한편 [그림 11-5] (b)와 같이 고압측 정지기체와 저압측 정지기체를 잇는 관로가 스로트 하류축의 흐름 방향으로 $dA>0$가 되는 디퓨셔 부분을 가진 라발노즐의 경우에는 저압측 압력 p_b에 의해서 노즐 내의 압력분포는 [그림 11-6]에 나타낸 것과 같이 된다.

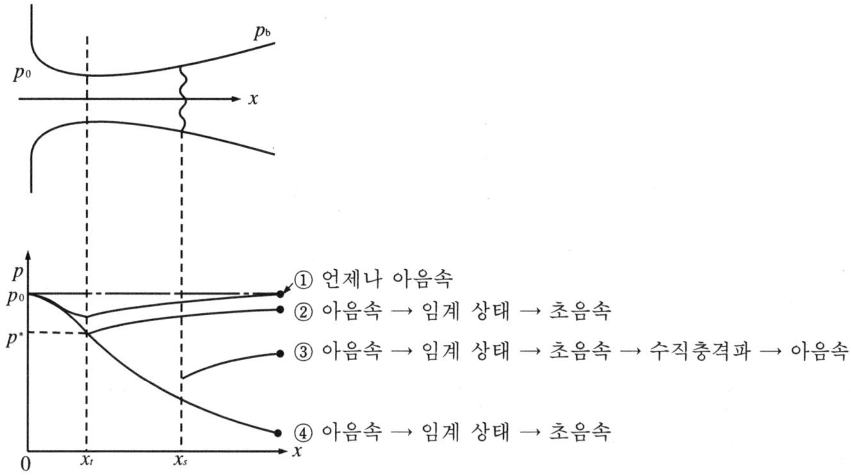

[그림 11-6] p_b가 p_0보다 조금 낮을 경우의 흐름

[그림 11-6]에서 ①의 상태는 저압측 압력 p_b가 탱크 속 압력 p_0보다 조금 낮은 경우이며, 스로트($x=x_t$)로서 압력은 최하가 되는데, 임계상태에는 도달하지 않고 디퓨셔 부분에서 압력이 상승하여 감속되는 압축류로 되어 압력 p_b로 저압축에 분출한다. 이러한 경우 라발노즐 내의 유속은 언제나 아음속($M<1$)이며, ①의 상태에서 p_b의 상태를 더욱 낮게 하면 ②의 상태가 되며 스로트에서 흐름이 임계상태에 도달하고 여기에서 유속은 국소음속과 같게 되지만($M=1$) 디퓨셔 부분에서 압축류가 되어서 다시 이음속이 된다. ②의 상태에서 또 다시 p_b를 저하시키면 ③의 상태가 되며 스로트에서 임계상태에 도달한 흐름은 디퓨셔 부분에서 다시 저하하고 초음속 ($M>1$)의 팽창 흐름이 되는데 p_b가 충분히 낮지 못하므로 그대로 라발노즐에서 유출되지 못하고 디퓨셔 부분 도중에서 수직 충격파가 발생되고 압력이 급격히 상승한 뒤에 이음속 ($M<1$)이 되어서 유출한다.

이와 같이 디퓨셔 부분에서 팽창 흐름이 출구 끝까지 유지될수록 p_b가 낮지 않은 상태를 과팽창(over expansion)이라고 부른다. 충격파가 발생하면 이미 흐름은 등엔트로피 흐름은 되지 않는다. ③의 상태에서 다시 p_0가 저하하면 충격파가 발생하는 위치($x=x_3$)는 점차 출구 끝에 가까워져 디퓨셔 부분에서 충격파를 발생시키는 일 없이 완전한 초음속 흐름의 가속이 일어나게 된다. 이 때 저압축의 압력 p_{bD}를, 라발노즐의 설계배압(設計背壓)이라고도 한다. 스토트의 단면적을 A_t, 라발노즐 출구 끝의 단면적을 A_e로 하면, 연속 관계에서 $m=\rho^* V^* A_t=\rho_e V_e A_e$가 된다.

따라서 식 (11−2−11) 및 식 (11−2−12)에서 라발노즐 출구 끝 압력 p_e는 설계배압 p_{bD}와 같다고 하고 다음 식이 된다.

$$\frac{A_e}{A_e}=\frac{S_e V_e}{\rho^* V^*}=\left[\left(\frac{k+1}{k-1}\right)\left(\frac{2}{k+1}\right)^{\frac{-2}{(k-1)}}\left\{\left(\frac{p_{bD}}{p_0}\right)^{2/k}-\left(\frac{p_{bD}}{p_0}\right)^{\frac{(k-1)}{k}}\right\}\right]^{\frac{1}{2}} \qquad (11-2-18)$$

윗식에 주어진 라발노즐의 A_t/A_e를 대입하면, p_{bD}/p의 두 개의 값이 구해진다. p_{bD}/p_0가 큰 쪽의 값은 ②의 상태에 대응하는 것으로서, 스로트 흐름이 임계상태가 되는 최대의 저압측 압력을 나타낸다. p_{bD}/p_0가 작은 쪽의 값이 ④ 상태에 대응하는 것으로 디퓨셔 부분에서 충격파가 발생하는 일 없이 팽창한 흐름이 된다.

저압측 압력 p_b가 p_{bD}보다 작게 되어도, 라발노즐 내의 흐름에 변화는 없고 출구 끝의 압력 p_e는 언제나 p_{bD}와 같고 일정하다 끝이 가는 노즐의 경우와 같이 저압측에 분출한 후 p_{bD}에서 다시 p_0에 팽창한다. 즉 부족 팽창의 상태가 된다.

이상에서 완전한 가스의 1차원 등엔트로피의 흐름에 대하여 설명을 하였는데 라발노즐 등 설계할 때는 관로 벽면에서 형성되는 경계층이나 벽면을 통한 열의 출입, 또한 완전한 가스로 가정하는 등의 오차를 고려할 필요가 있다.

예제 11-5 탱크 속에서 압력 p_1, 밀도 ρ_1인 공기를 노즐을 통하여 진공 속으로 분출시킬 때 이론적으로 도달할 수 있는 최대 유속은 탱크 속의 상태에 있어서의 공기의 음속보다 몇 배만큼 더 빠른가? 단, 공기의 음속은 $a=\sqrt{kRT}$이다.

풀이 식 (11−2−8)에서 탱크 속의 유속은 $V_1=0$ 흐름은 단열적이다.

$$V_2=\sqrt{\frac{2k}{k-1}R(T_1-T_2)}$$

윗식에서 $RT_1=p_1 v_{s1}$, $RT_2=p_2\sqrt{v_{s2}}$가 되지만 밖의 압력이 진공이므로 $p_2=0$이다.

$$v_2 = \sqrt{\frac{2k}{k-1}\frac{p_1}{\rho_1}}$$

다음 탱크 속의 공기의 음속은

$$a_1 = \sqrt{kRT} = \sqrt{k\frac{p_1}{\rho_1}}$$ 이므로

$$\frac{v_2}{a_1} = \sqrt{\frac{2}{k-1}} = \sqrt{\frac{2}{1.4-1}} = 2.24 \text{ 배}$$

11-3 수직충격파

큰 압력변동이 압력파가 되어서 기체 중에 전파될 때 파면(波面)의 통과와 함께 급격히 압력이 증가되는 압력파를 압축파(compression wave)라고 하고, 그와 반대로 파면의 통과와 함께 압력이 저하되는 압력파를 팽창파(expansion wave)라고 한다. [그림 11-7]은 압축파와 팽창파에 있어서 전파의 모양을 나타낸 것이다.

압력파면을 미소압력 변동의 집합이라고 생각한다면 각 미소압력 변동은 국소의 음속

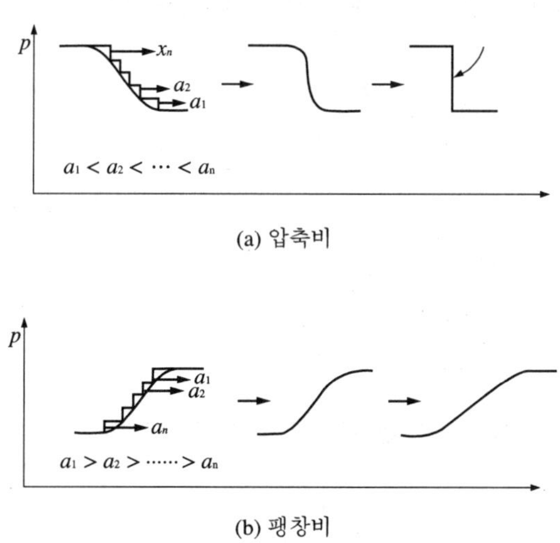

[그림 11-7] 압축파와 팽창파의 전파

$(a_1,\ a_2,\ \cdots,\ a_n)$으로 전파한다. 압력파 내에 있어서 기체의 상태는 단열적으로 변하므로 압력의 증감에 따라 온도가 변하고 국소의 음속도 압력파 면의 선단 부근과 후단 부근에서 다르게 된다. [그림 11-7] (a)의 압력파의 경우, 파면(波面) 선단 부근에서 후단 부근 쪽이 압축에 의해서 온도가 높고, 국소음파는 파면 후단으로 감에 따라서 후방의 파면이 점차적으로 전방으로 뒤따라 붙게 되고, 드디어 압력이 불연속적으로 증대하는 파면을 형성한다.

이와 같이 압력이 불연속면을 압축파(shock wave)라 하며 기류가 흐르는 방향과 수직한 충격파를 수직충격파(normal shock wave)라고 한다. 충격파의 두께는 고수미그론 정도이고 그 진행 속도는 미소압력 변동이 전파하는 음속과는 다른 큰값을 가진다. 한편 [그림 11-7](b)에 있어서 팽창파의 경우 압축파와는 반대로 파면의 진행과 함께 파현이 평온하게 된다.

여기에서 수직충격파의 성질에 대하여 검토해 보기로 한다. 앞 절에서 라발노즐의 디퓨셔 부분에서 과도하게 팽창이되면 ([그림 11-6]의 상태 ③) 수직충격파가 발생되어 압력이 급격히 상승한다. 이 때 충격파의 진행속도는 충격파, 직기체와 유속(초음파)과 균형을 이루게 된다.

[그림 11-8]에 나타낸 바와 같이 단면이 일정한 관로 중에 완전가스의 정신의 단열적인 흐름이 있고 거기에 수직충격파가 발생한 경우를 생각해보자. 흐름이 수직충격파를 통과하면 압력은 p_1에서 p_2로 급격히 상승하고 관로단면(단면적 A)을 단위시간에 통과하는 질량유량 m은 충격파 전후가 보존되므로 다음 연속방정식이 성립된다.

$$\frac{m}{A}=\rho_1 v_1=\rho_2 v_2 \quad \text{또는} \quad \frac{p_2}{p_1}=\frac{M_1}{M_2}\left(\frac{T_2}{T_1}\right)^{\frac{1}{2}} \tag{11-3-1}$$

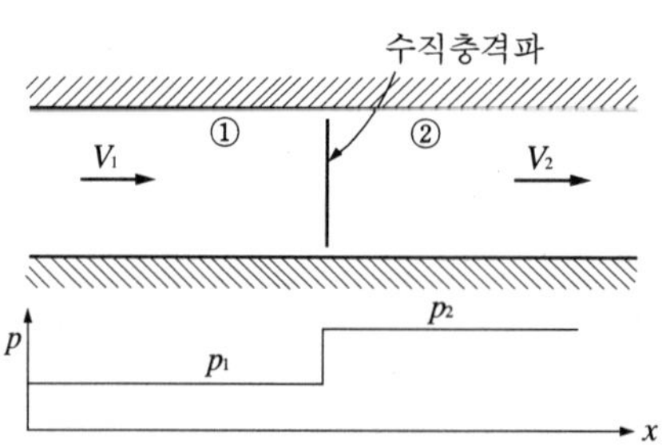

[그림 11-8] 수직충격파

또, 충격파 전후의 운동량의 균형에서 다음 식이 된다. ·

$$(p_1-p_2)A=m(V_2-V_1)$$

또는

$$\frac{p_2}{p_1}=\frac{1+kM_1^2}{1+kM_2^2} \tag{11-3-2}$$

또, 에너지 보존의 식 (11-2-3)에서 다음 식이 성립된다.

$$\frac{V_1^2}{2}+\frac{k}{k-1}\cdot\frac{p_1}{\rho_2}=\frac{V_2^2}{2}+\frac{k}{k-1}\cdot\frac{p_2}{\rho_2}$$

또는

$$\frac{T_2}{T_1}=\frac{1+\left(\frac{1}{2}\right)(k-1)M_1^2}{1+\left(\frac{1}{2}\right)(k-1)M_2^2} \tag{11-3-3}$$

이상 3개의 식에서 V_1V_2를 소거하면 충격파 전후의 압력 밀도의 관계식에서 다음 식이 된다.

$$\frac{\rho_2}{\rho_1}=\frac{(k-1)p_1+(k+1)p_2}{(k+1)p_1+(k-1)p_2} \tag{11-3-4}$$

윗식에 분명히 충격파에 의한 상태변화는 단열변화$\left[\frac{\rho_2}{\rho_1}=\left(\frac{p_2}{p_1}\right)^{\frac{1}{k}}\right]$가 아니고 이미 등엔트로피 흐름이 아님을 알게 된다.

식 (11-2-12)의 압력과 밀도의 관계는 Rankine-Hugoniot의 관계라고 한다.

그러므로 충격파 전후에서 엔트로피가 어떻게 변하는가를 알아보자. 완전가스의 엔트로피는 $S=C_{pln}(\frac{T}{p})^{\frac{k-1}{k}}$로 나타내지므로 충격파 전후의 엔트로피의 변화 ΔS는 다음과 같이 구해진다.

$$\Delta S=S_2-S_1=C_{pln}\left[\left(\frac{T_2}{T_1}\right)\left(\frac{p_1}{p_2}\right)^{\frac{k-1}{k}}\right]=C_{pln}\left[\left(\frac{\rho_1}{\rho_2}\right)\left(\frac{p_1}{p_2}\right)^{\frac{1}{k}}\right] \tag{11-3-5}$$

윗식에 Rankine-Hugoniot의 관계식 (11-3-4)를 대입하여 p_2/p_1와 ΔS의 관계식을 알

아보면 다음과 같이 된다.

$p_2/p_1 > 1$ 일 때 $\Delta S > 0$→충격파

$p_2/p_1 = 1$ 일 때 $\Delta S = 0$

$p_2/p_1 < 1$ 일 때 $\Delta S < 0$

자연계의 형상에서 엔드로피가 감소($\Delta S < 0$)되는 것이 없으므로(열역학의 제2법칙) $p_2/p_1 < 1$과 같이 불연속적으로 압력이 저하되는 팽창파는 실재하지 않는 것을 의미한다. 다음 충격파의 상류측 기류의 Mach수 M_1만을 사용하여 $\frac{p_2}{p_1}$, $\frac{T_2}{T_1}$, $\frac{\rho_2}{\rho_1}$ 및 M_2를 나타내 준다.

식 (11-3-1)~(11-3-3)의 3개의 식에서 T_1/T_2, $\frac{p_2}{p_1}$을 소거하면 M_2와 M_1의 관계가 다음과 같이 구해진다.

$$M_2 = \left[\frac{M_1^2(k-1)+2}{2kM_1^2-k+1} \right]^{\frac{1}{2}} \tag{11-3-6}$$

윗식을 식 (11-3-1)에 대입하면 T_2/T_1과 M_1의 관계는 다음과 같이 나타내어진다.

$$\frac{T_2}{T_1} = \frac{[M_1^2(k-1)+2][2kM_1^2-k+1]}{M_1^2(k+1)^2} \tag{11-3-7}$$

또, 식 (11-3-6)을 식 (11-3-3)에 대입하면 다음 식과 같은 p_2/p_1과 M_1의 관계식이 된다.

$$\frac{p_2}{p_1} = \frac{2k}{k+1} M_1^2 - \frac{k-1}{k+1} \tag{11-3-8}$$

윗식에서 충격파의 압력조건($p_2/p_1 > 1$)를 생각하면 $M_1 > 1$이 되며, 충격파는 초음속 흐름에서만 발생되는 것을 알 수 있다. 또 식 (11-3-6)에 있어서 $M_1 > 1$로 하며 $M_2 < 1$이 되어 기류가 수직충격파를 통과하면 유속은 반드시 초음파에서 아음속으로 변한다.

그러므로 충격파면을 흐름이 통과하면 엔트로피가 증가하므로, 충격파 전후에서 압력의 손실이 일어난다. 일반적으로 압력 및 밀도를 p, ρ로 하면 에너지식에 다음의 관계가 성립된다.

$$\frac{V^2}{2}+\frac{k}{k-1}\cdot\frac{p}{\rho}=\frac{k}{k-1}\cdot\frac{p_0}{\rho_0}$$

윗식에 $a^2=k\dfrac{p}{\rho}$, $p_0\rho_0^{-k}=p\rho^{-k}$를 대입하면 다음 식과 같이 된다.

$$\frac{p}{\rho_0}=\frac{1}{\left[1+\left\{\left(\frac{k-1}{2}\right)M^2\right\}\right]^{\frac{k}{k-1}}} \tag{11-3-9}$$

따라서 윗식을 사용하여 충격파 전후에서 압력비 p_1/p_2 및 p_2/p_0 각각 M_1 및 M_2에 의해서 나타내어지므로 압력비 $\dfrac{p_{02}}{p_{01}}$는 다음과 같이 된다.

$$\frac{p_{02}}{p_{01}}=\frac{p_{02}}{p_2}\cdot\frac{p_2}{p_1}\cdot\frac{p_1}{p_{01}}=\left(\frac{2k}{k-1}M_1{}^2-\frac{k-1}{k+1}\right)^{\frac{-1}{k-1}}\left[\frac{(k+1)M_1{}^2}{2+(k-1)M_1{}^2}\right] \tag{11-3-10}$$

윗식에서 $M_1>1$로 하면, $\dfrac{p_{02}}{p_{01}}<1$이 되어서, 충격파를 통과하면 압력이 저하되는 것을 알 수가 있다.

또 에너지식 (11-3-3)이 성립되므로 $\dfrac{p_{01}}{p_{01}}=\dfrac{p^2}{\rho_{02}}$, 즉 $T_{01}=T_{02}$가 충격파 전후에서 온도는 변하지 않는다.

[그림 11-9]는 공기에 대응하는 기체에 대하여 상류측의 M_2M_1과 압력비 p_2/p_1, 밀도비 ρ_2/ρ_1, $\dfrac{T_2}{T_1}$ 압력비 p_{02}/p_{01} 및 하류측의 M_2와의 관계를 나타낸 것이다.

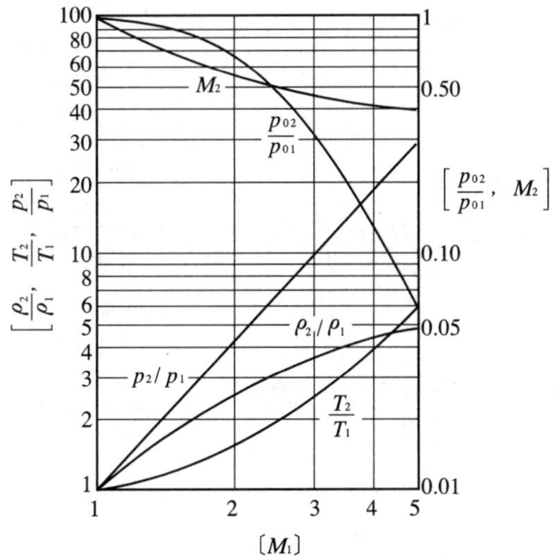

[그림 11-9] 수직충격파 전후의 상태 변화

11-4 수격(水擊) 작용

2개의 물체를 정면 충돌시킬 때, 그 접촉면에 있어서의 구성분자만은 순간적으로 정지하나, 나머지 분자는 급정지를 하지 않고 그 탄성적 성질을 이용하여 극히 짧은 시간이긴 하지만 각각 감속운동(deceleration)을 한다. 관 속을 흐르는 물, 기름 또는 연료 등의 액체에 대하여서도 같은 것을 말할 수 있다. 이를테면 관로의 끝에 있는 밸브를 갑자기 잠그어 흐름을 정지시키려고 할 때 밸브를 빨리 잠글수록 이것에 큰 힘이 걸린다. 그러나 밸브를 순간적으로 잠근다고 하더라도, 이것에 무한대의 힘이 걸리는 것은 아니고, 관 속의 액체는 밸브 부근이 먼저 부분적으로 압축되어 고압이 되고, 그 압력상승은 압력파가 되어 일정한 속도로 상류에 전달되면, 관 속 전부의 액체가 압축될 때까지에는 극히 짧은 시간이긴 하지만, 얼마만한 일정한 시간을 요한다.

지금 [그림 11-10]에 표시한 바와 같이, 물이 흐르고 있는 관로 끝의 밸브를 갑자기 닫으면, 밸브가 있는 곳의 물이 먼저 부분적으로 정지하여 ΔH인 압력상승을 초래하고, 그 압축작용은 압력파로 되어 음속 a를 가지고 상류로 진행한다. 즉 이 압력파가 도달되지 않은 전면의 물은 밸브를 닫지 않은 때와 같이 하류를 향하여 속도 V_0로 운동을 계속하는 것에 대하여 파면의 뒤쪽의 물은 운동을 정지한 후 압축된다. 따라서 길이 l인 관

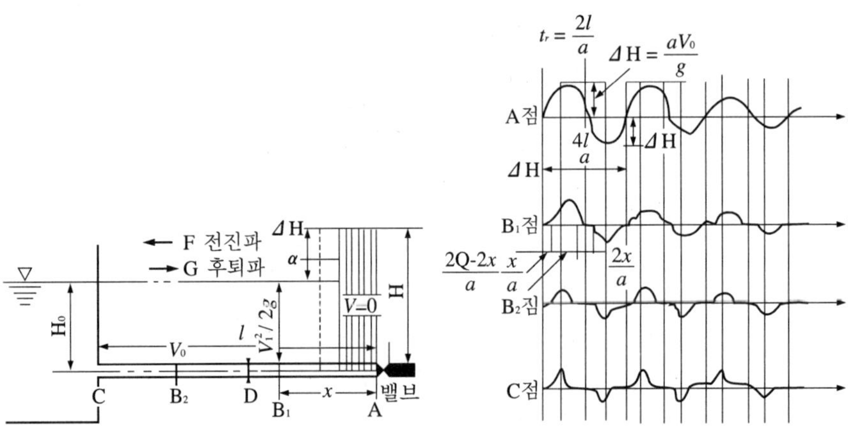

(a) 압력파는 속도 a로 전달된다. (b) 압력은 장소와 시간에 따라 변한다.

[그림 11-10] 관 출구의 밸브를 급히 잠글 때의 압력파의 전파

속의 물 전체가 정지하는 데 걸리는 시간은 $t=l/a$이다. 이 상류로 향하는 파를 전진파라 하고, 파가 관의 입구, 즉 윗 수조의 입구에 도달한 후 여기에서 반사하여 밸브로 되돌아 오는 파를 후퇴파라 한다. 이렇게 하여 압력파가 1번 왕복하는데 걸리는 시간 t_r는 $t_r=2l/a$가 된다.

이상에서 설명한 바와 같이 유체의 속도가 갑자기 감소함으로써 급격한 압력상승이나 진동을 일으키는 현상을 수격작용(water hammering)이라 한다.

(1) 압력파의 기초식

먼저 유체의 압력변화에 따른 관의 변형을 생각해 보자. [그림 11-11]과 같이 관의 반지름을 R, 관의 두께를 δ라 하면, dp인 압력상승 때문에 관벽에 유기되는 인장능력 δ는

$$\delta = \frac{dp}{\delta} R$$

로 주어진다. 관 재료의 종탄성계수를 E라 하고, 또 dp 때문에 관이 팽창하여 반지름이 dR만큼 커졌다고 하면, 원주와 신장은

$$2\pi(R+dR)-2\pi R = 2\pi dR$$

가 되고, 따라서 그 변형은

$$2\pi dR/(2\pi R) = dR/R$$

이 된다. 그러므로 Hook의 법칙에 의하여 종탄성계수 E는

$$\frac{\sigma}{dR/R} = E$$

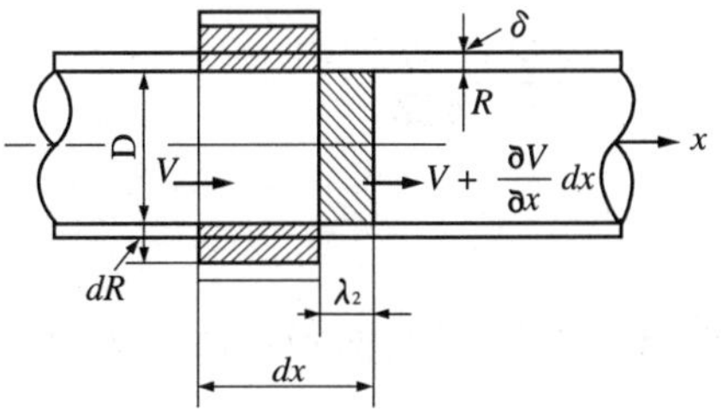

[그림 11-11] 압력상승에 의한 관의 변형

이 식에 위의 σ를 대입하면,

$$dR = \frac{\sigma R}{E} = \frac{dp \cdot R^2}{E\delta}$$

이 된다. 관의 지름을 D라 하면, 지름의 증가는

$$dD = 2dR = \frac{dp \cdot D^2}{2E\delta} \qquad (11-4-1)$$

지금 [그림 11-11]에 나타난 바와 같이, 관축을 따라 x축을 잡고 거리 dx만큼 떨어진 두 단면 사이에 낀 문의 부분을 생각한다. 이 물의 체적 $V=\frac{\pi}{4}D^2dx$가 압력상승으로 인하여 dV만큼 감소하였다고 하면, 식 (1−18)에 의하여 그 감소량의 절대값은

$$|dV| = \frac{dp \cdot V}{K} = \frac{\pi}{4}D^2 = \frac{dp}{K}dx$$

가 된다. 물이 관에 꽉 차서 빈 곳이 없으면, 길이 dx의 액체는 다음의 λ_1만큼 준다.

$$\lambda_1 = \frac{dV}{\pi D^2/4} = \frac{dpdx}{K}$$

또, 관벽이 늘어나기 때문에 지름은 dD만큼 증가하고, 이에 따라 길이 dx의 부분에 대하여 관의 체적증가는

$$\frac{\pi}{4}\left\{(D+dD)^2 - D^2\right\}dx \fallingdotseq \frac{\pi}{4} \cdot D \cdot dDdx$$

$$= \frac{\pi D^3 \cdot dp \cdot dx}{4E\delta}$$

가 된다.

이 관의 팽창 때문에 물이 차지하는 길이는 아래에 표시하는 λ_2만큼 줄어든다. 즉,

$$\lambda_2 = \frac{\dfrac{\pi D^3 \cdot dp \cdot dx}{4E\delta}}{\dfrac{\pi}{4} D^2} = \frac{D \cdot dp \cdot dx}{E\delta}$$

결국 압력상승 dp 때문에 착안한 길이 dx 부분의 물은 물 자신이 줄어든 양 λ_1과 관의 팽창에 의해 줄어든 양 λ_2와의 합만큼 짧아진다. 그 크기는

$$\lambda = \lambda_1 + \lambda_2 = \left(\frac{1}{K} + \frac{D}{E\delta} \right) dp \cdot dx$$

로 된다. 지금 물의 밀도를 ρ, 물 속에 있어서의 압력파의 전파속도를 a라 하면,

$$a = \sqrt{\frac{1}{\rho\left(\dfrac{1}{K} + \dfrac{D}{E\delta} \right)}} = \sqrt{\frac{\mathrm{K}}{l\left(1 + \dfrac{KD}{E\delta}\right)}} \qquad (11-4-2)$$

따라서 윗식은

$$\left(\frac{1}{K} + \frac{D}{E\delta} \right) dp \cdot dx = \frac{1}{\rho a^2} dp \cdot dx$$

로 표시할 수 있다.

지금 길이 l인 관 속을 물이 속도 V_0로 흐르고 있을 때, 출구의 밸브를 갑자기 닫으면 압력변화는 [그림 11-10] (b)에 나타낸 바와 같이 시간뿐만 아니라 장소에 따라서도 달라진다. 즉 압력 ρ는 t와 x의 함수가 된다. 그 가운데 시간 dt 사이의 압력상승은

$$dp = \frac{\partial p}{\partial t} dt$$

로서 이 때문에 dx의 부분은 식 (11-4-3)에 표시한 $\frac{1}{\rho\alpha^2}(\frac{\partial p}{\partial t} dt)dx$만큼 줄게 된다. 이 줄어든 것에 상당하는 공간을 채울 물은 dx 부분의 외부에서 유입한다.

물의 속도를 V라 하면, V도 또한 t 및 x의 함수가 되지 않으면 안 된다. [그림 11-12]와 같이 길이 dx인 부분의 한끝의 속도를 V라 하면, 다른 끝의 속도는 $V + \frac{\partial V}{\partial x} dx$이므로, 시간 dt 사이에 한쪽 단면에서 이 부분에 유입하는 양은 $\frac{\pi}{4} D^2 (V + \frac{\partial V}{\partial x} dx) dt$로서, 그 차가 dx의 부분에 유입하는 양이 되고, 그 값은

$$\frac{\pi}{4} D^2 \frac{\partial V}{\partial x} dx \cdot dt$$

이다. 이것이 상술한 길이 λ의 간격을 채우는 이유이다. 따라서

$$\frac{\pi}{4} D^2 \frac{\partial V}{\partial x} dx \cdot dt = \frac{\pi}{4} D^2 \frac{1}{\rho \alpha^2} \cdot \frac{\partial p}{\partial t} dt \cdot dx$$

그러므로 연속의 조건으로서 다음 식을 얻는다.

$$\frac{\partial V}{\partial x} = \frac{1}{\rho \alpha^2} \frac{\partial p}{\partial t} \tag{11-4-3}$$

다음에 점성을 무시한 유체의 운동방정식은 3장에서 기술한 바와 같이 단위중량의 유체에 대하여

$$\frac{\partial V}{\partial V} + V \frac{\partial V}{\partial x} = -\frac{1}{\rho} \cdot \frac{\partial p}{\partial x}$$

가 된다. 속도의 시간적 변화도 압력과 같이 급격하므로, 윗식의 좌변 제 2항, 즉 속도의 장소에 의한 변화는 제 1항에 비하여 생략된다. 따라서

$$\frac{\partial V}{\partial t} - \frac{1}{\rho} \cdot \frac{\partial p}{\partial x} \tag{11-4-4}$$

이상에서는 변위 x를 흐름의 방향으로 잡았으나, 이하에서는 설명의 편의상 흐름의 방향과 반대로 잡는다. 그러면 위 두 식의 (−)는 없어진다. 또 압력 p 대신에 수두 H로 표시한다. 즉 $H=p/\rho g$를 식 (11−4−3)과 (11−4−4)에 대입하여

$$\left.\begin{aligned} &\text{연속의 조건} \quad \frac{\partial V}{\partial x} = \frac{g}{a^2} \cdot \frac{\partial H}{\partial t} \\ &\text{운동방정식} \quad \frac{\partial V}{\partial t} = g \frac{\partial H}{\partial x} \end{aligned}\right\} \tag{11-4-5}$$

앞식을 x 및 t에 대하여, 뒷식을 t 및 x에 대하여 편미분하고 두 식의 우변 및 좌변을 소개하면,

$$\frac{\partial^2 V}{\partial t^2} = a^2 \frac{\partial^2 V}{\partial x^2}, \quad \frac{\partial^2 H}{\partial t^2} = a^2 \frac{\partial^2 H}{\partial x^2} \tag{11-4-6}$$

인 식을 얻는다.

이들의 식은 이론물리학에서 알려진 파동(wave motion)의 방정식으로서, 속도 a를 가지고 x방향으로 진행하는 압력파의 기초식이다. 미분학에 있어서는 Laplace의 편미분방정식으로서, 이것은 다만 수격현상의 압력파의 운동에 적용될 뿐만 아니라, 탄성체 속을 전달하는 응력파 등에도 적용된다.

(2) 압력 상승

[그림 11-6] (a)에 표시한 바와 같이 윗 수조의 수위를 H_0라 하고, 관마찰에 의한 손실수두와 속도수두를 무시하면 밸브를 닫기 시작하기 전의 관 속의 임의의 점의 압력수두는 H_0이고, 물의 평균속도를 V_0라 하면, 밸브에서 거리 x인 점에 있어서의 물의 시간 t에 대한 압력수두 H와 위속 V는 식 (11-4-5), (11-4-6)의 해로서 다음과 같이 된다.

$$H - H_0 = F\left(t - \frac{x}{a}\right) + G\left(t + \frac{x}{a}\right) \tag{11-4-7}$$

$$V_0 - V = \frac{g}{a}\left[F\left(t - \frac{x}{a}\right) - G\left(t + \frac{x}{a}\right)\right] \tag{11-4-8}$$

여기에서 F와 G는 각각 $(t-x/a)$ 및 $(t+x/a)$의 임의의 함수이다. Laplace의 식 (11-4-5), (11-4-6)의 해가 이렇게 되는 것은 윗식을 t 또는 x에 대하여 두번 편미분하고, 이들을 검산하면 이체가 될 것이다. 그리고 함수 F는 [그림 11-12]에 표시한 바와 같이, 속

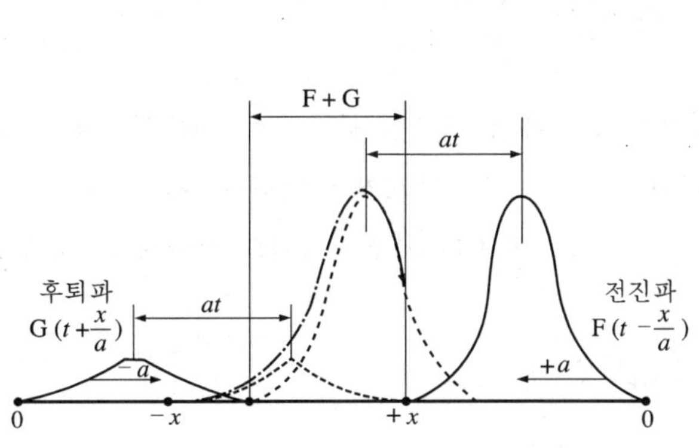

[그림 11-12] 전진파와 후퇴파

도 a로써 상류로 향하는 전진파 또는 직진파(direct wave)를, 함수 G는 윗수조에서 되돌아오는 후퇴파 또는 반사파(reflected wave)를 표시한다. 그 이유는 그림에서 파가 0, $-x$ 사이를 진행하는데 $x/a=\Delta t$ 시간 걸린다고 하면, 점 x에 있어서 시각 $t+\Delta t$에 대한 파 $F(t+\Delta t-\frac{x}{a})$는 $F(t+\Delta t-\Delta t)=F(t)$가 되어 $x=0$, $t=t$에 있어서의 파와 같다. 이것은 $F(t-x/a)$가 나타내는 파가 속도 a로써 x방향으로 진행하는 것을 뜻한다. 같이 $-x$인 점의 시각 $t+\Delta t$에 있어서의 파는

$$G\{(t+\Delta t)+(-x/a)\}=G(t+\Delta t-\Delta t)=G(t)$$

가 되어, $x=0$, $t=t$에 있어서의 파와 같다. 이것은 $G(t+x/a)$의 파가 속도 a로써 $-x$ 방향으로 진행함을 뜻한다.

다음에 전진파 F와 후퇴파 G와의 관계를 알아보자. 전진파가 $x=l$인 관의 입구에 도달하더라도 윗 수조가 매우 클 때에는 압력파에 의한 수면의 오르내림은 없고, 따라서 $H_0=\text{const}$로 볼 수 있다. 따라서 $x=l$에 있어서 $H=H_0$라 하면, 식 (11-4-7)에 의하여

$$H_0-H_0=F\left(t-\frac{l}{a}\right)+G\left(t+\frac{l}{a}\right)$$

$$\therefore\ G\left(t+\frac{l}{a}\right)=-F\left(t-\frac{l}{a}\right) \tag{11-4-9}$$

이것으로부터 관의 입구에서 반사하는 후퇴파 G는 전진파 F와 크기가 같고, 부호가 반대라는 것을 알 수 있다. 또 식 (11-4-9)의 시간 t 대신에 $l-\frac{l}{a}+\frac{x}{a}$인 시간에 대하여 생각하면,

$$G\left(t+\frac{x}{a}\right)=-F\left[t-\frac{x}{a}-\frac{2(l-2)}{a}\right] \tag{11-4-10}$$

이 된다. 윗식은 임의의 점 x에 있어서의 시각이 t일 때, 후퇴파가 그 점을 $2(l-x)/a$시간 진에 통과한 진진파와 크기가 같고, 부호가 빈대임올 니다낸디.

압력상승 ΔH는 일반적으로 전진파와 후퇴파와의 합이므로, 다음과 같이 계산된다.

(a) 제 1차 전자파 F_1만일 때

$$\Delta H=H-H_0=F_1\left(t-\frac{x}{a}\right)$$

(b) 제 1차 전진파 F_1과 제 1차 후퇴파 G_1이 공존할 때

$$\left.\begin{aligned} &\Delta H=F_1+G_1 \\ &\text{여기에서 } G_1\text{은 식 (11-4-10)에서} \\ &G_1=-F_1\left[t-\frac{x}{a}-\frac{2(l-x)}{a}\right] \end{aligned}\right\} \tag{11-4-11}$$

$x=0$ 에서는

$$G_1=-F_1(t-2l/a)$$

이 된다.

(c) 제 1차 전진파 F_1과 제 1차 후퇴파 G_1과 다시 G_1의 반사파 G_1'가 공존할 때 제 2차 전진파 F_2라 하면, $F_2=F_1+G_1'$ 이므로

$$\left.\begin{aligned} &\Delta H= G_1+F_2 \\ &G_1' = -F_1\left(t-\frac{x}{a}-\frac{2l}{a}\right) \\ &x=0\text{ 에서는} \\ &G_1' = G_1=-F_1\left(t-\frac{2l}{a}\right) \end{aligned}\right\} \tag{11-4-12}$$

(3) 밸브를 급폐쇄할 때 ($T_s < t_r$)

밸브를 닫는 데 걸리는 시간 T_s가 $t_r(=2l/a)$보다 작은 경우를 급폐색(急閉塞)이라 하고, 이 때 후퇴파는 아직 되돌아오지 않으므로 전진파만을 생각해도 되고, 식 (11-4-8)에서 $V=0$ 으로 놓으면

$$V_0=\frac{g}{a}F\left(t-\frac{x}{a}\right)$$

$$\therefore\ F\left(t-\frac{x}{a}\right)=\frac{aV_0}{g}$$

이것을 식 (11-4-7)에 대입하면, 상승수두 ΔH는

$$\Delta H = H - H_0 = F\left(t - \frac{x}{a}\right) = \frac{aV_0}{g} \tag{11-4-13}$$

이와 같이 수압상승은 수두 H_0와는 직접 관계가 없다. 그리고 ΔH는 후퇴파가 아직 생기지 않은 사이의 $x=0$에서 $x=l$까지의 전영역에 일어난다. 지금 $aV_0/g=F_0$라 놓는다.

다음에 후퇴파에 의한 압력상승은 식 (11-4-12)에서

$$H - H_0 = G_0 = -F_0 = -\frac{aV_0}{g} \tag{11-4-14}$$

이 되고, 전진파와 후퇴파가 공존하는 영역의 수압상승은 식 (11-4-11)을 참조하여

$$\Delta H = F_0 + G_0 = \frac{aV_0}{g} - \frac{aV_0}{g} = 0 \tag{11-4-15}$$

이 된다. 이 때의 유속은 식 (11-4-11)에서

$$V_0 - V = \frac{g}{a}(F_1 - G_1) = \frac{g}{a} \cdot \frac{2aV_0}{a} = 2V_0$$

$$\therefore\ V = -V_0 \tag{11-4-16}$$

물론 관 입구로 향하여 속도 V_0로써 역류한다.

다음에 후퇴파가 밸브에 도달하여 반사파 $G_1{}' = G_1$을 일으킨 후의 수압상승은 식 (11-4-12)와 (11-4-13)에서

$$\Delta H = F_1 + G_1 + G_1{}' = \frac{aV_0}{g} - \frac{aV_0}{g} - \frac{aV_0}{g} = -\frac{aV_0}{g} \tag{11-4-17}$$

즉, $G_1{}' = -F_1 = -aV_0/g$인 제 2차 전진파가 밸브에서 발족한다. 이 제 2차 전진파는 다시 관의 입구에서 반사하여 $-G_1{}' = F_1 = aV_0/g$인 제 2차 후퇴파를 일으킨다.

이 제 2차 후퇴파가 밸브에 되돌아오면, 그대로 반사하여 F_1인 제 3차 전진파가 되고, 이후 이것을 되풀이한다. 즉 제 2차 후퇴파가 밸브에 도달하였을 때 압력변화는 하나의 사이클을 완료한 셈으로서, 그에 요하는 시간 $T=4l/a$가 수격의 주기이다. 이와 같은 $4l/a$를 주기로 하여 압력변화가 되풀이되는 셈인데, 실제의 수격현상은 물의 점성이나

관마찰 등의 영향을 받고 이들 압력, 속도의 변동은 [그림 11-10] (b)에 나타내는 바와 같이 차차 감소하여 소실된다.

예제 11-6 안지름 1200mm, 관벽의 두께 12mm, 길이 2480mm인 수철관에 매초 4.75m^{3}의 물이 흐르고 있다. 이 때 관 끝의 밸브에 있어서의 수두는 400m이다. 밸브를 급폐쇄할 때의 수압이 수주로 몇 m가 되는가? 단, 물의 체적탄성계수는 $K=2.06\times10^9$Pa이고, 철관의 재료는 연강이며 그 영률은 $E=2.06\times10^{11}$Pa이다.

풀이 이 때 $K/E=1/100$이 되므로, 식 (11-4-2)에서

$$a=\sqrt{\frac{K}{\rho\left(1+\frac{KD}{E\delta}\right)}}=\sqrt{\frac{2.06\times10^9}{1000\times\left(1+\frac{1200}{100\times12}\right)}}=1015[\text{m/s}]$$

또

$$V_0=\frac{Q}{\frac{\pi}{4}D^2}=\frac{4.75}{0.785\times1.20^2}=4.20[\text{m/s}]$$

따라서 수입상승은 식 (11-4-13)에서

$$\Delta H=H-H_0=\frac{aV_0}{g}=\frac{1015\times4.20}{9.81}=435$$

구하는 수압 H는

$$H=H_0+435=400+435=855[\text{mAq}]$$

예제 11-7 단면적 0.56m^{2}인 철판제 도관의 속을 속도 12.2m/s인 공기(25°C)가 흐르고 있다. 도관의 중간에 설치한 나비형 밸브를 급폐쇄하면, 밸브에 얼마의 힘이 작용하는가?

풀이 밸브의 상류쪽에 있어서의 상승압력 Δp는 식 (11-4-13)에 pg를 곱하여

$$\Delta p=pg\Delta H=paV_0$$

그런데

$$a=\sqrt{kRT}=\sqrt{1.40\times287\times(273+25)}$$
$$=347[\text{m/s}]$$

따라서

Δp=1.225 × 347 × 12.2=5186[Pa]

밸브는 관로의 끝에 있는 것이 아니고 도중에 있으므로, 밸브의 하류쪽에는 Δp의 음압이 생기는 셈이다. 따라서 밸브에 걸리는 힘, 즉 압력은

$p = 20\rho A = 2 \times 5186 \times 0.56 = 5808\text{N} = 5.81[\text{kN}]$

이 장에서 기억해야 할 주요 관계식

• 유속(a) : $a = \sqrt{kRT}$

$= \sqrt{\dfrac{kP}{\rho}}$ 〔단, 기체 중의 유속〕

$a = \sqrt{\dfrac{E}{\rho}}$ 〔단, 유체 중의 유속〕

• 마하수(M) : $M = \dfrac{V}{a}$

연습문제

1. 100m 높이에서 물이 떨어질 때 물의 낙하의 전에너지를 전부 열로 변했다고 하면 물의 온도는 몇 도 상승하겠는가?

2. 공기의 정압비열 및 정적비열을 구하여라. 단, 공기의 비열 k=1.4이고, 기체상수 R=287J/(kg · K)이다.

3. 단위질량의 기체는 $p_1 v_1$의 상태에서 팽창하여 $p_2 v_2$로 되었다면 이 사이에 가스가 외부에 한 일의 양은 얼마인가? 단, 팽창의 조건은 ① 단열 변화, ② 등온 변화이다.

4. 상온의 공기 중을 30v(m/s)의 고속으로 달리고 있는 물체의 전면의 온도 증가는 얼마인가? 단, 공기의 기체상수 R=287J/(kg · K)이고, 회귀계수 r=1.0이다.

5. 기체 속에 있어서 음속 $C=\sqrt{kRT}$ 열 표시되는 것을 증명하여라.

6. 매초 270m/s로 제트기가 비행하고 있다고 하면 그 때 Mach를 구하여라. 단 기온은 20°C, R=287J/(kg · K), R=1.4이다.

7. 1kW · h, 1Ps · h는 열량 kcal로 환산하면 각각 몇 kcal인가?

8. 풍도관의 상류 1, 하류 2에 있어서 단면적을 각각 A_1, A_2, 기류의 절대 압력을 각각 p_1, p_2, 절대온도를 각각 T_1, T_2라 하면 하류 2에 있어서 고속유체의 속도는 얼마인가?

9. 기온 −17°C 가스상수 277.53J/(kg · K), 비열 h=1.4인 고공을 800(m/s)를 비행하고 있는 항공기가 있다. 이 항공기의 ① mach 수, ② mach 각을 구하여라.

10. 공중을 212(m/s)로 비행하고 있는 항공기의 선단에 돌출되어 있는 온도계의 읽음이 27°C이다. 외기의 이론상의 온도 회귀계수 0.8로 해서 실제상의 온도는 얼마인가?

11. 압력 $3.6\text{kg}_f/\text{cm}^2$, 온도 38°C의 탱크 속의 공기를 노즐을 통해서 외부로 방출하였더니 노즐 스로틀에 mach수가 1이었다. 스로틀부에서 정온, 정압, 밀도, 속도를 각각 구하여라.

12. 고도 305m의 상공을 965m/h로 날으는 비행기의 선단에 pitot관을 부착하고 있다. 이 고도에 있어서 대기압은 $0.7\text{kg}_f/\text{cm}^2$(abs)이고, 음속은 328(m/s)이다. pitot관 선단의 압력은 얼마인가?

13. 압력 $1.6\text{kg}_f/\text{cm}^2$(abs), 온도 27°C의 탱크 속에 있는 공기가 끝이 가는 노즐을 통하여 $1.0\text{kg}_f/\text{cm}^2$(abs)의 외부에 분출할 때 노즐 출구에 있어서 속도를 구하여라.

14. 압력 $2.11\text{kg}_f/\text{cm}^2$(abs), 온도 15.6°C의 탱크 속에 있는 공기가 단면적 2.23cm^2의 끝이 가는 노즐을 통하여 외기 $1.033\text{kg}_f/\text{cm}^2$(abs)에 분출하고 있다. 노즐부터 나오는 중량유량을 구하여라.

15. 축소확대 노즐을 통하여 탱크 속의 고압공기가 대기중으로 방출될 때 출구의 mach수를 2로 되게 하는 출구의 단면적을 얼마로 하여야 하겠는가? 단, 스로트부의 안지름 10mm로 하고 도중에는 충격파가 생기지 않는다.

16. 압력 $1.033\text{kg}_f/\text{cm}^2$(abs), 온도 15°C의 공기는 평판을 따라서 790m/s의 속도로 흐른다. 평판이 도중에서 20° 경사된 곳에서 [그림 11-13]과 같이 경사충격파가 생기고 흐름은 다시 경사로된 평판에 따라서 흐른다. 경사충격파의 경사각 및 충격파루의 압력을 구하여라.

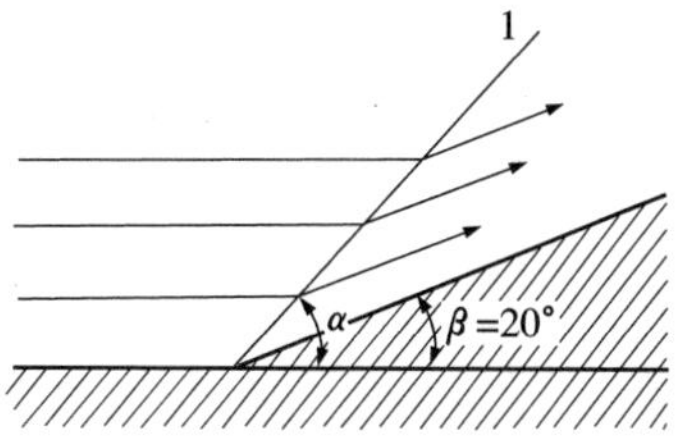

[그림 11-13]

17. 정압 1.033kg$_f$/cm^2(abs)의 초음속기류 환두의 pitot관으로 측정한 전압 4.384 kg$_f$/cm^2(abs), 전온 182.4°C가 얻어졌다. 이 초음속기류의 mach수를 구하여라.

① pitot관 선단의 전방의 이탈 충격파가 일어나지 않을 때

② 실제와 같이 이탈충격파가 생길 때

18. 정압 0.7kg$_f$/cm^2(abs), 온도 15°C의 공기가 평판에 따라서 480m/s의 속도로 흐르고 있다. 평판이 도중에서 ΔQ=12° 만큼 외측으로 굽힐 때 흐름은 여기에 따라서 팽창되고 있다. 팽창 후의 흐름의 mach수와 정압을 구하여라.

19. 압력 21.1kg$_f$/cm^2(abs), 온도 38°C의 공기가 축소 확대관 속을 단열적으로 흐르고 출구의 압력이 2.11kg$_f$/cm^2(abs)가 되기 위해서는 출구의 단면적은 얼마인가? 단, 스로트부에서는 흐름이 음속과 같다. 흐름 도중에는 마찰이 없는 단일 흐름으로 충격파는 생기지 않는다고 한다.

20. 272m/s로 나르고 있는 물체의 선단에 있어서 전압을 다음 조건으로 기초하여 각각의 값을 구하여라. 단, 공기의 가스상수 R=287J/kg·K, 기압은 1.033kg$_f$/cm^2, 기온은 15°C로 한다.

① 공기를 압축성 가스로 볼때

② 공기를 비압축성 가스로 볼 때

제12장

유체 계측

우리는 지금까지 유체역학의 기본이론과 그에 따르는 방정식들에 관하여 공부하였다. 유체의 성질들을 나타내주는 요소들 즉, 압력, 유속, 유량, 점성, 밀도, 비중 등의 산정(算定)은 실험, 즉 유체계측(fluid measurement)을 통해서만이 가능하다. 이 유체계측에는 여러 가지 방법이 있을 수 있으나 일반적으로 직접 혹은 간접에 의한 방법, 비중을 이용한 방법, 체적을 이용한 방법, 전자, 전자기적인 방법 또한 광학적인 방법들이 있다.

보통, 유량의 측정에 있어 직접적인 방법이란 주어진 시간 동안에 임의의 단면을 지나는 유체의 체적이나 중량을 계측하는 것이며 간접적인 방법이란 단면의 여러 곳에서의 수두(水頭)나 압력차, 또는 속도차를 계측하여 결정하는 것이다. 이 장에서는 밀도측정, 비중측정, 점도측정, 나아가 압력, 유속, 유량의 계측에 대하여 알아 보기로 한다.

학습목표

이 장에서는 다음의 항목들을 숙지 · 이해하고 이를 응용할 수 있도록 한다.

- 밀도, 비중의 측정
- 점도 측정
- 압력 측정
- 유속 측정
- 유량 계측
- 개수로 흐름에서의 유량 계측

12-1 밀도, 비중의 측정

유체의 밀도계측에는 다음에 열거하는 방법들에 의하여 측정될 수 있으며, 일반적으로 측정치의 정확도의 순서로 나열하면 체적이 주어진 액체의 무게에 의한 계측, 정수력학(靜水力學)적 무게에 의한 계측, 웨스트펄 밸런스에 의한 계측, U자관에 의한 계측, 비중계에 의한 계측 등을 들 수 있다.

(1) 체적이 주어진 액체의 무게에 의한 계측

이미 알려진 부피의 액체의 무게를 정확하게 측정하려면 피크노미터(pycnometer)라고 하는 보통 유리제품의 용기로 된 기기를 사용한다. 피크노미터의 무게, 부피와 부피의 온도에 따르는 변화가 정확하게 주어진다.

지금 빈 피크노미터의 무게가 $W_{\circ}$이고, 온도 t에서 체적이 V인 액체를 담았을 때의 피크노미터의 무게가 W라고 하면 이 온도에서의 액체의 밀도 ρ_t는 다음과 같이 계산할 수 있다.

$$\rho_t = \frac{W - W_{\circ}}{Vg} \tag{12-1-1}$$

여기서, 이 액체의 비중량을 구한다면 $\gamma = \rho \cdot g$이므로 식 (12-1-1)에서

$\gamma_t = \dfrac{W - W_0}{V}$ 이 된다.

(2) 정수력학적 무게에 의한 계측

정수력학적 무게에 의한 계측에서의 밀도 산정(算定)은 이미 주어진 체적의 측연추(測鉛錘, plummet)의 무게를 공기나 혹은 밀도를 알고 있는 액체 속에서 계측함으로써 가능하다.

지금 공기 중에서의 측연추의 무게를 W_0, 체적을 V_0, 액체 속에서의 무게를 W라고 하면 추에 작용하는 수직력들의 평형은 다음의 식으로 주어진다. 즉,

$$W + \gamma_t \cdot V - W_0 = 0$$

이 식으로부터 온도 t에서의 비중량 γ_t를 바로 계산할 수 있다. 따라서, 온도 t에서의 밀도 ρ_t는 다음의 식으로 얻어진다.

$$\rho_t = \frac{W_0 - W}{V \cdot g} \qquad (12-1-2)$$

[그림 12-1]은 정수력학적 무게에 의한 계측을 나타낸 것이다.

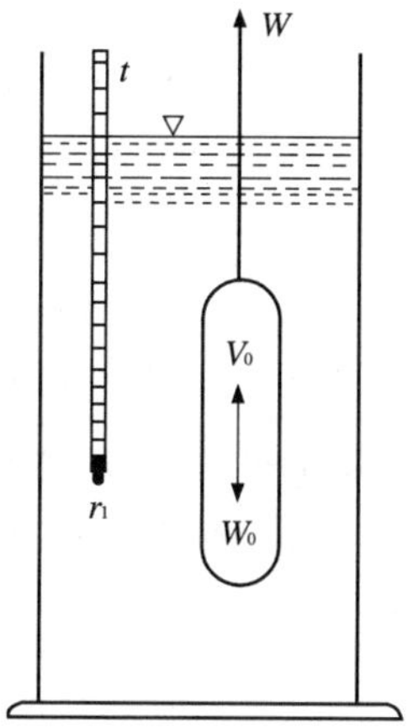

[그림 12-1] 정수력학적 무게에 의한 계측(suspended plummet)

(3) 웨스트펄 밸런스에 의한 계측

웨스트펄 밸런스(Westphal balance)에 의한 계측은 정수력학적 무게에 의한 계측과 비슷한 방법으로 비중의 계측으로 측연추에 작용하는 부력을 이용한 것이다.

측정하려는 액체 속에 온도계가 달린 측연추를 완전히 잠기도록 하여 이 연추에 작용하는 액체의 부력과 눈금대 위에 얹히는 라이더(rider)가 평형이 되도록 지점(knife edge)을 정하여 나타난 눈금을 읽으면 정밀한 비중을 구할 수 있다. [그림 12-2]는 웨스트펄 밸런스를 나타낸 것이다.

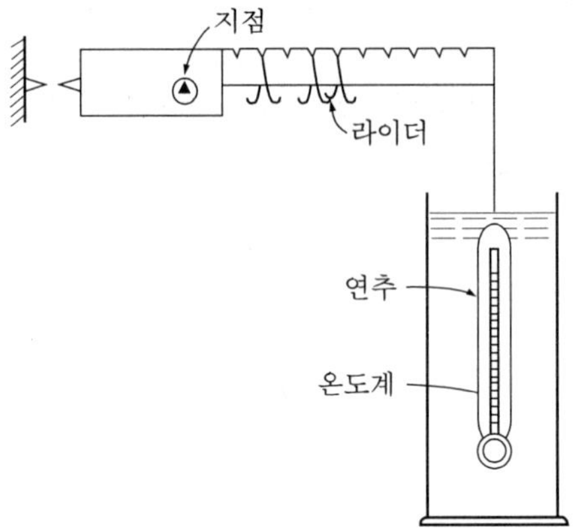

[그림 12-2] 웨스트펄 밸런스

(4) U자관에 의한 계측

[그림 12-3]과 같이 U자관을 이용하는 방법으로 U자관의 한편에 이미 밀도를 알고 있는 액체를 넣고, 다른 편에는 측정하려고 하는 액체를 넣어서 평형을 이룬 다음에 그림에서와 같이 경계면의 수평위치로부터 액주의 높이 l_1과 l_2를 측정하면, 이미 알고 있는 액체의 밀도를 ρ_2라 할 때

$$\rho_1 = \frac{l_2}{l_1}\,\rho_2 \tag{12-1-3}$$

로 된다. 이 때 두 액체는 혼합되지 않고 서로 반응하여 화학작용도 일으키지 않는 액체

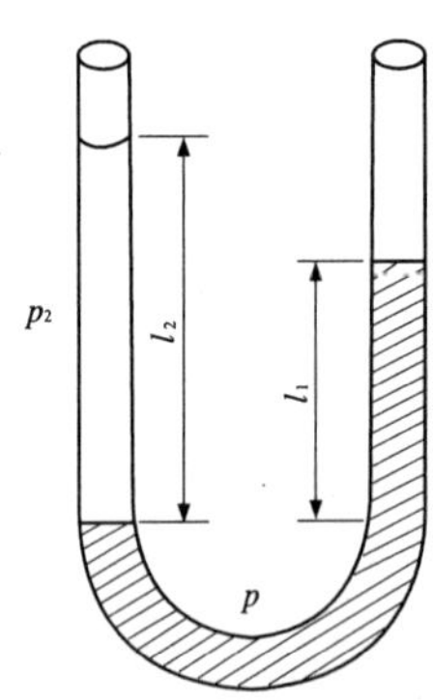

[그림 12-3] U자관

라야 한다. 그러나 이 방법은 U자관 안의 액체 표면의 요철(meniscus) 때문에 액주의 높이를 정확히 계측하는 데 난점이 있다.

(5) 비중계에 의한 계측

비중계(hydrometer)를 사용하여 액체의 밀도를 계측하는 것은 가장 널리 사용되는 방법이다. [그림 12-4]에서와 같이 밀도를 측정하려는 액체를 긴 유리 용기에 적당한 양을 채운 다음에 비중계를 넣어서 평형이 이루어진 다음, 액면과 일치되는 눈금으로 비중을 바로 계측할 수 있도록 되어 있다. 이 때 주의해야 할 사항은, 여러 종류의 비중계가 있으므로 측정하려는 액체의 비중 정도에 알맞는 비중계를 선택하여야 보다 정확한 비중의 계측이 가능해 진다는 점이다.

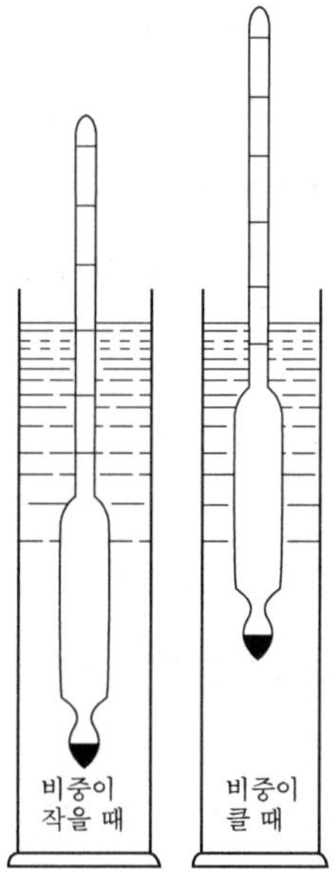

[그림 12-4] 비중계

예제 12-1 비중병에 액체를 채우고 무게를 달았더니 500g이었다. 이 비중병의 부피가 200cm³이라면 이 액체의 비중량과 밀도는 얼마이겠는가? 단, 이 비중병 자체의 무게는 200g이다.

풀이 $\gamma = \dfrac{W-W_0}{V} = \dfrac{500g_f-200g_f}{200cm^3} = 1.5\dfrac{g_f}{cm^3}$

$$\rho = \frac{W-W_0}{V \cdot g} = \frac{500g_f - 200g_f}{200\text{cm}^3 \times 980\ \frac{\text{cm}}{\text{s}^2}} \doteqdot 1.53 \times 10^{-3} \frac{g_f \cdot \text{s}^2}{\text{cm}^4}$$

12-2 점도 측정

유체의 점도(粘度)를 계측한다는 것은 점성계수를 결정하려는 것(measurement of viscosity)으로 그 방법으로는 주어진 유체 속에 어떤 물체를 회전시켜 그 물체에 걸리는 토크에 의해서 측정하는 방법, 액체 속에 작은 강구(steel ball)를 낙하시켜서 강구의 낙하 속도에 의해서 측정하는 방법, 작은 가는 관(細管)으로 액체를 통과시켜서 일정량의 액체가 통과하는 데 요하는 시간으로 측정하는 방법 등이 있다. 위에 열거한 방법들은 모두 유체의 흐름이 층류인 상태에서 측정하도록 되어 있으므로 층류에 대한 이론적인 해석 즉, Newton의 점성법칙, Hagen-Poiseulli법칙, Stokes법칙 등이 적용된다. 특히, 유체의 점성은 온도에 민감하므로 측정하는 동안에 등온 상태가 유지되도록 하여야 한다. 그리고 측정온도는 반드시 기록되어야 한다.

(1) Newton의 점성법칙 적용

회전식 점도계에 적용된 것으로 Newton의 점성법칙 $\tau = \mu \cdot \frac{du}{dy}$에서 점성계수를 결정하는 방법이다. [그림 12-5]의 동심원통(同心圓筒) 점도계에서 회전속도가 N rpm이고, 회전하는 외부원통의 반지름을 r_2라고 하면, 외부원통 표면의 유체속도는 $\frac{2\pi r_2 N}{60}$이다.

[그림 12-5] (a)와 같이 두 동심원으로 되어 있는 그 사이에 점성계수를 측정하려는 액체가 들어 있다. 이 때 외부원통이 일정한 속도로 회전하면 내부원통도 점성작용으로 인하여 회전하는데 스프링의 복원력과 점성력이 평형이 될 때 내부원통은 정지한다.

1 저면(底面)유체의 회전능률을 무시할 경우

[그림 12-5]와 같이 내외부원통의 간극이 b, 내부원통의 높이가 h인 경우

$$\frac{du}{dy} = \frac{2\pi r_2 N}{60b}$$

가 되며, 내부원통의 회전능률 T는 원통을 지지하고 있는 줄로서 계측하고 전단응력 τ는

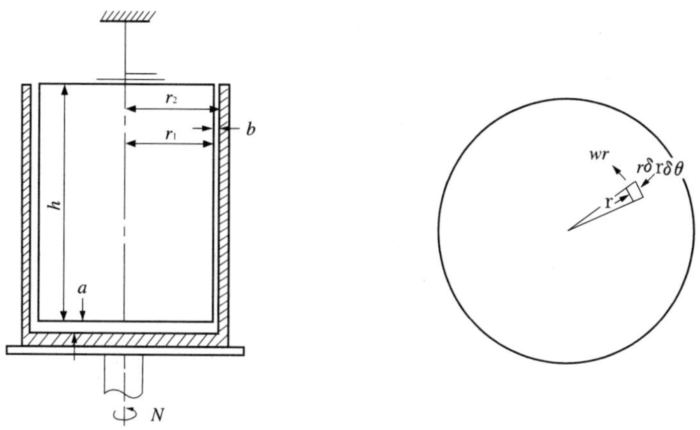

(a) (b)

[그림 12-5] 동심원통형 회전식 점도계

제시된 조건을 고려하면

$$\tau = \frac{T}{2\pi r_1^2 h}$$

이 된다. $\tau = \mu \cdot \dfrac{du}{dy}$ 로 부터 점성계수 μ는

$$\mu = \frac{15Tb}{\pi^2 \cdot r_1^2 \cdot r_2 h \cdot N} \qquad (12-2-1)$$

2 저면유체의 회전능률을 고려할 경우

저면유체가 주는 회전능률은 [그림 12-5] (b)에서 저면과 내부 원통의 간극이 a인 때 미소부분에 작용하는 회전능률 dT는 다음과 같이 된다.

$$dT = r \cdot \tau \cdot dA = \tau \cdot \mu \cdot \frac{\omega \cdot r}{a} \cdot r \cdot dr \cdot d\theta$$

여기서 속도변화의 거리 a에서 $\omega \cdot r$이다. 원판의 면적에 대하여 적분하고 $\omega = \dfrac{2\pi N}{60}$을 대입하면

$$T = \frac{\mu}{a} \cdot \frac{\pi}{30} \cdot N \cdot \int_0^{r_1} \int_0^{2\pi} r^3 \cdot dr \cdot d\theta = \frac{\mu \cdot \pi^2}{a \cdot 60} \cdot N \cdot R_1^4 \qquad (12-2-2)$$

3 종합한 경우

[그림 12−5] (a)와 같은 점도계에 있어서 내외부원통의 저면간극 a가 비교적 커서 점성계수에 주는 영향이 적을 때에는 무시할 수 있으나 a가 적을 때에는 이를 포함시켜야 한다. 원판과 원통에 의한 회전능률은 비틀림 줄의 회전능률 T와 같아야 하며 (i), (ii)의 결과와 종합하면

$$T = \frac{\mu \cdot \pi^2 \cdot N \cdot r_1^{\,4}}{a \cdot 60} + \frac{\mu \cdot \pi^2 \cdot r_1^{\,2} \cdot r_2 \cdot h \cdot N}{15 \cdot b} = \frac{\mu \cdot \pi^2 \cdot N \cdot r_1^{\,2}}{15}\left(\frac{r_1^{\,2}}{4a} + \frac{r_2 \cdot b}{b}\right) \quad (12-2-3)$$

이 식에서 μ를 제외한 모든 양들은 알고 있으므로 점성계수 μ를 결정할 수 있다.

[그림 12−6] (a)와 같이 외부원통이 회전하는 것을 MacMichael 점도계라 하고, (b)와 같이 내부원통이 낙추(落錘)기구에 의해 회전하고 외부원통은 고정되어 있어 일정한 회전수에 대한 소요시간을 측정함으로써 점성계수를 구하는 것을 Stormer 점도계라 한다.

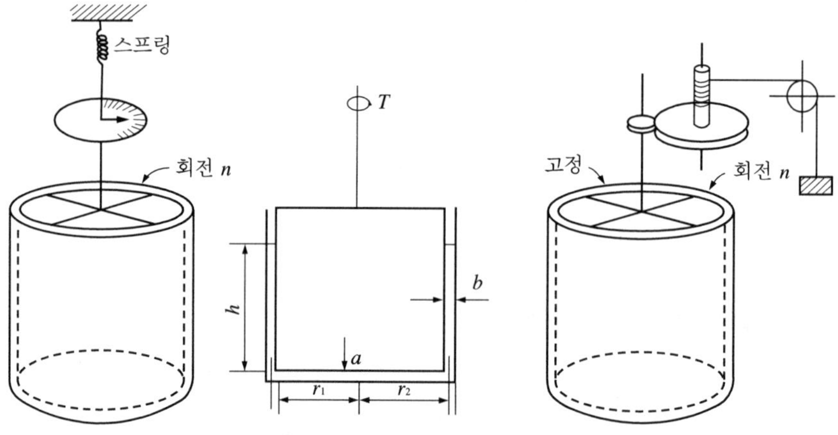

(a) MacMichale 점도계 (b) Stormer 점도계

[그림 12-6] 점도계

(2) Hagen-Poiseulli 법칙 적용

Hagen−Poiseulli(하겐−푸아젤) 법칙의 적용은 관을 이용한 것으로 오스트발트(Ostwald) 점도계와 세이볼트(Saybolt) 점도계가 있다. 점성을 측정하고자 하는 액체의

일정한 양을 특정한 작은 관을 통해서 낙하시키는 데 요하는 시간을 측정함으로써 액체의 동점성계수를 얻을 수 있다.

1 오스트발트 점도계

오스트발트 점도계는 [그림 12-7] (a)에서 보는 바와 같이 높이 A눈금까지 점도를 측정하려는 액체를 채우고 B눈금 위까지 끌어올린 다음에 이 액체가 C눈금까지 내려오는 데 걸리는 시간을 측정함으로써 동점성계수를 알 수 있게 한 것이다. 즉, 단위시간당 액량은 눈금 BC 사이에 채워져 있는 액량을 V라 하고 이 액량이 하강하는 데 t초가 소요되었다면 $Q = \frac{V}{t}$ 이므로 Hagen-Poiseulli 법칙을 적용하여 다음과 같이 계산할 수 있다.

$$\mu = \frac{\pi \cdot d^4 \cdot \Delta P}{129Q \cdot l} = \frac{\pi \cdot d^4 \cdot \rho \cdot g \cdot h_L}{128Q \cdot l} = \frac{\pi \cdot d^4 \cdot g \cdot h_L}{128 \cdot V \cdot l} \cdot \rho \cdot t = K \cdot \rho \cdot t \qquad (12\text{-}2\text{-}4)$$

여기서 K는 점도계에 관한 상수이며, μ_0, ρ_0인 표준액체에 대한 t_0를 구해 두면 임의의 액체에서의 동점성계수를 구할 수 있다. 식 (12-2-4)에서

$$\frac{\mu}{\mu_0} = \frac{\rho \cdot t}{\rho_0 t_0}$$

$$\therefore \mu = \mu_0 \frac{\rho \cdot t}{\rho_0 t_0} = \nu_\circ \frac{t}{t_0} \cdot \rho$$

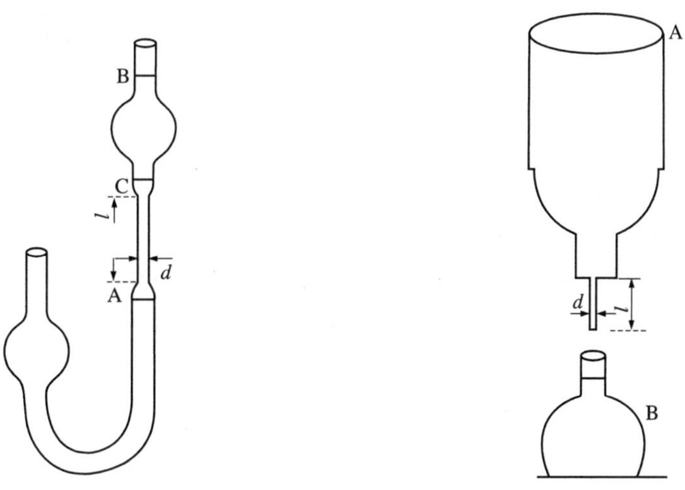

(a) 오스트발트 점도계 (b) 세이볼트 점도계

[그림 12-7] 관을 이용한 점도계

따라서,

$$\nu = \nu_0 \frac{t}{t_0} \qquad (12-2-5)$$

비 Newton 유체가 가는 관을 흐를 때는 유속의 관 내 분포가 Newton 유체의 경우와는 다르므로 Hagen-Poiseulli의 법칙이 성립되지 않는다.

2 세이볼트 점도계

[그림 12-7] (b)와 같이 측정기의 아래쪽 출구를 막고 액체를 A눈금까지 채운 뒤 출구를 다시 열어서 액체가 B용기로 채워지는 데 걸리는 시간을 측정함으로써 동점성계수 ν를 결정하게 된다. 즉, 표준 수두(水頭) 조건이 주어지고 작은 관을 지나는 액체의 체적을 일정한 시간 동안에 측정하면 유량을 계산할 수 있고 비중량을 결정하면 ΔP는 산출된다. 그러므로 측정 장치의 길이와 지름을 알면

$$\mu = \frac{\pi \cdot d^4 \Delta P}{128 Q \cdot l}$$

이 되어 μ를 구할 수 있다. 그러나 관 속의 압력측정과 지름의 결정이 어렵고 균일하게 하는 것은 곤란하기 때문에 실제의 경우에는 짧은 모세관을 통하여 일정한 체적 60cm^{3}가 흐르는 데 소요되는 시간을 측정하여, 이를 액체의 동점성계수의 척도로서 사용하며, 이를 세이볼트 읽음이라고 한다. 즉 $\Delta P = \rho \cdot g \cdot h$, $Q = \frac{V}{t}$로 대입하면 Hagen-Poiseulli 방정식은

$$\frac{\mu}{\rho \cdot t} = \frac{g \cdot h \cdot \pi \cdot d^4}{128 V \cdot l} = C_1$$

측정하는 동안 수두 h는 변하여도 모든 액체에 대하여 동일한 조건이 이루어지므로 윗식의 우측 항은 하나의 상수로 취급한다. 따라서 $\nu = \frac{\mu}{\rho}$ 이므로

$$\nu = C_1 \cdot t$$

즉, 동점성계수는 시간 t에 비례한다. 흐름은 관벽에서의 점성저항으로 인하여 관벽 가까이는 속도가 느리고 관 중심부에서는 속도가 빠르게 되므로 이를 $\frac{C_2}{t}$로 보정하면 다음과 같이 된다.

$$\nu = C_1 \cdot t + \frac{C_2}{t}$$

t>32초인 경우에 점성계수와 세이볼트 초(秒) 사이의 근사관계는

$$\nu = 0.0022t - \frac{1.8}{t} \text{(Stokes)} \qquad (12-2-7)$$

로 표시되고 t는 sec(초)의 단위를 갖는다. 이와 같은 것으로는, 영국의 표준형으로 레드우드(Redwood) 점도계가 있고, 독일, 프랑스의 표준형으로 각각 엥글러(Engler) 점도계와 바베이(Barbey) 점도계가 있다.

(3) Stokes 법칙의 적용

낙구식 점도계에 이용한 방법으로 아주 작은 강구(steel ball)를 측정하고자 하는 유체 속에 낙하시킨 다음 球가 등속도운동을 하는 구간 l을 통과하는 시간을 측정함으로써 점성을 알 수 있다. 이 때 이 강구에서의 항력 F_D는 Stokes 법칙이 적용된다. 즉, 구의 지름을 d, 낙하속도를 V라고 하면 R_e<1에서는

$$F_D = 3\pi \cdot \mu \cdot V \cdot d$$

이 된다. 여기서 강구의 무게를 W라고 하면

$$W = \frac{\pi \cdot d^3 \cdot \gamma_s}{6}$$

강구의 액체 속에서의 부력 F_B는

$$F_B = \frac{\pi \cdot d^3 \cdot \gamma_l}{6}$$

위의 힘들은 평형상태가 되고 평형방정식을 세우면

$$F_D + F_B - W = 3\pi\mu \cdot V \cdot d + \frac{\pi \cdot d^3 \cdot \gamma_l}{6} - \frac{\pi \cdot d^3 \cdot \gamma_s}{6} = 0$$

그러므로 점성계수 μ는

$$\therefore \mu = \frac{d^2(\gamma_s - \gamma_l)}{18V} \qquad (12-2-8)$$

그러나 실제의 경우 유체를 둘러싼 벽 효과가 영향을 주게 되므로 수정을 하여야 한다. 이 벽의 영향은 구 지름에 대한 관의 지름의 비로서 실험적으로 얻어지며 속도에 관하여 수정을 한다. 지금 V_t를 관 내에서의 낙하속도 d_t를 관의 지름이라 하면 수정속도 V와의 관계는

$$\frac{V}{V_t} = 1+\left(\frac{9}{4}\cdot\frac{d}{d_t}\right)+\left(\frac{9}{4}\cdot\frac{d}{d_t}\right)^2$$

으로 주어진다. 이 식에서 구한 수정속도 V를 식 (12-2-8)에 대입함으로써 보다 정확한 점성을 얻을 수 있다. [그림 12-8]은 낙구식 점도계와 강구에 작용하는 힘의 평형관계를 나타낸 것이다.

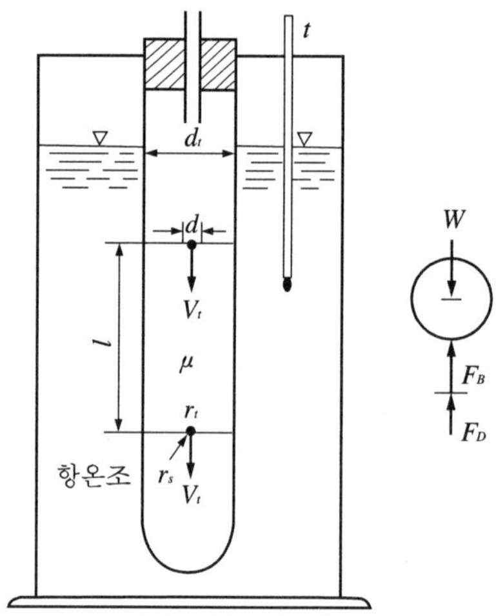

[그림 12-8] 낙구식 점도계

예제 12-2 세이볼트 점도계를 사용하여 동점성계수를 측정하려고 한다. 지금 어떤 액체 30cc를 통과시키는 데 1분이 경과되었다면 동점성계수는 몇 Stokes이겠는가?

풀이 식 (12-2-7)에서

$$\nu = 0.0022t - \frac{1.8}{t}$$

$$= 0.0022 \times 60\,\text{sec} - \frac{1.8}{60\text{sec}}$$

$$= 0.102\ \text{Stokes}$$

12-3 압력 측정

압력이란 단위 면적에 작용한 힘의 평균치로 정의되며 유체 내의 임의의 한 점에 어느 방향에서나 똑같은 크기로 작용하는 힘인 정압(static pressure), 압력 기울기가 일어나는 경우 흐름 내의 고압역(高壓域)에서 저압역(低壓域)으로 압력의 평형을 위해 작용하는 전압(total pressure), 전압과 정압의 차인 동압(dynamic pressure)으로 구분된다. 압력의 측정은 에너지 방정식에 있어 유속과 압력의 상관관계로 유속이나 유량을 측정하는 많은 장치에서 필요로 한다.

(1) 정압 측정

정압(靜壓)은 유체가 정지해 있거나 유동 중일 때로 나누어서 생각할 수 있으며 유동 중인 유체의 정압은 측정시 유속에 방해를 받지 않을 때의 압력이다. 정지 상태의 유체의 정확한 압력측정은 계기(gauge)와 마노미터(manometer)의 정확도(accuracy)에 의한 것이지 유체와 기록장치 사이의 연결부와는 무관하다. 그러나 유동하고 있는 유체 내의 정압을 얼마나 정확히 측정하느냐 하는 것은 유체와 측정장치 사이의 연결부에 영향을 받는다. [그림 12-9]는 흐르는 유체 내의 압력 측정장치로 마노미터 연결부와 정압관(static tube)즉, 피에조미터(Piezometer)를 나타낸다. 그림에서와 같이 수평인 관에 흐름이 평행일 때 압력 변화는 정수력학(靜水力學)이며 유선에 대하여 수직방향으로 나타난다. 따라서 관벽에서의 압력을 측정함으로써 그 단면의 다른 점들에서의 압력을 결정할 수 있다. 피에조미터의 구멍의 크기는 작아야 하며, 그 길이는 적어도 지름의 두 배는 되어야 한다. 그리고 표면에 수직해야 한다. 또한 구멍의 가장자리는 매끄러워야 하며 조그만 돌출 부분이라도 있으면 소용돌이가 발생하므로 정확한 측정치를 기대할 수 없다. 구멍 주위의 라운딩(rounding)은 필요할 수도 있다. 그러므로 위와 같은 오차 발생의 원인을 줄이기 위하여 여러 개의 구멍을 뚫어 그들을 하나의 피에조미터의 링(ring)에 함께 연결하는 것이 바람직하다.

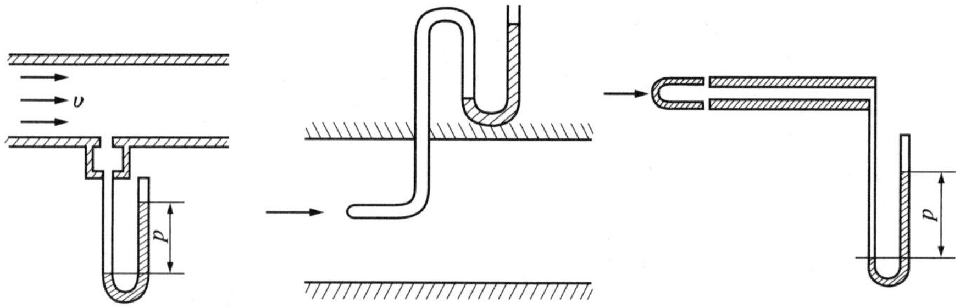

(a) 피에조미터(마노미터) 구멍 (b) 정압관

[그림 12-9] 정압측정장치

따라서 개구부(開口部) 부근에서 발생하는 오차를 줄이고 피에조미터 링의 이점을 살린 [그림 12−9] (b)와 같은 정압관(static tube)을 사용할 수 있다. 이것은 막힌 끝쪽이 유동의 상류층으로 향한 관으로 되어 있다. 이것에는 입구쪽에서 하류쪽의 원통 부분에 둥근 구멍이 있다. 유동은 구멍에서 교란되지 않고 흐르는 것으로 한다. 그러나 흐름은 관이 오른쪽으로 90° 굽은 까닭에 흐름의 방해를 받는다. 정압관은 그 측정치가 너무 높게 또는 낮게 측정될 염려가 있으므로 보정되어야 한다. 정확한 정압을 읽지 않으면 액면의 차이 Δh가 보통 정압관 부근의 유동 속도의 제곱에 비례하여 나타난다. 즉,

$$\Delta h = C\frac{v^2}{2g}$$

여기서, C는 압력과 속도가 알려져 있는 안정된 유체 속에서 관을 움직이므로, 또는 피에조미터 링을 갖춘 매끄러운 파이프 속에 넣음으로써 결정되어진다.

피에조미터의 구멍은 부르돈(Bourdon) 계기, 나노미터, 마이크로 마노미터, 혹은 전자 변환기에 연결된다. 변환기는 압력 변화에 의해 발생되는 막의 미세한 변형이 전기 신호를 일으키도록 되어 있다. 측정 원리는 스트레인 게이지(strain gauge) 휘트스톤 브리지(Wheatstone bridge) 회로의 원리이며, 이는 차동(差動)변압기나 전기용량의 틈새의 변화 혹은 결정(結晶)이 응력을 받았을 때 나타내는 피에조 전기의 거동(擧動) 등을 이용한다.

(2) 전압 측정

유체의 유동 속도가 0이 되는 점, 즉 정체점(stagnation point)에서의 압력을 정체압력(stagnation pressure) 또는 전압(total pressure)이라 한다. 이 전압은 피토관(pitot tube)으로

측정할 수 있으며, [그림 12-10]에서와 같이 직각으로 구부러진 가는 관 전면 끝에는 작은 구멍이 뚫려 있어서 이 구멍을 통하여 전달된 압력을 측정할 수 있도록 되어 있다. 피토관의 입구 부분은 논리적으로 전압의 크기에 영향을 미치지 않으므로 어떤 형상이든지 상관없지만 측정시에는 정체점의 위치를 좀더 정밀하게 정하기 위하여 피토관의 입구 부분을 보통 뾰족하게 원추형이나 반구(半球)형으로 한다.

또한, 피토관의 중심선과 유체의 유동 방향을 평행하게 만드는 것이 어렵기는 하지만, 가능한 한 정확한 전압 측정을 위해 평행을 유지하는 것이 필요하다. 이 경우 유체의 유동방향과 피토관의 중심선과 이루는 각, 즉 중심선과 흐름이 흔들리는 각(yaw angle)이 가급적 0이 되어야 한다.

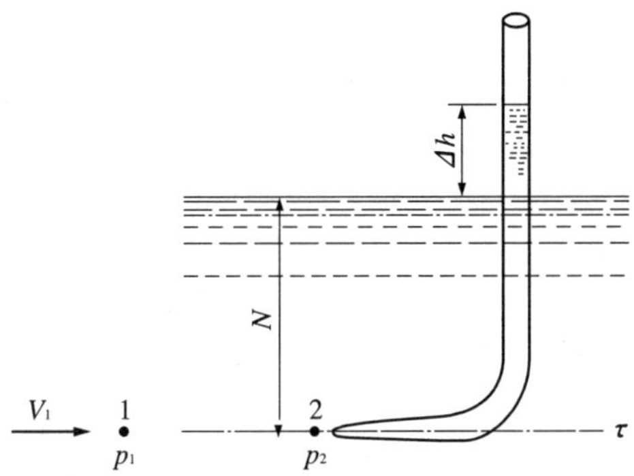

[그림 12-10] 피토관

[그림 12-10]과 같이 유체의 유동 방향으로 알맞게 설치되어 있다고 하고, 비압축성, 비점성, 정상류, 1차원 흐름이라 가정하면 피토관이 유속 V_1인 흐름 속에 놓일 때 흐름의 임의의 점 1, 2에 대해 베르누이 방정식을 적용하면

$$\frac{P_1}{\gamma}+\frac{V_1^2}{2g} = \frac{P_2}{\gamma}+0 = Z+\Delta h$$

$$P_t = P_2 = P_1+\frac{\rho \cdot V_1^2}{2} = \gamma\,(Z+\Delta h) \qquad (12\text{–}3\text{–}1)$$

여기서 P_t는 정체점 P_2에서의 압력을 말한다. 그러므로 전압은 정압(P_1)과 동압$\left(\frac{\rho \cdot V_1^2}{2}\right)$의 합으로 이루어지고 정확한 측정치를 얻기 위하여는 자유표면과의 높이차 Δh를 정확히 계측하여야 한다.

여기서, [그림 12-11]의 압력을 측정하기 위해 벽면에 뚫은 측정공(測壓孔)의 형상이 정압의 읽음에 미치는 영향과, [그림 12-12]에 피에조미터 링의 형상을 표시한다.

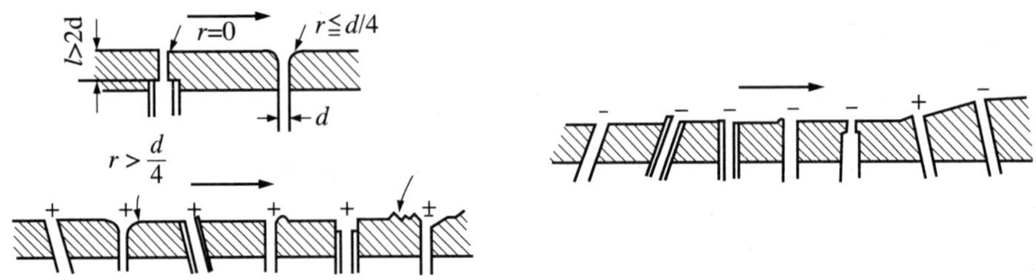

(a) 정확한 계측

(b) 부정확한 계측

[그림 12-11] 측압공(測壓孔)의 모양이 정압의 계측에 미치는 영향

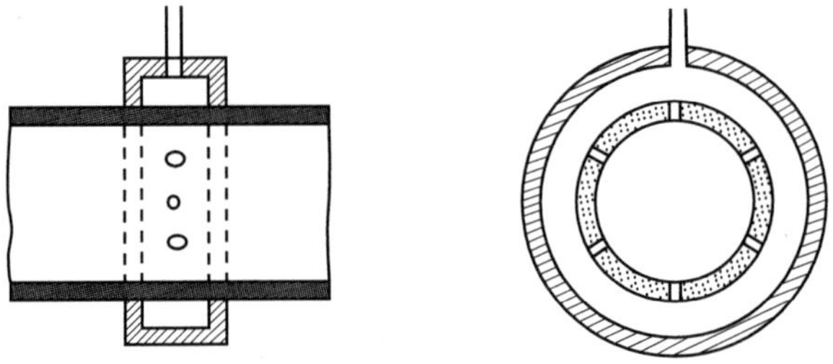

[그림 12-12] 피에조미터 링

12-4 유속 계측

(1) 피토 정압관(pitot static tube)

유속(流速)의 측정은 연속방정식에 의하여 유량을 얻을 수 있으며, 베르누이 방정식을 적용할 경우엔 압력과도 직접적인 관련이 있으므로 유속의 계측은 흐름을 이해하는데 매우 중요한 역할을 한다. 12-3절의 (2) 전압의 측정에서 이미 소개한 피토관을 같은 방법으로 속도의 계측에 활용하면 적절한 방법이 될 것이다. 식 (12-3-1)로부터 [그림

12-9]의 1과 2는 동일한 수평면이므로 $\frac{P_1}{\gamma} = Z$가 되어

$$\Delta h = \frac{V_1^2}{2g}$$

$$\therefore V_1 = \sqrt{2g\Delta h} \qquad (12\text{-}4\text{-}1)$$

이 된다. 따라서 피토관으로 정체압력을 측정함으로 유속을 구할 수 있다. 즉, 유속은 피토관에 의한 자유 표면과의 차 Δh를 계측함으로 얻을 수 있는 것이다.

[그림 12-13]에서와 같이 시차액주계(differential manometer)의 양단을 연결시키면 동압(dynamic pressure)을 얻을 수 있으므로 유속을 구할 수 있다. [그림 12-13]에서 점 1, 2에 대해 베르누이 방정식을 적용하면

$$\frac{P_1}{\gamma} + \frac{V_1^2}{2g} = \frac{P_2}{\gamma} = \frac{P_t}{\gamma} \qquad (12\text{-}4\text{-}2)$$

이 되고 양단의 압력평형을 이용하면

$$P_1 + \gamma \cdot k + \gamma' \cdot R' = P_2 + \gamma\,(k + R')$$

$$\therefore \frac{P_2 - P_1}{\gamma} = R\left(\frac{\gamma'}{\gamma} - 1\right)$$

$$= R\left(\frac{S'}{S} - 1\right) \qquad (12\text{-}4\text{-}3)$$

식 (12-4-2)와 식 (12-4-3)으로 부터

$$V_1 = \sqrt{2g \cdot R'\left(\frac{\gamma'}{\gamma} - 1\right)}$$

$$= \sqrt{2g \cdot R'\left(\frac{S'}{S} - 1\right)} \qquad (12\text{-}4\text{-}4)$$

가 된다. 그러므로 유체의 비중 S, 액주계 내의 마노미터액의 비중 S'를 알고 시차액주계의 눈금의 차 R'를 읽으면 유속 V_1을 식 (12-4-4)를 이용해 계산할 수 있다.

[그림 12-13]은 피토 정압관(pitot static tube)을 이용한 유속 측정의 방법을 나타낸 것으로 식 (12-4-4)를 이용해 유속을 구한다. 그런데 실제의 경우 정압 측정시의 불안정요소에 대한 보정계수로 식 (12-4-4)에 C를 곱하여 사용한다.

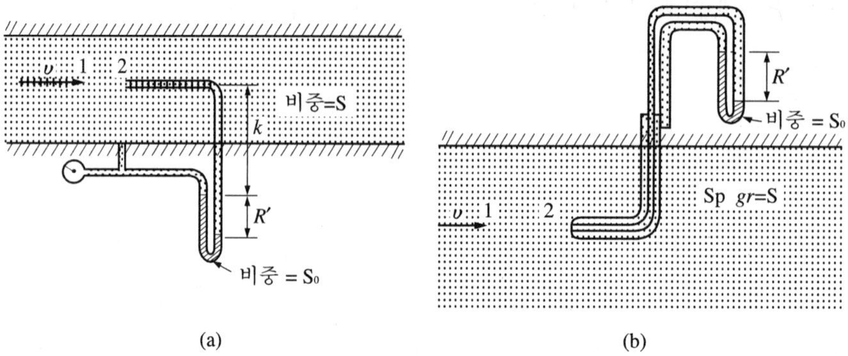

[그림 12-13] 유속의 측정

즉,

$$V_1 = C\sqrt{2g \cdot R'\left(\frac{S'}{S} - 1\right)} \qquad (12-4-5)$$

여기에서 C는 보통 피토 정압관과 프란틀관에서는 1이고 그 밖의 다른 관에서는 실험을 통해서 미리 보정계수 C를 결정해야 한다. 그리고 피토 정압관으로 측정한 유속은 피토 정압관이 위치한 지점과 평행한 유선의 속도로서 유로(流路) 전체의 평균 유속이 아님을 유의하여야 한다.

보정계수를 고려한 즉, $C = 1$의 값을 취할 수 있는 피토 정압관들을 [그림 12-14]에 표시한다.

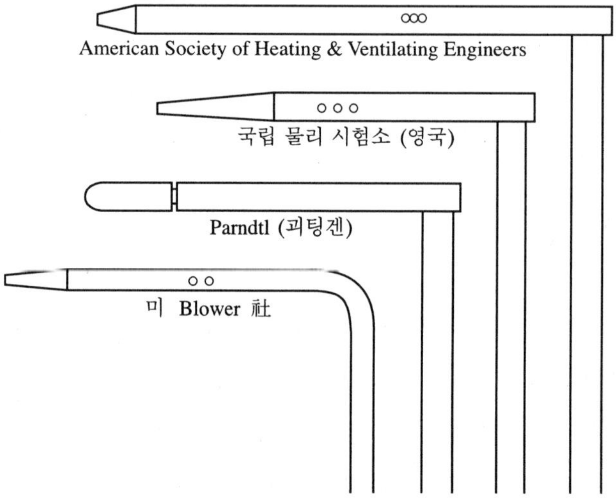

[그림 12-14] 피토 정압관들

예제 12-3 [그림 12-10]과 같이 피토관을 설치했더니 Δh가 50mm이었다. 이 때 유속을 구하면 몇 m/sec이겠는가?

풀이 식 (12-4-1)에서

$$V = \sqrt{2g \cdot \Delta h}$$

$$= \sqrt{2 \times 9.8 \frac{m}{s^2} \times 50 \times 10^{-3} \mathrm{m}}$$

$$\fallingdotseq 0.99 \frac{m}{s}$$

예제 12-4 시차액주계를 [그림 12-13] (a)와 같이 물 속에 설치하였더니 R'가 250mm이었다. 액주계 속에 있는 액체의 비중을 13이라 하면 물의 유속은 몇 m/s인가?

풀이 식 (12-4-4)에서

$$V = \sqrt{2g \cdot R' \left(\frac{S'}{S} - 1 \right)}$$

$$= \sqrt{2 \times 9.8 \frac{m}{s^2} \times 0.25 \mathrm{m} \times \left(\frac{13}{1} - 1 \right)}$$

$$= 7.67 \frac{m}{s}$$

예제 12-5 흐르는 물의 속도를 측정하기 위하여 피토 정압관을 [그림 12-13] (b)와 같이 설치하였다. 마노미터 액체의 비중은 13이고 R'가 300mm일 때 유속은 몇 m/s인가? 단, 유속계수 C는 1.1이다.

풀이 식 (12-4-5)에서

$$V = C \sqrt{2g \cdot R' \left(\frac{S'}{S} - 1 \right)}$$

$$= 1.1 \times \sqrt{2 \times 9.8 \frac{m}{s^2} \times 0.3 \mathrm{m} \times \left(\frac{13}{1} - 1 \right)}$$

$$= 8.4 \frac{m}{s}$$

(2) 풍속계

풍속계(anemometer)는 공기의 속도를 측정하는 계측기로 통상 1~3m/s로부터 50m/s 정도의 풍속에 사용되는 컵(cup)을 붙인 로빈손(Robinson)형과 0.5~12m/s 정도의 풍속에 사용되는 깃(vane)을 가진 베인(vane)형으로 구분된다.

[그림 12-15]에 풍속계를 표시한다. (a)의 컵형 풍속계는 일반적으로 가장 많이 사용되는 측정기로 바람에 의한 회전자(rotor)의 회전수로 풍속을 알 수 있게 한 것이다. (b)의 베인형도 같은 원리로 측정토록 되어 있다. 즉, 단위시간당의 회전축의 회전수를 측정하여 속도를 알 수 있도록 한 것이므로 실제의 경우에 있어서는 회전수와 속도는 반드시 비례하지 않으므로 이를 보정해 주어야 한다. 속도 V와 회전수 N에는 다음과 같은 관계가 성립된다.

$$V = aN + b$$

여기서 a, b는 검정(檢定)을 통해 구해지는 보정계수이다. 베인형 풍속계는 가스나 액체의 속도를 계측하기 위한 것으로 사용되어 왔다.

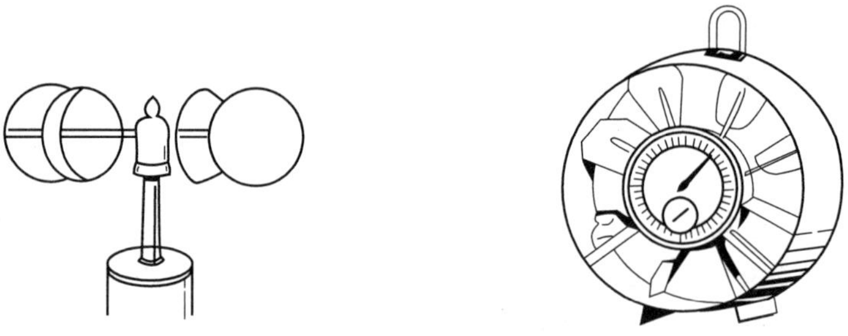

(a) 컵 (cup) 형　　(b) 베인 (vane) 형

[그림 12-15] 풍속계

(3) 유속계

유속계(current meter)는 개수로(開水路, open channel)에서의 액체 유동의 유속을 측정하는 데 이용된다. 컵(cup)형 유속계는 방향에 따라 항력이 변하도록 되어 있고 비교적 늦은 회전을 일으키므로 개울이나 강의 유속을 측정하는 데 사용된다. 베인(vane)형 유속계는 전기회로에 연결되어 전기신호가 얻어지는 회전수에 따라 발생되고, 따라서 베

인의 회전수를 알 수 있게 되고 이 회전수는 보정곡선에 의해 속도로 바꾸어진다. [그림 12-16]에 유속계를 나타낸다.

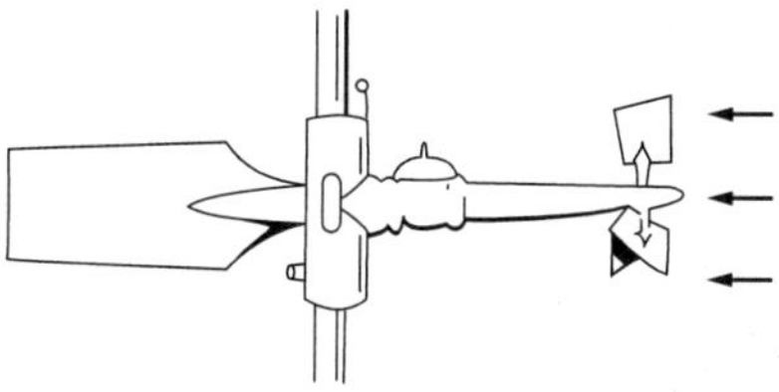

(a) 컵형

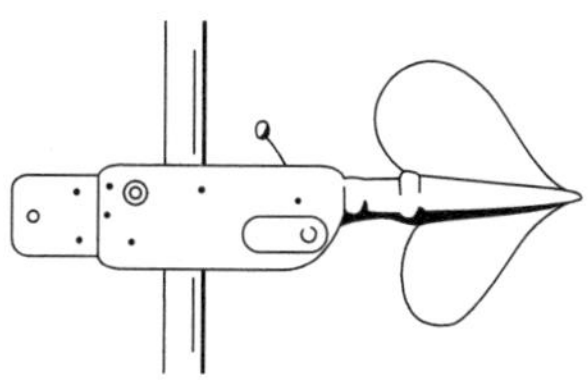

(b) 베인형

[그림 12-16] 유속계

(4) 열선풍속계

위에 열거한 유속계측장치들은 그 흐름이 정상류이거나, 시간에 따라 조금 변하는 정도의 유속을 측정하는 데 적합한 계기이다. 그러나 난류에서 소용돌이에 의한 속도변동을 측정하거나 국부에서의 속도측정 또는 얇은 경계층에서의 속도측정에는 위에서 언급한 계기들의 반응이 너무 늦어 빠른 속도변화를 측정하기엔 무리가 따르며 크기 또한 커서 적절치 못하다.

그러므로 빠른 속도변동에 민감하고 감지요소의 크기가 작아 주위 기체 흐름의 성질을 전혀 방해하지 않는 열선풍속계(hot-wire anemometer)를 사용한다. 그러나 열선풍속계는 피토관으로서는 측정하기 어려운 저속흐름도 측정이 가능한 반면 감지선이 부러지기 쉽고 매우 고가인 단점이 있다. 특히, 이 계기를 사용함에 있어 유의해야 할 점은 반드시 피토관이나 벤투리관과 같이 평균속도를 정확히 측정할 수 있는 계기를 사용하여 보정하여야 한다. 열성풍속계의 종류에는 열선의 가열방법에 따라 정전류형(定電流型)풍속계와 정온형(定溫型)풍속계가 있다.

[그림 12-17]에 열선풍속계를 나타낸다.

(5) 용적식 유량계

용적식 유량계는 가정용 급수시스템으로 가장 널리 사용되고 있는 계기로서 원판형 계기(disk meter)와 요동형 계기(wobble meter)가 있다. 이 계기는 유체 유동에 의해 변위

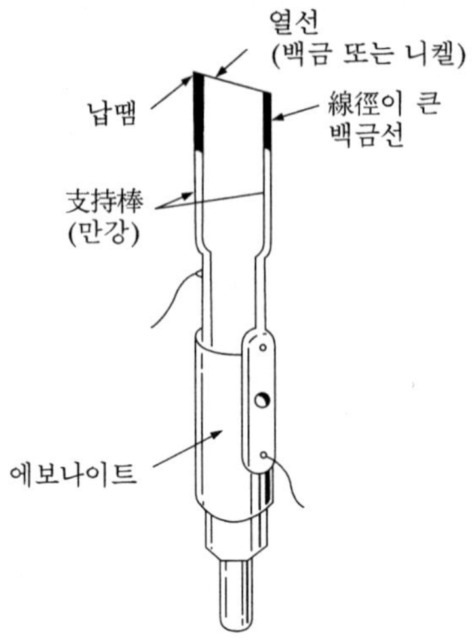

[그림 12-17] 열선풍속계

하는 피스톤이나 격벽(隔壁)을 가지고 있고 그들의 변위 횟수를 임의의 편리한 단위 즉 체적의 단위(liter 등)로 기록하는 계수(計數) 기구를 갖추고 있다.

원판은 유로 내에서 요동하며, 요동시 일정한 유체의 체적이 계기를 지나간다. 원판에 수직인 축은 기어장치와 연동이 되고 계수기를 차례로 작동시킨다.

저압천연가스의 유동은 대개 움직이는 격벽을 가진 체적유량계로 측정된다. 이 격벽은 유입가스에 의해 방의 한 끝까지 이동하면 그 다음은 밸브작용의 변화에 의해 방의 다른 끝으로 이동한다. 이러한 요동에 의해서 계수기가 작동하게 된다.

관로 내의 기름이나 고압기체의 유동은 회전계에 의해서 측정된다. 회전계 내의 컵이나 베인은 환상모양의 구멍 주위를 움직이며, 각 회전마다 일정 양의 유체를 밀어 낸다. 반지름 또는 축방향의 피스톤들은 통과하는 연속적인 유동의 체적에 의해 축의 회전이 결정되어지도록 배열한다.

일반저적으로 용적식 유량계는 유량을 측정하기 위한 시간측정장치를 갖고 있지 않다. 정상 상태의 유량은 주어진 유체용적의 변위에 필요한 시간을 기록함으로써 결정될 수 있다. 이들 계기의 작동상태가 양호하면 그 정확도는 1% 이내이다. 그러나 마모가 된 경우, 작은 유량에서는 오차가 크게 나타난다. 예를 들면 수도꼭지에서의 누설과 같은 경우이다.

12-5 유량 계측

단위시간에 유체가 얼마나 변위되었는가를 측정하는 방법에는 일반적으로 직접법과 간접법으로 나눈다. 직접법이란 주어진 시간 동안에 유량 즉 체적이나 중량을 직접 측정하는 방법을 말하며, 간접법은 유량과 직접적으로 관계 있는 압력의 변화량이나 또는 다른 변수들의 변화량을 측정하는 것이다.

예를 들면, 벤투리미터(Venturimeter) 오리피스(orifice) 및 노즐미터(Nozzlemeter)들은 간접적으로 유량을 측정하는 데 필요한 장치들이며 로터미터(rotormeter), 위어(weir) 등은 직접적으로 유량을 계측하는 방법이다.

(1) 오리피스計

오리피스計(orifice meter)는 수조(tank)에서 흘러 나가는 유량이나 관(pipe)을 통과하는 유량을 측정하는 데 사용된다.

1 수조(tank)에서의 오리피스

수조 내의 오리피스는 벽이나 바닥에 설치한다. 이것은 [그림 12-18]에서와 같이 角이 지거나 둥글게 처리되어 있는 원형이 구멍이다. 오리피스의 면적은 구멍의 면적과 같다. 각이 진 오리피스의 경우 유체 분류(噴流)는 구멍에서 흐름의 방향쪽으로 지름의 1.5배 정도의 짧은 구간에서 수축한다. 수조벽을 따라 접근하는 흐름의 부분은 구멍에서 직각

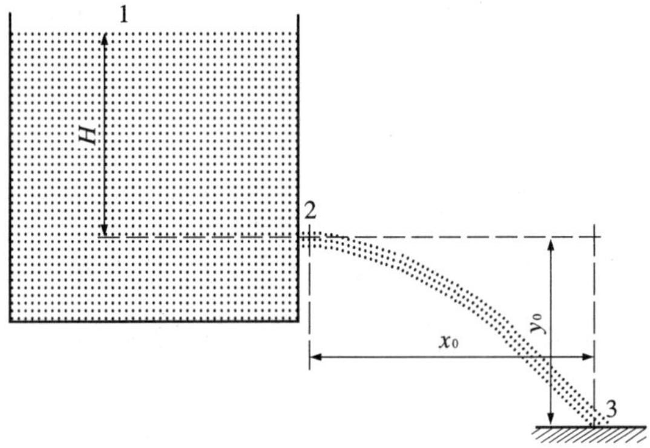

[그림 12-18] 수조(水槽)에서의 오리피스

으로 구부러질 수 없기 때문에 반지름방향 속도성분이 남고 분류면적이 줄어든다. 수축이 가장 큰 단면부를 축류부(縮流部, venacontracta)라고 한다. 이 단면에서의 분류유선(噴流流線)은 평행이며 압력은 대기압이다.

오리피스의 수두 H는 오리피스의 중심에서 자유표면까지의 거리이다. 이 수두는 일정한 것으로 가정한다. 자유표면상의 점 1에서 점 2인 축류부의 중심까지 베르누이 방정식을 적용하여 국소 대기압을 압력의 기준으로 하고, 점 2를 높이의 기준으로 하여 손실을 무시하면 다음과 같다.

$$\frac{P_1}{\gamma}+\frac{V_1^2}{2g}+Z_1=\frac{P_2}{\gamma}+\frac{V_2^2}{2g}+Z_2$$

위의 제시한 조건 즉, $P_1=P_2=0$(∵ 대기압), $Z_1-Z_2=H$를 대입하면

$$0+0+H=0+\frac{V_2^2}{2g}+0$$

$$\therefore\ V_2=\sqrt{2gH} \qquad (12-5-1)$$

이것은 단지 이론적인 결과일 뿐이다. 왜냐하면 두 점 사이의 손실들이 무시되었기 때문이다. 이론속도 V_t에 대한 실제속도 V_a의 비는 속도계수(velocity coefficient) C_v라고 한다. 즉

$$C_v=\frac{V_a}{V_t}$$

이고, 따라서 식 (12−5−1)은 다음과 같이 된다.

$$V_{2a}=C_v\cdot\sqrt{2gH} \qquad (12-5-2)$$

오리피스에서 실제 유출되는 유량 Q_a는 축류부에서의 실제속도와 분류면적과의 곱이다. 축류부에서의 분류면적 A_2의 오리피스면적 A_0에 대한 비는 수축계수(coefficient of contraction) C_c라는 또 다른 계수로 다음과 같이 나타낸다.

$$C_c=\frac{A_2}{A_0}$$

그러므로 축류부의 면적은 $C_c \cdot A_0$가 된다. 따라서 실제 유출되는 유량은 다음과 같다.

$$Q_a = C_v \cdot C_c \cdot A_0 \cdot \sqrt{2gH} \tag{12-5-3}$$

일반적으로 속도계수와 수축계수와의 곱을 유량계수라고 하여 C_d로 나타낸다.

$$C_d = C_v \cdot C_c$$

따라서 식 (12-5-3)은 다음과 같이 된다.

$$Q_a = C_d \cdot A_0 \cdot \sqrt{2gH} \tag{12-5-4}$$

점 1과 점 2 사이의 손실을 계산해 내는 방법은 없다. 다만, C_v는 실험적으로 결정될 뿐이다. 이것은 각이 진 오리피스나 둥글게 된 오리피스에 대해서 0.95~0.99 사이의 값을 갖는다. 각이 진 오리피스와 같은 대부분의 오리피스에 대해 수축의 양은 계산될 수 없고, 실험 결과만이 이용된다. 이 계수들 중의 한 개 또는 그 이상을 얻는 방법으로서 여러 가지가 있을 수 있으나 면적 A_0, 수도 H, 그리고 유출된 유량 Q_a(비중량을 이용하거나 체적을 이용)를 측정함으로써 식 (12-5-4)로부터 C_d가 구해질 수 있다. 따라서 C_v나 C_c중 하나를 결정하면 $C_d = C_v \cdot C_c$로부터 다른 하나를 구할 수 있다.

실제속도 V_a는 공기 저항을 무시하면 축류부로부터 하류쪽으로 자유분류(自由噴流)의 궤도상의 한 점의 위치를 측정함으로써 구해질 수 있다(그림 12-17). 속도의 x방향 성분은 변하지 않는다. 따라서 $V_a \cdot t = x_0$이며, t는 축류부로부터 점 3까지 유체입자가 이동하는 데 걸리는 시간이다. 유체입자가 y방향으로 초기 속도 없이 중력의 영향하에서 y_0의 거리만큼 떨어지는 데 걸리는 시간은 $y_0 = \frac{g \cdot t^2}{2}$로써 표시된다. 이 두 식에서 t를 없애면 다음과 같이 된다.

$$V_a = \frac{x_0}{\sqrt{\frac{2y_0}{2}}}$$

식 (12-5-1)에서 결정된 V_{2t}를 사용하면 $C_v = \frac{V_a}{V_t}$가 구해진다. 피토관을 사용하여 축류부의 실제속도 V_a를 직접 측정할 수도 있다.

오리피스를 통과하는 흐름의 수두손실은 [그림 12-18]의 점 1과 점 2 사이의 거리에 대해 손실항(h_L)이 포함된 에너지방정식을 적용함으로써 얻어질 수 있다.

즉,

$$\frac{P_1}{\gamma}+\frac{V_{1a}^2}{2g}+Z_1 = \frac{P_2}{\gamma}+\frac{V_{2a}^2}{2g}+Z_2+h_L$$

여기서 식 (12-5-2)를 이용하여 값을 대입 정리하면

$$h_L = H-\frac{V_{2a}^2}{2g} = H(1-C_v^2) = \frac{V_{2a}^2}{2g}\left(\frac{1}{C_v^2}-1\right) \qquad (12-5-5)$$

이 된다.

2 관 내의 오리피스

관 내의 각이 진 오리피스에서는 오리피스 구멍의 흐름의 방향으로 분류의 수축이 일어난다. 비압축성 흐름에 대하여 베르누이(Bernoulli)식을 점 1과 단면 2의 축류부의 분류사이에 적용하면 점 1과 단면 2의 축류부는 동일한 수평상에 있으므로

$$\frac{P_1}{\gamma}+\frac{V_{t1}^2}{2g} = \frac{P_2}{\gamma}+\frac{V_{t2}^2}{2g}$$

$C_c = \frac{A_2}{A_0}$이므로 연속방정식에 의하여

$$V_{t1} \cdot \frac{\pi \cdot D_1^2}{4} = V_{t2} \cdot C_c \cdot \frac{\pi \cdot D_0^2}{4}$$

위의 두 식에서 V_{t1}을 없애면

$$\frac{V_{t2}^2}{2g}\left[1-C_c^2 \cdot \left(\frac{D_0}{D_1}\right)^4\right] = \frac{P_1-P_2}{\gamma}$$

$$\therefore V_{t2} = \sqrt{\frac{\frac{2g(P_1-P_2)}{\gamma}}{1-C_c^2 \cdot \left(\frac{D_0}{D_1}\right)^4}}$$

축류부에서의 실제속도 V_{a2}는 C_v를 곱하면 얻어진다. 즉,

$$V_{a2} = C_v \sqrt{\frac{\frac{2g(P_1 - P_2)}{\gamma}}{1 - C_c^2 \cdot \left(\frac{D_0}{D_1}\right)^4}}$$

따라서 실제 유출된 유량 Q는 분류의 단면적 $C_c \cdot A_0$를 곱하므로 얻어질 수 있다.

$$Q = C_d \cdot A_0 \sqrt{\frac{\frac{2g(P_1 - P_2)}{\gamma}}{1 - C_c^2 \cdot \left(\frac{D_0}{D_1}\right)^4}} \qquad (12-5-6)$$

여기서, $C_d = C_v \cdot C_c$이다.

이를 U字관의 눈금 차이 R'의 항으로 다시 나타내면 다음과 같이 된다.

$$Q = C_d \cdot A_0 \sqrt{\frac{2g \cdot R'\left(\frac{S_0}{S_1} - 1\right)}{1 - C_c^2 \cdot \left(\frac{D_0}{D_1}\right)^4}} \qquad (12-5-7)$$

그러나 보통 C_v, C_c의 계수를 결정하기가 간단하지 않으므로 다음의 단순화된 식이 사용되기도 한다.

$$Q = C \cdot A_0 \sqrt{\frac{2\Delta P}{\rho}}$$

즉,

$$Q = C_d \cdot A_0 \cdot \sqrt{2g \cdot R'\left(\frac{S_0}{S_1} - 1\right)}$$

[그림 12-19]는 관 내의 오리피스를 나타낸 것이며, [그림 12-20]는 *VDI* 오리피스에 대한 c의 값을 나타낸 것이다.

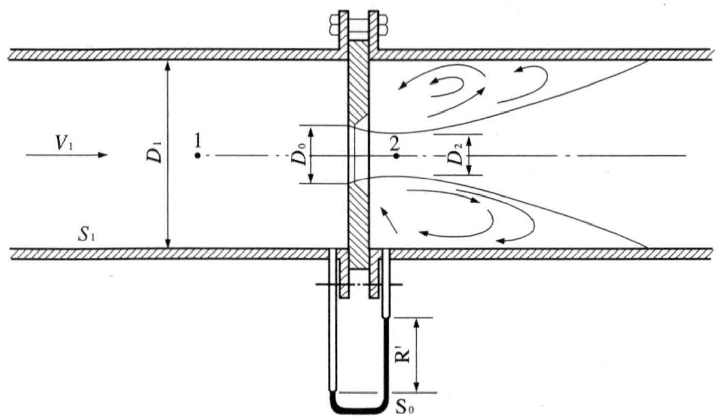

[그림 12-19] 관 내의 오리피스

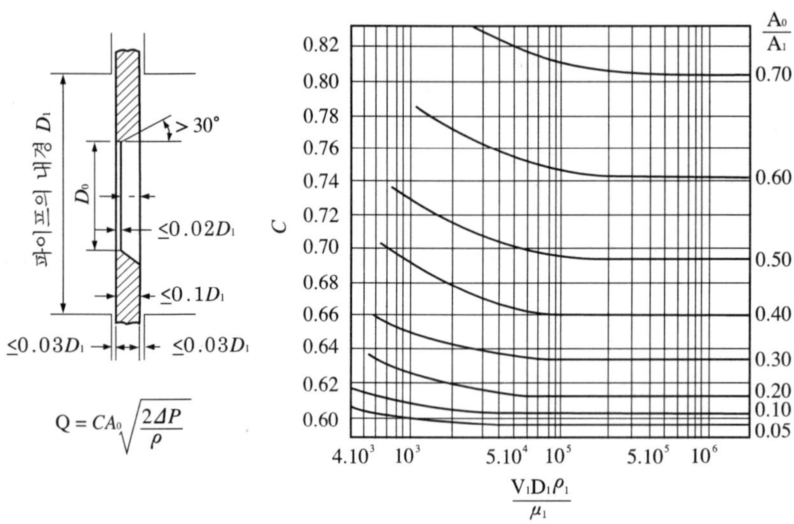

[그림 12-20] VDI 오리피스와 유량계수

3 수조에서 유출되는 비정상 오리피스 유동

지금까지 설명된 오리피스에 있어서는 수조 내의 액면이 일정하게 유지된다는 조건하에서였다. 비정상 유동 중에서 실제로 중요한 문제는 수조 표면이 일정한 수두만큼 낮아지는 데 걸리는 시간을 고려하는 문제이다. 논리적으로는 베르누이방정식은 정상류의 흐름에만 적용이 되지만 수조의 표면이 충분히 느리게 떨어진다면 베르누이식의 적용으로 인한 오차를 무시할 수 있다. dt시간 동안에 오리피스를 통해 유출되는 유량은 $Q \cdot dt$이며 이 양은 같은 시간 동안 수조 내의 체적의 감소 $A \cdot (-dy)$와 똑같아야만 한다(그림 12-21).

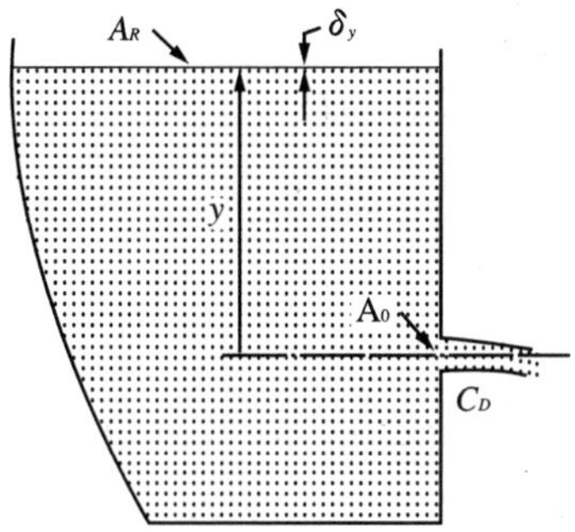

[그림 12-21] 수조 내의 액면이 떨어지는 경우

여기서, A는 오리피스로부터 위로 y의 높이에서의 액체표면의 면적이다. 오리피스를 통해 유출되는 유량과 수조 내의 체적의 감소는 같아야 하므로

$$Q \cdot dt = -A \cdot dy$$

dt에 관하여 정리하고 $y = y_t$, $t = 0$와 $y = y_2$, $t = t$사이에서 적분하면 다음과 같다.

$$t = \int_0^t dt = -\int_{y_1}^{y_2} \frac{A \cdot dy}{Q}$$

오리피스의 유출량 Q는 $C_d \cdot A_0 \cdot \sqrt{2gy}$ 이므로 이를 윗 식 Q에 대입하면

$$t = \frac{1}{C_d \cdot A_0 \cdot \sqrt{2g}} \int_{y_1}^{y_2} A \cdot y^{-\frac{1}{2}} \cdot dy$$

A가 y의 함수라면 적분은 가능하다. 여기서 특별한 경우로서 수조의 단면적이 일정하다면 t는 다음과 같이 정리된다.

$$t = \frac{A}{C_d \cdot A_0 \cdot \sqrt{2g}} \int_{y_1}^{y_2} y^{-\frac{1}{2}} \cdot dy = \frac{2A}{C_d \cdot A_0 \cdot \sqrt{2g}} (\sqrt{y_1} - \sqrt{y_2}) \qquad (12-5-8)$$

예제 12-6 안지름이 400mm이고 관 속에 지름 200mm인 오리피스를 설치하여 유량을 측정하려고 한다. 오리피스 전과 후의 압력차가 $0.15\frac{kg_f}{cm^2}$이라면 유량은 몇 $\frac{m^2}{s}$인가? 단, 유량계수는 0.65이고 관 속을 흐르는 유체의 비중은 1이다.

풀이 식 (12-5-4)에서

$$Q = C_d \cdot A_0 \cdot \sqrt{2g \cdot H}$$

$$= C_d \cdot A_0 \cdot \sqrt{2g\left(\frac{P_1-P_2}{\gamma}\right)}$$

$$= 0.65 \times \frac{\pi}{4} \times (0.2\text{m})^2 \times \sqrt{2 \times 9.8 \times \frac{\text{m}}{\text{s}^2} \times \left(\frac{0.15 \times 10^4 \ \frac{\text{kg}_f}{\text{m}^2}}{1000 \ \frac{\text{kg}_f}{\text{m}^3}}\right)}$$

$$\fallingdotseq 0.11\frac{m^3}{s}$$

예제 12-7 수두가 5m, 지름 50mm인 오리피스가 40초 동안에 5KN의 물을 유출시키고 있다. 유출되는 물의 궤도를 측정한 결과 낙하거리 y_0=1.5m에 대해 수평거리(x_0)는 5m이었다. C_v, C_c, C_d를 구하고, 단위중량당의 수두손실과 동력손실을 결정하여라.

풀이 식 (12-5-1)의 (a), (b)에 제시된 식에 의하여

이론속도 V_{t2}는

$$V_{t2} = \sqrt{2g \cdot H} = \sqrt{2 \times 9.8\text{m} \ \frac{\text{m}}{\text{s}^2} \times 5\text{m}} \fallingdotseq 9.9\frac{\text{m}}{\text{s}}$$

실제속도는 궤도로부터 얻어지며 1.5m 떨어지는 데 걸리는 시간 t는

$$t = \sqrt{\frac{2y_0}{g}} = \sqrt{\frac{2 \times 1.5\text{m}}{9.8 \ \frac{\text{m}}{\text{s}^2}}} \fallingdotseq 0.553 \text{ sec}$$

그러므로 실제속도는 $x_0 = V_{a2} \cdot t$이므로

$$V_{a2} = \frac{x_0}{t} = \frac{5\text{m}}{0.553 \text{ sec}} \fallingdotseq 9.042\frac{\text{m}}{\text{sec}}$$

$$\therefore C_v = \frac{V_{a2}}{V_{t2}} = \frac{9.042 \ \frac{\text{m}}{\text{s}}}{9.9 \ \frac{\text{m}}{\text{s}}} \fallingdotseq 0.913$$

실제유출량 Q_a는

$$Q_a = \frac{\dfrac{5000\ \text{N}}{40\ \text{sec}}}{9800\ \dfrac{\text{N}}{\text{m}^3}} \fallingdotseq 0.0128\frac{\text{m}^3}{\text{s}}$$

또,

$$C_d = \frac{Q_a}{A_0 \cdot \sqrt{2gH}} = \frac{0.0128\ \dfrac{\text{m}^3}{\text{s}}}{\dfrac{\pi}{4}(0.05\text{m})^2 \times \sqrt{2 \times 9.8\dfrac{\text{m}}{\text{s}^2} \times 5\text{m}}} \fallingdotseq 0.6565$$

$$\therefore\ C_c = \frac{C_d}{C_v} = \frac{0.6565}{0.913} \fallingdotseq 0.719$$

손실수두와 손실동력은

$$h_L = H(1-C_v{}^2) = 5\text{m}(1-0.913^2) = 0.83\text{m}$$

$$\therefore\ Q_a \cdot \gamma \cdot h_L = 0.0128\frac{\text{m}^3}{\text{s}} \times 9800\frac{\text{N}}{\text{m}^3} \times 0.83\text{m} \fallingdotseq 104.12\frac{\text{N}\cdot\text{m}}{\text{sec}}(=\text{W})$$

(2) 벤투리계

벤투리미터(Venturimeter)는 관 내의 흐름에 있어서 유량을 측정하는 데 사용된다. 이 벤투리미터는 오리피스나 다음에 설명한 노즐에서와 마찬가지로 두 단면에서의 압력차를 측정함으로써 유량을 계측할 수 있는 것으로 정확도가 매우 우수한 방법이다.

벤투리미터는 [그림 12-22]에서와 같이 정압을 측정하는 피에조미터 링을 포함한 상류쪽 부분, 약 20° 정도의 기울기를 갖는 원추형의 수축 부분, 피에조미터 링을 가진 원통형의 목(throat) 부분 및 5° ~7° 정도로 점차 확대되고 있는 원추 부분 그리고 관크기의 하류 부분으로 구성되어 있으며, 두 피에조미터 링 사이에 U자관 액주계가 설치되어 있다. 확대 부분의 원추각이 5° ~7° 인 것은 손실을 최소로 하여 측정값의 정확도를 높이기 위한 것이다.

벤투리미터의 크기는 관의 지름과 목의 지름으로 정해지며 정확한 계측을 위해서 벤투리미터 앞에는 최소한 지름의 10배 정도의 곧은 파이프 부분이 있어야 한다. 따라서 관에서 목까지 흐름의 속도가 점차 증가하고 압력은 이에 대응하여 감소하게 된다. 비압축성 유체의 흐름에서 유출량은 차압계(差壓計)의 눈금의 함수이다.

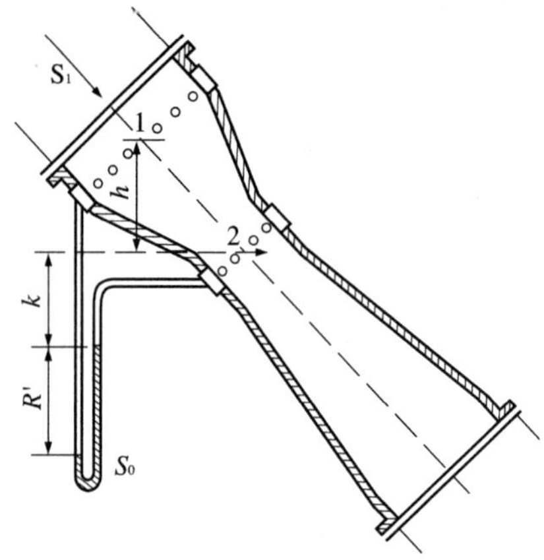

[그림 12-22] 벤투리미터

[그림 12-22]에서와 같이 벤투리미터에 비압축성 유체가 정상류, 1차원 흐름으로 흐른다고 하고 베르누이정리를 적용하면 상류단면과 목부분에서의 압력은 실제압력이고 베르누이식에서 얻은 속도는 이론속도이다. 에너지방정식에서 손실이 고려되면 그 속도는 실제속도가 된다. 즉 베르누이식에 의해 손실수두항이 없이 목에서의 이론속도를 구하고 여기에 속도계수 C_v를 곱하면 실제속도가 된다. 그리고 목에서의 실제 흐름의 단면적을 곱하면 실제유량을 얻게 된다.

$$\frac{P_1}{\gamma}+\frac{V_{t1}^2}{2g}+h=\frac{P_2}{\gamma}+\frac{V_{t2}^2}{2g} \tag{12-5-9}$$

여기서 기준면은 점 2로 한다. V_1과 V_2는 각각 단면 1과 단면 2에서의 평균속도이다. 그러므로 속도수정계수 α_1과 α_2는 1로 가정한 것이다. 연속방정식에서 $D_1^2 \cdot V_1 = D_1^2 \cdot V_2$이므로 다음과 같이 나타낼 수 있다.

$$\frac{V_1^2}{2g}=\left(\frac{D_2}{D_1}\right)^4 \cdot \frac{V_2^2}{2g}$$

식 (12-5-9)를 V_{t2}에 대하여 풀면

$$\frac{V_{t2}^2}{2g}\left[1-\left(\frac{D_2}{D_1}\right)^4\right]=\frac{P_1-P_2}{\gamma}+h$$

$$\therefore\ V_{t2} = \sqrt{\frac{2g\left[h+\dfrac{P_1-P_2}{\gamma}\right]}{1-\left(\dfrac{D_2}{D_1}\right)^4}}$$

속도계수 $V_{a2} = C_v \cdot V_{t2}$를 대입하면

$$V_{a2} = C_v \cdot \sqrt{\frac{2g\left[h+\dfrac{P_1-P_2}{\gamma}\right]}{1-\left(\dfrac{D_2}{D_1}\right)^4}}$$

따라서 목 부분의 단면적 A_2 를 곱하면 실제 유출량 Q를 얻을 수 있다.

$$Q = C_v \cdot A_2 \cdot \sqrt{\frac{2g\left[h+\dfrac{P_1-P_2}{\gamma}\right]}{1-\left(\dfrac{D_2}{D_1}\right)^4}} \qquad (12-5-10)$$

지금 [그림 12-22]에서 계기 차이 R' 는 액주계에 대한 방정식을 세움으로써 압력차로 나타낼 수 있다. S_1을 관내를 흐르는 유체의 비중, S_0를 액주계 내의 액체의 비중이라 하면 수두로

$$\frac{P_1}{\gamma} \cdot S_1+(h+K+R')S_1-R' \cdot S_0-K \cdot S_1 = \frac{P_2}{\gamma} \cdot S_1$$

$$\therefore\ h+\frac{P_1-P_2}{\gamma} = R'\left(\frac{S_0}{S_1}-1\right)$$

로 정리된다. 이를 식 (12-5-10)에 대입하면

$$Q = C_v \cdot A_2 \cdot \sqrt{\frac{2g \cdot R'\left(\dfrac{S_0}{S_1}-1\right)}{1-\left(\dfrac{D_2}{D_1}\right)^4}} \qquad (12-5-11)$$

이 된다.

여기서 수축계수는 1이다. 따라서 $C_v = C_d$이다. 식 (12-5-11)에서 h가 소거되어 있는

것은 유출량은 벤투리미터의 설치 위치와 무관하게 계기 차이 R' 에만 관계되기 때문이다. 그 설치 위치가 수평, 수직 혹은 경사졌다 해도 같은 식이 성립한다. C_v는 검정에 의해서 즉 유출량과 계기차를 측정하고 C_v에 대해 풀어봄으로 결정이 되며 이것은 보통 레이놀즈수에 대하여 [그림 12-23]과 같이 나타낼 수 있다. 이 그림은 점선사이의 공차 내에서 지름비 $\frac{D_2}{D_1}$가 0.25~0.75일 때 적용할 수 있다. 그러므로 벤투리미터의 계수가 사용되는 레이놀즈수의 범위에서 선택되도록 하여야 한다. 이 계수는 벤투리미터의 내부가 대단히 매끄러운 경우 1보다 약간 클 수가 있으나 이는 벤투리 관에 손실이 없다는 것을 의미하는 것이 아니라 운동에너지 보정계수 α_1과 α_2를 무시했기 때문이다. 일반적으로 α_1은 α_2보다 큰 값을 지닌다. 그 이유는 단면의 축소 부분의 작용으로 단면 2에서의 속도 분포가 일정하게 되기 때문이다.

보통, 원추형의 점차 확대 부분에서의 손실은 단면 1과 단면 2 사이의 수두변화의 10~15% 정도를 차지한다.

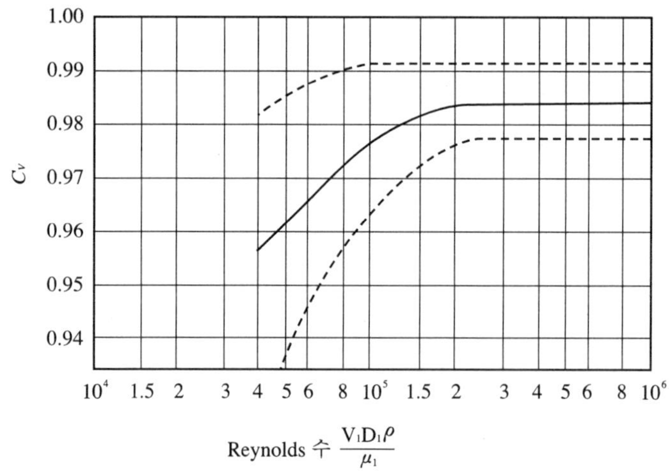

[그림 12-23] 벤투리미터에 대한 계수 C_v

(3) 노 즐

계측기로서 관 내 또는 관의 끝에 설치할 때 그들을 일반적으로 유동 노즐(flow nozzle)이라고 한다. [그림 12-24]에 대표적인 유량 노즐과 유량계수를 표시한다.

유동 노즐은 확대 원추부를 가지지 않은 벤투리관과 같다. 이것은 노즐 구멍의 수축 이외에는 축소부가 없으므로 수축계수는 1이다. 확대 원추부는 계기에 의한 수두손실을

최소로 하기 위하여 존재하므로

$$Q = C_d \cdot A_2 \cdot \sqrt{2g \cdot \frac{P_1 - P_2}{\gamma}}$$

가 그대로 적용된다. 여기서 유량계수 C_d는 [그림 12-24]에서 나타낸 바와 같이 레이놀즈수와 단면적 비에 따라서 변화하고 있으나 어떤 레이놀즈수 이상이 되면 단면적 비에 따라서 일정한 값을 찾는다. 이 유동 노즐은 수차(水車), 압축기 등의 흐름 측정에 이용되고 있으며 노즐 출구의 분류는 속도분포가 고르기 때문에 관의 끝에 설치하여 유량측정이 아닌 목적으로도 쓰인다. 예를 들면 피토관의 검정이나 물체의 유체저항 측정, 특히 풍동의 출구단면은 가장 정선된 노즐 형상이라고 볼 수 있다.

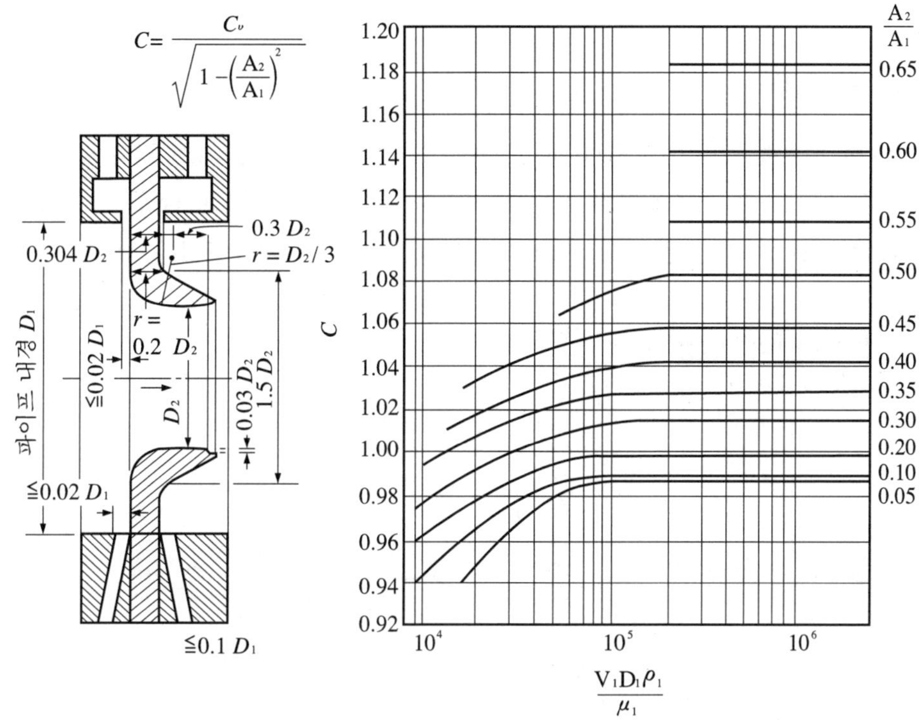

[그림 10-24] ISA(Instrument Society of America)(VDI)유량 노즐과 유량계수

여기서 식 (12-5-10)과 식 (12-5-11)은 유량 노즐에 잘 작용이 된다. 수평인 관 (∴ h=0)에 대하여 식 (12-5-10)은 다음과 같이 나타낼 수 있고

$$Q = C \cdot A_2 \cdot \sqrt{\frac{2\Delta P}{\rho}} \qquad (12-5-12)$$

$$C = \frac{C_v}{\sqrt{1-\left(\frac{D^2}{D_1}\right)^2}} \qquad (12-5-12')$$

로 된다. 그리고 $\Delta P = P_1 - P_2$이다. C의 값은 [그림 12-24]에 주어진 도표에서 활용한다. 그러나 주의할 것은 그림에 제시되어 있는 치수를 정화시키고 특히 압력강하를 측정하기 위한 피에조미터 구멍의 위치를 지키는 것이 중요하다. 그리고 노즐 앞에서 최소한 관 지름의 10배 곧은 관이 있어야 한다. 유량 노즐은 벤투리미터에 비해 가격이 싸다. 그러나 노즐에서 하류쪽으로 분류의 안내 부분이 없기 때문에 전체 손실이 훨씬 많다는 단점이 지적된다.

(4) 엘보미터

비압축성 흐름에 대한 엘보미터(elbow meter)는 유량계측기 중 가장 단순한 것 중의 하나이다. 엘보 내외측 피에조미터 구멍에 시차액주계(U자관 마노미터)를 연결하여 사용한다. [그림 12-25]에서 랜스포드(Lansford)는 다음의 식을 제안하였다. 즉,

$$\left(\frac{P_0}{\gamma}+Z_0\right)-\left(\frac{P_i}{\gamma}+Z_i\right) = C_k \cdot \frac{V^2}{2g}$$

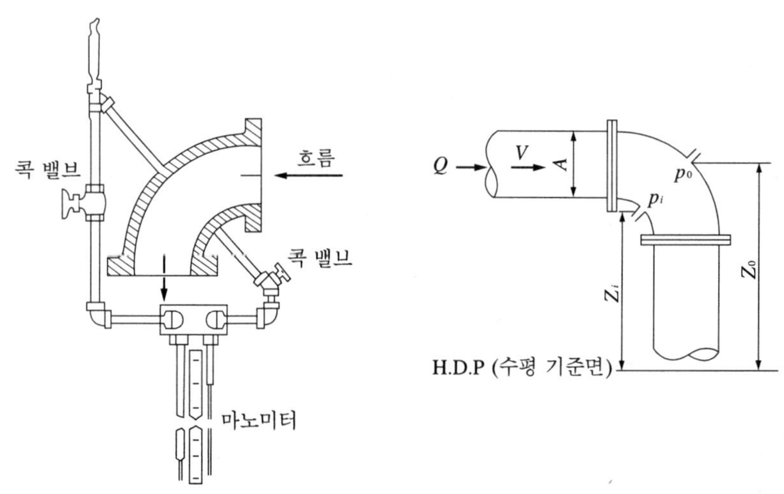

[그림 12-25] 엘보 계(計)

여기서 V는 관의 평균 속도이고 C_k는 1.3~3.2 범위에 있으며 엘보의 형상과 크기에 따라 값이 결정된다. 만일 계기의 계수가 $\sqrt{\frac{1}{C_k}}$ 로 정의되면 유출량은

$$Q = C \cdot A\sqrt{2g\left(\frac{P_0}{\gamma}+Z_0-\frac{P_i}{\gamma}-Z_i\right)} \tag{12-5-13}$$

이 되며 C는 0.56~0.88의 값을 취한다.

(5) 로터미터

로터미터(rotameter)는 면적식 유량계측장치로 면적식에는 로터미터 이외에 게이트식, 피스톤면적식 등이 있다. [그림 12-26]은 로터미터를 나타낸다. 로터미터는 그림에서와 같이 점차적으로 확대된 단면을 가지는 투명관과 계측용 부자(浮子, float)로 구성된 유량계이다. 이 부자는 물보다 무거우며 유량이 없을 때에는 바닥에 정지하고 있다가 측정하려는 유체가 이 관에 유입되면 부자 주위의 틈새를 통하여 흘러야 하므로 유량이 많을수록 윗쪽으로 부자를 올려 밀게 된다. 따라서 유량은 가변 관의 단면적과 관계되며 투

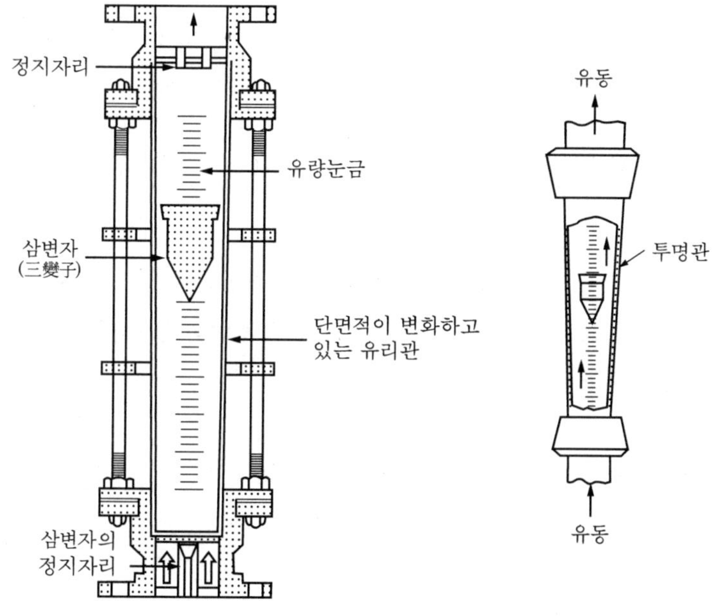

[그림 12-26] 로터미터

명관에 눈금을 넣어서 직접 유량을 계측하게 되어 있다. 부자가 관벽에 부착되는 것을 방지하기 위하여 부자 윗 단에 나선형의 홈을 파서 유체를 흐르게 하여 부자를 회전시켜 투명관의 중심에 위치하도록 하였다.

예제 12-8 안지름 600mm인 관에 목(throat) 부분의 지름 300mm인 벤투리미터를 설치하여 유량을 측정하려고 한다. 벤투리미터 전후의 압력차가 9800Pa이었다면 유량은 몇 $\frac{m^3}{sec}$인가? 단, 속도계수는 0.97이다.

풀이 식 (12−5−10)에서 관이 수평이므로

$$Q = C_v \cdot A_2 \cdot \sqrt{\frac{2g\left(\frac{P_1 - P_2}{\gamma}\right)}{1-\left(\frac{D_2}{D_1}\right)^4}}$$

$$= 0.97 \times \frac{\pi}{4} \times (0.3\text{m})^2 \cdot \sqrt{\frac{2 \times 9.8\frac{\text{m}}{\text{s}^2} \times \left(\frac{9800\frac{\text{N}}{\text{m}^2}}{9800\frac{\text{N}}{\text{m}^2}}\right)}{1-\left(\frac{0.3}{0.6}\right)^2}}$$

$$\fallingdotseq 0.324\frac{\text{m}^3}{\text{sec}}$$

예제 12-9 안지름 150mm인 배수관에 설치된 지름 10cm의 유동 노즐을 통하여 흐르는 유량을 구하여라. 단, 마노미터 액체는 수은이며 U자관의 액면의 높이 차는 250mm이고 물의 온도는 15°C이다.

풀이 주어진 자료로부터 15°C일 때의 수은의 비중 $S_0 = 13.6$

물의 비중은 $S_1 = 1.0$, $R' = 0.25\text{m}$, $A_2 = \frac{\pi}{4}(0.1\text{m})^2$, $\rho_1 = 101.88\frac{\text{kg}_f \cdot S^2}{\text{m}_4}$

$$\mu = 11.67 \times 10^{-5}\frac{\text{kg}_f \cdot S}{\text{m}^2}$$

또, [그림 12−22]에서 $\frac{A_2}{A_1} = \left(\frac{100}{150}\right)^2 = 0.444$에 대해 곡선의 수평 영역을

적용하면 C=1.056이 되며 식 (12-5-11)과 식 (12-5-12′)에 대입하면

$$Q = C \cdot A_2 \cdot \sqrt{2g \cdot R'\left(\frac{S_0}{S_1}-1\right)}$$

$$= 1.056 \times 0.008\text{m}^2 \times \sqrt{2 \times 9.8\frac{\text{m}}{\text{s}^2} \times 0.25\text{m}\left(\frac{13.6}{1.0}-1\right)}$$

$$= 0.0664\frac{\text{m}^3}{\text{sec}}$$

그런데 $Q = A_1 \cdot V_1$에서

$$V_1 = \frac{Q}{A_1} = \frac{0.0664\frac{\text{m}^3}{\text{sec}}}{\frac{\pi}{4}(0.15\text{m})^2} = 3.7575\frac{\text{m}}{\text{sec}}$$

$$\therefore R_e = \frac{\rho_1 \cdot V_1 \cdot D_1}{\mu} = \frac{101.88\frac{\text{kg}_f \cdot \text{s}^2}{\text{m}^4} \times 3.7575\frac{\text{m}}{\text{s}} \times 0.15\text{m}}{11.67 \times 10^{-5}\frac{\text{kg}_f \cdot \text{s}}{\text{m}^2}} 492049$$

그러므로 [그림 12-22]에서 $\frac{A_2}{A_1} = 0.444$와 $R_e = 492049$를 이용하여 C를 구하면 1.056이 되므로 사용된 값이 적절함을 알 수 있다.

(6) 위어(weir)

개수로 흐름에서의 유량은 위어로 측정한다. 위어는 개수로에 어떤 장애물을 설치함으로 흐르는 물을 이 장애물로서 차단하여 위로 넘쳐 흐르게 함으로써 유량을 측정하도록 만든 것이다. 이 때에 넘쳐 흐르는 액체의 높이를 측정함으로써 유량이 산정된다. 위어의 종류는 위어 단면의 형상에 따라 나뉘어지나 일반적으로 4각위어와 3각위어로 구분한다.

1 4각위어(rectangular weir)

위어가 수로폭 전면에 걸쳐 만들어져 있지 않고 [그림 12-26]에서와 같이 수로의 폭 B에 대하여 위어 판을 폭 L의 넓이로 잘라 내어 흐름을 3방향으로 수축시킨 위어를 4각위어라 한다.

실험식에 의하면 위어에 의해 수축된 흐름의 폭은 보통 L로부터 $0.1H$를 뺀 값을 폭으로 간주한다. 그리고 위어에서의 수두 H를 측정할 때에는 충분히 상류쪽에서 측정하여

오차가 없도록 하여야 한다.

[그림 12-27]과 같은 4각위어에서의 유량 Q는 다음과 같이 구한다.

$$Q = K \cdot L \cdot H^{\frac{3}{2}} \tag{12-5-14}$$

여기서

$$K = 107.1 + \frac{0.177}{H} + 14.2\frac{H}{D} - 25.7\sqrt{\frac{(B-L)H}{B \cdot D}} + 2.04\sqrt{\frac{B}{D}}$$

이 계산식의 적용 범위는

$B = 0.5 \sim 6.3\text{m}$ $\quad$ $L = 0.15 \sim 5\text{m}$

$D = 0.15 \sim 3.5\text{m}$ $\quad$ $\dfrac{L \cdot D}{B^2} \geqq 0.06$

$H = 0.03 \sim 0.45\sqrt{L}\,\text{m}$

이다.

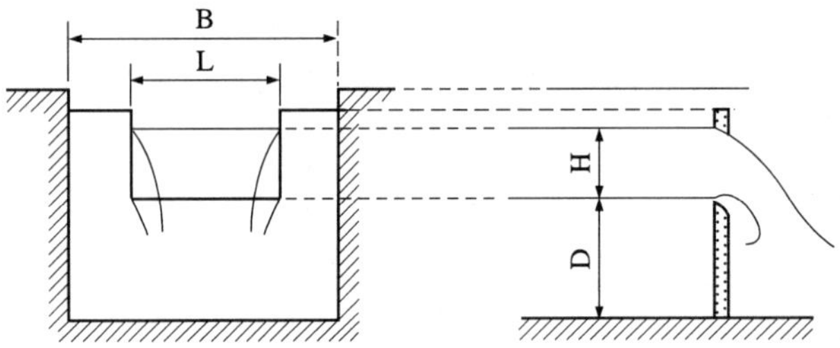

[그림 12-27] 4각위어

2 3각위어(triangular weir 또는 V notch weir)

[그림 12-28]과 같이 위어 판을 꼭지각 Q인 삼각형의 모양으로 잘라내어 각을 낀 두 변을 나이프 에지(knife edge)로 한 것을 3각위어 또는 노치위어라 하며 비교적 적은 유량의 측정에 이용된다. 수류면(水流面, nappe)의 수축을 무시할 때 이론적인 유량은 다음과 같이 계산된다.

지금 임의의 깊이 y에서의 유속 v는 상류쪽의 흐름에 임의의 한점과 수류면 상의

$$Qt = \int v \cdot dA = \int_0^H v \cdot x \cdot dA$$

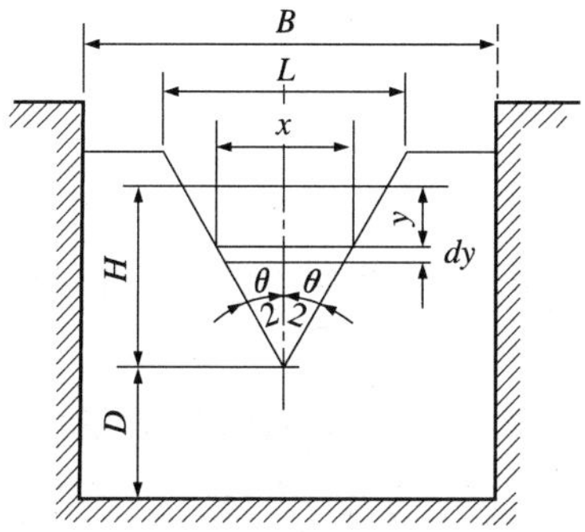

[그림 12-28] 3각위어

따라서

$$Qt = \sqrt{2g} \cdot \frac{L}{H} \int_0^H y^{\frac{1}{2}}(H-y)dy$$

한 점을 잡아 베르누이식을 적용하면 $v = \sqrt{2g \cdot y}$, 또 3각형의 상사조건에서 $\frac{x}{H-y} = \frac{L}{H}$ 이므로 이론유량을 구하면

$$Qt = \frac{4}{15}\sqrt{2g} \cdot \frac{L}{H} \cdot H^{\frac{5}{2}}$$

여기서 $\frac{L}{H}$을 V홈의 각 θ로써 나타내면

$$\frac{L}{2H} = \tan\frac{\theta}{2}$$

$$\therefore Q_t = \frac{8}{15}\sqrt{2g} \cdot \tan \cdot \frac{\theta}{2} \cdot H^{\frac{5}{2}} \tag{12-5-15}$$

실제유량 Q_a는 유량계수 K를 곱함으로써 구해진다.

$$Q_a = K \cdot H^{\frac{5}{2}} \tag{12-5-16}$$

여기서

$$K = 81.2 + \frac{0.24}{H} + \left(8.4 + \frac{12}{\sqrt{D}}\right)\left(\frac{H}{B} - 0.09\right)^2$$

이 계산식의 적용범위는

$$B = 0.5 \sim 1.2[\text{m}], \quad D = 0.1 \sim 0.75[\text{m}]$$

$$H = 0.07 \sim 0.26[\text{m}] < \frac{B}{3}$$

이다. 〈표 12-1〉에 각종 위어의 유량측정범위를 표시한다.

〈표 12-1〉 각종 위어의 유량측정범위

weir의 형식	폭 B 또는 B+L m	수두의 범위 Hmm	수량의 범위 $Q\text{m}^3/\text{min}$
60° 3각 weir	0.45	40~120	0.018~0.26
90° 3각 weir	0.60	70~200	0.11~1.5
90° 3각 weir	0.80	70~260	0.11~2.9
4각 weir	0.9 × 0.36	30~270	0.21~5.5
4각 weir	1.2 × 0.48	30~312	0.28~8.0
전폭 weir	0.6	30~150	0.36~4.0
전폭 weir	0.9	30~225	0.54~11.4
전폭 weir	1.2	30~300	0.72~24
전폭 weir	1.5	30~375	0.90~42
전폭 weir	2.0	30~500	1.2~86
전폭 weir	3.0	30~750	1.8~237
전폭 weir	5.0	30~800	30~425
전폭 weir	8.0	30~800	4.8~671

(7) 액체의 액면위(液面位)의 측정

정지하고 있는 액체의 액면위는 마노미터, 피에조미터, 부자(float) 액면계를 사용하여 간단히 측정할 수 있다. 흐르는 액체의 액면위도 지켜야 할 유의 사항만 고려되면 피에조미터에 의해서도 측정될 수 있다.

[그림 12-29]는 바르고 잘못된 측정 방법을 나타낸 것이다.

액면위를 직접 측정하는 방법으로 훅크(hook)계기와 포인트(point)계기가 있다. 훅크계기는 일반적으로 액면위를 측정하려고 하는 위치에서 원래의 흐름과 연결된 작은 탱

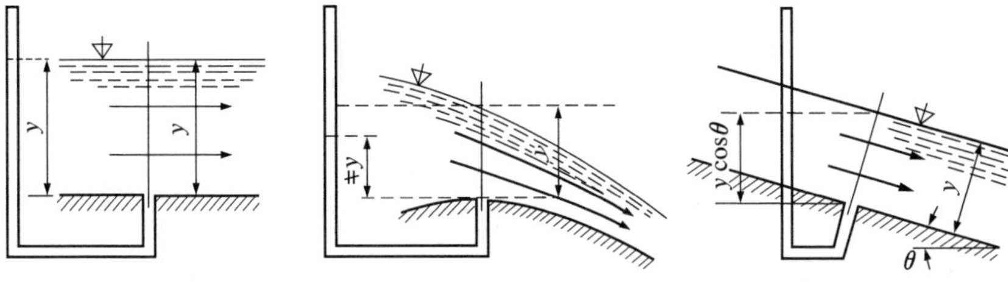

(a) 옳음 (b) 그름 (c) 옳음

[그림 12-29] 피에조미터 액주들에 의한 액면위의 측정

크(stilling well)에서 사용되고 유속이 작을 경우에는 직접 원래의 흐름에서 사용된다. 계기의 훅크를 액면에 잘 맞추기 위해서는 처음 액면 아래로 잠기게 했다가 천천히 올리며 다시 내리다가 훅크 끝이 액면과 일치하는 순간 정지시켜 눈금을 읽는다. 포인트계기는 액면 아래로 훅크계기가 들어가면 국부적인 소용돌이를 일으키는 빠른 흐름에 사용한다. 측정할 때는 포인트계기를 낮추어서 그 끝이 액면과 접하는 순간 정지시키고 그 눈금을 부척(副尺)을 사용하여 정확히 측정하도록 한다. [그림 12-30]은 훅크계기와 포인트계기를 나타낸 것이다.

(a) 훅크계기 (b) 포인트계기

[그림 12-30]

예제 12-10 90° 3각위어를 수로에 설치하여 유량을 측정코자 한다. 수로의 폭이 1m이고, 위어를 통해 흐르는 물의 수두는 0.25m로 계측되었다. 흐르는 유량은 몇 m^3/sec인가? 단, 바닥에서 頂角까지의 높이는 0.5m이고 위어의 폭은 1m이다.

풀이 식 (12-5-16)에서

$$K = 81.2+\frac{0.24}{H}+\left(8.4\times\frac{12}{\sqrt{D}}\right)\left(\frac{H}{B}-0.09\right)^2$$

$$= 81.2+\frac{0.24}{9.25}+\left(8.4\times\frac{12}{\sqrt{0.5}}\right)\left(\frac{0.25}{1}-0.09\right)^2$$

$$= 82.81$$

$$\therefore\ Q_a = K\cdot H^{\frac{5}{2}}$$

$$= 82.81\times 0.25^{\frac{5}{2}}\times\frac{\mathrm{m^3}}{\mathrm{min}}\times\frac{1}{60} \fallingdotseq 0.043\frac{\mathrm{m^3}}{\mathrm{sec}}$$

예제 12-11 4각위어를 개수로에 설치하여 유량을 측정코자 한다. 위어의 폭이 1.5m, 수로의 폭이 3m, 수로 바닥에서 위어까지의 높이가 2m이고, 흐르는 물의 위어의 수두를 측정하였더니 0.5m이었다. 유량은 몇 m^3/sec인가?

풀이 식 (12-5-4)에서

$$K = 107.1+\frac{0.177}{H}+14.2\frac{H}{D}-25.7\sqrt{(B-L)\frac{H}{B\cdot D}}+2.04\sqrt{\frac{B}{D}}$$

$$= 107.1+\frac{0.177}{0.5}+14.2\times\frac{0.5}{2}-25.7\sqrt{(3-1.5)\times\frac{0.5}{3\times 2}}+2.04\sqrt{\frac{3}{2}}$$

$$\fallingdotseq 101.92$$

$$\therefore\ Q_a = K\cdot L\cdot H^{\frac{3}{2}}$$

$$= 101.92\times 1.5\times 0.5^{\frac{3}{2}}\ \frac{\mathrm{m^3}}{\mathrm{min}}\times\frac{1}{60} \fallingdotseq 0.9\frac{\mathrm{m^3}}{\mathrm{sec}}$$

이 장에서 기억해야 할 주요 관계식

- 오스트발트 점도계수 : $\mu = K \cdot \rho \cdot t$

$$\nu = \nu_0 \frac{t}{t_0}$$

- 세이볼트 점도계수 : $\nu = 0.0022t - \frac{1.8}{t}$ (Stokes)
- 피토관 : $V = \sqrt{2g\Delta h}$
- 피토 정압관 : $V = C\sqrt{2g \cdot R'\left(\frac{S'}{S} - 1\right)}$
- 오리피스계 : $Q = \mathrm{C} \cdot A_0 \cdot \ 2gH$ 〔탱크〕

$$Q = C \cdot A_0 \cdot \sqrt{2g \cdot R'\left(\frac{S_0}{S_1} - 1\right)}$$ 〔관〕

- 벤투리계 : $Q = C \cdot A_2 \cdot \sqrt{\dfrac{2g \cdot R'\left(\frac{S_0}{S_1} - 1\right)}{1 - \left(\frac{D_2}{D_1}\right)^4}}$
- 노즐 : $Q = C \cdot A_2 \cdot \sqrt{\frac{2\Delta P}{\rho}}$
- 위어 : $Q = K \cdot L \cdot H^{\frac{3}{2}}$ 〔사각위어〕

  $Q = K \cdot H^{\frac{5}{2}}$ 〔삼각위어〕

연습문제

1. 관 내의 흐름에 동일 단면 내의 4개 피에조미터 구멍에서 다음과 같이 압력을 동시에 읽었다. 44, 43.2, 42, 39mmHg 중 어떤 값을 취해야 하는가?

2. 추의 공기 중에서의 무게가 4N, 어느 액체 속에서의 무게는 2.97N이었다. 지금 추에 의해서 배제된 액체의 체적이 $1.29 \times 10^{-3}m^3$이라면 이 액체의 비중은 얼마인가?

3. 수은이 들어 있는 U자관의 한쪽 관으로 액체를 주입한다. 액주의 높이가 254mm일 때 수은주 38.1mm와 평형되었다고 한다면 이 액체의 비중은 얼마인가?

4. 강에 잠긴 정지 물체가 자유표면에서 5.4m 아래에서 최고 69kPa의 압력을 받는다. 이 깊이에서의 강의 속도는 얼마인가?

5. 수두가 6m이고 속도계수가 0.96인 작은 오리피스로부터 수평으로 분출되는 분류의 궤도에 대한 식을 결정하여라. 공기 저항은 무시한다.

6. 안지름 75mm인 노즐이 물이 흐르는 150mm관에 연결되어 있다. 여기에 설치된 수은의 마노미터 높이의 차는 380mm이었다. 노즐을 통과하는 유량을 구하여라. 또 노즐에 의한 손실수두는 얼마인가?

7. 지름이 100mm인 오리피스가 수두 2.75m하에서 물을 44.6L/S로 송출한다. 축류부의 바로 하류쪽의 분류에 수직한 평판이 충격을 견디기 위해 320N의 힘을 필요로 한다. C_d, C_v및 C_c를 구하여라.

8. 지름이 50mm인 관에서 25mm로 축소되는 관 내를 물이 흐르고 있다. 축소부에서의 압력강하가 3.4kPa라면 체적유량은 얼마인가?

9. 지름이 0.3m이고 길이가 50m인 직관 내를 15°C의 공기가 흐르고 있다. 유량이 0.6m^3/sec이고 관의 양끝에서 압력이 같다면 입구와 출구의 높이차는 얼마인가?

10. [그림 12-31]에서 $C_v = 0.96$의 경우 손실을 [m-N/N]과 [m-N/S]의 단위로 계산하여라.

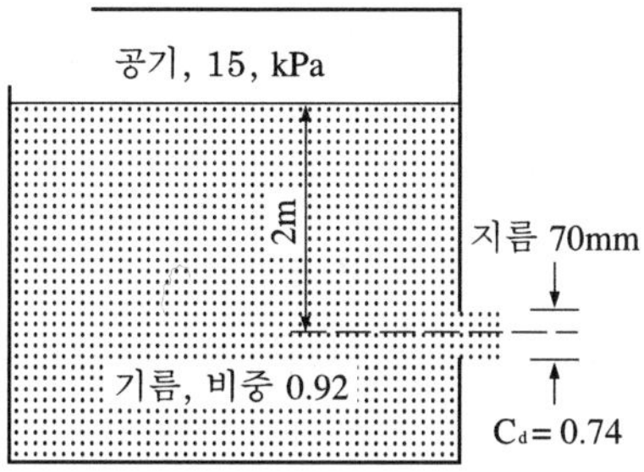

[그림 12-31] (문제 10,11)

11. [그림 12-31]에서 나타낸 탱크 오리피스의 유출량을 구하여라.

12. 수평단면적이 1.5m^{2}인 수조가 오리피스 위로 3.35m의 수두를 가질 때 16cm/sec의 속도로 액면이 하강한다면 이 때의 오리피스의 지름은 얼마이겠는가? 단, C_d = 0.74이다.

13. [그림 12-32]에서 수면을 2m증가시키는 데 걸리는 시간을 구하여라. 단, 왼쪽 수조의 수면은 항상 일정하게 유지되고 있다.

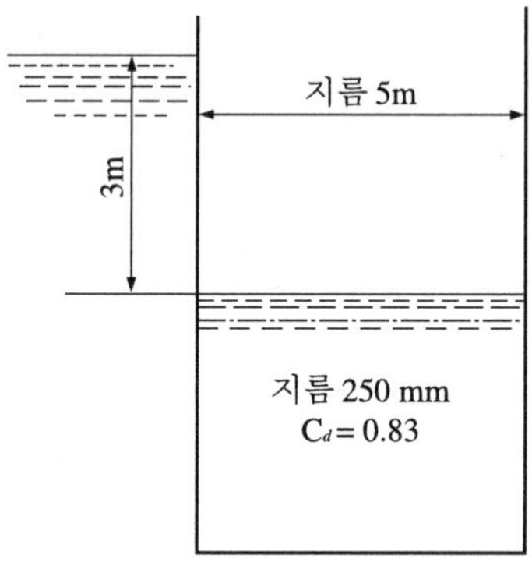

[그림 12-32]

14. 확대부 4m, 축소부 2m인 벤투리미터에 25°C의 물이 흐른다. 물-공기 시차액주계의 계기차가 60mm일 때 송출량은 얼마이겠는가?

15. 63.5mm 지름의 ISA노즐이 152.4mm 지름의 관 속을 흐르는 4.5°C의 물의 흐름을 측정하기 위하여 사용되었다. 300gr/min의 흐름에 대한 물-수은 시차액주계의 눈금의 차는 얼마인가?

16. 안지름 10mm의 VDI오리피스가 $p_1 = 8\,\text{atm}$, $t = 50°\text{C}$의 가스를 수송하는 안지름 25mm 관 내에 설치되어 있다. 오리피스를 지나는 압력 강하가 140kPa일 때의 질량 유동률을 구하여라.

17. 유출량이 170 l/sec인 V-노치위어의 수두를 구하여라.

18. 4각위어의 높이가 1m이고, 폭이 2m일 때 수로면의 수두를 측정하였더니 0.4m이었다. 이 때 유출량은 몇 m^3/min인가? 단, 유량계수는 120이다.

19. 유속을 계측하기 위하여 풍동(wind tunnel)에서 피토관을 설치하였더니 액주계의 눈금이 80mmAq이었다. 절대압력이 99.96kPa이고 온도가 25°C인 공기의 풍속은 몇 m/sec인가?

부록 1

물리량들의 일반적인 기호 및 단위, 차원

단위

기호	양의 명칭	SI	차원
a	상수, 펄스 파동속도	m/s	LT^{-1}
a	가속도	m/s^2	LT^{-2}
$\mathbf{a}$	가속도 벡터	m/s^2	LT^{-2}
a^*	속도	m/s	LT^{-1}
A	면적	m^2	L^2
A	역경사	none	
b	거리	m	L
b	상수		
B	상수		
c	서어지파의 속도	m/s	LT^{-1}
c	음속	m/s	LT^{-1}
c_p	정압비열	J/kg·K	
c_v	정적비열	J/kg·K	
C	농도	No./m^3	L^{-3}
C	단위부피당의 표시물의 농도	m^{-3}	L^{-3}
C	계수	none	
C	응력	Pa	$ML^{-1}T^{-2}$
C_m	경험상수	m$^{1/3}$/s	$L^{1/3}T^{-1}$
C	임계경사	none	
D'	체적변위	m^3	L^3
D	지름	m	L
D_d	분산계수	m^2/s	L^2T^{-1}
D_m	분자확산계수	m^2/s	L^2T^{-1}
D_t	난류확산계수	m^2/s	L^2T^{-1}
e	효율	none	
e	단위질량당의 내부에너지	J/kg	L^2T^{-2}
E	내부에너지	J	ML^2T^{-2}
E	비에너지	m·N/N	L
E	단위무게당의 손실	m·N/N	L
E	탄성계수	Pa	$ML^{-1}T^{-2}$
f	마찰계수	none	
F	힘	N	MLT^{-2}
$\mathbf{F}$	힘 벡터	N	MLT^{-2}
F	Froude 수	none	
F_B	부력	N	MLT^{-2}

기호	양의 명칭	SI	차원
g	중력가속도	m/s^2	LT^{-2}
g_0	중력상수	kg·m/N·s^2	
G	단위면적당의 질량유량(질량유동률)	kg/s·m^2	$ML^{-2}T^{-1}$
h	수두, 수직높이	m	L
h	단위질량당의 엔탈피	J/kg	L^2T^{-2}
H	수두, 수력구배선의 높이	m	L
H	수평경사	none	
I	관성모멘트	m^4	L^4
J	연결점	none	
k	비열비	none	
K	체적탄성계수	Pa	$ML^{-1}T^{-2}$
K	부차적 손실계수	none	
L	길이	m	L
L	양력	N	MLT^{-2}
l	길이, 혼합길이	m	L
r	반지름거리	m	L
r	위치 벡터	m	L
R	수력반지름	m	L
R	기체상수	J/kg·K	
R, R'	계기차	m	L
R	Reynolds 수	none	
S	거리	m	L
S	단위질량당의 엔트로피	J/kg·K	
s	슬립	none	
S	엔트로피	J/K	
S	비중, 기울기	none	
S	급경사	none	
t	시간	s	T
t	온도	℃	
t, t'	거리, 두께	m	L
T	평균을 취하는 시간길이	s	T
T	온도	K	
T	토크	N·m	ML^2T^{-2}
T	단위피트당의 인장력	N/m	MT^{-2}
T	액상면 폭	m	L
u	속도, 속도성분	m/s	LT^{-1}
u	주변속도	m/s	LT^{-1}
u	고유에너지	J/kg	L^2T^{-2}
u^*	전단응력속도	m/s	LT^{-1}
U	속도	m/s	LT^{-1}

기호	양의 명칭	SI	차원
v	속도, 속도성분	m/s	LT^{-1}
v_s	비체적	m^3/kg	$M^{-1}L^3$
V	체적	m^3	L^3
V	속도 벡터	m/s	LT^{-1}
V	속도	m/s	LT^{-1}
w	속도성분	m/s	LT^{-1}
w	단위질량당의 일	J/kg	L^2T^{-2}
W	단위시간당의 일	J/s	ML^2T^{-3}
W	팽창일	m·N	ML^2T^{-2}
W_s	축일	m·N	ML^2T^{-2}
W	무게	N	MLT^{-2}
W	Weber 수	none	
x	거리	m	L
x_p	압력중심까지의 거리	m	L
X	단위질량당의 체적력의 성분	N/kg	LT^{-2}
y	길이, 깊이	m	L
y_p	압력중심까지의 거리	m	L
Y	팽창계수	none	
Y	단위질량당의 체적력성분	N/kg	LT^{-2}
z	수직거리	m	L
Z	수직거리	m	L
Z	단위질량당의 체적력성분	N/kg	LT^{-2}
α	운동에너지의 보정계수	none	
α	각도, 계수	none	
β	운동량 보정계수	none	
β	깃각도	none	
Γ	순환	m^2/s	L^2T^{-1}
∇	벡터 연산자	1/m	L^{-1}
γ	비중량	N/m^3	$ML^{-2}T^{-2}$
δ	경계층 두께	m	L
δ'	층류저층 두께	m	L
ε	난류동점성계수	m^2/s	L^2T^{-1}
ε	粗度 높이	m	L
η	와류점성	$N\cdot s/m^2$	$ML^{-1}T^{-1}$
η	수두비	none	
η	효율		
θ	각도	none	
k	일반상수	none	
λ	척도비, 미지곱수	none	
μ	점성계수	$N\cdot s/m^2$	$ML^{-1}T^{1}$

기호	양의 명칭	SI	차원
μ	상수		
ν	동점성계수	m^2/s	L^2T^{-1}
ϕ	속도 퍼텐셜	m^2/s	L^2T^{-1}
ϕ	함수		
π	상수	none	
Π	무차원 파라미터	none	
ρ	밀도	kg/m^3	ML^{-3}
σ	표면장력	N/m	MT^{-2}
σ	캐비테이션 지수	none	
τ	전단응력	Pa	$ML^{-1}T^{-2}$
ψ	유동함수, 2 차원	m^2/s	L^2T^{-1}
ψ	Stokes 의 유동함수	m^3/s	L^3T^{-1}
ω	각속도	rad/s	T^{-1}
ln	자연대수	none	
m	질량	kg	M
m	형상계수, 상수	none	
m	소스 강도	m^3/s	L^3T^{-1}
m	단위시간당의 질량	kg/s	MT^{-1}
M	분자량		
M	단위시간당의 운동량	N	MLT^{-2}
M	표시물의 양		
M	완경사	none	
M	Mach 수	none	
$\overline{MG}$	미터센타 높이	m	L
n	지수, 상수	none	
n	법선방향		
n	Manning 의 粗度계수		
n	몰수		
$\mathbf{n}_t$	단위법선 벡터		
N	회전속도	1/s	T^{-1}
$NPSH$	최대흡입높이	m	L
p	압력	Pa	$ML^{-1}T^{-2}$
p	힘	N	MLT^{-2}
P	위어 높이	m	L
P	단위면적당의 전달률	$1/(s\cdot m^2)$	$T^{-1}L^{-2}$
P	접수주변길이	m	L
q	단위폭당의 송출량	m^2/s	L^2T^{-1}
q	속도	m/s	LT^{-1}
$\mathbf{q}$	속도 벡터	m/s	LT^{-1}
q_H	단위질량당의 열전달	J/kg	L^2T^{-2}
Q	송출량	m^3/s	L^3T^{-1}
Q_H	단위시간당의 열전달	J/s	ML^2T^{-3}

부록 II

표 II-1 물의 물리적 성질

온도 °C	비중량 γ, N/m^3	밀도 ρ, kg/m^3	점성계수 $\mu \times 10^3$ $N \cdot s/m^2$	동점성 계수 $\nu \times 10^6$, m^2/s	표면 장력 $\sigma \times 10^2$, N/m	증기압 수두 p_v/γ, m	체적 탄성계수 $K \times 10^{-7}$, N/m^2
0	9806	999.9	1.792	1.792	7.62	0.06	204
5	9807	1000.0	1.519	1.519	7.54	0.09	206
10	9804	999.7	1.308	1.308	7.48	0.12	211
15	9798	999.1	1.140	1.141	7.41	0.17	214
20	9789	998.2	1.005	1.007	7.36	0.25	220
25	9778	997.1	0.894	0.897	7.26	0.33	222
30	9764	995.7	0.801	0.804	7.18	0.44	223
35	9749	994.1	0.723	0.727	7.10	0.58	224
40	9730	992.2	0.656	0.661	7.01	0.76	227
45	9711	990.2	0.599	0.605	6.92	0.98	229
50	9690	988.1	0.549	0.556	6.82	1.26	230
55	9666	985.7	0.506	0.513	6.74	1.61	231
60	9642	983.2	0.469	0.477	6.68	2.03	228
65	9616	980.6	0.436	0.444	6.58	2.56	226
70	9589	977.8	0.406	0.415	6.50	3.20	225
75	9560	974.9	0.380	0.390	6.40	3.96	223
80	9530	971.8	0.357	0.367	6.30	4.86	221
85	9499	968.6	0.336	0.347	6.20	5.93	217
90	9466	965.3	0.317	0.328	6.12	7.18	216
95	9433	961.9	0.299	0.311	6.02	8.62	211
100	9399	958.4	0.284	0.296	5.94	10.33	207

표 II-2 물의 비체적 (4℃, 1atm일 때 1임)

(온도 °C) 압력(kg/cm²)	0	20	50	100	200	300
50	0.9977	0.9995	1.0099	1.0409	1.1532	
100	0.9952	0.9973	1.0077	1.0385	1.1485	1.3979
200	0.9905	0.9929	1.0035	1.0337	1.1395	1.3612
500	0.9774	0.9815	0.9921			
1000	0.9579	0.9631	0.9744			
2000	0.9261	0.9328	0.9446			
4000	0.8808	0.8881	0.8997			

표 II-3 1atm의 물 1m³ 에 포함되는 공기량

온도 (°C)	0	10	20	30	50	70	100
공기량 (m³)	0.029	0.023	0.019	0.016	0.013	0.012	0.011

표 II-4 액체들의 표면장력계수 (20℃일 때)

(a) 공기와 접하는 경우

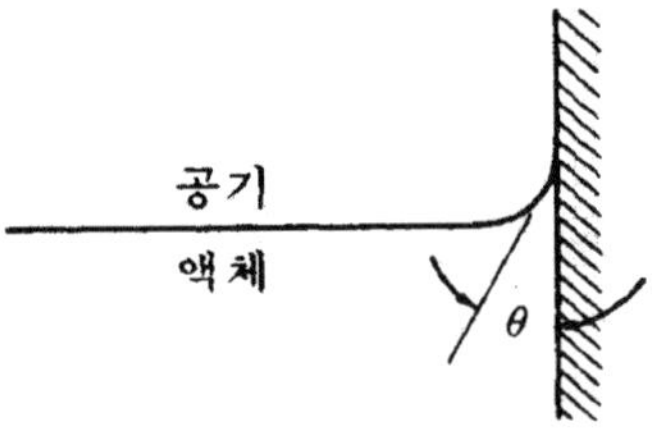

액체	표면장력계수 σ (mN/m)*	접촉각 θ (degrees)
Benzene	28.9	
Carbon tetrachloride	27.0	
Glycerin	63.0	
Hexane	18.4	
Kerosine	26.8	
Lube oil	25−35	
Mercury	484.	140
Methanol	22.6	
Octane	21.8	
Water	72.8	~0

(b) 물과 접하는 경우

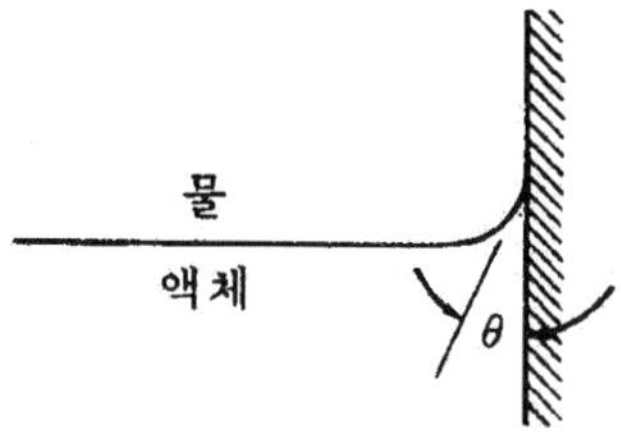

Benzene	35.0	
Carbon tetrachloride	45.0	
Hexane	51.1	
Mercury	375.	140
Methanol	22.7	
Octane	50.8	

* 1 mN/m = 10^{-3} N/m

표 II-5 압력계에 사용되는 유체들의 비중 (20℃일 때)

유체	비중
E. V. Hill blue oil	0.797
Meriam red oil	0.827
Benzene	0.879
Dibutyl phthalate	1.04
Monochloronaphthalene	1.20
Garbon terachloride	1.595
Bromoethylbenzene (Meriam blue)	1.75
Tetrabromoethane	2.95
Mercury	13.55

부록 III

압축성 흐름

표III-1 1차원 등엔트로피 흐름 (완전기체, k=1.4)

M	$\frac{A}{A^*}$	$\frac{\rho}{\rho_0}$	$\frac{T}{T_0}$	$\frac{p}{p_0}$	M	$\frac{A}{A^*}$	$\frac{\rho}{\rho_0}$	$\frac{T}{T_0}$	$\frac{p}{p_0}$
0.00	∞	1.0000	1.0000	1.0000					
0.02	28.94	0.9998	0.9999	0.9997	0.32	1.922	0.9506	0.9799	0.9315
0.04	14.48	0.9992	0.9997	0.9989	0.34	1.823	0.9445	0.9774	0.9231
0.06	9.666	0.9982	0.9993	0.9975	0.36	1.736	0.9380	0.9747	0.9143
0.08	7.262	0.9968	0.9987	0.9955	0.38	1.659	0.9313	0.9719	0.9052
0.10	5.822	0.9950	0.9980	0.9930	0.40	1.590	0.9242	0.9690	0.8956
0.12	4.864	0.9928	0.9971	0.9900	0.42	1.529	0.9170	0.9659	0.8857
0.14	4.182	0.9903	0.9961	0.9864	0.44	1.474	0.9094	0.9627	0.8755
0.16	3.673	0.9873	0.9949	0.9823	0.46	1.425	0.9016	0.9594	0.8650
0.18	3.278	0.9840	0.9936	0.9777	0.48	1.380	0.8935	0.9560	0.8541
0.20	2.964	0.9803	0.9921	0.9725	0.50	1.340	0.8852	0.9524	0.8430
0.22	2.708	0.9762	0.9904	0.9669	0.52	1.303	0.8766	0.9487	0.8317
0.24	2.496	0.9718	0.9886	0.9607	0.54	1.270	0.8679	0.9449	0.8201
0.26	2.317	0.9670	0.9867	0.9541	0.56	1.240	0.8588	0.9410	0.8082
0.28	2.166	0.9619	0.9846	0.9470	0.58	1.213	0.8498	0.9370	0.7962
0.30	2.035	0.9564	0.9823	0.9395	0.60	1.188	0.8405	0.9328	0.7840
0.62	1.166	0.8310	0.9286	0.7716	1.52	1.190	0.3869	0.6840	0.2646
0.64	1.145	0.8213	0.9243	0.7591	1.54	1.204	0.3789	0.6783	0.2570
0.66	1.127	0.8115	0.9199	0.7465	1.56	1.219	0.3711	0.6726	0.2496
0.68	1.110	0.8016	0.9154	0.7338	1.58	1.234	0.3633	0.6670	0.2523
0.70	1.094	0.7916	0.9108	0.7209	1.60	1.250	0.3557	0.6614	0.2353
0.72	1.081	0.7814	0.9061	0.7080	1.62	1.267	0.3483	0.6558	0.2284
0.74	1.068	0.7712	0.9013	0.6951	1.64	1.284	0.3409	0.6502	0.2217
0.76	1.057	0.7609	0.8964	0.6821	1.66	1.301	0.3337	0.6447	0.2152
0.78	1.047	0.7505	0.8915	0.6691	1.68	1.319	0.3266	0.6392	0.2088
0.80	1.038	0.7400	0.8865	0.6560	1.70	1.338	0.3197	0.6337	0.2026
0.82	1.030	0.7295	0.8815	0.6430	1.72	1.357	0.3129	0.6283	0.1966
0.84	1.024	0.7189	0.8763	0.6300	1.74	1.376	0.3062	0.6229	0.1907
0.86	1.018	0.7083	0.8711	0.6170	1.76	1.397	0.2996	0.6175	0.1850
0.88	1.013	0.6977	0.8659	0.6041	1.78	1.418	0.2931	0.6121	0.1794
0.90	1.009	0.6870	0.8606	0.5913	1.80	1.439	0.2868	0.6068	0.1740
0.92	1.006	0.6764	0.8552	0.5785	1.82	1.461	0.2806	0.6015	0.1688
0.94	1.003	0.6658	0.8498	0.5658	1.84	1.484	0.2745	0.5963	0.1637
0.96	1.001	0.6551	0.8444	0.5532	1.86	1.507	0.2686	0.5911	0.1587
0.98	1.000	0.6445	0.8389	0.5407	1.88	1.531	0.2627	0.5859	0.1539
1.00	1.000	0.6339	0.8333	0.5283	1.90	1.555	0.2570	0.5807	0.1492

M	$\frac{A}{A^*}$	$\frac{\rho}{\rho_0}$	$\frac{T}{T_0}$	$\frac{p}{p_0}$	M	$\frac{A}{A^*}$	$\frac{\rho}{\rho_0}$	$\frac{T}{T_0}$	$\frac{p}{p_0}$
1.02	1.000	0.6234	0.8278	0.5160	1.92	1.580	0.2514	0.5756	0.1447
1.04	1.001	0.6129	0.8222	0.5039	1.94	1.606	0.2459	0.5705	0.1403
1.06	1.003	0.6024	0.8165	0.4919	1.96	1.633	0.2405	0.5655	0.1360
1.08	1.005	0.5920	0.8108	0.4801	1.98	1.660	0.2352	0.5605	0.1318
1.10	1.008	0.5817	0.8052	0.4684	2.00	1.688	0.2301	0.5556	0.1278
1.12	1.011	0.5714	0.7994	0.4568	2.02	1.716	0.2250	0.5506	0.1239
1.14	1.015	0.5612	0.7937	0.4455	2.04	1.745	0.2200	0.5458	0.1201
1.16	1.020	0.5511	0.7880	0.4343	2.06	1.775	0.2152	0.5409	0.1164
1.18	1.025	0.5411	0.7822	0.4232	2.08	1.806	0.2105	0.5361	0.1128
1.20	1.030	0.5311	0.7764	0.4124	2.00	1.837	0.2058	0.5314	0.1094
1.22	1.037	0.5213	0.7706	0.4017	2.12	1.869	0.2013	0.5266	0.1060
1.24	1.043	0.5115	0.7648	0.3912	2.14	1.902	0.1968	0.5219	0.1027
1.26	1.050	0.5019	0.7590	0.3809	2.16	1.935	0.1925	0.5173	0.09956
1.28	1.058	0.4923	0.7532	0.3708	2.18	1.970	0.1882	0.5127	0.09650
1.30	1.066	0.4829	0.7474	0.3609	2.20	2.005	0.1841	0.5081	0.09352
1.32	1.075	0.4736	0.7416	0.3512	2.22	2.041	0.1800	0.5036	0.09064
1.34	1.084	0.4644	0.7358	0.3417	2.24	2.078	0.1760	0.4991	0.08784
1.36	1.094	0.4553	0.7300	0.3323	2.26	2.115	0.1721	0.4947	0.08514
1.38	1.104	0.4463	0.7242	0.3232	2.28	2.154	0.1683	0.4903	0.08252
1.40	1.115	0.4374	0.7184	0.3142	2.30	2.193	0.1646	0.4859	0.07997
1.42	1.126	0.4287	0.7126	0.3055	2.32	2.233	0.1610	0.4816	0.07751
1.44	1.138	0.4201	0.7069	0.2969	2.34	2.274	0.1574	0.4773	0.07513
1.46	1.150	0.4116	0.7011	0.2886	2.36	2.316	0.1539	0.4731	0.07281
1.48	1.163	0.4032	0.6954	0.2884	2.38	2.359	0.1505	0.4689	0.07057
1.50	1.176	0.3950	0.6897	0.2724	2.40	2.403	0.1472	0.4647	0.06840
2.42	2.448	0.1440	0.4606	0.06630	2.92	3.924	0.08308	0.3697	0.03071
2.44	2.494	0.1408	0.4565	0.06426	2.94	3.999	0.08130	0.3665	0.02980
2.46	2.540	0.1377	0.4524	0.06229	2.96	4.076	0.07957	0.3633	0.02891
2.48	2.588	0.1347	0.4484	0.06038	2.98	4.155	0.07788	0.3602	0.02805
2.50	2.637	0.1317	0.4444	0.05853	3.00	4.235	0.07623	0.3571	0.02722
2.52	2.687	0.1288	0.4405	0.05674	3.10	4.657	0.06852	0.3422	0.02345
2.54	2.737	0.1260	0.4366	0.05500	3.20	5.121	0.06165	0.3281	0.02023
2.56	2.789	0.1232	0.4328	0.05332	3.30	5.629	0.05554	0.3147	0.01748
2.58	2.842	0.1205	0.4289	0.05169	3.40	6.184	0.05009	0.3019	0.01512
2.60	2.896	0.1179	0.4252	0.05012	3.50	6.790	0.04523	0.2899	0.01311
2.62	2.951	0.1153	0.4214	0.04859	3.60	7.450	0.04089	0.2784	0.01138
2.64	3.007	0.1128	0.4177	0.04711	3.70	8.169	0.03702	0.2675	0.009903
2.66	3.065	0.1103	0.4141	0.04568	3.80	8.951	0.03355	0.2572	0.008629
2.68	3.123	0.1079	0.4104	0.04429	3.90	9.799	0.03044	0.2474	0.007532
2.70	3.183	0.1056	0.4068	0.04295	4.00	10.72	0.02766	0.2381	0.006586

M	$\frac{A}{A^*}$	$\frac{\rho}{\rho_0}$	$\frac{T}{T_0}$	$\frac{p}{p_0}$	M	$\frac{A}{A^*}$	$\frac{\rho}{\rho_0}$	$\frac{T}{T_0}$	$\frac{p}{p_0}$
2.72	3.244	0.1033	0.4033	0.04166	4.10	11.71	0.02516	0.2293	0.005769
2.74	3.306	0.1010	0.3998	0.04039	4.20	12.79	0.02292	0.2208	0.005062
2.76	3.370	0.09885	0.3963	0.03917	4.30	13.95	0.02090	0.2129	0.004449
2.78	3.434	0.09671	0.3928	0.03800	4.40	15.21	0.01909	0.2053	0.003918
2.80	3.500	0.09462	0.3894	0.03685	4.50	16.56	0.01745	0.1980	0.003455
2.82	3.567	0.09259	0.3860	0.03574	4.60	18.02	0.01597	0.1911	0.003053
2.84	3.636	0.09059	0.3827	0.03467	4.70	19.58	0.01463	0.1846	0.002701
2.86	3.706	0.08865	0.3794	0.03363	4.80	21.26	0.01343	0.1783	0.002394
2.88	3.777	0.08674	0.3761	0.03262	4.90	23.07	0.01233	0.1724	0.002126
2.90	3.850	0.08489	0.3729	0.03165	5.00	25.00	0.01134	0.1667	0.001890

표Ⅲ-2 1차원 수직충격파 (완전기체, k=1.4)

M_1	M_2	$\frac{p_{02}}{p_{01}}$	$\frac{T_2}{T_1}$	$\frac{p_2}{p_1}$	$\frac{\rho_2}{\rho_1}$	M_1	M_2	$\frac{p_{02}}{p_{01}}$	$\frac{T_2}{T_1}$	$\frac{p_2}{p_1}$	$\frac{\rho_2}{\rho_1}$
1.00	1.000	1.000	1.000	1.000	1.000						
1.02	0.9805	1.000	1.013	1.047	1.033	1.22	0.8300	0.9907	1.141	1.570	1.376
1.04	0.9620	0.9999	1.026	1.095	1.067	1.24	0.8183	0.9884	1.153	1.627	1.411
1.06	0.9444	0.9998	1.039	1.144	1.101	1.26	0.8071	0.9857	1.166	1.686	1.446
1.08	0.9277	0.9994	1.052	1.194	1.135	1.28	0.7963	0.9827	1.178	1.745	1.481
1.10	0.9118	0.9989	1.065	1.245	1.169	1.30	0.7860	0.9794	1.191	1.805	1.516
1.12	0.8966	0.9982	1.078	1.297	1.203	1.32	0.7760	0.9757	1.204	1.866	1.551
1.14	0.8820	0.9973	1.090	1.350	1.238	1.34	0.7664	0.9718	1.216	1.928	1.585
1.16	0.8682	0.9961	1.103	1.403	1.272	1.36	0.7572	0.9676	1.229	1.991	1.620
1.18	0.8549	0.9946	1.115	1.458	1.307	1.38	0.7483	0.9630	1.242	2.055	1.655
1.20	0.8422	0.9928	1.128	1.513	1.342	1.40	0.7397	0.9582	1.255	2.120	1.690
1.42	0.7314	0.9531	1.268	2.186	1.724	2.32	0.5321	0.5745	1.965	6.113	3.110
1.44	0.7235	0.9477	1.281	2.253	1.759	2.34	0.5297	0.5658	1.984	6.222	3.136
1.46	0.7157	0.9420	1.294	2.320	1.793	2.36	0.5275	0.5572	2.002	6.331	3.162
1.48	0.7083	0.9360	1.307	2.389	1.828	2.38	0.5253	0.5486	2.021	6.442	3.187
1.50	0.7011	0.9298	1.320	2.458	1.862	2.40	0.5231	0.5402	2.040	6.553	3.212
1.52	0.6941	0.9233	1.334	2.529	1.896	2.42	0.5210	0.5318	2.059	6.666	3.237
1.54	0.6874	0.9166	1.347	2.600	1.930	2.44	0.5189	0.5234	2.079	6.779	3.261
1.56	0.6809	0.9097	1.361	2.673	1.964	2.46	0.5169	0.5152	2.098	6.894	3.285
1.58	0.6746	0.9026	1.374	2.746	1.998	2.48	0.5149	0.5071	2.118	7.009	3.310
1.60	0.6684	0.8952	1.388	2.820	2.032	2.50	0.5130	0.4990	2.137	7.125	3.333
1.62	0.6625	0.8876	1.402	2.895	2.065	2.52	0.5111	0.4910	2.157	7.242	3.357
1.64	0.6568	0.8799	1.416	2.971	2.099	2.54	0.5092	0.4832	2.177	7.360	3.380
1.66	0.6512	0.8720	1.430	3.048	2.132	2.56	0.5074	0.4754	2.198	7.479	3.403
1.68	0.6458	0.8640	1.444	3.126	2.165	2.58	0.5056	0.4677	2.218	7.599	3.426
1.70	0.6406	0.8557	1.458	3.205	2.198	2.60	0.5039	0.4601	2.238	7.720	3.449
1.72	0.6355	0.8474	1.473	3.285	2.230	2.62	0.5022	0.4526	2.259	7.842	3.471
1.74	0.6305	0.8389	1.487	3.366	2.263	2.64	0.5005	0.4452	2.280	7.965	3.494
1.76	0.6257	0.8302	1.502	3.447	2.295	2.66	0.4988	0.4379	2.301	8.088	3.516
1.78	0.6210	0.8215	1.517	3.530	2.327	2.68	0.4972	0.4307	2.322	8.213	3.537
1.80	0.6165	0.8127	1.532	3.613	2.359	2.70	0.4956	0.4236	2.343	8.338	3.559
1.82	0.6121	0.8038	1.547	3.698	2.391	2.72	0.4941	0.4166	2.364	8.465	3.580
1.84	0.6078	0.7947	1.562	3.783	2.422	2.74	0.4926	0.4097	2.386	8.592	3.601
1.86	0.6036	0.7857	1.577	3.870	2.454	2.76	0.4911	0.4028	2.407	8.721	3.622
1.88	0.5996	0.7766	1.592	3.957	2.485	2.78	0.4897	0.3961	2.429	8.850	3.643
1.90	0.5956	0.7674	1.608	4.045	2.516	2.80	0.4882	0.3895	2.451	8.980	3.664
1.92	0.5918	0.7581	1.624	4.134	2.546	2.82	0.4868	0.3829	2.473	9.111	3.684
1.94	0.5880	0.7488	1.639	4.224	2.577	2.84	0.4854	0.3765	2.496	9.243	3.704
1.96	0.5844	0.7395	1.655	4.315	2.607	2.86	0.4840	0.3701	2.518	9.376	3.724

M_1	M_2	$\frac{p_{02}}{p_{01}}$	$\frac{T_2}{T_1}$	$\frac{p_2}{p_1}$	$\frac{\rho_2}{\rho_1}$	M_1	M_2	$\frac{p_{02}}{p_{01}}$	$\frac{T_2}{T_1}$	$\frac{p_2}{p_1}$	$\frac{\rho_2}{\rho_1}$
1.98	0.5808	0.7302	1.671	4.407	2.637	2.88	0.4827	0.3639	2.540	9.510	3.743
2.00	0.5774	0.7209	1.687	4.500	2.667	2.90	0.4814	0.3577	2.563	9.645	3.763
2.02	0.5740	0.7115	1.704	4.594	2.696	2.92	0.4801	0.3517	2.586	9.781	3.782
2.04	0.5707	0.7022	1.720	4.689	2.725	2.94	0.4788	0.3457	2.609	9.918	3.801
2.06	0.5675	0.6928	1.737	4.784	2.755	2.96	0.4776	0.3398	2.632	10.06	3.820
2.08	0.5643	0.6835	1.754	4.881	2.783	2.98	0.4764	0.3340	2.656	10.19	3.839
2.10	0.5613	0.6742	1.770	4.978	2.812	3.00	0.4752	0.3283	2.679	10.33	3.857
2.12	0.5583	0.6649	1.787	5.077	2.840	3.10	0.4695	0.3012	2.799	11.05	3.947
2.14	0.5554	0.6557	1.805	5.176	2.868	3.20	0.4644	0.2762	2.922	11.78	4.031
2.16	0.5525	0.6464	1.822	5.277	2.896	3.30	0.4596	0.2533	3.049	12.54	4.112
2.18	0.5498	0.6373	1.839	5.378	2.924	3.40	0.4552	9.2322	3.180	13.32	4.188
2.20	0.5471	0.6281	1.857	5.480	2.951	3.50	0.4512	0.2130	3.315	14.13	4.261
2.22	0.5444	0.6191	1.875	5.583	2.978	3.60	0.4474	0.1953	3.454	14.95	4.330
2.24	0.5418	0.6100	1.892	5.687	3.005	3.70	0.4440	0.1792	3.596	15.81	4.395
2.26	0.5393	0.6011	1.910	5.792	3.032	3.80	0.4407	0.1645	3.743	16.68	4.457
2.28	0.5368	0.5921	1.929	5.898	3.058	3.90	0.4377	0.1519	3.893	17.58	4.516
2.30	0.5344	0.5833	1.947	6.005	3.085	4.00	0.4350	0.1388	4.047	18.50	4.571
4.10	0.4324	0.1276	4.205	19.45	4.624	4.60	0.4217	0.08459	5.052	24.52	4.853
4.20	0.4299	0.1173	4.367	20.41	4.675	4.70	0.4199	0.07809	5.233	25.61	4.893
4.30	0.4277	0.1080	4.532	21.42	4.723	4.80	0.4183	0.07214	5.418	26.71	4.930
4.40	0.4255	0.09948	4.702	22.42	4.768	4.90	0.4167	0.06670	5.607	27.85	4.966
4.50	0.4236	0.09170	4.875	23.46	4.812	5.00	0.4152	0.06172	5.800	29.00	5.000

부록 Ⅵ -1

물체에 작용하는 힘들의 상관관계 및 모멘트

(1) 단순방법(simple force systems)

자유물체도는 임의의 물체 또는 그 물체의 일부분에 작용하는 모든 힘들의 상관관계를 보여 준다. 체적력(body force)이라 하는 중력은 물체의 질량에 비례한다. 또한 힘과 우력들이 물체 표면과의 접촉에 의해 작용되어질 수 있다. 자유물체가 정지상태에 있거나 등속직선운동을 할 때 평형상태에 있다고 말하며, 가속도가 없기 때문에 Newton의 운동 제2법칙에 의하여 임의 방향에서 모든 힘의 성분의 합이 0이 되어야 하고, 임의 축에 대한 모든 모멘트의 합이 0이 되어야 한다.

두 역계에서 모든 방향의 힘들의 합과 모든 축에 대한 모멘트들의 합이 같은 값을 가지면 이들 두 역계는 등가이다. 가장 단순한 역계를 합성(resultant)이라 한다. 등가역계들은 언제나 자유물체에 똑같은 운동(혹은 운동이 없음)을 발생시킨다.

공면역계에서 힘의 합성 결과는 힘 또는 우력이다. 비공면의 평형역계에서도 힘의 합성 결과는 힘 또는 우력이다. 일반적인 비공면 역계에서의 힘의 합성 결과는 힘, 우력 또는 힘과 우력이 될 것이다.

임의의 표면 위에 작용하는 유체의 작용은 분포되어 있는 유체역계가 일으키는 것과 똑같은 외부 운동 또는 반력을 일으키는 합성역계로 바꾸어질 수 있고, 그렇게 함으로써 유체가 완전히 제거되고 그곳에 합성력이 작용하고 있다고 생각되어질 수 있다(자유체).

(2) 1차 모멘트와 2차 모멘트(first and second moments)

면적, 체적, 무게 또는 질량의 모멘트는 어떤 축에 대한 임의 모멘트를 계산하는 것과 유사한 방법으로 계산될 수 있다.

1차 모멘트

y축에 대한 면적 A의 모멘트(그림 Ⅳ-1)는

$$\int_A x \cdot dA$$

로 표현되며, 여기서 적분은 면적을 따라 수행된다. 평행축, 예를 들어 $x=k$에 대한 모멘트를 계산하면

$$\int_A (x-k)dA = \int_A x \cdot dA - kA \qquad (\text{Ⅳ}-1-1)$$

이 되며, 이 식은 모멘트가 0이 되는 평행축 $x=k=\bar{x}$가 항상 존재함을 보여준다. 중심축이라 하는 이 축은 식 (Ⅳ-1-1)을 0으로 놓음으로써 얻어질 수 있다. $\bar{x}$에 대하여 풀어보면,

$$\bar{x} = \frac{1}{A}\int_A s \cdot dA \quad \cdots\cdots (\text{Ⅳ}-1-2)$$

x축에 평행한 다른 중심축도 다음과 같이 구해질 수 있다.

$$\bar{y} = \frac{1}{A}\int_A y \cdot dA \quad \cdots\cdots (\text{Ⅳ}-1-3)$$

중심축이 만나는 점을 그 면적의 도심이라 한다. 도심을 통과하는 임의축에 대한 면적의 1차 모멘트는 0이라는 것을 축의 회전에 의해 쉽게 알 수 있다. 면적이 대칭축을 가질 때 그 축의 각 양쪽에 있는 요소들의 면적에 대한 모멘트는 크기가 같고, 방향이 반대이므로 대칭축은 중심축이 된다. 도심의 위치만 알면 어떤 축에 대한 1차 모멘트는 적분할 필요없이 면적과 도심에서 축까지의 거리와의 곱

으로써 얻을 수 있다.

$$\int_A z \cdot dA = zA \quad \cdots\cdots (\text{IV}-1-4)$$

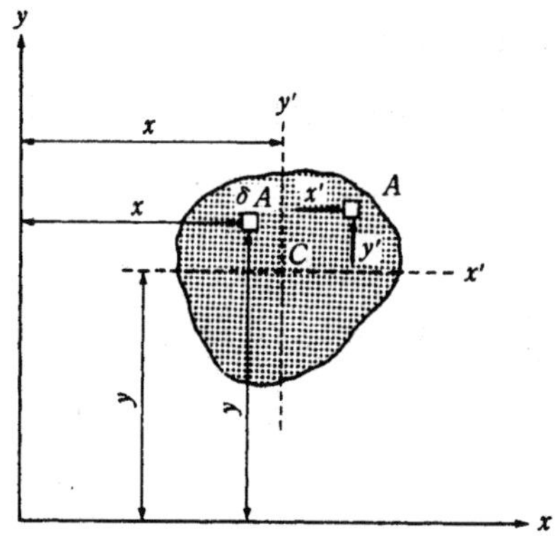

[그림 IV-1] 1차 모멘트, 2차 모멘트

삼각형의 한 변에 평행한 중심축은 그 변에서 높이의 $\frac{1}{3}$ 떨어져 있으며, 반지름이 a인 반원의 도심은 지름으로부터 $4a/3\pi$에 있다.

부피 V의 중심까지의 거리는 한 평면, 이를테면 yz 평면에 대한 부피 V의 1차 모멘트를 똑같은 방법으로 취함으로써 구할 수 있다.

$$\bar{x} = \frac{1}{V}\int x \cdot dV \quad \cdots\cdots (\text{IV}-1-5)$$

물체의 질량 중심도 같은 요령으로 계산된다.

$$xm = \frac{1}{M}\int_M x \cdot dm \quad \cdots\cdots (\text{IV}-1-6)$$

여기서, dm은 질량요소이며, M은 물체의 전체 질량이다. 물체의 중심(center of gravity)은 실용적인 공학적 목적에서 볼 때 질량중심에 있다.

2차 모멘트

y축에 대한 면적 A의 2차 모멘트(그림 Ⅳ-1)는 다음과 같다.

$$I_y = \int_A x^2 \cdot dA \qquad \text{(Ⅳ-1-7)}$$

이것은 면적의 관성모멘트(moment of inertia)라 하며, dA가 양의 수이므로 항상 양의 수이다. 모멘트를 취하는 축을 면적의 도심 C를 통과하는 y축에 평행한 축으로 이동시키면,

$$I_c = \int_A (x-\bar{x})^2 dA = \int_A x^2 dA - 2\bar{x}\int_A x \cdot dA + \bar{x}^2 \int_A dA$$

여기서

$$\int_A x \cdot dA = \bar{x}A \qquad \int_A x^2 \cdot dA = I_y \qquad \int_A dA = A$$

이므로

$$I_c = I_y = \bar{x}^2 \text{ 또는 } I_y = I_c + \bar{x}^2 A \qquad \text{(Ⅳ-1-8)}$$

즉, 임의축에 대한 면적의 관성모멘트는 도심을 통과하는 평행한 축에 대한 관성모멘트에 면적과 축 사이의 거리제곱의 곱을 더한 것이다. 그림 (Ⅳ-2)는 4개의 간단한 면적들에 대한 관성모멘트를 보여준다.

관성상승(product of inertia) 모멘트 I_{xy}는 그림 (Ⅳ-1)의 기호를 사용하여 다음

과 같이 표시된다.

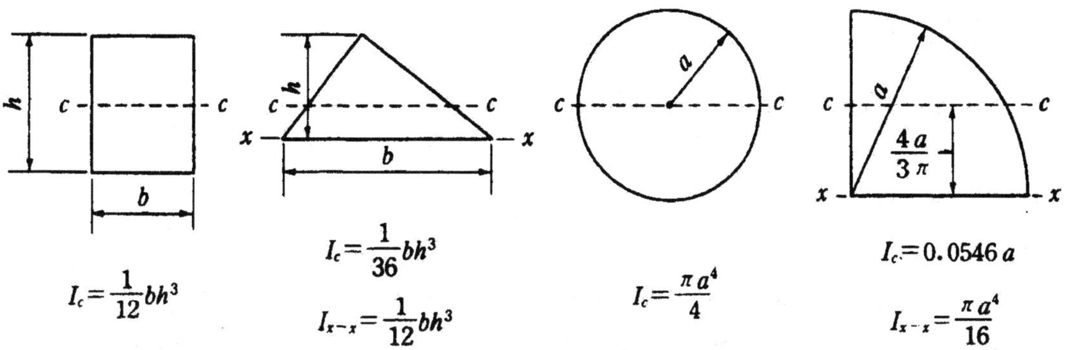

[그림 Ⅳ-2] 간단한 면적들의 중심축에 대한 관성모멘트

$$I_{xy}=\int_A xy\cdot dA \qquad \cdots\cdots (\text{Ⅳ}-1-9)$$

이 값은 양의 수 또는 음의 수가 될 수 있다. xy축에 대한 관성상승모멘트를 그림 (Ⅳ-1)의 $\overline{x}$와 $\overline{y}$의 항으로 나타내면,

$$\begin{aligned}I_{xy} &= \int_A(\overline{x}+x')(\overline{y}+y')dA=\overline{x}\,\overline{y}A+\int_A x'y'dA+\overline{x}\int_A y'dA+\overline{y}\int_A x'dA\\ &= \overline{x}\,\overline{y}A+\overline{I}_{xy}\end{aligned}$$

$\overline{I}_{xy}$는 xy축에 평행한 중심축에 대한 관성상승모멘트이며, 어느 한 축이 면적의 대칭축이면 관성상승모멘트는 0이다.

양의 좌표축을 따라 한 변이 b이고, 높이가 h인 삼각형의 관성상승모멘트 I_{xy}는 $\frac{b^2h_2}{24}$이다.

부록 Ⅵ -2

파동속도(wave velocity)

유체(流體)를 매체로 하여 전파되는 작은 파동의 속도는 연속(連續)의 원리와 역적(力積)과 운동량의 원리를 적용함으로써 구할 수 있다. 강(비탄성)체에서와 마찬가지로 비압축성(비탄성) 유체에 대하여 이와 같은 파동은 교란이 순간적으로 점에서 점으로 전파될 때 무한대의 속도로 진행하는 것이 된다. 자유표면을 갖는 액체에서와 같이 비압축성으로 가정한 유체에 대하여는 작은 파동은 액체 표면에서의 경미한 국소상승으로 나타나며, 이 형식의 파동을 중력파(gravity wave)라고 한다.

압축성 유체(액체 또는 기체)에 대하여는 작은 파동은 유체의 압력과 밀도의 경미한 국소상승으로 나타나고 이와 같은 파동을 압축파(wave of compression)라고 한다. 이 파동들이 그림 (Ⅳ-3)에 표시되어 있고 정지하고 있는 유체의 외부와 또는 내부를 속도 a로 운동하고 있다. 정지하고 있는 관측자에 대하여는 파동이 자나가므로 유체운동은 비정상이며, 그러나 만일 관측자가 속도 a로 파동과 함께 운동하면 그는 정상유동을 보며, 그것으로 기초원리로서 쉽게 해석할 수 있다. V를 파동의 중심에서의 속도로 하고 연속방정식을 적용하면 다음과 같다. 즉,

중력파 : $ay = V(y + dy)$

압축파 : $A \cdot a \cdot \rho = A \cdot V(\rho + d\rho)$

으로 되고, 역적과 운동량 원리를 적용하면

중력파 : $\dfrac{\gamma}{2} \cdot y^2 - \dfrac{\gamma}{2}(y + dy)^2 = ay \cdot \dfrac{\gamma}{g}(V - a)$

압축파 : $P \cdot A - A(p + dp) = A \cdot a \cdot \rho(V - a)$

로 된다. 그러므로 V를 없애면 다음과 같이 된다.

$$\text{중력파 : } a^2 = g(y + dy)$$

$$\text{압축파 : } a^2 \frac{dp}{d\rho}\left(\frac{\rho + d\rho}{\rho}\right) \quad \cdots\cdots (\text{IV}-2-1)$$

그런데 소멸될 만큼의 작은 파동, 즉 dy와 $d\rho$가 0에 가까워짐에 따라서 위의 식들은 다음과 같이 된다.

$$\text{중력파 : } a = \sqrt{g \cdot y}$$

$$\text{압축파 : } a = \sqrt{\frac{dp}{d\rho}} \quad \cdots\cdots (\text{IV}-2-2)$$

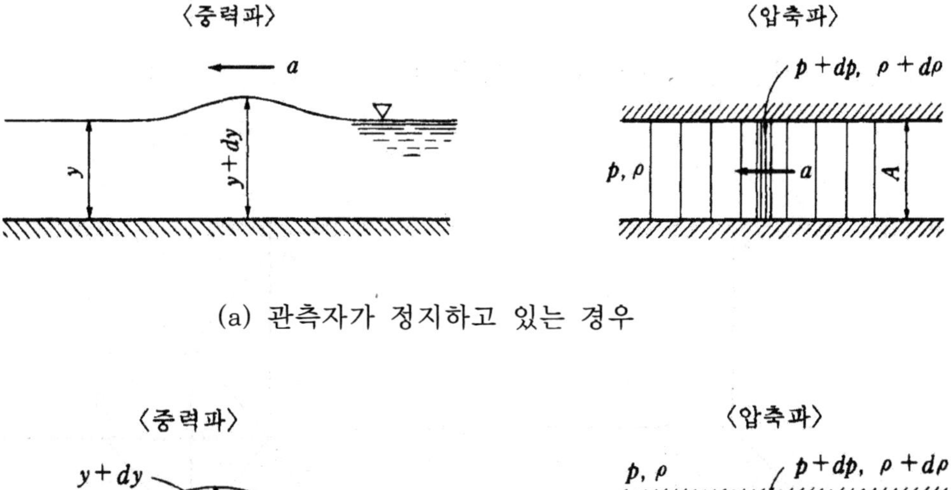

(a) 관측자가 정지하고 있는 경우

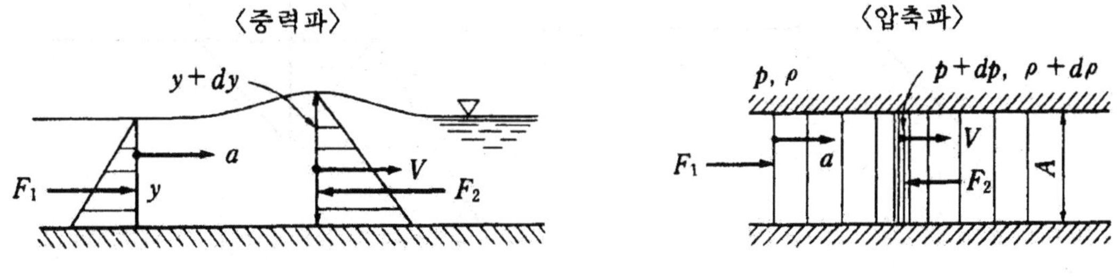

(b) 관측자가 속도 a로 파동과 함께 운동하는 경우

그림 IV-3

부록 VI -3

벡터(vector) 해석의 기초

(1) 단위 벡터(unit vector)

벡터는 크기와 방향을 동시에 갖는 물리량이라는 것을 이미 알고 있다. 그러므로 벡터의 방향을 표시하기 위하여 크기가 1인 벡터를 정의하여 이 벡터를 단위 벡터라 말한다. 임의의 방향을 향하는 단위 벡터를 e라 하면 이 방향의 향방을 갖는 모든 벡터들 A는

$$A = A_e$$

와 같이 표시된다. 여기서 A는 A의 절대값 $A = |A|$를 의미한다.

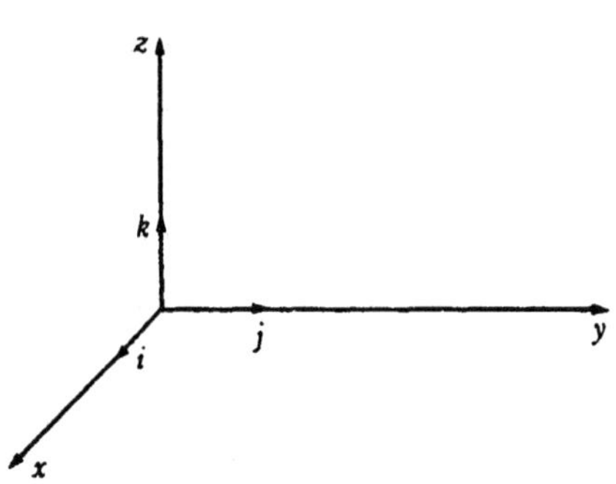

그림 IV-4

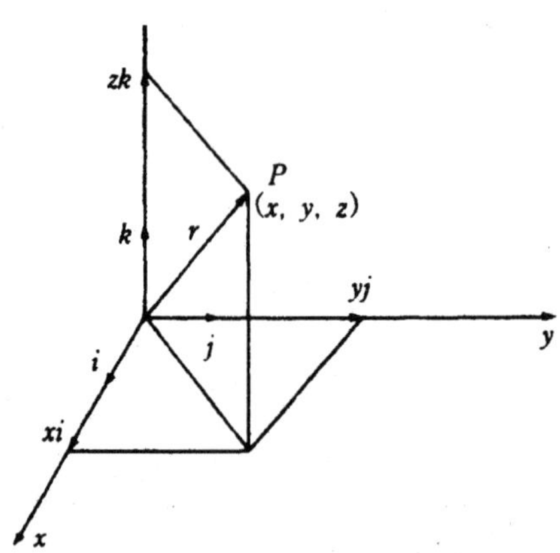

그림 IV-5

지금 벡터 i를 x축 방향의 양의 향방을 향하고 크기가 1인 벡터라 하고, 같은

방법으로 j, k를 각각 y 좌표, z 좌표의 양의 향방을 나타내는 크기가 1인 벡터라 하면 i, j, k를 직교좌표계의 단위 벡터 혹은 기저 벡터(base vector)라 말한다. 특히 공간이 x, y, z의 좌표계로부터 기원하는 벡터 공간일 때 원점으로부터 이 벡터 공간 내의 임의 점 $p(x,\ y\ z)$까지 그은 유향선분 r을 위치 벡터(position vector)라 말한다. 위치 벡터 r은 그림으로부터 세 벡터 xi, yj, zk의 벡터화로 주어짐을 알 수 있다.

$$r = xi + yj + zk$$

(2) 한 벡터의 성분

A를 임의의 벡터 공간에서의 주어진 한 벡터라 할 때

$$A_x = |A|\cos\alpha$$

$$A_y = |A|\cos\beta$$

$$A_z = |A|\cos\gamma$$

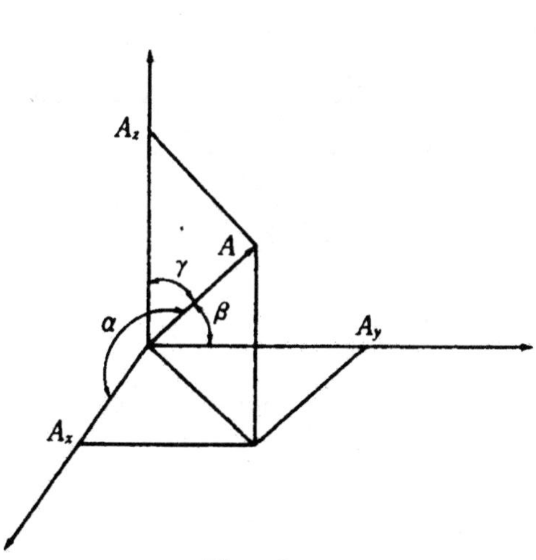

그림 IV-6

를 각각 벡터 A의 x 성분, y 성분, z 성분이라 말하고,

$$A = A_x i + A_y j + A_z k$$

와 같이 표시한다. 여기서 $|A|$는 벡터 A의 크기라 말하고

$$|A| = \sqrt{A_x^2 + A_y^2 + A_z^2} \quad \text{(IV-3-1)}$$

와 같이 주어진다.

(3) 두 벡터의 스칼라적(scalar product of two vectors)

어느 물체에 힘 F를 가하였을 때 이 물체가 r라는 변위를 했다면 이때 행한 일은

$$W = |F|\,|r| \cos(F,\ r)$$

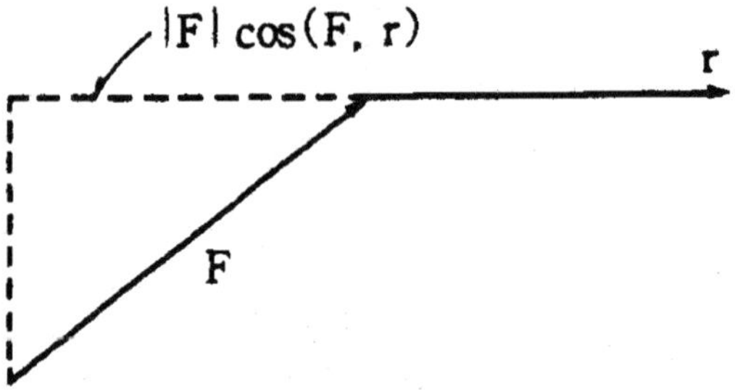

그림 IV-7

와 같이 계산된다. 우리들은 위 식의 우변을 $F \cdot r$와 같이 간단히 표기하기로 약속하고 이것을 두 벡터 F와 r의 내적(inner product), 도트적(dot product) 또

는 스칼라적(scalar product)이라 부른다. 두 벡터의 스칼라적으로 얻은 결과는 스칼라양이다.

$$F \cdot r = |F||r| \cos(F,\ r)$$

여기서 $(F \cdot r)$은 F와 r이 만드는 각을 의미한다.

두 벡터의 스칼라적은 정의에 의하여 교환법칙(commutative law)과 배분법칙(distributive law)이 성립한다.

$$A \cdot B = B \cdot A \qquad \text{교환칙}$$
$$(A+B) \cdot C = A \cdot C = B \cdot C \qquad \text{배분칙}$$

단위 벡터에 스칼라적을 적용하면 다음과 같은 중요한 관계식을 얻는다.

$$i \cdot i = j \cdot j = k \cdot k = 1$$
$$i \cdot j = j \cdot k = k \cdot i = 0$$

위 식들의 관계로부터 주어진 두 벡터 A, B의 스칼라적은 다음과 같이 간단히 계산할 수 있다.

$$\begin{aligned} A \cdot B &= (A_x i + A_y j + A_z k) \cdot (B_x i + B_y j + B_z k) \\ &= A_x B_x + A_y B_y + A_z B_z \quad \cdots\cdots (\text{IV}-3-2) \end{aligned}$$

또한 정의로부터

$$A^2 = A \cdot A = A_x^2 + A_y^2 + A_z^2 = |A|^2 \quad \cdots\cdots (\text{IV}-3-3)$$

을 얻는다.

(4) 두 벡터의 벡터적(vector product of two vectors)

O를 중심으로 회전할 수 있는 회전체에 힘 F를 가하여 회전시킬 때 회전력 T는

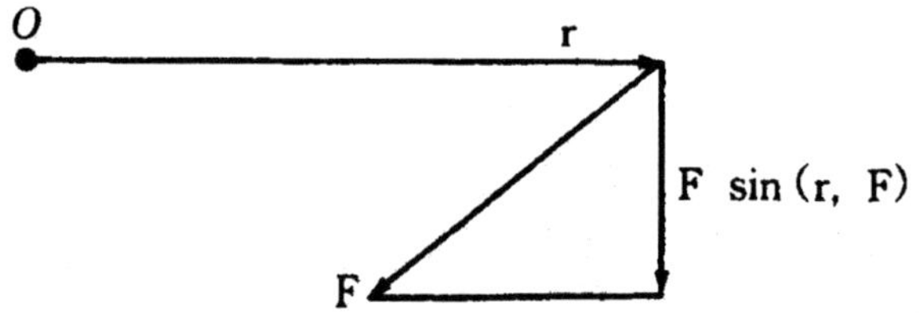

그림 IV-8

와 같이 계산한다. 우리들은 물리에서 회전력의 방향은 F에 의하여 회전체가 회전될 때 오른나사가 진행하는 방향을 향한다고 배웠다. 나사의 향방은 힘의 향방에 따라 달라지므로 이와 같은 형의 두 벡터의 적은 벡터양이다. 우리는 이와 같은 형의 두 벡터의 적(vector product), 외적(outer product) 혹은 cross적(cross product)이라 부르고, $r \times F$와 같이 표기한다.

$$|r \times F| = |r| \ |F| \sin(r, F)$$

여기서 (r, F)는 r와 F가 만드는 각을 표시하며 $0 \leq (r, F) \leq 180^{\circ}$를 택한다.

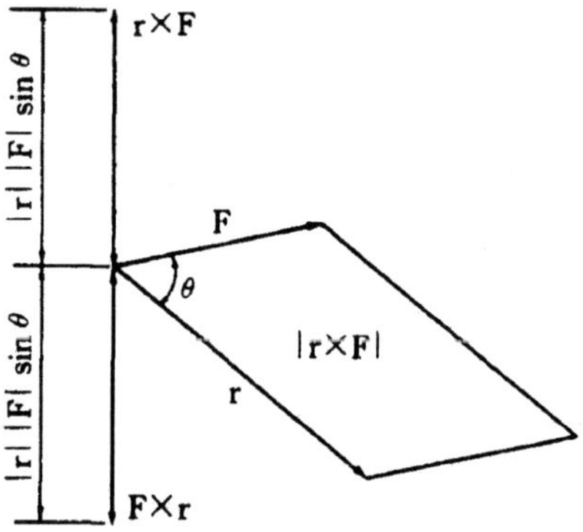

그림 IV-9

따라서 두 벡터 r와 F의 벡터적 $r \times F$는 크기가 r와 F가 만드는 평행사변형의 넓이와 같고, 방향은 이 평행사변형에 수직한 방향이며 향방은 오른나사를 r에서 F

로 돌렸을 때 나사가 진행하는 향방이다.
정의로부터 두 벡터의 벡터적은 교환칙이 성립하지 않는다. 그러나 배분칙은 성립한다.

$$A \times B = -B \times A$$
$$A \times (B + C) = A \times B + A \times C$$

또 단위 벡터 사이에는 다음 관계가 성립한다.

$$i \times j = K,\ j \times k = i,\ k \times i = j$$
$$i \times i = j \times j = k \times k = 0$$

위 식을 적용하면 두 벡터의 벡터적을 다음과 같이 표시할 수 있다.

$$A \times B = (A_x i + A_y j + A_z k) \times (B_x i + B_y j + B_z k)$$
$$(A_y B_z - A_z B_y) i + (A_z B_x - A_x B_z) j + (A_x B_y - A_y B_x) k \quad \cdots\cdots (\text{IV}-3-4)$$

식 (Ⅳ-3-4)는 행렬식을 사용하면 간단히 표시할 수 있다.

$$A \times B = \begin{vmatrix} i & j & k \\ A_x & A_y & A_z \\ B_x & B_y & B_z \end{vmatrix} \quad \cdots\cdots (\text{IV}-3-5)$$

(5) 벡터의 삼중적(triple products)

세 벡터의 삼중적은 다음 두 가지가 있다.

(a) 스칼라 삼중적

$A \cdot B \times C$와 같은 형의 삼중적을 스칼라 삼중적이라 정의한다. 스칼라 삼중적은

벡터 A와 벡터 $B\times C$와의 스칼라적이므로 결과는 스칼라이다. 벡터 A, B, C의 성분들이 주어질 때에는 이들 벡터의 스칼라 삼중적은 다음 행렬식에 의하여 계산된다.

$$A\cdot B\times C=\begin{vmatrix} A_x & A_y & A_z \\ B_x & B_y & B_z \\ C_x & C_y & C_z \end{vmatrix}$$

또 행렬식의 성질로부터 다음 관계가 성립함을 쉽게 알 수 있다.

$$A\cdot B\times C=A\times B\cdot C=B\cdot C\times A=B\times C\cdot A$$
$$C\cdot A\times B=C\times A\cdot B$$

그러므로 스칼라 삼중적의 값은 dot와 cross의 위치에는 무관하고 곱하는 순서가 순환적일 때 같은 값을 갖는다. 만일 순서가 역순환일 때 절대값은 같고 부호가 반대가 된다.

$$A\times B\cdot C=A\cdot B\times C=-B\times A\cdot C=-B\cdot A\times C$$

여기서 $(A\cdot B)\times C$는 의미가 없으므로 $A\cdot B\times C$는 자연히 $A\cdot(B\times C)$를 의미한다. 스칼라 삼중적의 기하학적 의미는 A, B, C가 만드는 평행육면체의 체적이다.

(b) 벡터 삼중적(vector triple product)

$(A\times B)\times C$, $A\times(B\times C)$와 같은 삼중적을 벡터 삼중적이라 말한다. 벡터 삼중적은 반드시 괄호를 써서 표시하여야 한다. 예를 들면 $(i\times i)\times j=0$이나, $i\times(i\times j)=i\times k=-j$이다. 벡터 삼중적의 결과는 벡터이다.
벡터 삼중적에 대하여 다음과 같은 등식이 성립한다.

$$A\times(B\times C)=(A\cdot C)B-(A\cdot B)C$$
$$(A\times B)\times C=(C\cdot A)B-(C\cdot B)A$$

위 식들로부터 $A\times(B\times C)$는 B와 C가 만드는 평면에 놓이는 벡터임을 알 수 있다.

(6) 벡터의 미분

벡터 A가 스칼라 변수 t의 함수일 때 t에 관한 A의 미분계수는 다음과 같이 정의한다.

$$\frac{dA}{dt}=\lim_{\Delta t\to 0}\frac{A(t+\Delta t)-A(t)}{\Delta t}$$

t가 스칼라 변수이므로 미분계수 dA/dt는 같은 향방을 갖는 벡터이다. 벡터의 미분연산은 해석학에서 배운 보통의 미분연산과 같다. 다음에 그 결과만을 간추려 소개한다.

화(和)의 미분

$$\frac{d}{dt}(A+B)=\frac{dA}{dt}+\frac{dB}{dt}$$

스칼라와 벡터의 적의 미분

$$\frac{d}{dt}(uA)=A\frac{du}{dt}+u\frac{dA}{dt}$$

스칼라적의 미분

$$\frac{d}{dt}(A\cdot B)=B\cdot\frac{dA}{dt}+A\cdot\frac{dB}{dt}$$

벡터적의 미분

$$\frac{d}{dt}(A\times B)=\frac{dA}{dt}\times B+A\times\frac{dB}{dt}$$

(7) 코리올리의 가속도

회전체 위에서 한 질점이 운동할 때 상대가속도와 구심가속도 이외에 코리올리

(Corioli) 가속도가 생긴다. 연직축(z축) 주위로 일정한 회전속도 ω로 회전하는 평판 위를 한 마리의 파리가 기어간다고 생각하자. x축과 y축을 평판 위에 고정하고 z축을 회전축과 일치시키면 좌표계 xyz는 평판과 함께 회전한다. 파리의 위치 벡터를 r이라고 하면

$$r = xi + y$$

고정좌표계(지구상에 고정)에서 본 파리의 속도는 dx/dt로 주어진다.

$$V = \dot{r} = i\frac{dx}{dt} + j\frac{dy}{dt} + x\frac{di}{dt} + y\frac{di}{dt}$$

i와 j는 평판과 함께 ω의 속도로 회전하므로

$$\frac{di}{dt} = \omega \times i = \omega k \times i = \omega j$$

$$\frac{dj}{dt} = \omega \times j = \omega k \times j = -\omega j$$

따라서 파리의 절대속도는(·는 시간미분의 뜻)

$$V = (\dot{x} - \omega y)i + (\dot{y} + \omega x)j$$

t에 관하여 다시 미분하면 파리의 절대가속도를 얻는다.

$$a = \frac{dv}{dt} = (\ddot{x} - \omega\dot{y})i + (\ddot{y} - \omega\dot{x})j + (\dot{\omega} - xy)\frac{di}{dt} + (\dot{y} + \omega x)\frac{di}{dt}$$

$$= (\ddot{x}i + \ddot{y}j) + 2\omega(-\dot{y}i + \dot{x}j) - \omega^2(xi + yj)$$

$$u_1 + u_2 + u_3 \quad \cdots\cdots (\text{IV}-3-6)$$

여기서

$a_1 = i\ddot{x} + \ddot{y}j$ 상대가속도

$a_2 = 2\omega(-\dot{y}i + \dot{x}j)$ Corioli의 가속도

$$a_3 = -\omega^2(\xi + yj) = -\omega^2 r \qquad \text{상대구심가속도}$$

$a_2 = 2\omega(-\dot{y}i + \dot{x}j)$를 코리올리 가속도라 말하고, 회전좌표계에 대하여 운동할 때 생긴다. 회전좌표계에 대한 상대속도를

$$V_r = \dot{x}i + \dot{y}j$$

라고 하면

$$a_2 \cdot V_r = 0$$

이므로 코리올리 가속도는 상대속도에 수직한다. 코리올리 가속도는 떨어지는 물체나 총탄의 진로를 빗나가게 한다.

(8) 균배(gradient)

ϕ를 임의의 좌표공간에서 점(위치)의 스칼라 함수라 가정한다. 만일 좌표공간을 직교좌표계 s, y, z로부터 기원하는 공간이라고 하면 $\phi(x, y, z)$는 모든 공간점에 대응해서 함수값을 갖는다. 한 점

$$r = xi + yj + zk$$

에서의 값을 $\phi(x, y, z)$라 할 때

$$r + dr = (x + dx)i + (y + dy)j + (z + dz)k$$

에서의 함수값 $\phi(x + dx, y + dy, z + dz)$의 값은

$$\phi(x + dx, y + dy, z + dz) = \phi(x, y, z) + d\phi$$
$$= \phi(x, y, z) + \frac{\partial \phi}{\partial x}dx + \frac{\partial \phi}{\partial y}dy + \frac{\partial \phi}{\partial z}dz$$

와 같이 주어진다. 즉

$$= d\phi = \frac{\partial \phi}{\partial x}dx + \frac{\partial \phi}{\partial y}dy + \frac{\partial \phi}{\partial z}dz$$

또 $\frac{\partial \phi}{\partial x} = \phi$의 x 방향의 기울기(ϕ의 기울기의 x 성분)

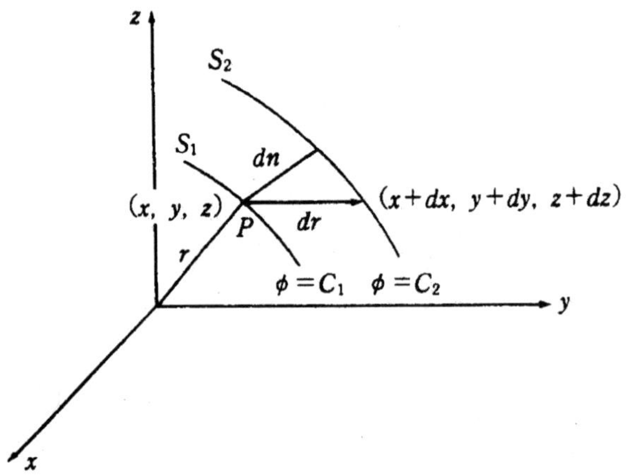

그림 Ⅳ-10

$\frac{\partial \phi}{\partial y} = \phi$의 y 방향 기울기(ϕ의 기울기의 y 성분)

$\frac{\partial \phi}{\partial z} = \phi$의 z 방향 기울기(ϕ의 기울기의 z 성분)

이므로 이들 기울기를 벡터화하면 점(x, y, z)에서 ϕ의 기울기를 얻는다.

$$\text{grad}\,\phi = \frac{\partial \phi}{\partial x}i + \frac{\partial \phi}{\partial y}j + \frac{\partial \phi}{\partial z}k \quad \cdots\cdots (\text{Ⅳ}-3-7)$$

벡터 해석에서는 미분연산자 ∇(del이라 읽는다)을 다음과 같이 정의하면 매우 편리하다.

$$\nabla = \frac{\partial}{\partial x}i + \frac{\partial}{\partial y}j + \frac{\partial}{\partial z}k$$

기울기를 미분연산자 V을 사용하여 표시하면 다음 관계를 얻는다.

$$\text{grad}\ \phi = \Delta\phi = \frac{\partial \phi}{\partial x}i + \frac{\partial \phi}{\partial y}j + \frac{\partial \phi}{\partial z}k \quad \cdots\cdots (\text{IV}-3-8)$$

따라서 미분 $d\phi$는 다음 식으로 주어진다.

$$\begin{aligned} d\phi &= \frac{\partial \phi}{\partial x}dx + \frac{\partial \phi}{\partial y}dy + \frac{\partial \phi}{\partial z}dz \\ &= \left(\frac{\partial \phi}{\partial x}i + \frac{\partial \phi}{\partial y}j + \frac{\partial \phi}{\partial z}k\right) \cdot (dxi + dyj + dzk) = V\phi \cdot dr \quad \cdots\cdots (\text{IV}-3-9) \end{aligned}$$

다음은 $V\phi = \text{grad}\ \phi$의 기하학적 의미를 생각하여 본다. $\omega = \phi(x,\ y,\ z)$라고 놓으면 함수 ω의 값은 $x,\ y,\ z$ 좌표공간의 모든 점과 대응을 이룰 것이다. 그러므로 ω의 값이 일정한 값 C_1이 되도록 하는 점의 집합은 $x,\ y,\ z$ 좌표공간에서 하나의 곡면을 이룬다.

$$\phi(x,\ y,\ z) = C_1$$

을 만족하는 곡면을 S_1이라고 가정한다(그림 Ⅳ-10). 또

$$\phi(x,\ y,\ z)C_2$$

를 만족하는 곡면을 S_2라고 하고, $C_2 = C_1 + d\phi$라 가정하면

$$dn = n \cdot dr$$

따라서

$$d\phi = \frac{\partial \phi}{\partial n}dn + \frac{\partial \phi}{\partial n}n \cdot dr = (V\phi) \cdot dr$$

가 성립한다. 여기서 n은 곡면 S_1에 수직한 수직단위 벡터이다. 특별한 경우로서

만일 dr가 $\phi=$일정곡면(S_1 곡면)을 따르는 변위 벡터라고 하면 $d\phi=0$이므로

$$d\phi=(V\phi)\cdot dr=0$$

위 식으로부터 $V\phi$는 곡선 $\phi=$일정에 수직한 벡터임을 알 수 있다. 벡터 dr은 임의의 벡터이므로 다음 결론을 얻는다.

$$V\phi=\frac{\partial\phi}{\partial n}n$$

또 곡면 S_1상의 점 P에서 곡면 S_2에 그은 선분 중 dn가 가장 짧은 거리이므로 $V\phi$는 ϕ의 변화율이 최대인 방향을 나타내고, 크기는 ϕ의 최대변화율을 나타낸다.

$d\phi=(V\phi)\cdot dr$로부터 ϕ의 방향미분을 쉽게 얻을 수 있다. $|dr|=ds$라고 하면

$$\frac{\partial\phi}{ds}=(V\phi)\cdot\frac{dr}{ds}=(V\phi)\cdot e \quad \cdots\cdots(\text{IV}-3-10)$$

$dr/ds=e$ 는 dr 방향의 단위 벡터이다. 그러므로 다음 결론을 얻는다. 스칼라 함수 $\phi(x, y, z)$의 임의 방향의 방향미분은 ϕ의 기울기 grad ϕ에 그 방향의 단위 벡터를 스칼라적하면 얻을 수 있다.

찾아보기

〈ㄱ〉

〈ㄴ〉

〈ㄷ〉

〈ㄹ〉

〈ㅇ〉

〈ㅈ〉

〈ㅊ〉

〈ㅋ〉

〈ㅌ〉

〈ㅍ〉

〈ㅎ〉

연습문제 해답

제 1 장 [본문 p.59~62]

1. (1) 0.1, (2) 10200, (3) 1

2. 무차원

3. $\gamma = 850\left[\frac{kg_f}{m^3}\right]$, $\rho = 86.7\left[\frac{kg_f \cdot s^2}{m^4}\right]$

4. $S = 1.264$

5. $S = 1.02$, $\rho = 1020\left[\frac{kg_f}{m^3}\right]$,

$\gamma = 10 \times 10^3\left[\frac{N}{m^3}\right]$

6. $\gamma = 7840\left[\frac{N}{m^3}\right]$

7. $S = 0.85$

8. $V = 4167[cm^3]$

9. $M = 2.22[kg_m]$, $W=20.408[kg_f]$

10. $\rho = 0.132\left[\frac{kg_f \cdot s^2}{m^4}\right]$,

$\gamma = 1.29\left[\frac{kg_f}{m^3}\right]$

11. $5.6 \times 10^4\left[\frac{kg_f}{m^2}\right]$

12. $M = 28$

13. $p = 542[kPa]$

14. $\rho = 7.368\left[\frac{kg}{m^3}\right]$

15. $\rho = 1.39\left[\frac{kg_m}{m^3}\right]$,

$R = 299.76\left[\frac{J}{kg \cdot {}^\circ K}\right]$

16. $\Delta p = 62055[kPa]$

17. $\frac{\Delta V}{V} = 0.0029$

18. $E = 196000\left[\frac{N}{cm^2}\right]$

19. $E = 10\left[\frac{kg_f}{cm^2}\right]$

20. $\mu = 0.75[poise]$

21. $F = 0.8[N]$

22. $\tau = 5.76 \times 10^{-3}\left[\frac{N}{m^2}\right]$

23. $\mu = 153 \times 10^{-3}\left[\frac{kg_f \cdot s}{m^2}\right]$

24. $\mu = 2.4 \times 10^{-5}\left[\frac{N \cdot s}{m^2}\right]$

25. $\nu = 1[stoke]$

26. $\rho = 991.16\left[\frac{kg}{m^3}\right]$

27. $M = 44.8$

28. $\tau = 6.2[Pa]$

29. $W = 2.93[dyne \cdot cm]$

30. $D = 0.4[mm]$

31. $p = 11.84 \times 10^{-4}\left[\frac{kg_f}{cm^2}\right]$

32. $h = 29.6[mm]$

제 2 장 [본문 p.110~118]

1. (1) 7.5 [mmHg],

(2) 0.01097 [kg_f/cm^2],

(3) 0.1 [mAg],

(4) 0.01 [bar],

(5) 0.00987 [atm]

2. $p = 4\left[\frac{kg_f}{cm^2}\right]$

3. $\gamma = 8800\left[\frac{N}{m^3}\right]$

4. $p = 25.872$[kPa]

5. $p = 66.46$[kPa]

6. $A = 161[cm^2]$

7. 4430[mmHg],

590000[Pa], 5.9[bar]

8. $h = 282.5$[m]

9. 7840[Pa], 27440[Pa]

10. $p = 0.975\left[\frac{kg_f}{cm^2}\right]$, a

11. 5.635[kPa]

12. 5.8212[kPa]

13. $p_x = 0.001\left[\frac{kg_f}{cm^2}\right]$

14. $p = 1.01575\left[\frac{kg_f}{cm^2}\right]$

15. $p = 56.056$[kPa]

16. A = 3.37[m]

17. $0.058\left[\frac{kg_f}{cm^2}\right]$

18. $p = 1.21\left[\frac{kg_f}{cm^2}\right]$

19. $y = 0.04$[m]

20. $p_B = -51$[mmAq]

21. $F = 490$[kN], $y_c = 6.67$[m]

22. $M = 2846.9$[kN−m]

23. $F = 18000[kg_f]$, $y_c = 3.446$[m]

24. $F = 17200[kg_f]$,

y_c는 해면 아래 3[m]위치

25. $F = 17650[kg_f]$, y_c는 수면에서 60° 경사면으로 3.005[m]

26. $M = 10368[kg_f-m]$

27. $h = 1.732$[m]

28. $F = 191.1$[kN], A점에서 받쳐주어야 할 힘은 102.88[kN]

29. $F = 15700[kg_f]$, $y_c = 2.75$[m]

30. $F = 3284.2$[kN], $\theta = 41.75°$

31. $F = 100528[kg_f]$, $\theta = 40.61°$

32. $W = 19.158$[ton]

33. $S = 1.006$

34. $V = 0.009[m^3]$, $S = 3$

35. (1) 1.814[m], (2) 4.82×10^5[N]

36. $\overline{MC} = 8.65$[m]

37. $h = 3.27$[m]

38. 0.74[m], 1.66[m],

410.7[kg_f], 2066.7[kg_f]

제 3 장 [본문 p.148~152]

1. $M = 35.33 \frac{kg_m}{s}$, $G = 35.33 \frac{kg_f}{s}$
2. $V = 25 \left[\frac{m}{s}\right]$
3. $V = 1.3 \left[\frac{m}{s}\right]$
4. $V = 0.73 \left[\frac{m}{s}\right]$
5. $V = 100 \left[\frac{m}{s}\right]$
6. $Q = 0.053 \left[\frac{m^3}{s}\right]$, $V = 6.75 \left[\frac{m}{s}\right]$
7. $V = 16.92 \left[\frac{m}{s}\right]$
8. $H = 11.28$ [m]
9. $p_2 = 1.0765 \left[\frac{kg_f}{cm^2}\right]$
10. $p = 1.4 \left[\frac{kg_f}{cm^2}\right]$
11. $p_B = 2.98 \left[\frac{kg_f}{cm^2}\right]$
12. $Q = 0.0123 \left[\frac{m^3}{s}\right]$
13. $h = 19.6$ [m]
14. $Q = 0.0584 \left[\frac{m^3}{s}\right]$
15. $V_2 = \sqrt{2g\left(\frac{p_1 - p_2}{\gamma} + h\right)}$
16. $Q = 1.65 \left[\frac{m^3}{s}\right]$
17. $h = 253$ [mm]
18. $Q = 0.474 \left[\frac{m^3}{s}\right]$
19. 31 [m]
20. $Q = 0.035 \left[\frac{m^3}{s}\right]$, $H_L = 0.54$ [m]
21. $p_o = 17$ [kW]
22. $V = 13.684 \left[\frac{m}{s}\right]$
23. $p = 615$ [kW]

제 4 장 [본문 p.182~184]

1. 26.7 [kg_f]
2. 9817.5 [N]
3. R = 23.604 [kN]
4. F =12.12 [ton], 45°
5. F = 3.51 [kN]
6. F = 37750 [N], θ=40°
7. F = 64 [kg_f]
8. F = 66.3 [kg_f]
9. F = 399.6 [kg_f]
10. F = 51.3 [kg_f]
11. $V = 543 \left[\frac{m}{s}\right]$
12. F = 5738.8 [kg_f]
13. η_{th}= 71.4 [%]

제 5 장 [본문 p.202]

1. $R_e = \dfrac{4Q}{\pi \cdot \nu \cdot d}$
2. $V = 0.152\,[\dfrac{m}{s}]$
3. 6708 > 2100 ∴난류
4. $V = 0.106\,[\dfrac{m}{s}]$, $Q = 3.33 \times 10-5\,[\dfrac{m^3}{s}]$
5. 1468 < 2100 ∴층류
6. $V_c = 3.48\,[\dfrac{m}{s}]$
7. $\Delta p = 22.25\,[\dfrac{kg_f}{cm^2}]$
8. $\tau_0 = 24\,[\dfrac{kg_f}{cm^2}]$
9. $p = 10.4\,[\dfrac{kg_f}{cm^2}]$

제 6 장 [본문 p.226~227]

1.
2.
3.
4.
5. $V = 36\,[\dfrac{m}{s}]$
6. $V = 252\,[\dfrac{m}{s}]$
7. (a) $150\,[\dfrac{m}{s}]$, (b) $10\,[\dfrac{m}{s}]$
8. $V_m = 1.13\,[\dfrac{m}{s}]$

제 7 장 [본문 p.263~265]

1. 12.145[m/s]
2. 250[l/s]
3. 0.2[cm]
4. 60.000[kg_f/m^2]
5. λ=0.0189, h_l=64[m]
6. 2.646[m], 82.71[m]
7. (1) 3.752[kg_f/m^2] (2) V_{max}=4.4668[m/s]
   (3) u^*=7[m/s] (4) V=2.2334[m/s]
8. 0.639[m]
9. 0.94[m]
10. 0.042[m]
11. 15.7[m]
12. 29[ps]
13. 0.0193
14. 2.625[kg_f/m^2]
15. 4.83[m/s]
16. 112.5[mm]
17. 3.0377[m]
18. 1.6246[kg_f/cm^2]
19. 1.98[m/s]
20. 0.00622[m]

제 8 장 [본문 p.315~318]

1. 170[mmHq]

2. 0.565

3. 1.26[m]

4. 0.23[m]

5. −0.27[m]

6. 1.95[m^2]

7. 16.8[kg_f/cm^2]

8. 2.54[m]

9. 2.132[m]

10. 0.70

11. 0.14[m]

12. 0.152[m^2/s]

13. 4.11[m/s]

14. 0.00011587[m]

15. $\frac{p_2}{\gamma}$=4.5[m], $\frac{p_3}{\gamma}$=5.5[m]

16. 0.875[m]

17. 0.00368[m]

18. 0.807[m^3]

19. 0.701[m^3/s]

20. Q_1= 0.0763[m^3/s]
Q_2= 0.0482[m^3/s]
Q_3= 0.0593[m^3/s]

제 9 장 [본문 p.337~338]

1. Q = 10.53[m^3/sec]

2. Q = 7.18[m^3/sec]

3. Q = 18.73[m^3/sec]

4. h= b인 형상, 즉 단면형상이 직각이등변 삼각형이다.

5. r = 0.66[m]

6. E = 2.05[m], y_c= 0.74[m], V_c= 2.7[m/sec]

7. Q = 7.51[m^3/sec]

8. y = 6.68[m], b = 7.71[m]

9. $y = Cl_n(x+\ x^2-c^2\ )+c_1$

10. y_2= 2.8[m]

제10장 [본문 p.372~374]

1. $17[kg_f/cm^2]$
2. $32.8[kg_f]$
3. $0.5162[m/s]$
4. $8.36 \times 10^{-4}[kg_f]$
5.
6. $21.2[m/s]$
7. $R_e=10^4$
8. $R_e \geqq 40$
9. $202.8[c/s]$
10. $380.5[c/s]$
11. $0.942[kg_f]$
12. $0.02657[kg_f]$, $0.7816[W]$
13. $0.457[m/s]$
14. $1.48 \times 10^{-2}[kg_f]$
15.
16. 본문 참조
17. $T=\pi f \rho \omega^2 R^2(\frac{2}{5}k+s)$
18. $4507[kg_f]$
19. $5.45[m/s]$
20. 0.5
21. $19.4[cm/s]$

제11장 [본문 p.405~407]

1. $0.2343°C$
2. $C_p=1005\left[\frac{J}{kg \cdot °K}\right]$, $C_v=718\left[\frac{J}{kg \cdot °K}\right]$
3. $W=\frac{1}{k-1}(p_1 v_1 - p_2 v_2)$,

   $W=2,303 p_2 v_2 \log 10 \frac{v_2}{v_1}$
4. $\Delta T=\frac{q2}{2000}\Sigma[°C]$
5. $c=kRT$
6. $m=0.787$
7. $860[kcal]$, $632.6[kcal]$
8. $q_2=\frac{1}{k-1}2R(T_1-T_2) \Big/ \left\{1-\left(\frac{p_2 T_1 A_2}{p_1 T_2 A_1}\right)\right\}$
9. ① 2.587, ② 23.2°
10. ① 4.5°C, ② 23.2°C
11. $q=322.6[m/s]$
12. $p_0=1.086[kg_f/cm^2]$
13. $q_1=27.5[m/s]$
14. $M_{max}=0.159[kg/s]$
15. $A_2=133[mm^2]$
16. $\alpha=45.62°$, $p_2=3.15[kg_f/cm^2]$
17. $M_1=1.599$, $M_1=1,705$
18. $p_1=0.3094P_0$, $p_2=0.1688P_0$
19. $18.6[cm^2]$
20. ① 0.314, ② 1.10

제12장 [본문 p.454~456]

1. 43.2 mmHg
2. $S = 0.082$
3. $S = 2.04$
4. $5.67 \dfrac{\text{m}}{\text{sec}}$
5. $y = 0.0452x^2$
6. $Q = 0.44 \dfrac{\text{m}^3}{\text{sec}}$, $h_L = 2.91\text{m}$
7. $C_d = 0.773$, $C_v = 0.977$, $C_c = 0.791$
8. $Q = 1.322 \times 10^{-2} \dfrac{\text{m}^3}{\text{sec}}$
9. $h = 9.5\text{m}$
10. $0.287\ \text{m} \cdot \text{N/N}$, $62.4\ \text{N} \cdot \text{m/s}$
11. $Q = 0.178\text{m}^3/\text{sec}$
12. $D = 252.3\text{mm}$
13. $t = 159.3\text{sec}$
14. $Q = 3.46\text{m}^3/\text{sec}$
15. $h = 146\text{mm}$
16. $M = 0.07\text{kg/sec}$
17. $H = 0.54\text{m}$
18. $Q = 60.72\text{m}^3/\text{min}$
19. $V = 36.6 \dfrac{\text{m}}{\text{sec}}$

유체역학

2007년 7월 20일 개정판 발행
2014년 2월 25일 개정판 5쇄

저 자 / 민용기 · 강종환 · 배태열
발행인 / 한 점 덕
발행처 / 學 研 社

서울특별시 영등포구 문래 1가 센터플러스 814호
전화 (02) 2164 - 3311
팩스 (02) 2164 - 3314
등록 1976년 12월 23일 제12 - 6호
E-mail : hypub@chol.com

ISBN 978 - 89 - 8060 - 301 - 5 93420
값 18,000원